中国自然辩证法研究会科学技术与社会专业委员会

China Association for Science Technology and Society

科技与社会(STS)研究

RESEARCH IN SCIENCE TECHNOLOGY AND SOCIETY

2011—2012 年　第五卷 Vol. 5　2011—2012

东北大学出版社

·沈　阳·

图书在版编目（CIP）数据

科技与社会（STS）研究 . 2011 ~ 2012 年/陈凡，王健，庄穆主编 . —沈阳：东北大学出版社，2014. 6（2025. 7重印）
ISBN 978 - 7 - 5517 - 0650 - 6

Ⅰ. ①科… Ⅱ. ①陈… ②王… ③庄… Ⅲ. ①科学技术—关系—社会发展—文集 Ⅳ. ①G301 - 53

中国版本图书馆 CIP 数据核字（2014）第 143370 号

出 版 者：东北大学出版社
地址：沈阳市和平区文化路 3 号巷 11 号
邮编：110819
电话：024—83680267（社务室） 83687331（市场部）
传真：024—83680265（办公室） 83680178（出版部）
网址：http：//www. neupress. com
E-mail：neuph@ neupress. com
印 刷 者：三河市天润建兴印务有限公司
发 行 者：东北大学出版社
幅面尺寸：184mm × 260mm
印 张：29. 75
字 数：762 千字
出版时间：2014 年 8 月第 1 版
印刷时间：2025 年 7 月第 3 次印刷
组稿编辑：刘振军
责任编辑：刘乃义
责任校对：潘佳宁
封面设计：刘江旸
责任出版：唐敏志

ISBN 978 - 7 - 5517 - 0650 - 6 定 价：78. 00 元

序　言

2011 年 11 月 25－27 日在福州大学举行全国科技与社会（STS）学术年会。此次会议由中国自然辩证法研究会、科技与社会（STS）专业委员会、福建省自然辩证法研究会、福州大学、东北大学联合主办，福州大学马克思主义学院、福州大学人文学院、福州大学软科学研究所等承办。年会的主题是“发展转型中的 STS 研究”，来自国内近百名学者参加了这次学术会议。围绕会议主题，学者们分别就“中国特色的 STS 理论的创建与实践研究”“不同范式的 STS 研究”“STS 研究的发展规律与趋势”“技术的相关问题研究”“闽台 STS 研究”“STS 的理论框架、基本理论和结构”“STS 在‘十二五’的新生长点”“STS 的特点、规律和发展趋势”“不同国家、不同地区 STS 比较研究”“STS 与区域发展”等问题展开了专题探讨。《科技与社会（STS）研究》第五卷就是在此次会议的基础上，精选会议论文和同期国内重要期刊发表的 STS 有关文章，汇编而成。

党的十六大以来，胡锦涛同志多次指出：“中国哲学社会科学的繁荣发展要既立足当代又继承传统，既立足本国又学习国外，大力推进学术观点创新、学科体系创新和科学方法创新，努力建设具有中国特色、中国风格、中国气派的哲学社会科学。”党的十八大以后，习近平同志也多次强调实施“创新驱动发展战略”。这为中国 STS 研究的未来发展指出了明确方向，自 STS 在中国诞生以来，国内一直延续着学派述评和思想引介的研究道路。从中国 STS 研究动态来看，中国学者在学派述评和思想引介的道路上已经探索了 30 多年，大量的 STS 研究理论已经被引介到国内，例如科学知识社会学（SSK）与后 SSK、实验室研究、科学技术的人类学研究、文化研究、女性主义研究等。较为全面地追踪了国际 STS 研究的主要研究方法和理论，初步构建起了 STS 研究的理论图景。因此，在寻求未来我国 STS 研究的发展之路的过程中，对于如何运用已有的 STS 理论成果与中国的科学技术实践相结合，如何构建中国语境的 STS 研究就成了当前我国 STS 研究的一个重要课题。

《科技与社会（STS）研究》第五卷收录了 2011－2012 年度国内 STS 研究领域的重要论文，包括六个部分，涵盖了“STS 的基本理论研究、国外 STS 研究、不同进路的 STS 研究、多学科视角的 STS 应用研究、STS 研究新趋势、中国语境的 STS 研究”等方面的内容。是国内学者围绕着科技与社会为主题的研究成果的凝聚，较为全面地反映了近年来国内学者在科技与社会（STS）理论与应用研究方面的学术成果。我们相信《科技与社会（STS）研究》第五卷的出版对于促进建构中国特色、中国风格、中国气派的 STS 研究，推动中国 STS 的学科发展将具有重要意义。

陈　凡　王　健　庄　穆

2014 年于沈阳南湖

目　录

第四部分 不同进路的STS研究

第五部分 多学科视角的STS应用研究

第六部分 STS研究的新趋势

Contents

Abroad STS Research

STS Research in Different Approaches

STS Application Research from Multi-Disciplinary Perspective

New Trends in STS Research

第一部分

中国语境的 STS 研究

我国当代科技与社会（STS）研究的现状及发展

陈 凡 陈 佳
（东北大学科学技术与社会研究中心 辽宁 沈阳 110819）

摘 要：在STS研究国际化背景下，追溯了我国当代STS研究的发展过程，并将STS研究的论题域进行了梳理，将其分为STS基本理论研究、科技与经济、科技与政治、科技与文化、科技政策、技术与生态伦理和STS教育7个部分，并按照各个论题域进行论文的统计分析，指出当代我国STS研究存在的问题以及未来的走向。

关键词：STS；中国语境；发展

一、我国当代STS研究的追溯

当代中国STS研究自形成始，就在自然辩证法的母体内孕育发展。一方面，作为一门学科领域来说，要考察自然哲学、科学哲学、技术哲学等专业问题，使其表现出理论基础性；另一方面，作为一项中国特殊化的社会事业，自然辩证法要为国家科技政策的制定、科技规划的形成肩负历史重任，从而使得研究表现出应用现实性。正是这种理论与现实的双重必要性，使得科学技术与社会研究呈现出百花齐放的繁荣态势。通过对我国当代STS研究的历程回顾，大致可以将STS在当代中国的发展分为三个阶段。

第一阶段自20世纪80年代至1992年，为STS的形成期。以清华大学、北京大学、东北大学等学校设立“科学技术与社会研究中心”为标志。这一时期虽然还没有明确的STS学科范式，但在自然辩证法的名义下展开了对科学与社会、技术与社会相互关系的探讨，主要表现为科学学与技术论研究和科技政策的研究。这一时期我国自然辩证法工作者对科学技术的发展规律进行研究，探讨科学技术如何向生产力转化的问题。关于科学技术的人文社会科学研究，主要以科学学、技术论为思想来源。科学学主要受到默顿和贝尔纳的科学社会学思想影响，后期引入库恩的历史主义思想。技术论主要受到日本的技术论思想影响。总体来讲，这一时期STS研究还没有明确以科学技术与社会的相互关系为研究对象。

第二阶段从1992年到20世纪末，为STS的发展期。1992年中美STS研讨会邀请美国STS学者米切姆、卡特克里夫等人来华，正式将STS作为一门学科介绍到中国，并介绍了STS的一些基础理论，如STS的研究对象、美国STS的发展等问题。中国社会科学院的殷登祥教授，东北大学的陈昌曙教授、陈凡教授等也就“STS的基本理论问题”“STS与中国国情”“技术的社会化”等问题进行了深入的探讨，从而形成了STS在20世纪90年代的研究热潮，中国的STS开始走向建制化。这一时期中国的STS研究受美国的影响较大，注重研究科学技术社会功能的总体评价。把STS看作“科学技术与社会”，以“科学技术与社会的相互关系”作为研究对象，STS更倾向于一种运动、一场实践。与此同时，中国的科教兴国战略、可持续发展的提出也为STS的研究提供了坚实的基础，中国学者也开始反思科学技术对现代社会、经济、文化、生态等带来的负面影响。

第三阶段是21世纪以来，中国的STS在争论中走向成熟。这一时期，受欧洲建构主义和SSK的影响，STS侧重关于科学技术的人文社会科学研究，表现为理论的多元化走向与研究领域的扩展。一方面，科学技术学的研究是STS研究的理论部分，主要探讨社会中的科学技术的生成，其基本观点是科学知识与技术等都是社会建构的产物。大量的STS研究理论在这一时期被引介到国内，建构主义方法体现于STS理论研究。另一方面，STS实践研究的领域进一步扩展，表现为极强的交叉学科趋势，越来越多的学者不再将关注重点放在一般科学技术的社会影响问题上，摒弃了对科学技术的乐观主义或者悲观主义的总体评价，进而转向微观的、具体的、技术的社会评价，尤其是对新兴科学技术的伦理反思、风险评估、治理模式、政策选择等研究。虽然此时对于中国的STS研究来说，国外STS研究的理论述评仍然是当前的主流，但如何在中国具体实践情境下建构我国的STS研究的理论框架已经引起学者们的关注。

二、我国当代STS研究的论题域

对当代中国STS研究现状的分类解读涉及两个基本问题。一是STS研究的边界，这涉及STS的学科定位问题。按照美国学者卡特克里夫的论述，目前STS的研究处于交叉学科阶段，STS与相关学科如科学哲学、技术哲学、科学社会学、技术社会学、科技政策等学科的界限区分极不明显，并且这种划分随着STS与相近学科的不断发展而出现融合、分化的趋势。如何准确地划分STS的边界成为一个基本前提。二是STS论题域的划定问题，这涉及基本研究框架问题。有学者认为，STS是一门不同于科技哲学、科技史等的新兴交叉学科，其基本研究对象是科学技术与社会的关系。这样，STS的基本论题域又不可避免地涉及科技哲学、科技史以及科技政策的内容。

关于STS研究的边界问题，是目前STS基本理论中争论较多的问题，也是涉及STS作为一个学科的定位问题，关系到STS的学术生命力。由于目前STS处在交叉学科的阶段，其学科范式还不是很清晰，作为保护带的学科边界与临近学科的关系也是交错相生，中国STS研究的包容性和学科边界的模糊性也在所难免。笔者认为，STS作为一个学术领域，其研究对象是科学技术与社会的关系这一问题是没有争议的，在这样的前提下，STS研究主要包括两部分内容：一部分是探讨科学技术发生、发展规律的科学技术学，另一部分是研究科学技术与社会互动作用的STS研究。探讨科学技术一般规律的科学技术学研究相对明晰和成熟，在中国目前影响较大的是SSK与后SSK、实验室研究、社会建构论、文化人类学、女性主义等研究框架。关于STS的研究，则很难从相近的研究领域中区分出来，笔者认为，既然从内涵上难以划分，那么可以从外延上适当规范，即凡是探讨科技与社会相互作用的，研究科技对社会影响的，都可以算作STS的研究领域。

关于STS研究的论题域，不同学者对此也有不同的看法。有人提出，中国的STS研究应当包括科技与社会总论、科技与政治、科技政策与管理、科技与经济、科技与军事、科技与法律、科技与文化、科技与伦理、科技与宗教、科技与教育、科技与心理、科技与传播、科技与环境[1]等十三个专题。有人将STS研究划分为理论STS（包括科学、技术与社会研究、社会的科学技术研究和科学技术的社会研究）、应用STS（包括科学技术和公共政策、环境生态能源人口等问题、STS教育）、STS史（包括STS通史、STS断代史和STS国别史、地区史）[2]等三个论题域。

基于对以上不同学者观点的分析，我们提出目前STS研究的论题域划分。以1992年为界限，把中国的STS研究划分出几大论题域。在STS的形成期，可以把科学技术的社会学研究分为科学学及科学与社会研究、技术论及技术与社会研究、科技政策研究三个论题。自1992年以后，我国的STS研究可以分为STS基本理论研究（包括STS的概念、来源，关于STS的研究对象），STS学科定位与研究范式，STS的思想史，关于STS的本体论、认识论研究，文化史中的STS研究，STS的谱系学与考古学。

三、我国当代STS研究的统计分析

首先，笔者收集资料的范围主要限定在《科学技术哲学研究》《自然辩证法研究》《自然辩证法通讯》三种期刊，以及《科学学研究》《科学学与科学技术管理》《科学管理研究》《科技进步与对策》等期刊相关研究论文的搜集。考虑到资料来源的代表性和权威性，不包含同期的专著、教材、译著、年会论文、学位论文等。

其次，按照STS基本理论研究、科技与经济、科技与政治、科技与文化、科技政策、技术与生态伦理、STS教育七个领域以及相近关键词进行搜集统计，共收集1992年以来学术论文6533篇，能够比较全面地体现当代中国STS研究的概况。我国当代STS研究论文纵向分布图如图1所示。

STS研究论文/篇

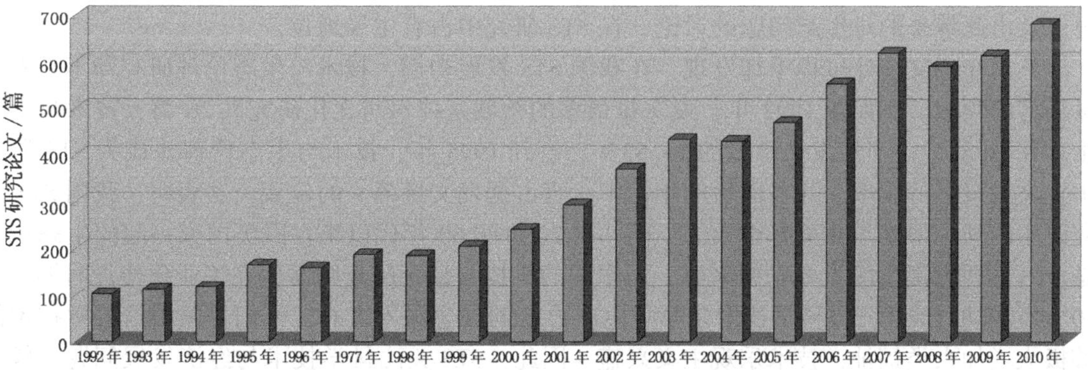

图1 我国当代STS研究论文纵向分布图

通过图1可以看出，自1992年以来，除个别年份外，关于STS研究的论文一直处于增长的态势。我国的STS研究在1992年共发文103篇，到了2010年共发文681篇，增长了561.17%，翻了两番多，其中，共有10个年份的发文量较前一年增速超过10%以上。我国的 STS 研究在 1992 年发表论文 100 余篇，到 1999 年突破 200 篇用了七年的时间，到 2002 年突破 300 篇用了三年的时间，到 2003 年突破 400 篇用了仅一年的时间，之后用了三年（到 2006 年）突破 500 篇，又用一年（到 2007 年）突破 600 篇。

可以看出，我国 STS 研究的论文在进入 21 世纪以来增速迅猛，这表明进入 21 世纪以来，随着科学知识社会学等研究在中国的传入以及中国 STS 向实践领域的进一步深化，中国的 STS 研究得到了进一步加强。这一段时期也是中国 STS 研究的相关度越来越明显、发文量稳步增加、研究领域不断聚集、研究主题日趋明显、研究学者不断增多、研究机构不断涌现的时期。

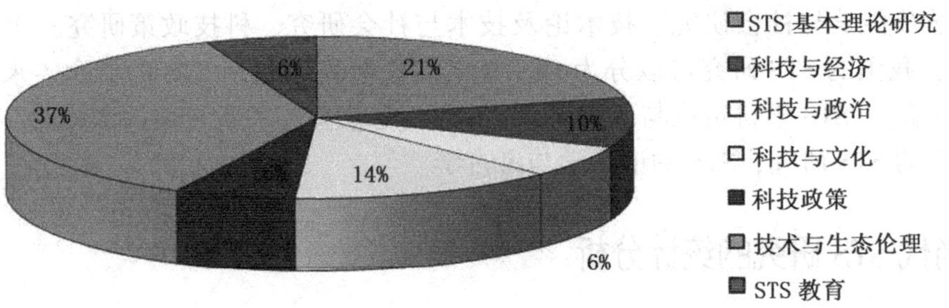

图 2　我国当代 STS 各研究领域发文量分布图

我国当代 STS 各研究领域发文量分布图如图 2 所示。

统计结果表明，中国 STS 研究发文量最多的论题域是技术与生态伦理，共发文 2403 篇，占发文总量的 36.78%。其次是 STS 基本理论研究 1389 篇，占发文总量的 21.26%。其后依次是科技与文化研究 885 篇，占发文总量的 13.55%；科技与经济研究 650 篇，占发文总量的 9.95%；科技与政治研究、科技政策研究与 STS 教育发文量较少，分别是 416 篇、412 篇和 378 篇，分别占发文总量的 6.36%，6.31% 和 5.79%。其中，技术与生态伦理和 STS 基本理论研究的总和占到发文量的半数以上，这说明在中国的 STS 研究中，这两个领域是研究热点和重点。尤其是技术与生态伦理的发文数量占总数的三分之一强，表明对技术的伦理反思以及由此带来的对生态问题的讨论，在 STS 研究中占有主导地位。

然而在论文统计过程中却发现，在我国 STS 发展初期，技术与生态伦理研究却不是发文量最多的领域。例如在 1992 年，发文量最多的领域是技术与文化研究共 26 篇，技术与生态伦理仅 16 篇，占当年发文总量的 15.53%。直到 1995 年，技术与生态伦理才成为 STS 研究中发文量最多的领域，并在以后的年份中一直占据发文量第一的位置。这表明，我国 STS 研究诞生的理论根基与欧美有很大的不同。自 20 世纪 60 年代以来在欧美国家兴起的生态运动是 STS 在西方诞生的重要思想来源，而中国的科技与社会研究则诞生在工业化建设时期，在 20 世纪八九十年代，“科学技术是第一生产力”的观念深入人心，人们普遍相信科学技术能够极大增加人类福祉，技术乐观主义兴盛。因此，STS 关注科学技术与经济发展问题，较多研究科学技术向生产力的转化问题，较少从生态学角度关注对科学技术的批判反思。随着中国工业化进程中生态问题的凸显以及 STS 研究论题域的深入，从国家层面的“可持续发展”战略的提出到学者系统反思技术的生态伦理问题，技术与生态伦理才作为 STS 研究中的重点问题受到广泛关注。

STS 基本理论研究是我国 STS 研究关注的又一重点问题，一直比较稳定地保持在 STS 发文总量的20%左右。一般认为，对STS的理论研究，可以从哲学、史学和社会学三种角度来进行，以此形成了STS内的科学哲学、技术哲学、科学社会学、技术社会学、技术史和科学史的研究。但随着STS研究的深入，却逐渐感到STS的理论多样性与思想的多元性带来的困境。由于STS还不是一个范式明确的科学，还处于从其他学科分化的阶段，其研究方法不可避免地受到相近学科的影响，尤其是受到科学社会学、科学哲学的影响。这些学科内的基本理论与研究框架也是多元的，导致关于STS研究和学科发展的争论纷繁复杂，也正是因为如此，目前STS研究所面临的最大困境是学科定位问题、划界问题、论题域的确定问题等。从所搜集的材料来看，目前关于STS的理论研究主要集中在对科学知识社会学的讨论上，建构主义是SSK所采用的主要研究方法，并且随着SSK的技术转向，建构主义方法拓展到技术研究中来，并在争议中不断地发展与演进。

与前两个领域相比，科技与文化、科技与经济、科技与政治、科技政策和STS教育研究的发文量较少，这几个部分都属于STS的应用研究部分，然而就实际来看，STS的应用研究不仅限于这几个部分。为了论题域的清晰和统计方便，把有关相近领域进行了合并重组。这反映了中国STS研究的包容性，即凡是以科技与社会各要素相互影响、相互作用为研究对象的都可以纳入到STS研究中来；同时反映出中国STS应用研究领域的交叉学科性，这些领域的研究都不同程度地渗入了相近学科的内容，形成了边界极为模糊的STS研究领域。在论文的收集统计中发现的另一个问题是，中国的STS研究大多还限于对一般科学技术的社会影响的探讨，针对具体科学技术的文化、经济、政治、政策的研究较少，这也是我国当前STS应用研究的误区之一。

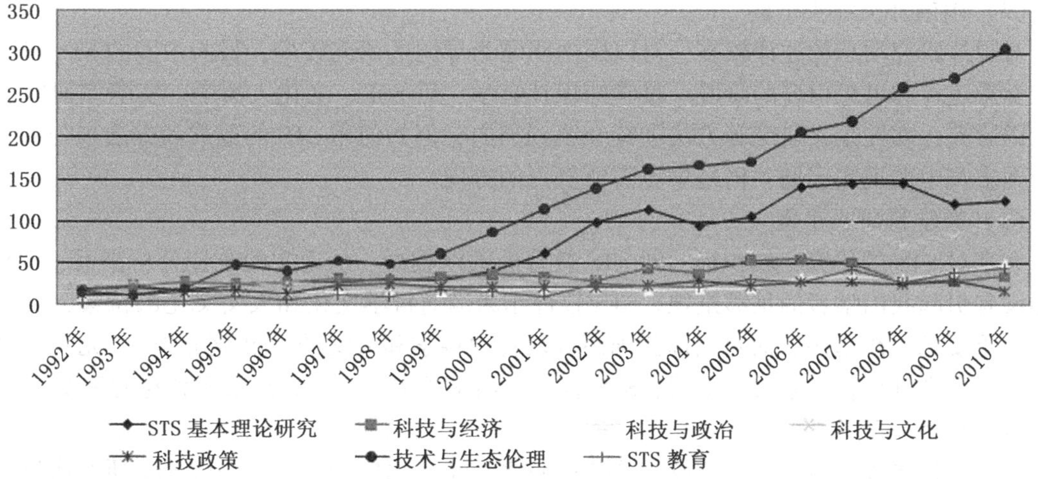

图3　我国当代STS各研究领域发文量的趋势图

图3反映的是自1992年以来各论题域发文量的趋势，可以看出，技术与生态伦理的发文量增速最快，其次是STS基本理论研究，再次是科技与文化研究。科技与经济、科技与政治、科技政策和STS教育等发文量增长趋势不明显。技术与生态伦理自1995年以来一直保持较快的增长速度，是中国STS研究领域里发文量最多、增速最快的，这反映出中国STS对当下技术的负面效应以及生态危机问题的关切。STS基本理论问题从2000年以后增速加快，究其原因是科学知识社会学研究的大量引入。但到了2004—2005年，STS基本理论问题的研究数量有所回落，并在其后几年增速放缓，说明学术界对STS基本理论问题存在一定的争

议。从目前的研究动态来看，建构主义仍然是 STS 研究的主要方法，但其相对主义和非本质主义的特点一直为许多学者诟病。对于如何走出建构主义进路，学界也进行了一些尝试，例如以拉图尔和卡隆 ANT 理论为代表的后 SSK 路径、加拿大学者西斯蒙多提出的参与进路（Engagement Program）都是这一时期的代表。科技与文化研究在 2003 年之后增长迅猛，但在 2008 年有所起伏，说明从文化的角度研究科技问题逐渐成为 STS 关注的热点。至于科技与经济、科技与政治、科技政策和 STS 教育，随着时间的延续，发展速度较慢，受到重视的程度不够，研究力度仍需进一步加强。

四、我国当代 STS 研究的未来展望

1. 当前中国 STS 研究存在的问题

纵览我国当代 STS 研究的发展，已经取得了令人注目的成绩，但是从发展的角度看，中国的 STS 研究还存在一些问题，具体体现在四个不平衡。

（1）发展侧重点不平衡

表现为某些地区和机构比较重视科学技术学研究，某些地区和机构则比较重视科技与社会的应用研究。如北京以中国社会科学院、清华大学和北京大学为代表的众多研究机构秉承 STS 研究的实践特色，发展较早、较快；受工程技术哲学研究和技术哲学经验转向的影响，东北地区的 STS 研究也注重 STS 应用研究的传统；南方一些地区的 STS 研究则受以欧洲传统为代表的科学知识社会学的影响较大，比较注重对 STS 基本理论问题的探讨。

（2）国内外关注不平衡

对国外研究动态的述评较多，对以国内问题为导向的研究较少，目前中国的 STS 研究仍处在学派述评和思想引介的阶段。科学知识社会学、后 SSK、文化人类学、实验室研究、文本话语研究、女性主义研究等方法陆续介绍到国内，但如何用 STS 的范式和方法来分析并解决中国实践中的现实问题，仍是学界需要努力的方向。

（3）教学科研不平衡

大家对 STS 的研究比较积极，对 STS 教育的关注较少。从论文的统计分析来看，STS 教育还没有引起我国学者的足够重视。STS 教育作为沟通科学文化和人文文化的桥梁，也是国外 STS 重要的思想起源，面对当前我国高等教育中科学和人文的“文化分裂”，尤其是理工科学生人文和社会科学素质的薄弱，STS 教育应当是寻求大学生思想素质教育的重要途径。

（4）学术交流不平衡

目前邀请国外学者来华介绍欧美 STS 的较多，走出去向国外传播中国 STS 研究成果的较少。随着 STS 研究的国际化以及“4S 年会”向亚太地区倾斜，STS 应更加关注地方性的科学技术实践。中国作为科学技术发展的大国，有着广泛的科学技术基础，并衍生出丰富的 STS 思想，应当积极传播中国 STS 的研究成果。

2. 构建中国实践情境的 STS 研究

我国当代的 STS 研究历经 20 多年的发展，已经在学术界取得了立足之地，并在中国科学技术实践中产生了重要影响。针对中国科技实践的现实需求和 STS 研究在中国目前存在的问题，我国的 STS 研究还应从以下几个方面进行探索和发展。

（1）从“学派述评”转向“问题导向”的 STS 研究

我国STS的研究产生之初期，在自然辩证法研究领域内的科技与社会研究就十分注重理论与现实的结合。早在20世纪80年代，就有以东北大学陈昌曙教授为代表的“东北学派”关于工程技术实践的研究、关于科技政策的研究等，因此凡有国家重大科技方针出台之时，都得到了中国STS研究的强烈关注。可以说，中国的STS研究从发轫就秉承了以问题为导向的应用研究。因此，以问题为导向的STS研究，既符合国外STS研究的实践特色，也符合中国STS研究的学派传统。

从国际的STS研究动态来看，问题导向也是STS研究的研究趋势。加里·鲍登（Gary Bowden）指出，“STS的大多数研究采用的都是着眼于论题的方法，研究者运用自己特定学科的方法和技术来考察科学或技术的某些方面”[3]。从中国的STS研究动态来看，我国学者在学派述评和思想引介的道路上已经探索了十几年，较为全面地追踪了国际STS研究的主要研究方法和理论，初步构建起STS研究的理论图景。而对于如何运用已有的理论成果与中国的科学技术实践相结合，则是未来中国STS学者进一步的工作。

（2）由宏观的STS研究走向微观的STS研究

受科学知识社会学技术转向和技术哲学经验转向的双重影响，国际STS研究逐渐摆脱了对科技与社会关系的宏大叙事的研究方法，摒弃了对科学技术的外部审视，致力于打开科学技术的“黑箱”，注重考察具体的科学技术的社会过程以及产生的社会影响。通过进入实验室内部考察科学知识生产的具体过程，通过文本话语分析解释科学知识的表达过程，通过STS的参与进路寻求科学知识的稳定性；关于技术的研究也经历了从抽象思辨到经验分析的范式转换，更加注重四大新兴会聚技术对人类社会产生的影响；在工程研究当中，更加注重关于微观个案考察的工程技术案例研究，工程技术道德、工程技术责任伦理研究也经历了从个体伦理学向公共伦理学和制度伦理学的转向，工程设计、工程伦理、工程本体论、工程认识论、工程方法论、工程价值论、工程教育、工程设计、工程知识研究等也应陆续展开。

（3）建设有中国特色的STS学派

学派一般是围绕某种特定的科学思想方法及研究纲领，以著名科学家为核心而结成的科学共同体。按照科学学派的标准，目前在中国的STS领域，严格地说还没有真正形成学派，甚至离真正的学派还相距甚远！但是改革开放后的中国，新的历史环境使创建STS学派既有社会的需要，也有现实的可能。

2004年1月中共中央《关于进一步繁荣发展哲学社会科学的意见》中就提出要“努力建设面向现代化、面向世界、面向未来，具有中国特色的哲学社会科学”。2001年，大连理工大学刘则渊教授也提出“中国技术哲学的东北学派”，他认为以东北大学陈昌曙教授为代表的东北学派，植根于东北老工业基地的技术沃土中，形成了跨地区、跨院校的学术共同体，构建起别具一格的理论框架与研究范式，并创造出具有东北风格的创新理论。当然，笔者并不认为“东北学派”已经真正形成，但是如果将它看作东北的学术联盟，在此意义使用“东北学派”这个称谓还是基本可以的。

从东北学派的产生到发展，30年过去了。中国的STS研究应该与时俱进、文脉传承、立足本土、面向全球，从东北学派走向中国特色的STS学派。

创建中国特色的STS学派，应该体现“三化”：第一，立足本土化——中国特色STS研究的实践根基；第二，面向国际化——中国特色的STS学派的理论视域；第三，促进建制化——中国特色的STS学派的未来发展。

只要自觉面向科学技术实践，朝向经济社会发展，服务创新型国家建设，中国的STS研究就会逐渐形成具有基本的研究范式、明确的研究纲领、科学研究方法的学术共同体。只要继续坚持“以特色突出地位、以研究体现水平、以应用寻求前途、以开放促进发展”，中国特色的STS学派将一定屹立于国际STS学界之林！

参考文献

[1] 肖显静．中国科学技术与社会研究三十年概况：从“科学技术哲学”三种主要期刊文献计量看［J］．自然辩证法研究，2010（1）：69．

[2] 殷登祥．科学、技术与社会概论［M］．广州：广东教育出版社，2007：320．

[3] 希拉·贾撒诺夫，杰拉尔德·马克尔，等．科学技术论手册［M］．盛晓明，等译．北京：北京理工大学出版社，2004：52．

论 STS 研究与社会主义理论体系建设的结合

郑文范

（东北大学科技与社会研究中心　辽宁 沈阳　110819）

摘　要： 主要从 STS 研究与社会主义理论体系建设的结合上探讨 STS 的学科建设问题。认为在现代科学技术已经成为第一生产力的情况下，STS 的主要研究是对社会主义社会生产力和生产关系、经济基础和上层建筑的关系进行新探索。要通过 STS 研究明确社会主义的生产力特点，明确社会主义的生产关系特点，明确社会主义初级阶段二重性的特点，促进社会主义理论体系建设。同时通过 STS 研究与社会主义理论体系建设的有机结合，解决目前 STS 研究无心化、无向化、无序化、边缘化等问题，提高 STS 研究的学科影响力和竞争力，加快构建中国特色的 STS 研究理论纲领。

关键词： STS 研究；社会主义理论体系；生产力与生产关系

关于 STS 的研究范式与学科定位，是当前 STS 研究的热点问题。本文认为，应当从 STS 研究与社会主义理论体系建设的关系上探讨 STS 的学科建设问题，在现代科学技术已经成为第一生产力的情况下，STS 研究呼唤社会主义理论体系的指导，社会主义理论体系建设需要 STS 研究的支撑。STS 研究和社会主义理论的有机结合，能够实现 STS 研究和社会主义理论体系建设的“双赢”。

一、通过 STS 研究促进社会主义理论体系建设

马克思在创建马克思主义时，由于时代的限制，在社会主义理论体系中预留了很多理论空间。社会主义社会是建立在现代科学技术新生产力基础上的崭新的社会制度，而 STS 研究的主要内容是关于科学、技术和社会关系的研究。因此，我国 STS 的主要任务是在现代科学技术已经成为第一生产力的情况下，对社会主义社会生产力和生产关系、经济基础和上层建筑的关系进行新探索。要通过对苏联社会主义社会生产力缺失的分析，揭示苏联解体的生产力根源；通过分析改革开放以来科学技术成为第一生产力的过程和科学发展观理论的落实，说明现代科学技术已经成为社会主义生产力基础等，从而通过 STS 研究理论功能的发挥丰富和发展社会主义理论体系。

1. 通过 STS 研究明确社会主义的生产力基础

（1）马克思的第一个“理论空间”

马克思创立了历史唯物主义，确立了生产力决定生产关系的原理，指出任何社会都要建立在一定的生产力基础之上。对于原始社会而言，以石器工具为代表的生产力形成了原始社会的生产力基础；对于奴隶社会而言，以青铜制劳动工具为代表的生产力形成了奴隶社会的生产力基础；对于封建社会而言，以铁制工具为代表的生产力形成了封建社会的生产力基础；对于资本主义社会而言，以机器大工业为代表的生产力奠定了资本主义的生产力基础。社会主义是一种新的社会制度，当然应该有自己的新的生产力基础。但社会主义的生产力基础究竟是什么，马克思并没有给以明确、具体的回答，这是马克思主义留给继承者的第一个理论空间，需要通过 STS 的研究加以回答[1]。

STS 研究认为，从更高层次看，分析技术与社会经济时代的关系尤为重要。马克思说过："各种经济时代的区别，不在生产什么，而在怎样生产，用什么劳动资料生产。"[2]从此观点出发，马克思主义者论证了石器时代、铁器时代、蒸汽时代、电气时代的存在，但对当今时代则缺乏研究。STS 研究要从现代科学技术的角度研究时代，对当前流行的原子能时代、计算机时代、信息时代、生物工程时代等说法进行分析，通过对社会主义的生产力基础的分析，从总体上分析当今世界生产力和生产关系的新特点，使科学社会主义关于当今时代的划分有充分的依据，对马克思的第一个"理论空间"给予科学回答。

（2）STS 研究社会主义的生产力基础的原则

对于什么是社会主义的生产力基础，马克思虽然没有给以明确的回答，但却给出了以下一些重要的理论研究思路，这些理论研究思路也应成为 STS 回答马克思主义的第一个"理论空间"的原则。

第一，非社会化生产力不是社会主义的物质基础。在马克思看来，非社会化生产力并不是什么"新生产力"，是比资本主义的生产力还要落后得多的旧生产力。因此，手工业生产力等非社会化生产力不是社会主义的物质基础。

第二，一般的社会化大生产也不是社会主义的物质基础。马克思认为，因为社会化生产力首先是资本主义的物质基础，因此也并不都是社会主义的生产力基础。

第三，作为社会主义生产力基础的，只能是某种特定的"新生产力"，这种"新生产力"的本质特征是为资本主义生产关系所无力容纳的生产力[3]，而在社会主义生产关系下可以有力促进其功能的发挥，创造出更高的劳动生产率。

（3）STS 通过研究苏联解体的教训对社会主义的生产力基础进行回答

毫无疑问，社会主义苏联的崛起和最终失败是 20 世纪世界历史上最重大的事件之一，STS 要通过研究苏联解体的教训对社会主义的生产力基础进行回答。STS 要分析苏联领导人对马克思主义的第一个"理论空间"的回答，特别要分析斯大林认为社会主义的生产力基础是机器大工业。斯大林以后的苏联领导人赫鲁晓夫、勃列日涅夫、戈尔巴乔夫等也始终认为苏联的社会主义的生产力基础是机器大工业，特别是戈尔巴乔夫领导的苏联改革，离开生产力的发展奢谈人道主义和社会民主，这些做法最终使苏联走向解体。

（4）STS 通过研究科学技术是第一生产力对社会主义的生产力基础进行回答

改革开放以来，邓小平同志提出了科学技术是第一生产力的著名论断。STS 应当通过研究科学技术是第一生产力对社会主义的生产力基础进行回答。其研究要点如下。

第一，科学技术是社会化的生产力。

邓小平同志指出"现代科学技术正在经历着一场伟大的革命。现代科学为生产技术的进步开辟道路，决定它的发展方向"[4]。这表明科学技术已经成为社会化的"新生产力"。从 STS 研究来看，科学技术之所以是社会化的生产力，是因为在科学技术成为第一生产力的条件下，科学技术已渗透到生产力的各基本要素中；从劳动工具来看，出现了自动化的、智能性的劳动工具，不仅进一步解放了人的体力，并且延长和部分代替了人的智力；从劳动者来看，科学技术扩大了劳动者的体力和智力，提高了劳动者的劳动能力；从劳动对象来看，随着现代科学技术等向劳动对象的渗透和物化，劳动对象发生了质的变化等[5]。这些变化使得当代科学技术的作用可表述为：生产力 = 科学技术 ×（劳动者 + 劳动资料 + 劳动对象 + 生产管理），使现代科学技术已经成为社会化的生产力。

第二，资本主义与现代科学技术代表的新生产力的本质是不相容的。

STS 研究认为，科学技术极大地提高了人类控制自然和人自身的能力，但科学技术在运用于资本主义社会时所遇到的问题也越来越突出[6]。如马尔库塞认为，在先进的资本主义社会里，科学技术的高度发展和工业化并没有带来人的解放，相反却使科学技术自身成了一种全面统治的工具和对人性的更深的压抑。生态学家卡普拉认为，当代西方的工业化社会是建立在对自然剥削和掠夺的基础上的，在资本主义条件下，科学技术"表现为异己的、敌对的和统治的权力"[7]。这些 STS 学者的研究成果表明，现代科学技术与资本主义本质上是不相容的。

第三，社会主义与现代科学技术代表的新生产力本质上相容。

STS 研究认为，社会主义与现代科学技术代表的新生产力本质上是相容的。这种相容性不仅表现在我国实行社会主义制度，可以集中力量办大事，走出一条具有中国特色的技术创新之路，也不仅表现在马克思主义的世界观对科学技术的发展起到了有力的促进作用，更重要的是表现在社会主义制度与科学技术的本质是一致的。

STS 研究认为，科学技术的本质是转化，其基本含义是：在遵循自然规律的前提下，科学技术（特别是自然科学技术）的主要功能是实现物质和能量的有效转化，为合理调节人类经济活动与自然生态之间的物质、能量变换并提高变换的效率提供条件，满足人们的需要，提高劳动生产率，推动社会发展。科学技术转化本质的实现是一个复杂的过程，既需要科技本身的创新，又需要相应的制度创新。社会主义是以公有制为基础的，生产是为了最大限度地满足人民群众的物质文化需要，这和科学技术的转化论的本质是一致的。

（5）STS 通过对生产力与生产关系规律的再思考对社会主义的生产力基础进行回答

马克思主义基本原理告诉我们，生产力决定生产关系。但这决不是说生产力与生产关系就只有"一对一"的因果关系。STS 应当通过对生产力与生产关系规律的再思考指出生产力与生产关系的关系，不仅有"一对一"的关系，而且有"一对多"和"多对一"的关系[8]。主要表现为两种情形：当生产关系适合生产力发展的客观要求时，它对生产力的发展起推动作用；当生产关系不适合生产力发展的客观要求时，它就会阻碍生产力的发展。从时间顺序来看，生产关系与生产力有三种对应形式：前矛盾期对应、基本适应期对应、后矛盾期对应。所谓前矛盾期对应，是指生产力滞后于生产关系；所谓基本适应期对应，是指生产力和生产关系基本适应；所谓后矛盾期对应，是指生产力超越生产关系。基本适应期对应期是一个社会的稳定发展期，前矛盾期对应期和后矛盾期对应期是社会的非稳定发展期。

资本主义生产关系的基本适应期对应关系是机器大工业生产力，与工场手工生产力对应是前矛盾期，与智能信息生产力对应是后矛盾期。社会主义生产关系的基本适应期是与信息生产力对应，与机器生产力对应是前矛盾期，与高级信息生产力对应是后矛盾期。

社会主义生产关系与机器生产力对应时期是社会主义初级阶段，与信息生产力对应时期是社会主义高级阶段。十月革命以来社会主义国家的建立已经证明，在尚能为资本主义所能容纳的生产力基础上，社会主义的建立是完全可能的。不过，这种社会和马克思所设想的那种社会主义，是有着重大的质的差别的，这样，社会主义打造生产力基础的任务应该分两步走：在社会主义初级阶段要迅速赶上并超过资本主义的生产力基础，在社会主义高级阶段要形成新的生产力基础[9]。党的十三大所确认的社会主义初级阶段是特指我国生产力落后，商品经济不发达条件下建设社会主义必然要经历的特定阶段[10]。社会主义初级阶段的生产力具有二重性特点：社会主义初级阶段的生产力基础既包括机器大工业等传统生产力，又包括现代科技生产力。

STS研究认为，社会主义初级阶段的生产力基础之所以包括机器大工业等传统生产力，这是由于现实的社会主义国家是由生产力落后的国家建立的。由于生产力的发展具有连续性，在相当长的一个历史阶段中，机器大工业等传统生产力是现实的社会主义国家的生产力基础[11]。社会主义初级阶段的生产力基础之所以包括现代科技生产力，是因为科技创新是科技因素与社会因素的有机结合和统一，社会主义初级阶段的生产关系与科学技术的新的生产力具有相容性。在社会主义初级阶段，既要关注传统工业的改造，更要关注高新技术产业发展，在社会主义初级阶段完成工业化和信息化的双重任务。

2. 通过STS研究明确社会主义的生产关系

（1）马克思的第二个“理论空间”

马克思认为任何阶级社会的建立都有自己的阶级基础：奴隶社会建立的阶级基础是奴隶主和奴隶两大阶级，封建社会建立的阶级基础是地主和农民阶级，资本主义社会建立的阶级基础是资产阶级和无产阶级。根据矛盾的同一性和斗争性学说，同样，社会主义制度的完善和巩固也需要新的社会基础，这就是新型工人阶级队伍的出现。但是，新型工人阶级队伍的产生和发展有哪些特点，马克思并没有具体的论述，这是马克思主义留给其继承者的第二个“理论空间”。

（2）STS回答马克思主义的第二个“理论空间”的原则

对于新型工人阶级队伍的特点，马克思虽然没有给以明确的回答，但同样留下了以下一些重要的理论研究思路，这些理论研究思路也应成为STS回答马克思主义的第二个“理论空间”的原则。

第一，新型工人阶级队伍的形成和壮大是以生产力高度发展为前提的。

恩格斯指出，阶级的划分“是以生产的不足为基础的，它将被现代生产力的充分发展所消灭”[12]。在奴隶社会，奴隶阶级和奴隶主阶级的产生与铜制工具成为主导生产要素密切相关；在封建社会，农民阶级和地主阶级的产生与铁制工具成为主导生产要素密切相关；在资本主义社会，工人阶级和资产阶级的产生与机器设备成为主导生产要素密切相关；同样，新型工人阶级的产生和壮大与成为新的生产力代表的主导生产要素的出现密切相关。

第二，新型工人阶级和资本主义制度本质上不相容。

新型工人阶级在资本主义社会中大部分从事复杂劳动，收入较多，但仍然被资本控制和奴役。新型工人阶级有推翻资本主义、掌握自己命运的强烈要求，在本质上和资本主义制度是不相容的[13]。

（3）STS 通过研究苏联改革的教训对社会主义的生产关系进行回答

STS 要通过研究苏联改革的教训对社会主义的生产关系进行回答。在打造社会主义社会的阶级基础——新型工人阶级——方面，苏联领导人也作过很多尝试。如赫鲁晓夫提出改进苏维埃制度，勃列日涅夫在苏联宪法中提高了社会团体的地位；戈尔巴乔夫更是把公开性、民主化和社会主义多元化并列为苏共的三个“革命性倡议”[14]。但苏联始终没有通过政治体制改革造就出新型工人阶级队伍。特别是戈尔巴乔夫的政治体制改革放弃了对上层建筑领域的控制和对社会主义道路的坚持，造成在苏联苏维埃政权受到威胁的关键时刻，没有以新型工人阶级为核心的苏联民众的挺身而出和鼎力支持，结果导致资本主义上层建筑领域的回归和苏联的解体。

（4）STS 通过研究我国科学技术大军的形成过程对社会主义的生产关系进行回答

改革开放以来，党中央确认知识分子是工人阶级的一部分，这已经指明了知识分子是生产力发展的推动者。江泽民同志在党的十四大报告中又指出，知识分子是先进生产力的开拓者。这一论断更确切地反映了现代知识分子的社会作用、历史地位和应尽职责。由于这部分工人阶级具有与传统工人阶级不同的特点，因此可称为新型工人阶级。STS 要通过研究我国科学技术大军的形成过程对社会主义的生产关系进行回答，以新的姿态对待科学技术和知识分子，特别是分析新型工人阶级的出现如何能够使科学知识这种新的生产要素充分发挥作用，新型工人阶级具有哪些和科技新生产力密切相关的特点，以及我国工人阶级科学技术大军的形成规律等，通过研究我国科学技术大军的形成过程对社会主义的生产关系进行回答。

（5）STS 通过揭示社会主义初级阶段的生产关系的二重性特点对社会主义的生产关系进行回答

社会主义初级阶段的生产关系也具有二重性特点：既有社会主义经济制度的共性，又有社会主义经济制度的特性[15]。STS 研究要揭示社会主义初级阶段的生产关系的二重性特点：既有社会主义生产关系的共性，又有社会主义生产关系的特性。社会主义初级阶段生产关系的共性是社会主义初级阶段作为主体的公有制，社会主义公有制既要起解放和发展生产力的作用，又要起消灭阶级对立与剥削、实现社会主义的公平正义与共同富裕的作用。其特性是社会主义初级阶段还存在多种非公有制经济，它与作为社会主义经济的公有制经济既可以平等竞争、共同发展，又存在与社会主义经济矛盾的一面[16]。

3. 通过 STS 研究明确社会主义的经济基础与上层建筑

经济基础是指由社会一定发展阶段的生产力所决定的生产关系的总和。上层建筑是建立在一定经济基础之上的意识形态以及相应的制度、组织和设施。经济基础决定上层建筑，上层建筑对经济基础具有能动的反作用[17]。经济基础与上层建筑矛盾运动的规律，是人类社会发展的另一个基本规律。深刻地理解和掌握这一规律具有重要的意义，要通过 STS 研究进一步明确社会主义的经济基础与上层建筑的特点。

（1）通过 STS 研究揭示社会主义初级阶段国家宏观调控职能的二重性特点

宏观调控亦称国家干预，是政府对国民经济的总体管理。由于社会主义初级阶段的生产力具有二重性的特点，它们对应的宏观调控手段不同，因此，社会主义初级阶段的国家宏观调控职能也具有二重性：既具有经济调控的职能，又具有加快创新的职能。要通过 STS 研究揭示国家宏观调控职能的二重性特点，特别要研究在科技成为第一生产力的情况下，需要通过创新调控建立与科学技术是第一生产力相适应的生产关系，充分发挥政府在创新中的作用，促进创新型国家的建立。

（2）STS通过对“三个代表”重要思想的研究表达党的新型工人阶级的属性

“中国共产党必须始终代表中国先进生产力的发展要求，代表中国先进文化的前进方向，代表中国最广大人民的根本利益”，这是江泽民同志对“三个代表”重要思想的集中概括[18]。STS要通过对“三个代表”重要思想的研究表达党的新型工人阶级的属性：中国共产党是先进生产力的代表，内在地包含中国共产党是新型工人阶级的代表的内涵，这是从生产力方面对新型工人阶级属性的肯定；中国共产党人是先进文化的代表，也就是新型工人阶级意识形态的代表，这是从意识形态方面对新型工人阶级属性的肯定；由于工人阶级的利益和最广大人民的根本利益是一致的，因此，决定成为先进生产力代表的同时必然成为最广大人民的利益代表，这是从利益机制方面对新型工人阶级属性的肯定。因此，“三个代表”思想的提出是对中国共产党阶级属性的肯定和扩大[19]。

（3）通过STS研究加强对社会心理方面的社会意识的研究面

社会存在决定社会意识，社会意识既具有意识形态方面的内容，又具有社会心理方面的内容。长期以来，社会主义理论对上层建筑的社会意识形态的关注较多，而对社会心理方面的社会意识则关注较少。

当前要通过STS研究加强对社会心理方面的社会意识的研究面，从社会存在与社会意识的关系上探讨这类社会意识产生、发展的基础和机制，探讨它们在社会生活中所起的作用和具有的意义。如STS研究中讨论的“产业意识”就属于社会心理的、非意识形态的社会意识。STS研究应当探讨产业意识的含义，划分和比较农业产业意识、工业产业意识与信息产业意识的特点，从社会存在与社会意识的关系分析产业意识的地位和作用，特别是分析在我国从农业产业意识向工业产业意识转变，又从工业产业意识过渡到信息产业意识的地位和作用[20]。

二、通过社会主义理论体系的结合促进STS学科建设

随着科学技术与社会互动作用的增强，STS（科学技术与社会）研究在国内外学术界日益兴起。STS是一个具有强烈社会现实意义的研究领域，中国和西方国家国情不同，存在话语权之争。必须明确在STS研究的宏观领域，我国STS学者必须坚持马克思主义指导，善于运用它的立场、观点、方法去分析解决STS研究中的问题，掌握宏观领域的话语权，引领STS研究。而在STS研究的微观领域，则应该认真学习和借鉴西方STS学者的研究方法和研究成果，特别是定性分析和定量分析相结合的方法，不断为我国的STS研究打开广阔的视野，注入新的活力。通过社会主义理论体系与STS研究的结合，可以在历史唯物主义框架内明确STS研究的学科进路，解决STS研究无心化、无向化、无序化、边缘化等问题，加速中国特色的STS理论体系构建，促进STS学科建设。

1. 通过和社会主义理论体系结合可以明确STS研究的内涵，解决STS研究的无心化问题

任何一门学科都有自己特定的研究内容，更有自己的研究核心，通过与社会主义理论体系的结合可以明确STS研究的核心，解决STS研究的无心化问题。

科学、技术与社会是20世纪60年代和70年代初诞生的一门新兴学科，STS是其缩写

词[21]。科学、技术与社会作为一门新学科，对于科学、技术与社会（STS）的研究对象，目前的 STS 学者有各种各样的认识。如米切姆认为“STS 研究形成了科学、技术与社会之间的新关系的探求”，并提出了 STS 内容结构的三元模式：科学、技术与社会（STS）教育，科学技术研究，科学技术与公共政策[22]。我国学者殷登祥教授认为“STS 是一门研究科学、技术与社会相互关系的规律及其应用，并涉及多学科、多领域的综合性学科”，并提出了复合三元模式：理论 STS、应用 STS 和历史 STS。[23]日本学者则强调 STS 的内容包括 STS 研究和 STS 教育，也可称之为研究－教育模式[24]。但目前在 STS 的微观研究中，却存在局部化问题。如目前在 STS 研究中盛行实验室研究和行动者—网络研究等，既体现了目前在 STS 研究中的经验转向，也反映了 STS 研究的微观化和局部化倾向。

由上可见，对于“什么是科学、技术与社会的研究对象”这个问题，STS 学者在外延上已经有了一个比较明确的答案，这就是科学、技术与社会的相互关系，但在内涵上却缺乏共识，特别是缺乏对研究核心的共识，这种情况可称为 STS 研究的无心化现象。通过与社会主义理论体系的结合，有助于 STS 明确其研究内涵，解决 STS 研究的无心化问题。

马克思主义认为，在科学技术成为第一生产力的情况下，人类社会如何通过科学技术认识和改造客观世界的问题成了当代世界的基本问题。STS 主要是研究人类社会通过科学技术获得能力，进而去改变客观世界的问题，这也就是科学技术转化为生产力，进而改造生产关系，变革经济基础和上层建筑的过程。STS 研究包括 STS 总论、STS 静力学和 STS 动力学，具体说来，STS 总论主要是对社会主义社会生产力和生产关系、经济基础和上层建筑的关系进行新探索，明确其特点，其研究内容构成了中国特色社会主义理论的基本内核；STS 静力学主要从静态角度研究社会主义社会的结构，探讨科学、技术与社会之间的相互关系，偏重在性质、结构、功能和价值方面的分析；STS 动力学主要从动态方面研究社会主义社会科学、技术与社会的相互关系，探讨在社会主义社会中 STS 运动、发展的规律性。

2. 通过与社会主义理论体系的结合明确 STS 研究的走向，解决 STS 研究的无向化问题

当前，大量的 STS 研究都涉及在社会科学技术化的情况下，通过生产和生活的科技化，未来社会的发展走向问题。在这里众说纷纭，缺乏明确的认识，出现了 STS 研究的无向化问题。如美国社会学家贝尔提出了“后工业社会”的概念，认为“后工业社会”是以科学技术理论知识为核心的“知识社会”。美国社会学家阿尔温·托夫勒认为第三次浪潮从 20 世纪 50 年代中期开始，它将从工业文明走向信息文明。美国未来学家奈比斯特认为美国社会正处于新旧交替的夹缝时期，其中最根本的变化是工业社会变成信息社会。我国学者余谋昌认为，随着新的科技革命的深入进行，正在走向新的生态文明时代[25]。

STS 研究通过与社会主义理论体系的结合，可以发挥马克思主义的指导作用，解决 STS 研究的无向化问题。从马克思主义看来，西方学者关于未来社会的发展走向的说法只是从科学技术的角度来看待社会的性质，只是揭示了社会科学技术化的一面，要了解未来社会的性质，还需要从整体上揭示未来社会的本质特征。显然，未来社会是科学技术与社会和谐的社会，未来社会是 STS 社会但更是社会主义社会，上述特征只不过是未来社会主义社会局部特征的描述。

3. 通过与社会主义理论体系的结合提出科学技术本质的新范式，解决 STS 研究的无序化问题

STS 研究的基本问题是科学技术和社会的关系问题，STS 研究范式的扩展过程也就是科

学技术概念的内涵和外延的不断扩大过程，也就是科学技术范式的不断扩大过程。但目前的STS研究中缺乏有效的范式整合，存在无序化问题。如澳大利亚布里奇斯托克教授（M. Bridgstock）在其所著的《科学技术与社会导论》一书中指出，STS研究应包括以下内容：科学技术共同体，包括科学技术的重要性、STS研究的起源、科学家的社会责任、科学研究中的是非、科学技术争论；社会中的科学技术，包括科学、技术与产业革命，科学和技术在经济中的作用，科学技术与公共政策，科学技术与欠发达国家，科学、技术与人类未来等[26]。这种STS研究的无序化倾向模糊了STS的研究边界，不利于STS研究的学科整合。

与社会主义理论体系的结合可以提出STS新的科学技术转化论研究范式，其主要内涵是：科学的本质是人类实现物质和能量的有效转化的一种知识体系和认识活动，而技术是实现这种有效转化的实践活动，在科学技术成为第一生产力的情况下，可以充分发挥物质资源守恒以及信息资源可共享、非稀缺性的特征，通过科学技术的发展实现其有效转化。

从STS学科范式演进的角度来看，STS研究的演进可以分为三个阶段：第一阶段是多学科研究阶段，第二阶段是交叉学科阶段，第三阶段是超学科阶段。科技转化论范式的作用表现在对各个时期科学技术的范式的整合过程中。

在多学科研究阶段，人们普遍认为科学是一种知识体系和认识活动，而技术主要是“技能”或“工具”等。科技转化论范式认为这个时期的科学观突出了在物质转化过程中科学的预测作用，而技术观则突出了在物质转化过程中技能和工具的作用。在交叉学科研究阶段，出现了“人工自然过程说”“演化说”“技性科学说”等科学技术观。科技转化论范式认为这个时期提出的科学技术观强调科学技术的转化作用是在人类对自然界的认识和改造的过程中实现的。在超学科阶段，出现了科学建构论（SSK理论）、技术建构论、“行动者网络说”等科学技术观。科技转化论范式认为这个时期提出的科学技术观都强调科学技术的转化活动是在一定的社会建制下进行的，从而为关于科学技术的社会学分析、政治学分析和经济学分析提供了正当性和合理性[27]。因此，基于新的研究范式，可以对现有的技术和科学的本质观有效地进行范式整合，解决STS研究的无序化问题。

4. 通过与社会主义理论体系的结合可以推进STS研究的大众化，解决STS研究的边缘化问题

随着科学技术的社会化和科学技术研究的外在主义导向的发展，20世纪70年代以来，逐步建立和形成了科学技术的社会建构论，所有的建构论者都反对把科学仅仅看成理性活动这一传统的科学观，认为科学行动都是有利益导向的，削弱甚至完全否定经验世界在限定科学知识发展方面的重要性。社会建构论和利益分析纲领在学术界受到了较为广泛的批评，通过与社会主义理论体系的结合，才可以对社会建构论和利益分析纲领进行正确解读，吸取其合理成分，推进STS研究的大众化，解决STS研究的非主流化和边缘化问题。

目前在STS研究中还存在把简单问题复杂化的神秘化趋势，其趋势在科学技术实在的社会建构、黑箱理论、形式社会学、科学隐喻等方面的研究中随处可见[28]。上述STS研究的神秘化趋势极大地影响了STS研究成果的普及和应用，需要通过与社会主义理论体系的结合解决STS研究的神秘化问题，促进STS研究成果普及，使STS研究尽快走进我国干部和广大公众中，有效增强STS的学科竞争力。

参考文献

[1] [9] [13] 郑文范．论马克思主义的两个“理论空间”与社会主义生产力基础的建立 [M] //科技与社会（STS）研究．沈阳：东北大学出版社，2009：42－51.
[2] 王占阳，王小英．对马克思恩格斯社会主义物质基础理论的再认识 [J]．长白学刊，1988（6）：39－43.
[3] 谢立中．社会变迁过程中的复杂性 [J]．首都师范大学学报：社会科学版，2003（2）：92－99.
[4] 沈仲衡，赵扬，吴留戈．思想解放与法学理论创新 [J]．当代法学，2003（10）：2－5.
[5] [11] [17] 《马克思主义基本原理概论》教材编写课题组．马克思主义基本原理概论 [M]．北京：高等教育出版社，2007：91，203，91－96.
[6] 刘国男．在中小学生中大力开展科学教育 [J]．大连教育学院学报，2002，18（3）：22－24.
[7] 马克思．机器。自然力和科学的应用 [M] //马克思，恩格斯．马克思恩格斯全集：第 47 卷．北京：人民出版社，1979：571.
[8] 段含璋，章云．改革开放与生产力发展规律 [J]．青岛大学师范学院学报，2000，17（1）：40－43.
[10] 周进志．思考与建议：《毛泽东思想、邓小平理论和“三个代表”重要思想概论》教学随笔 [J]．科技信息：学术版，2007（29）：308－310，312.
[12] 恩格斯．社会主义从空想到科学的发展 [M] //马克思，恩格斯．马克思恩格斯选集：第 3 卷．北京：人民出版社，1975：376－443.
[14] 石俊田．科学社会主义理论与实践案例教材 [M]．沈阳：东北大学出版社，2003.
[15] 任静．专升本政治经济学复习指导 [J]．成人高教学刊，1995（3）：43－56.
[16] 卫兴华．社会主义经济制度若干理论问题的认识 [J]．新视野，2007（1）：20－22.
[18] 乔旺．关于“发展先进文化，就是建设社会主义精神文明”的思考 [J]．内蒙古宣传，2001（Z1）：13.
[19] 葛玉红．在“两课”教学中对“三个代表”重要思想的若干思考 [J]．南京邮电学院学报：社会科学版，2004，6（3）：45－48.
[20] 陈昌曙．陈昌曙技术哲学文集 [M]．沈阳：东北大学出版社，2002：243.
[21] 李复新，瞿葆奎．教育人类学：理论与问题 [J]．教育研究，2003（10）：3－13.
[22] S. H. 卡特克利夫，C. 米切姆．科学、技术与社会讲习会学术报告提纲 [C]．北京，1992：3.
[23] 殷登祥，等．当代科学、技术与社会（STS）前沿：技术的社会形成 [M]．北京：首都师范大学出版社，2004：4.
[24] [25] 殷登祥．科学、技术与社会概论 [M]．广州：广东教育出版社，2007：318，193－197.
[26] M Bridgstock，D Burch，J Forge，et al. 科学技术与社会导论 [M]．刘立，等译．北京：清华大学出版社，2005：1－2.
[27] 李正风．实践建构论：对一种科学观的初步探讨 [M] //李正风．走向科学技术学．北京：人民出版社，2006：231－242.
[28] 瑟乔・西斯蒙金多．科学技术学导论 [M]．许为民，孟强，崔海灵，等译．上海：上海世纪出版集团，2007：1－2.

陈昌曙产业哲学思想评析

万长松
(燕山大学文法学院　河北 秦皇岛　066004)

摘　要：陈昌曙教授不仅是中国技术哲学的奠基人，而且是产业哲学的开拓者，他提出了第一个产业哲学研究纲领。他从是否具有经济效益和规模效应等方面区分了生产与技术，提出了产业与技术划界的思想。他把现实化、对象化和体系化的技术，即将产业技术置于自己技术哲学研究的核心地位，并通过产业技术深入到产业哲学研究领域。为了实现产业结构的转型升级，他呼吁必须培养现代产业意识。陈昌曙工程主义传统的产业哲学开辟了自然辩证法新的研究领域，为未来的产业研究提出了若干指导原则和重要问题。

关键词：陈昌曙；产业技术；产业意识；产业特征；产业哲学

陈昌曙（1932. 7—2011. 3）是当代著名哲学家，中国科学技术哲学“东北学派”的主要代表人物之一，工程主义传统的技术哲学的创始人。1982 年，他在《光明日报》发表了第一篇与技术哲学有关的论文[1]，提出了科学与技术划界的思想，强调在技术与科学之间存在重要的、本质的差异，从而奠定了技术哲学学科在中国的独立地位。同时，他还是产业哲学（产业论）的开拓者，提出了第一个“产业研究论纲”，从总体上研究了产业特征、产业技术的性质和产业意识的作用。由于“产业是极重要的人工自然对象，产业特征反映着人与自然关系的深度和性质”[2]，因此除了经济学的思考以外，还需要对产业进行哲学研究。陈昌曙立足中国本土和东北老工业基地，着眼工程技术和产业技术，在技术哲学研究的具体化或技术哲学的应用研究过程中，形成了独具特色的产业哲学（产业论）思想。

一、产业与技术划界的思想

20 世纪 80 年代初，技术与产业（工业）几乎同时进入陈昌曙教授的视野。他在第一篇以“技术哲学”为主题词的论文中列举了关于技术哲学的第一批词条，其中就包含了产业哲学需要研究的重要范畴，例如工业革命、工业化、工业现代化、工业化社会、后工业化社会……[3]而阐明生产与技术之间重要的、本质的差别成为他研究产业哲学的逻辑起点。然而，正如很难描述科学与技术的差异一样，要想说明技术与生产的区别也不容易。同为改造物质世界的实践活动，技术与生产始终结合在一起，不以生产为基础的技术和没有技术的生产都是难以想象的。但是，陈昌曙教授还是从五个方面来说明技术与生产的区别。

第一，“范围（外延）不同，并因而效益（功能）各异”[4]。可以说，能够带来显著的经济效益是产业区别于技术特别是非生产性技术的重要标准。众所周知，技术并不都是生产性的，还有大量非生产性的技术，比如军事技术、医疗技术、教育技术、体育技术等。前者能够增加物质财富和创造经济效益，后者并不能创造直接的经济效益，但却具有重要的社会价值。即便是生产技术，如果没有与劳动者和生产资料相结合，没有实现技术成果向现实生产力的转化，没有把实验室样品转化为商品和服务，没有把知识价值转变为商品价值，也是无法“赚钱”的。相反，产业却是与经济效益直接同一的，人类“通过实践改造对象世界，进行生活资料的生产，并以产业的形式为自己提供生活资料，这证明了实践从而产业通过‘投入’和‘产出’，不仅仅是要获得效果，而且是要获得有效益的效果”[5]。换句话说，技术主要考虑“怎样”达到目的，产业还要考虑怎样“经济地”达到目的；技术主要考虑“怎样”实现对象化，产业还要考虑怎样“经济地”实现对象化。

第二，“即使是在生产领域或物质生产部门，技术更多表明的是生产的可能性和质的方面，而不是现实生产和生产的量的方面”[6]。技术致力于创造人工物，是一个“从无到有”的创建和加工人工自然的过程；而产业致力于生产社会物，是一个“从一到多”的生成和扩展社会自然的过程。生产出一个样品不等于就能批量生产出多个产品，批量生产技术才是衡量现实技术或产业技术发展水平的标志。因此，“量”对于产业就具有特别重要的意义，“它是产业的存在方式，是产业区别于工程、技术的质的规定性”[7]。技术只是生产的必备的重要的条件，但不是充分条件。也就是说，没有技术无法生产，只有技术也不能生产。现实的生产不仅涉及技术的优劣，更要有产品的连续和数量。

第三，“技术与生产的发展规律性不同，各有特点”[8]。技术始于发明，成于研制，“终”于推广应用，整个过程具有较大的探索性、不确定性、创新性；而生产始于技术的推广，成于设备和工艺的定型，“终”于批量的产品和效益的产出，整个过程具有更大的计划性、确定性和重复性。

第四，“管理的内容和方式不同”[9]。技术管理与生产管理相比，本质区别是前者具有较大的弹性。比如，在工作内容、工作进度、作息时间等方面，一个从事产品开发的工程师比一线车间的工程师具有更大的灵活性。

第五，生产水平和技术水平往往是不平衡的。大到一个国家，小到一个企业，技术的提高与生产的发展常常会出现一个“时差”。近代以来，技术革命与产业革命就是存在着“时差”的。在个别情况下，二者还会出现“相悖”，表现为技术守旧而生产增长（比如某些资源型企业在需求旺盛时），或者技术先进而生产衰退（比如某些高技术企业在融资困难时）的彼此逆行的情况。

在产业与技术的五点区别中，能否创造直接的经济效益和产生一定的规模效应是更为根本的。对于技术而言，效益与规模之间并无内在联系；而对于产业而言，生产规模的扩大往往意味着成本的降低与收益的提高。在马克思看来，“工业的历史和工业的已经生成的对象性的存在，是一本打开了的关于人的本质力量的书”[10]。与技术相比，产业（工业）是人类更为深入地认识天然自然、创造人工自然和发展社会自然的过程，产业更为全面地展现了人的本质力量，也更为彻底地改造了人类社会和人本身。陈昌曙教授之所以下气力去论证技术与科学、技术与生产的划界，直接目的是为了强调技术的相对独立性，但也间接论证了生产的相对独立性，为产业哲学从技术哲学中独立出来奠定了基础。

二、产业技术是现实的技术

现实技术是对象化或物化技术。如果把以发明、专利、样品形式存在的技术称为智能技术或潜在技术的话，那些应用于实际生产和工程建设中的技术就是物化技术或现实技术。归根结底，技术要运用物质手段去处理物质材料、生产物质产品和提供实在的服务。在陈昌曙教授看来，技术主要是反映人与自然的能动关系范畴，是“人们为了满足自己的需要而进行的物质、能量和信息转换的人工化的过程、手段和方法”[11]，即主要是指产业技术和工程技术。显而易见，只有构思、发明、设计、样机和试验结果还不是产业技术，产业技术是体现于实际生产过程、制作过程或服务过程的现实技术。技术从智能形态过渡到物化形态，或者从潜在技术发展到现实技术涉及经济、政治、社会、文化等诸多因素，这里不仅仅是技术问题，或者说主要不是技术问题。“现实技术与智能技术相比不仅有程度（量的）差异，还有功能和结构（质的）区别。”[12]产业技术除了要实现批量和规模生产之外，还必须具有更高的效率和更低的能耗，必须具有更好的操作性和更大的安全性，生产设备可靠地持续运转和便于维修，生产所用的原材料更便宜和容易获取，等等。总之，产业技术是与生产对象、制作对象、服务对象以及生产者、管理者、消费者密切相关的技术，是对象化的现实技术。

此外，产业技术还是由多种技术构成的复合体，是体系化的现实技术。单一技术不是现实技术，现实技术必须是一个由若干基础技术和支撑技术构成的技术系统。陈昌曙教授认为，人类社会最重要和最基本的现实技术系统就是由“产业基础技术”和“产业支撑技术”构成的产业技术系统。前者是某一产业特有的或专有的标志性的技术，后者是各个产业通用的、起支撑作用的技术[13]。其中，“产业基础技术”对于技术进步或产业进化都具有特别重要的意义。这是因为：一方面，产业基础技术不仅是现实技术，而且是基本技术，是人类改造物质运动状态能力的标志；另一方面，“基础技术的重大创新和变革，会从根本上改变产业的面貌”[14]。历史上，从碱性平炉炼钢法到吹氧转炉炼钢法的技术创新，不仅是炼钢工艺的巨大进步，而且对整个冶金产业产生了巨大推动，比如使连铸连轧成为钢铁产业的基础技术。

陈昌曙教授从来也没有把技术哲学停留在“一般技术”的抽象思辨上，也没有纠缠于“特定技术”的细枝末节，而是对以产业技术为代表的处于中间层次的“类技术”表现出极大的兴趣，并且通过对产业技术的研究转向技术创新和产业哲学研究。因此，产业技术就成为联系着技术哲学和产业哲学的桥梁和纽带。从技术形态论来看，产业技术是技术对象化和体系化的形态。只有产业技术才能制造（提供）出商品（服务），并形成现实的生产力。因此，“以技术作为整体来研究的技术论（包括技术哲学与技术社会学）不研究产业技术，便难以揭示技术的本质、属性和功能价值”[15]。从技术过程论来看，构思、发明只是技术的最初形态或潜在状态，必须在生产过程中实现技术的产业化、商业化和社会化，把潜在技术转化为现实技术即产业技术，从而显示出技术的社会功能。所以，“我们讲科技成果转化，主要是指转化为产业技术”[16]。可见，从产业技术出发，对技术形态和技术过程进行分析，打开“技术黑箱”，揭示技术创新与产业演化的非线性关系，阐明促进科技成果产业化和实现产业结构优化升级的内在机理，有可能走出一条与产业经济学相异的研究进路。陈昌曙教授对产业技术的研究无疑起到了承上启下的作用，他打通了技术哲学与产业哲学之间的壁垒，开辟了产业论与产业创新研究之先河。

三、产业意识是关于生产力的社会意识

如果说产业技术是产业活动的物质基础、运行载体和实现手段，那么，产业意识就是产业活动的主观映象和思维抽象。由于生产是社会性的，所以产业意识是社会意识的一种表现形式。产业技术决定产业意识，有什么样的产业技术就有什么样的产业意识；产业意识对产业技术具有反作用，要想实现产业技术创新和产业结构升级，首先需要转变产业意识。产业活动就是由产业技术和产业意识构成的对立统一体，二者的互动促进了产业活动的进化和深化。

陈昌曙教授首次阐发产业意识的内涵、性质与意义。他把产业意识定义为“人们在长期从事某种产业活动的过程中养成和积累积淀下来的，与这种产业的性质和操作相适应的理性认知、思维模式、行为规范、心理体验、日常习惯”[17]。比如，农业产业意识的主要内容就是顺应（自然）意识、经验意识和工具意识等，而工业产业意识主要强调变革（自然）意识、科技意识和机器意识等。从本质上说，产业意识是观念的东西，属于社会意识的范畴，因此区别于由产业技术、产业结构和产业制度构成的社会存在；产业意识多为人的体验和感悟，属于社会心理层面，因而地位低于理论化、系统化了的“社会意识形式”；产业意识是在长期产业活动中形成的，这种社会意识与生产力的发展直接相关，属于非意识形态的（中性的）社会意识，从而有别于党派性较强的政治思想、法律观念、哲学世界观、宗教信仰等属于上层建筑的社会意识形态。

为了转变经济发展方式，实现产业结构的优化升级，不仅需要产业技术和产业制度创新，而且需要产业意识创新，特别是要培养现代产业意识。产业意识对产业活动的影响主要有两种情况：“一是特定的产业意识会成为相应产业活动的‘范式’，使这种产业活动得到进一步稳定和稳固的发展；二是在新产业出现或在人们由从事原有产业活动转换到另外的产业部门工作时，已有的产业意识范式可能导致他们对新技术和新产业的意义估计不足。”[18]以加工制造业为例，其特有的产业意识主要包括质量意识（不仅关注产品的产量，而且注重提高产品和售后服务质量）、市场意识（不是按照计划而是按照市场需求生产）、创新意识（不断推出新产品、采用新工艺）、更新意识（机器设备折旧快）、科技意识（重视自然科学和管理科学的应用）等。上述产业意识不仅构成了“第二产业文化”的核心内容，而且反映了第二产业生产力发展的本质——“机器代替劳动工具”[19]。与以手工工具为基础的劳动密集型产业不同，加工制造业是以大机器、自动机为基础的资本密集型产业，使用好、维护好和及时更新机器设备，使之能够源源不断地转移出劳动力价值就成为工业产业意识“范式”。

显然，这种产业意识对于第三产业活动是不合时宜的。例如，尽管电子计算机和网络仍属于“机器”（微机器、智能机）范畴，但它们已经不是信息产业的核心。现代信息产业是以知识创新和技术创新为基础的知识密集型产业。信息产业意识并不是对工业产业意识的根本否定，而是对其的保留和“超越”。陈昌曙教授把这种“超越意识”概括为五个方面：一是超越科技是生产力的“科技意识”，树立以知识为本的“智能首位意识”，把自主知识产权、专利和“know how”置于首要地位；二是超越创造意识，树立创新意识，这是因为信

息产业主要取决于知识和智能的水平，几乎不受资源和能源的制约；三是超越一般的时间意识，树立“剧变意识”；四是超越人才意识，树立精英意识；五是超越线性意识，树立机遇意识。发展信息产业不仅需要付出知识和汗水，更需敏于识别和抓住机遇，培养非线性的思维方式。

农业产业意识已经存在了几千年，工业产业意识也有了几百年的历史，而信息产业意识尚在形成中。尽管陈昌曙教授对信息产业意识所作的概括未必全面和准确，但在我国信息产业刚刚起步之初，强调传统工业产业意识与现代信息产业意识之间的区别和转变还是非常有意义的。进入21世纪，我国的新型工业化面临着双重任务——既要实现工业化，又要实现信息化，这也必然面临着产业意识的双重转变——“由农业产业意识转变为工业产业意识，由农业产业意识和工业产业意识转变为信息产业意识。”[20]产业意识是关于生产力的社会意识，因此，产业技术和产业意识的双重创新对于产业结构升级同等重要；同时，由于社会意识对于社会存在的相对稳定和滞后，为了实现双重任务首先需要实现双重转变。总之，产业意识的现代化和产业结构的高级化是相辅相成的关系，二者在历史发展的过程中最终实现统一。

四、产业哲学研究纲领

陈昌曙教授提出了第一个产业哲学研究纲领。他的《产业研究论纲》一文不仅讨论了产业研究的重要性、产业分类和产业技术的特点，还涉及产业经济、产业意识、产业结构、产业人才和产业政策等内容；不仅对我国的产业发展进行了具有“预见力”的理论分析，而且对产业研究提出了一系列具有“启发力”的重要问题。“成熟科学是由研究纲领构成的，在研究纲领内，不仅预见了新颖事实，而且在某种重要的意义上，还预测了新颖的辅助理论；成熟科学不同于缺乏想象力的试错法，是具有‘启发力’的。”[21]如果以上述标准去评价陈昌曙教授的工作，那么他的“产业研究论纲”无疑就是产业哲学的研究纲领。

“产业研究有重要的现实意义，实现现代化必须振兴产业，产业的现代化、高级化必须考虑到各种产业的类型和特征。”[22]因此，产业哲学必须首先把“产业类型”和“产业特征”作为研究对象。事实上，社会经济生活中的每一种产业都有其特有的存在条件、对象范围、运行规范和功能目标，这些要素就构成了不同产业的特征、素质和性格。譬如，第一产业主要是利用天然自然条件，直接从自然界中取得产品（农产品或矿产品）；第二产业主要是创造人工自然，对第一产业取得的初级产品（原材料）进行加工；第三产业主要是与人打交道，保证社会经济生活的运行。因此，第一产业的存在方式以劳动密集型为主，生产过程的规范化程度低，难以从产品看技术，劳动生产率提高慢；第二产业的存在方式以资本密集型为主，生产过程的规范化程度高，可以从产品看技术，劳动生产率提高快；第三产业以知识密集型为主，劳动过程的灵活性、自由度高，对以实体经济为主的第二产业依存度高。产业哲学不仅要分门别类地研究不同的产业活动，还要概括地研究每一类产业的共性和普遍规律，立足于三次产业的不同特征来研究它们之间的关系和转化。比如，针对三次产业的不同特征，第一产业今后要把“资源节约型”作为产业目标，解决好人与自然协调发展的问题；第二产业的目标是“环境友好型”，处理好工业发展与环境保护的关系；而第三产业的目标是“社会和谐型”，协调好公共关系和改进人际交往。

尽管从经济学的角度研究产业是约定俗成的进路，但陈昌曙教授认为，如果不紧密结合产业技术特征，对产业经济、产业政策的研究就难以深入和具体化。只有考虑到各类产业的技术特征，才能恰当地确定不同企业的生产效益指标，才能制定正确的产业政策指导产业发展。因此，不能搞“一刀切”或只讲一种模式。一方面，虽然各个产业都有扩大品种、提高质量和增加效益的问题，但不同部门的产业技术存在较大差异。以油田、矿山等采掘业为例，相对于品种、质量等经济指标，采收率等数量指标更为重要。也就是说，哪家企业把地下的原油、原煤和原矿等资源尽可能多地开采出来，它的技术经济指标就好。同理，由于受资源丰度和开采难易程度的局限，用投入产出的效益指标来衡量采掘业的经营状况也是存疑的。另一方面，在市场经济条件下，针对各类产业既要有共同的产业政策，又要有因产业特征而异的产业政策。陈昌曙教授认为：“政府应当支持对国家命运有关的战略产业、新兴产业，或给某些产业以特殊的政策倾斜和必要的投资，这类政策也与产业特征、产业技术、产业经济相关。”[23]今天，国际金融危机的影响尚未平息，主要国家都把发展战略性新兴产业作为摆脱危机的手段。无论是以市场调节型为主的欧美国家，还是以政府主导型为主的东亚国家和地区，都对未来需要重点发展的战略性新兴产业给予必要的培育和扶持政策。“扶持的重点一方面体现在相关配套政策体系的建立上，另一方面则更多地表现在对这些产业的技术研发、支撑体系建设等的资金投入上。”[24]显而易见，无论是对发展战略性新兴产业的预见，还是对培育和扶持战略性新兴产业的政策分析，陈昌曙先生20年前得出的结论与今天的主流观点不谋而合。

作为中国技术哲学的奠基人和产业哲学的开拓者，陈昌曙教授初步形成了一个工程主义传统的产业哲学研究纲领。这一纲领以技术与产业的划界思想为基础，以“产业技术”为核心，以“科技成果产业化”和“产业意识现代化”为两翼，以开拓自然辩证法研究新境界和服务经济社会发展为己任。但囿于时代以及学术兴趣之所限，主要侧重于对具体产业活动进行分析，并未明确提出和阐发“产业哲学”这一概念；主要关注了以加工制造业为代表的传统产业，对以新一代信息技术为代表的战略性新兴产业的研究略显不足；在对产业积极意义肯定的同时，产业批判研究也略显不足，有待后人发展。在“第八次全国技术哲学研讨会”上，陈昌曙教授讲了三句话：“没有特色（学科特色）就没有地位；没有基础（基础研究）就没有水平；没有应用（现实价值）就没有前途。”[25]笔者认为，这三句话不仅适用于技术哲学研究，同样也是产业哲学研究的指导思想，是陈昌曙先生留给我们最宝贵的精神遗产。

参考文献

[1] 陈昌曙. 科学与技术的统一和差异 [C] //陈昌曙. 陈昌曙技术哲学文集. 沈阳：东北大学出版社，2002：9－14.

[2] [13] [22] [23] 陈昌曙. 产业研究论纲 [J]. 自然辩证法研究，1994 (11)：48，50，53.

[3] 陈昌曙. 简论技术哲学的研究 [J]. 东北工学院学报，1983 (1)：46.

[4] [8] [9] 陈昌曙. 技术与生产的联系和区别 [J]. 科学技术与辩证法，1987 (4)：1－2.

[5] 曾国屏. 唯物史观视野中的产业哲学 [J]. 哲学研究，2006 (8)：4－5.

[6] [12] [14] 陈昌曙. 技术哲学引论 [M]. 2版. 北京：科学出版社，2012：103，99，86.

[7] 万长松. 产业哲学引论 [M]. 沈阳：东北大学出版社，2008：46.

[10] 马克思. 1844年经济学哲学手稿 [M] //马克思，恩格斯. 马克思恩格斯文集：第1卷. 北京：人民

出版社，2009：192.
［11］陈红兵，陈昌曙．关于“技术是什么”的对话［J］．自然辩证法研究，2001（4）：19.
［15］远德玉．产业技术论［M］．沈阳：东北大学出版社，2005：1.
［16］陈昌曙．STS研究与中国国情问题［J］．自然辩证法研究，1992（S1）：90.
［17］［18］［20］陈昌曙．实现信息化需要有观念的更新［J］．东北大学学报：社会科学版，2001（3）：163，165，166.
［19］马克思．1861—1863年经济学手稿［M］//马克思，恩格斯．马克思恩格斯文集：第8卷．北京：人民出版社，2009：315.
［21］伊·拉卡托斯．科学研究纲领方法论［M］．兰征，译．上海：上海译文出版社，1986：121.
［24］骆祖春，范玮．发展战略性新兴产业的国际比较与经验借鉴［J］．科技管理研究，2011（7）：37.
［25］陈昌曙．保持技术哲学研究的生命力［J］．科学技术与辩证法，2001（3）：43.

（本文原载于《自然辩证法研究》2012年第10期）

从技术的社会型塑看中国的三网融合

王能能　徐　飞

（中国科学技术大学人文社会科学学院　安徽 合肥　230026）

摘　要：三网融合是一次重要的产业变革，也是信息通信技术领域的一次整合创新。以技术的社会型塑理论为依托，分析了我国三网融合的动力机制及其创新过程的复杂性和地方性，在此基础上尝试探讨为什么要进行三网融合、我国三网融合的困境以及如何走出困境这三个问题，为有效推进我国三网融合创新的实践活动提出了理论依据和策略建议。

关键词：三网融合；社会型塑；动力机制；复杂性；地方性

2010 年 1 月 13 日，温家宝主持召开国务院常务会议，决定加快推进电信网、广播电视网、互联网的三网融合。然而，我国的三网融合从 1998 年提出至今，历经十多年的发展，并未取得实质性进展，工信部电信研究院副院长曹淑敏曾明确表示，“三网融合虽早已启动，但目前来看进展并不理想，困难重重”①。这种状况也引起了学界和业界的广泛讨论，体制机制问题以及技术创新则成为讨论的重点。“我国广电业和电信业在运营体制上存在的差异，严重阻碍三网融合的实施。”[1] “在三网融合推进过程中，体制机制问题的重要性要远远大于业务和网络的融合。”[2] “来自技术领域的挑战，是摆在三网融合面前的又一个重大课题，必须依靠网络的改造乃至技术的创新才能加以解决。”[3]

鉴于三网融合是多个异质性行动者参与博弈的复杂过程，本文以技术的社会型塑理论（social shaping of technology）为分析框架，尝试分析我国三网融合创新实践活动的多重动力机制、创新过程的复杂性和我国特定的语境所导致的创新过程的地方性，以揭示技术创新的地方背景或语境对技术实践活动所产生的重要影响，以及当前我国三网融合存在的障碍和困境，为有效推进这一创新实践活动提供可资参考的方法和依据。

一、技术的社会型塑理论概述

技术的社会型塑理论兴起于 20 世纪 80 年代，一般以麦肯齐（Donald Mackenzie）和瓦克曼（Judy Wajcman）于 1985 年合编的论文集《技术的社会型塑》为标志。技术的社会型

① 尹乃潇．三网融合进展缓慢亟须建立融合监管机制［EB/OL］．（2010－11－16）［2011－05－06］．http：//www.p5w.net/news/cjxw/201011/t3299384htm.

塑理论主张技术发展并不仅仅是技术内在逻辑的展开，它在本质上是由社会多重因素所型塑的，社会因素不仅影响了技术发展的形式和速率，而且还决定了技术发展的方向和内容。因此，必须对技术实践活动和创新过程及其产品进行社会学分析，揭示各种社会因素是如何影响并决定技术发展的，技术实践过程中的异质性行动者对技术产品及其内容是如何发挥作用的，等等。具体来讲，主要包括以下三个方面。

第一，社会型塑理论反对技术的自主性，主张技术发展受多个张力的影响，各个张力之间发生非线性作用，技术发展“是一种复杂性的技术行为和社会行为总和”[4]。技术与社会相互型塑、协同发展。休斯（Thomas Hughes）把技术与社会之间的互动看成一种整体的“无缝之网”，认为社会、技术、科学、政治、经济之间并无明显的疆界；而拉图尔（Bruno Latour）等人则认为，人类因素和非人因素共同构成了技术实践活动的“行动者网络”联盟，这就彻底打破了技术与社会的二等分，将两者看成“孪生的”，是相互影响、相互作用的一个整体，在某种意义上具有不可分割性。

第二，“选择”（choice）是社会型塑理论的核心概念，认为技术在不同的发展阶段存在着不同的技术选择和创新路径，这一方面造成了技术发展和创新过程的多样性，另一方面也造成了这一过程的复杂性和不确定性，技术的选择过程不仅仅依赖于技术本身，还受到各种社会因素的影响和制约。异质性行动者不断参与到技术实践和创新过程中，“不同利益取向和行为方式的行动者都对技术的发展产生一定的影响，新技术的内容和形式在这个网络中逐步形成，并以特定的方式扩散”[5]。技术的发展和选择是多重行动者之间协商博弈和“角力”的结果，“随着越来越多的行动者加入到技术实践过程中，技术的发展将越来越不同于最初的预设”[6]。但另一方面，社会型塑理论认为，尽管技术发展和创新过程是复杂的、不确定的，甚至在某种程度上是不可预测的，但由于各个行动者之间的链接和联盟，以及共同协商制定的技术标准、技术愿景（technology vision）等，技术发展又呈现出特定的模式和规律，这就为更好地干预技术实践活动和创新过程提供了契机。

第三，社会型塑理论认为，技术的产生和发展与其所在的社会环境紧密相连，一系列政治、经济和文化等因素共同构成了技术实践和创新活动的社会语境。一项技术产品或者创新成果要想在特定的社会语境中传播扩散，就必须建立起足够强大的支持其发展的地方社会技术情境或行动者网络。技术发展与其社会语境之间的这种不可分割性，要求必须关注技术发展和创新的地方性，即一项新的技术产品或者创新成果如何适应地方社会情境而最终融入到社会中。

二、中国三网融合的社会型塑分析

三网融合是为了实现网络资源共享，避免信息基础设施重复建设，将电信网、广播电视网和互联网相互渗透和兼容，并逐步整合为统一的多媒体基础平台，同时提供语音、数据和视频等多种业务，国际上通称为三重播放（triple play）。三网融合的重点是业务融合，而非物理网络的大一统，在三网融合的过程中，任一不同的物理网络都可以向用户提供多样化的服务，在同一市场中竞争。从本质上看，三网融合是一次重要的产业融合，也是信息通信技术领域的一次整合创新。

1. 中国三网融合的动力机制：多因素推动

关于创新的动力机制问题，技术的社会型塑理论反对单一的技术驱动和市场需求拉动的观点，认为技术驱动理论不能很好地解释技术发展和创新过程中的复杂性和不确定性，而市场需求拉动理论“把技术发展和市场条件之间看成是一种被动的机械的反馈，不能很好地解释特定的技术为何或者何时获得发展”[7]。技术的社会型塑理论主张，技术发展和创新是技术因素和社会多因素共同推动的结果，两者作为一个整体，缺一不可，社会因素中不仅包括市场需求等经济因素，而且还包括政治、军事和文化因素等。

基于上述理论，首先从技术层面上来看，“数字技术、光通信技术、TCP/IP（传输控制协议/互联网协议）技术的飞速发展推动了世界范围内的网络融合”[8]，构成了三网融合的技术基础。数字技术使得语音、数据、图像和视频等各类信息都可以通过二进制比特流在不同的网络间进行任意的交换和传输，为网络融合提供了技术保障；光通信技术的快速发展使得高质量、大带宽和低成本的信息传输成为可能，为三网融合提供了理想的传输平台；TCP/ IP 协议的普遍采用，促进了整个网络的协议统一，使得跨平台服务和产品融合成为可能，为三网融合提供了坚实的联网基础。

其次，从社会因素上来看，信息通信产业作为我国国民经济的支柱产业之一，受到了我国政府的特别重视，三网融合作为该领域的一次重要整合和创新，离不开国家政策的干预和引导，并且这在某种程度上起到了至关重要的作用。从 1999 年国务院办公厅的 82 号文件“电信部门不得从事广播电视业务，广播电视部门不得从事通信业务”，到 2009 年 5 月国家发展和改革委员会《关于 2009 年深化经济体制改革工作的意见》中首次提出“实现广电和电信企业的双向进入”，再到 2010 年 1 月 13 日国务院常务会议决定推进电信、广电和互联网三网融合，并于 6 月底公布了第一批三网融合试点地区和城市，这充分体现了我国政府推进三网融合的迫切要求和决心。在国家政策变化的背后，是国家意志和利益的体现。一方面，三网融合可以避免信息通信基础设施的重复建设，大大减少国家在这一领域的投资成本，因为“中国这样一个发展中的大国，更没有可能承担重复建设的后果”[9]；另一方面，三网融合也是国际信息通信产业发展的大势所趋，西方国家先后消除了广电和电信双向进入的产业壁垒，使得两部门同时参与融合业务市场的竞争。WTO 协议规定，中国的基础电信业务将逐步对外开放，因此，推进我国的三网融合，尽早与国际接轨，也将有利于我国电信企业在今后的国际竞争中获利。另外，随着信息通信技术的飞速发展，用户已不再满足单一的业务，而趋向于交互式、更方便快捷和丰富多彩的多媒体业务，三网融合后，用户只需接入一张网，就可以完成通信、电视和上网的各种需求，即所谓“三网合一”，这也促进了信息通信技术的业务融合，并在某种程度上刺激了相关的产业融合。有专家称，三网融合在经济上会带动 6000 亿到 7000 亿元的人民币投资和消费，而且有可能增加 20 万个就业岗位①。

可以看出，我国三网融合的提出与发展，不单单是技术因素的驱动，也不仅仅是渗透社会经济利益目标的政府支持和用户需求的推动，而是技术因素和多重社会因素共同作用的结果。数字技术、光通信技术和 TCP/ IP 协议等因素使得三网融合在技术层面上具备了一定的现实可能性和可操作性，市场需求和国家的产业政策支持等社会因素为三网融合的发展与推

① 李帅. 三网融合将形成 6000 亿投资规模 成新经济增长点 [EB/OL]. (2010－01－24) [2011－05－06]. http: //www. cnki. net. cn/p20100124000119. html.

进提供了至关重要的社会动力，它们共同构成了三网融合创新的助推器。另一方面，作为我国三网融合创新背景之一的产业政策，它的不断发展和变化对我国三网融合的进程也产生了重要影响，三网融合不仅涉及相关的技术融合、网络融合和业务融合，还涉及相关的市场融合、行业融合，甚至是行业管制和政策方面的融合等，因此，“决定产业发展方向，并不仅是技术，还有产业政策、监管制度、市场需求和利益机制分配等因素”[10]。

2. 中国三网融合的复杂性：多层次博弈

技术的社会型塑理论认为，技术实践活动和创新过程并不是简单地按照最初预设的轨道稳步推进的，技术在其发展过程中会受到各种社会因素的影响和型塑，其中包括多个创新主体之间的相互协商博弈、多种技术方案的选择，这使得技术发展和创新过程变得复杂和不确定，技术发展的最终结果是多重因素协商和角力的结果。尽管我国的三网融合在技术和社会层面上都具备了一定的基础和动量，但却进展缓慢，难以取得实质性进展，原因就在于我国三网融合创新过程中的多个利益主体之间的复杂的相互作用和博弈，这种博弈是一种多层次的、多个异质性行动者共同参与的复杂过程。具体来说，主要包括以下几个方面。

首先，在产业层级上，我国的广播电视网、电信网和互联网分别属于不同的部委，以有线电视为代表的广播电视网属于国家广播电视电影总局（以下简称广电总局），电信网和互联网属于工业和信息化部（以下简称工信部），由于不存在单独运营的商业性互联网，因此我国的三网融合实际上只涉及广播电视网和电信网。我国的广电业和电信业在运营体制上存在着较大差异，广电业长期以来隶属于我国的政府公共部门，其运营带有公益的性质，重视监管的社会、文化职能，没有经过市场化的历练；电信业从 1998 年开始逐步实行完全市场化和商业化的运营模式，并在 2008 年重组成中国移动、中国联通和中国电信三家运营商。两部委的利益之争由来已久，双方都试图进入到对方的领域开展一些相关的业务，但同时各自又用许可证等行政壁垒的方式来防止对方的介入。以交互式网络电视（Internet Protocol Television，IPTV）业务为例，按照目前的监管体制，开展 IPTV 业务需要以下四个牌照：广电总局的“网上传播视听节目许可证”、工信部的“增值电信业务经营许可证”和“移动增值业务许可证”以及文化部的“网络文化经营许可证”，这就在监管体制上形成了多头管理的局面，为多个利益主体之间的博弈埋下了隐患。2010 年 2 月 9 日，广电总局叫停广西电信 14 个城市的 IPTV 业务，认为广西电信公司未经广电部门审批，擅自在全区范围内开展 IPTV 业务，这是国务院三网融合方案公布后的首个叫停案。此外，关于我国三网融合的总体方案和试点地区的实施方案，从 2010 年 1 月国务院明确提出推进三网融合以来，半年胶着，六易其稿，经过国务院协调小组的多次会议，最终广电总局和工信部在总体框架上才基本达成一致意见，并决定于 2010 年下半年开展试点工作。由此可见，我国三网融合创新过程中，广电总局和工信部两部委双方利益的激烈摩擦与碰撞，融合的总体方案和试点地区的方案是利益双方博弈协商和角力的结果。

其次，在企业运营层面上，则表现为广电运营商和电信运营商之间既竞争又合作的博弈，以及各类运营商内部的激烈竞争。根据国务院 2010 年 5 号文件《关于我国推进三网融合的总体方案》，2010 —2012 年广电和电信业务在试点地区双向进入，但从实际效果来看，这是一种有限的对称开放。广电运营商可以进入到大部分的电信增值业务，甚至是电信的基础业务，而电信运营商只得到 IPTV 和手机电视的传输和分发业务，大部分的视频内容制作和播控权还由广电部门所掌握。但由于广电业在最初的时候实行的是“四级办广播电视”，各个省市的有线电视网络往往都由不同的主体投资和运营，没有形成一张全国性的统一网络，这种分散的网络运营模式，不但造成了广电业中央和地方的利益博弈，还使得很多广电运营商担心在和当地的电信运营商竞争的过程中，由于结构和规模的限制，再加上电信运营商逐步升级网络带宽，广电的数字电视业务很可能会受到电信运营商 IPTV 业务的强力冲击。但目前来看，一方面，由于 IPTV 的集成播控权还牢牢掌控在广电部门手中，再加上电信运营商没有制作电视等视频内容的经验，也没有得到广告出售的许可，因此还没有找到相应的 IPTV 业务盈利模式；另一方面，三家电信运营商之间也存在着激烈的竞争，尤其是近些年出现的全业务竞争模式，如中国电信推出的“宽带 + 固话 + 移动”捆绑策略，这都促使了广电运营商和电信运营商之间的关系由竞争走向竞合，出现了各种融合创新。例如，“泉州合作模式”中，中国移动借助当地的有线网络向家庭用户提供基于双向有线网的宽带接入服务；“上海文广模式”中，上海电信和上海电视台联合在浦东新区、闵行地区开展 IPTV 业务试点；2010 年 3 月，中国移动和中广传播集团有限公司共同推出了商用 CMMB（China Mobile Multimedia Broadcasting），即手持电视业务。

再次，三网融合的本意在于开放竞争，从微观业务层面上来看，随着三网融合的推进，IPTV、手机电视和互联网视频等典型业务的竞争将会更加激烈，视频分享、网络电视和影视点播等视频网站之间的竞争也将日益严峻，用户之争、内容之争和广告之争等都将会在三网融合的大平台上逐渐显露，这就对三网融合的业务和服务提出了更高的要求。对于消费者或者用户来说，以后面对的将是一个有更多竞争主体、更多服务供应的市场，有着更多的选择。因此，三网融合的各类业务服务商如何为广大用户提供多样化、差异化的融合创新业务和服务，获得更多用户的认可，将成为三网融合业务的核心竞争力。例如，阿里巴巴和华数数字电视传媒在三网融合试点之一的杭州市联合推出了“华数电视淘宝商城”，率先开启了我国互动电视的购物服务；国内分类信息网站 58 同城网和手机浏览器厂商优视科技达成协议，全面开通了手机浏览器分类信息搜索和同城信息服务业务等。

综上所述，我国的三网融合创新是多个利益主体共同参与、多层次博弈的过程，这一方面造成了我国三网融合创新实践活动的复杂性和不确定性，另一方面也型塑了其创新模式以及所涉及的技术方案和业务融合方案的选择。创新过程的复杂性和不确定性彻底打破了早先的技术创新线性模式，技术实践活动和创新过程受到多种社会因素和多个异质性行动者的影响、型塑，这样就需要根据创新背景或社会语境的变化不断调整和改变技术预设，最终的技术产品和创新成果是多重因素协商博弈的结果。

3. 中国三网融合的地方性：特定的语境

社会型塑研究表明，技术的发展和创新过程与其所在的地方社会情境是紧密相连的，相同的技术或创新在不同的社会情境中可能具有不同的发展模式和形态，相同的技术产品和创新成果也可能被赋予不同的表征意义。同样，相同的技术政策在不同的社会情境中也可能产生不同的效果，甚至相反。因此，在推动技术实践和创新的过程中，必须根据当地的社会情境采取相应的措施，而不是盲目地信从和照搬其他社会情境中的经验和策略。由于我国当前的技术发展水平和特定的社会语境，我国的三网融合创新过程在某种程度上又呈现出一定的地方性和特殊性。

首先，我国的广电业和电信业具有特殊的产业结构和发展状况，广电业和电信业在产业结构和市场化水平方面还存在着较大差距，广电的等级制产业结构使其经营分散，有着不统一的网络、技术和标准，与电信业相比，还缺乏市场化的运作经验；但另一方面，由于我国特殊的国体和政体，我国的广电部门还具有特殊的行政职能，即宣传党和国家的主张，把握我国的社会舆论导向以及先进文化的前进方向，这就要求我国的三网融合必须强调业务内容的安全可控。

其次，根据我国三网融合的总体规划，在试点阶段将积极探索形成保障三网融合规范有序开展的政策体系和体制机制。有学者指出，应该建立一个符合我国三网融合发展的新型监管体系，如设立国家通信网络监管委员会和国家网络内容监管委员会等，以打破三网融合中“多头管理”的局面，在保证信息和网络安全的前提下，能够形成适度竞争的产业格局，建立职责清晰、运转高效的新型监管体系。但由于我国的经济体制属于以公有制为主体的社会主义市场经济，在强调市场竞争的同时，也注重政府的干预和调控，是一种服务于政治的经济社会，因此，推进我国的三网融合，还必须在政府管制与市场竞争之间找到一个适合我国国情的平衡点。

再次，由于我国社会经济的城乡二元结构和区域经济发展的不平衡，再加上我国各个地区有着不同的文化风俗等地方社会情境，因此，在我国的三网融合推进过程中，还要考虑到融合和创新业务的内容能否满足地方用户需求，根据不同的地方社会情境，实现业务内容的多样性和差异性。

正如我国国家广电总局新媒体研究所所长董年初所概括的，我国的三网融合具有中国四大特色，即政治特殊性：党领导与多党协同；经济特殊性：全球特征与自愈特征；社会特殊性：城乡二元与贫富差距；文化特殊性：服务于政治的经济社会①。但不可忽视的是，我国的三网融合在技术层面上还存在着一些显著问题，如各种技术标准的统一和兼容，光传输网的改造和完善，承载网、核心业务网和接入网的融合和统一，以及面向三网融合的新型网络体系架构、网络业务内容安全等管控技术支撑体系，都是需要进一步解决的技术难题。

三、中国式融合：我国三网融合的必由之路

通过对我国三网融合创新实践活动的动力机制、复杂性和地方性的SST视角剖析，可以看出，我国的三网融合创新过程包含多个利益主体的共同参与和多层次的博弈，再加上我国特定的社会管理环境所造成的这一创新过程的地方性，我国的三网融合要想走出困境，就必须在借鉴国外成功经验的基础上，根据我国特定的社会技术情境，开创一条中国式的融合之路。

首先，平衡各个创新主体之间的利益，是我国三网融合必须解决的首要任务。我国三网融合的推进势必对广电总局和工信部产生重大影响，两个部委不同目标和利益诉求之间的博弈加剧了我国三网融合创新实践活动的复杂性和不确定性，并在很大程度上阻碍了融合的进程；推进三网融合，必定要打破已有的产业链和利益链，我国各类运营商在新的博弈协商过程中，基于各自利益的实践活动和行为方式都将会对三网融合的推进产生影响，不同运营商既竞争又合作的关系，以及广电业和电信业内部运营商之间的激烈竞争，再加上各类信息内

① 董年初．我国三网融合有四大中国特色［EB/OL］．（2010-07-01）［2011-05-06］．http：//www.edu.cn/gd_6534/20100701/t20100701_492083shtml.

容服务商在业务层面的竞争与博弈，共同构成了我国三网融合创新发展的竞技场，这是一个多层次、多行动者共同参与的博弈结构。因此，如何在更高的层面上平衡两大部委的利益，如何从法律层面上为三网融合提供保障，形成统一有效的监管体制，还需要政府从法制和管理层面运用理性的力量进一步协调。

其次，我国的三网融合应该是渐进式的稳步推进，不能超越现有阶段、过快开展对称的双向进入。不少学者对此也提出了建议，如中国工程院院士刘韵洁提出了“二阶段论”：第一阶段实现广电、电信在业务层面的双向准入，第二阶段根据下一代网络（Next Generation Network，NGN）技术演进的方向，广电和电信同时提供多种综合业务，真正实现网络和业务的融合[11]；北京歌华有线公司副总经理罗小布在对中美之间的国体与政体、公共利益和社会责任等方面进行详细对比分析的基础上，指出：美国式的三网融合立法和监管方式不适合中国，“中国的三网融合，必须在广播电视体制改革基础上才能实现”[12]。在当前的试点阶段，则表现为有利于广电业的政策倾斜，坚持有限的对称开放，给予广电业加快自身改革以适应新形势的时间和空间，同时也使得电信运营商加快宽带网络升级，以满足业务融合的需求。

最后，我国的三网融合的最终出路在于必须依靠技术创新和社会创新的协同发展。三网融合创新实践活动是技术与社会多因素共同推动的结果，“成功的技术创新是那些能够成功地建立起支持该项创新的社会技术环境”[13]。我国三网融合的问题和困难，一方面要依靠不断的宽带接入、网络安全等技术创新，另一方面也需要逐步完善配套的体制改革、监管机制等社会创新，较为典型的社会创新课题如：如何有效打破因部门利益分割而导致的对新技术的抗拒、为维护部门利益而置社会整体利益于不顾等这类全球性的难题。具有强大的中央统一协调能力的中国，或许可以探索出一条具有中国特色的和谐发展新路，社会创新可以“为技术创新提供社会支持系统，消除不利于技术创新发展的社会环境因素”[14]。只有技术创新与社会创新的协同发展，才能促进我国三网融合的成功开展。

参考文献

[1] 包东智．三网融合发展现状及其所产生的影响［J］．广播电视信息，2010（6）：4－28.

[2] 付玉辉．三网融合：格局之变和体制之困［J］．今传媒，2010（3）：8－31.

[3]［11］刘韵洁．三网融合与电信企业创新［J］．中兴通信技术，2007（1）：1－4.

[4] 王耀东．试论技术发展的复杂性［J］．科学技术与辩证法，2004（4）：58－60，66.

[5] 王能能，孙启贵，徐飞．行动者网络理论视角下的技术创新动力机制研究：以中国自主通信标准TD-SCDMA技术创新为例［J］．自然辩证法研究，2009（3）：31－36.

[6] Knut H Sorensen，Robin Williams. Shaping technology，guiding policy：concepts，spaces and tools［M］. Northampton：Edward Elgar Publishing，2002：52.

[7] G Dosi. Technological paradigms and technological trajectories［J］. Research Policy，1982（3）：147－162.

[8] Chichester，Sussex W，Hoboken N J. Convergence：user expectations，communications enablers and business opportunities［J］. John Wiley，2008.

[9] 周其仁．三网复合数网竞争：兼论发展中国电信产业的政策环境［J］．电子展望与决策，1998（6）：25－39.

[10] 吴勇毅．三网融合　带刺的玫瑰［J］．信息化建设，2010（4）：38－39.

[12] 罗小布．美国式“三网融合”不适合中国［J］．中国数字电视，2009（7）：28－31，34.

[13] Robin Williams, James Stewart, Roger Slack. Social learning in technological innovation: experimenting with information and communication technologies [J]. Northampton: Edward Elgar Publishing, 2005: 58.
[14] 王雅林．社会转型理论的再构与创新发展［J］．江苏社会科学，2000（2）：168－173.

（本文原载于《科学与社会》2011 年第 3 期）

当代中国公众对转基因玉米的技术伦理问题认知

吴幸泽[1]　褚建勋[1,2]　汤书昆[1]　王　明[2]
(1. 中国科学技术大学科学传播研究与发展中心　安徽 合肥　230026；
2. 中国科学技术大学人文学院科技传播与科技政策系　安徽 合肥　230026)

摘　要：以往社会学中关于转基因的研究主要集中在公众对转基因食品的认知、态度和购买意愿的研究上，缺乏公众对转基因技术伦理问题的认知调查；而关于技术伦理的研究则主要集中在科技哲学层面上的探讨，缺乏针对具体问题的实证性调查研究。为了弥补以上不足，使用社会调查方法调查了公众对于转基因玉米的技术伦理问题的认知情况，并给出了政策建议。所得结论从理论上丰富了社会学和技术伦理学的相关研究内涵，为技术伦理学中的技术伦理问题的概念作了进一步的界定，同时也为社会学和技术伦理学的相关研究提供了基础数据。

关键词：转基因；技术伦理；公众调查；伦理问题

自20世纪中叶以来，新科技革命飞速发展，既为人类提供了舒适安逸的生存环境，创造了极大的物质财富，也给人类带来了难以预知的社会风险，引发了系列伦理判断方面的新问题，技术伦理及其社会风险研究已非常迫切地摆在当代中国公众的面前。

转基因食品安全问题所造成的食品安全本身的不确定性、生态上的基因扩散、基因污染和食物链的破坏，以及转基因食品的标签问题与知情选择等问题都是目前争论的焦点。2009年12月中国农业部为两个抗虫转基因水稻品系“华恢1号”“Bt 汕优63”颁发了生产应用安全证书，我国成为第一个批准转基因食品作物产业化的国家。关于基因生物风险的争论在中国进入了一个新的时期，其伦理和风险的争论关注甚广。

过去关于转基因方面的社会学研究多数集中在调查中国公众对转基因食品的认知、态度、购买意愿方面，缺乏公众对转基因的技术伦理问题的调查研究[1-5]。而基于技术伦理学的转基因研究则集中在科技哲学层面的讨论[6-10]，缺乏实证性的调查研究[11]。另外，跨学科、多视角的研究也很缺乏。毛新志在《转基因食品的伦理问题研究综述》[11]中提到“对转基因食品的伦理问题进行多视角的研究和跨文化的分析几乎是一片空白”。“我们可以从生命伦理、生态伦理、科技伦理、经济伦理、管理伦理和国际伦理等各个方面对转基因食品伦理问题进行全方位、多视角的分析。”

鉴于此，本文将结合社会学和技术伦理学的优势，并针对具体的转基因技术伦理问题对当代中国公众进行社会调查。这些问题涉及生命伦理、公共伦理、生态伦理、管理伦理等多个视角，为今后的技术伦理学和社会学的相关研究提供了基本的数据支持。

一、转基因技术伦理问题的若干概念梳理

技术伦理学是一门新兴学科。从现有的技术伦理学文献来看，技术伦理问题的定义仍不十分清晰，针对技术伦理学问题分类的文献也十分缺乏。针对以上缺陷和不足，本研究首先依据相关理论文献，对技术伦理学的核心概念进行了逐层梳理。这些概念分别是伦理学、伦理问题、技术伦理问题、转基因技术伦理问题。

1. 伦理学的概念

杨建兵、王传中在其书《生物医学伦理学导论》中这样定义伦理学："伦理学（ethics）是关于道德（morality）的学问，是道德智慧的理论化、系统化和规范化，所以，又称为道德哲学（moral philosophy），是哲学的一个分支。"[12]郑文清、张子龙在其书《现代医学伦理学》中这样定义伦理学："伦理学，即道德哲学，是以道德作为研究对象的科学。确切地说，伦理学是研究人与人之间、人与社会之间、社会与社会之间相互关系的道理和规则的学问，是研究道德形成、本质及发展规律的科学。"[13]北京大学教授王海明则进一步将伦理学定义为"伦理学乃是关于优良道德的科学，是关于如何制定和实现优良道德的科学，是关于优良道德的制定方法和制定过程及其实验途径的科学"[12]。

2. "伦理问题"的概念

翟晓梅、邱仁宗在其书《生命伦理学导论》中这样描述规范伦理学问题的概念："规范伦理学的问题就是：我们应该做什么？什么事情我们有义务去做？什么事情我们不能去做？什么事情我们可以做也可以不做？我们应该如何做？规范伦理学不仅要问我们应该做什么，而且也要问我们应该如何做。"[14]生命伦理学中通常有两种伦理问题：一种是义务论伦理问题，提出"我的责任是什么？"或"我的义务是什么？"的问题；另一种是后果论伦理问题：某种行为的后果是善的，还是恶的？[15]

3. "技术伦理问题"的概念

科学技术解决的是"可能"（做什么）的问题，而伦理学解决的是"应该"（做什么）的问题[14]。

技术上的可能并不等同于伦理上的应该。对科学技术的规范既包括对科研行动本身的规范，也包括对科研成果的应用过程的规范、科研成果应用后果的规范。生命伦理学就是要问：① 在有关生命科学技术和医疗保健的问题上我们应该做什么？② 我们应该如何做？[14]

4. 转基因技术的技术伦理问题

根据上面所总结的技术伦理问题，将转基因技术的伦理问题归为三类：① 转基因技术本身的伦理问题，即转基因技术是否有利于人类？② 与转基因技术相关的利益方的行为伦理问题，即在转基因技术设计、研发、应用、推广等环节中所涉及的各种利益方的行为伦理问题。③ 与转基因技术相关的责任伦理问题，即转基因技术所引发的风险应由哪些个人或群体负责？

二、转基因的热点技术伦理问题综述

1. 转基因技术本身的伦理问题

转基因技术本身的伦理问题，即转基因技术是否有利于人类，这主要包括两类问题：① 转基因食品的健康风险问题；② 转基因作物的生态风险问题。这两个问题一直是科学界和社会的争论焦点。各国专家之间对这两个问题持有不同的观点和态度[16]。转基因健康风险事件、生态风险事件的报道也层出不穷[17-18]。

2. 与转基因技术相关的利益方的行为伦理问题

首先是转基因科学家的行为伦理问题。本次调查中选择了“人类是否应该进行基因改造?”作为研究的问题。有些人认为转基因技术和转基因食品是“非自然”的，是“违背自然规律”的。因此，“人类是否有权利扮演上帝的角色，改变几亿年发展下来的基因?”[14]便成为伦理问题了。托马斯·A. 香农在《生命伦理学导论》[15]中提到“科学家对自然的干预应该控制在怎样的程度范围内”是生命伦理学的一个重要问题。即，科学家的科研权力范围有多大?

其次是转基因食品生产商的行为伦理问题。“是否应该对转基因食品进行标识?”是涉及转基因食品生产商的行为伦理问题中的一个焦点问题[11]。沈孝宙在《转基因之争》中对转基因食品标识的支持方、反对方的观点进行了总结和归纳[17]。

再次是关于转基因技术的政府伦理问题。本次调查了公众对转基因作物在商业化推广前是否有必要小规模试种的问题。选择这个问题进行调查，是因为：① 目前的许多关于转基因作物的生态风险评价程序中，只要求实验作物在有限的环境条件下生长，导致许多效应易被忽视，而在大规模的商业化生产之后，各种问题会暴露出来；② 转基因作物是否有必要进行小规模试种，有很现实的实践意义和价值；③ 我国目前对转基因作物的试种问题尚未有相应的制度进行规范。

3. 与转基因技术相关的责任伦理问题

对于转基因食品的健康安全责任的归属问题，调查了“如果公众在超市购买转基因食品，发生的健康安全事故的责任归属”的问题。对于转基因作物的生态安全责任的归属问题，调查了“如果政府向农民推广转基因玉米而长出超级杂草，责任应如何归属”的问题。转基因玉米的超级杂草问题是转基因玉米生态风险中的主要风险之一。

三、公众对转基因玉米的技术伦理问题的认知调查

针对以上论述的转基因技术的焦点伦理问题，作了中国公众的调查，目的是希望看看中国公众对这些伦理问题的态度和判断，一方面弥补相关社会学调查的不足，另一方面也为这些伦理问题的伦理学决策提供基本的数据。

1. 数据收集

本次“转基因玉米与食品认知和态度调查”共发放问卷3000份，回收有效问卷2160份，有效问卷回收率为72%。本次调查采用分层抽样的方法来抽取东部、中部、西部三大区的样本。东部地区包括北京、天津、河北、辽宁、上海、江苏、浙江、福建、山东、广东

和海南11个省（市），中部地区包括山西、吉林、黑龙江、安徽、江西、河南、湖北、湖南8个省级行政区，西部地区包括四川、重庆、贵州、云南、西藏、陕西、甘肃、青海、宁夏、新疆、广西、内蒙古12个省（区、市）。

2. 数据结果和分析

（1）基本人口统计信息

本次调查中男女性别比例相当，分别为56.5%和43.5%；年龄段集中在20～50岁之间，占到83.4%，是主要的消费群体；文化程度以高中、大专和本科人群为主，占到了74.9%，因此能较好地代表中国目前的主要文化程度人群；收入水平以月薪2001～4000元（占29.5%）、月薪1001～2000元（占24.4%）和无收入人群（占22.3%）的人数为最多；居住地类型中，城镇的被调查者人数（占74.0%）约是农村被调查者人数（占26.0%）的3倍，这是调查中的一个缺陷；出国经历一项，有占94.7%的被调查者没有出国经历；而宗教信仰一项中，被调查者中有将近九成的人没有宗教信仰。

（2）公众对转基因技术本身的伦理问题的感知

转基因技术本身的伦理主要涉及生态风险和食品健康风险问题。表1显示了公众对这两类问题的认知情况。可见，在生态风险认知问题上，最多的是态度不清的公众，占到了36.8%；认为“弊>利”的公众约是认为“利>弊”的公众人数的2倍，且认为“利>弊”的公众仅占到所有被调查者的13.50%，所以，公众对转基因玉米的生态风险感知程度偏高。而在健康风险认知问题上，最多的是态度不清的公众，占到了43.7%；认为“有害健康”的公众约是认为“有利健康”的公众人数的3倍，且认为“有利健康”的公众仅占到所有被调查者的8.9%，所以，公众对转基因玉米的健康风险感知程度偏高。

表1 公众对转基因本身伦理问题的认知

伦理问题	认知选项	频　数	百分比/%
生态风险认知：您认为种植转基因玉米对生态和环境的影响是什么？	1. 利>弊	291	13.50
	2. 弊>利	489	22.70
	3. 利弊相当	378	17.50
	4. 没有影响	203	9.40
	5. 说不清	793	36.80
	有效样本数	2154	100.0
健康风险认知：您觉得吃转基因玉米对健康的影响是什么？	1. 有利健康	191	8.9
	2. 有害健康	536	24.9
	3. 利害相当	252	11.7
	4. 没有影响	232	10.8
	5. 说不清	940	43.7
	有效样本数	2151	100.0

（3）公众对转基因各个利益方的行为伦理问题的认知

本次调查中选择的转基因利益方包括科学家、生产商和政府。表2显示了中国公众对这三方的行为伦理问题认知。对于科学家是否应该改造基因这一伦理问题，认为“不应该”的比例最高，为35.6%；其次是认为“应该”的，占到32.8%；最少是“说不清”的，占到31.6%。这三个比例较为接近，说明公众对此问题观念不一。对于转基因食品是否应该标识的问题，有高达88.8%的公众认为有必要标识转基因食品，有7.0%的公众态度不清，而仅仅有4.2%的公众认为没有必要给转基因食品加标识。可见，大多数公众认为生产商给转基因产品加上标识是有必要的。对于转基因作物在大规模商业化种植之前，是否有必要进行小规模试种，有高达80.9%的公众认为有必要进行小规模试种，而态度不清的公众占到了13.1%，仅仅有6.0%的公众认为没有必要小规模试种。可见，大多数公众认为转基因玉米应该在大规模推广前进行小规模试种。

表2 公众对科学家、生产商、政府的行为伦理认知

伦理问题	认知选项	频数	百分比/%
科学家伦理：科学家是否应改造基因？	1. 应该	708	32.8
	2. 不应该	768	35.6
	3. 说不清	681	31.6
	有效样本数	2157	100.0
生产商伦理：转基因玉米标识是否必要？	1. 有必要	1913	88.8
	2. 没必要	92	4.2
	3. 说不清	150	7.0
	有效样本数	2155	100.0
政府伦理：转基因玉米在商业化推广前是否有必要小规模试种？	1. 有必要	1733	80.9
	2. 没必要	128	6.0
	3. 说不清	280	13.1
	有效样本数	2141	100.0

（4）公众对转基因玉米责任伦理问题的认知

转基因玉米的责任伦理问题包括健康安全责任和生态安全责任两类问题。表3显示了公众对这两个问题的看法。因为此两题是多选题，所以用了个案百分比的数据。多选题中有两个百分比，一个是百分比，一个是个案百分比。百分比表示选某项的人数占所有被调查者的总人数之比；而个案百分比是某选项被选择的个数占所有被选择的选项总数的百分比，它的大小代表了选项之间的相对重要性。又因为是多选题，所以被选择的选项个数总和肯定大于被调查者个数，所以最后的合计大于100%。由表3可见，对于转基因玉米健康安全责任问题，公众认为食品加工企业应该负最多的责任，其次是政府，再次是转基因生物种子公司，然后超市、媒体等也应负一定的责任，责任最少的是农民。可见，公众认为食品公司和政府在公众的转基因健康安全责任方面需要负较大的责任。对于转基因玉米生态安全责任问题，公众认为最应当为生态风险负责的是推广转基因技术的政府部门，其次是转基因生物种子公司，这两项所占的比例都比较大。可见，如果转基因玉米等作物产生了负面的生态效应，则公众容易对政府和转基因生物种子公司有较大的不满，易引发一些社会风险事件。

表 3　公众对转基因玉米责任伦理问题的认知

伦理问题	转基因玉米健康安全责任方	频　数	百分比/%
转基因玉米健康安全责任伦理问题：假设您在超市购买了转基因玉米及相关产品，食用后觉得身体不适，您觉得以下哪些机构或个人应负责任？	1. 超市	690	32.2
	2. 食品加工企业	1500	70.3
	3. 发布该食品的广告媒体	737	34.3
	4. 转基因玉米种子公司	960	44.7
	5. 政府相关管理部门	1292	60.2
	6. 种植该产品的农民	93	4.3
	7. 其他	26	1.2
	有效样本数	5307	247.3
转基因玉米生态安全责任伦理：假设某政府部门向农民推荐种植转基因玉米，而农民却因种植该玉米使得田地长出超级杂草（即高大且难清除的杂草），您认为谁应该对此负责？	1. 农民	344	16.0
	2. 转基因玉米种子公司	1323	61.7
	3. 推广的政府部门	1717	80.1
	有效样本数	3384	157.8

四、政策建议

基于以上调查结果，认为政府应该在以下方面推进相关政策。首先，公众感知到的转基因食品健康风险、转基因作物种植的生态风险都较高，且从对转基因健康和生态安全责任归属问题的调查结果来看，公众认为政府、食品公司、种子公司在各种责任方中需要负主要的责任。因此，认为中国政府目前应暂缓对转基因玉米的商业化推广。其次，政府应加强转基因食品标识制度的完善和执行力。从目前的调查来看，有高达 88.80% 的公众认为需要给转基因玉米加上标识，7.0% 的公众态度不清，仅仅有 4.2% 的公众认为不必要标识。加大转基因食品的标识是规避社会风险的重要途径之一，也是当今世界各国的转基因标识制度的主流方式。转基因食品尚存争议，如果因标识力度不够而在未来产生健康和生态事故，将会给公众对政府的信任、对科学家群体的信任，甚至是对科技的信任造成强大的冲击。再次，生态安全事关重大，因此，政府应加强转基因作物大规模商业化推广之前的小规模周期性试种。在调查中，有 80.9% 的公众认为有必要进行转基因玉米的小规模周期性试种。最后，应加强对转基因相关责任追究的法律制度建设。目前，中国在转基因相关的责任追究方面的法律还比较欠缺，加之转基因问题涉及的利益方较多、安全责任不易分清，因此，有必要加强相关的法律制度建设。

五、研究缺陷和未来研究

首先，由于篇幅问题，只选择了最有代表性的若干转基因技术伦理问题进行调研和报告，还存在其他许多未曾调查到的转基因技术伦理问题。其次，本研究的样本在中部地区比较集中，尤其是安徽省。如果在调研过程中能更均匀地在各省进行分布，效果则会更好。另外，本研究中的农村被调查人数比城镇的被调查人数少很多，这也是缺陷之一。出国经历、宗教信仰两项的分布比例也十分悬殊。另外，由于篇幅的关系，本文无法将各个人口统计变量与被调查题目选项之间作交叉分析，以揭示更为深刻的价值和意义。

第一，从技术伦理学角度来看，尽管本研究系统地梳理了技术伦理问题的核心概念，但是对这些概念和内涵的描述仍需要更多的技术伦理专业人士进行完善和补充。第二，在对技术伦理问题的分类上，本文只给出了三种类型，可能还有其他的分类方法和标准。第三，对技术伦理学的研究人员来说，可以针对以上所提出的具体的转基因技术伦理问题，采用伦理学方法进行相关的伦理论证和推理，从而将伦理学理论和实际应用进行结合。这必将很大地推动技术伦理学学科的发展。

六、结 论

本研究整合了社会学的问卷调查方法以及技术伦理学的基本概念和问题，对当代中国公众对转基因的技术伦理问题认知进行了实证调查。调查结果显示，中国公众对转基因玉米和食品的风险是比较担忧的；大多数公众认为应该对转基因玉米进行标识；政府应该在推广转基因玉米前，对转基因玉米进行小规模的周期性试种。另外，在责任伦理方面，公众认为政府、食品公司和转基因种子公司应该对转基因玉米和食品的健康风险及生态风险负主要的责任。基于这些调查结果，给出了相关的政策建议。本研究在理论上因为整合了社会学和伦理学的理论和方法，所以对这两门学科都有一定的促进作用，同时也启发了跨学科的研究思路。在社会学方面，本研究对转基因的公众调查类研究延伸到了技术伦理认知方面的调查领域，弥补了现有社会学调查的不足；在技术伦理学方面，本研究系统地梳理了技术伦理问题的相关核心概念，将技术伦理问题归纳为三大类问题。这样的概念梳理和问题分类有利于其他技术伦理问题的提出。然后，对公众进行了转基因玉米技术伦理问题认知的问卷调查。这些调查数据可以为相关的技术伦理学的进一步研究提供基础的数据支持。

参考文献

[1] 葛立群，吕杰. 消费者对转基因食品的认知态度和购买意愿 [J]. 商业研究，2009 (8)：189 - 192.

[2] 黄季，仇焕广，等. 中国城市消费者对转基因食品的认知程度、接受程度和购买意愿 [J]. 中国软科学，2006 (2)：61 - 67.

[3] 陈桂荣. 公众对转基因食品的了解和接受程度：对昆明市消费者的调查与分析 [J]. 昆明理工大学学报：社会科学版，2005，5 (4)：14 - 17.

[4] 李苹绣. 消费者对转基因食品的认知、态度及购买意愿研究：基于广州市消费者调查 [J]. 商场现代化，2010 (19)：70 - 72.

[5] 胡焱，俞益武，等. 国内消费者对转基因食品的消费态度：以北京和上海为例 [J]. 中国食品学报，2008，8 (4)：7 - 13.

[6] 崔磊. 转基因技术引发的科技伦理思考 [D]. 成都：成都理工大学，2010.

[7] 杨通进. 转基因技术的伦理问题 [J]. 工程研究，2010，2 (2)：157 - 167.

[8] 魏宁. 转基因技术应用的责任伦理问题研究 [D]. 沈阳：沈阳师范大学，2008.

[9] 毛新志. 转基因食品生态安全的伦理探析 [J]. 华中科技大学学报：社会科学版，2005 (1)：115 - 119.

[10] 吴易雄. 转基因动物的伦理问题和公共政策研究 [D]. 长沙：中南大学，2008.

［11］毛新志．转基因食品的伦理问题研究综述［J］．哲学动态，2004（8）：27.
［12］杨建兵，王传中．生物医学伦理学导论［M］．武汉：武汉大学出版社，2007.
［13］郑文清，张子龙．现代医学伦理学［M］．武汉：武汉大学出版社，2006：4.
［14］翟晓梅，邱仁宗．生命伦理学导论［M］．北京：清华大学出版社，2005.
［15］托马斯·A. 香农．生命伦理学导论［M］．肖巍，译．哈尔滨：黑龙江人民出版社，2005.
［16］一民．转基因食品：天使还是魔鬼［M］．北京：中国人民大学出版社，2010.
［17］沈孝宙．转基因之争［M］．北京：化学工业出版社，2008.
［18］阎维毅，等．基因经济：分割绿色黄金［M］．北京：中国广播电视出版社，2000：166.

（本文原载于《自然辩证法通讯》2012 年第 5 期）

转基因技术引入过程的社会视域分析

缪　航

（中国科学院科技政策与管理科学研究所　北京　100190）

摘　要： 对转基因技术发展初期的社会选择过程进行了细致的考察，指出在当时特定的社会语境条件下，农业化工企业成为技术创新的主导力量，抗除草剂品种成为技术研发的优先方向，企业并购成为技术推广的主要策略，同时由于政府部门监管模式的转变，转基因技术的演进逐步形成了自身特有的变迁轨迹，为之后的社会争议埋下了伏笔。

关键词： 转基因技术；社会语境；科技治理

我国对于转基因技术及其安全性的争议，最初更多地是受到欧洲国家在转基因作物问题上普遍负面态度的影响。转基因技术在这些国家的坎坷经历，也经常成为被援引的反对理由。但是，已有研究对欧洲社会负面态度的形成过程关注尚不充分。对转基因技术争议过程的历史性追溯，也大都是从 1998 年的普斯陶伊（Pusztai）事件[1]起步的，而忽视了之前技术发展初期的矛盾蓄积，缺乏对转基因技术引入过程的系统梳理与综合分析。

事实上，从最初的研发阶段起，转基因技术的演进就伴随着许多内在与外在的抉择和争议，之后愈演愈烈的社会抗拒行为，更是这一时期矛盾的延续和扩展。理清这一阶段技术发展的实际历史过程，揭示其中的现实利益纠葛，有助于还原转基因技术冲突过程的完整图景，深化对后续转基因技术争端的认识；而理清技术引入过程中主要的参与群体和推动力量，剖析技术冲突出现的情境条件，则能够为我国现阶段转基因技术的发展提供借鉴和教训，为探讨技术治理的有效策略提供经验参考。

基于此，本文从技术社会学研究视角出发，立足于具体的社会语境条件和具有不同利益诉求及价值立场的利益相关者，从市场竞争环境、企业运营策略、政府监管体系等方面，对转基因技术早期的商业化过程进行了细致的考察，并对转基因技术与社会语境要素在演进过程中的双向建构关系进行了初步的分析。

一、从农业化工产业转向生物技术产业

在转基因技术的引入阶段，欧美国家的农业化工产业扮演了重要角色，其战略选择和技术范式的转换直接决定了转基因技术最初的研发模式。

作为技术与市场相对成熟的产业部门，渐进性创新是农业化工产业秉持的主导性发展策

略。在这一模式之下，农业化工产品如杀虫剂、除草剂等的产品线日趋丰富，生产成本日益降低。但到了20世纪80年代，随着相关技术的专利保护陆续到期，产业竞争形势开始趋于严峻。由于农化产品的开发周期很长（通常需要10～15年），能够获准进入市场的比率也非常低，这一产业的发展依赖于对研发活动的高强度投入，而随着市场中的产品越来越廉价，开发具有竞争力的新产品已变得愈发困难，企业的获利能力不断减弱。在产业形势所带来的紧迫感之下，主要农业化工企业纷纷开始积极寻求新的突破性技术路线。

适逢生物技术研究的飞速发展时期，农业生物技术（尤其是转基因作物技术）在此时的农业化工企业管理者眼中，已然成为新的机会所在。由此，大型农业化工企业的发展战略，无一例外地开始向农业生物技术靠拢，陆续开始了向农业生物技术企业的转型[2]。生物学家和生物技术研发人员越来越多地充实到了企业内部，并承担起日益重要的角色。在这一过程中，伴随着主导企业一系列前后相连的决策，转基因技术日渐展现出其作为新兴产业领域的巨大潜力，显著改变了原有农业化工产业的内在结构。

开发转基因作物，起初也受到种子企业、食品加工企业的重视，但由于其综合实力和竞争能力远小于农业化工企业，因此在转基因作物技术的引入中并未起到明显的作用。技术发展的主导权逐步被开发和控制意愿最强的农业化工企业掌握在手中。

二、早期技术轨道的选择

转基因作物品种的开发有两类可行方向[2]。一类聚焦于投入性状，即开发利用以增进种植效率为目标的抗虫、抗病、抗除草剂等作物性状。投入性状的引入技术相对简单，并且已经经过了长期的实验室研究，能够被相对快速地推向市场（产品开发周期为10年左右）。另一类专注于产出性状，表现在改善作物品质、增强作物保健功能等方面，但这类技术相对复杂，产品开发需要更长的时间。

从这一区分可以看出，侧重投入性状的转基因作物在初始阶段更具吸引力。种植这类作物，农民能够更轻松、更有效地进行田间管理，而农民对新产品的接受程度和购买意愿一直都是农业化工企业的关注重点。选择投入性状作为优先研发方向，显然有利于生产企业快速进行技术转化并占领市场。此外，开发侧重于产出性状的作物与既有农化产品的研发路线完全不同，与企业自身已有的知识和能力储备毫无联系，因而也难以受到决策者的重视。

即使是投入性状，也使农业化工企业面对着难以调和的内在分歧，并非所有的投入性状都能够与生产企业已有的研发路线相容并存。抗虫和抗病特性很快就成为诸多企业不愿强调的因素。因为对抗虫或抗病作物的有效宣传，毫无疑问将会削弱农药产品原有的销售规模。更何况，农业化工企业一直宣称自己的农药产品是安全可靠的，从这样的立场出发，他们也不愿将减少农药使用量作为转基因作物的正面效益加以宣传。

因此，在转基因作物技术研发的初期阶段，以孟山都（Monsanto）公司为代表的主要农业化工企业，将农业生物技术的发展重心定位于抗除草剂作物，其战略决策决定了整个产业随后的技术路线。然而这一技术轨道的形成也孕育了发展的隐患，投入性状带来的改变主要体现在种植过程中，其正面效益难以被最终的消费者所感知，因而很难获得消费者的积极认同。而且，鉴于一直以来农民才是农化产品和新作物品种最直接的购买者，消费者的偏好并没有成为生产企业的考虑重点，消费者的购买行为难以影响到生产企业的运营策略，这为随后消费者的态度转变和对抗行为埋下了伏笔。如果在这一阶段，相对更重视公众态度的食品加工企业或种子企业能够获得更大的影响力，转基因作物技术研发的优先方向可能将呈现出明显的不同。

与传统的农业化工技术相比较，转基因技术可以被视为不连续创新。由此，在企业转型阶段，技术发展的路径依赖特性使得原有农化企业普遍面对着巨大的转换和协调成本，而孟山都公司则是唯一快速整合了转基因技术研发、顺利形成新的创新战略并实现了产品获利的企业。

在20世纪80年代，孟山都的技术基础相对还比较单一，企业收益的绝大部分来自其草甘膦基除草剂产品农达，但这一产品的专利也即将到期。基于自己的技术能力储备和外部决策环境，孟山都在此形势下制定了整合性的战略路线，即主导全球范围内草甘膦的生产以削弱对手的竞争能力，同时开发一系列抗草甘膦的转基因作物，以增进草甘膦的销售规模[3]。这一战略的执行，使孟山都原有的研究基础和产品系列成为转基因作物产品开发与应用的互补资产[4]，保障了孟山都在转基因产品开发领域的强势地位。

由于孟山都已经占据了庞大的除草剂市场，而且在当时还几乎没有涉足杀虫剂和杀菌剂的生产，所以在其发展抗除草剂转基因作物和抗虫转基因作物（包括玉米、大豆和棉花）的道路上没有内在的障碍。其他的农化企业则没有这么幸运了，他们研发的转基因作物通常是针对其他企业的除草剂产生抗性，而有的企业（如诺华公司）选择的靶标除草剂甚至不久就因为环境危害而被欧盟禁用了。

孟山都开发转基因技术的步伐不断加快，也使其他企业产生了担忧。虽然他们声称自己更倾向于对新技术谨慎行事，但企业内部两种技术路线的分歧无疑是这类担忧的直接缘由。孟山都受到了其他企业前所未有的公开批评，标示着农业生物产业内部开始出现了裂痕。在欧洲公众对转基因产品日趋反对的局势下，内部分裂对产业界的整体应对能力是严重的损害。

三、以并购占据市场的策略

确定了企业发展的战略方向之后，寻求合适的市场策略成为出身于农化产业的生物技术企业急需解决的问题。由于产品的本质区别，采用销售农药的渠道与策略经营转基因作物肯定是行不通的，新的技术提出了对新的营销方式的迫切要求。

为了在种子销售体系中谋求更大的话语权，生物技术企业开始主动拉近和种子企业的距离。与种子企业建立起合作伙伴关系，成为一些生物技术企业的选择，而资金雄厚的大型企业则一致采取了更具攻势的市场策略：大规模收购种子企业，以买下通向市场的路径。从企业的成长历史和发展历程可以看出，孟山都公司和杜邦公司是这一策略最有力的执行者，并由此掀起了一轮又一轮的企业并购热潮。从后续结果来看，并购策略不仅增强了生物技术企业对市场环境的控制能力，还使他们在发展初期就获得了种子企业所拥有的丰富种质资源，为进一步开发适用于不同地域条件的转基因作物提供了必要基础。

并购策略的落实，也使生物技术企业与食品加工企业之间出现了摩擦。因为种子企业是整个食品供应链的起点和基础，控制种子企业的走向将对食品加工行业产生决定性的影响。生物技术企业对种子企业的大规模收购，令食品加工企业感到不安。随着并购步伐的不断加快，原本可能成为生物技术企业重要盟友的食品加工企业，对转基因作物的立场也开始趋于反对。

并购虽然成为生物技术企业市场战略的核心，但实际执行过程中，企业管理者们却对种子产品和农化产品盈利模式的差异重视不足。成功收购种子企业之后，他们才发现，种子产品的利润率并没有农药那样丰厚。为了保障企业的投资收益，他们一方面采用许可授权协议阻止农民自己留种，另一方面则着手开发基因使用限制技术（Genetic Use Restriction Technologies，简称 GURTs），力图从技术层面迫使农民每年购买新的种子。在生物技术企业特别是孟山都看来，GURTs 是发展的必然，因为这样处理的种子在生长特性上与杂交种子并没有什么区别。但随后不久，这类技术就被环保团体冠上了“终结者技术”的恶名，被描绘成试图阻止发展中国家农民可持续发展的阴谋，引起了社会公众和各类社会群体的强烈反对与谴责。有关“终结者技术”的争论，对生物技术企业的社会形象造成了严重的负面影响，使得转基因技术的应用面对着更多争议。

四、监管体系的形成与发展

监管制度是产业技术创新的重要作用因素，在不同的地域环境和社会条件下所起的作用各有其特点。对于渐进性发展的农业化工产业而言，严格的监管体系可以被视作企业创新的支撑性要素，并在事实上延长了农化产业的生存周期。举例来说，在 20 世纪 80 年代初期，有机氯农药产品（例如 DDT）因专利保护失效而变得日益廉价，但是鉴于这类农药的显著效果，几乎没有新产品能够与其竞争。令竞争局势出现转机的正是监管制度的变化。由于有机氯农药对生态环境的负面影响，政府出台了严厉的限制措施，农化企业得以向市场推出新一代的有机磷农药，尽管更为昂贵，但政府的禁令事实上已为这类产品创造出了庞大的市场[5]。

虽然与农业化工产业类似，社会普遍认同对生物技术产业实施监管的重要性，但实际的监管模式在许多国家出现了转变。这在欧洲国家最为明显，其监管模式从应对式的制度体系开始转向基于预防原则的制度安排[6]。应对式制度体系是管理农化产品的基本策略，主要立足于对事实资料的科学解读。在这种管理模式下，一旦依据充分的科学证据确认了风险要素，那么在创新活动的各个环节都会对这些要素施加严格的限制。上文提及的对有机氯农药的禁令，即各国政府在掌握了明确的环境危害证据之后做出的。这种制度体系通过设定清晰的测度指标，能够避免许多争议，但是在技术复杂性和不确定性日趋增加的情境下，其内在缺陷也逐步显现出来：应对式管理只能避免已经确认的问题再度出现，却无法对尚未出现的风险做出预测。所以，这种监管模式难以从根本上避免农药产品不断出现的负面影响，难以及时地对技术风险要素进行确认和控制，其有效性日渐受到质疑。

由于应对式体系在风险管理实践中的失效，基于预防原则的监管体系开始被欧洲国家引入作为新的模式，转基因作物产业由此也成为第一个按照预防原则进行监管的领域。根据联合国教科文组织的界定[7]，预防原则是指当人类活动有可能导致道德上无法接受、在科学上虽不能确定但似乎可能的损害时，就应当采取行动以避免或减小这种损害。预防原则的采纳，标志着对技术风险的管理方式由事后控制转向了事前控制，在增进社会对监管体系的信心方面发挥了积极的作用。与此同时，这一原则的应用，也使之前被边缘化的伦理争议逐步成为转基因技术风险论辩的中心议题，引起了更为激烈的讨论和争议。

监管体系设置的地区差异，尤其是美国与欧洲国家的模式选择分歧，也是引起后续争议的重要原因。整体上看，转基因技术的监管体系面对着两种选择：是利用已有的管理框架，还是设定全新的管理机制。对此，美国坚持实质等同原则，即认为如果转基因产品在物质成分上同传统作物没有区别，那么对其的监管措施不需与传统产品有异。因而，美国根据已有的农药、食品和饲料的管制体系，形成了以产品为基础的管理模式。而欧洲则采取了更具预防性的方式，利用逐项审批的做法，不仅针对转基因产品，而且面向转基因技术研发生产的全过程，建立起了复杂而严格的基于过程的管理模式[8]。虽然相对而言欧洲模式在风险应对上更为有效，但无疑美国模式更有助于转基因技术和生物技术企业的发展。

产业界对于不同模式监管体系的倾向性，经历了一个明显的转变过程。在应对式管理框架下，有机氯农药的负面效果以及迟缓的风险确认程序，曾使农业化工企业的社会形象严重受损。鉴于这一教训，农业生物技术企业最初更愿意采用预防原则，更倾向于欧洲的监管体系[9]。他们认为这一体系更有利于保障公众对于转基因作物的信心，同时他们也希望，随着安全性证据的增多，欧洲模式的监管体系能够逐步放宽监管要求。

但到了20世纪90年代中期，当第一代转基因作物的研发工作接近尾声时，产业界对待欧洲体系的态度开始出现改变。复杂的监管体系造成了产品审批进度过于缓慢，使得相关企业愈发感到不满。作为这一体系执行依据的预防原则，其效用也遭到了企业的质疑。企业决策者们认为预防原则在保障公众对转基因技术的信心方面效果有限，相反，其时预防原则的普遍采用反而增加了公众对新技术的警惕，助长了他们的担忧情绪。另外，企业决策层也意识到，预防原则的广泛运用，使风险管理的决策基础更加偏向于环保组织等压力团体的价值立场，削弱了对安全性问题进行科学测度及评估的效用，这不利于生物技术企业的进一步发展，会使其市场地位落后于在美国监管模式下的竞争对手。

基于这些考虑，相关的农业生物技术企业在欧盟和欧洲国家层面发起了游说，希望能够放松对转基因技术的监管力度。这带来了一些积极的后果，例如1993年英国上议院科学技术委员会发布了建议弱化预防原则的政策报告，一些国家也减轻了管制的力度。但就在这时，孟山都为扩大自己的竞争优势，开始在欧洲地区销售自己的转基因大豆。这种大豆既没有转基因产品的标志，也没有与普通大豆作任何分隔处理。孟山都的这一举动促使环保组织与消费者团体结成了联盟，二者共同对产业界放松管制的建议提出了强有力的辩驳。他们论证指出，生物技术企业当下的游说举动是典型的短视行为，只顾单纯地追逐商业利润，而全然无视转基因技术的潜在风险。由于二者对公众意见具有显著的影响力，因此从整体上增强了欧洲公众对于转基因作物的负面态度，相应地，欧盟及其各成员国的监管体系也随之变得更为严格。

五、技术与语境的双向建构

从以上转基因技术的引入过程可以看出，即使是技术发展的最初阶段，转基因技术与社会语境在演进过程中也呈现出了明显的双向建构关系。转基因技术所表现出的发展轨迹和治理模式，是相关社会主体在特定的语境条件和决策情境下理性选择的结果。而转基因技术产业领域的形成，反过来又影响了社会主体的相互关系和作用形态，影响了新的决策情境的生成。

后续的许多冲突事件在这一建构过程中已经初现端倪。虽然此时社会公众的态度还没有出现明显的分化，但其与产业界和转基因技术之间的紧张关系已经逐步蓄积。发展迅速的生物技术企业对社会反应缺乏足够的关注，他们作为技术推动者过于强势的地位和运营策略也容易激化种种业已形成的矛盾。此外，产业界的内部分歧、监管体系的地区差异，以及社会压力团体的积极介入等因素，都使得转基因技术接近了冲突触发的临界点。

总体上看，对转基因技术演进的相关探讨，不应仅仅着眼于单纯的技术话题，更需要立足于具体的社会语境条件，才可能对争议过程形成系统而完整的认识，进而构建行之有效的冲突化解策略。我国当前转基因作物研发的语境条件，与技术最初引入时的情形已大不相同（例如我国转基因作物的研发主体是公共研究机构的科研人员，对转基因技术的国家需求也更为明确）。从我国的社会需求和现实条件出发，理性地对待技术发展的地域性差异，促进科学共同体与社会公众和其他社会群体间的相互理解和对话，是转基因技术发展不应忽视的重要方面。

（在本文的撰写过程中，Joyce Tait 和 Ann Bruce 接受了笔者访谈并提出了中肯的建议，李真真老师给予了耐心的指导和帮助，特此致谢。）

参考文献

[1] 何玲．普斯陶伊（Pusztai）事件及其思考［J］．自然辩证法研究，2004（8）：92－96.

[2] Chataway J，Tait J，Wield D. Understanding company R&D strategies in agro-biotechnology：trajectories and blind spots［J］．Research Policy. 2004，33（1）：1041－1057.

[3] Tait J，Chataway J. The governance of corporations，technological change，and risk：examining industrial perspectives on the development of genetically modified crops［J］．Environment and Planning C：Government and Policy，2007，25（1）：21－37.

[4] Teece D. Profiting from technological innovation：implications for integration，collaboration，licensing and public policy［J］．Research Policy，1986（6）：285－305.

[5] Tait J. Systemic interactions in life science innovation［J］．Technology Analysis and Strategic Management，2007（3）：257－277.

[6] Tait J. More faust than frankenstein：the European debate about the precautionary principle and risk regulation for genetically modified crops［J］．Journal of Risk Research，2001，4（2）：175－189.

[7] COMEST，UNESCO. 预防原则［R］．2005：14.

[8] Tait J，Levidow L. The case of biotechnology［J］．Futures，1992，24（3）：219－231.

[9] Tait J. Risk governance of genetically modified crops in Europe：decision nodes and incubation periods in generating a risk governance deficit［R］．Genera：International Risk Governance Council，2009：4－5.

（本文原载于《自然辩证法通讯》2011年第3期）

第二部分

STS的基本理论研究

语境与 Science Studies

蔡　仲
（南京大学人文社会科学高级研究院哲学系　江苏 南京　210093）

摘　要： 当前科学哲学正在走向“语境论”，这种走向与 Science Studies 有关。首先分析了“社会建构”所理解的“语境”，这种“语境”用“社会重构”取代了“理性重建”，从而走向了社会本体论意义上的相对主义。其次考察了“科学实践”视野中的“语境”，这种语境把科学置于自然—仪器—社会机遇性聚集的空间或场所，从生成论的视角，为科学哲学重新思考客观性、合理性等一系列概念提供了丰富的资源。

关键词： 语境论；Science Studies

1990 年美国斯坦福大学的科学哲学会议的主题是“不统一性与语境论”（“Disunity and Contextualism”）；1994 年美国科学哲学学会在佛罗里达大学会议的主题为“新语境论，作为话语与文化的科学”（“The New Contextualism：Science as Discourse and Culture”）；2006 年，著名的美国波士顿大学科学哲学研究丛书发表了《构造的语境：超越认识辩护的边界》（The Context of Constitution：Beyond the Edge of Epistemological Justification）一书；2006 年，著名的阿基米德（Archimedes）丛书发表了《重访发现与辩护：对语境区分的历史与哲学的透视》（Revisiting Discovery and Justification：Historical and Philosophical Perspectives On the Context Distinction Archimedes）；以郭贵春教授为核心的我国山西大学的研究团队，近十多年一直在从事特色鲜明的语境论科学哲学研究，并取得了一系列重要成果；2010 年 11 月 13—15 日在太原召开了“语境论与科学哲学”的会议，把我国的科学哲学研究逐渐推向国际学术的舞台。上述工作表明，20 世纪 90 年代后，科学哲学开始走向一个新的方向——语境论。

上述会议或著作有一个共同的特点，即相关参与者不仅是科学哲学家，而且还有大量的 Science Studies 学者。从内容来看，正是 Science Studies 对传统科学哲学进行社会与文化的不断解析，才导致了科学哲学走向这一新方向。语境论的出现与传统科学哲学的问题有关。众所周知，在科学理论与科学观察或实验之间，用逻辑经验主义的话来说，就是理论命题与观察命题之间存在一个缺口。如何填补这一缺口？逻辑经验主义借助了去语境化的方法论规则，通常都是些抽象的“理性”规则，如“对应规则”、“协合规则”或“词典”等详细的解释体系，认为具有理性能力的科学家正是利用这些规则发现了普遍的、去语境化的“客观”真理。库恩的历史主义出现后，相关的研究表明这些规则不可能或甚至完全无关于这一填补，于是各式各样的语境论出现，目的就是想从不同角度去填补这一缺口。“新语境论”意味着把科学视为一种“语境”实践，其中，“新”字表明这一词已经不能在传统意义去理解，即不把语境仅仅视为“上下文”或“外部”的同义词。这些会议与著作讨论了在什么样的程度上，可以把科学视为话语或非话语的实践，如何消除对科学知识的外部与内部的理解，对 Science Studies 的各学科来说，“语境”一词意味着什么。本文就 Science Studies 内部对“语境”的两种不同理解，即对“社会建构”的理解与“科学实践”的理解，谈谈看法。

一、“语境”的社会建构理解

维也纳学派的宣言——“科学的世界概念”——勾画出这样一幅去语境化的普适图景：“科学的世界概念……其目的是统一科学。它致力于把个别研究者在不同的科学领域中的成就联系一致起来。正是出于这一目的，它强调集体的努力，强调那些可以在主体间予以把握的东西，探究一种中立的形式化系统、一种消除了历史语言痕迹的符号系统，以及一个总的概念系统。”不只于此，“科学的世界概念是和现代生活密切相关的……科学的世界概念的精神正日益渗透于个人生活和公共生活以及学校课程、教育、建筑艺术之中，也有助于按照理性原则改造经济生活和社会生活。科学的世界概念服务于生活，生活也接受这种科学的世界概念”[1]。另外，“总而言之，科学之为实际的知识体系，无论其为自然科学的或社会科学都是一种关于实际的真理系统”[2]。弗里德曼也指出：“逻辑经验主义把自己想象为一种革命性的科学哲学（不是作为对传统的基础主义认识论的贡献），属于一种较为广泛的文化运动，目标是赞美与传播更为一般意义上的科学精神。”[3] 从以上维也纳学派的宣言以及其他相关材料中，可以初步看到逻辑经验主义事业中的两个基本要素：一是统一各门科学；二是借助于科学理性去改造社会、政治、文化及人类历史。然而，Science Studies 学者发现了不同科学分支之间的语言与实践很难统一，如物理学与生物学，甚至于高能物理学中的弦理论与粒子物理学之间也很难相互理解。同时，在同一个学科中，不同地方的不同参与者之间也存在着不统一性。如在研究基本粒子时，日本物理学家与美国或欧洲大陆的物理学家之间就存在着人种学上的差异。这些研究发现了科学知识的地方性，表明了科学知识的统一运动很难成立。随后人们开始探索这些地方性（发现的语境）如何塑造（shape）知识，这种不统一性科学的哲学基础是什么。如在一个科学知识不统一性的语境中，如何为科学实在论进行辩护；科学的不统一性强调科学及其实践的异质性、差异性与突现的偶然性，科学哲学如何来思索这些问题。

拉卡托斯把那些确立在科学方法论原则上的工作称为“理性重建”或“内在的历史”。同时，拉卡托斯认为给社会学家预留了一个角色，让他们以“外在的社会史”来解释理性主义无法说明的非理性的残余物。对知识内容的哲学家与社会学家之间如此不公正的分配，引起了“强纲领”社会建构主义的强烈不满。为此布鲁尔提出了以对称性原则为核心的强纲领四原则：① 因果性；② 公正性原则；③ 对称性原则；④ 反身性原则。对称性原则的具体内容是“同一类型的原因应当既可以说明真实的信念，也可以说明虚假的信念”[4]。此原则中“既可以说明真实的信念，也可以说明虚假的信念”实际上是指公正性原则，问题就出在“同一类型的原因”之中，什么样的原因？布鲁尔是指“社会原因，特别是利益与权力”。结果，科学社会学家对传统的哲学分析提出了挑战，反对有关科学的独特性、统一性、普遍性与合理性的哲学信念。尽管在强纲领的旗帜下各式各样的社会学分析存在着差异，但其共同点是要在语境中理解科学，即不仅在知识的语境下，而且还要在实用的、社会学的与政治的语境下理解科学。这样，社会建构把“语境”理解为建构科学知识的复杂的社会政治因素，如权力与利益。这种研究是用“社会重构”去取代“理性重建”，并没有打破内史与外史、前台与背景之间的关系，它所做的不过是用非理性去取代理性，用外史去取代内史，用背景去替代前台，用社会去占据自然，结果是走向社会本体论或文化相对主义。

社会建构“语境”下的科学编史学工作的标志是1985 年夏平与沙佛的《利维坦与空气泵》，这本书表明在英格兰王政复辟时期的地方性活动语境中，科学事实如何通过物质、文字与社会控制而被建构，把近代实验科学兴起的历史嵌入到当时复杂的社会政治语境中。夏平与沙佛坚持认为，所谓实验与操作性方法的工作，是以共同仪式与认同性为纽带的。当皇家学会声称他们独立于任何政治的、宗教的或哲学的权威时，夏平与沙佛却认为，近代科学的内容只不过是科学共同体的权力突现。这一共同体为自身保留了一种新认识论权威，这是由制度性的社会团体的社会地位、政治利益与经济利益所决定的。皇家学会在认识上的权威并不是实验，而是政治，“对知识问题的解决是政治的：它是建立在知识政体的人们之间的关系与规则基础上而被预言的”[5]342。夏平与沙佛从他们的特殊案例研究中得出了社会建构主义的结论是：实验从一开始就不是获取自然真理知识的方法。“我们现在生活在一个缺乏确定性的年代。我们不再相信科学知识的传统特征，这种特征是把科学进步描述为它的充分实在性。”[5]343 “当我们认识到我们知识形式的约定与人为的状态时，我们就把我们置于这样一种地位：认识到科学是我们自身的东西，而不是那种对我们的认识负责的实在。知识，就像国家一样，是人类行为的产物。”[5]343

如果说传统科学哲学把科学史家视为一种去语境的观察者，在所有地方与所有文化中，从遥远的过去到无限的未来，历史学家成为普遍性科学知识的无所不能的挖掘者。而在社会建构的语境中，历史学家却走向了另一个极端，顽固守护着地方性的、无联系的并最终是孤独的知识。这种文化相对主义的历史观在当前十分流行。如在中国科学编史学的探索中，如果说传统李约瑟式的“百川归海”属于“理性重建”，那么当前最为流行的席文式“河岸风光”则基本上属于“社会重构”。在关于科学跨文化和跨国家传播的研究中，巴萨拉模型和佩尔森的“文化帝国主义”所传递的主要含义为：西方科学具有客观性和普遍有效性，超越了不同社会文化的限制，科学的传播过程表现为一种欧洲中心论，即从中心（西方欧洲）到边缘（非西方国家）的一种单向、线性、同质化的进步过程。而当前弥漫于学术界的后殖民科学观却走向另一个极端，完全颠覆了科学的普遍性，过于强调地方性和差异性维度，忽视了全球性维度，这种做法只会造成不同民族科学之间的永久隔阂，走向文化相对主义，陷入到“地方性”海洋的困境中。

二、“语境”的科学实践理解

社会建构的“语境”导致了文化相对主义，引起了科学哲学家的激烈批判，20 世纪 80 年代，以劳丹为首的科学哲学家与以布鲁尔为首的社会建构论者之间爆发了著名的“相对主义与合理性”之争。同时，社会建构之中也出现了分化，20 世纪 90 年代，围绕着布鲁尔的“对称性原则”，皮克林、拉图尔等人与布鲁尔、柯林斯等之间爆发了“认识论鸡”[6]之争和“反拉图尔”[7-8]。拉图尔等人提出的广义（本体论）对称性原则，目的是对称性处理自然与社会，因而他们站在两者的中间，好像以胜利者自居；而布鲁尔和柯林斯像胆小的鸡，穿过了马路，跑到了社会那边，仿佛以失败者而告终。拉图尔等人认为，布鲁尔的对称性原则并没有真正坚持对称性，因为它实际上是将解释权赋予了社会，从而造成了自然的“失语”。这是一种“认识论的不公正性”[9-10]。为此，拉图尔在《行动中的科学》一书中将对称性原则推进到了本体论的领域，即“在对人类与非人类资源的征募与控制上，应当对称性地分配我们的工作”。行动者网络理论认为，在科学研究与科学争论的过程中，一直都有自然因素的参与；而且它们以能动者的姿态介入，与人类的行动者相互作用。“我们应该把科学（包括技术和社会）看作是一个人类力量和非人类力量（物质）共同作用的领域。在网络中人类力量与非人类力量相互交织并在网络中共同进化。”[11]11这样，科学便成为一个实践概念。在这里，语境就是指自然、仪器与社会之间机遇性相聚集的空间或场所，即物质—概念—社会的聚集体。皮克林把聚集体称为物之涌现处（the thick of things）。通过科学仪器，皮克林使人们关注这种物质文化的场所——主客体的交汇点，也即科学实践得以发生的真实时空，实验室生活因而就成为研究科学实践的中心。

实验室的概念取代了实验概念在科学哲学与科学史中的地位。实验室使人们在更为广泛的语境中去思索有关技能性的活动，这种语境由仪器与符号的实践所构成，它突出了所有在科学知识建构过程中的异质性要素之间的冲撞，它表明科学知识的建构不仅是产生于实验室中对仪器的技能性操作，而且还依赖于符号的与社会政治的解释，如在科学论文中无处不见的说服性技巧，而且还体现在科学家在建立联盟和调动各式各样的资源时所采用的各种政治策略。所有这些拉图尔称为“转译”的手法。所有这些使人们意识到科学研究不仅干预到自然，而且还深深地介入社会。用梅洛－庞蒂的话来说，就是一种“自我—他人—物”体系的重构，一种经验在科学中得以构成的“现象场”的重构[12]。

这些重构的结果使社会秩序与自然秩序的关系和主体与客体的关系发生了变化。梅洛—庞蒂认为“自我—他人—物”体系并不是一个观念世界或客观世界，而是一个行动者的实践世界。一方面，它允许行动者用自身的社会限制与文化限制去改进自然秩序，从而使社会秩序中的实验者能够体验到它。这依赖于自然秩序的“可塑性”，如实验室中所采用的科学对象，很少是纯粹意义上的科学对象，它们或者是视觉、听觉或电子效果，或者是它们的某些成分的“纯化”形态。另一方面，实验室在改进了自然秩序的同时，也改变了社会秩序。这是对社会建构主义的纠正。如果说实验室中的行动者创造性地建构了客体，那么也可以说这种建构也同时重构了社会秩序，如：能够建构出操作这些客体的科学家，也就是说，在实验中所强调的不是始终伴随着这些客体的人，而是指通过各种方式得到训练、能够操作相关活动的科学家，是一种自我—他人—物中所显出来的社会秩序中的科学家。科学家本身也是可塑的。这样，在实验室中，科学家是从事探索的“手段”，是知识建构过程中的一种技术装置，而同时他们又是当下活动中的共同体人力资源，并与其他资源结合在一起，塑造出新的对象与行动者。结果，“建构者”本人应该是科学实践的产物，而不像社会建构主义所认为的那样，是特定的政治策略重构的结果。如卢兹维克·弗兰克的杰作《科学事实的起源和发展》[13]中讨论对梅毒病的一种血液检测——华色曼氏反应——的确立。他表明了这项检测是一种人与物相互冲撞过程的历史发展。华氏反应是对人类血液进行检验的物质程序，在这里，化学的、生物的物质过程促成了对病人是否患有梅毒病的诊断。另一方面，弗兰克表明，这种程序是从反复试验的过程中突现出来的，即通过探索物质操作的空间，“将反应物这会儿多加一点，或这会儿少加一点”，让反应时间长一些或短一些，等等，直到检测的成功率从15% ~20%提高到70% ~90%。同时，弗兰克强调，在这种物质协调的过程中，一种崭新而特殊的科学共同体应运而生。这个共同体的成员具有能进行“操作血清检测”的各种技能、能力和训练，即那些成功操作华氏反应所需要的特定技能、能力和训练。这些技能只有在反应的历史发展中才能突现，也只有在其成功操作中才能获取；这些能力成为相关专业的标志，汇聚到血液测试所演奏的“准交响乐”中。作为一个物质程序，华氏反应是这个专业共同体的客体，而这些专业人员又是这个客体的主体，即每一方都发展并呈现出一个与对方相关的特定形象。皮克林引用[14]马克思的格言概括了这一过程：“生产不仅为主体生产对象，而且也为对象生产主体。”[15]

科学实践的“语境”会带来一系列哲学思考。①客体并不是存在论意义上的存在，而是生成论意义上的存在。逻辑经验主义持有自然之镜的反映论，客体静态地存在于客观世界之中，无时间性与历史，静静地等待着人们去发现，人们只能谈论科学发现的历史，而不能谈论科学对象的历史。“客体的实践建构”，即认为某物成为一个事实，并不是因为它本身即某物，而是因为它是在实验室的实践建构过程中生成的，是科学实践建构的结果，不是命题所表象的东西。因此，哲学所面临的问题就是如何对实践中的科学提供一种更为实在论的解释，把它坚定地奠基于实验室的物质—概念—社会的聚集体之中。如“客观性”概念，传统科学哲学认为纷繁复杂的现象背后有一种更为根本性的基础，将之称为自然，然而，科学实践视野中的客体是一个完全可见的概念，它是建构的结果，客观性因此也就是实践建构过程中瞬间突现出来的产物的一种特征。在这里，建构和反映可以得到综合，“我们不需要彻夜不眠地躺在床上担心知识完全漂浮于其所反映的客体之上”[11]218。科学哲学要解决的是如何从认识论角度去思考这类生成意义上的客观性，还有真理性、合理性、相对性、主客体关系、自然与社会的关系等一系列概念。② 要关注科学实践打开的物质世界大门，关注客体的生成本体论，还有实验仪器的哲学问题。③ 这种研究带来跨学科思考，从而打破哲学、社会学与历史学的界线。正如皮克林所说：“我怀疑科学实践有着其自己的分析单位与完整性，它们能够深刻地界定出不同学科之间的界线……科学正是在物质的、社会的与概念世界的这些相交点处被维系并发展着的。”[16]在这种联系中，哲学家、社会学家面临着共同的挑战，即如何共同重塑我们的问题与分析的范畴，使我们能够充分地理解构成并建构科学的所有复杂因素，这就要求一个跨学科的研究纲领出现。

参考文献

[1] 汉恩，纽拉特，卡尔纳普．科学的世界概念：维也纳学派［J］．自然科学哲学问题，1989（1）：18－19.

[2] 洪谦．维也纳学派哲学［M］．北京：商务印书馆，1989：135.

[3] Frieldman M. History and philosophy of science in a new key［J］. ISIS，2008，99（1）：127.

[4] 大卫·布鲁尔．知识和社会意向［M］．艾彦，译．北京：东方出版社，2001：8.

[5] Steven S，Schaffer S. Leviathan and the air-pump：hobbes，boyle，and the experimental life［M］. Princeton：Princeton University Press，1985.

[6] Pickering A. Science as practice and culture［M］. Chicago：The University of Chicago Press，1992：301－

389.
[7] 布鲁尔·D. 反拉图尔论 [J]. 世界哲学，2008 (3)：70 - 85.
[8] 拉图尔·B. 答复布鲁尔的反拉图尔论 [J]. 世界哲学，2008 (4)：71 - 81.
[9] Latour B. We have never been modern [M]. Cambridge：Harvard University Press，1993：95.
[10] Crawford C，anderson J. Sociobiology：An environmentalist discipline? [J]. American Psychologist，1989，44 (12)：1449 - 1459.
[11] Westermark E A. The history of human marriage [M]. New York：Macmillan，1891：240 - 241.
[12] Wolf A. Sexual attraction and childhood association：a chinese brief for edward wester mark [M]. Stanford：Stanford University Press，1995：154 - 185.
[13] Shepher J. Incest：a biosocial view [M]. New York：Academic Press，1983：213 - 214.
[14] Bevc I，Silverman I. Early separation and sibling incest：a test of the revised wester mark theory [J]. Evolution and Human Behavior，2000，21 (3)：151 - 161.
[15] 马克思．政治经济学批判导言 [M]. 马克思，恩格斯．马克思恩格斯选集：第2卷．北京：人民出版社，1972：95.
[16] Crawford C，Salmon C. The essence of evolutionary psychology：an introduction [M] //Crawford C，Salmon C. Mahwah N J. USA：Erlbaum Associates，2004：23 - 50.

（本文原载于《科学技术哲学研究》2011 年第 1 期）

从科学论到技术科学研究

肖雷波

（南京信息工程大学公共管理学院　南京　210044）

摘　要：科学论自诞生以来，一度成为研究科技问题的一门国际显学。然而由于它的分析单位只关注科学或技术，却没有认识到科学或技术不过是众多世俗现象中众多行动者的一个，所以科学论这种过于狭隘的分析视角已开始显现颓势。近些年新兴起来的技术科学研究具有一种更加丰富有趣的分析单位，大有取代科学论之势。技术科学研究关注的对象不再只是科学或技术，而是整个技术科学网络中科学、技术、自然和社会等各个异质性行动者之间的相互博弈，强烈表现出一种彻底去中心化的世俗现象特征。

关键词：科学论；科学技术论；技术科学研究

一、科学论的兴起

科学论（Science Studies）的定义看起来很简单。顾名思义，科学论就是关于科学的研究，而科学的定义则十分复杂多样，并不统一。英国科学社会学家齐曼（John Ziman）一言以概之："事实上，科学是所有上述的一切东西，或者还要更多一些。科学确实是研究的产物，也确实使用很有特点的方法；科学是有组织的知识实体，又是解决问题的一种手段；科学是一种社会体制，科学活动的实现需要物质条件；科学既是当代教育的主题和内容，又是文化的资源；科学是现代人类事务的重要因素，它要求人们对它进行管理。我们关于科学的模式，必须把上述这些互不相同的、有时还互相冲突的方面联系和统一起来。"[1]而正是科学定义的多样性，使得科学论呈现两个对立的特征：一方面，因为其研究对象都是科学，所以该领域是统一的；而另一方面，科学本身的复杂多样化特征又使得科学论明显不统一。因此，要得到一个清楚、完整、确定的科学论定义，这十分困难。但是哈佛大学科学史家比尔基奥林（Mario Biagioli）的一句话道出了科学论的核心含义，它就是"科学论一般不问科学是什么，而是问科学如何运作"[2]。

而正是在对"科学如何运作"这点的考察上，美国科学哲学家库恩（Thomas Samuel Kuhn）写出了一部经典之作《科学革命的结构》，这同时也标志着科学论第一代的诞生（Harry Collins 语）。在该书中库恩范式思想的感召下，19 世纪 70 年代，英国科学知识社会学派（SSK）进一步运用强纲领社会学解释模式去分析"作为知识的科学"的具体制造过程，引领了科学论研究的第二代。20世纪90年代，科学论研究的主题已转向“作为实践与文化的科学”。与此同时，产生了另一个以后人类主义（post-humanism）为基本特征的实践学派，其代表人物就是皮克林（Andrew Pickering）和拉图尔（Bruno Latour）。按照皮克林的说法，科学论研究大致可划分为人类主义与后人类主义两种类型：人类主义是指传统的涂尔干经典社会学分析，这种分析强调寻找隐藏的社会因素变量去解释一切，物质力量在此缺席或不起作用；而后人类主义则指“对科学实践要作出令人信服的分析，就必须去中心化，人类行动者（如科学家或工程师等）与非人类行动者（物质仪器和机器）一样不具有任何中心或优先地位。科学实践应该看作是一个人类力量与非人类力量之间相互建构的开放式冲撞过程，也就是我所称的‘力量的舞蹈’过程”[3]。因此，科学论研究的第一代与第二代实际都属于人类主义类型，而他本人与拉图尔等人的实践学派则属于后人类主义类型。然而需要指出的是，不论这两种科学论的差异有多大，它们都有个共同点：它们的关注中心对象是科学，而技术则处于被忽略的边缘。

20世纪80年代，从科学论研究中分化出一种新的动向，一批以平奇（Trevor Pinch）和沃尔伽（Steve Woolgar）等为首的科学论代表人物呼吁把SSK倡导的强纲领对称性原则运用到对技术的考察中，这促成了名著《技术系统的社会建构》（1989）的诞生。科学论的这种技术转向（turn to technology）使得科学论逐渐发展为科学技术论（Science and Technology Studies，简称STS）。如果仔细深究科学论的这种技术转向背景，那么可以追溯到夏平与沙弗的科学史名著《利维坦与空气泵》（1985）。该书表明了：波义耳在与霍布斯的斗争中，为了使其实验纲领获得胜利，他在制造事实的具体过程中运用了三种技术：“镶嵌于气泵的建造和操作中的物质技术；将气泵所产生的现象传达给未直接见证者知道的书面技术；以及社会技术，即用以整合实验哲学家在彼此讨论及思考知识主张时应该使用的成规。”[4]后来，柯林斯和平奇的《勾勒姆：人人应知的技术》（1998）和皮克林的《建构夸克》（1999）等实验室研究进一步凸显了物质仪器等技术在科学技术论中的重要性。

接下来一个重要问题就自然出现了：既然科学技术论的关注对象（科学与技术）都很重要，那么科学与技术的关系如何，以万尼瓦尔·布什（Vannevar Bush）线性模型（主要体现在《科学，无止境的前沿》报告中）为代表的传统科技观认为，科学和技术二者相分离，科学是发现与基础，技术是应用，科学与技术之间是一种单向的因果关系。然而这种传统的科技观很快被大多数科学技术论者抛弃了，但这些科学技术论者之间对科学与技术关系的理解也有根本分歧。

从人类主义科学技术论看来，科学与技术之间的划界不是泾渭分明的，都是社会建构的产物，“以他（巴恩斯）的观点看来，科学和技术的界限在具体的场合中是社会建构的问题，表示没有根本的区别”[5]。因此它们均可通过社会因素给予解释。另外，这二者之间是一种共生关系。SSK代表人物巴恩斯指出：“在我们思考关于近年来已经发生的科学—技术关系时，我从一种重要的重新定位开始……它们实际上陷入于一种共生的关系中。”[6]

从后人类主义科学技术论看来，它也承认科学与技术并非相互独立的领域，而是相互缠绕的，同时也否认它们只是社会建构的产物。对它们的解释需要将社会因素与物质力量、文化等各种异质性因素之间的辩证互动与冲撞置于一个开放生成的技术科学网络（techno-science network）中，这也就是拉图尔行动者网络理论与皮克林冲撞理论所关注的东西。卡龙（Michel Callon）对圣布里厄海湾扇贝的饲养研究，拉图尔对巴斯德细菌学的实验室研究，劳（John Law）对葡萄牙航船的适应性变形研究等，都堪称这样的经典案例。

总之，科学论关注的中心对象是科学，而科学技术论关注的中心对象是科学与技术。

二、科学论的衰微

科学论（尤其是SSK爱丁堡学派）在其诞生之后的20年里（从20世纪70年代中期到90年代末期）一度风头很盛。然而随着时间的不断推移，它并没有像人们所想象的那样繁荣起来。这里就拿作为科学论起源的实验室研究来加以说明。第一代实验室研究主要以拉图尔和沃尔伽的《实验室生活：科学事实的社会建构》、塞蒂纳（Karin Knorr-Cetina）的《制造知识：建构主义与科学的与境性》以及柯林斯（Harry Collins）的《改变秩序》等著作为代表，由此掀起了一股拒斥传统科学哲学、传统科学史、科学社会学和热衷于经验案例研究的学术风潮。然而令人匪夷所思的是，到目前为止，这股风潮并没有成为当今“作为实践与文化的科学”研究主题中一个最引人注目的焦点。在过去的十年里，也就只有三本关于实验室研究的科学论著作值得关注：莱恩柏格（Rheinberger H-J）的《走向认知物的历史：实验室中的合成蛋白》，塞蒂纳的《认知文化：科学如何制造知识》和伽里森（Peter Galison）的《图像与逻辑：关于粒子物理学的物质文化》，它们构成了科学论的第二代实验室研究。如果说第一代的实验室研究是为了表明科学的世俗化特征，即“科学并没有什么特殊的先验方法论规则与精神气质，都不过是社会建构的产物”，那么第二代实验室研究则是为了表明：科学也不只是社会建构的产物，而是制造它的社会传统、情境文化、物质仪器技术等各种异质性因素辩证互动与情境冲撞的历史生成结果。

科学论研究近些年来日趋衰微，缺乏强劲的生命力，这与以下三个原因分不开。

首先，科学论研究的主题越广泛，其突现出来的问题就越复杂，它没有被多数人接受或认可的研究材料和经典书，没有相应的边界研究对象，因此可阅读科学论著作的人群相对较少。正如哈佛大学科学史家比尔基奥林所指出的，“科学论不像其他的学术领域，没有必要确定它与相邻学科有关的对象问题；经过这么多年，科学家已经做了许多这样的工作。有人可能会认为这样一个得到很好描述的研究对象一定会给科学论提供统一的学科身份。然而，恰恰相反。难以划分当代科学论的界限或追溯它的内部分工、文化谱系和社会效果。也不容易描述出科学论的体制生态学，因为它的实践者已经跨越了广泛的院系和项目”[2]。

其次，后现代主义在纯自然科学研究中的地位下降。科学家们最初对科学论研究持宽容或赞成的态度，如：诺贝尔奖得主萨尔克允许和欢迎科学论领军人物拉图尔到他的实验室进行田野考察，但后来发现“科学论让外行人质疑专家的权威和主张。它告诉我们如何寻找偏见，支持一种更多公众参与技术政策问题的观点”[7]。也就是说，“科学论分析被一些科学家不是看作一种批判性的欣赏，而是对他们整个科学事业的负面攻击——一份对科学的认识论地位的起诉书”[2]。于是他们纷纷对科学论研究者强烈不满，并提出严厉批评“将科学论整个领域视为后现代非理性主义的温床”[7]，由此引发了20世纪末的那场著名的“科学大战”。

最后，一个导致科学论日趋衰微的关键原因就是：科学论者们的分析视角已由早期的研究对象——科学或技术——扩展为更加丰富有趣的技术科学研究。在技术科学研究中，他们研究关注的中心对象不再只是科学或技术，而是整个“无缝之网”（Thomas P. Hughes 语）

中各个异质性行动者（包括科学、技术、社会、工业、经济、政治和自然等非人类物质行动者等）之间的相互缠绕与辩证互动过程，这里无一要素占据中心地位，强烈表现出一种彻底去中心化的世俗特征。正如科技史学家福曼（Paul Forman）所指出的，“当越来越多的科学论者将科学与技术等同起来时，他们也在走向技术科学的趋势中扮演了一种不可或缺的作用”[8]。拉图尔的《科学在行动》堪称当代技术科学研究的经典范本。

三、走向技术科学研究

“技术科学（techno-science）”一词是由比利时哲学家霍特斯（Gilbert Hottois）于1979年首先使用的。霍特斯用该词的原意是指一种“技术内化于科学中”的复杂过程，即技术嵌入在科学研究中，作为一种环境或一种驱动力。“在当前的科学研究中，技术（我们周围处处存在的技术时空）是发展的自然环境，也是主要原动力。”[9]具体说来，一方面，作为发展环境的技术意味着科学需要技术（工具和人工制品）来推动其进步，这导致技术本身变成了关注的中心对象；另一方面，作为驱动力的技术可以从两个方面理解：科学以技术应用为中心导向；技术进步开辟了新的研究道路（如纳米技术）。霍特斯提出“技术科学”一词的深层次原因是“为了反对统治分析哲学和解释学传统的‘语言学转向’和提醒哲学家们不要将自身限制在逻辑分析的语言牢笼中，从而忽略了他们周围世界所发生的剧烈变化”[8]。由此，可以得出“技术科学”的第一种含义就是“技术化的科学”，强调科学以技术为中介和中心。这样一种科技观在海德格尔的追随者们那里得到了共鸣，他们强调技术优先于科学，并借用霍特斯的这种技术科学的含义批判现代科学长期占据西方文化的霸主地位，主张用技术取代科学的文化主导权。

然而，法国哲学家拉图尔对此表示异议，认为“技术科学”这一组合词并不意味着技术优先于科学或科学以技术为中心导向。他一方面解构了所谓“科学纯洁性”的神话，“从现在开始，我将运用技术科学一词来描述与科学内容有关的所有成分，不论它们看起来是多么的肮脏、突然或陌生。”[10]另一方面则强调“技术科学”一词意味着各种异质性行动者（包括人类、非人类、科学、自然、社会、经济和政治等）之间构成的异质杂合体（hybrids）或聚合体（assemblages）网络。在他看来，技术从未存在过，也从没有对象、人工品、技术要素之类的东西，因为它们一直和杂合体网络中的其他行动者耦合在一起，从来没有人能够将它们分开过。由此，可以得出拉图尔发展的“技术科学”的第二种含义是指科学、技术、自然与社会等各种异质性行动者之间的相互缠绕与辩证互动，其中任何一个行动者（包括技术）都不为中心，始终都处在一个开放式生成的“无缝之网”（seamless web）中。

与上述“技术科学”的两种代表性含义相对应，当代STS中的技术科学研究主要有以下两大进路。

1. 微观层次上的技术科学研究进路

微观层次上的技术科学研究进路主要是把“技术科学”的含义理解为“技术化的科学”，科学日益技术化，以技术为中心导向。这种技术科学研究进路主要以美国技术哲学家伊德（Don Ihde）的工具实在论（Instrumental Realism）为代表。

在伊德看来，后库恩科学哲学考察科学知识的情境性特征时，主要关注了宏观知觉

（macro-perception）（即宏观层次上科学、技术与社会之间的互动），但却忽略了感性微观知觉（micro-perception）的重要作用，而感性微观知觉则通常受到各种工具技术的居间调停，因此它和工具技术共同建构了科学家所研究的实在，即科学。如 X 射线，CT，MRI，声呐等图像技术使得事物变得可见，甚至像文本一样可读。另外，工具技术还可以使得原来不可见的实在变得可见。因此，工具技术的作用不只是中立的工具，而是具有解释性特征，能以不同方式塑造和改变我们所能感知的世界。于是科学便成了一种解释学实践，取决于工具技术对事物的科学分析。只有当真实的世界为科学的工具技术所建构时，它才成为科学探究的真正对象，这就是伊德的工具实在论。具体说来，它具有四个方面的内容："①工具与工具的使用活动是两个不同的范畴；②工具对于主体来说并非是主体感官的延伸，而是前理解结构，但对于实在来说，工具是实在得以呈现为主体所感知的中介；③没有工具就没有科学；④科学并非理论，而是实在。"[11]

显然，伊德的工具实在论一方面打破了传统上的解释学－实证主义（H-P）二分法：自然科学是一种实证主义的理解方式，而人文科学则是解释学的理解方式。前者被认为由实在论所支配，而后者则由相对主义所支配：自然科学表明了实在的真实样子，而人文科学则发展了对实在的各种解释。另一方面表明了技术与科学之间的相互缠绕关系，而这正是技术科学研究的内容。后来伊德对他本人的工具实在论进行了补充，提出了物质解释学（Material Hermeneutics）[12]，进一步表明了：解释学不只限于人文科学，自然科学也是一种高度解释学的活动。伊德的物质解释学不同于传统解释学，传统解释学与传统哲学一样，是高度抽象和理论化的，主要集中在"传统语言"的纯文本研究上。而他的物质解释学摆脱了纯文本研究，进入了非文本的世界中，认为非文本的物质事物在工具技术的帮助下也会说话，说出科学的东西。

伊德用两个例子来说明他的物质解释学：一个例子是"维京人（Vikings）入侵英格兰"；另外一个则是奥兹冰人（Otzi）。前一个例子主要是想说明文本与非文本的差别。"维京人入侵英格兰"这个例子有着详细的历史记载，而这些详细的历史记载及其相关的历史解释就是伊德所认为的文本。至于其他的历史遗迹等，则都是非文本的物质事物。而后一个例子则是为了说明非文本的物质东西也能说话。"奥兹冰人是一个生活在 5300 年以前的人物，人们在冰窟中找到了他。但到现在也没有任何关于他的文本记录。事实上我们无法确定他死亡的确切时间，但我们知道他在最后一顿饭中吃过羊肉。他来自一个与那个时代的花粉有关的地方。他是在春天死亡的，而不是秋天。这些通过花粉的种类可以感知到。因此，这就是一个完完全全的非文本历史。但我们却知道了很多，因为我们让事物说话了。在这个例子中，事物所说的东西不同于传统文本历史……"[13]

因此可以认为，正是在"科学是由技术建构而成的"这个意义上，伊德的工具实在论及其物质解释学在现象学层面表明了科学与技术可以在现象域整合为"技术化科学"。后来维贝克（Peter-Paul Verbeek）的《产科的超声波和道德的技术调节：一种后现象学分析》、赛林格（Evan Selinger）的《小额信贷"赋权"了吗：对孟加拉乡村银行争论的反思》、哈斯（Cathrine Hasse）的《后现象学：了解科学中的文化感性》、罗森伯格（Robert Rosenberger）的《感知其他星球：身体经验、解释和火星轨道摄像机》、戴克斯（John R. Dakers）的《后现象学：寻找伊德》等都是在伊德的这个"技术科学"意义上进一步推动了后现象学研究的经验转向。

2. 宏观层次上的技术科学研究进路

宏观层次上的技术科学研究进路主要是把“技术科学”的含义理解为科学、技术、社会、文化与自然等之间的相互缠绕与冲撞，以去中心化为特征，逃离传统科学论（如SSK）的主人叙事（master-narrative）方式。当前国际STS学界更为关注的正是这条技术科学研究进路。

最早采用这条技术科学研究进路的代表人物之一是皮克林。他在1995年发表的《赛博历史与第二次世界大战体系》[14]一文中，详细追踪了各种新类型的科学实践与军事实践，考察它们在第二次世界大战体系的形成过程中是如何改变了其他的许多文化空间，如工业车间。他利用赛博（cyborg）这个比喻从宏观层面上探讨了社会、物质和概念之间的异质耦合和共同进化，并有力地说明了从第二次世界大战体制过程中瞬时突现出来的许多赛博体和赛博科学。

后来他在2005年发表的《去中心化的社会学：合成染料与社会理论》一文中，又进一步利用这种去中心化的技术科学研究进路，从宏观上详细分析了19世纪晚期第二次工业革命中理论化学和合成染料工业之间耦合的历史。在这段历史中，有机化学理论（凯库勒的苯环结构理论）和许多制造新染料的技术应运而生，当时德国的社会层面也发生了重要变化：工业中出现了一种新的生产模式，即科学－工业聚合体；大学变成了培养染料工业科研人员的主要机构；法律上出现了专利法；有机化学家变成了合成染料工业的学术顾问，以及左右合成染料配方专利权之争的关键人物，工业中还出现了专门的研究实验室。他在叙述这段历史时，有力地阐明了科学、技术、社会、概念和物质如何改变了对方。他在解释红色苯胺染料发展时，就强调社会和物质解释之间的一种对称性：苯胺能加以修正以制造新的合成染料，而对其修正方式的考察则是社会建构性的，并且这些新的途径反过来巩固新生的染料工业。因此社会和物质的发展结合在一起，并且以一种去中心化的方式建构彼此，并不是一个纯粹的社会过程，社会和物质在这保持着互动的对称性。正如皮克林在该文中所指出的：“尤为迷人的历史发展实际上包括：① 重要的和高度连续的社会转换——新工业的诞生，学术性科学研究和工业的系统耦合，把科学研究向工业中移植，法律发生相应的变革（如：专利法的出台）；② 重要的技术转换——在大规模的染料生产中发展新的原料途径；③ 主要的科学转换——现代有机化学的诞生。”[15]

上述这条技术科学研究进路还被一些学者运用到所谓后殖民技术科学（Postcolonial Techno-science）研究中。后殖民技术科学强调从全球性维度与地方性维度的辩证互动角度考察科学、技术、文化与社会等之间的彼此互动与共同进化。举例来说，韩国学者金宗洋（Jongyoung Kim）在其《跨文化的医学：一种关于韩医的科学－工业网络的多地点常人方法论》[16]一文中，借用了全球性与地方性两个维度的辩证关系，来考察韩医如何在一个全球性语境中改造它的地方性基本理论、身份和界限。他在该文中一方面指出了韩医科学化、全球化和工业化的地方性因素。如：韩医在与西方生物医学的长期斗争中，一直处于不利地位。但1997年韩国政府面对一场突如其来的严重财政危机，这给它带来了转机。韩国政府为了摆脱这次危机，鼓励大力发展韩医，提供大量的研究资金、优秀人才和减税优惠政策等给韩医公司，助其发展壮大。另一方面指出了韩国政府的全球化战略。韩国政府为让韩医在国际上获得普遍认同，特别鼓励韩医科研人员在《科学》等著名国际期刊发表科学论文。而韩医科研人员要达到这个目标，就不得不采用符合西方学界范式的西方生物医学技术（如核磁共振影像技术等）以验证韩医学的有效性，但却抛弃了韩医的阴阳五行基本理论。因此韩医的发展是在与西方生物医学的全球化与地方化杂合互动中进行的，其中科学、技术、社会与文化等在这杂合互动中鲜明地表现为一种“去中心化”的特征。

四、小 结

科学论自诞生以来，一度成为研究科技问题的一门国际显学。然而由于它的分析单位只关注科学或技术，却没有认识到科学或技术不过是众多世俗现象中众多行动者的一个，所以科学论这种过于狭隘的分析视角已开始显现颓势。近年新兴起来的技术科学研究具有一种更加丰富有趣的分析单位，技术科学研究关注的对象不再只是科学或技术，而是整个技术科学网络过程中科学、技术、社会、文化与自然等各个异质性行动者之间的相互博弈，强烈表现出一种彻底去中心化的世俗现象特征。技术科学研究这种去中心化的丰富视角被许多人用来分析各种案例研究，展现出一股强劲的生命力，成为科学论研究之后的一个未来关注方向。

参考文献

[1] John Ziman. An introduction to science studies: the philosophical and social aspects of science and technology [M]. Cambridge: Cambridge University Press, 1984: 3.

[2] Mario Biagioli. The science studies reader [M]. New York, London: Routledge, 1999.

[3] Pickering A, Guzik K. The mangle in practice: science, technology and becoming [M]. Durham, London: Duke University Press, 2008: preface vii.

[4] 斯蒂文·夏平，西蒙·沙弗．利维坦与空气泵 [M]. 蔡佩君，译．上海：上海人民出版社，2008：25.

[5] Wiebe E Bijker, Thomas P Hughes, Trevor J Pinch. The social construction of technological systems: new directions in the sociology and history of technology [M]. Cambridge, Massachusetts, London: The MIT Press, 1989: 21.

[6] Barry Barnes. The science-technology relationship: a model and a query [J]. Social Studies of Science, 1982 (12): 166.

[7] David J Hess. Science studies: an advanced introduction [M]. New York, London: New York University Press, 1997.

[8] Bernadette Bensaude Vincent. Technoscience and convergence: a transmutation of values? [M] //Dormotel Vogelsberg, Omrod Alsfeld. Ethics of Converging Technologies. Alsfeld: llemagne, 2008.

[9] Hottois Gilbert. Le signe et la technique: La philosophieàl' épreuve de la technique [M]. Paris: Aubier, 1984: 60 - 61.

[10] Bruno Latour. Science in action: oow to follow scientists and engineers through society [M]. Cambridge: Harvard University Press, 1987: 174.

[11] 杨庆峰．伊德工具实在论理论内涵及悖论分析 [J]. 东北大学学报，2009 (4)：202.

[12] Peter-Paul Verbeek. Material hermeneutics [J]. Techné: Research in Philosophy and Technology, 2003, 6 (3): 181 - 184.

[13] Interview with Don Ihde [EB/OL]. [2012 - 04 - 16] http: //www. filosofi. net/artikler/donihde1pdf.

[14] Andrew Pickering. Cyborg history and the World War Ⅱ regime [J]. Perspectives on Science, 1995 (3): 1 - 48.

[15] Andrew Pickering. Decentering sociology: synthetic desand social theory [J]. Perspectives on Science,

2005，13（3）：354.
[16] Jongyoung Kim. Beyond paradigm：making transcultural connections in a scientific translation of acupuncture [J]. Medical Anthropology，2009，28（1）：31－99.

（本文原载于《自然辩证法研究》2012 年 第 8 期）

科学规范的社会学之维

文剑英
（江苏大学人文社会科学学院　江苏 镇江　212013）

摘　要： 时代的变迁和科学活动中利益冲突的出现，使默顿规范受到来自社会现实层面越来越多的严峻挑战。然而，为确保知识生产的可靠性、科学家职业判断的客观性和科学事业的可信性，迫切需要对科学家的利益冲突加以控制，需要以默顿规范为价值取向制定更具时代气息的职业精神和更具操作性的职业规范。

关键词： 利益冲突；科学规范；职业精神

尽管没有被明确认为是“默顿命题”的具体内容，事实上，科学规范却处于三个默顿命题[1]乃至整个“默顿科学社会学”的核心地位。由于默顿（R. Merton）首先引入了科学规范的概念，因而人们常常又把科学规范叫作“默顿规范”。在“默顿学派”看来，科学家遵循科学规范，既是科学这一社会建制功能上的要求，又是“扩展已被证实的知识”的保证，还是科学自主性得以保持的屏障。

一、科学规范的制度性功能

从 1938 年《科学与社会秩序》中“科学的精神气质”概念的提出，到 1942 年《论科学和民主》中“科学的规范结构”内涵的进一步阐述，“科学规范”的概念逐渐成为默顿科学社会学中的一个核心理论。按照“结构 – 功能主义”理论，默顿规范至少有以下几个制度上“必须履行的责任”（imperative）。

首先，科学规范可以将科学和其他社会建制区分开来。在默顿看来，诸如普遍主义、公有主义、祛利性和有组织的怀疑主义（UCDOS）等科学规范的提出，不是从每一位科学家身上归纳得来的。相反，科学规范总是同整个科学共同体相联系的。也就是说，科学规范是整个科学共同体共有的功能属性，而不是某一位或每一位科学家的个人道德属性。正是由于这套与众不同的规范所约束的所有从业者的活动，才形成了科学与政治、军事、宗教等其他社会建制完全不同的社会“型相”（form）。

其次，科学规范可以保证可靠知识的增长。在默顿那里，科学制度的目标，就是扩展已被证实的知识。而要想顺利地实现这些目标，只有整个科学共同体成员遵循这套技术规范和社会规范。具体地说，在科学活动中，假如科学共同体对科学理论的评价、对科学活动的参与都以非个人的标准进行，假如科学家能够尽快地公开发表其研究结果，假如科学家在科学活动中不把盈利而是把“对真理的追求”作为目的，以及假如科学共同体能够有组织地对研究结果进行批判的话，那么整个社会不仅会得到可靠的知识，而且会更快地得到这些知识。

最后，科学规范可以保持科学的自主性。对青年时代的默顿来说，科学制度只能在一个自由和民主的氛围中发展。包括纳粹和斯大林主义在内的所有极权主义对科学的控制，只能遏制科学事业的繁荣。而遵循了这套科学规范的科学共同体，就是一个自己能够控制和约束自己的社会群体。这样的群体，是一个独立的和免于社会外部控制的自主的共同体。

按照默顿的想法，假如整个科学共同体都能将这个理想的规范内化到自身当中，假如社会能够给予科学制度以自主的话，那么，通过整个科学共同体的活动，最终受益的是整个社会和整个人类。在20世纪50年代的美国，的确出现了一个科学发展的“黄金时代”。直到20世纪70年代末，许多国家的科学技术政策就是以默顿的理论设想为理性基础、以布什（V. Bush）的《科学——无尽的前沿》为具体范本而制定的。

二、对默顿规范的理论批判

然而从20世纪60年代末70年代初起，就有学者不断对默顿规范提出质疑。按照本－戴维（J. Ben-David）在《科学的精神气质：过去的半个世纪》中的概括，对科学的精神气质概念的批判来自两个方面：基于事实层面的批判和基于道义（moral）层面的批判。“那些基于事实的批判家试图指出：科学家们的活动并不以科学的精神气质为指导；包括在精神气质中的规范——如普遍主义和祛利性——并不是科学所独有的；科学家并不是把这些规范作为行动的指南，而仅仅是把它们看作一种职业意识形态加以使用，以便为他们自己的利益进行宣传和辩护；科学家们实际上所遵守的规范并不是从绝大多数科学家的精神气质中得来的，而只是在特定时间和特定领域内暗含的且不断变化着的技术规范。而那些基于道义的批评家，则对传统的精神气质在当下条件或者所有条件下的有效性表示怀疑。”[2]489

平心而论，本－戴维基本上囊括了学术界对默顿规范自提出以来的种种诘难。然而，他的分类标准未必是恰当的。因为从上下文当中，既不明白“道义层面”是什么意思，也难以把“基于事实进行的批判”都归为有经验基础的。不管是米特罗夫（I. Mitroff）[3]、马尔凯（M. Mulkay）[4]还是巴恩斯（B. Barnes）等人“离经叛道的观点”[5]，他们和默顿之间不是谁能拿出事实根据的竞争——默顿本人也无意如此，尽管默顿学派其他成员曾作过多项经验分析。说白了，他们之间的竞争是不同理论的竞争，因而他们的批驳并不真正构成对默顿规范的威胁。如科尔（S. Cole）所言，这或许就是默顿本人在这个问题上“从不去验证自己的理论”，也不屑于为自己的理论“寻找经验基础”的原因所在了[6]。

然而当转换视角，把本－戴维在这儿的分类以及把拉图尔（B. Latour）在《实验室生活》中的不加分类[7]换一个角度看，就有了对默顿规范批判的另外两个层面：理论层面和社会与境层面。

具体地讲，基于经验分析并进而在理论层面上构建自己理论的批判家们的意见，可以分为三种。其一，这些（或部分）规范不是科学共同体所特有的，因而也不能依赖它们把科学和其他社会建制区分开来。在他们看来，把科学视为理性的活动是不切实际的抽象和拔高。科学和其他社会建制一样，都要受制于社会政治和社会文化的影响。其二，科学家所遵循的只不过是进行科学研究时所应遵循的技术/认识规范。而且，这些规范不是固定不变而是随着时间和研究领域的变化而变化的。或者说，默顿规范从来也没有被“制度化”。因此，没有任何不变的科学规范（当然包括默顿规范在内），可以保证知识的可靠性。或者说，科学知识不再是客观分析的结果，而只是“磋商”和“沟通”的产物；科学知识不再是“普遍的”，而只是“偶发的”和“与境依赖的”。其三，科学规范只不过是科学家权且拿过来使用的一个“盾牌”。当科学家这样使用科学规范时，其目的不是为整个科学事业和科学知识着想。相反，这些科学家完全是为自己的利益着想。因此，认为科学家在科学活动中遵循着“精英式的”、根本不考虑个人利益的道德规范，也是不切实际的抽象和拔高。

总之，从各种竞争的理论上来看，不存在所谓“占主导地位的”、“被制度化的”、被科学家们普遍遵循的“默顿规范”。更进一步，雷斯蒂沃（S. Restivo）指出，“在科学的（社会）研究中似乎有一个共识，那就是默顿范式已经被击败，它即使不被束之高阁，也应放在该领域的博物馆里”[8]。

三、社会与境对默顿规范的挑战

如果说以上只是从理论层面上对默顿规范进行了反驳，那么，今天科学研究社会与境的变化，又对它提出了实质性的挑战和考验。

对默顿提出科学规范的社会－经济与境进行分析，可以发现今天的社会与境大不相同的两个方面。一方面，默顿是在总结 17 世纪英格兰科学的发展尤其是在对伦敦皇家学会进行分析后才提出科学规范的。而在这个时期，“现代科学”是典型的“小科学”。如果社会学家想要把这一时期刚刚分化出来的科学家的“角色”特征勾画出来，那么，他们就必须“不是关注这些科学家实际上是怎么工作的”，而是必须关注这些科学家“想用哪些规范来评判他人的工作以及他们想让整个社会如何看待和评判他们自己，从而把自己和其他知识分子区别开来”[2]323。另一方面，在默顿提出科学规范的时期，政治上的极权主义明显地对科学过度干预，来自科学外部的政治因素直接插手科学事务，科学的自主性岌岌可危。在默顿看来，如果想要科学的繁荣，关键在于科学的自主发展，而科学规范就是维系科学自主性的屏障。

很显然，科学规范最初合法存在的两个理由，在今天的社会与境中早已不复存在。事实上，自第二次世界大战之后，科学规范存在的最初两个理由就已淡出。从这个意义上讲，默顿规范在第二次世界大战之后就已经失去了其存在的社会基础。更严重的是，如果说默顿规范自提出之日起，它就不曾被严格遵守过，那么，从 20 世纪 80 年代起，各国利用科学技术政策对大学和企业关系的推动，几乎又从根本上动摇了默顿规范存在的理由。

这种制度上的变化最先出现在美国。由 V. 布什依据默顿设想而制定的由政府资助科学研究、让科学这只“鹅”自主发展以期最终收获“金蛋”的神话，最终被 20 世纪 60 年代国内的系列社会问题和 70 年代经济发展滞后的现实所打破。包括“贝－道尔法案”在内的一系列政策陆续出台，加速科研成果转化的口号被明确提出，蕴藏在科学知识当中的巨大商机被发现，科学家与企业合作的热情一下子被激发出来。就贝－道尔法案对大学－企业关系的影响来讲，说它带来了一场革命毫不为过。在以下两个方面，这种影响尤为突出。

其一，科学研究的投资主体发生着变化。从 20 世纪 40 年代起，政府开始取代以往由企业零星地资助大学的做法，而成为科学研究最大的“恩主”。而今天，企业对学院科学研究资助的增长速率，则远远高于公共财政相应的增长比例；在一些研究领域，甚至出现了企业 R&D 支出绝对值占优势的态势。以生物医药研究为例，从 1980 年到 2001 年，美国医药企业对大学科研的投入增长了 1367% 之多。而相比之下，美国国家卫生研究院从 1985 年到 1999 年研究经费只增长了 209%；美国国家科学基金会（NSF）的研发经费从 1985 年到 2001 年则只增长了 150%。从 1980 年起，美国国家卫生研究院（NIH）对生物医药的资助份额从 40% 降到了 32%，与之对应，企业的资助份额却从 31% 上升到了 46%[9]。

其二，大学-企业间的关系发生了变化。在 20 世纪 40 年代以前，尽管企业对学院科学研究也有资助，但无论是资助额度还是合作的时间跨度，都是较小的。两者之间的关系，呈现明显的“懈怠”状态。然而现在，企业开始认识到，科学技术知识是它们开发新产品、占领新市场和获取新利润的直接动力。于是企业开始主动与学院接触，并建立长期的科研和人才培养的合作关系。同时，由于公共财政在科研经费支出上的紧缩，也由于科研经费自身的日益庞大，逼迫着学院科学家主动出击，到处寻找可以利用的资源。这样，在政府科学技术政策的推动和刺激下，大学与企业一拍即合，一改往日关系的懈怠，而一下子变为相互“缠绕”的胶着状态。

社会与境的变化，使科学家不得不置身于公、私两种利益之中，并由此缓慢却深刻地改变着科学家的精神气质。可以说，科学家经济上的利益冲突（COI）所造成的危害，与默顿规范格格不入。

四、利益冲突对默顿规范的反驳

在日常生活中，人们就懂得“谁出钱，谁点戏”的道理。在科学活动中，企业这个“恩主”，也理所应当地开始对科学家的科研活动发号施令。总体来看，企业对科学活动的影响主要有（但不限于）以下三个方面：课题选择、数据解释和成果发表。

科学活动也是一个决策过程。科学家对个人利益的关注，深切地影响着科学家职业判断的客观性。由于受到企业研究经费的诱惑，一些科学家在进行课题选择时明显偏向于有商业或实用价值的研究和短期研究。与没有接受企业资助的研究者相比，那些接受企业资助的生命科学家明确承认自己在选题时，在某种程度上或极大地受到企业兴趣和利益的影响。例如，那些看起来有利可图的课题（如治疗肥胖症和性功能障碍）备受追捧，而那些治疗和改善贫困国家和地区人们疾病（如疟疾和霍乱）的课题颇受冷落。这种扭曲学院科学研究自由传统的做法，渐渐地把“为了公共利益的科学”变成了“为了私人利益的科学”[10]。同样有研究表明，由于受到企业经费的资助，有 8% 的临床医学家透露资助者曾要求他们只发表那些对资助者产品有利的研究结果，有 54% 的临床医学家承认他们的研究计划曾因受企业资助而被作了修改，有 7% 的临床医学家说资助企业要求他们对研究结果保密，有 43% 和 39% 的临床医学家表示他们的研究结果和数据解释曾因受企业的资助而被修改[11]。而那些由于受企业资助并由此得出有利于企业（proindustry）结论的研究，简直是不胜枚举[10]。

传统上，科学家要将研究结果尽快地发表以取得同行对自己发现的“优先权”（priority）的承认。这既是对科学家“独创性”发现的承认，也是整个科学事业发展的要求。但是，布鲁曼瑟尔（D. Blumenthal）等人在 1997 年，对来自美国 50 所大学的生命科学家进行了抽样问卷调查。研究表明，有 19.8% 的生命科学家称在过去 3 年中他们研究结果的发表，至少有 1 次被推迟了超过 6 个月之久。之所以被推迟，有以下几个方面的原因：或者是为了专利申请；或者是为了保护其研究的领先地位；或者是为了防止不利研究结果的扩散；或者是为了协商专利赢得时间；或者是为了解决知识产权所有权冲突的问题[12]。在对 1994—1995 年间与企业有种种联系的生命科学家所作的调查中，布鲁曼瑟尔等人发现，有 27.2% 的学院科学家曾推迟发表研究结果至少 6 个月。而相比之下，那些没有企业资助的生命科学家中只有 16.5% 推迟了论文的发表[13]。

不仅仅是研究结果的推迟发表，而且由于企业的资助，科学家已经不愿意与同行分享研究结果和研究材料。坎贝尔（E. Campbell）等人的研究表明，和那些与企业没有联系的生物技术科学家相比，那些接受企业资助的科学家更多地不是与同行分享研究结果和研究材料，而是拒绝其他人接触他们的结果和生物材料（8%∶11%）；他们更多地对自己的知识产权进行保护，而不是将研究信息进行公开（4.7%∶14.5%）[14]。在 2002 年的一项调查中，坎贝尔等人还发现，在过去的三年中，有 47% 的遗传学家曾向同行索取已发表研究结果的进一步的信息、数据和材料，但他们至少有一次遭到拒绝；有 28% 的遗传学家称，他们因此难以重复检验这些研究结果，并由此造成了 24% 的遗传学家严重推迟了自己研究的发表，21% 的遗传学家因此放弃了原本很有希望的研究路线，13% 的遗传学家因此拒绝别人分享自己的研究；有 35% 的遗传学家称共享现象在过去的十年中变少了[15]。科学家们对于由企业资助的研究内容与同事避而不谈，以至于他们连隔壁实验室在做什么都不知道。布鲁曼瑟尔等人在 1986 年对美国 40 所大学从事生物技术的科学家进行了分析，他们得出结论，“那些接受企业资助的生物技术科学家称由于接受资助并由此感受到需要商业性保密的人数，是那些没有企业资助科学家人数的 4 倍”[16]。在遗传学尤其是人类遗传学领域内，保密的现象比其他学科更加明显和普遍。

由是观之，实际发生的利益冲突的种种表现，与默顿规范格格不入。科学家应该遵循的 UCDOS 传统被抛在一边，种种与 UCDOS 相对立的做法涌现出来。而一旦这些在老一代科学家或“思想领袖”身上体现出来的做法被社会认可，并被未来科学家所模仿和沿袭下来，它们就会演变为一种惯常规范。而当这种新的规范慢慢确立起来时，人们将会质疑知识生产的可靠性、科学家职业判断的客观性和科学事业的可信性。

在齐曼（J. Ziman）看来，“客观知识的生产，较少地依赖于个人真正的‘无私利性’，而是更多地依赖于其他规范……的有效运转。只要‘有组织的怀疑主义’能被科学家长期地遵守，我们就不用改变我们的对‘科学世界观’的‘客观实在性’的信仰。否则的话，就是另一种景象了”[17]。问题是：随着国家对大学－企业关系的不断推动，随着科学家利益冲突的增多和科学家对个人利益的日益关注，“有组织的怀疑主义”也未必真的会被大多数科学共同体成员所自觉坚持。最后，“为了私人利益的科学”将会取代“为了公共利益的科学”。

五、尝试性结论

首先，尽管科学知识社会学有意避免了默顿科学社会学的研究范式，然而他们对科学规范持续不断地批评，恰恰说明了科学规范的重要性。时至今日，默顿提出的两个问题仍有其现实意义：科学/科学家要不要以及怎样把自己和其他建制/职业分开？科学要不要以及怎样保持自己的自主性？如果答案是肯定的话，那么默顿规范哪怕是“作为职业意识形态的默顿规范”，在今日就依然有效。在这个意义上，诚如本－戴维所言，科学社会学和科学知识社会学的确是同一个问题的两个方面，是相通的[2]464。

其次，“默顿规范”未必是完整的，将更能保证科学事业健康发展的精神气质加入默顿规范，从而形成更具时代气息的“科学规范”或“职业精神”是可取的。然而由于默顿规范事实上已经成为科学家头脑中挥之不去的一种“意识形态”和情结，因而，结合各个学科发展的具体情况，把默顿规范视为“价值取向”，并以此为基础制定出条理化的、更具操作性的职业规范，或许更为可取。这种具有操作性的职业规范，将会有效化解或避免科学家的利益冲突。

再次，科学家对个人利益的关注是合法的。“爱丁堡学派”受库恩（T. Kuhn）传统的影响而对科学家个人利益的揭示是正确的，这有助于更全面地理解科学事业。然而，科学家将个人利益凌驾于其职业所代表的主要利益之上，从而引发其科学决策时的“偏向”则是不可取的。要清楚，对于科学事业来讲，“科研诚信”是值得不惜一切代价来维护的无形资产。因而，必须对科学家的利益冲突进行控制和管理。

最后，科学规范体现在和渗透于科学活动的整个过程。本－戴维认为只有在“科学研究结束之后和科研成果发表之时”才能考察其是否符合科学的精神气质的想法，显然有失偏颇。而他关于现实生活中的科学家“有相互冲突的价值观和规范”的分析[2]481，也显然混淆了“科学家”和“个人”两种角色。由于科学是一个决策过程，科学家的个人利益极易影响他们的职业判断；又由于利益冲突不可能根除的特性，因而，只有在控制利益冲突的基础之上，对科学家进行“价值取向”和“职业精神”方面的教育和引导，才能真正避免偏向的发生，才能保证科学知识生产的可靠性，才能保持公众对科学事业的信任。

参考文献

[1] Enebakk V. The three merton theses [J]. Journal of Classical Sociology, 2007, 7 (2): 221 -238.

[2] Ben-David J. Scientific growth: essays on the social organization and ethos of science [M]. Berkeley, Los Angeles, Oxford: University of California Press, 1991.

[3] Mitroff I. Norms and counter-norms in a select group of the Apollo Moon Scientists: a case study of the ambivalence of scientist [J]. American Sociological Review, 1974 (39): 579 -595.

[4] Mulkay M. Norms and ideology in science [J]. Sociology of Science, 1976 (15): 637 -656.

[5] Barnes B, Dolby R. The scientific ethos: a deviant viewpoint [J]. European Journal of Sociology, 1970 (11): 3 -25.

[6] Cole S. Merton' s contribution to the sociology of science [J]. Social Studies of Science, 2004 (34): 829 -844.

[7] Latour B, Wooglar S. Laboratory life: the construction of scientific facts [M]. Princeton, New Jersey: Princeton University Press, 1986: 24 -25.

[8] Jasanoff S, Markle G, Petersen J, et al. Handbook of science and technology studies [M]. Thousand Oaks: Sage Publications Inc., 1995: 97.

[9] Blumenthal D. Growing pains for new academic/industry relationships [J]. Health Affairs (Millwood), 1994,

13 (3): 176 - 193.

[10] Krimsky S. Science in the private interest: has the lure of profits corrupted biomedical research [M]. Lanhan: Rowman & Littlefield Publishers Inc., 2003.

[11] Krimsky S. Accountability in research [J]. Policies and Quality Assurance, 2009 (16): 75 - 77.

[12] Blumenthal D, Campbell E, Anderson M, et al. Withholding research results in academic life science: evidence from a national survey of faculty [J]. JAMA, 1997, 277 (15): 1224 - 1228.

[13] Blumenthal D, Causino N, Campbell E. Academic industry research relationships in genetics: a field apart [J]. Nature Genetics, 1997, 16 (1): 104 - 108.

[14] Campbell E, Blumenthal D. Academic industry relationships in biotechnology: a primer on policy and practice [J]. Cloning, 2000, 2 (3): 129 - 136.

[15] Campbell E, Clarridge B, Gokhale M, et al. Data withholding in academic genetics: evidence from a National Survey [J]. JAMA, 2002, 287 (4): 473 - 480.

[16] Blumenthal D, Gluck M, Louis Ketal. University-industry research relationships in biotechnology: implications for the university [J]. Science, 1986 (232): 1361 - 1366.

[17] Ziman J. Real science: what it is and what it means [M]. Cambridge: Cambridge University Press, 2000: 74.

（本文原载于《科学技术哲学研究》2011 年第 5 期）

科学论文的意义：从传统科学社会学解释到科学知识社会学解释

王彦雨　程志波
（清华大学科学技术与社会研究所　北京　100084）

摘　要：科学论文是科学活动的重要一环，是科学实践的文本表现方式，应该如何理解科学论文的性质？科学论文与科学实践的关系如何？对于这些问题，传统的结构功能主义、科学计量学及文学分析范式均用理性科学观作为其科学论文分析模式的基点，并形成了内容无涉式的研究方法；而 SSK 学者则打破了科学论文的内容黑箱，将“利益”“修辞”“与境”“资源场域”等概念引入到对科学论文的分析过程中。SSK 的科学论文分析方法对于理解后学院科学时代科学论文的性质提供了新视角，同时，其拆解科学论文认知研究樊篱的做法更是为人们理解科学知识实际生产过程提供了新思路。

关键词：科学论文；意义；科学社会学；科学知识社会学；解释

在科学活动中，科学研究结果主要以科学论文的形式表现出来，因此，科学论文是科学活动中的重要一环，但科学论文作为一种文本，其意义是什么？传统科学社会学家和科学知识社会学家从各自立场出发给出了不同解释。梳理和分析这些解释不仅对于全面而深刻地理解科学论文的意义大有裨益，而且有助于理解传统科学社会学与科学知识社会学的理论差异。

一、传统科学社会学对科学论文意义的解释

传统科学社会学秉承了自逻辑实证主义以来的“标准科学观”，认为科学知识是客观世界图景的精确映象，而作为认知结果的科学论文是承载科学知识的物质外壳，也被赋予了某种神圣的光环：科学论文是书写自然之书，具有比文学、艺术、音乐等非科学文本更高的认识论优势。正如迈尔斯论述的，“那些相信科学知识必定有其特异之处的人们，他们因而也相信，至少就其理想形式而言，科学文本可免于修辞或文学分析之累”[1]2。

在这种认识逻辑下，对科学论文意义的解释主要从体制分析、数学分析、文学分析等角度进行，这种解释的主要特征是不论科学论文的内容本身，只将科学论文看作一个黑箱而对其进行宏观统计和社会分析。这种黑箱式的科学论文意义解释模式以默顿学派的传统科学社

会学解释和普赖斯的科学计量学解释为代表。

默顿认为，科学论文的意义一方面在于它是科学知识的物质载体，具有承载、传播和存储科学知识的作用；另一方面在于它是科学家独创性贡献的标志形式，具有标志、显示和衡量社会承认（科学财产）的作用。基于这种认识，默顿及其追随者主要是从科学论文的评审体制，以及学科、专业、机构、文化、政治等社会因素，对科学论文的产出数量、速度、规模、方向等方面的影响进行研究，例如科学论文评审制度研究、科学论文引证指数研究等。在默顿结构功能主义分析范式里，科学论文是科学体制的一个组成部分，他“运用极为精致的统计分析，把从大量同类数据中抽象出来的模式同某一科学建制的功能联系在一起”[1]17。

与默顿开创的科学社会学传统类似，普赖斯开创的科学计量学分析传统，也是把科学论文的内容看作黑箱。在普赖斯的研究中，其分析的重点在于科学论文的时空分布，例如重要论文发表的期刊分布、年代分布、学科分布以及论文作者的机构分布等，这种研究的目的在于揭示隐含在科学论文背后的社会文化因素，但这些因素不是作为科学论文内容的建构因素而存在，而是作为促进或阻碍科学论文产生、传播、接受和应用的因素而存在。这就意味着科学文本的内在意义仅仅局限于纯粹的认知意义，并且内在的认知意义构成了科学文本外在的社会意义的基础和依据，即虽然科学论文的产生、传播和接受受到外在社会因素的影响，但最终还是要决定于科学论文所包含的知识的真理性。

二、科学知识社会等视域中的科学论文及其意义

自库恩（Thoms Kuhn）以后，人们不再单从逻辑与实证角度来理解科学文本，而是从历史、文化和社会等多维度来理解。拉图尔（Bruno Latour）、谢廷娜（Knoor-Cetina）、马尔凯（Michael Mulkay）等 SSK 学者试图说明：科学论文并非一本纯逻辑、纯理性的自然之书，在其中，科学与修辞、事实与价值、逻辑论证与劝服诱导并非绝对的二元分离，科学为了应付日常实践中的急迫需要不仅利用了艺术[2]，而且渗透了利益。

1. 拉图尔的科学论文观——作为修辞引证的科学论文

拉图尔从“引证”这一视角来分析科学论文的性质。在拉图尔的引证分析模式里，无论是引证他人还是被引用，都不过是一种修辞战略的有目的的运用。关于科学论文中的修辞使用，拉图尔提出了“强修辞”的概念，“强修辞”意在突出科学活动中修辞使用的广泛性、系统性、组织性，“旧修辞学和新修辞学的区别并不在于前者使用了外在的盟友而后者避免了这种使用。区别在于，前者只使用了这些盟友中的很少一部分，而后者则大量地使用”[3]101。

（1）从引证到科学事实：科学网络间不同社会力量的博弈

在标准科学观看来，对相关论文的引证首先是要说明论文是建立在前人研究和普遍理论之上的，而非个人杜撰；其次是表明对前人研究成果的关注和承认，尊重其他科学家的“科学财产”。基于此种认识，传统科学社会学家很少关注和探究科学论文具体内容中的相关引证及其内部的关系，即使科学引文索引，其所测度的核心内容仍然是基于社会承认的各种指标，其方法论和本体论基础仍然限于结构功能主义与科学计量学范式内。

而在拉图尔看来，关于引证的传统观点隐瞒了引证所具有的认知转化能量：引证的意义

并非仅限于认知层面，它具有操控各种相关学术资源、将科学共同体的社会网络转化为认知网络的强大力量，一定程度上是"赝像"向"事实"转向的社会通道。一个很明显的例子是"事实的事后引证转变"：某一"事实"既可以通过引证性社会关系网获得自己暂时的合法性，同时可能在事后的一段时间内，由于引证关系网的改组或异变而丧失自己的"事实"地位——要么这一"事实"被以不同性质的方式引证（或肯定、或否定、或保持原状、或进行变形）而失去自己的话语权，要么它被引证所抛弃（人们不再将其视为引证材料而导致被"遗忘"）。

（2）作为组织修辞学的引证

拉图尔认为，科学论文不仅需要引证来增加自己的认知资源量和扩大联盟者网络，同时还需要将各种引证资源加以组织，"所有这些引证都被指向特定的目标、被为着一个目的组织起来：为断言提供支持"[3]62。如何对引证资源进行适当的组织，拉图尔将之划分为几个步骤。

第一，为自己设防。将自己观点的重要部分与其他引证相结合，使得自己的论证在外部形成一个缓冲带，拉图尔称为"层积化"，"每一个断言都被文本以外或者文本以内的引证打断而转向其他部分，转向图示、柱形物、表格、图例、曲线图，等等。接下来，它们之中的每一个也都可以让你退回到同一文本的其他部分，或者更远，退回到文本以外的引进技术性材料"[3]79。

第二，部署阵地。将各种引证资源加以适当部署，形成资源之间的关联与放大效应。主要包括：①堆叠：各种引证资源分层次、系统性地结合在一起；②安排和设计。根据文本的需要，将引证资源进行不同的分布：作者既可以将自己描绘成一个后继者，而不是一个革命者——当他需要将别人的理论视为证据时；他也可以将自己形容为先行者——当他需要反对别人的意见时；同时尽可能考虑潜在的反对意见，并预先布置好应对措施。

第三，逻辑化操控。"逻辑化操控"主要是通过对科学论文的内容进行逻辑化、自洽化而形成的，即一个好的科学论文应尽可能地"合乎逻辑"。"操控"使得读者在逻辑的道路上前行，使论文"滴水不漏"，这样可使读者或竞争对手无法找寻到其逻辑漏洞。

2. 谢廷娜的科学论文观——作为"与境"说明的科学论文

谢廷娜在分析科学论文的性质时，引入了"与境"的概念。"与境"将对科学论文的说明引入到一种"当地性和索引性"的社会环境与利益环境中，从而化约了科学论文的纯认知与纯理性品质。

（1）操纵"相关性"

关于科学论文的"非与境化"策略，谢廷娜认为，实验室实践是当地性、索引性的，各种相关性会影响到实验室活动，形成对理性推理规则及观察实验证据的偏离。而科学论文则实现了对与境性科学活动的理性重建，它通过操纵各种相关性，对实验室实践进行非与境化，使实验室实践以理性的形象出现。

比如在科学论文中，存在一种潜在的方法论或理性规则——"提前策略"，它将实验室实践中与境性、索引性选择的事后结果转化为一种方法论的先在性，似乎是这种先在的方法论指令引导着实验室实践，并将其束缚在理性的轨道上。这给人一种印象：由问题推动而得到的解决方法是研究出来的，而不是偶然遇到的。谢廷娜以 $FeCl_3$ 凝结法的发现为例来进行说明，"实验室通过 $FeCl_3$ 凝结法的发现所例示的潜在可能性，引出了通过实验实现这种潜在可能性的指令；而在简介中，正是科学家的使命确立了这种蛋白质的回收方法的潜在可能性。然而这种过程的颠倒，不是表达不当的结果，而是论文文本的文学策略的一部分。”如图1所示[4]。

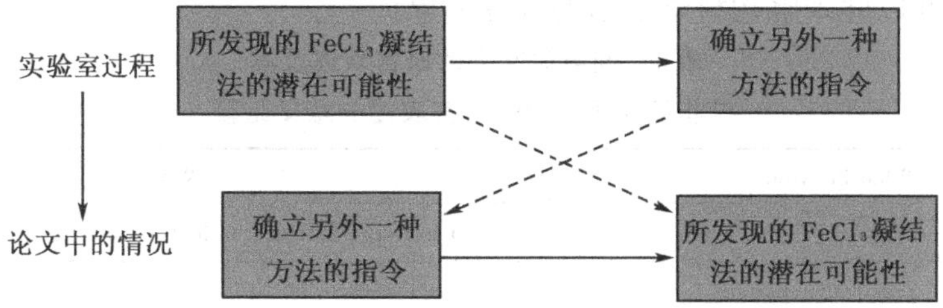

图1 分别从简介及观察者的讲述中所看到的研究活动的起源

（2）超科学场域

科学论文的“超科学场域”说明谢廷娜对科学论文的考察并非仅限于实验室，而将其放置于整个的超科学场域，考察科学论文在整个超科学场域中所扮演的角色及其本质。在谢廷娜看来，科学论文并非仅限于实验室实践而被建构，相反，科学论文超出了实验室，成为更广泛范围的超科学场域中的一部分。科学论文的选题、结构组织、数量、种类并非完全取决于科学发展的认知逻辑，而是处于与各种利益的互动与博弈之中，取决于超科学场域中的利益最大化原则：特定论文选题的确定可能是由于其最大限度地满足了消费者的口味，或是使科学家的信用资源（如荣誉、地位）得以最大程度的扩展；科学论文选用何种组织方式、运用何种论证手法、使用何种材料，可能是由于它符合特定的政治或经济诉求，能够吸引大量的投资。在超科学场域中，科学论文可能失去其独立的认知逻辑，而是资源获取、扩张或利益竞争、协商、妥协的产物。

3. 马尔凯的科学论文观——作为文学说明的科学论文

如何理解科学文本与其他非科学文本之间的关系？科学论文是否是对科学活动的真实描述？科学论文的语言特征是什么？科学家在科学论文中与科学论文外的说明是否一致？马尔凯通过对科学论文的语言组织特征进行分析，并置科学家正式、非正式场景中对科学论文的解释，以及分析科学活动中的幽默，对科学论文的性质作了深度剖析。

（1）科学论文中与科学论文外语言的并置与比较

马尔凯与吉尔伯特对生物化学家莱曼的一篇论文进行研究时发现，科学论文采用了特殊的表现形式，如被动的语态、非文学的描述方法、句子之间的逻辑链接。其特征是：其一，尽量避免提及本人的立场，人为地在“主体”与“主体的思想与行为”间设置一条界限；其二，将话语中的动词与“非人力”相结合，如将“实验结果”“观察报告”等词汇与动词“表明”“显示”相搭配，以突出新的假说的非个人性品质。而在正式场合的幕后，科学家的说明则表现出很大的解释柔性。如，莱曼在论文中提到，他提出的生物学模型得到几个实验室结果的支持，但实际上，涉及的实验室仅仅是两个；在正式报告中，莱曼表明他的模型是从实验中得出的非个人结论，而实质上，他的理论更像是“从早已熟悉的资料中看出新的意义的行为”，亦即是一种猜测性的观念。

（2）科学文本的幽默性质：打破科学文本与非科学文本之间的绝对区分

一般看来，科学是一项严肃的事业，科学论文是一个由理性因素组成的逻辑世界，它与文学、戏剧、幽默有着明显的区分。而马尔凯则认为，科学事业是包括一些幽默暗流的，幽默与科学话语之间并非绝然的隔离。马尔凯并置了正式语境中的话语“what he wrote”，以及非正式语境对这些话语的解释“what he meant”，如表 1 所示[5]。通过并置来彰显科学话语的幽默性质，并以此来解构科学话语的理性形象。

表 1　科学论文中的语言表述及其在非正式语境中的语言表述的意义比较

What he wrote	What he meant
It has long been known that	I have not bothered to look up the refernce
Of great thearetical and practical important	Interesting to me
It is generally believed that	A couple of other guys think so too
The most reliable results are those obtained by Jones	He was my granduate student

通过两种与境中不同话语的对比，一种幽默效果得以产生。这两种话语，一种采用了经验主义式词汇，在这一词汇中，科学家的个人行动和信念要么被描述为“非个人性的”，如采用“It is generally believed that”说法，个人活动被形容为一种冷冰冰的客观行为；要么被形容为对科学规则的遵从，如“Typical results are shown”。而在与之相对应的非正式情境中的语言中，科学家的个人行为被重新描述，其非个人性行为被个人性词汇所替代，个人性情感（I have not bothered to）、科学家之间的社会关联（He was my granduate student）开始出现在其话语中，同时，科学家的规则性行为被科学家个人的知识主张所替代。

科学幽默通过并置正式情景与非正式情景中的话语，创造了一种幽默效果，但是马尔凯却并非为了单纯揭示这种幽默性的存在，而是说明，科学话语的严肃性并非来自自然界以及各种冷冰冰的方法论规则，科学实践及表述的客观性、公正性并非来自科学家活动及信念本身，而是一种解释性成果。

三、对 SSK 科学论文观的辩证解读

如何看待 SSK 学者对科学论文的描述？是否应该放弃传统的黑箱式科学论文观？而 SSK 对科学论文用修辞、利益解释是否合理，“合理”的限度是什么？SSK 科学论文观的意义何在？

1. SSK 科学论文观的认识论意义：走进语境中的科学实践，探寻科学活动中语言与现实实践之间更为丰富的关系

长期以来，科学论文以语言的专业化、书写格式的规范化、数据的充分性而被视为科学理性的代言人，并基于这一观点形成了一套理论体系，如科学论文的中性语言观、科学论文的理性引证论、科学论文评审体制的客观属性论，以及普通公众对科学论文的神坛式祭拜。相较于科研管理、科研投入、科研分配等科学的外围社会结构研究，以及科学界社会分层、科学奖励制度、科学评价系统等科学的内部社会结构被不断地剖析、解释，对科学论文的认知分析则长期被作了黑箱化处理（如图 2 所示，图中，阴影部分即被作了黑箱化处理的科学论文认知研究领域），“将‘文本和话语分析’与对科学的元研究联系起来，这在 70 年代以前是难以想象的事，更不用说形成独立的‘科学文本和话语分析’领域了”[6]。

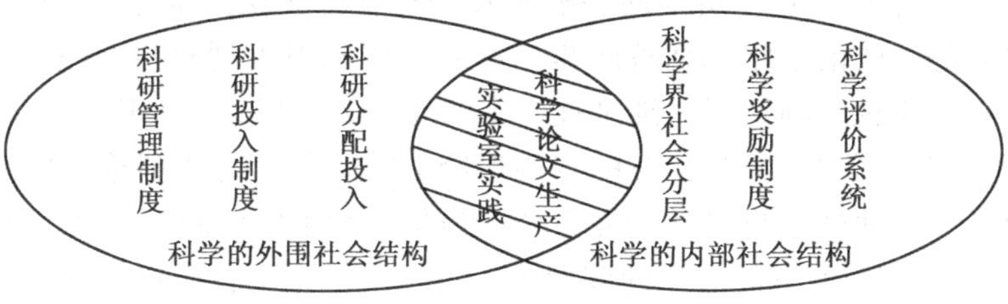

图2　被作为分析“黑箱”的科学

实际上，“科学论文”这一概念不仅仅涉及理性认知过程，同样也渗透着各种非理性因素（如利益、语言表达技巧等），科学论文的写作、评审、传播夹杂着认知与权力的博弈、理性与修辞的阻抗，这种观点已经得到史学界及理论界的认同。科学论文不应被视为一种黑箱，而应成为人们理解科学活动本质的一个重要场域，科学论文是科学实践的逻辑化书写，因此在“逻辑化与重构化了的实践”与“真实的科学实践”间必然存在一定的张力，如，科学实践活动中存在“意会知识”，包括一些精巧的实验技艺、言传身教的思维逻辑，而这些意会性的技巧和思维方式很难精确地反映在科学文本中；另外，科学论文中较少涉及科学家的主体性思维程序（如直觉、顿悟等），科学论文往往是对科学逻辑“如何发生”的描述，而较少涉及“为何发生”的主体性思维过程；此外，科学论文在将丰富的科学实践活动纳入到自己的语言之盒中时，是如何将具有异质性、偶然性的现实活动转化为具有逻辑性特征的理性文本，这也有待于作进一步的考察。SSK 学者打开科学论文黑箱的做法，为还原一个更为丰富、更为立体的科学实践形象，特别是对于考察科学文本中的语言特征，恢复其文化意蕴、语境意蕴提供了有益的启示。

2. SSK 科学论文观的方法论意义：对我国科学论文研究的启发及其政策学意义

现在学界对于科学论文的研究出现了一种现象，即将对科学论文的微观认知研究与宏观计量研究相分离的趋势。如国外虽然就“科学论文是否能够进行修辞化分析”这一问题进行了充分的论证，但是这种分析多是限于微观的认知分析，且这种分析多是基于认知批判视角；而宏观的科学计量学研究（如普赖斯）虽然对科学论文进行数学、可视化等多个视角的宏观分析，但是却又缺乏一种认知调研，这便使得科学计量学及科学知识图谱研究缺乏来自“知识”视角的再处理，亦使得其在科技政策、科技管理方面的应用受到限制。

因此，将“如何将科学论文的微观认知分析范式与宏观计量分析范式结合起来”进行探讨与分析，可以为我国科技政策的制定提供新的思路。如将科学论文内容引证修辞分析与宏观科学计量学、科学知识图谱研究相结合，可以为我国科学的未来发展预测提供各种分析模型，包括：通过对索引网络聚焦点的分析来预测未来科学发展的方向，如以时间为索引维度，通过构建特定学科内最新科学论文的认知发展网络，可以帮助国家确定未来的优先发展领域；对索引网络进行“聚－散”分析，以构建学科生命力指数模型，如以学科为索引维度，通过分析不同学科论文发表数量的变化，可以帮助预测不同学科在现在及未来的发展热度，以确定各学科的科研资源投入力度；通过分析科学论文索引状况建构国家科学影响力模型，如以国内某学科为索引维度，通过分析我国特定学科在国际索引体系中的数量、网络关联及索引等级，来建构我国特定学科在整个国际学术发展中的位置模型；建立科学共同体结构现状、未来演化及互联网格图示等。

3. 树立新型的科学论文观：辩证地理解 SSK 的科学论文观，避免走向彻底的“怀疑论”

SSK 学者将修辞、政治策略、利益博弈、资源等概念引入到对科学论文的分析过程中，改变了传统将科学论文视为纯逻辑、纯理性文本的看法。可以说，SSK 赋予了科学论文一种更为立体、更为系统的形象。但是，SSK 将科学论文中所蕴含的“利益”“政治策略”等非理性因素绝对化了，当谢廷娜将科学论文完全视为是一种主体性的“与境”创造或“资源”附属时，便早早陷入一种“怀疑论”的囫囵中。关于科学论文，应该树立以下观念。

（1）科学论文的书写是一个严肃的过程。或许科学论文并非绝对的书写自然之书，但是尊重一定的科学方法论规则却是其最基本的要求，如语言的精确性、必要的引文、逻辑性的表述方式、具有充分的实验证据等。虽然这些书写规则是一个历史概念，是特定历史条件下的产物，或是说是一种惯例性要求，但是，这些规则保证着科学论文的严肃性，使特定话题在一个符合科学活动自身特征的语境中得以讨论。另外，在看待科学论文时，应该将之放到一个更为整体的、更为统一化的科学历史过程中去，而不仅仅是将其作为一个单一的、发生在某个特定时刻的文本，科学论文的严肃性更多地来自其被广大科学共同体的严格地再检视、再审查的历史过程。

（2）科学论文是对实验室实践的一种逻辑重构，具有“操作性”特征，但这种“操作性”是有限度的，而非任意的。科学论文并非对实验室实践的一种依随式描摹，而是一种事后的加工式写作或重构，必然包含一些写作技巧、论辩技艺，是一个具有主体特征的书写过程。但是，科学论文对实验室实践的“操作”是有限度的，这种“限度”在于：实验室实践作为一种现实过程，是科学论文的书写基础，一个合格的科学家不能违反实验室实践的基本情况而任意对其篡改。

（3）在后学院科学时代，对“科学论文”概念的理解已不能仅仅限于学术层面，应恢复其资源意义、利益意蕴，但是应反对将科学论文完全利益化、商业化的做法：作为科学家，应该具有最基本的科学操守，不应成为经济利益和政治利益的“喉舌”；作为一名“书写者”，科学家的笔锋可以成为获得更多资源的利器，但却不应将自己的书写技能单纯地视为掠取利益与资源的工具。

参考文献

[1] 格雷格·迈尔斯．书写物生学：科学知识的社会建构文本［M］．孙雍君，等译．南昌：江西教育出版社，1999．

[2] 黛尔德拉·迈克洛斯基．经济学的花言巧语［M］．石磊，译．北京：经济科学出版社，2007：24．

[3] 布鲁诺·拉图尔．科学在行动：怎样在社会中跟随科学家和工程师［M］．刘文旋，郑开，译．北京：东方出版社，2005．

[4] 卡林·诺尔－塞蒂纳．制造知识［M］．王善博，等译．北京：东方出版社，2001：188．

[5] Mulkay M. Opening Pandora's box ［M］／／Kuklick H，Long E. Knowledge and Society. Greenwich：JAI Press，1984：176．

[6] 赵万里．科学的社会建构［M］．天津：天津人民出版社，2002：243．

（本文原载于《科学技术哲学研究》2011 年第 5 期）

产业技术生态化刍议

程海东　贾璐萌
（东北大学科学技术与社会研究中心　辽宁 沈阳　110819）

摘　要：在“五位一体”的中国特色社会主义事业总布局下建设生态文明，解决工业技术所造成的生态问题，需要实现产业技术的生态化。根据产业技术所具有的特征，产业技术生态化可以分三个维度进行：产业技术的体系性要求产业技术在构建时要从生产技术及其最优化组合入手；从产业技术的独特性出发，可以以技术引进为切口实现产业技术发展的生态化；在产业技术的双重社会角色扮演过程中，可以将延伸产业链作为平衡产业技术双重角色的途径，并以政府的引导作用确保产业链延伸的生态化。

关键词：生态文明；产业技术；生态化

自20世纪60年代以来，技术及其产品在人与自然关系中的破坏性作用逐渐进入人们的视野，人类开始意识到盲目地相信和使用技术并不总给人类带来益处。20世纪中叶国外的八大公害事件，更是表明现代社会中技术的消极生态后果。当今世界，绿色发展已成为时代的潮流，绿色、循环、低碳发展正成为新的趋向。我国作为发展中国家，应该两步并作一步，走上新型工业化的道路，这既是对历史发展潮流的顺应，也是对全球人民的巨大贡献。党的十八大报告中，生态文明建设单独成篇，要求将“生态文明建设放在突出地位，融入经济建设、政治建设、文化建设、社会建设各方面和全过程”[1]，标志着中国特色社会主义事业总体布局从“四位一体”扩展为“五位一体”。可以说，这是立足于我国国情并深入理解人与自然相互作用之规律的一种理论创新和运用，要求我们从经济、政治、文化、社会、科学、技术等领域全方位审视和应对人类社会发展面临的资源、环境方面的严峻挑战，为生态文明建设提供了科学的理念和方法论指导，更为我国技术的生态化指明了方向。

在建设生态文明的大背景下实现技术生态化，首先要明确现代社会的技术形态和特点，这样才能够更加合理有效地对现实技术进行生态化引导和改造。从技术过程论的角度出发，产业技术是技术向现实生产力转化的最终环节，是科技成果的熟化，现实技术是以产业技术的形态存在的。因此，实现技术的生态化更确切地说也就是要实现产业技术的生态化。

一、产业技术的内涵

要想界定产业技术，首先要对什么是技术有一个总体性的把握。以静态方式理解技术，其内涵主要有以下几种说法：① 技能说：技术是人类具有的特殊技能；② 劳动手段体系说：技术是劳动实践中的物质手段的体系或总和；③ 知识说：技术是关于方法的知识。远德玉、陈昌曙教授在《论技术》一书中提出要对技术进行动态分析，即分析技术在演化过程中的内涵变化以及由此导致的技术外在表现形态的变化。远德玉教授认为，“作为过程的技术具有以下几种形态：创意、构想形态的技术——技术构想；发明形态的技术——技术发明；设计形态的技术——设计技术；试制和试验形态的技术——试制技术或试验技术；生产形态的技术——生产技术；产业形态的技术——产业技术”[2]。由主观创意构想出的技术发明经过设计、试验等客观化、物质化环节，进而被纳入生产过程，成为生产技术。而单一的生产技术无法实现最终的生产目的，它必须与一系列相匹配的生产技术共同制造产品；因此，“产业技术是以一定的主导技术为核心，多种生产技术与之匹配，具有特定结构的技术体系”[3]。产业技术作为技术演化到一定程度的具体表现形态，具有以下特征。

1. 体系性

产业是生产或提供特定产品或服务的部门。产业活动包含着多种生产劳动过程，每种生产劳动过程都有与之相对应的生产技术，产业技术就是多种生产技术的综合，是以体系形态存在的技术。产业技术不同于其他技术形态，其基本要素构成不再是实体、工艺、程序、知识等，而是各种生产技术，一定数量的生产技术遵循特定的生产目的和技术规律而构成产业技术。

产业技术具有特定的规模和结构。一个产业技术由多少种生产技术构成，取决于产业生产的目的与现有的技术水平。为实现特定的生产目的，一项产业活动可以划分为多种生产劳动过程，就有多种与之对应的生产技术。每项生产技术是实现产业生产目的的一个环节，这些生产技术相互组合，就构成了产业技术的整个生产过程。从这一点来看，产业技术与其他技术形态的区别还在于，产业技术的目的是服务于外在的社会需要，而其他形态的技术，包括生产技术，则是服务于技术或技术体系内部的需要。

作为产业技术的构成要素，不同的生产技术在产业技术中所扮演的角色是不同的。陈昌曙教授认为，各类产业技术体系都有其标志性的核心技术，发挥主导作用，称为“产业基础技术”；围绕着产业基础技术存在着一系列通用性较强的技术，发挥支撑配合的功能，称为“支撑技术”[4]。产业技术的特点与功能的实现不仅与单项生产技术有关，更取决于各项生产技术的组合方式。一般来讲，生产技术的组合方式包括纵向的链状组合和横向的网状组合两种。为实现产业目的，各项生产技术相互结合，前一个生产环节为后一个环节的生产提供原料、动力等，最终形成前后相依的“链条”；而各项生产链之间交叉勾连，又组成了类似的网状结构。一项产业技术的发展不仅包括在纵向上，生产链各环节之间的衔接更加流畅紧密，效率不断提升；还包括在横向上的产业网不断扩张，增加产业的附加价值。

2. 独特性

产业技术的独特性是相较于生产技术而言的。生产技术，顾名思义，是用于生产过程的技术。生产技术具有通用性和普适性，一项技术发明转化为生产技术所能实现的生产目的是宽泛的，能够用于不同的产业部门，生产出不同的产品。也就是说，不同的产业部门，只要拥有相同或相似的生产过程，就可以采用相同的生产技术。同样是服务于生产目的，产业技术却没有这样的普适性。一项特定的产业活动包含着多种生产过程，其中，一些生产过程及其相对应的生产技术是该产业所独有的。产业技术的独特性是其区别于生产技术的本质特征。

产业技术的独特性是由多种因素造成的。就其生产目的而言，不同产业技术的生产目的是不同的，是为了生产或提供某种特定的产品或服务。而就产业技术的构成而言，还可以分为两个方面：一方面源于技术本身，生产技术在不同的产业之间此有彼无，不可能做到完全一致；另一方面是由于产业技术的体系性，不同的产业技术在构成方式上存在着差异，使得产业技术表现出不同的特性。而产业技术内各种生产技术的相互组合不仅涉及技术之间的匹配与契合，同时还包含着大量的非技术要素，与产业技术所处的自然和社会环境密切相关。

产业技术的独特性与生产技术的普适性之间的矛盾为技术创新提供了空间。一项具有普适性的生产技术要转变为产业技术，必须进行产业技术体系的重新组合。这种重新组合的过程包括了设计和试验，只有经过反复的设计和试验，考查技术之间的各项匹配指标，确定重组后的最佳工艺流程和装配标准，生产技术才能够与其他技术匹配、契合，实现特定的生产目的，从而最终改变自身的形态而成为现实可用的产业技术。从过程论的视角来看，这种经过一系列设计和试验，促使技术形态发生转换的演化过程即技术创新[5]。也有学者将这一过程称为技术创新过程的继续，或是创新成果的实现过程。

3. 社会化

社会化是社会学领域的一个重要概念，本意指由自然人到社会人的转变过程。人类通过学习、继承社会规范、传统、意识形态等周遭的社会文化因素，使外在于自身的社会行为规范、准则内化为自己的思想意识和行为标准。对于个人来说，社会化是学习并扮演不同社会角色的过程，会受到地区文化以及个人成长背景的影响。类比个人的社会化过程，在产业技术形成和应用推广的过程中也存在着社会化，受当时当地的社会环境的影响。

从过程论的视角探讨技术的社会化过程可以发现，随着技术形态的演进和成熟，技术所蕴含的社会属性不断丰富。从基于一定社会目的的技术发明，到由发明者、试验者参与的技术活动，再到投入生产的成熟技术和走向社会的技术成果——产品，社会因素对于技术的影响不断加深。当然，一项技术发明或生产技术可以满足多种社会需要，但只有进入产业技术体系后，该项技术的社会目的、活动方式和成果才会最终作为产业技术体系的一部分确定下来。因此可以说，产业技术作为技术发展过程的最后一种表现形态，就是技术最终实现社会化并扮演一定社会角色的过程。

产业技术的社会化区别于一般技术的社会化。一般技术社会化的实质，是指“通过对技术的社会整合和对公众的社会调适，使技术被社会所接受，被公众所认同，成为社会相容技术的过程，即技术与社会的一体化”[6]。简而言之，一般技术的社会化主要是指技术逐步与社会相容、取得社会认可的过程。然而，作为技术的最终实现形态，产业技术的社会化显然包含着更为丰富的内容。产业技术在构建过程中受到各种社会因素的影响，形成具有特定价值导向的产业技术体系，而产业技术通过进一步的社会化过程与社会相互融合，从而使得这些价值导向能够通过产业技术的活动大范围地影响着整个社会生活。因此，按照当代产业技术的发展趋势，产业技术已经成为协调人、自然和社会之间关系的最重要的中介手段。

二、产业技术发展的生态困境

产业技术是能够直接产生生态后果的技术。在技术的构想、发明或试验阶段，虽然也存在着对生态环境的负面影响，但由于作用范围有限，因而其生态影响是潜在且微小的。而单项的生产技术由于所需资源和排放废物少，对环境的破坏作用也相对较小。但是，作为技术演化过程的最终表现形态，产业技术是直接面向市场、面向生产的，它所产生的生态影响会直接作用于社会和生态环境。而且，通过分析可知，产业技术的特点与生态问题直接相关，一方面它使得生态破坏愈演愈烈，而另一方面，生态问题的解决也包含在产业技术的内在要求之中。

1. 生态问题扩大化

产业技术以体系性的方式构成，可以看作产业技术的内在特征。这一内在特征决定了产业技术产生的影响具有双重性：一方面，产业技术的体系性存在保证了生产的大规模、高效率，创造出了前所未有的物质财富；然而另一方面，它所造成的生态后果也是单一技术无法比拟的。从产业技术的内部结构来看，其体系性特征要求按照系统论的规律和方法进行构建。根据木桶原理，一旦某项技术或技术之间的链接出现短板，就会造成产业技术体系整体运作的资源浪费和废料增多，加大生态环境的负荷。从产业技术的整体存在方式来看，不同产业技术之间同样以相互连接的方式构成了产业网，以此覆盖着社会生活的方方面面，对自然资源和生态环境进行着不同层次的利用和破坏，使得产业技术所造成的生态问题不再局限于某一个或数个领域，而是涉及生物圈、土壤圈、水圈、大气圈甚至地球之外的太空环境。此外，由于技术水平不断提升，产业技术对生态环境的破坏力逐渐增强，被破坏的生态环境的可恢复性逐渐变差，环境问题的解决也趋于复杂。因此，在谈及技术对生态的负面影响时主要强调的是产业技术，这在很大程度是由产业技术的内在特征——体系性——造成的。

2. 生态效益负增长

产业技术是基于特定的生产目的，根据该产业部门所处的自然和社会环境，由不同生产技术和工艺流程组合起来的独特的技术体系。产业技术发展的主要途径是技术创新与技术引进。而生产技术的普适性与产业技术的独特性之间的矛盾，是将新的生产技术引进产业技术时所要解决的主要矛盾，也为产业技术的创新式发展提供了空间。产业部门对这一主要矛盾的忽视，往往会导致产业技术在引进新的生产技术时，略过对该项生产技术进行二次创新，忽略了对生产技术及其相应的生产过程进行调整，也忽略了对相关生产过程的重新组合，最终使技术引进无法达到预期目的，甚至造成经济和生态上的负效应。另外，由于产业技术相对于其他技术形态来说是现实的生产力，能够直接产生巨大的经济价值，因此，产业部门在引进新的生产技术时，往往考虑的是使整个产业部门生产的原料更加容易获取、资源利用效率更高、产品输出规模更大等经济目的，忽略了技术引进所能带来的巨大生态效益，从而使得产业技术体系在逐渐发展壮大、效益日益提升的过程中，所产生的生态效益相对处于负增长状态。

3. 生态关怀缺失

陈凡教授认为，产业技术的社会角色可以分为两类。一类是功利性角色，即以追求经济效益和实际利益为目标的社会角色。产业技术在这一社会角色的扮演过程中，主要是嵌入到原有的技术系统中，以规模化生产为优势。如前所述，产业技术的规模化应用在带来巨大经济效益的同时，也造成了不可逆转的生态危机。产业技术的另一类社会角色是表现性角色，即不是以获得经济利益为目的，而是以体现社会某些特征和需要或调度秩序为目的的社会角色。表现性角色主要体现了产业技术的社会建构性[7]。相对于其他技术形态来说，一个体系化的产业技术系统所体现的政策、文化、经济多种社会要素的影响痕迹无论在深度上还是在广度上都会更加深刻。而就目前产业技术所造成的生态问题来看，其生态关怀显然没有在社会角色的建构中体现出来。如今，党的十八大提出经济建设、政治建设、文化建设、社会建设、生态文明建设“五位一体”的推进中国特色社会主义事业的总体布局，必然也要在产业技术系统的社会化建构中有所显现，融入了生态价值关怀的产业技术要在其社会角色的扮演过程中承担起引导人们行为、强化生态价值、协调社会与自然关系的重要责任。

三、产业技术生态化的途径

产业技术生态化，即用生态学的原理和方法指导产业技术的形成过程及活动，使产业技术能够最大限度地符合生态自然发展的要求。作为现代社会生产过程中的现实技术形态，产业技术的特征对于探索其生态化路径是不可忽视的。下面结合产业技术的特征，在其历时性发展过程中探索产业技术生态化的路径。

1. 以系统性保证产业技术构建的生态化

产业技术是由生产技术组成的，是具有特定结构的系统性的技术体系。因此，在构建产业技术体系时可以从两个层面入手：一方面，对于组成产业技术体系的生态技术进行把关，实现生产技术的生态化；另一方面，以系统论为指导，保证整个技术体系的生态最优化组合。

作为产业技术的组成要素，生产技术首先要实现生态化。生产技术生态化的目标是要实现清洁生产。根据联合国环境规划署的定义：“清洁生产是对工艺和产品不断运用一种一体化的预防性环境战略，以减少其对人体和环境的风险。对于生产工艺，清洁生产包括节约原材料和能源，消除有毒原材料，并在一切排放物和废物离开工艺之前削减数量和毒性。对于产品而言，战略重点是沿产品的整个寿命周期，即从原材料提取到产品的最终处理，减少各种影响。”[8] 从定义可以看出，基于清洁生产的目标，生产技术生态化的核心在于预防，通过自觉规避有毒原料、降低消耗、消除污染，避免一切可能对人体和环境造成危害的风险。此外，生产技术生态化的重点在于生产过程，一切清洁生产措施要在生产过程结束之前完成，以保证生产末端处于无废或少废状态。通过生产技术的清洁生产，可以在微观层次保证产业技术体系的生态性，实现能源资源的有效利用，减少废料和污染物排放，促进工业产品的生产、消费及回收与生态系统相协调。

实现了清洁生产的生产技术在进一步组合构建产业技术体系时，要以系统论为指导，实现横向和纵向上的优化组合，进而保证整个产业技术体系的生态最优化。横向技术组合主要是指将产业技术体系内部不同的生产环节和工艺流程以物流或能流的方式结合起来，形成一个物质和能源多级循环利用的网络系统，使原本在生产过程中产生的副产品能够在技术网络系统中得到充分利用。纵向技术组合主要集中在不同的产业技术体系之间。不同的产业部门在社会经济生产中所处的地位和层级是不同的，纵向技术组合就是将不同层次的产业技术体系进行整合，尤其是要最大程度地实现每一产业技术体系中的基础技术之间的纵向对接，在此基础上辅之以相关支撑技术的协调，最终保证整体产业生产实现物质封闭循环、能量多级利用以及废物产生最小化。

2. 以创新性促成产业技术发展的生态化

产业技术发展的目标和动力通常与经济利益直接相关，而忽略其生态效应，就会导致产业技术在经济效益日渐提升的过程中，带来的生态效益却相对处于负增长状态。因此，产业技术的发展也应该实现生态化，即将产业技术发展的生态后果列入评估体系，通过资源能源利用率、废物产出率、污染物排放率、产品回收率等量化指标考查产业技术的发展，使得产业技术的发展在总体上实现经济效益与生态效益共同增长。

实现产业技术发展生态化的主要措施在于生态化的产业技术创新。在具体的生产实践中，产业技术创新既可以是单项生产技术的生态化创新，也可以是产业技术体系的重新组合，而技术引进就很好地将这两者结合了起来。鉴于生产技术的普适性与产业技术的独特性之间的矛盾，一项新的生产技术在进入产业技术体系时，不仅需要通过进一步创新去适应该产业部门的具体生产流程，还需要相关生产流程和工艺的调整配合。基于生态化考量的技术引进，通过新的生态化技术与原有技术的组合，使技术关系重新得到调整和优化，落后的污染型技术在进一步发展中被淘汰，产业技术体系或部门内部的各项生产流程和工艺之间实现重组和改革，从而促进产业技术发展和结构优化升级，向着生态化的目标不断发展进步。

实现产业技术发展生态化转型的关键还在于推动传统产业技术体系的信息化转型，以信息化促进生态化。在具体的信息技术引进过程中，要分阶段、分重点地逐步推进，以主导技术信息化带动支撑技术信息化。通过引进以材料生产一体化为目标的系统控制技术，实现原材料的优化选择及其在生产过程中的高效利用，为清洁生产提供技术支持；通过实施以产品质量和工艺要求为指标的信息控制技术，确保生产工艺的低污染以及输出产品的环境友好性。

除了技术进步和结构优化升级外，生态化的产业技术发展还需要辅之以非技术因素的创新，如制度创新、管理创新、组织创新等。通过制度创新，调整产业技术发展的利益分配机制，将生态效益纳入产业技术发展的目标和评估体系之中；通过管理创新和组织创新，实现管理过程的生态化控制和产业部门功能的生态化位移。综合以上非技术因素的创新，可以逐渐建立起良好的外部环境和内部机制，确保产业技术按照生态化方向发展。

3. 以社会性体现产业技术角色的生态化

目前，产业技术的功利性角色发达而表现性角色欠缺，主要体现为产业技术在创造巨大经济价值的过程中，与生态文明建设的相关要求产生了冲突。为了更好地结合与平衡这两种角色，就要大力发展产业链，以社会力量引导、规范产业技术的发展。

产业链是沟通产业技术功利性角色与表现性角色的桥梁，要实现这两种角色的沟通融合，就要确保产业链延伸的生态化，提升产业链的生态附加价值，摒弃传统产业的资源依赖型发展模式，以增加生产环节、提升附加产品的种类和精度取胜，进而强化产业技术表现性角色的环境友好性和社会建构性。

政府要在传统产业链的延伸中发挥关键引导和支持作用。首先，以政策引导产业链延伸的方向。产业链延伸的实质是增加生产环节，提升附加价值，要使产业链延伸符合生态要求，就必须通过相关政策予以规范。在制定相关政策的过程中要以实地调研为基础，针对产业链延展过程中的实际问题和可能出现的问题制定具体政策，并以时效性为原则，根据产业链延展的历时性变化进行评估，确保附加价值的生态友好性。其次，要以完善的法律体系保障产业链延伸的健康运作。产业技术的二重性意味着在追求生态价值的过程中至少会在短时间内对其经济价值造成影响，在我国社会主义初级阶段的市场经济条件下就很难单纯地依靠企业的生态自觉来实现产业链延伸的生态化转型。在这种情况下，完善的法律体系就成了推动产业链延伸的生态化转型的硬性保障。不断完善的绿色法律体系，可以保障产业链延伸更加规范、快速、有效地向着生态化的方向发展。最后，要以财政支持推动产业链延伸的生态化转型。政府的财政支持要围绕产业链延伸所需的各项资源，通过财政资金投入营造激励环境，吸引科技、人才、第三方组织等其他资源的加入，形成产业链生态化延伸的稳定机制。此外，完善政府绿色采购是引导拉动产业链生态化延展的重要举措。政府可以利用强大的中央财政来制定政府的绿色采购计划，有效地刺激产业链生态附加价值的提升。通过政府优先购买生态价值高的绿色产品，能够刺激企业对产品生态价值的重视，确保产业链延展过程中经济价值与生态价值的平衡发展。

参考文献

[1] 胡锦涛. 坚定不移沿着中国特色社会主义道路前进 为全面建成小康社会而奋斗：在中国共产党第十八次全国代表大会上的报告 [N]. 人民日报，2012-11-08 (01)：13.
[2] [3] 远德玉. 产业技术界说 [J]. 东北大学学报：社会科学版，2000，2 (1)：23.
[4] 陈昌曙. 产业研究论纲 [J]. 自然辩证法研究，1994，10 (11)：50.
[5] 丁云龙，远德玉. 论产业化及其空间限度 [J]. 自然辩证法研究，2001，17 (8)：24.
[6] 陈昌曙，陈凡. 关于技术社会化过程的分析：兼论我国技术社会化的若干问题 [J]. 自然辩证法研究，1993，9 (10)：37.
[7] 陈凡. 传统技术及其社会化问题分析 [J]. 自然辩证法研究，1993，9 (1)：46.
[8] 王子彦，陈昌曙. 论技术生态化的层次性 [J]. 自然辩证法研究，1997，8 (13)：49.

科学仪器能保证科学知识的客观性吗？

石　诚
（南京理工大学马克思主义理论教学研究部　江苏 南京　210094）

摘　要：无论是表征主义还是主体间性，层面上的客观性都脱离了科学实践。由科学仪器为着眼点，分析了科学仪器有助于达成主体间性与科学仪器保证客观性并不矛盾。一方面，科学仪器具有的物质性和透明性以及其黑箱化和标准化趋势有助于科学共同体达成主体间性意义上的客观性。另一方面，客观性是一种实践成就[1]。在科学实践中，通过科学仪器取得客观性需要不断适应自然和研究对象的阻抗和限制，客观性的生成是不断去情景化的过程。科学仪器是取得客观性的有力保障。

关键词：科学仪器；客观性；主体间性；科学实践

在科学哲学的后库恩时代，新实验主义和社会建构主义关注到了被理论优位的科学哲学所忽视的科学实验和科学仪器。新实验主义者盖里森（Peter Galison）继哈金提出“实验有自己的生命”的口号之后吹响了“仪器有自己的生命”的号角。社会建构主义的微观实验案例研究将实验和仪器置于科学知识产生和传播的语境中，认为实验和仪器通过社会因素的作用使得科学知识得以产生和传播。科学仪器在社会建构主义的分析中成为论证科学知识没有表征主义客观性只有主体间性的有力武器。社会建构主义忽视了科学实践是自然、社会和仪器等物质性要素和人类因素共同参与的阻抗和适应的辩证运动。“阻抗体现在实践中有目的地捕获物质力量的失败，适应则是应对阻抗的积极的人类策略。”[2]客观性既不是表征主义的“无源之见”，也不是由权利和修辞社会建构而成的主体间性，表征主义和主体间性都未能把握“客观性是一种实践成就”。在科学实践中，由科学仪器取得客观性的过程是不断适应阻抗的去情景化过程，通过仪器可以创造出客观性，仪器是取得科学知识客观性的有力保障。

一、客观性的历程：由表征主义到主体间性

达斯顿（Lorraine Daston）指出客观性有其历史和多种不同的含义[3]。自逻辑实证主义以来，科学哲学对客观性的理解也存在着从表征主义向主体间性转变的过程。表征主义下的客观性企图消除一切主观性因素以达到纯粹的客观性，这种客观性追求对自然世界的镜像反映；主体间性意义上的客观性允许科学共同体间形成共识，“科学知识的社会稳定性是其客

观性的一种合理指示器”[4]8。

逻辑经验主义认为“所有经验的知识都最终建立在观察的基础上”[5]。经验观察作为理论建构的逻辑基础是中立的和无错的，而坚持观察与理论的截然二分使得观察是独立于理论的。“理论基于观察”的思想使得逻辑实证主义追求表征主义的客观性，试图消除认知主体的作用以达到一种“神目观”和“无源之见”。仪器作为人类感官的延伸，延伸了感官经验的范围。通过赋予经验以基础地位和无错性，仿佛在表征主义下就能以经验为基础确立知识的客观性。逻辑经验主义认为“科学实验是建立在具有客观基础的科学仪器之上的主体行为，通过仪器观察获得的经验材料应当是可信赖的，是无可争辩的”[6]418。

逻辑经验主义的立场有着不断弱化的过程，卡尔纳普放弃“现象语言”而诉诸“物理语言”时就体现了表征主义下的客观性向主体间性的转变。“物理主义语言的最重要优点之一，就在于这种语言具有主体间的交流性，也就是说，它原则上能够使得所有使用这种语言的人都观察到为这种语言所描述的事件。”[7]

真正动摇“理论基于观察”观点的是波普的“理论先于观察”和历史主义的“观察渗透理论”的观点。一旦消除了经验观察的基础地位，仪器辅助下的观察也受到理论的渗透。一旦观察与实验必须依赖背景理论才得以进行，那么依靠仪器进行的观察和实验必定受到主观性的影响。

历史主义者库恩和费耶阿本德都考察过伽利略使用望远镜论证哥白尼学说的案例。库恩指出“尽管望远镜给出了不少论证，但什么也没有证明”[8]220。库恩继承了柯瓦雷的思想，认为“望远镜并没有证明哥白尼的概念体系更合理。但是，它确实为战斗提供了非常有效的武器。它不是证据，但它是宣传”[8]217-218。柯瓦雷和库恩将伽利略的大部分工作比作宣传，费耶阿本德进一步主张其无疑就是宣传。“伽利略所以占上风，是由于这样三个原因：他的风格和机智的说服技巧；他用意大利文而不是拉丁文写作；以及他向之求助的人在气质上都反对旧思想和与之相关联的学术准则。”[9]费耶阿本德继承了柯瓦雷、库恩分析伽利略使用望远镜案例时的思想，突出了宣传和说服技巧的重要性，这一主张被其后的社会建构主义所延续。费耶阿本德认为他对伽利略使用望远镜案例的分析符合社会建构主义实验室微观研究的要求，只是伽利略的实验室相较它们关注的实验室较小而已[10]。

望远镜案例其实表明对于科学仪器可以取得客观性知识的质疑早在伽利略时代就已经出现。在伽利略使用望远镜取得哥白尼理论胜利的案例中，一旦哥白尼理论取得了胜利，望远镜就被黑箱化而得以保证取得客观性的知识。库恩和费耶阿本德回溯式地打开已被黑箱化的望远镜，他们得出的共同结论是：望远镜这一仪器并不能保证科学知识的客观性，科学是一项政治和宣传工作，声望、年龄、权利和雄辩在望远镜协助哥白尼理论取得胜利的过程中起到了决定性的作用。

库恩和费耶阿本德提出“观察渗透理论”命题，在科学哲学研究中赋予社会、政治、经济等外部因素以合法的地位。社会建构主义进一步夸大他们的观点，将社会利益因素充分地扩大化以至建构一切，进而对科学仪器在科学实践中是否使得知识具有客观性这一问题给出了否定的回答。“实验不能摆脱观察与理论的‘恶性循环’，实验过程无法还原为可证的逻辑计算，对实验过程的重复也只不过是实验者同仪器‘协商’的结果”[6]419，科学仪器达成科学知识客观性的理想受到了质疑。

表征主义下的科学知识客观性试图将主体在科学认识活动中的作用降到最低，科学知识客观性的获得可以通过复制实验作为保障。实证主义认为实验的可复制性是科学知识客观性的体现，实验的可复制性是没有疑问的。但是随着社会建构主义对实验研究的深入，实验的可复制性遭到了质疑。有代表性的观点是柯林斯提出的“实验者回归”思想。对实验可复制性的挑战，使得科学家之间的谈判和协商决定着什么样的实验以及结果是好的，科学知识的客观性被等同于主体间性。

表征主义科学观对仪器的理解相当简单化，仪器在很大程度上被当作感官的延伸；加上过分关注科学知识结果，忽视了仪器在产生科学知识实践中的作用，仪器被黑箱化进而没有值得研究的意义。库恩和费耶阿本德回溯式地打开仪器制造知识的黑箱，指出仪器取得的胜利是政治和宣传工作的胜利，仪器不能保证知识的客观性。社会建构主义进一步发扬了库恩和费耶阿本德的思想，通过探讨实验中仪器制造知识的过程否定了实验的可复制性，赋予社会因素以首要地位，显示出由仪器达成的知识只能具有主体间性意义上的客观性。

二、科学仪器为何有助于达成主体间性：物质性和透明性以及黑箱化和标准化

“每一种科学仪器，无论多么简单，都会遇到伽利略的望远镜最初所遇到的那种批评——伽利略所说的通过望远镜所看到的奇特天体，在天宇中实际上并不存在，只不过是这个仪器本身产生出来的。”[11]社会建构主义进一步加强了对于仪器可以促成主体间性意义上的客观性的考察，“对工具本身的操作可能会有助于共识的产生”[12]37。

科学仪器在费用和操作上要求科学共同体之间的密切协作。科学研究中仪器的巨大费用使得科学研究远非个人可以承担，科学仪器的费用需要共同体、国家甚至国际合作来承担。以早期的空气泵为例，空气泵是“那个时代的粒子回旋加速器”[13]，只是到了后期空气泵才成为个人也可以承受的商品。随着大科学的发展，仪器的规模也越来越大，仪器操作已经远非单人之力就能完成（如早期的望远镜），而必须通过一个团队才能完成（如粒子加速器）。

仪器的透明性和物质性有助于达成共识，一旦仪器黑箱化和标准化之后也促进达成共识。仪器作为感知和躯体上的延伸具有透明性（transparency）。“仪器有助于实验变得使人非注意不可（compelling），因为与终止后的仪器过程相关联的自明性将复杂的实验与认可的事实相连。这种终止使得仪器被看作源于自然的信息的无可争议的传递物，即使得仪器‘透明’。”[14]70仪器变得不再引起争议以至现在很难再次体验仪器偶然的和引起争议的使用意义，为了理解仪器透明性的获得过程，就必须打开黑箱恢复仪器的使用过程。根据里兹蒂（G. Rizzetti）这位意大利人1741年的手稿，牛顿的棱镜从来就没有成为实验哲学“透明性的”装置。“在实验支持牛顿定律的地方，棱镜发挥了很好的作用，然而在实验不支持牛顿定律的地方，棱镜发挥的作用很糟糕。”[14]100

科学仪器都具有的物质性容易使人们认为实验结果是仪器制造出的而不是实验者制造出的判断。仪器是由主体设计并制造出来的，因而仪器必然体现主体的情感和意志等方面的主体性，但是仪器一旦进入使用过程就不受情感和偏见等主观因素的影响。“既然工具不带任何个人习性，它的输出也就不会带有主观性，因此也很容易得到公认。换句话说，科学家对工具观测感兴趣，部分由于它对于产生经验的科学‘事实’是一个有效的策略。”[4]108观察与实验的成败可以被归咎于仪器，进而排除了观察与实验中的主体因素。一旦仪器被认为可

以消除主观性，那么它就成为形成知识客观性的一种手段。20世纪70年代以来，计算机技术与检测技术的结合促成了智能仪器的出现，近年来科学仪器的智能化程度进一步提高，科学仪器队伍中孕育出了“软件就是仪器”的“虚拟仪器”和“网络就是仪器”的“网络化仪器”。仪器的发展有着重视软件轻视硬件的趋势，看似仪器的物质性地位逐步弱化，但是智能仪器、虚拟仪器和网络化仪器都必须包含硬件这一组成，科学仪器具有的物质性是其可以承载科学知识的前提。这说明了科学仪器必须具有物质性才能承载知识，科学仪器事业再怎么飞速发展也离不开物质性的载体。

科学仪器有着黑箱化和标准化的趋势。与费耶阿本德等回溯过去科学中黑箱化的仪器（伽利略望远镜）的历史不同，平齐等社会建构主义者则展望行动中的科学当中有疑问的仪器是如何变得标准化和黑箱化的。科学仪器的标准化可以将地方性的知识通过仪器这一载体得以扩展，仪器由此不但可以由许多人（包括外行）使用，而且可以在实现仪器标准化的地方以外使用。仪器的标准化使得使用者不必掌握仪器的设计和工作原理以及特定的技能就可以操作仪器，由此可以避免在仪器操作中出现错误，但也遏制了仪器操作中创新性的出现。标准化的仪器使得地方性知识的转移遇到较少的阻碍，无论哪个实验主体都可以通过使用标准化的仪器得到一致的结果，此时实验结果有了可重复性。对仪器历史的遗忘造成了仪器和社会语境的显著分离，黑箱化的仪器对于理解仪器如何影响科学发展具有决定性作用。一旦仪器被黑箱化、证据语境被限定在仪器中，仪器就依据证据语境被黑箱化了。仪器黑箱化是科学家的目标，一旦仪器黑箱化，证据语境和仪器间存在问题的社会联结不但被限定，而且被黑箱化的仪器还能被用作建立新的证据语境或者制造出证据语境和一系列设备网络中的进一步的联结。仪器可以作为科学一致性的重要传递物，黑箱化的仪器是社会关系的携带物[15]。拉图尔指出仪器的黑箱化使得仪器被科学共同体作为产生有效性的结果而接受，进而不对使用仪器所需的那些假设提出任何疑问。“科学家们对于这种黑箱和复杂的记录设备的依赖表明，并非经验证据成为新的事实的基础，而是黑箱的社会建构背后的那些假设才是其基础。”[16]仪器一旦黑箱化和标准化以后，科学共同体对仪器产生争议就需要付出巨大的代价。“事实一旦被建构起来，就再也没有什么仪器值得重视了，这就是为什么调整仪器所必需的艰辛工作常常从大众科学之中消失的原因。”[17]黑箱化和标准化的仪器也成了促进科学共同体达成一致并达成共识的一种有力手段。

工具（仪器）的透明性由科学家制造，并在19世纪下半叶变得越来越重要，“让自然界为自己说话”，并带来了实验方法的黑箱化及其标准化。当然，这一共识反过来也依赖于协作和妥协。如果取得了共识，那么它就会被嵌入到校准的工具中，并为新的共识提供牢靠的基础。这提醒人们在消极工具和积极工具之间作出区分：前者不会被重新思考；而后者则不断演化，并会引发争议。消极工具构成了人们运用论证和反论证的共同基础。它们提供共同的尺度。巴什拉的“现象技术”概念在他那个时代对强调由工具带来的共识的重要性作出了巨大的贡献。因为工具使理论具体化了——人们运用这些理论来支持此种工具，所以分歧变得困难起来；对某个语句的反驳暗含着对工具及其刻度的反驳。理论被硬件化了[12]37-38。

总之，仪器的物质性、透明性、黑箱化和标准化都有助于知识达成主体间性意义上的客观性。科学仪器的物质性和透明性使得人们信赖科学仪器，科学仪器的黑箱化和标准化以及操作的简单化使得人们不必理解仪器的工作原理就可以让仪器为我们服务和工作。但是在科学实践中仪器会出错，人们也需要改进和发明仪器，需要研究仪器这一有着自己生命的客体。在科学实践中，科学仪器可以辅助科学共同体取得科学知识。科学事业的显著特征正是对科学知识客观性的追求，以下研究在科学实践中科学仪器如何冲破表征主义和社会建构主义的解释迷雾，以保证科学知识的客观性。

三、在科学实践中仪器如何保证知识的客观性

用实验可复制性来保证知识的客观性遭到了质疑，那么如何思考科学仪器保证知识的客观性这一问题呢？以下由科学仪器为着眼点思考客观性的定位。观察渗透理论的命题指出了经验观察受到背景理论的影响，但是这并不表明观察不可以客观化以至于（利用科学仪器）想看到什么就能看到什么，想制造出什么现象就能制造出什么现象。科学的经验基础包含复杂的技术人造物（摄影底片、仪表读数和记录仪器的数字输出等），这些正如我们面前的桌子和电脑一样是日常生活－世界中的客观组成[18]。同时客观性远非镜像表征，我们不能作为旁观者来被动地认识自然，而需要主动地干预和操纵自然。培根早就指出我们需要抖开自然的皱褶、扭动狮子的尾巴。马克思也指出我们不但要认识自然，还要改造自然。

依照哈瑞（Rom Harre）的观点，仪器可以分为延伸感官和检出现象的仪器，前者的代表是显微镜，后者的代表是验电器。“在对仪器的哲学研究中，我们研究这两类知识之间的区别：从使用像显微镜那样改善和延长我们感官的仪器获得的那些知识，以及从使用那些检出我们缺乏必要的感官而不能观察到的现象的仪器获得的那些知识。”[19]按照上述划分仪器的标准，可以认为科学仪器根据直接可观察性以及因果效应两种标准来鉴别实在。科学仪器对实在的鉴别图[20]如图1所示。

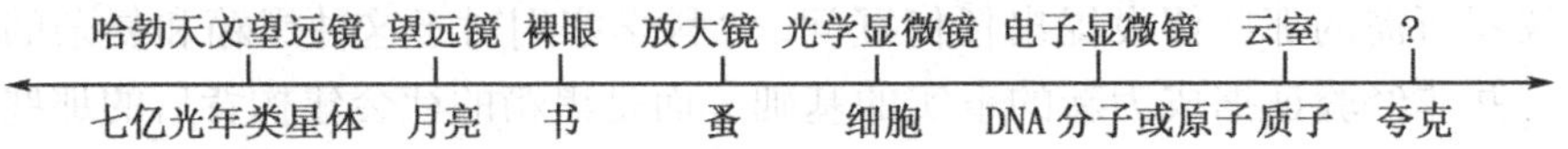

图1 科学仪器对实在的鉴别图

通过因果效应鉴别的实在是潜在的，而通过可观察性标准鉴别的实在是显在的。潜在的根本特性不是现存实体性而是潜在实在性，通过仪器展现潜在实在性的存在形式进而可以断言潜在实在性的存在状态。潜在的存在是通过显在——仪器呈象的相关特征——来说明的。仪器呈象的存在是相对独立的、客观的和真实的[21]23－24。仪器呈象的存在的相对独立性体现为：在相同的物质条件下，仪器产生的现象可以由不同的实验者进行重复；实验者运用仪器呈现的现象可以由其他仪器得以呈现；在实验者不再操作仪器时，仪器呈象仍然保持稳定。仪器呈象的存在的客观性体现在：仪器不属于主体，保证了认识具有客观性的支点；由宏观领域进入微观领域，仪器呈象的客观性不是没有主体性的纯粹客观性，而是包含了仪器作用的客观性。仪器呈象的存在的真实性体现在：可以通过一些认识论策励来保证仪器呈象不是仪器制造出的假象而是真实现象，如通过干预仪器作用的试样、使用根据不同原理设计的仪器进行对照实验以及校准仪器等；还可以通过一些美学策励，因为仪器制造出高度规则且具有最优结构形态的假象的几率是很小的。

仪器的操作结构可以对理论的真理性和理论术语的指称展开辩护[21]24－26，社会建构主义者夸大了辩护的困难。仪器的操作结构与真实世界的结构、理论语义分析的结构是直接关

联的，理论语义分析的结构与真实世界的结构是间接关联的，关联的实现具体体现在仪器的操作结构上。仪器是主体设计、制造的，但设计、制造的最终参照物不是主体，而是自然，这一点决定了仪器的有效性、客观性，决定了仪器操作结构与真实世界结构的“同晶性”。然而，这样的参照不是盲目的，而是与理论密切相关的。语义分析结构和仪器操作结构的有机结合，将理论上的逻辑可证实性和经验的可检验性转变为仪器设计、制造、操作上的逻辑可证实，将理论与仪器呈象的外在对应转化为二者之间在仪器、潜在、理论的内在结构的选择对应上，从而在理论语义结构、仪器操作结构、真实世界结构之间形成某种“同晶性”[22]。

追求没有认识主体的客观知识或者无源之见是表征主义下的客观性美梦，客观性不会自动呈现出来。仪器的作用表现在通过它的中介干预可以在实践中将客观性创造出来。利用仪器得出科学知识的实践过程经历了各种各样的限制。“如果我们将科学看作一种实践或行动的形式，以限制我们行动的形式出现的另一种自然的概念看上去更合适。我们不能随意转变或干预我们的环境。”[23]

表征主义的科学观过分强调仪器的工具化作用，社会建构主义借助社会因素过分夸大了由仪器所取得的知识的情境性。就连被哈金等人追溯为科学知识的建构论先驱的弗莱克（Ludwik Fleck）也没有否定科学的客观性：客观的真实性、明晰性和精确性（objective truth，clarity，and accuracy）[24]。“当全面地、具体地、深入地分析科学仪器在科学认识活动中的地位和作用时，就会发现，将科学仪器看作科学认识的工具和桥梁是片面的、静态的、有局限性的，科学仪器及其使用是具体的、可错的、不充分的、开放的、与客体有着复杂关联的。”[25]表征主义和主体间性层面上的知识客观性都未能反映出通过科学仪器取得知识客观性的过程是不断去情景化的过程，在实践中科学仪器是取得科学知识客观性的保障。

“每一个科学仪器及其使用都不是一个纯粹的客观过程，而是一个有着主体与客体交织在一起的复杂过程。”[6]424有时候主体的作用相对较大，这表现在仪器的设计、选择和操作以及对于仪器及其结果的解释都涉及主体；有时候主体的作用相对较小，随着仪器标准化和黑箱化的趋势，许多仪器达到了单靠按钮或者读数就能操作和解释的程度，这种“傻瓜化式”的仪器将主体的作用逐步降低。

不能因为仪器制造出来不是一种表征主义下的客观性就否定仪器的可靠性，可以通过消除妨碍仪器可靠性的因素来达到客观性。“任何仪器都有其自身特有的缺陷，这种缺陷能使仪器的符号输出产生随机的或系统性的误差；但是这样的缺陷可以通过对仪器进行精心的再设计而减小到微不足道的程度。”[11]32在科学实践中，仪器可能出错或不能运行，它需要在一定的条件下才能正常工作，可以通过一些认识论策励来保证仪器可以制造出客观性。例如，通过干预仪器作用的客体来预测结果使得我们相信仪器；通过选取不同种类的仪器来进行实验；通过仪器的校准（如让仪器重现某种公认的效应）；通过试样的选取和对照实验来消除系统误差，通过多次重复实验来消除偶然误差等。

四、结束语

逻辑实证主义以来，科学哲学对客观性的定位由表征主义转向主体间性。社会建构主义者通过对实验可复制性的质疑明确指出仪器制造出来的知识是社会磋商的结果，具有主体间性。科学仪器具有物质性和透明性，并具有黑箱化和标准化的趋势，这些特性有助于科学仪器达成主体间性意义上的客观性。表征主义的科学观过分强调仪器的工具化作用，社会建构主义借助社会因素过分夸大了由仪器所取得的知识的情境性。客观性象征着科学家在实践中对确定性和稳定性的持续追求。客观性并非意味着超越时间和空间的绝对性，它是在科学实践中生成的，具有历史情境性。通过对科学家的规训可以促成共同体达成主体间性，而仪器的使用和操作也是学科规训的重要组成部分。认识到仪器促成主体间性意义上的客观性得以产生还不充分，客观性的产生还受到自然和研究对象本身的限制。在科学实践中，无论是表征主义还是主体间性，层面上的客观性都未能反映出由科学仪器取得知识客观性的过程是不断去情景化的过程。“近代科学的主要特征之一在于使用科学仪器。”[26]不能因为仪器制造不出表征主义意义上的客观性就否认仪器的可靠性，而且仪器的可靠性与知识的主体间性也不矛盾；在科学实践中通过仪器可以创造出客观性，仪器是取得科学知识客观性的有力保障。

参考文献

[1] 查尔默斯. 科学及其编造 [M]. 上海：上海科技教育出版社，2007：53.
[2] 皮克林. 实践的冲撞 [M]. 南京：南京大学出版社，2004：20.
[3] Daston L. Objectivity and the escape from perspective [J]. Social Studies of Science，1992 (22)：597.
[4] 齐曼. 真科学：它是什么，它指什么 [M]. 上海：上海科技教育出版社，2008.
[5] 卡尔纳普. 科学哲学导论 [M]. 广州：中山大学出版社，1987：41.
[6] 郭贵春. 走向 21 世纪的科学哲学 [M]. 太原：山西科学技术出版社，2000.
[7] 卡尔纳普. 卡尔纳普思想自述 [M]. 上海：上海译文出版社，1985：81.
[8] 库恩. 哥白尼革命 [M]. 北京：北京大学出版社，2003.
[9] 法伊尔阿本德. 反对方法：无政府主义知识论纲要 [M]. 上海：上海译文出版社，2007：120.
[10] Paul K Feyerabend. Against method [M]. London：Verso，1993：xii.
[11] 齐曼. 元科学导论 [M]. 长沙：湖南人民出版社，1988：30－31.
[12] 贾撒诺夫. 科学技术论手册 [M]. 北京：北京理工大学出版社，2004.
[13] 夏平，谢弗. 利维坦与空气泵 [M]. 上海：上海人民出版社，2008：28.
[14] Schaffer S. Glass works：Nowton’s prisms and the uses of experiment [C] //Gooding D，Pinch T J，Schaffer S. The uses of experiment：studies in the natural sciences. Cambridge：Cambridge University Press，1989.
[15] Pinch T J. Confronting nature：the sociology of Solar-Neutrino detection [M] //Bohme. Sociology of the sciences monographs. Dordrecht：D. Reidel Pub. Co.，1986：212－214.
[16] 科尔. 科学的制造 [M]. 上海：上海人民出版社，2001：60.
[17] 拉图尔. 科学在行动：怎样在社会中跟踪科学家和工程师 [M]. 上海：东方出版社，2004：116.
[18] Joseph F Hanna. The scope and limits of scientific objectivity [J]. Philosophy of Science，2004 (3)：342.
[19] 哈瑞. 科学哲学导论 [M]. 沈阳：辽宁教育出版社，1998：8.
[20] 郭贵春. 科学实在论教程 [M]. 北京：高等教育出版社，2001：68.
[21] 肖显静，郭贵春. 仪器实在论 [J]. 自然辩证法研究，1995 (10)：22－27.
[22] 郭贵春. 后现代科学哲学 [M]. 长沙：湖南教育出版社，1998：110.
[23] Kroes P. Science，technology and experiments：the natural versus the Artificial [J]. PSA，1994：438.
[24] Fleck L. Genesis and development of a scientific fact [M]. Chicago：University of Chicago Press，1979：142.

[25] 肖显静. 作为客体的科学仪器［J］. 自然辩证法通讯，1998（1）：16.
[26] 沃尔夫. 十六、十七世纪科学、技术和哲学史［M］. 北京：商务印书馆，1997：14.

（本文原载于《科学技术哲学研究》2011 年第 4 期）

从技术知识视角论技术情境

王　丽　夏保华
（东南大学哲学与科学系　江苏 南京　210096）

摘　要：从技术知识视角看，技术情境的生成源于技术知识的嵌入态。技术情境由技术场域中分布的技术共同体、显性知识、隐性知识、工具知识、行动知识和技术范式等知识要素建构。技术情境能够塑造技术主体，减小行动和思想的盲目性，具有积聚和传承技术知识的价值和意义。

关键词：技术情境；技术场域；技术主体；技术知识

技术是主体围绕某种现实目的而展开的手段建构和行为运作。技术作为一种事件、一种行动，总是在一定的场域内发生的，场域内的各种要素形成情境。本文着重于其中的知识要素，从技术知识的视角论述技术情境。技术情境是技术活动发生的背景和平台，由知识要素建构，又影响和规定着技术行为和技术知识的性质和方向。

一、技术情境的生成前提：技术知识的嵌入态

1. 技术场域与技术情境

技术是一种发生于一定时间、空间内的造物行动，是主观智能与物质手段的结合过程。无论是技术活动的风格，还是主观智能的水平，抑或物质手段的样式，都会受技术发生的物理性、概念性空间——技术场域——的影响。

技术场域内要完成的是真实复杂的任务，而不是人为创设实验条件的科学研究，所以它不似科学实验场一样纯化、典型化，但技术场域不是随意、空白、无意义的空间，而是重复、持续进行过同类别技术活动，有众多同领域的技术工作者在此思想过、行动过，有自身的组织记忆和集体故事的“事件发生地”。虽然二者的性质和生态有很大差异，但某种程度上，技术场域同科学实验场一样，也是一种有内容、有意义的活动空间，提供、创设环境和资源以促成预期结果的出现。

需要明确的是，技术场域可以是技术活动发生的物理性时域、地域，又不仅仅是物理空间、界限的呈现，技术场域更是一种功能性环境和活动系统，类似于物理电磁场，是一种可以激发作用力的空间，与发生于其中的行动、行动者发生着交互作用、交互影响。

技术场域内积累和分布着各种可以产生作用力的要素，这些实体性和功能性要素的形态及其渗透、功用，构成了技术活动和技术知识赖以存在和发展的特殊生态背景——技术情

境。技术情境规定着技术行动路线，指引着主体思维取向，促成了技术知识的意义建构。比较而言，“技术场域”的概念强调物理空间或活动系统的界定，以及其重要性质和核心功能——“场”——的作用力；而“技术情境”的概念则更进一步，强调技术场域的生态状况、资源丰富度以及目标指向下的人为规划。技术情境以技术场域的要素和作用力为基础和根本，但它更是一种经历过反思的，有目的、有规划、有设计的背景和空间，有方向、有重心地给养和促成有意义的技术认知和技术行动。技术场域是客观存在的，是技术认知、技术行动得以发生的初级物理空间和功能空间；技术情境则是人为规划的，是技术认知、技术行动得以被支持的二级功能空间和动力源泉，是知识的建构体，以知识为表征，又以知识为动力。技术认知、技术行动在技术场域中发生，在技术情境中深入，只有在技术情境中才能得到最大的知识支持。技术场域与技术情境的关系见图 1。

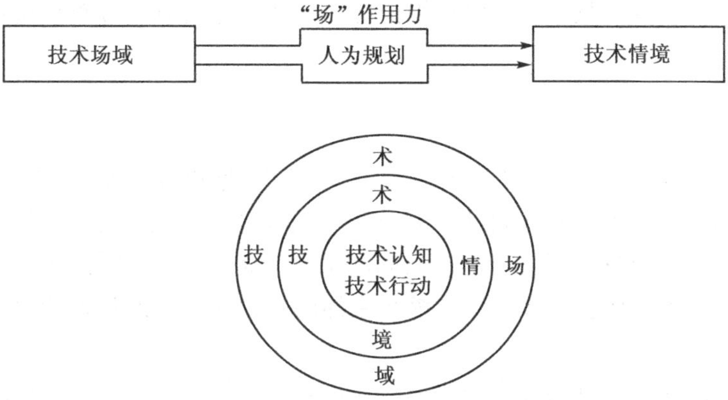

图 1　技术场域与技术情境的关系示意图

2. 技术情境何以能够生成？

技术情境以强大的知识积累为支撑，技术场域内知识的丰富程度、分布形态何以能够满足技术情境的生成条件？这与技术知识的嵌入特征密切相关。技术知识生成和发展于行动、场域中，形成知识的嵌入态，这是技术知识的鲜明特色，也使技术情境的生成成为可能。

所谓嵌入态，是指技术知识根植于并渗入至技术行动的环境、背景的一种性质和状态。因为“嵌入”，所以技术知识是与境的，其意义建构、理解应用都发生在技术场域中，受场域要素支持和限制，不能完整、独立地从场域中“抽身”而出，因而技术知识中相当分量的内容是植入、留存在场域内的，从而使场域内拥有足够丰富、足够数量的知识可被组织、规划，生成技术情境。

技术知识嵌入态的表现有：首先，技术知识的完全意义只有在技术场域内才能建立。技术知识的独特性、复杂性和丰富性只有在场域内活动的展开中才能充分展现出来。除了通用的技术原理和规则之外，技术知识还必须集成技术活动本身的“独特性与地域性所带来的具体的情境性知识与经验”[1]45，技术知识的建构“必须具有深入细微的具体性与可靠性”[1]45。其次，技术知识是在与技术场域的交互作用中不断发展的。要在当前需要解决的技术任务和技术场域之间建立联系，联系越多，促进技术知识向前推进的作用要素也越多。再次，技术知识的风格、层次与场域属性相关。不同的场域，不同的任务，会有不同的知识层次要求；不同的场域所提供的工具、资源相异；技术主体对不同场域的理解也不尽相同。

场域属性一定程度上决定了技术知识的形态和样式。最后，技术知识不是独立的、自足的概念实体，不能孤立生成和抽象推演，技术知识更多地是运用境脉推理而不是抽象推理。境脉推理中的很多知识和技能不能整体从背景中抽象出来，它们是基于场域的一种活动样式和活动结果，“反映了对嵌入其中的生产方式的复杂的表述”[2]23。

正是技术知识的这种嵌入态，提供了丰富的知识生态，使技术场域成为知识浸润的功能性空间，为技术情境的生成提供前提。

二、技术情境的建构：技术知识的分布性要素

从技术知识视角看，技术知识中的主客观要素，如技术共同体、显性知识、隐性知识、行动知识、工具知识、技术范式等，以组织记忆、认知留存的方式分布在技术场域中，完成技术情境的建构。

1. 建构要素

（1）技术共同体

共同体“意味着在一个活动系统中的参与，参与者共享他们对于该活动系统的理解”。[2]45技术共同体是一群追求共同技术目标的个体集合，是情境内容的一个重要组成部分。共同体成员有共同的技术历史传统，共同的信念、追求，有权利利用相关资源、工具，在技术活动中进行默契合作、意义协商，缩小主体间距，减少彼此沟通的成本。

（2）显性知识

技术场域是显性知识被真实应用的领域。在这里，显性知识不再是封存的、圆满的，而是可以打开的、分割的，要作出相应的调整和改变。显性知识不以抽象化、概念化的形态分布，而是被工具化了的具体知识。

（3）隐性知识

隐性知识在技术情境中占有比显性知识更大的比例，具有更显著的价值。一定的隐性知识通常与一定的情境相伴相生，相契相合：从情境之外的视角观察，隐性知识具有相当的不确定性和模糊性，其知识质量不易评估；而在情境之内，隐性知识因为能与氛围、行动、主体技能等要素交互和契合，所以又具有相当的确定性和明晰度。

（4）行动知识

行动在技术场域中普遍发生、易于捕捉，具有直观、开放性，最易于对技术主体产生潜移默化的示范作用。行动知识在建构技术情境中起重要作用。技术场域内的专家和其他成熟技术工作者的操作通常可为其他人提供经验结构和行动提示，可被视为能达到目的的标准行为模式。行动知识具有可视、可重复、即时、实用的特征。

（5）工具知识

工具知识是“对他们在其中使用工具的世界，和对工具本身进行日益丰富的内在的理解”[3]27。环境和目的不同，要求的工具不同。这种“不同”，可以是本身的确相异，也可能是同一种工具，但处于不同的场域中，被作为不同的功能器具看待，从而以不同方式被使用，“用某种方法使用一件工具，就意味着接受了关于该工具应该如何使用的文化信念系统”[3]67。另一方面，复杂的工具本身往往就是一个嵌入性的技术知识系统，是技术主体智慧的外化创造出的实体形态的物化技术，其中内置着技术场域内的先行者的技术智慧、技术

意图、技术风格，作为技术黑箱，为后来的使用者提供支持和帮助，简约或替代了主体部分的体力和智力。

（6）技术范式

技术场域的认知规范、技术轨道、符号系统、常规设计等常被视为某种约定俗成的借鉴和规范，成为技术范式（Technological Paradigm）。这些知识通过众多同领域的技术工作者的努力渐渐嵌入工作场域中，是一种不需再创造、不需再求证的现成预设资源，是技术情境中较稳定的建构成分。“一旦某种设计成为经常被引用的一般性方案，它就拥有了基本通用的操作规则，工程师在常规设计（normal design）中无须再在这些内容上费脑筋，直接引用到他们的设计中即可。”[4]

2. 建构形式

上述要素不是随意地、杂乱地、自行地建构出技术情境，而是由技术主体在目标取向下，对各要素进行组织、存取，规划性地建构有意义、有功用的技术情境。技术情境不是自发生成的，是人为建构的。

（1）组织记忆

从主体方面看，上述要素存在于每个技术个体自身的知识储备和知识创造中，具有个性化和偶然性，如果要利用其中有价值的成分建构技术情境，就要对其进行编排和梳理，使其中的共性知识得到重新注意，个性知识以他人能够理解的方式被解释和描述，形成组织记忆。以组织记忆的形式规划各知识要素，能客观地、稳定地撷取其中有建构价值的内容和方面，形成具有上下文和历史脉络的集体故事，避免因知识的主观和杂多影响技术情境的建构。

（2）认知留存

从客体方面看，上述要素存在于技术过程和技术对象中，具有动态性和实时性。如果不加以注意和处理，其中的部分内容可能会随着具体技术任务的完成和具体技术对象的消失而流逝掉，无法用于技术情境的建构。为此，要以认知留存的方式把知识要素中具有借鉴、利用价值的部分保留下来，并加以标识，建构技术情境。认知留存还包括对技术活动进行的正确反思。通过反思，实现对技术活动全面、生动、具体的微观描述和总结回顾，使其中隐藏的、内化的关键点得以公开化，并发布出来。组织记忆和认知留存不是压制的、封存的，不以精致打包、规整存放、格式化存储为目的，而是最大限度地弥漫于技术场域的不同角落、不同层面，蕴含着资源、标记、索引，以利于技术情境的合理建构。

三、技术情境的功能：技术主体的塑造

技术情境为技术主体的行动配备了环境、素材、工具，也提供了思想指引，技术主体的思维与活动能力是在技术情境的实践中被塑造出来的。

1. 技术情境对技术主体的支持和给养

技术主体进入某一技术场域后，最先和最容易影响它的就是存储于技术情境中的知识要素，这些知识能以最有效、最集中的方式向技术主体灌输能力养分。在技术主体的成长历程中，技术情境首先会构成一种有目的、有计划和有设计的训练资源，提供观察、交流的机会，促成有意义的技术学习，激发技术知识，教化技术主体。

技术情境的支持和给养还具体表现为可以帮助技术主体锁定问题和定位自身。通过理解技术情境描述的技术行为特征和技术关键所在，可弄清问题的性质和类别，掌握基本的思维和行动样式，能基本明确自己知道什么，不知道什么，需要学习什么；明确自己要做什么，可以做什么，将要做什么；也能清楚所学知识和技能的目的和用途。“工程师就是精通了某种特殊设计空间的人。这个设计空间通常并不是他个人的发明，他从其前辈那里习得了它……他很少远离这个范围去冒险。”[5]258 否则主体会在复杂的技术任务中，界定不出问题，分辨不出关键，从而使思维和行动处于无序状态。

2. 技术情境对技术主体的约束和规定

技术情境对主体的塑造也体现在对主体的约束和规定方面，会有“情境逼迫”。所谓“情境逼迫”，是指技术情境作为一种刺激和约束力量，在为技术主体提供知识支持的同时，也对技术主体提出一系列要求，规定技术主体应按相应的共同体标准修炼自身，沿着情境规定的最可能成功的路径前进，在“可能性边界”范围内不断进步。以笔者曾身处十余年的某机床厂技术部门为例，每当有新进人员时，相关部门都会提供一些机会让他们画一些设计图，由部门内成熟的工作者检图，画图笔迹是黑色的，检图笔迹是红色的，基本上这类图纸经过各个环节最后再回到原创者手中时，都是满目的红色。其实这算是共同体给新成员上的第一课，满目的红色修改笔迹是在传达技术情境的知识符号系统，描述某些行为规范，制定共同体成员标准。要成为共同体中的一员，就要深刻领会这类知识，了解技术传统和特定的符号意义，按照指定的设计标准行事。

3. 技术主体个性能力的形成——技术情境

支持和约束的结果是：技术主体被技术情境所包围，身处于相应的技术气氛下，其心理和观念会因他们所看到的、感受到的、被规范的内容而改变。主体受不同的技术情境影响和教化、感染和熏陶，会形成截然不同的个性能力。

比如在生产现场，技术情境中的知识要素不是以系统的、理论的、规范的形态存在的，更多的是经验性的、零散的、个人体验性的，所以这类知识呈现更多的个性化和生动性；另一方面，在具体形态上，这一类知识不是以文件、图纸等形式存在的，而是以技能、技艺等操作形态存在的，是技能导向的。而设计部门的知识形态则以原理设计、规范描述为主。生产现场和设计部门各作为一种性质不同的功能性技术情境，对处于其中的主体的支持和约束不尽相同。

这里以一个机床刀盘运行的案例帮助论述这一主题。刀盘上装有各种刀具，要求能按控制指令将操作者需要的目的刀具迅速置位并停止。某种型号的刀盘的简略工作原理如图 2 所示，即

① 信号 X16.0 有效的区域 *BAO* 为目的刀位预置区 1；

② 信号 X17.0 有效的区域 *B′A′O* 为目的刀位预置区 2；

③ 当且仅当 X16.0 和 X17.0 同时有效，才是目的刀位精置点，即 *O* 点。

为保证定位精确，刀位精置区间很小。其信号控制程序如图 3 所示，当刀位符合信号 X16.0、X17.0 同时有效时，刀盘停止信号就应该有效。这是一条既编程简单又能被清晰理解的程序，但现场调试中发现这么简单的程序就是不能呈现预期中必然会出现的结果。现场运行中，有时刀盘转至目的刀位时不能像设想的那样停止，要多转一圈或几圈才停下。

当时设计人员从工作原理上分析，却无论如何找不到原因。事实上，从原理上看，这条

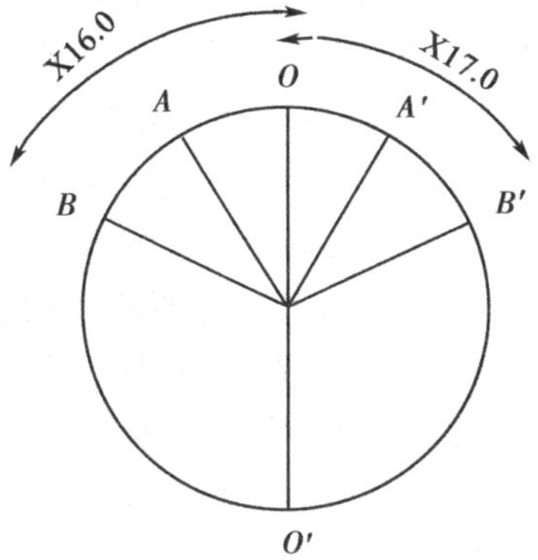

图2　刀盘工作原理图

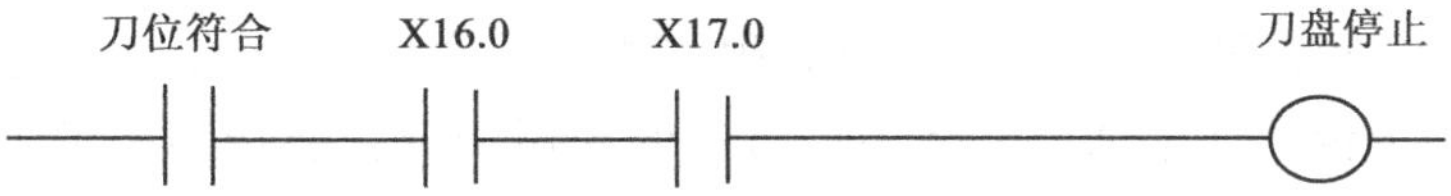

图3　刀盘控制程序图

程序没有任何错误。现场的一位车间技术人员抛开刀盘工作原理，而从刀盘实际运转中可能发生的随机因素入手，找到了原因：

① X16.0 和 X17.0 同时有效的精置位区间很小，控制程序的运行需要扫描时间；

② 如在第一扫描周期内，X16.0 和 X17.0 还不同时有效，停止信号自然不能有效；

③ 下一扫描周期内，再扫到 X16.0 和 X17.0 时，或许这两个信号在两次扫描之间已由 0→1→0，仍是失效状态；

④ 停止信号不能有效，所以刀盘不能停止；

⑤ 刀盘继续运转，直到在某个扫描周期内“碰上” X16.0 和 X17.0 同时有效才停下，这时刀盘可能已经多转了几圈。

这是一个典型的情境影响思维的案例。面对问题，设计部门中接受系统理论教育、培养的工程师，倾向于从规范中、从原理上找原因；而生产现场的技术人员善于从各种现实的、偶然的事件中寻找随机因素的影响。案例中，刀盘运转不正常的原因并不深奥，但是却有切入的关键点，即“两次扫描之间”，这是身处设计室的工程师们不易想到的，只有长期身处生产现场，每天同技术实物对象而不是图纸、公式打交道的人才会有这类直觉和技能。

四、技术情境的价值：技术知识的储备和盲目性的减小

如果技术情境生态资源充裕和丰富，那么技术共同体拥有较多历史性的经验、技能和知识，并已嵌入到知识结构内部，使得他们在处理技术问题时，能受到更多有效资源的熏陶，拥有更多既定的、储备的知识和技能来面对，能利用情境资源对技术行动进行构想。当问题摆在眼前时，技术主体一般都先从技术情境内部寻求既往的解决策略，寻求帮助和指引，因为这是最具直接和现实影响力的知识储备，“一个技术传统在产生问题的同时也给予了解决

的希望，这种希望是通过那些已在传统内得到充分发展的技术方法的更深入应用得到的”[6]。技术活动通常在这些基本的、稳定的可共享作业规则和通用构思平台上展开，“设计空间形成了问题求解过程”[5]259。其内容越丰富、细致，对解决方案搜索所给予的给养就越多。知识储备能形成某种行动默契，减少一些沟通解释上的麻烦，很多问题依赖这些内部知识就能解决，问题解决得经济、快速、高效。“情境脉络越丰富，在这一情境脉络中有意识的思想过程越多，那么学习者对活动和思考过程所能建构的意义就越多。”[3]101这种知识储备和参照是非常重要的，情境“将学习者关注的中心指向与当前任务相关的环境的给养”[3]141，持续的技术活动是一个“制造和观察之间的互动”[7]。

技术情境将技术活动的需要、目的、资源和现状清晰地呈现在技术主体面前，技术主体能较容易地明确当前认知的性能和局限，这样在技术工作中，最能把实力聚集到关键点，集中精力于有效地吸收与原有的技术基础有关的新知识，不至于在无尽的信息中迷失方向。求解技术问题，“首先是在熟知的、了解较为深入的领域中搜索候选解决方案”[5]251。这些知识本身正是过去的往复实践的结果，先验的成果将技术主体的注意力“导向远离否定性评价的或无效的搜索空间，同时将注意力指向很可能肯定的——‘有养分的’——搜索空间”[5]251。一定意义上说，技术情境是减小盲目性的知识资源，能帮助技术主体缩小搜索空间。没有技术情境，技术主体可能会在左冲右突中浪费精力，而沿着情境指引和规定的路径前进，成功的可能性更大。技术哲学家肯尼斯·阿罗（Kenneth Arrow）论及技术实践进化的路径依赖时提到，“在发展工程中，自然的真实状态的先验概率分布在开始时是相对平坦的，另一方面，在进行了越来越多的研究之后，相继的后验分布，其峰值越来越高，或集中在较为有限的区域内，所以我们拥有愈来愈好的信息来决定下一步该做些什么”[5]133。

参考文献

[1] 邓波，贺凯．试论科学知识、技术知识与工程知识［J］．自然辩证法研究，2007，23（10）：41－46.

[2] 莱夫，温格．情境学习：合法的边缘性参与［M］．王文静，译．上海：华东师范大学出版社，2004.

[3] 乔纳森．学习环境的理论基础［M］．郑太平，任友群，译．上海：华东师范大学出版社，2002.

[4] Vincenti W G. What engineers know and how they know it［M］. Baltimore：The Johns Hopkins University Press，1990：210.

[5] 约翰·齐曼．技术创新进化论［M］．孙喜杰，曾国屏，译．上海：上海科技教育出版社，2002.

[6] Laudan R. Cognitive change in technology and science［C］// Rachel Laudan. The nature of technological knowledge. Dordrecht：D. Reidel Publishing Company，1984：96.

[7] 陈凡，朱春艳，邢怀滨，等．技术知识：国外技术认识论研究的新进展［J］．自然辩证法通讯，2002（5）：92.

（本文原载于《科学技术哲学研究》2011 年第 5 期）

“组合－创生－演化”的技术
——打开“技术黑箱”的一个尝试

曹东溟
（东北大学科技哲学研究中心　辽宁 沈阳　110819）

摘　要：技术思想家 W. 布莱恩·阿瑟从技术黑箱的内部探究技术的本质，形成了一套完整的技术本质及其演化的理论。这个理论框架揭示了技术内部的三个基本原理及其逻辑结构的生成机制以及这个结构在其最深的本质上展现的演化的共性。在方法论上尝试通过打开技术黑箱来“看”技术所显现的技术本质及其演化机制。整个理论使得以往关于技术本质的技术哲学、工程哲学、设计哲学、经济学、社会学甚至科学上的众多观点在这个框架下得到极大程度的统一。

关键词：组合；递归；现象；自创生；组合演化

技术的本质一直是技术哲学的焦点，许多技术哲学家对此都有过深入的思考。美国技术思想家 W. 布莱恩·阿瑟通过《技术的本质：它是什么以及如何演化》（2009）这本书向我们展现了一个独特的审视技术的视角——彻底打开技术黑箱去“看”技术内部的方法，在此基础上清晰地描述了一个技术内部的动态世界，呈现出一个关于技术本质的完整的理论“图景”，他将它称为技术的“组合演化理论”。本文将循着布莱恩打开技术黑箱的视线，展现技术内部的结构层次、结构形成的过程以及技术整体的演化机制。用作者的话说就是，“在最深最深的本质上”回答技术是什么以及技术是如何演化的。

一、引言：技术本质研究探讨中的缺失

随着技术时代的来临，关于技术本质的观点更加林林总总、方兴未艾。其中包括芒福德、弗塞尔等的技术器具论[1]，R. E. 麦吉恩[2]、E. 舒尔曼[3]、黄顺基、J. C. 皮特[4]（J. C. Pitt）等的技术活动论，贝克曼[5]、邦格[6]、武谷三男和星野芳郎、拉图尔（Layton）、帕拉伊（Parayil）[7-8]、王大洲[9]等的技术知识论，刘文海的技术程序论[10]，远德玉、陈昌曙[11]等的技术过程论，古德曼（Steven L. Goldman）的社会行动过程论[12]，以及 C. 米切姆的技术综合论[13]，等等。面对如此众多的关于技术本质的思考，美国的技术思想家布莱恩·阿瑟却认为关于技术的本质及其演化的文献其实很少，而且迄今为止并没有一个关于技术是什么的本质性（technology-ness）的答案。具体来讲，布莱恩·阿瑟认为以往对技术及其

本质的相关研究在以下几个方面存在问题。

首先，布莱恩认为以往关于技术的思考大部分是基于技术外部的观察和分析得出的。布莱恩认为以往的技术都被用“黑箱”加以概括了，技术本身因此被“遮蔽”起来了，无法显现其内部的真相[14]。他说，“如果我们希望知道的只是技术如何进入经济、社会以及如何展开的，那么这种从技术的外部看技术的方式是足够的，但是如果我们感兴趣的是那些根本性的问题，这样做就不够了”[15]。他进一步强调，“没有内部解剖学的比较，是很难看清技术是如何连结起来、如何起源以及如何演化的”[16]。因此应该致力于采用打开黑箱的方式来探究技术的本质。

其次，以往的技术史研究也曾进入到技术黑箱内部，但是这类研究都是在具体技术层面进行的，而没有在技术一般的意义上深入下去。例如历史学家吉尔菲蓝关于船的历史的考察就非常详细。他详细探究了船的起源及其随时间的变迁；对船的谱系进行追踪，从独木舟到帆船再到他所处时代的蒸汽船；他从历史细节中追查出船壳板、壳板板肋、紧固连结件、龙骨、斜挂大三角帆，以及横帆是如何发明出来的，其中仅仅描述斜桁帆的起源他就用了四页纸。但是与他相类似的这种“内部思考”更多关注的是某项特殊的技术，而不是一般意义上的技术。这导致我们对技术的了解产生了一个悖论，即“我们对技术了解很多的同时又知道很少，也就是说关于一个一个具体的技术我们知道得非常多，但是在总体上对技术的了解却少之又少”。其结果是，我们自认为“技术实际上已是人类经验中最完整的已知部分了”，然而关于它的实质——“它的存在的最深的本质——我们却知之甚少”[17]。

最后，以往的关于技术的思考一般呈现为静态的、中断性的图景，而其连续性动态演变的内在机理的探究却被忽略了。关于技术最普遍的理解是：技术是知识的一个分支，或是科学的应用，或是一种技艺学。以往看技术的方式导致了这样一种观点，即技术在结构总体上是稳定的，只是偶尔会遭遇一下创新。布莱恩认为这样的技术只在我们进行思想抽象或者在相对封闭的实验室中才存在。而“在真实世界中，技术是高度可重构的；它们是流动的东西，永远不会静止，永远不会完结，永远不会完美”[18]。因此，关于技术，更重要的是认识技术是如何相互连结、如何起源、如何演化的，而这需要与以往完全不同的观察方法。

二、组合、递归、现象——技术内部之构造原理

布莱恩强调从内部看技术的视角，打开技术的黑箱，去“看”它们内部的解剖学结构。为此，布莱恩的论述遍及数十种具体技术，对它们逐一进行解构和历史演化的追述，寻求技术一般的共性所在，布莱恩宣称：“我计划从完全空白的状态开始，将技术的所有相关项都不视为理所当然。”然后再将这些素材“一片一片地构建成他的理论”[9]。那么打开黑箱之后他看到了什么呢？

（1）“一切技术都是组合而来的”[20]。“组合”（combination）在技术中随处可见。

首先，所有技术都是由零部件组合而成的。布莱恩认为，不论是复杂的技术（如水利发电机），还是简单的技术如一个铆钉，都可以被描述成“技术是由零部件组成的”。

其次，“新技术一定产生于已有技术的组合”。他举例道，如果你打开一架喷气机（或者专业名词叫作汽油涡轮增压动力飞机），你会发现里面的零部件包括压缩机、涡轮增压机以及点火系统。如果你打开它之前的其他技术，你会发现同样的组件结构。20 世纪早期的

发电系统里面是涡轮和燃烧系统，同时期的工业鼓风机单元内部是压缩机。从这个意义上说，"技术在某种程度上一定是来自此前已有技术的新的组合"[21]。

再次，组合驱动创新——或者至少驱动技术创新[22]。实际上早在1910年，奥地利经济学家熊彼特就曾关注过组合和技术，而且是关注经济中的组合。"生产意味着在我们的能力范围内组合材料和动力……生产别的东西，或者用不同的方法生产同样的东西意味着以不同的方式组合材料和动力。"经济中的变化产生于"生产方式的新组合"。用现代语言来讲我们可以说它源于技术的新组合。历史学家阿尔伯特·裴森·亚瑟在1929年时也曾谈到创新是从"以前存在的要素建设性地融入新综合体"中产生的。吉尔菲蓝自己更将其简洁地描述为：一项发明是"此前技艺（art）的新组合"。

最后，组合揭示出技术未来将越来越复杂[23]。随着技术数量的增加，组合的可能性会相应提高。事实上，威廉·奥格本（William Ogburn）早在1922年就已观察到这一点："可用来发明的东西越多，发明的数量就越大。"[24]他预期物质文化（技术）的增长显示出"和复利曲线的相似之处"。用今天的话就是技术会按指数级增长。比如，对于N种可能的基本元素，我们会得到$2N$种可能的技术。

如此，技术的生产是组合，技术的发明是组合，技术的创新是组合，技术的演化也是某种形式的组合，因此"组合"成为布莱恩观察到的第一个技术原理。

（2）组合的结构具有递归性（recursiveness）。人们通常将技术定义为"完成目的的手段"[25]。因为"一项技术一定是要做点什么，是要达到一个目的的"。而组成技术的每个组件也可以被看作"完成组合目的的手段"，所以，每个组件也是低层次的相对独立的技术。实际中，组件为完成某项任务会集结成模块（module）。于是就出现了这样的结果：总体技术（the body of technology）包含的集成块是单元技术（individual technology），集成块所包含的次一级的集成块也是技术，次一级集成块包含的再次一级的集成块还是技术。这样，"在概念上就可以将技术从上到下分解成主模块、次级模块（subassemblies）、次次级模块（sub-subassemblies）等，直至分解到最基本的部分"[26]。以这种方式形成的等级是"树形结构的：整体的技术是树干，主模块是主干，次级模块是枝条，等等，基本的零件是更小的侧枝"[27]。这样的模式不停地重复直到最基础水平的零件。换句话说，技术具有一个递归性结构。

递归性是一个在机械学、物理学或者计算机科学领域之外并不为人熟知的概念。它的意思是结构包含某种程度上自相似的组件。当然，在布莱恩理论的语境中它并不意味着一架喷气式发动机内部包含的组分是一些小的喷气式发动机。它只是简单地表明一个喷气式发动机（或者更一般地讲，任何技术）包含次一级的构件（构件本身是技术），次一级的构件又包含着次次一级的构件。这样的方式将不断重复（或再现）[28]。这个意义上的"递归性"是布莱恩直观到的技术的第二个原理。

（3）所有技术都建立在现象（phenomenon）之上。布莱恩说："现象是技术赖以产生的必不可少的资源。所有的技术，无论是多么简单或者多么复杂的技术，实际上都是应用了某种——通常是几种——现象之后，乔装打扮过的样子。"[29]布莱恩举例道："假定你被要求测量某种不太容易测量的东西。比如你正身处零重力的外太空，而你需要测量一小块金属的质量。你不能将它放在天平上或者把它悬挂成摆锤或者挂在弹簧下端使它摆动——所有这些都需要重力。你可以设想把它挂在两个弹簧之间让它振动，或者想法让它获得加速度然后测量所需的力。你可以以这种方式间接地测量质量。这里要注意，你所寻找的方法是靠某种现象。而那和你要测量的东西完全不同。对于所有的技术，你需要一些可靠的现象来建立你的方法。"[30]同样"炼制石油是基于汽化原油中的物质会在不同的温度下凝结的现象""一个下落的锤子则依赖于动量的传输现象"[31]。可见，技术总是依赖于某种自然现象或自明之理进行开发，从而达到目的。

很明显，这里的现象不是胡塞尔现象学意义上的那个现象，也不是黑格尔的与"本质"范畴相对应的那个"现象"。布莱恩理论中的"现象"只是简单的自然效应，它们独立于人类和技术而存在[32]。这是布莱恩提出的关于技术的第三条原理。它和上述的两个原理——组合和递归性——同等重要。

以上三个方面——组合、递归性和现象——是布莱恩打开技术黑箱之后"看"到的，遂成为布莱恩讨论技术本质及其演化的三个基本原理。三个基本原理之间共享的逻辑，就应该是技术最深切的本质所在，进而也可以通过更深入的直观，看到技术的演化过程及其机制。

三、有目的的编程现象——技术之共享逻辑

技术的上述三个原理——组合、递归性及现象——之间共享的逻辑被布莱恩展开为：技术就是为了形成某种递归的结构以执行某种功能而对现象进行组合的过程。这样技术最深处的本质被布莱恩概括为：有目的的编程现象[33]。这句话有两个重点：一是强调目的性；二是强调对现象的编程。

（1）对现象进行的组合不是随机乱置的，而是有目的的。一般来说，人类的需求应该是技术理所当然的目的，但是布莱恩发现人类的需求很多时候竟直接来自技术自身。比如一旦我们有办法诊断糖尿病，我们就产生了一种人类需求——一种对控制糖尿病的手段的需求；一旦我们拥有了火箭技术，我们就会有要对太空探险的需求[34]。更令人惊讶的事实是，从技术本身而来的需求要多于直接从人类而来的需求[35]。它们主要来自技术本身的极限和应用形式的问题，这些问题的解决必须通过进一步的技术来获得，因此，需求追随着解决方案，同样，解决方案也追随着需求。每项技术的存在又总是需要另外的支撑技术，用来支撑它的制造、生产、分配、供给以及性能的提高，等等，而这些支撑技术反过来又需要它们自己的次级支撑技术。递归性在这里又一次地上演。

（2）现象不能直接用来组合技术，而必须要经过被捕捉、转译等加工形成原理之后才能被利用。这个过程被布莱恩称为"编程"。

首先，现象需要捕捉。现象通常都是被遮蔽着的，如果不去发现或开采是不能显现的。对此，布莱恩说，对于一些浅表现象的捕捉，比如说摩擦木头可以生热并因之生火，是意外事件或偶然性的开发结果被人类在早期学会了驾驭。而有些深层现象，比如说化学现象一类的，则为早期的炼丹术士所发现。但是对它们的全面开发，则需要系统深入的调查研究。对于隐藏最深的现象，比如量子现象的核磁共振或隧道挖掘或受激辐射，则需要知识的积累和复杂的仪器去揭示它们自身。它们需要现代性的发现方法——换句话说，它们需要现代科学[36]。

其次，现象需要通过转译成为原理之后，才能被应用。原理和现象不一样。一项技术实

际上是直接建立在某种原理——"某种方法"——之上的，原理要求进一步发掘出某个（或几个）现象来形成它。一个特定的对象——比如，钟摆或石英晶体——会按照一个给定的频率摆动，这是一种现象。应用这一现象来计时构成的是一个原理，进而制成了时钟。相比之下，原理是为达成某种目的而应用某种现象的一个理念（idea），它广泛存在于人类世界和"应用（use）"的世界[37]。从现象到原理需要一个转译的过程，这个过程追求的不是完整的技术产品设计，而是一个基本的理念——一种使一个或多个现象能为实现某个要求而起作用的一个理念以及具体手段的某种构思。从这个意义上我们也经常说，技术产生于原理[38]。

再次，原理要被转译成物理组件才能完成技术的构建[39]。即使应用原理清晰可见，技术实践的转译工作也并非轻而易举。随着原理的实践转译版本被建立起来，加上组件的连续改进，最终才能完成一项技术的发明。而余下的工作——运用所有的支持片段进行从基本原理到完整理论的细节转译——更不是一蹴而就的。

布莱恩将上述对现象的加工过程称为"编程"，这是因为他认为这个过程和计算机编程在本质上完全一致，即它们都是应用一个基本原理——核心概念或者逻辑——在程序背后进行支撑；完成这个原理需要一套主要的硬件构筑集成块或者功能——用计算机语言叫作"主程序"。"主程序"需要其他的子功能或子程序支持它们工作；进而，程序不同的子集就处于不断地相互联系之中。布莱恩 用"编 程"（program）这个词强调形成技术的那些现象被有计划地组织起来的过程[40]。我们现在可以理解了为什么技术是如此不同。每个个别的案例可以源于需求驱动（need-driven）或者现象驱动（phenomenon-driven）；它的发起者可以是一个人，也可以是很多人；它的原理可能很难被想象，也可能自然地流露；转译那个原理成为物理组件可能很简单，也可能只有当关键的次生问题被解决之后才能进行下去。但是无论它们经历了什么，最终所有的发明共享同样的机制：都是目的与完成目的原理之间的链接，并且所有发明都必须将原理转译成工作元件[41]。据此布莱恩说，技术的本质就是对现象有目的地编程。

四、组合自创生——技术之演化机制

技术的本质——技术是对现象的有目的的编程——表明了技术是在概念和物理形态中将一些有目的的需求与一种可开发的现象连接起来的过程。也就是说，这里有一个链条，链条的一端是需要或目的，另一端则是能达成需要或目的的基本现象。连接这两个端点的，是一套完整的解决方案——一个应用新的原理或将用来实现目的的现象进行编程的过程。而技术就在这个过程中演化发展了。

1. 目的与现象之间的互动驱动着技术的演化

布莱恩曾提出了如下问题："想象一下，将过去的、现在的所有曾经存在的各类技术都放到一起，会是什么样子？想象一下，将所有的工艺、设备、部件、模块、组织形式、方法列在一个目录之下，会是一个什么样子？它将是一个数量巨大的技术的动态的集合。"[42]这个集合来源于目的和现象之间的互动。这些互动形成的链条是递归性的。每一个链接都有其自身的任务，由此可能需要它自己的次级链接，或者次次级解决方案。这个过程会持续下去，直到每个问题和次问题都能找到现实的解决，形成完整的链条为止。一旦一个新技术，或单体技术产生了，它们就成为潜在的构件，去供给进一步地建构更新的技术。随着递归性的再次上演，最初很少的技术种类便逐渐地演变出越来越多的技术形式。

2. 技术的组合演化机制

组合原理告诉我们，可能的组合实际上是技术的潜在“供给库”。而这个库的增长是随着元素数目的增加呈几何级数增加的。一旦元素超过了一定阈值，可能的组合就会爆炸性地增长，因此可以说，“用相对较少的模块进行组合，就会有无限的组合”的“供给”和目的的“召唤”形成了技术演进的驱动力量，在这个力量之下，布莱恩给出了技术演化的步骤。

（1）新技术作为新的元素进入到活跃技术体当中。它就变成了活跃技术体中的一个新节点。

（2）新元素可能取代现有技术或现有技术的零部件。

（3）新元素为支撑技术和制度安排建立进一步的“需求”。

（4）如果旧的被替换了的技术逐渐退出技术体，它们的附件也将被丢弃。随其而来的机会也将和它们一起消失，导致所有这些状况的技术元素也可能就此不再活跃。

（5）作为未来技术或未来技术元素的潜在元器件的新元素将活跃起来。

（6）社会经济会重新调整以适应这些步骤，相应的成本和价格（也因此成为刺激新技术产生的诱因）也会作出变化[43]。

随着小的创新的发生——时而这里出现一个新的组合，时而那里发生一个组合替换——一系列的变化就会随之而来。新机会的出现，新组合的形成，会促使更多的结构上的重新安排。结果是在所有层次上出现持续的扰动，在所有层次上出现新的组合、添加新技术、消失旧技术[44]。以这种方式，技术不断地被探索到未知领域，不断地创造进一步的解决方案和进一步的需求，因之而来的是新颖性的持续出现，新技术不断覆盖在旧技术之上，创造和替换适时地交接。在集合意义上，技术不仅是技术零件的目录，它还是一个新陈代谢的化学过程，一种几乎是无限的实体间的互动和建构，从而产生新的实体和进一步的需求。布莱恩将技术这种依靠组合而呈现的演化称作组合演化（combinatorial evolution）[45]。

3. 技术的有机自创生

正如上述演化机制描述的那样，我们会看到技术演化累积的过程和结果如同珊瑚那样相互勾连聚集。首先，每一个新技术都是从已有的技术中来的，因此每项技术都站在一座金字塔之上，而这座金字塔又是由别的技术在更早的技术之上建立的，这个连续的过程可追溯到最早被人类捕获的现象[46]。其次，所有未来的技术都将来自那些已经存在的技术。因为这些元素都是建立进一步技术的元素，最终使这些未来的技术成为可能。再次，技术是历史创造的。也就是说，如果技术由于某种偶然以不同的序列出现，那么建立在这些技术之上的技术也会不同。最后，技术的未来有无尽的可能。因为现象通过自展（bootstrapping）累积式前进使可用现象越来越多：现象被俘获，应用这些现象的设备被制造，进一步的现象被揭示；超过阈值的元素的组合呈指数级增长；以及递归性在所有点和层级上的不断上演都将导致技术的未来的无限性。

正是在这个意义上，技术集合（the collective of technology）的产生——或可能——是源于已有的技术集合。因此，技术创生于技术自身。布莱恩借用维若拉·马图拉纳（Varela Maturana）和弗朗西斯科（Francisco Varela）率先使用的一个术语——自生成（autoptic）——来描述这种自我生产系统（self-producing systems），从而将技术看作“自生性的”

(autoptic)(希腊语是"self-creating"或"self-bringing-forth")[47]。

这种"技术是自我创造的"阐述使我们开始感到技术的演化中含有类似血统的东西。这种东西引发技术事件，技术事件会增加或消失在技术体中。这个过程既不连续也不平静，而是常常表现为爆炸性的创生和雪崩式的替换。它持续性地探究未知，持续性地揭示新现象，持续性地创造新颖性。布莱恩就此认为，它是有机的：新的表层附在旧的表层上，创生和替换相互重叠。在集合的意义上，技术不仅是单个技术的目录，而是一种代谢化学，一种几乎是无限的实体的集合，它们相互作用产生新的实体——以及进一步的需求。那么是否可以从某种角度说——某种字面意义上说——技术是活的？

如何判定什么东西是"活的"？布莱恩从科学和常识的角度提供了两个标准："用系统语言（systems language）我们可以问：实体是否是自组织的（有没有某些简单的规则使它可以自行聚集起来？），是否是自生的（它是自我产生的吗？）。"面对这两条标准，技术（体）都达到了。"用通俗的话我们可以问：实体能够繁殖、生长、反应和适应周围环境，摄入和释放能量以保持自身的存在吗？"[48]技术（体）也通过了这些测试。如果真的可以这样来衡量，那么技术的确是生物体。技术像一个组织中的细胞一样，在个体元素的意义上实现繁殖、死亡和替换。它的元素会生长——它们永不止息地生长。它密切适应周遭的环境，不论是技术体还是单个技术元素。它和环境交换能量：它摄入能量以形成和运转每个技术，每个技术又都释以物理形式的能量回馈给环境。但是布莱恩强调，它只是在珊瑚礁意义上的有机体[49]。

五、结语

从"技术的组合演化理论"当中不时地看到熟悉的身影：达尔文、海德格尔、熊彼特、艾略尔、库恩等，以及许多科学家、技术专家、社会学家、技术史家、经济学家。事实上，很少有人将这些人的观点和方法全部都统一到一个关于技术的理论框架之下。是布莱恩将技术内部的解剖结构首先在技术一般的层面上有条理地呈现出来；进而把这种解剖结构放回到真实世界（real world）当中，改变以往关于技术的静态逻辑分析，"看"到技术真实的动态变化，发现这是一个技术的自创生的演化事件。它由人类创造出来，又基于自然最原初的现象，但却开始了疏离"人类与自然"的演化之旅。笔者认为这是一个令人惊奇的结论。

事实上，随着现代技术的来临，一些非常相似的技术观点正在聚集。注意到技术角色目前正在经历一个大转换。技术已经从有固定目的的独立客体逐渐转换到作为可以无限构成新组合的客体了。正如布莱恩所说："那种标志着制造业经济的旧有的工业过程技术、平炉炼钢过程、提炼原油的裂解过程，确实在很大程度上被固定了。它们只生产一种东西，在一个固定的地点：它们加工某种特定的原材料，产出特定的工业品，并且大部分是在分开的、独立的工厂中进行的。但是现在这些相对独立的过程技术已经开始让位给不同的技术形式。这些技术可以容易地被组合，形成技术模块，因此可以被一再地使用。全球定位技术可以直接提供方位，但是它不能独立工作。它被用作一个要素去和其他的要素组合共同导航飞机和轮船、辅助土地勘探、规划农业作业。它就像一种化学中高度活性的成分——比如氢氧根离子——自己虽然只参与一点，但却主导着不同的组合。"[50]这种说法也适用于数字革命的其他元素：算法、交换机、路由器、中继站、网络服务等。还可以同样地描述组成现代基因工程或者纳米技术的元素。这些可以在无限的组合中匹配在一起，可以因为不同的目的被装配、再装配。这些也使砌块可以使进一步的组合服务成为可能。现代技术不仅是稍具独立性的生产方式的集合，而且演变成创造经济结构与功能的开放性的语言。慢慢地，亦步亦趋地，我们从生产固定的物理产品的技术转变成了为新的目的可以进行无限的组合和装配为特征的技术。技术，曾经的生产手段，正在演变成一种化学[51]。

面对这种大转换，技术哲学家已经有所行动。继埃吕尔的技术自主论之后，对技术的自主发展又有了一股强劲理论爆发，比如兰登温纳、卡尔·米切姆都受这种情绪的渲染，更加担忧人类在技术日益强大的未来将如何应对。还有凯文·凯利的新作《失控》（2009）以及《技术想要什么》（2010）都在某种程度上呼应着布莱恩的发问。凯文·凯利甚至已经开始预见技术正处于它的起源时期，就如同生命的起源一样，而且就如同生物演化有一种下意识的意向性一样，技术也是。因此，他引导我们追问："技术想要什么"，技术要将我们引向哪里？是否存在着"技术自然"？而这一切好吗？[52]在这股巨浪中，布莱恩·阿瑟关于技术的本质的思考，客观上提供了一个冷静的理性的分析框架，这个框架有其丰富的价值。

参考文献

[1] 高亮华．人文主义视野中的技术［M］．北京：中国社会科学出版社，1996：45.

[2] R E McGinn. What is technology［J］Research in Philosophy & Technology，1978（1）：180－190.

[3] E. 舒尔曼．科技时代与人类未来［M］．北京：东方出版社，1996：10.

[4] J C Pitt. Thinking about technology［M］．New York，London：Seven Bridges Press，2000.

[5] 拉普．技术科学的思维结构［M］．长春：吉林人民出版社，1988：28.

[6] 中村静治．技术論論争史［M］．东京：青木書店，1975.

[7] E T Layton. Technology as knowledge［J］．Technology&Culture，1974，15（1）：31－41.

[8] G Parayil. Technological knowledge and technological change［J］．Technology in Society，1991（13）：289－304.

[9] 王大洲．技术创新与制度安排［M］．沈阳：东北大学出版社，2000.

[10] 刘文海．技术的政治价值［M］．北京：人民出版社，1996：42.

[11] 远德玉，陈昌曙．论技术［M］．沈阳：辽宁科学技术出版社，1986.

[12] Steven L Coldman. The Techne of philosophy and the philosophy of Technology［J］．Research in Philosophy&Technology，1984（7）：121.

[13] Karl Mitcham. Types of Technology［J］．Research in Philosophy & Technology，1978（1）：229－294.

[14]［15］［16］［17］［18］［19］［20］［21］［22］［23］［24］［25］［26］［27］［28］［29］［30］［31］［32］［33］［34］［35］［36］［37］［38］［39］［40］［41］［42］［43］［44］［45］［46］［47］［48］［49］［50］［51］W Brian Arthur. The nature of technology：what it is and how it evolves［M］．New York：Free Press，2009：8，13，13，13，41，23，32，19，19，20，21，28，37，38，39，47，47，46，71，51，175－176，204，49，56，49，125－131，47，46，71，51，175－176，204，，49，56，49，125－131，34，130，167，178－179，179，186－187，21－22，170，170，189，189，24－25，25.

[52] Kevin Kelly. what technology wants［M］．New York：Penguin Group，2010.

（本文原载于《自然辩证法研究》2012 年第 3 期）

女性主义与SSK的科学编史学共性分析

章梅芳

（北京科技大学科学技术与文明研究中心　北京　100083）

摘　要：从科学编史学的角度对女性主义与科学知识社会学（SSK）的科学史理论和经验研究进行简要分析，认为二者在科学编史学层面上具有如下一般共性：均以建构主义科学观作为编史的基础和前提；均采取批判编史学的立场，对关于科学“内部史”与“外部史”的区分、辉格式的编史原则及“进步主义”科学史观进行了批判。

关键词：女性主义；SSK 科学编史学；共性

20 世纪 70 年代以来，女性主义与 SSK 几乎同时在科学元勘领域产生了重要影响。前者来自女权运动和女性主义理论思潮向科学元勘领域的拓展，后者则从知识社会学、后实证主义科学哲学及后库恩科学社会学等理论思潮中汲取养分。二者均对科学的客观性、普适性、合理性和真理的传统话语进行了批判。这一度使得二者成为科学大战及科学批判思潮内部论争的旋涡中心。学术界一般将女性主义科学元勘归入“泛建构论”的范畴。这从一定程度上表明了它和 SSK 的共性，即主张和坚持科学的社会建构论立场。这一基本立场使得二者均十分重视的经验研究尤其是科学史研究呈现出诸多共通之处。

一、以建构主义科学观作为编史的基础和前提

实证主义认为，科学是对自然界的镜像反映，是客观实在的真理表征，知识的合理性来自它的客观性。SSK 学者对这一科学观给予了批判。尽管在具体问题、观点及研究进路方面，其内部一直处于流派纷争的状态，但科学的社会建构性和寻求对科学知识的社会学说明，始终是其统一的理论基础和理论主旨。SSK 强调科学知识并非由科学家“发现”的客观事实组成，科学并非对外在自然界的客观反映和合理表达，它并不是具有某种自主的内在发展逻辑的真理系统，是科学家群体而非“实在”本身选择了关于实在的真理说明，社会性因素包括科学共同体内外的各种利益网络，共同塑造和建构了自然科学的知识内容。SSK 经验研究的任务便在于通过对历史和当下的案例考察，来描述和揭示科学真理、科学事实、科学表征的社会建构性质及其过程。一些重要的建构主义科学史家例如夏平，本身就是 SSK 阵营的成员，他提出：“我们一点也不逃避‘真理’‘客观’‘适当方法’的问题，这类问题是我们要正面面对的。但是我们的处理方式和某些科学史及大部分的科学哲学不同。‘真

理’‘适当性’‘客观性’会被当作是成就、历史产物、行动者的判断及范畴来处理。那将是我们要探讨的课题，不会不经反省就当成资源在讨论中使用。”[1]11-12实际上，他还明言，“读者应该看得出，本书（指《利维坦与空气泵》）是一项科学知识社会学的演练。你可以辩论知识社会学的可能性，或者就直接开始动手，我们选择后者”[1]13。显然，夏平的意图是通过实际的科学史研究而非辩论来表明科学真理与事实的社会建构性质。

对实证主义科学观的批判亦是女性主义科学元勘的重要工作。在女性主义学者看来，实证主义认为“科学理论反映了实在本身，不会受到人类利益、欲望或主观意识的污染；在认识者和世界之间存在鲜明界限，认识者完全独立于世界之外”的看法，显然是错误和有害的[2]。相反，“科学中没有什么能免受文化的影响”[3]237；或者说“科学（就）是一种文化建制，它由实践于其中的那种文化、政治、社会和经济的价值观念所建构”[4]；又或者说“科学是我们对于特定群体的一系列实践活动及其描绘的知识整体的一个命名，它不仅仅是指那些由逻辑证据和实验证实的苛刻要求来定义的内容”；“性别和科学都是社会建构的范畴，这是对社会性别与科学进行反思的两大前提”[5]。相应地，女性主义科学史的主要贡献之一便是深入揭示了近代科学自起源之初就具有的父权制本质。在女性主义看来，将科学发展视为一项除自身之外没有任何因素影响的纯粹理性的过程，这些历史叙事将产生一个悖论：科学一方面被描绘为一个探索事物本质原因的真正模式，另一方面它自身却免除了被探索[6]。

然而，SSK 和女性主义视野下的科学史并非沦为其认识论主张的论证工具，而是拥有自身的史学立场和史学追求。它们对实证主义科学编史纲领背后所隐含的编史理念提出了反思，倡导一种批判性的科学编史学。

二、消解或模糊关于科学“内部史”和“外部史”的区分

实证主义科学编史纲领背后隐含的方法论约定是对科学的“内部史”和“外部史”作严格区分，将社会学说明排斥在科学知识的内核之外。SSK 和女性主义的科学史研究均对此给予了批判。

科学的“内部史”和“外部史”论争的焦点虽在于社会因素是否会对科学发展产生影响，但其隐含的前提假定却均在于实证主义科学观，即强调科学具有自身的发展逻辑。不论是内史论者、外史论者还是主张“以内史为主，外史为辅”的学者，都隐含地约定科学认知内容的真理性及其在编史学上的优先性，其中“内部史”就是对这种逻辑性和真理性的内部证明与合理重建，因而应该是科学史家关注的重点。SSK 学者所致力于的工作就是要批判这一观点及其合理性，给社会学说明进入科学知识的内核争得合法性。例如，布鲁尔就曾对这一传统区分（尤其是拉卡托斯的相关主张）及其背后假定，提出过明确批评。在他看来，它们的错误就在于把“内部史”看成自洽和自治的，认为展示科学发展的合理性特征本身就是为什么历史事件会发生的充分说明；其次，它们还坚持内部史的优先性，认为只有当它的范围被划定之后，外部史的范围才能得以明确[7]。此外，巴恩斯也专门对科学史的内外史划分问题（尤其针对柯瓦雷的工作）进行了梳理和评论，强调科学发展之“内在因素”与“外在因素”的区分往往是难以明确因而需要被消解的[8]。实际上，在 SSK 看来，科学知识本身必须作为一种社会产品来理解，科学探索过程直到其内核在利益上和建制上都

是社会化的[9]；因而，独立于社会因素影响之外的、那种纯粹的科学“内史”便不复存在，原来被认为是“内史”的内容实际上也受到了社会因素无孔不入的影响，“内史”与“外史”的界限相应地也就被消解了[10]。

女性主义学者同样承认科学是社会建构的产物。在他们看来，内在论者假定科学史将为科学发展的理性重建提供无可辩驳的证据，但它却不能解释近代经济、技术和政治的发展对科学思想和制度的形成所产生的显著影响；相反，女性主义通过具体的科学史案例研究却已充分地展示了科学与社会性别关系、制度、意识形态之间的相互建构关系，阐明了科学的社会建构性质。其中，哈丁对科学的“内部史”与“外部史”的划分及相关争论问题作过专门分析，认为二者的“内在逻辑”都是成问题的，两种编史模式均是无望的，因而倡导一种新的科学社会学取向的历史叙事[11]209－215。她明确提出：“内在主义的方法仅将现代科学的成功归因于一些脱离文化的认识论特征，那是些大自然和科学进程固有的或内在的特征。”外在主义科学史在很大程度上也与内在主义科学史持有相同的观点：“现代科学有一种纯粹的、不涉及价值判断的认知核心，它不受科学技术知识实际上如何产生的历史学和社会学偶发事件的影响。”[3]53换言之，内史论者和外史论者都坚持科学与社会之间的二元划分，二者都“没有为考察社会性别关系的变迁和延续对科学思想和实践所产生的影响留下认识论的空间”[11]215。

三、采取反辉格式的编史原则

在实证主义编史传统下，科学史是按科学发展自身的内部逻辑从古代发展到今天的进步过程，书写的程序是以今天科学的现状和科学成就为标准对过去进行追述，属于典型的辉格史。简言之，辉格式编史原则意味着“以现代的标准来解释和评价过去”。对于西方科学史而言，以现代的标准来解释和评价过去，意味着与现代科学历史原型无关的那些知识内容将不被重视，或者仅被作为现代科学历史形式的反面角色或背景角色而加以说明。对于非西方科学史而言，是原本就与西方近代科学不同性质的知识，将被赋予现代科学的历史形式得以再现和解释，若非如此，这些科学知识系统将失去了在科学史研究方面的合法性。

SSK 的强纲领尤其是其中的公正性原则和对称性原则，要求公正地对待真理和谬误、成功与失败。这意味着所有的理论、证据或事实都应该被作为需要加以解释的“信念”，都可以作为社会学说明的对象。并且，社会学家的因果解释还必须使用同一类型的原因去解释相互竞争的研究纲领，而不是像辉格哲学家或历史学家习惯的那样，将理性、实验的证据作为原因解释成功的研究纲领，却用社会的（因而是非理性的）因素解释那些不成功的研究纲领[12]。正如夏平和谢弗所言：“在辉格史学传统中，败者为寇，而辉格史学的这种倾向，在古典科学史中最为明显。”[1]7显然，《利维坦与空气泵》所要做的便是对被否决的知识与被接受的知识作对称处理，而不是像具有辉格倾向的历史学家那样“向被接受的知识靠拢，拿胜利一方对敌方观点的因果解释当作自己的看法。”[1]9类似地，皮克林也对科学家关于粒子物理学史的解释提出了批评，认为那是一种事后理性化和辉格式的合理重建，其结果是使科学史呈现出纯粹理性化的形象。而他所要提供的正是一种反辉格式的“历史学家的”“社会建构论的”解释[13]。

女性主义学者首先对西方科学史进行了反辉格式的重新解释，发掘和重新肯定了大量被边缘化和遮蔽的具有女性气质的科学技术传统。在她们看来，现代科学的标准等同于父权制的、男性中心主义的标准，批判和反思这一解释标准意味着消解了科学史研究中的男性中心主义。除此之外，女性主义还赋予科学以“地方性知识”的属性，使得非西方社会的科学史研究也不再需要以西方现代科学为标准就可以得到解释和说明。在此，批判和反思西方现代科学标准的合理性，还意味着消解科学史研究中的欧洲中心主义倾向。白馥兰对李约瑟的中国科学技术史研究策略的批判，例证了这一点。在她看来，李约瑟工作中隐含的目的论导致了两个严重的问题：“首先，将中国古代知识与现代科学各个学科分支一一对应并追溯其演化过程，使得李约瑟确认了中国为近代科学技术的祖先或先驱地位，但其付出的代价却是将这些科学技术从其文化和历史背景中抽离了出来……它将注意力从那些今天看来似乎是无用的、非理性的、低效的或者不能激发思想兴趣的，但却可能是更为重要的、散布更广的或者在当时更有影响的那些元素中转移开了。第二，将科学和工业的革命看成是人类进步的自然结果，将导致我们按这种从特殊的欧洲经验中推导出的标准来衡量一切技术与知识的历史系统。”[14]9而她本人所倡导的批判性技术史，恰恰不是为了建构比较性的等级的目的来探索这些技术系统的地方性意义，而是严肃地将其作为关于世界的另外的建构来研究[14]11。

四、解构“进步主义”的科学史观

类似地，“进步主义”的科学史观也是实证主义科学观在科学史研究上的必然体现。无论是实证主义科学史、观念论科学史还是传统的科学社会史，都对科学知识内容的客观性持一致意见，在此科学观下，即使承认科学的发展历程会受社会因素的影响，但科学知识内容的客观性仍然决定了科学真理的普适性和唯一性。相应地，科学的历史便是科学真理不断发展的过程，是不断进步的历史。为此，自惠威尔、萨顿、柯瓦雷到默顿的科学史研究，虽然有人（例如柯瓦雷）明确反对辉格式编史原则，但却都坚持或默认了科学史的进步性，他们或者将今天的科学视为知识不断进步性地累积的结果，或将其视为科学思想按其内在逻辑演化发展的产物。在这一科学史的叙事中，今天的科学是历史上知识和文明长期进化的顶点。萨顿甚至直言，科学史是唯一能体现人类进步的历史，并且，这种进步在其他任何领域都不如在科学领域那么确切、那么无可怀疑[15]。

随着库恩提出范式概念，并强调范式间的不可通约性，使得超越范式的科学进步变得不再确定。费耶阿本德采取的文化相对主义立场和“怎么都行”的方法论规则，更将这种不确定性推到了极致。他们共同否定了判断进步性的普遍标准或规则的存在[16]。SSK 在此基础上进一步明确否认科学知识是人类心灵对自然规律的表征，它分别运用历史研究、实验室观察和科学话语分析，说明了科学真理、事实和表征的建构性质，从而颠覆了实证主义科学观、经验认识论及其内涵的科学进步观。可以说，伴随着科学客观性被颠覆而来的便是科学的普适性、唯一性和进步性也被一一解构。相应地，实证主义科学观及经验认识论与进步主义（往往也是辉格的）科学史之间的连接也被截断。正如戈林斯基所言，“在此过程中，科学史便不会再被看作是与人类历史的其他部分有根本区别的历史……其研究者可以借鉴社会学、人类学、社会史、哲学、文学批评、文化研究及其他学科的成果”[17]。

女性主义学者对进步主义科学史观给予了更为明确的批判，他们首先检视了近代科学革命的进步性问题，表达了对科学革命的新理解。以往的“科学革命”史研究往往集中关注哥白尼、伽利略、牛顿等人及其成就和思想方面，叙述了近代科学的诞生和进步过程及随之而来的社会进步的历史。而女性主义学者例如麦茜特，则从社会性别视角和生态视角出发，分析了“科学革命”对女性和自然的影响：对妇女和自然而言，“科学革命”并没有将他们从古代的角色假定中解放出来，没有带来精神启蒙和客观性，反而给对自然和女性的奴役与控制提供了新的科学理论依据和技术手段。在她看来，西方文化和它的进步都是建立在从前被视为下层资源的基础之上的，女性主义视角下的历史就是要推翻这一切，从平等主义视角出发构建新的历史叙事[18]。另外，女性主义还强调，西方近代科学史对于西方之外的其他国家和地区而言，也是倒退性的。在哈丁看来，传统科学编史学的缺陷恰恰在于它们将近代科学的起源描绘成一个神话，它铭记着西方社会男性英雄的创造力，而且这种创造力有其自身的发展原则；同时它讲述着一种抽象理性的活动，这一活动是客观的，与价值无涉的，与任何的社会和政治关系语境毫无关系，且指向进步和发展[6]。

五、结　语

总而言之，女性主义与 SSK 的科学史研究均以建构主义科学观作为编史的基础和前提。其对科学客观性、普适性与合理性的质疑，使得二者均采取批判编史学的立场，对关于科学“内部史 ”与“外部史”的区分、辉格式的编史原则及“进步主义”科学史观给予了深刻批判。在他们所致力于提供的科学史叙事之中，科学被拉下了神坛，不再具有不言自明的合理性与进步性。这些即女性主义和 SSK 在科学编史学层面上所具有的一般共性，体现了泛建构主义理论视野下的科学史研究的一般特征。

尽管如此，二者之间并非没有差异，甚至可以说其差异性和共性一样多。例如，女性主义特别关注了被 SSK 所忽略的性别视角，更强调科学对社会意识形态的建构和强化，关注性别、种族等更为宏观的社会文化背景的特殊意义，更关注非西方的科学技术知识传统，具有更强的反身性，等等。限于篇幅，这里不再展开分析，待另辟专文再予讨论。

参考文献

[1] 史蒂文·夏平，西蒙·谢弗．利维坦与空气泵：霍布斯、玻意耳与实验生活［M］．蔡佩君，译．上海：上海世纪出版集团，2008.

[2] Sara Worley. Feminism，objectivity，and analytic philosophy［J］．Hypatia，1995（10）：138－139.

[3] 桑德拉·哈丁．科学的文化多元性：后殖民主义、女性主义和认识论［M］．夏侯炳，谭兆民，译．南昌：江西教育出版社，2002.

[4] Nancy Tuana. Feminism and science［M］Bloomington，Indianapolis：Indiana University Press，1989：11.

[5] Evelyn Fox Keller. Reflections on gender and science［M］．New Haven，London：Yale University Press，1985：4.

[6] J R R Christie. Feminism and the history of science. companion to history of modern science.［M］．New York：Routledge，1990：106－108.

[7] 大卫·布鲁尔．知识和社会意象［M］．艾彦，译．上海：东方出版社，2001：11－12.

[8] 巴里·巴恩斯．科学知识与社会学理论［M］．鲁旭东，译．上海：东方出版社，2001：138－170.

[9] 刘华杰．科学元勘中 SSK 学派的历史与方法论述评［J］．哲学研究，2000（1）：38－44.

[10] 刘兵，章梅芳．科学史中“内史”与“外史”划分的消解：从科学知识社会学（SSK）的立场看

[J]. 清华大学学报：哲学社会科学版，2006（1）：132－138.
[11] Sandra Harding. The science question in feminism [M]. Ithaca, London: Cornell University Press, 1986.
[12] 赵万里. 科学的社会建构：科学知识社会学的理论与实践 [M]. 天津：天津人民出版社，2002：125－126.
[13] 王延锋，刘兵. 皮克林的“社会建构论解释”与“科学家的解释”之分歧：试析关于高能物理学史的一场争论 [J]. 自然辩证法通讯，2008（3）：43－48.
[14] Francesca Bray. Technology and gender: fabrics of power in late imperial China [M]. Berkeley: University of California Press, 1997.
[15] G Sarton. The study of the history of science [M]. Cambridge, Mass: Harvard University Press, 1936: 35.
[16] 孟建伟. 科学进步模式辨析 [J]. 自然辩证法研究，1995（5）：1－7.
[17] Jan Golinski. Making natural knowledge: constructivism and the history of science [M]. Chicago: University of Chicago Press, 2005: 5.
[18] 卡洛琳·麦茜特. 自然之死：妇女、生态与科学革命 [M]. 吴国盛，等译. 长春：吉林人民出版社，1999：2.

（本文原载于《科学与社会》2012 年第 3 期）

语境中的技术设计

刘 炜

（东北大学科学技术与社会研究中心 辽宁 沈阳 110819）

摘 要：技术设计的工程传统和人文传统有其各自的历史作用和局限性，为了避免其局限性，可将技术设计纳入到语境论的视野中进行考察和反思，因为现实的技术设计是处于一定语境中的。按照技术设计的过程，可将技术设计的语境分为问题语境、综合语境和评估语境三个子语境。从语境中分析技术设计，需要把技术设计看成一个系统的动态过程，这不仅沟通了工程传统和人文传统之间的分歧，使两者从分立走向融合，也更全面地揭示了现实的技术设计活动的本质和运行机制。

关键词：技术设计；语境；语境论；工程传统；人文传统

当前技术哲学中对技术设计的研究依然可以区分为两个传统，即工程传统和人文传统，客观上来说，这两种研究路径在特定的语境中分析技术设计，发挥了独特的作用，从不同的侧面揭示了技术设计活动的特征和运行规律。然而这只是理论上的分析，实际的技术设计活动并不能简单地区分为工程传统或者人文传统，而是处于一定的语境之中的，因此，从语境的角度分析技术设计将更有意义。

一、技术设计的两种传统

技术哲学中工程传统和人文传统的分立使得对技术设计的考察和反思也存在着这样两种倾向。工程传统认为技术是中性的，是人类改造自然界的中介和手段，与人文社会价值无涉，技术设计就是以这种工具理性为基础，如李伯聪教授所言，技术“设计知识是一种典型的工程知识，设计活动是工程活动中的一个关键性和特征性的环节”[1]。

工程传统的技术设计研究首先强调技术设计的合理性和逻辑性，即技术设计是对技术人工物进行科学的合理设计，是一种理性的过程。“在工程中人们透过这样一种眼镜看世界：它只允许通过工具性的、可计算的、科学的东西，世界的其他部分不过是一团迷雾。”[2]同时，工程传统的技术设计研究还强调技术人工物的先进性和效率性。效率性和先进性是技术设计活动所追求的重要原则，为了使技术能够向着更为有效率和更为先进的方向发展，设计者需要对设计过程进行内部分析，达到对设计活动的理性控制，正如马尔库塞所言：“‘技术合理性’构成了精英们控制社会的基础，这种控制不仅仅是一种由中性的体系和机器来实现的外在目的，而是内在于这种体系和机器的结构中。"[3]由此，工程传统的技术设计研究强调技术的工具价值，因为技术自身是中立的，只是人与自然交往的一种手段和工具，不负载其他的人文社会价值，无所谓善恶问题，"问题是，什么样的人夺取它，人通过它最终展现为何本质"[4]。所以，设计者不关注设计成果所带来的社会影响，因为这不是设计者所能控制的，麦克卢汉也说，"现代科学的产品本身无所谓好坏，决定它们价值的是它们的使用方式"[5]。

与工程传统不同的是，人文传统强调的是技术的价值和意义，将技术作为整体，探讨其与政治、经济、伦理、宗教、艺术等人文社会事物的关系。人文传统认为技术是特定社会语境中的产物，与社会中的其他因素相关，不同的社会语境就会产生不同的技术。所以，人文的技术设计以"人"为出发点和归宿，技术的发展以服务于人类、满足人类需要为目的。因此，人文传统的技术设计强调以人为本的价值观，注重技术的人文关怀，符合人性化。此处的人"不是处在某种虚幻的离群索居和固定不变状态中的人，而是处在现实的、可以通过经验观察到的、在一定条件下进行的发展过程中的人"[6]。同时，将技术作为一个整体进行探究时，与工程传统强调技术发展的内在逻辑不同，人文传统就强调人文社会因素对设计活动的关键作用，注重政治、经济、伦理、宗教、艺术等因素构成的语境对设计活动的决定作用，"只有从作为技术的创造者的人的人性出发，从技术的社会文化条件和技术后果出发，全面分析技术与人、社会和自然的相互关系，我们才有可能真正把握技术的本质"[7]。由此，人文传统强调考察技术设计活动中人的道德伦理和社会责任，认为技术不是中性的，一开始就负载着特定的社会利益和价值，因此技术专家肩负着特定的道德和社会责任，尤其是在重大的工程技术上有着不可推卸的责任。

如前所说，这两种研究路径在探究技术设计的过程中发挥了其各自的作用，但"无论对技术持肯定还是否定态度，它们都把技术看作独立于人类并对人类社会起决定作用的力量，都表现出技术决定论的主题"[8]。具体来说，两种分立的研究路径都具有各自的局限性，不能用来准确地分析现实的技术设计活动。"工程传统着眼于技术的合理性，或者着重分析技术本身的特性，诸如它的概念、方法、认知结构以及客观的表现形式，进而着手去发现那些贯穿于人类活动中的特性的表现形式"[9]，忽视了设计过程中语境的作用，如特定的政治经济、历史文化、伦理道德，以及艺术宗教等人文社会因素对技术设计的影响；人文传统虽然注重以人为本的价值理念，强调人文社会因素对技术设计的决定性作用，但却没能看到技术设计过程中的理性和逻辑要求。现实的技术设计过程异常复杂，由多个利益主体共同参与，也造成了设计过程的不确定性，因此单纯强调技术设计过程的某一方面是不够的。现实的技术设计活动是处于特定语境中的活动，将技术设计纳入语境中进行考察和反思则可以融合这两种传统思考方式的优势，也就避免了它们的局限性。

二、技术设计的语境分析

近年来，学界开始注意到将语境论的思想应用于技术哲学的研究中，认为语境论的技术哲学是对传统技术哲学的超越，"从抽象走向具体，从单一性走向系统性，从两极对立到相互融合，从而影响了当代技术哲学研究纲领的形成和研究范式的更替"[10]。

将技术设计纳入到语境论的视野下进行分析就会发现，现实的技术设计是在特定语境中形成的，其语境既包括技术自身的逻辑和理性，也包括技术所处的特定社会政治经济形势、社会文化伦理、社会责任，以及用户目标等社会因素构成的社会语境。因此，技术设计并不是工程传统所说的仅仅是一个技术自身的逻辑过程，还要受制于特定的社会语境、特定的社会利益和目标根植在特定的技术设计之中，正如拉普所说，“技术是复杂的现象，它既是自然力的利用，同时又是一种社会文化过程”[11]。

从语境论的视角探究技术设计不仅超越了工程传统仅仅将技术视为一种工具的理解，而且还强调技术人工物的表征意义，在不同的语境中，对不同的使用者来说，即使是同样的技术人工物也具有不同的表征意义。对于人文传统强调社会人文因素在技术设计中的作用，语境论也有自己的立场，技术设计都需要与特定历史时期的技术规范相吻合，在一定的历史条件下，“并不存在所谓‘唯一的、最好的设计方案’，有的只是境遇化的选择……技术设计同时也是从若干可替代方案中形成恰当选择的过程，并且，这种选择并非总是由诸如‘追求高效率’这样的单纯形式理性所决定，而是涉及相关境遇化因素的结果”[12]。

从语境的视角分析技术设计，需要将技术设计过程打开，分析不同设计阶段的语境结构究竟是怎样的。描述技术设计的过程，用得最多的方法就是把它分成分析、综合和评估三个阶段，因此一个完整的设计语境也包含三个子语境：分析语境、综合语境和评估语境。

1. 分析语境

技术问题的凸显表明在原有的语境中已不能轻易地解决它，而需要在更大的范围内纳入新的因素才能找到解决的办法。分析语境即分析技术问题所处的语境，问题、条件及其他限制因素是分析语境所表达的重点。分析问题的语境需要明确问题的范围和所涉及的相关因素，明确技术设计的目标和实现方式。为此，设计者不能忽视与问题相关的信息，即便是后来被证明是无效的，或者相冲突的。在获得大量信息的基础上，要不断地进行反问和深究，尽可能地避免先入之见的束缚，对相关信息进行重组。对设计目标和问题范围的调整会造成不同的影响，设计者会探究相关的重要因素，如发起人、使用者、生产者和市场等对这些不同影响的反应。可见，在分析阶段，设计者需要不断地深入了解和掌握问题自身以及与问题有关的所有信息，明确其真实性，尽可能地作出合理、成熟的决定。因此，设计者会采用理性的方法，但也会用到直觉方法，无论哪种方法，都需要实实在在地探索，而非不切实际地猜测。因此，设计者的心态应该是开放性的，要抛弃过去的经验和故步自封的态度。总之，分析阶段的目的就是解构，以最快的速度、花最少的投入、用最有效的方法探求到解决问题的途径。

2. 综合语境

综合的主要工作就是为设计问题制订方案。工作中的设计者们具有很高的创造性，但是如果固执于一己之见，或者思想保守，也会犯很大的错误。在制订方案的过程中，价值判断与技术细节结合在一起，也就是说，设计方案中纳入了设计语境中的政治、经济、社会文化和道德因素。综合语境有以下几个要求。

（1）在分析的基础上，形成一个尽可能适当的方案，方案要能妥善处理所有的分歧，包括设计语境中所有的相关因素。可见，方案的形成是很有创造性的。

（2）明确设计规范之后，确定设计目标、设计要点和问题域。

（3）根据问题的分解，连续或分别单独地解决不同的子问题。

（4）方案的形成过程中，如果需要调整，首先是调整子目标来找到可行的方案，以避免对整体方案的重大调整。

（5）尽可能预测到每个子目标的可行性及其影响。这种预测主要依靠核心设计者的经验判断，在某些情况下，还需要经过科学的测试。

3. 评估语境

经过对设计问题的分析和对设计方案的综合，最终的设计方案似乎可以确定了，但对于现代系统的设计来说，综合形成的多种备选方案还必须经过评估才能最终确定。评估的主要目的就是尽可能快地减少方案的不确定性，排除那些不值得深究的方案，其中有两个问题尤其需要注意。① 产品的使用弹性。每个使用者都不一样，所谓典型人并不存在，设计方案需要增强产品在使用上的弹性，使用者可以根据自己的需要进行调节。② 使用者的“选择性注意”。当人们发现问题时，注意力会集中在这个问题上，而把其他事情排除在注意力之外，设计方案中要考虑到这种现象，设法把人们不常注意到的因素在设计中突出表现出来，或者采用强迫性功能。在评估中很有可能会出现意外问题，这种问题有时候会很关键，要解决它就必须改变上一个决定，这种回溯甚至会追到起点。遇到这种情况，设计者就会回到之前的阶段，通过调整方案，提前考虑到或者避免出现此类问题。所以，评估中用来表现不同方案的模型，无论是图纸还是样品，都必须尽可能具体。评估就是在多种备选方案中选定一个既能又快又好地解决技术问题，满足用户需要，又不会出现意外问题的方案。

可见，语境论视野中的技术设计是一种系统的设计理念。这种系统性的设计理念要求技术设计遵循技术自身和社会因素的要求。设计行为首先需要遵守技术自身的运行规律，符合技术知识的表达逻辑，因为“结合在技术（technology）中的技术观念（technical ideas）是相对中性的”[13]。同时，设计中也要融入特定的人文社会价值和要求，不同方案中要植入不同的社会利益。因此，在技术设计过程中，设计者在特定语境下，结合产品选择将要应用的语境，系统地看待设计活动的整个语境，正如拉图尔所认为的，“每一种技术都以技术要素的特殊配置（即技术关系网图，technogram）为中心组成一种社会利益联盟的‘社会关系网图’（sociogram）”“社会关系网图和技术关系网图本质上是同一个硬币的两面”“一种特殊技术的恰当定义只能在两个系统的交叉处找到”[14]。技术设计的最终方案将是技术自身和社会因素博弈的动态平衡点。

技术设计中的博弈并不仅仅限于技术与社会之间的博弈，不同的技术原理之间、不同的利益主体之间都存在着博弈。现代技术设计往往存在着多种设计方案，特定的利益诉求根植于各个方案中，不同的利益主体有着不同的价值目标，如技术专家、技术制造商、供应商，政府，乃至使用者等，各自围绕着不同的技术方案展开激烈的博弈，不同的利益主体通过使其支持的技术方案成为主导设计而实现其特定的目标，“只有经过相关力量的博弈，技术设计才固定下来”[15]。

如前所述，技术设计不是一蹴而就的，需要在不断的试错过程中改进和调整技术设计，甚至在技术的扩散和应用过程中，还需要根据特定的社会文化语境和某些用户的特殊需求对新技术进行再设计，以满足用户的具体需求。因此，技术设计是一个不断发展的过程。芬伯格认为，“在技术设备或系统之精心制作的每个阶段，从最初的各种要素的创造到它的最终成型，越来越多的不充分确定的设计决策被做出来以适应社会的限制条件”[16]。因此，设计者往往一方面根据现有的语境对新技术进行初步的设计，把当下的一些设计目标和社会利益植入到其中；另一方面，也要根据新技术产品在特定语境中的扩散和应用，根据特定语境的需求和变化而对新技术进行再设计，在此过程中逐步完善最初的技术设计方案，并最终使得新技术融入到特定的社会中。

如此，技术设计的目的不是单纯的“技术”设计，而是对社会-技术系统的设计，因为学者“大都把社会和技术系统视为不可分割的整体，即‘社会技术系统’”[17]。技术设计是根据技术因素和社会因素两者之间的整体动态博弈进行的，“不仅技术体系的使用中含有社会价值，而且技术体系的设计中也含有社会价值”[18]。因此，技术设计要按照技术发展的内在要求和理性逻辑，满足技术实践活动更具效率和更加优越的总体发展方向，但同时由于技术依赖、技术标准的客观要求，技术设计也必须基于先前的技术语境规范，而不可能完全标新立异。同时，技术设计中往往渗透了一定的社会价值，负载了特定的社会利益。技术设计的最终目的是要使得新技术满足广大使用者的需求，获得认可，然而，在同一项技术设计中，往往存在着多种设计方案，各个方案之间相互竞争，竞争的目的在表面上是为了获得一种技术的“合理性”，而这种技术合理性的本质在于适应技术方案所在的语境，进而获得一种“霸权”，实现其所承载的社会价值和社会利益。正如芬伯格所说，“技术不是中性的，而是从根本上偏向于特定的霸权，所有在这种框架中从事的行为都倾向于再生出这种霸权”[19]。所以，对于每个可选择的技术设计方案，都有其支持者和倡导者，围绕特定的技术设计方案，多个异质性行动者通过建立行动者网络联盟的方式来支持该方案，并在技术设计的发展过程中，吸引更多的行动者加入到该网络联盟中，以扩大网络的规模和增进网络中各种链接的强度。技术设计方案的最终认可，往往取决于其所依附的网络联盟是否坚实，各个行动者网络之间也存在着一定的竞争和博弈。由此可见，技术设计的过程既是技术自身要求的结果，也蕴含了特定的社会价值和社会目标，是各种语境要素相互作用、协商博弈的斗争舞台。因此，技术设计是为了满足特定语境的需求，在本质上属于对特定语境的适应，优越的技术设计往往是那些能够适应语境的方案，而不单单取决于设计方案的技术优越性或对设计方案的盲目支持。

三、技术设计语境分析的价值

将技术设计纳入到语境中进行分析，详细考察技术理性、技术逻辑对技术发展的影响，全面剖析社会文化、伦理道德、社会责任、政治、经济等社会人文因素对技术设计活动的塑造作用，这样有利于对前技术设计过程进行全面、系统的研究，符合时代的特征和要求，有助于弥合不同研究路径之间的分歧。因为这种研究方法属于一种整体论思想，站在系统思维的角度阐释技术设计过程的运行机制和规律，反对任何形式的“二分法”，认为各种语境因素之间相互作用，是一个互通互融、不可分割的整体，也反对任何形式的单一、单向决定论思想，认为技术设计不取决于任何单一的语境因素，是一种互动的、双向适应过程；反对单一的工程传统和人文传统，倡导“技术的要素包括了技能、实体（器物）、知识，其中技能是技术中语境化的要素，技术人工物和技术知识是技术中的实体性要素，技术就是实体要素和语境要素的统一”[20]，把技术设计看成一个系统的动态过程，沟通了工程传统和人文传统之间的分歧，使两者从分立走向融合，也更全面地揭示了现实的技术设计活动的本质和运行机制。

因此，这种分析方法所强调的系统性原则和动态的干预策略，对于我国当前技术发展具有更加实际的指导价值。我国早期的技术政策更多地考虑如何加大技术的研发投入，如何引进先进的技术、仪器、设备等方法带动我国的技术发展，但是这种技术政策是不可持续的。从语境论的角度分析技术发展，成功的技术发展需要一个支持该项技术的语境，而不取决于任何单一因素，这就要求政策制定者要着眼于整体，一方面按照技术的内在逻辑发展新技术，另一方面也要建立和完善支持新技术的社会条件，如管理制度、社会文化环境等，按照具体的技术发展阶段和特定的地方语境，系统地采取相应的技术策略，并根据技术发展语境的变化对技术实践活动进行动态管理。

可见，将技术设计放在语境中进行考察和分析，为真实揭示技术设计活动的本质及其运行规律提供了新路径。因为语境的视角能够更加客观、真实地描述技术设计的实践过程，更加准确地揭示技术发展的本质和规律。无论是技术决定论所提出的技术自主性，还是技术建构论主张的建构主义，都只是注意到某个单一因素的作用，没能全面把握技术设计过程中的所有必需因素，是有局限的。从语境的视角看，技术自身和社会因素都是技术设计活动必不可少的因素，技术的发展依赖于其所在的语境，成功的技术实践活动往往是语境中多因素共同作用的结果。同时，从语境的视角研究技术设计也符合当前技术哲学研究的趋势，随着技术哲学研究的逐步深入，学者们在早期研究范式的基础上，开始了经验转向、伦理转向和文化转向，尝试打开技术“黑箱”，研究社会文化对技术实践活动的影响，并突出这一过程中的道德伦理问题等，强调对技术实践活动的理性控制和干预，从语境论的视角研究技术设计的重要意义也有待于进一步挖掘。

参考文献

[1] 李伯聪．关于设计者的几个问题：“工程共同体”研究之二［J］．自然辩证法通讯，2006（2）：45－51．

[2] 张秀武．技术设计的哲学研究［D］．太原：山西大学，2008：27．

[3]［13］［14］［19］芬伯格．技术批判理论［M］．北京：北京大学出版社，2005：79．

[4] 雅斯贝斯．卡尔·雅斯贝斯文集［C］．西宁：青海人民出版社，2003：265．

[5] 麦克卢汉．理解媒介：论人的延伸［M］．北京：商务印书馆，2000：37．

[6] 马克思．德意志意识形态［M］//马克思，恩格斯．马克思恩格斯选集：第1卷．北京：人民出版社，1995：73．

[7] 高亮华．人文主义视野中的技术［M］．北京：中国社会科学出版社，1996：174．

[8]［10］［20］朱春艳，陈凡．语境论与技术哲学发展的当代特征［J］．科学技术哲学研究，2011（2）：23．

[9] 米切姆．通过技术思考：工程与哲学之间的道路［M］．沈阳：辽宁人民出版社，2008：80．

[11] 拉普．技术哲学导论［M］．沈阳：辽宁科学技术出版社，1987：57．

[12] 赵乐静．技术解释学［M］．北京：科学出版社，2009：220．

[15] 乔瑞金，等．技术设计：技术哲学研究的新领域［J］．哲学研究，2008（8）：66－71．

[16] 芬伯格．从技术批判理论到合理性的理性批判［J］．哲学分析，2010（2）：131．

[17] 陈凡，等．技术与设计：“经验转向”背景下的技术哲学研究：第14届国际技术哲学学会（SPT）会议述评［J］．哲学动态，2006（6）：69．

[18] 朱春艳．费恩伯格技术批判理论研究［M］．沈阳：东北大学出版社，2006：53．

自然约束下的现代科技与社会关系模型探究

张文国
（东北大学文法学院　辽宁 沈阳　110189）

摘　要：以往的STS研究多着眼于科学、技术和社会三者之间的关系，难以从根本上揭示和解决能源短缺和生态恶化的问题，只有把自然纳入到STS学科之中，让自然成为STS中的已构成成分，才能更好地审视人类发展过程中所带来的自然和社会中的问题，真正实现人类的可持续发展。通过建构模型的方式把自然纳入到STS的学科体系之中，分三个部分揭示了自然对科学、技术和社会的约束作用，并提出把自然因素纳入到STS的体系之中，是科学技术与社会关系在新的历史情况下的探索，意味着STS是作为主体的人对以科学技术为中介的人与自然关系的一种适应时代要求的重构。

关键词：科学技术与社会（STS）；自然约束条件；关系模型

科学、技术与社会（Science、Technology and Society，简称STS）是在20世纪60年代才形成的一门学科，它主要研究现代科学、技术与社会之间的相互关系，探索三者之间相互作用及其发展的规律，是一门综合性、应用性很强的学科。本学科自创立以来，国内外学者就科学、技术与社会三者之间的关系作了大量研究，提出了技术决定论、科学决定论、社会决定论、科技决定论及共同决定论等多种思想，有的还建构起相应的模型加以说明[1]。笔者认为，仅仅探讨科学、技术和社会三者之间的关系还是不够的，还需要探究科学、技术、社会与自然之间的关系，建构自然约束下现代科学、技术与社会的关系模型，以说明随着社会的发展、科技的进步，自然的反作用将越来越显突兀，合理看待这一约束条件将有利于促使人类社会实现可持续发展。

一、问题的缘起：人类对科技与社会关系的反思

STS主要是在第二次世界大战结束以后发展起来的。两次世界大战中生化武器与核武器的使用，以工业为主导的社会造成的环境污染、生态破坏和资源短缺等，促使人们重新审视科学的价值和技术的作用。因此，STS学科是科技发展到一定阶段的产物，是人类对自己的生存条件进行深刻反思的结果，当今学界普遍达成的共识是，“现代科技与社会之间存在着不可分割的互动关系”即“互动机制论”[2-3]。很显然，社会需求引发科学技术的进步，同时，科学技术的进步又影响社会发展。

在STS学科40余年的发展史上，很多学者提出了科学、技术与社会三者之间的关系模型，如线性模式、三角模式、内置模型，殷登祥教授提出了层次网络模式，也有学者从历史演进的角度探究科学、技术与社会三者之间的关系[4]。随着对问题认识的进一步深入，笔者认为讨论科学、技术与社会的关系还有一个不可分割的约束条件，即自然，包括资源和生态环境。这是因为，如果仅仅从人类对科学、技术与社会三者关系的理解来看，科学技术伴随了人类发展的整个过程，也经过了一个漫长的否定之否定过程，而在不同时期，自然显现自身形态的样式不同。在古代，科学对人类社会的影响较小，经验型技术在人类的生存活动中起着主导作用，自然则作为人生存的大背景以不在场的方式存在着；近代，随着工业革命的展开，人类以知识作为力量，在向自然尽情地索取中积累着财富，改善着自己的生活，也享受着物质的满足与精神的愉悦，技术统治论、科学至上论等各种形式的技术乐观主义思潮表达了人类的这种愉悦之情。这个时期技术在逐渐由经验型转向知识型，自然依然隐藏在幕后，尽管已呈现出对科学技术作用的些许的不适应，但人类还没有自觉意识到问题的严重性。第二次世界大战以后尤其是进入20世纪60年代以后，现代科学技术迅猛发展在带来经济发达、社会繁荣、人们生活幸福的同时，与科学技术发展有关的重大社会问题（如环境、生态、人口、能源、资源等）也随之不断出现，这才标志着自然终于从幕后走向了前台，人们才意识到科学技术对自然的破坏已经影响到人类自身的健康生存，包括可持续发展。这迫使人类开始反思科学技术社会作用的两面性，研究如何才能让科学技术服从人类长远生存发展的约束，也才开始了STS教育。可见，STS学科的出现是由于自然出了问题，让人类活得不舒服、不健康，尤其是威胁到人类的生存和长远发展。科学、技术、社会与自然本来是一个不可分割的整体，自然对科学、技术与社会具有约束作用。工业社会200多年来发展的历史经验和教训启示着人们，真正认识自然的特性、正视自然的约束力才能更好地促进科技与社会的发展与进步。

二、模型的建立：现代科技与社会的关系中自然地位的凸现

本着简洁兼具全面的原则，提出如图1所示的模型，认为现代科学、技术与社会之间存在着复杂的互动关系，同时，自然的资源约束、生态约束越来越成为它们之间相互作用的重要的显性条件。笔者认为，科学、技术与社会的发展必须要满足自然的两个约束条件：

约束一：0＜人类资源利用量＜自然资源总量

约束二：0＜人类改造自然的力度＜生态环境的承载能力

图1中，以双向实线代表了科学、技术和社会之间密切的双向互动关系。这一模型将有助于更好地研究和发展STS，有助于人类社会可持续发展。

1. 自然对科学的约束条件

人们一般把科学视为“关于自然界、社会和思维的知识体系”[5]，它按研究对象可以分为自然科学、社会科学与思维科学。“科学是社会意识形态之一。科学是人类智慧结晶的分门别类的学问”，因此，科学是社会中的科学，自然对于科学尤其是自然科学是一种间接关系，社会科学与思维科学与自然的关系更疏远，在此不作详细阐述。自然科学通常试着解释世界是依照自然程序而运作，而非经由神性的方式。自然科学是研究无机自然界和包括人的生物属性在内的有机自然界的各门科学的总称。认识的对象是整个自然界，即自然界物质的

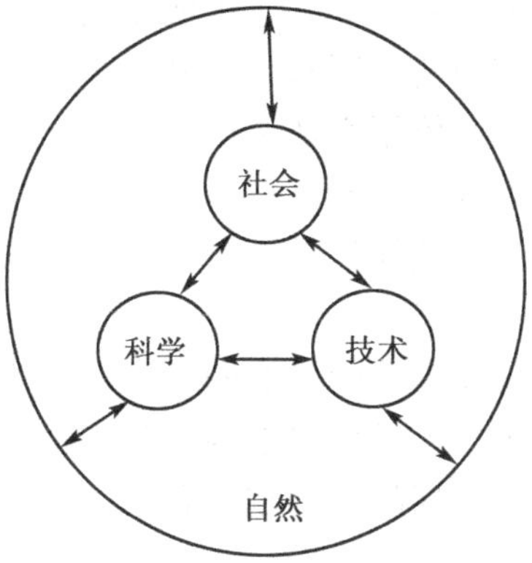

图1 科学、技术、社会、自然的关系模型

各种类型、状态、属性及运动形式。认识的任务在于揭示自然界发生的现象和过程的实质，进而把握这些现象和过程的规律性，以便控制它们，并预见新的现象和过程，为在社会实践中合理而有目的地利用自然界的规律开辟各种可能的途径。因此，自然是科学产生的基础，科学来自自然，并通过人类社会来认识自然，而自然对科学的进步具有着天然的约束性。

其一，科学认识的相对性说明自然对科学具有约束性。由于客观事物本身性质的暴露是一个过程，同时人的认识能力的发展也是一个过程，人对自然界事物的认识是绝对性和相对性的统一，科学理论只能无限地接近自然事物的真理，而不可能达到对它的绝对的认识。同时，“道高一尺，魔高一丈”，人的预测能力也是在一定的既定条件下展开的，人们往往要等不良后果产生之后才知道自己预测的片面性。

其二，科学思维的具体性说明自然对科学具有约束性。即使是从社会科学、思维科学方面来思考，也不能否认自然环境、自然条件对社会科学乃至人类思维的约束作用，古人的“近水知鱼性，近山识鸟音”“对症下药，量体裁衣”“因地制宜，因时制宜”等思维智慧无不表现出这种约束作用。

其三，科学研究的精确性说明自然对科学具有约束性。科学是对自然的认识，而科学发现无一例外地要求在科学研究中研究器材要符合一定的要求，研究对象要具有一定的约束条件，有时候尽管制订好了科学研究计划，但却往往由于一个细小的方面存在限制而功亏一篑，美国“挑战者”号航天飞机失事的原因就在于航天飞机右侧固体火箭助推器的O型环密封圈失效，毗邻的外部燃料舱在泄漏出的火焰的高温烧灼下结构失效。

2. 自然对技术的约束条件

技术，是人类为满足自身的需要，在实践活动中根据实践经验或科学原理所创造或发明的各种手段和方式方法的总和[6]。很显然，技术是有其条件的，是有特定环境要求的。一种技术必然是在一个或几个明确的或默示的条件规定下的特定环境内有效的方法。因为物质世界是客观的，自然规律是客观的、有条件的，技术必须符合科学规律才能发挥作用，显然要受到客观环境的制约，只有在特定条件下才能起作用。技术的条件性要求在进行技术发明构想时要首先考虑这种构想是否符合客观自然规律，在应用技术时要认真考察我们的目标环境是否适合这项技术的应用。比如，历史上不少人提出了很多种永动机的制作方案，也经过多种尝试，但永动机无一例外地归于失败，这是因为它和热力学第二定律相违背。热力学第二定律所表述的“从单一热源吸取热量使之完全变为有用的功而不产生其他影响是不可能的”原理是由无数次实践证明了的客观规律，它说明热机不可能有100%的效率，它在把从高温热源吸收的一部分热量变为有用功的同时，把另一部分热量放到低温热源。人类追寻永动机的失败经历正说明了技术研究要依据客观规律办事。又如，原始社会的石器制造技巧和技术，成为人类应对猛兽和刀耕火种的利器。石器这种自然物就是一种技术平台。技术与自然的关系也是一种间接关系，中间的载体仍是人类社会，技术的主要目的是满足人类社会的需要而产生的，通过人类社会改造自然。

不可否认的是，技术的产生与发展受到自然的约束，自然环境、生态状况对技术发展的内容和水平表现出明显的约束作用，人类历史上各文明古国的兴起，无不与当地肥沃的土地相关联，而工业社会中各国家技术发展战略的制定和选择，也不可避免地会受到自然条件的制约。比如，从各国家的工业区分布状况来看，一般来讲，基本上是建在原料主产区，如美国的五大湖工业区、德国的鲁尔工业区、英国的伯明翰工业区，这些工业区都是煤炭和铁矿石等重化工业的原料产地。但相比较而言日本是个例外，其工业区多建在沿海地带。这是因为日本资源贫乏，必须全部进口，因此工业基地只能建在沿海地带，这是由日本的自然地理状况所决定的[7]。相似的情况还有我国上海的宝钢集团。当今全球资源短缺已成为一大显性问题，没有石油也就不可能存在石油提炼加工技术，所以，正如2008年在美国巴尔底摩召开的第23届国际科学技术与社会（IASTS）会议所关注的那样，“绿色技术”（green technology）成为当前关注的热点问题，它直接折射出人类社会通过科学技术与生物圈交互作用中对环境问题的关注，学者们从伦理学、哲学以及建筑的角度探讨了现代工业社会与环境和谐的可能性。开发绿色技术，强调绿色技术在协调人与自然关系中的重要性，成为会议上多数学者所认同的观点[8]。同样，技术也对自然界产生了巨大的影响，如工业技术导致的环境污染问题日益严重，全球气温升高正引起全人类的关注。这反映出科学技术和社会的关系中，人的生存环境（自然）是技术须臾都不能忽视的因素。去过上海宝钢的人可能都会注意到宝钢厂区里种植的各种花卉树木以及养殖的各种热带动物，记得当时曾问过带领参观的工作人员公司为何这么做。工作人员回答说，这些动植物对生存环境很敏感，如果厂区的空气质量不达标，它们就生存不下去。于是，这些动植物就成为自然约束宝钢人行动的一个信号。当然，在这里，宝钢人是自觉地把这种约束变成行动指南的。

3. 自然对社会的约束条件

自然，指自然界，广义指具有无穷多样性的一切存在物，与宇宙、物质、存在、客观实在等范畴同义，包括人类社会；狭义指与人类社会相区别的物质世界。通常分为非生命系统和生命系统。被人类活动改变了的自然界，通常称为“第二自然”或“人化自然”。本文所指的自然是狭义上的概念。社会是由人组成的，人的存在是社会的前提，没有一个个现实的人的存在，也就没有社会。人是社会的主体，一切社会活动都是人的活动。因此，一方面赞同在研究STS模型时，要考虑有生命的人的存在，认为在STS“互动机制论”中“去人化”是不正确的[9]；另一方面认为，社会是人的集合，科学技术与社会之间的关系研究已经将人的活动纳入研究视野，不见得非要再将“人”作为一个独立的要素。由于科技的进步，地球上的人与人之间都有直接或间接的联系，因此，这里的人类社会也泛指地球上所有人组成的社会。自然对社会的约束实质上就是对人类活动的约束。

马克思主义一直确认自然对人类活动的约束作用。马克思早在《1844年经济学哲学手稿》中就提出人是“自然存在物”和“对象性的存在物”的统一的观点。一方面，“人直接地是自然存在物”，具有能动性，另一方面，人又是“对象性的存在物”，是“受动的、受制约的和受限制的存在物”[10]124，认定自然对社会有天然的约束性。此后的马克思主义经典作家也一再强调我们的行动要一切从实际出发，实事求是。在人类社会的早期阶段，自然对社会的约束是朴素的，一条大河、一座高山就可以影响人类社会的活动，以至于愚公要率领全家将山移走。当时人类的技术主要是为了生存而发明的技术，比如狩猎技术、采集技术等，这时人类社会对自然的改造，主要是改变了自然的原貌，使之能够更好地为人类所利用，自然界可以说是“毫发无损”，此时，人类利用的自然资源量很少，人类改造自然的力度与自然生态环境的承载能力相比完全可以忽略不计，因此，这时的自然对社会的约束是松散组合型的。当人类进入工业社会以后，我们不顾及自然的承受能力而毫无约束地使用科学技术时，自然对此以其特有的方式，如环境污染、气温升高等，显示着自己的巨大反作用力，人类相对于自然的受动性的方面就凸显出来，人类自身的生存与发展就面临着危机，致使人类不得不对我们当前的发展模式作出反思，思考这种发展方式的可持续性和人类生存发展的条件性。另外，煤、石油等化石资源总有用完的一天，或者从经济上就不可能再去利用的一天，我们已经感到社会的发展模式存在问题。因此，研究 STS 这一领域的任何问题，都必须要考虑自然这个约束条件，此时，自然对于人类社会的约束已成为紧密耦合型，在模型上不能忽略这个因素。

同时，通过审视人们约定成俗地对“自然”“社会”含义的理解，也能看到自然对社会的前提和约束作用。人们对“自然”含义的理解往往是包括人的自然属性在内，而不是仅仅专指人类社会之外的自然事物。人们一方面把自然分为天然自然、人化自然、人工自然和社会自然，另一方面对“社会”内涵的理解中也包括了自然中的成分。社会是包括人化自然和社会自然在内的所有人造物的总和，其实质是社会化了的自然。哲学上关于“社会存在”（包括地理环境、人口因素和物质资料的生产方式三个方面）的界定本身就包括了人的生存条件地理环境在内的。因此，不能把自然和社会截然分开，而只能相对地指称它们。自然的变化必然会引起社会的变化，而科学技术对社会的影响也会延伸至自然界。在马克思看来，“社会是人同自然界的完成了的、本质的统一，是自然界的真正复活，是人的实现了的自然主义和自然界的实现了的人本主义”[10]124，在一个较为宽泛的意义上，人性化、生态化探讨的实质上是同一个问题。

三、结论：自然应成为 STS 理论的构成要素

人类通过现代科学与技术认识了自然、改造了自然，也正是因为出现了种种不利于人类社会可持续发展的问题才产生了 STS 学科。这意味着，“STS 是科学技术发展对其自身研究的必然结果，也是科学技术与社会关系和科学技术与价值体系的关系在新的历史情况下的重构，更是人与自然在新的环境下新的关系中介的一种探索性重构”。而“这种重构所蕴含的是 STS 是人类主体对以科学技术为中介的人与自然关系的一种适应当今时代的重构”[11]，因为恩格斯早就提醒人类“不要过分陶醉于我们人类对自然界的胜利。对于每一次这样的胜利，自然界都对我们进行报复。每一次胜利，起初确实取得了我们预期的结果，但是往后和再往后却发生完全不同的、出乎预料的影响，常常把最初的结果又消除了”[12]。研究 STS 不能不认真考虑一个最基本的适当模型，不能忽略自然这个约束属性。起约束作用的自然是刚

性的，也伴随着人类的科技发展不断拓展，自然虽是客体，但在人即将突破约束条件限制时它又好似将转换成为“主体”地位，因为人类利用的资源量不可能超过大自然储存的总量，比如化石资源，又因为人类生存的生态环境对人类来说不能恶化到不能生存的地步，因此，人类要想可持续发展，必须认清一个事实：凡事以人为本不等于以人为中心，以人为中心不等于让人成为“孤家寡人”。

正如文中所提及的2008年在美国巴尔底摩召开的第23届国际科学技术与社会（IASTS）会议，这次大会的主题就是“科学、技术、社会与生物圈（STSB）”。本次大会在这一主题下，探讨了科学技术与能源、生态、公共政策、教育、法律、工程等领域的关联性等问题。其中，学者们关于能源消费测量方法、能源公正消费以及绿色技术的讨论，让人们看到了把自然作为STS组成成分将会对解决现实中存在的问题产生的积极影响。

参考文献

[1] 徐治立. 科技政治空间的张力［M］. 北京：中国社会科学出版社，2006：引言部分.
[2] 谈利兵. 科学技术与社会之间“互动机制”的探究：关于“去人化”倾向的思考［J］. 自然辩证法研究，2006，22（9）：53-56，64.
[3] 王忠武. “经济—政治”互动机制论［J］. 政法论丛，2000（6）：50-52.
[4] 盛国荣. 试析科学、技术与社会（STS）三者关系的历史演进［J］. 东北大学学报：社会科学版，2006（3）：161-165.
[5] 陈昌曙. 自然辩证法概论新编［M］. 沈阳：东北大学出版社，2003：3.
[6] 黄顺基. 自然辩证法概论［M］. 北京：高等教育出版社，2004：184.
[7] 陈凡. 技术社会化引论［M］. 北京：中国人民大学出版社，1995：52-53.
[8] 马会端，陈凡. STS与生物圈：交叉学科视阈下的生态问题探析［J］. 自然辩证法研究，2008（12）：106-111.
[9] 谈利兵. 科学技术与社会之间“互动机制”的探究：关于“去人化”倾向的思考［J］. 自然辩证法研究，2006，22（9）：53-56，64.
[10] 马克思. 1844年经济学哲学手稿［M］. 北京：人民出版社，1985：124.
[11] 智笑. STS：对人与自然关系的重构［M］//陈凡，秦书生，王健. 全国科技与社会（STS）学术年会（2007）论文集“科技与社会（STS）研究”. 沈阳：东北大学出版社，2008：19-31.
[12] 恩格斯. 自然辩证法［M］. 北京：人民出版社，1971：158.

（本文原载于《自然辩证法研究》2011年第9期）

第三部分

国外 STS 研究

默顿与科学社会学——科学社会学在美国的发展回顾与展望

林聚任
（山东大学哲学与社会发展学院社会学系　山东 济南　250100）

摘　要： 科学社会学在美国已有了半个多世纪的发展，它跟罗伯特·R. 默顿的开创性研究是密不可分的。默顿所创立的科学社会学功能分析范式曾一度在这个学科占主导地位，开创了科学社会学研究的一个“黄金时期”。结合科学社会学在美国的建立与发展，回顾默顿传统研究范式的形成及其后来面临的挑战。

关键词： 默顿；科学社会学；回顾；新转向

科学社会学作为一个独立的分支学科诞生于20世纪50—60年代。正是由于默顿及其学派的一系列开创性研究，科学社会学作为一个专门的学科率先在美国建立和发展起来，造就了科学社会学发展的一个“黄金时代”。

在科学社会学半个多世纪的发展历史中，许多科学社会学家讨论了学科发展这个主题。默顿在其《科学社会学散忆》[1]一书中，根据自己的亲身经历追溯了科学社会学这个学科的历史起源及其发展背景。然而，在这一研究问题上，默顿本人及其他研究者似乎都表现出一种矛盾选择（ambivalence），即热衷于这种学科回顾性的研究。一方面这是必要的，通过了解学科的发展，知道前人说了些什么，他们关注哪些问题，将会有助于我们对这个学科的认识，但另一方面，这似乎表明了这个学科的不成熟性，或借用怀特海德（A. N. Whitehead）的名言说：“一个总是难以忘掉其创始人的学科是没有指望的。”[2]

尽管如此，鉴于科学社会学目前在国内也遇到了某些学科定位和发展的困境，因此通过回顾这个学科在美国的创立及其新发展，或许对我国科学社会学的发展有所启示和借鉴。

一、默顿与科学社会学的创立

科学社会学在美国正式形成的主要标志是默顿及其弟子的一系列开创性研究，从而确立了科学社会学第一个系统的分析体系或学派。正如另一位美国科学社会学的早期代表人物本·戴维（J. Ben-David）所指出的：“由于罗伯特·默顿及其学生的研究工作，科学社会学作为一个独特的专业于20世纪50年代在美国出现了。在他之前，其他人包括一些社会学家，尽管也对科学的社会方面作过探讨，但只有默顿及其弟子有意识地去对这一领域作了界定，确立了概念框架和研究纲领，而且他们最先有意识地去努力使这一领域被认可为社会学的一个分支学科。”[3]所以说，默顿在科学社会学史上具有无可替代的地位。由他所开创的科学社会学研究传统，曾在很长一段时期里占据主导地位。

科学社会学家迈克尔·马尔凯（Michael Mulkay）对默顿学派当时为什么成为科学社会学的主导范式作了这样的解释：“首先，这个学派有一位杰出的学者为领导，他在社会学的其他领域也硕果累累，并能获取重点大学院系的各种资源。第二，他们的大部分成果显然都是在功能分析框架下取得的，默顿本人对此框架的形成作出了重要贡献，20 世纪 50 年代在美国社会学界它是被广泛认可的分析框架。因此，默顿及其合作者的研究在美国属于正统学派，因而更易被社会学共同体所接纳。第三，在关于科学知识生产的根本基础的社会条件方面，默顿充分发展了涂尔干（Durkheim）和韦伯（M. Weber）的观点，因此为未来深入开展经验研究奠定了良好基础。”[4]实际上直到今天，默顿所开创的经验取向的研究传统仍然有很大影响，“即使他的敌人也都承认默顿是科学社会学的创始人”[5]。

但回顾来看，一个新兴学科或学派的建立与发展，总是跟一定的因素和环境条件有关，包括学科创始人的核心作用、学科建立的学术背景、组织条件及社会环境等。

1. 学科创始人的核心作用

对于一个专门学科或学派的创立来说，首要的因素是像默顿这样的核心人物。他所发挥的核心作用，主要体现在确立一个学科的发展方向或研究范式。如乔纳森·科尔（Jonathan Cole）和 H. 朱克曼（Harrriet Zuckerman）曾详细说明了科学社会学建立的认识和组织基础，充分肯定了默顿作为创始人的地位。他们说：“在早期，像默顿提出的这样一个范式是必要的，它可为专业的认识发展及其制度化提供系统化的和比较性的检验。”[6]默顿他们在一篇论述著名科学史家乔治·萨顿（George Sarton）杰出贡献的论文中，也明确肯定了学科创始人对于一个学科发展的重要性。“一个学科的建立，尤其是在其早期阶段，由某个人或几个人所做的个人性的、有时是英雄式的努力极为重要，因为他们很可能掌握了尚未被认可、未确立的知识领域。一个学科所要求的认识上的认同，本身极大地受其学科创始人个人观点的影响。”[7]

默顿所创立的科学社会学范式被称为功能主义的，其核心内容包括：① 科学作为一类社会制度（或系统）具有独立的目标或功能，即扩展被验证的知识；② 为实现科学的制度目标，要求科学家遵循一定的行为规范，包括普遍主义、公有性、无私利性、有组织的怀疑主义；③ 如果科学家违背了上述科学规范，将不利于科学目标的实现，而维持科学规范和科学制度运行的动力，是科学的奖励系统。

但是默顿学派的这一研究范式也不是一蹴而就的，其提出经历了一个过程。默顿作为一名社会学家，并非一开始就有科学社会学研究的意识。他之所以关注到科学研究，这看起来有很大的偶然性，或者用他本人的话说是具有“意外巧获性”（serendipity）。20 世纪 30 年代，当时他在哈佛大学读研究生，一系列重要人物影响了他的未来。首先就是哈佛大学社会学系的始创者皮季里姆·索罗金（P. A. Sorokin）将默顿引入了哈佛大学，也带入了对科学的研究。默顿曾参与索罗金的巨著《社会和文化动力学》的资料收集和撰写工作。第二位是当时年轻的教师塔尔科特·帕森斯（Talcott Parsons）。默顿自己曾说过，真正开启他的社会学思维的人，不是索罗金，而是帕森斯。此外，生化学家与社会学家 L. J. 亨德森（Henderson），特别是乔治·萨顿，也直接激发了默顿持久地对科学和技术的研究兴趣，默顿的博士论文主要是在萨顿的指导下完成的。

20 世纪 30 年代，整个西方学术界几乎没有社会学家关注对科学的研究。只是有少数有人文主义情怀的自然科学家，如贝尔纳（J. Bernal）等学者关注到了科学与社会的问题。这一时期默顿在其博士论文基础上完成的《十七世纪英格兰的科学、技术与社会》一书虽被看作科学社会学的奠基之作，但严格地说它只能算是科学社会史的研究。或者说，默顿这一时期的研究框架是属于知识社会学的。他研究的对象只是科学与其社会之间相互依存的变化关系，尚未形成成熟的科学社会学的独立解释。

直到 1942 年，默顿发表了《论科学与民主》（后更名为《科学界的规范结构》）一文，他才系统提出了科学的规范体系。此文被看作默顿范式的纲领性文献，具有突出的“范式性”意义。而默顿于 1957 年发表的《科学发现的优先权》一文，对科学界的奖励系统的本质作了阐述，从而对确立科学社会学的研究方向具有决定性意义。

可见，在默顿的研究中，通过研究范式的确立而开创了一个新学科。默顿曾这样说明其学术发展的转变：“为了研究科学和社会之间这些相互影响的特征，以及它们是如何产生的，因而有必要扩大我以前的努力，去寻找把科学当作制度化的精神特质（它的规范方面）和把科学当作社会组织（科学家之间的互动模式）的一种有条理的思考方法。只有至此，我们才会有适宜的基础，去着手研究科学中社会互动和认识互动的新问题。”[1] 通过这个转变，默顿把关注重点从知识转向了作为一个社会独立领域的科学，以分析这个社会子系统的结构与运行，并把科学社会学确立为一门经验性的学科而加以研究。

2. 学术背景

一个新兴学科的创立尽管离不开核心人物的贡献，但其发展还需要其他一些条件。如默顿本人等指出，科学社会学合法性的确立或制度化还需要得到认同。“对于这个领域的发展来说，认识环境和社会环境有特别重要的意义，因为对于从事彼此相关研究、相互交流且常有争论的研究者而言，这些环境会限制或促进其‘无形学院’的出现。”[1]

因此，对一个新兴学科认识上的接受，需要得到学术界及社会的广泛认同。但科学社会学在很长一段时间里，并不被人们所接受。例如默顿 1952 年在给伯纳德 · 巴伯（Bernard Barber）的《科学与社会秩序》一书作序时，首先提出的就是科学社会学长期被忽视、处于荒漠状态的问题。他说社会学家大多关心的是婚姻、家庭、人口、犯罪、宗教等问题，但极少有人关注到科学问题。10 年之后，到 1962 年，伯纳德 · 巴伯和赫希（W. Hirsch）编辑出版了第一本冠以《科学社会学》名称的书时，他们仍提到这个学科只有极少数学者关注。

这种状况到了 20 世纪 60 年代中后期才发生了明显改变。这一方面与默顿及其弟子在这一时期所做的一系列研究有关，默顿本人的许多重要科学社会学研究成果也在这一时期问世并产生了重大影响。另一方面，科学哲学家托马斯 · 库恩的重要著作《科学革命的结构》（1962）以及科学学家普赖斯（D. J. Price）的《小科学，大科学》（1963）的相继问世，也在相当大程度上推动了人们对科学社会学学科的认同。

这种认同，首先是对其学科地位和研究问题的认可。一个学科的确立，应具有明确的学科定位和独立的研究问题。尽管近代的一些思想家，包括经典社会学家孔德（A. Comte）和马克斯 · 韦伯，都曾关注过科学与社会的关系问题。但严格地说，他们的研究都不属于科学社会学的研究，即便不乏真知灼见，但并不等同于真正的学科性研究。马尔凯指出：“从 19 世纪到 20 世纪 60 年代，除极少数的例外，社会学家们并不把科学共同体及其文化产品当作系统研究的合适对象，也不认为值得研究。”[8]事实上，直到20世纪中叶，默顿他们才系统地提出了科学社会学独立的研究对象、问题及方法。即把科学看作一种相对独立的社会制度或系统，关注科学系统自身的结构与功能分析，所涉及的主要问题包括科学界的规范体系、科学家的行为模式、科学共同体的活动及其组织、科学界的社会分层，等等。尽管广义地说，科学社会学是关于科学与社会之间关系的研究，但这种研究要有学科意义的限定，而不是宽泛的无所不包、没有学科分析角度的研究。

其中，如何认识科学是一个根本方面。默顿学派把科学看作一类社会制度、社会活动或现象而加以研究。这既不同于把科学仅看作一种知识形式，也不同于把科学看作一种社会建构活动。所以在科学观上，默顿学派属于实证主义的。他们坚持科学研究的客观性和经验性原则，关注科学共同体及其活动，而不去关注科学知识本身的研究。默顿学派的观点在当时获得了很大的共识和响应。例如乔纳森·科尔和H. 朱克曼通过对当时科学社会学领域期刊文献的引文分析得出了如下结论：“（1）对某些特殊论文作者成果的共识提高了；（2）在最经常被引用的作者中，年轻作者的比重增加了；（3）新近发表的成果比早先发表的成果更常被引用。然而，在这一领域认识共识的形成过程中，罗伯特·默顿从一开始就比其他作者有更大的影响。”[6]

此外，对这个学科的承认，还需要社会广泛的认同。即一个学科的建立还需要有广泛的社会基础和支持，应适应社会发展的需要。进入20世纪中叶之后，科学技术的发展引起了人们越来越多的关注，其影响已深入到了社会的各个层面。相应地，跟科学技术相关的各种“社会问题”也越来越突出了。因此在这样的背景下，时代也需要社会学家重视对科学现象的研究。正如默顿所说的：“科学已经像战争、家庭的不断衰落或者周期性的经济萧条一样，变成了一个‘社会问题’……当某种事情被广泛认为是现代西方社会的一个社会问题时，它就会成为一个专门研究的对象。”[9]

3. 组织条件

从组织条件来说，一个新兴学科的制度化，需要研究组织和物质条件的保证，包括专门的研究机构、教学课程、人员、专项研究资金、学会、专业刊物等。20世纪60年代之前，美国甚至其他国家都没有专门的科学社会学研究团队或机构，没有设立相关的课程培养专门的这类人才。

正是在默顿等人的大力倡导下，20世纪60年代，哥伦比亚大学、康奈尔大学、芝加哥大学等著名学府相继设立了与科学社会学相关的研究项目和培养计划，从而培养出了一批科学社会学的专门人才。例如哈丽雅特·朱克曼、斯蒂芬·科尔（Stephen Cole）、乔纳森·科尔、托马斯·吉伦等都是这一时期默顿的学生，他们日后也成为了美国科学社会学的中坚力量。一个学科或学派要想得到发展壮大，后继人才的培养是根本保证。

研究经费和物质条件的支撑也是必不可少的。默顿学派在哥伦比亚大学建立的“科学社会学研究培养项目”之所以取得丰硕成果，这跟美国科学基金（NSF）长期研究经费的支持分不开。其支持前后长达近20年，从而为默顿学派研究及科学社会学这个新兴学科的发展提供了持续不断的有力保障。

此外，学科的发展还需要有专门的学术组织与交流平台。20世纪60年代之后，在“美国社会学协会”的年会上设立了专门的分论坛，从1966年开始，“国际社会学协会”设立了科学社会学研究委员会。但是专门的科学社会学研究组织，是1975年成立的国际性的

“科学的社会研究学会”（简称“4S”），默顿被选为首任学会主席（1975—1976）。专门的研究刊物主要是1971年创刊的《科学的社会研究》（*Social Studies of Science*, *SSS*）。

总之，很大程度上正是由于默顿学派的开拓性研究以及学术界和社会对科学问题的重视，科学社会学首先在美国建立和发展起来了。尽管从许多学科的发展来源来说，应该是多源头的，科学社会学也不例外，但是默顿作为科学社会学创始人的独特地位是毋庸置疑的，而且他所开创的研究范式和传统的影响也是深远的。

二、后默顿时代美国科学社会学的发展

20世纪70年代中期，默顿学派发展到了顶峰，此后开始走向衰微。而各种“新科学社会学”观点粉墨登场，包括爱丁堡学派的“强纲领”观、经验相对主义观点、“实验室研究”、话语分析等。它们被统称为“社会知识社会学”（SSK）观点或建构主义（constructionism）。尽管这些新生的学术观点多是来自美国本土之外，但它们对美国科学社会学发展的影响是显而易见的。因此这代表了科学社会学研究的新转向，标志着从此步入了后默顿时代。学派或学术观点的这种盛衰似乎也是一种常态发展，是在各种因素作用下必然发生的结果。

首先，从大的学术背景来说，进入20世纪70年代之后，随着现象学、诠释学、批判主义、建构主义等各种非实证主义观点的兴起，西方的科学观和方法论发生了重大转变。新的研究取向对传统的实证主义科学观包括功能主义观点提出了挑战。人们开始主张科学知识跟其他知识形态并无本质的区别，认为科学知识也是社会建构的产物，必然受社会文化因素的影响。这种大的学术趋向或环境的改变具有整体性影响，而不仅仅发生在某一学科领域之中，它将会从根本上推动各学科研究的转向。

其次，从默顿本人来看，到20世纪70年代末，进入了其学术生涯的后期。默顿虽然没有间断对科学社会学的研究，但他所做的工作主要以总结和完善以往提出的理论观点为主，没有再做出有重大意义的研究。这时期默顿的科学社会学研究主要集中在两个方面。一是对他早期所提出的“默顿论题”（Merton Thesis）作了进一步阐述和回应。因在其著作《十七世纪英国的科学、技术与社会》（STS）发表50周年之际，关于“默顿论题”的争论又掀起了一次高潮，出现了一批讨论和批评文章。特别是科学史家科恩（I. Cohen）编辑出版了纪念文集《清教主义与现代科学的兴起：默顿论题》，在此书中默顿撰写了一篇很长的后记，详细总结了其著作所暗含着的科学社会学的一些研究问题的形成与发展。

这时期默顿所做的另一方面的研究是对跟科学规范相关的问题作了一些新的补充说明，包括“马太效应”问题。例如，1988年他在《伊西斯（Isis）》杂志上发表了《科学中的马太效应Ⅲ：积累优势和学术财产的象征意义》，1995年在《社会力量（Social Forces）》发表了《托马斯命题与马太效应》。这些看起来都是他始终关注的问题。后期，默顿还特别关注到了科学知识的传播问题，提出了所谓“社会—认知模式”（如OBI模式），探讨了社会与知识相融合的途径与方式等。但总的来看，默顿面对后来所遇到的各种批评观点，并没有去积极应对，依然固守着自己的传统。

除此之外，另外一种来自学科自身发展的更强大的力量在推动着学术观点的更替。即随着科学社会学学科的发展和研究的深入，默顿学派自身的弱点越来越明显，而新生代的研究

者都力图去克服其不足，寻求新的发展理路，从而出现了一系列研究的新转向，理论观点也趋向多元化。概括来说，20世纪70年代之后，科学社会学领域出现的新转向主要集中在如下几个方面。

1. 知识社会学转向

默顿的科学社会学在很大程度上回避对科学知识的研究。因为他所持有的典型的实证主义科学观，赋予科学知识以特殊的地位。即认为科学知识与其他知识形态有根本的区别，后者明显受社会历史和环境因素的影响，但科学知识是关于自然界客观事物的反映，由自然界事物所决定，而不会受社会因素的影响。默顿曾明确指出："具体的发现和发明属于科学的内部史，而且它们在很大程度上与纯科学以外的因素无关。"[10]因此，默顿学派没有把科学知识列入其研究范围之内。

但是，20世纪70年代之后，一批深受库恩观点影响的英国及欧洲的学者，其研究中心转向了对科学知识的研究，矛头直指默顿学派的软肋。特别是爱丁堡学派提出了所谓"强纲领"（strong programme）解释，主张各类知识的"无偏性""对称性""反身性"等观点，甚至提出科学知识不但受社会因素的影响，而且还受科学家"利益"的直接影响。例如其主要代表人物巴里·巴恩斯（Barry Barnes）提出，科学是"利益"目标导向的活动。他们明确指出："在所有实际情境中，目标和利益与科学研究总是密切关联的，且它们所起到的作用就是充当构成科学研究活动或系列活动的原因。"[11]

科学知识社会学家迈克尔·马尔凯通过对西方知识社会学传统的系统梳理，分析了社会学家长期以来忽视科学知识研究的认识论根源，指出应把科学知识的生产列入社会学的研究对象之中。他说："科学的经验结论必须被视为解释性的建构物，因为它们的意义依赖于一定环境并受一个特定社会群体在特定时点上所拥有的文化资源的制约。……简言之，我认为科学认识的技术资源随着意义的不断变化而变化；因此，自然界中决不存在着独一无二的决定科学家结论的东西；相应地，社会学家应更密切地考察科学家建立他们有关世界的解释的方式和考察在科学观点的形成和接受过程中，不同社会背景因素的影响方式。"[12]于是，马尔凯倡导和确立了研究科学知识的社会修辞学或话语分析方法。

科学知识社会学的兴起虽然弥补了默顿学派的不足，把科学知识纳入到了社会学经验研究范畴，但是，科学知识社会学观点自身也存在一定的问题。例如他们持有明显的相对主义立场，把科学知识与其他知识同等对待，甚至不承认存在被普遍接受的客观的科学观点，认为科学知识是在不同的社会文化背景下"社会建构"的产物。这种相对主义观点似乎成为了其被最多诟病处。

2. 微观研究转向

"新科学社会学"的倡导者不但开拓了对科学知识的经验研究，而且在研究方法论上也完全不同于默顿学派。其"内在主义"的方法论特征主要表现为：① 偏重于对科学实践的微观研究；② 倾向于优先关注提出科学家是"如何"谈论科学和做科学这个问题，而不是关注他们"为什么"那样去做的问题；③ 倾向于采用一般所称的建构主义观点去作分析[13]。这些方法论特征突出地体现在他们所做的"实验室研究"、案例研究、话语分析等方面。

例如，"实验室研究"是由一批学者运用人类学的参与观察等方法，所倡导开展的对实验室这一所谓"自然"场所中科学家的日常研究活动所做的观察研究。主要代表人物包括常人方法论者迈克尔·林奇（Michael Lynch）、布鲁诺·拉图尔（Bruno Latour）和诺尔·塞蒂纳（Karin Knorrr-Cetina）等。“实验室研究”的重要成就体现在：① 通过对科学家实验室活动的人类学研究，突出说明了科学知识成果的社会建构性。认为科学成果是人为的产物或人造事实（artifact）。“建构主义解释认为，科学的产物首先且最重要的是建构过程的结果。”[14] ② 研究重点由作为产品的知识转向了知识生产活动本身，强调所研究的科学是“制造中的科学”或“行动中的科学”[15]。因此可以用经验观察方法，对科学知识生产的具体过程作描述分析。③ 对“实验室”概念有了全新的认识和解释。即实验室不仅仅是科学家从事研究的场所，它实际上是参与科学知识生产的要素之一。如诺尔·塞蒂纳指出：“在我们所理解的科学中，实验室本身已变成了一个理论概念。依据这一观点，实验室本身就是科学发展的一个重要的行动主体（agent）。”[16]

默顿学派虽然也非常重视经验研究，但他们更多的是在实证主义框架下强调量化分析。而科学知识社会学的经验研究更多地借用常人方法论（ethnomethodology）和民族志的微观定性分析法，注重科学家具体研究活动细节的描述分析，从而试图揭开科学建构活动的神秘“面纱”。不过，“实验室研究”由于其“强建构论”色彩，认为科学事实都跟“生产事实”的过程密切相关，结果其主张也受到了很大质疑。

3. 实践论转向

20 世纪 90 年代以来，特别是“科学大战”之后，科学社会学的发展又出现了新的转向。或者说从 SSK 演变到了后 SSK，其突出体现是“实践论转向”。“这一转向关注研究科学实践，即科学家实际做什么，与之相关的转向是研究科学文化，研究实践活动运作于其中的资源领域的意义。”[17] 在这个转向中，最有代表性的成果是美国学者安德鲁·皮克林（Andrew Pickering）所提出的“实践冲撞理论”（the mangle of practice）。皮克林指出，科学实践的基本特征是实践性、目标指向的。所谓“实践的冲撞”是指“能动性之舞”（a dance of agency），即人的能动性与物质能动性之间不断相互作用的过程。

这种“实践论转向”实质上反映了对科学的认识又发生了重大转变，主要体现在如下两个方面。① 从关注表征（representational idiom）转向关注运作（performative idiom）。以往的 SSK 主要把科学当作一种知识去加以研究，关注表征问题，即科学研究产品如何“再现”问题。但皮克林指出，科学社会学研究不应只是关注表征，更应把科学看作一种实践运作过程。他说：“我们既要删去 SSK 中的 K，因为关注的核心主题变为实践而不是知识，也要删去第一个 S，因为在理解科学实践和文化时，看起来无须再设定社会因素的因果优先性。”[17] ② 从“人类主义”转向“后人类主义”（post-humanism）。这种“后人类主义”主张在科学实践中，非人的因素跟人的因素是对称的，应把物质的能动作用跟人的能动作用同等看待。强调能动性作用是实践论的突出观点，但更为重要的是，后人类主义观点又进一步发展了能动性概念，看到了科学实践中物质条件也具有能动性作用。通过这一主张，他们旨在消解关于科学知识的客观性与相对性、实在论与反实在论之争。这种“广义对称”的后现代论观点，倡导人类主体的“去中心化”，但其观点还有待商榷。

三、结 语

本文从一个侧面反映了科学社会学的演进与发展轨迹，表明了在这个学科的初创阶段默顿及其学派作出了开创性的贡献。但学科或学派又是不断更新发展的，其关注的研究问题在不同时代有所差异，所倡导的理论观点与方法也随之变化。所以，从科学社会学研究的以上转向可以看出，学者们对科学的界定经历了如下变化：默顿学派把科学界定为一种制度或建制，关注其结构与过程；而 SSK 把科学界定为一种知识，关注其社会建构性分析；但后现代主义的“实践论”则把科学界定为一种实践活动，关注其运作过程中各种因素的交互作用。

随着研究对象及问题域的扩展，科学社会学目前看起来正在被“STS”所取代。后者的研究视域更为宽泛，且涉及多学科的问题。这种发展虽然符合“大科学”时代的特点，但是过于宽泛的研究可能失去学科性，使科学社会学沦为“无社会学”的研究。因此，确立自己的学科范式和明确的学科定位是非常有必要的。

参考文献

[1] R K Merton. The Sociology of science：an episodic memoir [M]. Carbondale：University of Southern Illlinois Press，1979.

[2] R K Merton. On theoretical sociology [M]. New York：The Free Press，1967：1.

[3] Joseph Ben-David. Emergence of national traditions in the sociology of science [M] //Jerry Gaston. The United States and Great Britain，sociology of science：problems，approaches and research. San Francisco，Ca.：Josssey-Bass，1978：197－198.

[4] [8] Michael Mulkay. Sociology of science in the west [J]. Current Sociology，1980 (28)：9.

[5] Karin Knorr Cetina. Merton' s sociology of science：the first and the last sociology of science? [J]. Contemporary Sociology，1991 (20)：522.

[6] Jonathan Cole，Harriet Zuckerman. The emergence of a scientific specialty：the self-exemplifying case of the sociology of science [M] //L A Coser. The idea of social structure：papers in honor of Robert K. Mertons. New York：Harcourt Brace Jovanovich，1975：142－151.

[7] Arnold Thackray，R K Merton. On discipline building：the paradoxes of George Sarton [J]. Isis，1972 (63)：474.

[9] 罗伯特·默顿．科学社会学 [M]．鲁旭东，林聚任，译．北京：商务印书馆，2003：297.

[10] R K Merton. Science，technology and society in seventeenth century England [M]. New York：Howard Fertig，1970：75.

[11] B Barnes，David Bloor，John Henry. Scientific knowledge：a sociological analysis [M]. Chicago：University of Chicago Press，1996：120.

[12] 迈克尔·马尔凯．科学与知识社会学 [M]．林聚任，等译．北京：东方出版社，2001：155－156.

[13] Karin Knorr-Cetina，Michael Mulkay. Science observed：perspectives on the social studies of science [M]. London：Sage Publication，1983：7.

[14] Karin Knorr-Cetina. The ethnographic study of scientific work [M] //Karin Knorr-Cetina，Michael Mulkay. Science observed：perspectives on the social studies of science. London：Sage Publication，1983：119.

[15] Bruno Latour. Science in action [M]. Cambridge，Ma.：Harvard University Press，1987.

[16] Karin Knorr-Cetina. Laboratory studies：The cultural approach to the studies of science. [M] //Sheila Jasanoff，et al. Handbook of science and technology studies. London：Sage Publication，1995：144.

[17] Andrew Pickering. Science as practice and culture [M]. Chicago：University ofChicago Press，1992：2－14.

（本文原载于《科学与社会》2012 年第 3 期）

默顿在科学社会学领域的贡献及影响
——基于对默顿文献的科学计量学分析

胡志刚　侯海燕　姜春林
（大连理工大学科学学与科技管理研究所　辽宁 大连　116024）

摘　要：默顿在科学社会学这一领域曾作出了诸多开创性和奠基性的贡献，其代表性著作《十七世纪的科学、技术与社会》和《科学社会学》被引上千次，具有很大的影响力，为其后的科学社会学研究提供了可靠的研究基础。主要采用文献计量学和信息可视化的分析方法，选取了默顿在科学社会学领域的五个代表性著作或文献，通过图谱的方式分别展现默顿在科学社会学领域的学术贡献和影响。

关键词：默顿；科学社会学；共被引文献；可视化；学术影响

默顿（R. K. Merton 1910—2003）是美国著名社会学家，科学社会学的创始人。在社会学领域，他提出了结构功能主义的社会理论，获得了极大的成功（如论述这一理论的著作《社会理论与社会结构》[1]迄今已经被引 9000 多次）。不过，默顿在科学社会学方面的贡献开始得更早，或许也更为重要的是——他开创了这一学科。1938 年，他发表了《十七世纪英国的科学、技术与社会》[2]，被认为是科学社会学的开山之作；1973 年，他又出版了论文集《科学社会学》[3]，系统地展示了他在科学社会学领域的主要研究成果和贡献。本文主要采用文献计量学和信息可视化的分析方法，通过图谱的方式直观地展现默顿的主要学术贡献和学术影响。

一、研究数据和方法

科学计量学领域的主要代表人物之一、SCI 的创始人加菲尔德出于对默顿贡献的敬重，在其个人主页中建立了专门页面，收录了 SCI 数据库中默顿所发表的著作以及这些著作的被引情况。在这一数据库中，加菲尔德共收录了默顿所发表的文献 155 篇，它们共被引用 20228 次（截止到 2012 年 1 月 22 日），默顿发表文献的基本概况见表 1。

表 1　默顿发表文献的基本概况

指标	统计	说明
引用文献	1688	共引用过 1688 篇文献。其中引用最多的文献是他本人在 1973 年出版的《科学社会学》，引用了 19 次。其实，默顿引用最多的前 10 位文献只有一篇不是自引，是帕森斯（T. Parsons）1937 年出版的《社会行动的结构》，这部著作被默顿引用了 5 次
被引次数	20228	共被引 20228 次，其中默顿被引最多的前三部著作分别是《社会理论和社会结构》（1957 年版）（5317 次），《社会理论和社会结构》（1968 年版）（2625 次），《科学社会学》（2171 次）
施引作者	20510	有 21510 位作者引用过默顿的著作。其中引用默顿最多的作者是加菲尔德（E. Garfield），他有 94 篇文章引用了默顿的著作；鲍曼（L. Bornmann）有 23 篇文献引用了默顿的著作，排在第二位；雷迭斯多夫（L. Leydesdorff）以 22 篇排在第三，这三位都是重要的科学计量学家
施引期刊	3479	有来自 3479 个期刊中的文献引用过默顿的文章，其中《美国社会学评论》（495 篇），《美国社会学杂志》（355 篇），《社会力量》（333 篇）排在前三位
相关文献	693096	有 693096 篇文献与默顿的文献一起被引用过。其中与默顿的文献共被引次数最多的前三篇文献是帕森斯的《社会系统》（共被引 931 次），库恩的《科学革命的结构》（共被引 769 次），克洛沃德（CLOWARD RA）等人的《少年犯罪与机会：一种少年犯罪帮伙理论》（共被引 723 次）

在文献计量学中，共被引文献常用于识别相关文献。通过一篇文献的相关文献或共被引文献，可以间接地反映该文献被引用到的主要领域，并从时间维度上反映该文献的影响轨迹。基于这一思想，本文主要采用科学知识图谱的方法，即通过图谱的方式直观地展现默顿的主要学术贡献和学术影响。本文的分析工具是德雷塞尔大学陈超美教授开发的可视化绘制软件 CiteSpace[4]，它可以用来绘制某一文献的共被引网络，并识别出由相关文献所组成的文献聚类。

二、默顿科学社会学领域著作的被引及影响

文献的被引次数是衡量文献影响力的重要指标，经常用来评价一篇文献的影响力和重要程度。根据统计文献的被引情况，默顿的影响力最大、被引次数最高的文献是《社会理论与社会结构》，在三个版本中共被引用了 9098 次，接近于默顿的文献总被引次数的一半。在该书中，默顿构建了一个“中层理论”的分析范式，将结构功能的方法引入社会学研究之中，这部书被看作西方社会学的奠基性作品。

相比于他的社会学著作所获得的引用量，默顿在科学社会学领域所获得的引用似乎不多。默顿所出版的仅有的两本科学社会学著作中，《科学社会学》被引了 2171 次，是他所有科学社会学著作中被引次数最多的一个；《十七世纪英格兰的科学、技术与社会》一书被引 543 次（包括 1938 年期刊版和 1970 年著作版），这一引用量甚至少于他在社会学领域中一篇论文的引用量。不过，由于社会学是一个比科学社会学要大众得多的学科，简单比较这两个领域的文献的被引次数未必公允。

除了上面两部著作之外，默顿在科学社会学领域一些影响巨大的贡献都来自论文。比如，默顿最早分析马太效应的论文[5]，迄今已经被引用了 989 次，是他所有科学社会学的论

文中被引次数最高的一个。1988 年，默顿再次就这一问题发表了论文[6]，论述了马太效应对于科学界的影响，至今也已经被引用了 149 次。在本文的研究中，以上两篇论文将一起被用来统计马太效应理论的被引情况，以及这一理论在学术界中的影响。

此外，默顿还最早探讨了科学发现的优先权问题。1957 年，默顿在《美国社会学评论》上发表论文[7]，讨论了科学发现的优先权之争的现象及其体制原因。这篇论文的被引次数高达 363 次。另一篇讨论科学的多重发现问题的论文[8]同样也获得了较高的引用率（134 次）。在本文的研究中，这两篇论文将用来分析默顿的科学发现理论的影响。在表 1 中已经知道，默顿与其他学者的合作并不多，合作文献仅占他所有论文总数的不到 1/5。在这不多的合著文献中，被引次数最高的当属他和朱克曼（H. Zuckerman）所合写的一篇关于科学评价问题的文章[9]，该文从 1971 年发表以来被引用了 389 次。

1.《十七世纪英格兰的科学、技术与社会》

《十七世纪英格兰的科学、技术与社会》一书出自默顿的博士论文，是默顿早期的最重要的代表性著作之一，最初发表在 1938 年的 *OSIRIS* 期刊上，1970 单独出版成书。此书共被引了 543 次，其中包括 1970 年著作版被引的 301 次和 1938 年期刊版被引的 264 次。

图 1 是与《十七世纪英格兰的科学、技术与社会》一书共被引的文献所组成的共被引网络，该网络是由与该书共被引次数最多，或者说最相关的，前 332 篇文献所组成的文献网络。图 1 中，节点的大小表示与《十七世纪英格兰的科学、技术与社会》一书共被引的次数，可以看作与该书的相关性程度；颜色由浅到深依次是从 1938 年到 2011 年间的节点和共被引关系，可以展现文献演化的脉络。

由图 1 可以看出，与《十七世纪英格兰的科学、技术与社会》一书共被引次数最多的文献包括默顿的《科学社会学》、库恩的《科学革命的结构》[10]、默顿的《社会理论和社会结构》、普赖斯的《小科学，大科学》[11]，以及查尔斯·韦伯斯特的《伟大的复兴：1626—1660 年的科学、医学与改革》[12]等。这展现了《十七世纪英格兰的科学、技术与社会》一书在科学史领域的影响力，它与库恩的外史研究方法相得益彰，一起促进了科学史从内史研究到外史研究的转向。同时，该书还开辟了科学社会学的研究范式，并对此后的科学知识社会学的研究范式产生了影响。

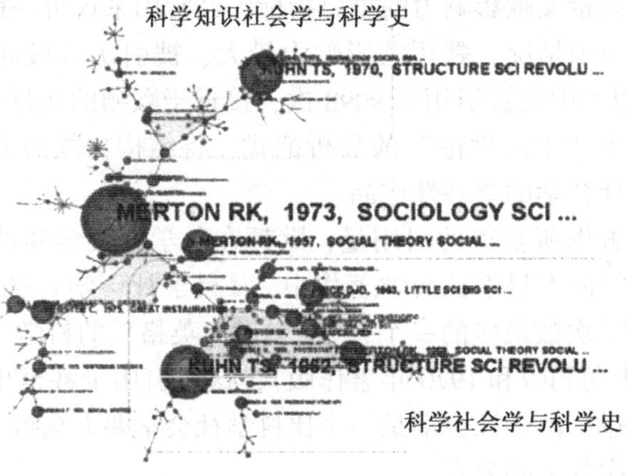

图 1 《十七世纪英格兰的科学、技术与社会》的共被引网络

2. 马太效应

默顿先后两次论述过科学的马太效应的问题，尤其是1968年在*Science*杂志上发表的论文获得了近千次的引用。20年后，默顿进一步探讨了马太效应的利与弊，以及这种现象对于科学共同体的影响。

从这两篇论文的被引情况来看（见图2），在1968年到2011年间，这两篇论文分别被引用了989次和149次，其中94篇同时引用了二者，因此合计共有1044篇文献引用了这两篇论文中的至少一篇。从被引的年份来看，在2002年之前，这两篇论文的被引次数比较稳定，平均值为13.2次。在2003年之后，该理论的被引次数直线攀升，平均被引次数升至64.4次，并于2010年达到其峰值105次。造成这一增长的原因之一是由于科学计量学的迅猛发展和科学家评价问题的趋热，与马太效应相关的实证研究逐渐增多。

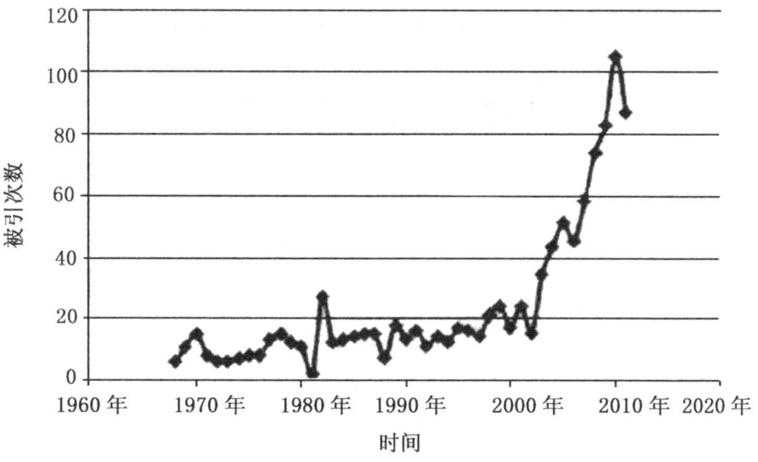

图2 “马太效应”理论的被引次数的时间分布

同样的，运用CiteSpace，绘制了马太效应的共被引文献网络。图3中直观地展示了马太效应这一理论的影响范围。可以看出，马太效应的被引领域主要是科学社会学领域，如科尔的《科学的社会分层》，克兰的《科学家群体的社会结构》，库恩的《科学革命的结构》等；同时，以洛特卡、普赖斯为代表的科学计量学研究开始出现，为马太效应的相关研究提供了新的定量的研究思路和方法，并逐渐成为人们讨论马太效应问题的另一个主要语境。这也展现出了对马太效应问题研究的两种思路：一种是科学社会学的范式，关注的是马太效应的影响和结果；另一种是科学计量学的范式，关注的是马太效应的表现和机理。

3. 科学发现的优先权

科学家们关注的是怎样作出科学发现，而科学社会学家关注的是科学发现之后的优先权问题。默顿认为，科学发现的优先权是科学奖励的基础，是科学共同体中的硬通货，科学家正是依靠稀缺的科学发现优先权来赢得认可、声誉和地位。因此，1957年和1961年默顿两次发表论文论证了科学发现中的优先权问题和多重发现问题，获得了广泛的关注。科学发现的这两篇论文共获得多达450次引用，其中《优先权》一文被引用358次，而《多重发现》一文被引用135次。从共被引图谱（见图4）来看，在科学发现问题的研究上，呈现出四个主要的研究视角：一是以默顿为代表的科学社会学研究视角，关注的是科学发现优先权的分配问题；二是以库恩为代表的科学史的研究视角，关注是科学发现中的范式转移；三是以普

图3 “马太效应”理论的共被引网络

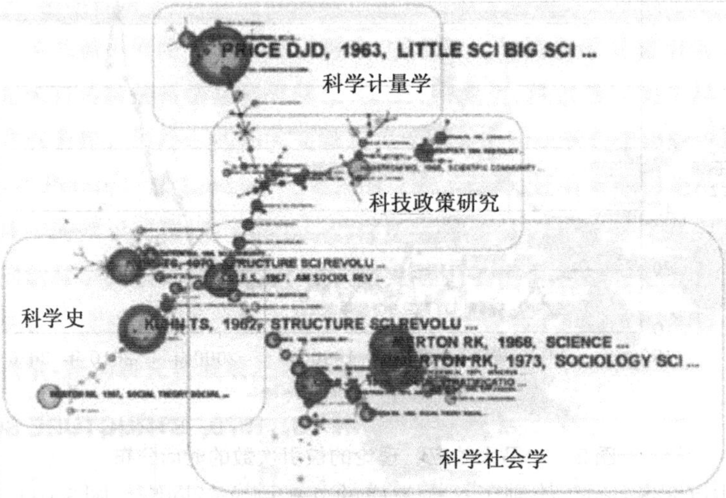

图4 “科学发现的优先权”理论的共被引网络

赖斯为代表的科学计量学的研究视角，关注的是科学发现中的机会不均等现象；四是以哈格斯特龙（W. O. Hagstrom）为代表的科技政策研究视角，关注的是科学发现的合作和政策问题。

4. 《科学社会学》

《科学社会学》是默顿在科学社会学领域的集大成之作。不过准确地说，它其实不能算是一个专著，而是一个论文集。这本书里包括了默顿在科学发现、科学规范、科学奖励和科学评价方面的诸多贡献。显然，这些理论在之前的著作中有过论述，但因为《科学社会学》一书的全面性和系统性，本书还是获得了来自各研究问题的大量引用。在前面的共被引图谱中，《科学社会学》通常是和默顿的其他作品共被引最多或者说最相关的著作，也从一个侧面反映了这本书内容的丰富性和全面性。在不到40年中，《科学社会学》一书被引用超过2000次，是默顿所有科学社会学文献中被引次数最高的一个，甚至比前面几篇高被引文献的被引次数之和还要多。从相关文献的共被引图谱来看（见图5），库恩的《科学革命的结构》是与该书共被引次数最多的著作，两个版本加起来共被引次数达500多次，即平均每4篇引用了《科学社会学》的文献中就有1篇同时引用了《科学革命的结构》。值得一提的是，1962 年版和 1970 年版的《科学革命的结构》的被引群体略有区别，同 1962 年版本的《科学革命的结构》一起被引的多是科学社会学的代表作品，如默顿的《科学中的马太效应》，科尔的《科学界的社会分层》[13]，朱克曼的《科学界的精英》[14]等；而同 1972 年版本的《科学革命的结构》一起被引的多是科学知识社会学的著作，如布鲁尔的《知识与社会意象》[15]，拉图尔的《实验室生活：科学事实的建构》[16]等。这表明，默顿的《科学社会学》和库恩的《科学革命的结构》一起为科学社会学和科学知识社会学的研究奠定了研究基础；传统科学社会学的研究开展得较早（1970 年之前），而科学知识社会学的研究开始得较晚（1970 年之后）。此外，普赖斯的《小科学，大科学》是另一个与《科学社会学》共被引次数较高的重要文献。作为科学计量学领域的奠基性著作，这一著作与《科学社会学》的相关性也表明了后者在科学计量学领域的影响力。

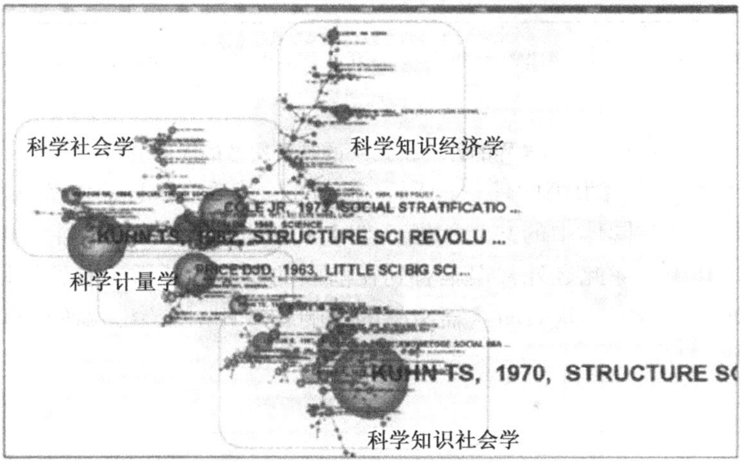

图 5 《科学社会学》的共被引网络

5.《科学界的评价模式》

朱克曼是默顿的学生，也是默顿学派的代表人物之一，她在学术上无疑受到了默顿很大的影响。不过，朱克曼与默顿的合著并不多，虽然她的博士论文及代表作《科学界的精英：美国的诺贝尔奖获得者》无疑是在默顿的指导下完成的。在她和默顿不多的合著论文和著作之中，1971 年发表在 *Minerva* 上的《科学界的评价模式：评议人体制的制度化、结构和功能》一文是被引最多的一篇。在这篇论文中，朱克曼和默顿考察了不同期刊（包括自然科学和人文学科）的拒稿率的差异及其原因，并将这种差异归因于不同学科对合格的学术成果的评价标准的共识程度不同。他们认为，共识程度低的学科，缺乏共同的评价标准，普遍主义规范的适用就受到影响，拒稿率高；反之，拒稿率就低。

从这个问题出发，默顿进一步讨论了科学评价问题、科学奖励问题，以及科学界的普遍主义规范等问题。因此，这篇论文受到了较大的关注，1970 年至今共被引用了 388 次，平均每年被引 9.46 次。与前面几篇文献的被引情况不同，这篇文献的被引次数在近些年略有降低（见图 6），这可能是因为传统的科学社会学研究的默顿范式开始降温，且新的领域（比如科学知识社会学、科学计量学）对这一问题缺乏足够的研究兴趣。

从共被引网络中同样可以看出（见图 7），与该文献共被引的文献几乎都是来自传统的科学社会学领域，如默顿、克兰、科尔等人关于科学承认的文章或著作。另外一些相关文献

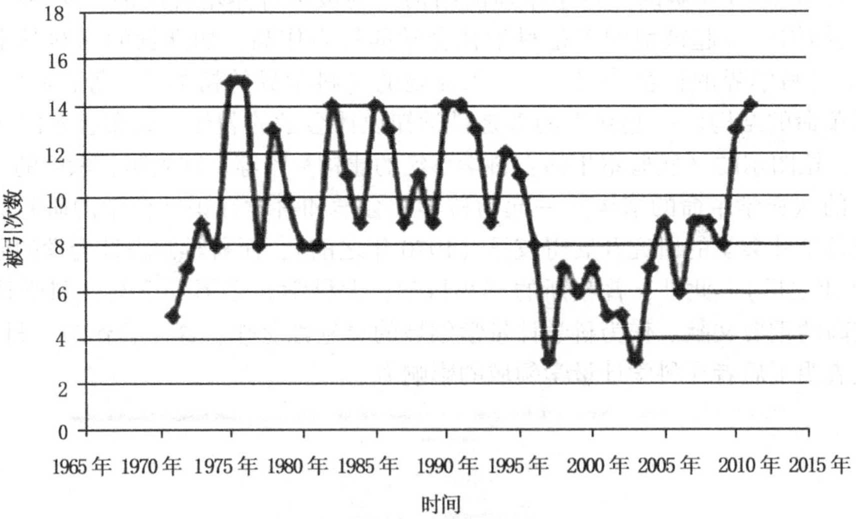

图6　《科学界的评价模式》的被引次数的时间分布

是关于科学期刊或者科学出版中的评议问题，如 Peters[17] 和 Lindsey[18] 等人的文献。此外，还有文献讨论的是科学共同体中的共识问题，如 Lodahl[19] 讨论了自然科学和社会科学的领域内部不同的科学共识。除此之外，很难看到在前面的研究中通常会看到的科学知识社会学或者科学计量学的相关研究。这表明这篇文献的影响领域相对较窄，新的研究领域缺乏对这一问题的研究兴趣。

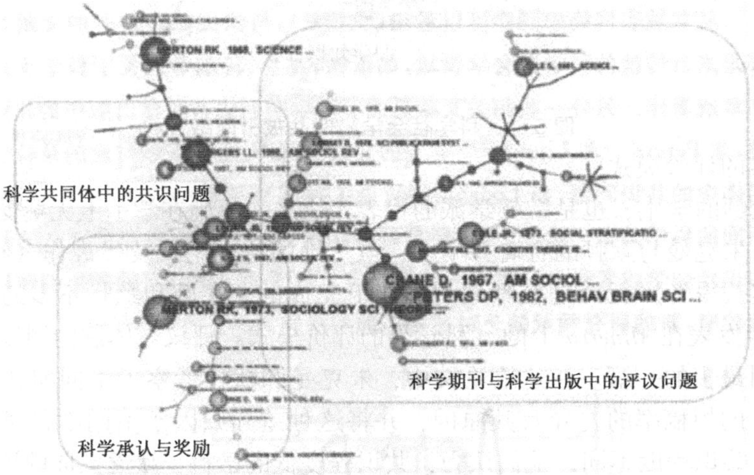

图7　《科学界的评价模式》的共被引网络

三、默顿学派、爱丁堡学派及其他

除了著作方面的成果，默顿对科学社会学的贡献，还表现在他在这个领域的推动作用。他利用自己在社会学方面的名望，积极倡导对科学的社会学研究。在这方面他无疑也是成功的，他很早就有了众多的追随者和他一起推进科学社会学的相关研究，这就是著名的默顿学派。默顿学派大大地推动了科学社会学的研究，为这一领域贡献了很多研究的课题。

利用可视化的方法，绘制了默顿的相关作者网络，以便从中识别出与默顿学派及其他相关的研究群体。图 8 是基于《科学社会学》一书所绘制的作者共被引网络。在图 8 中，相关作者主要被分成三个研究群体。

图 8 右下角构成了默顿学派的研究群体，包括朱克曼、科尔兄弟、哈格斯特龙等。默顿学派是默顿的学生和其他追随者所组成的一个无形学院，他们有着共同的研究兴趣，运用相同的研究方法。默顿学派的形成大大拓展了科学社会学的研究，为科学社会学的发展作出了巨大的贡献。

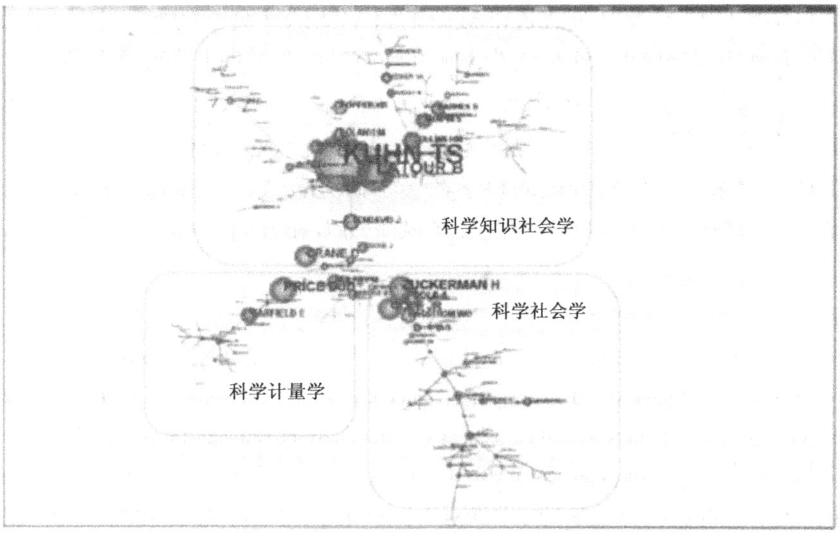

图 8　默顿学派及其他与默顿相关的研究群体

图 8 的上半部分是科学知识社会学的研究群体。20 世纪 70 年代之后，以布鲁尔为代表的爱丁堡大学的一批社会学家，认为默顿学派的科学社会学过于狭隘，默顿的科学社会学实际上是科学家的社会学，他忽略了对科学问题和科学知识本身的社会学研究，因此布鲁尔等人大胆地将社会学的研究方法运用到科学知识的研究中去，同时积极吸取科技哲学、科学史等领域的研究成果，从而碰撞出新的科学知识社会学的研究范式。与默顿学派相对应，这一学派被称为爱丁堡学派。在 1980 年之后，爱丁堡学派逐渐成为科学社会研究的主流。

图 8 左下角是科学计量学的研究群体。科学计量学诞生于 20 世纪 60 年代，以普赖斯的《小科学，大科学》的出版为主要标志。科学计量学以对科学问题的计量分析为基本方法，这种研究方法一定程度上受到了默顿研究范式的启发。默顿的《十七世纪英格兰的科学、技术与社会》一书开头几章都是在利用统计和计量的方法来展开论证。同样的思路也可见于默顿学派的其他主要代表作品，比如朱克曼的《科学界的精英》，科尔的《科学界的社会分层》等。因此，以普赖斯、加菲尔德为代表的科学计量学学者，以对科学家和科学文献的计量分析为基本方法，创建了科学计量学的研究学派。这一学派正成为科学学研究的主流方法之一。

四、结　语

默顿开创了科学社会学的研究范式。作为其科学社会学领域的开山之作，他的《十七世纪英格兰的科学、技术与社会》展现了一种科学史的外史研究方法，也为科学计量学的诞生提供了一种方法上的启迪；他发现了科学中的马太效应，为科学计量学的研究提供了一个经久不衰的课题，进一步扩展了他在科学计量学方面的影响；他强调了科学发现的优先权问题，认为科学发现的优先权是科学共同体中的硬通货，这为科学史和科学计量学的研究提供了新的思路；他的论文集《科学社会学》的影响巨大，既是传统的科学社会学研究的集大成者，也是后起之秀的科学知识社会学批评的靶标；他和其学生合著的《科学的评价模式》一文，在默顿学派内部也获得了较大的关注。

当前，默顿学派的研究及其范式逐渐被新的科学知识社会学的研究方法所取代。然而直到今天，默顿的影响还在继续，这是因为默顿的研究具有关注科学问题本源的力量，他一方面连接了科学哲学和科学史的研究成果，另一方面也大胆采用了社会学和计量学的研究方法。从某种意义上讲，默顿是一位出色的科学史家、一位优秀的科学计量学家，更是一位高瞻远瞩的科学社会学家，由他所开创的科学社会学研究范式，至今仍是科学社会学的珍贵财富和不竭源泉，也为科学社会学的学科发展提供了动力和方向。

参考文献

[1] R K Merton. Social theory and social structure [M]. New York: Free Press, 1968.

[2] R K Merton. Science, technology and society in seventeenth century England [J]. Osiris, 1938 (1): 360.

[3] R K Merton. the sociology of science [M]. Chicago: University of Chicago Press, 1973.

[4] Chen C. CiteSpace Ⅱ: detecting and visualizing emerging trends and transient patterns in scientific literature [J]. Journal of the American Society for Information Science and Technology, 2006 (3): 359 - 377.

[5] R K Merton. The Matthew effect in science [J]. Science, 1968 (3810): 56 - 63.

[6] R K Merton. The Matthew effect in science Ⅱ: cumulative advantage and the symbolism of intellectual property [J]. Isis, 1988 (4): 606 - 623.

[7] R K Merton. Priorities in scientific discovery [J]. American Sociological Review, 1957 (6): 635 - 659.

[8] R K Merton. Singletons and multiples in scientific discovery: a chapter in the sociology of science [J]. Proceedings of the American Philosophical Society, 1961 (5): 470 - 486.

[9] Zuckerman H, R K Merton. Patterns of evaluation in science: Institutionalization, structure and functions of the refere system [J]. Minerva, 1971 (1): 66 - 100.

[10] Kuhn T S. The structure of scientific revolutions [M]. Chicago: University of Chicago Press, 1996.

[11] Solla Price D J de. Little science, big science. and beyond [M]. New York: Columbia University Press, 1986.

[12] Webster C. The great instauration [M]. New York: Holmes &Meier Publishers, 2002.

[13] Cole J R, Cole S. Social stratification in science [M]. Chicago: University of Chicago Press, 1973.

[14] Zuckerman H. Scientific elite: nobel laureates in the United States [M]. New Brunswick, NJ: Transaction Publishers, 1996.

[15] Bloor D. Knowledge and social imagery [M]. Chicago: University of Chicago Press, 1991.

[16] Latour B. Science in action: how to follow scientists and engineers through society [M]. Cambridge, MA: Harvard University Press, 1987.

[17] Peters D P, Ceci S J. Peer-review practices of psychological journals: The fate of published articles, submitted again [J]. Behavioral and Brain Sciences, 1982 (2): 187 - 195.

[18] Lindsey D. The scientific publication system in social science [M]. San Francisco: Jossey-Bass, 1978.

[19] Lodahl J B, Gordon G. The structure of scientific fields and the functioning of university graduate departments [J]. American Sociological Review, 1972 (2): 57 - 72.

（本文原载于《科学与社会》2012 年第 3 期）

默顿科学自主性思想及其当代意蕴

卢艳君
（河南大学马克思主义学院　河南 开封　475001）

摘　要：基于科学是一种高度自治的社会制度这一理论前提，默顿科学社会学对科学与社会的互动及其科学内部的社会结构进行了全方位的研究，系统阐述了科学自身的运行机制和发展规律，强调科学自主性是科学赖以生存和发展的根本。时下我国学术界无视和违反科学自主性的现象比较严重，亟须从理论上分析科学自主运转的规则，为捍卫科学自主性提供理论支持。默顿的科学自主性思想有助于掌握科学的社会运行情况及其规律，在一定意义上能给我国当前的科技体制改革提供思路。

科学自主性作为科学发展规律最重要、最突出的表现，是科学赖以生存和发展的根本，也是科学社会学研究的一个重要范畴和研究重心。科学自主性要求科学评价、资源分配、承认分配等科研环节应由科学同行来进行，外人无权干涉，但这些环节往往不可避免地受到外部社会因素的干预。特别是20世纪以来，科学的自主发展由于科学与社会关系的新特点而越发显示出复杂性。一方面，科学资源的有限性和相对短缺要求社会对科学进行规划管理，以便合理地分配资源。另一方面，时下学风浮躁、学术不端行为正日渐侵蚀学术肌体，对科技事业的健康发展造成的消极影响不可低估，已经成为社会的热点问题。科学自主性作为分析和解决科学与社会关系的核心问题，越来越受到学术界的重视。为此，深刻理解默顿的科学自主性思想有助于掌握科学的社会运行情况及其规律，对我国当前的科技体制改革有重要的启示意义。

一、科学与社会互动研究中的科学自主性思想

默顿命题只关注科学研究的动力，不涉及科学知识的内容。在论证清教伦理和经济、军事等社会因素通过影响科学家的关注焦点或课题选择而影响科学发展的方向和科学进步的速度时，默顿仅仅在一般影响而非根本动力的意义上谈论社会因素对科学发展的作用。

人们就内部和外部因素在决定科学兴趣的聚焦问题上进行了激烈的争论，一派理论家认为科学发展的动向几乎全是外部压力特别是经济压力的结果，科学实际上没有自主性；另一派理论家认为，纯科学家与其生活的社会世界是隔绝的，他们的研究课题是由学科发展的内在逻辑的必然性决定的。默顿认为，科学兴趣的关注点是由社会力量和科学的内在逻辑所决

定的，但科学是一种社会产物，其研究方向受社会因素的影响。默顿既反对“自主论”，也不支持“（外在）决定论”。他认为，经济和军事所产生的需要在可观的程度上引导和限制科学兴趣的焦点，但不能够将这种影响夸大为决定性作用。一般来讲，需要在刺激科技进展方面只起次要的作用，“需要本身并不足以导致发明，而只是一种起促进和指导作用的影响力量”[1]。科学发展还必须以预先累积起来的技术和科学知识为基础。通过考察当时提交给皇家学会的几百份研究报告，默顿查明了实际从事研究的会员当时专注于纯科学的程度。这一分析不在于表明外部因素对研究课题的影响较少，而更多地在于避免采用自主论或外在决定论作为推理前提的模式。

默顿把着眼点放在基础科学上，他在注意外部因素对科学的影响时，反对庸俗唯物主义决定论，没有像赫森那样对科学知识本身采取社会学分析，而是强调科学有其相对独立性和自身发展的逻辑，外部因素对科学的影响往往只是间接的。“发明是两种基本力量作用的结果：其一是内在的科学力量，它提供了解决手头问题所需要的理论素材；其二是非科学的因素（主要是经济因素），它的作用是把兴趣引向这一总课题。”[1]在默顿的说明中，社会因素可以影响科学的“关注焦点”乃至进步速度，但他所称的“关注焦点”的概念只涉及对所要研究的科学问题（方向）的选择，而不涉及对这些科学问题的解决方案。“进步速度”的概念描述了科学家发表论著的数量和效果，却不涉及论著的实际内容。默顿强调了科学的内部史和相对独立性，认为“科学兴趣中的细小、短期的起伏主要由有关的科学的内部史所决定”[1]，它们在很大程度上与那些纯科学因素以外的因素无关。他的结论与赫森的相比显得更为谨慎和稳妥。默顿指出，科学体制化之前需要合法化的外部支持。清教徒推崇那些他们认为在上帝看来是善行的活动，即那些能改善人类物质生活的行为。科学对自然的研究扩大了人类支配自然的能力，而研究自然又是颂扬上帝的一种有效途径，清教徒正是看中了科学的社会功利性，把科学视为实现其宗教目的的一种手段，从而推崇科学活动。从这个意义上说，在 17 世纪，科学尚未获得社会自主性时，对功利性的强调可以作为对科学的一种支持，科学在那时得到社会方面的鼓励甚至重视，主要也是因为其潜在的用处。但如果采取一种极端功利性的态度，给科学强加功利性的限制，只重视那些直接可获利的实用性研究，而忽视那些不能直接提供成果的基础性研究，势必阻碍科学的发展。

默顿在《科学与社会秩序》一文中初步谈论了科学的自主性问题，指出，“包含在科学精神气质中的各种情操表现为学术诚实、正直、有组织的怀疑、无私利性、非个人性等，但它们却被这个国家强加于科学研究领域的一组新的情操践踏了”[2]。他认为，“包括科学在内的各种制度的自我决定和自主性，在民主社会中比在专制社会中有更大的自由空间”[2]。默顿在《科学与军事技术》（1935）中区分了与军事需要有直接联系和间接或衍生联系的两类研究，指出最初的问题一旦明确后，科学研究常常极大地独立于社会力量而自主发展，多数研究可能和军事或经济发展有很少或几乎没有联系[3]。

二、科学的社会结构研究中的科学自主性思想

默顿科学社会学基于结构—功能主义的社会学立场，把科学作为一种社会制度来研究，指出，“像其他的社会制度一样，科学制度也有其自己特有的价值观、规范和组织”[4]。1942 年默顿发表的《科学的规范结构》一文，从科学活动自治的内在机制，对科学自主性

问题作了较为深入的研究。在该文及后续著述中，默顿广泛研究了科学活动的目标、科学家的行为准则和科学的奖励制度之间的互动关系，试图给出科学自主性的内在说明。

默顿认为，科学的制度性目标是扩展被证实了的知识，而要达到这一目标，就必须遵循科学规范，科学规范是维护科学自主性的内在制度保证。针对纳粹主义对科学的粗暴践踏和蛮横干预，他直接提出了科学的自主性问题，旨在保证科学的社会稳定。默顿规范正是为了适应科学的功能性要求而被明确表达出来的，它一方面确立了科学家的行为规范，明确了他们的权利和义务；另一方面通过展示科学独特的精神气质，不仅起到了维护科学制度自身独立性和自主性的作用，同时还表明了科学与整个社会在某些方面的一致性，如普遍主义规范要求科学向所有有才能的人开放，这与当时社会中所倡导的民主、平等精神具有某种相融性。默顿提出的"普遍主义""公有性""无私利性""有组织的怀疑"这四条社会规范，实质上是从不同的侧面抵御、防止社会和人为因素的干扰，捍卫科学的自主性。其中，"普遍主义"侧重于科学的评价，强调在真理面前人人平等，科研成果应根据其内在价值来衡量，拒斥评价主体的个人感情和有关社会因素的干扰；"公有性"侧重于科学的交流、传播和应用，认为科学知识是社会协作的产物，理应由全社会共同拥有，每个科学家都应当积极参与交流，推动科学成果的及时传播与应用；"无私利性"侧重于科学家从事科学活动的动机和目标，要求科学家为科学而科学，在接受或排斥任何科学思想时，不应该计较个人利益；"有组织的怀疑"侧重于科学成果的接受，要求科学家要具有怀疑精神，不应受权威和当时知识状态的影响。

在默顿科学社会学看来，科学评价制度是联系科学规范结构与科学奖励制度的纽带，对科学系统的正常运行起着关键性的控制作用，是防止社会和人为因素污染科学、维持贡献与承认的一致性、保证奖励分配公正性的"看门人"。同行评议制要求同行专家以科学成果本身作为最重要的评价准则，同时，评价活动应当保持独立性，以防止其他因素的影响，保证评价的公正性。默顿认为科学奖励制度应该严格贯彻普遍性原则，排除科学家的性别、所在单位的声望等具体性因素的影响。尽管同行承认不可避免地会受到科学家的社会地位、家庭出身、毕业学校、工作单位、性别等诸多因素的影响，但决定同行承认的关键因素仍然是科学家所发表成果的质量。在默顿看来，科学奖励制度是排斥社会和人为因素污染科学的一道屏障。奖励制度的有效运行，一方面激励科学家努力工作，另一方面引导他们自觉遵循科学规范，这双重功效合在一起共同促进了科学制度性目标的实现，即扩展被证实了的知识，并形成个人受到奖励和知识得到增长的良性循环。默顿在看到奖励制度的屏障作用的同时，又指出科学奖励系统的运行是否具有普遍性，关键在于科学这种社会制度是否具有自主性，即科学中社会控制的任务是否由科学同行来承担。这就充分强调了科学的自主性。

科学界的分层现象十分明显，从诺贝尔奖获得者一直到普通科学工作者，他们的权威和声誉彼此悬殊、两极分化。居于科学界塔形结构顶端的科学精英为数甚少，却功勋卓著，他们主导着科学研究的方向以及科学评价、科学交流等重要环节，因而科学界是一种典型的精英统治。从根本上说，一个科学家在科学界居何层次不是取决于他的民族、性别、专业、毕业学校和所在单位的声望等社会属性，而是取决于他在科学领域里的实质性贡献。尽管科学界存在着"第四十一席位"及"马太效应"等现象，但"第四十一席位"现象主要是由于奖励名额有限而必然出现的一种情况，而优势与劣势积累现象则以特别的形式表达了过去的科学贡献对未来科学工作的影响。所以，默顿认为科学内部的分层结构也是排斥社会和人为因素污染的。在科学交流系统的各个环节，科学家以引证、评论、批评等多种形式对科研成果进行评价，在评价中分配不同等级的承认。由此，科学自身形成了一套相对独立的自我控制科研成果质量的系统。在大科学时代，科学发展的速度与规模决定了充分交流是不可能的，科学成果的灵魂是创新，科学家间信息交流的不充分势必造成不必要的重复研究。无形学院的活动内容是以科研成果为基础的，通过这种非正式渠道充分交流科学信息，可以在一定程度上防止重复、剽窃等越轨行为的发生，因此，保障科学家之间的这种非正式学术交流渠道的畅通无阻是非常重要的。由此，在默顿科学社会学那里，科学交流系统也是倾向于排斥社会和人为因素干扰的。

由于科学目标与科学规范特有的互动关系，加上科学奖励制度的激励作用，科学活动具有高度有效的自主运行、自我调控和自行治理的功能。但在科学制度的社会运行中，由于不可能完全排除各种人为的和社会因素的干扰，科学界不可避免地存在着一些越轨行为。默顿认为科学中存在抵制越轨并鼓励遵从规范的调控机制，即科学的社会控制机制，科学制度一直不断强调其他一些价值观念，它们会抑制从文化中产生的趋于越轨的行为倾向。科学中存在着一个制度化的警戒系统。科学研究，即使并不总是但却很典型地是处在同行的严格监督之下的，程度是任何其他领域都无法与之相比的[4]。个人诚实与否要由科学的公共性和可检验性来证明，越轨者只是获得了一时声望，其最终要付出名声扫地的代价。默顿认为正是由于这样一个机制的存在，与其他社会制度相比，科学中的越轨行为是非常少见的，至于偶发的少量越轨行为，完全可以通过内部控制机制达到有效的治理。科学社会也没有必要设立专门的社会控制机制，因为科学虽然缺乏发达的正式控制机构，但是，“科学家的社会化过程”，“科学的职业特点，即科学是一种专业自足体，‘科学共同体的每个成员都是潜在的督察员’”，以及“科学的奖励系统”三大非正式的社会控制机制相互结合使科学社会保持稳定[5]。朱克曼认为更有效的控制方式在于可再现性（reproducibility）的方法论准则和实际的可重复性（replication）。前者可充当对欺骗性证据产生威慑的机制，后者可作为发现欺骗的一种手段[6]。科尔兄弟指出科学奖励具有激励和控制的双重作用，对遵从的激励和对违规的惩罚是社会控制的互为里表的两个方面。科学的社会控制机制的存在，旨在抵御外在因素对科学运行的干扰，捍卫科学的自主性。

三、学科或专业兴衰研究中的科学自主性思想

学科或专业兴衰是默顿科学社会学的重要研究主题之一，交流的经验研究和学科分层的研究促使其对专业研究感兴趣。默顿科学社会学将学科或专业视为检验科学知识增长和相关社会组织间关系的“战略研究点”，有关学科或专业产生的影响因素、发展模式、衰落原因等问题成为其关注的焦点。从20世纪60年代末到整个70年代，默顿及其学派成员如巴伯、哈格斯特龙、克兰、穆林斯、斯莫尔和格里菲斯、朱克曼等在学科或专业研究方面做了大量有启发意义的工作。

默顿认为，一般来说，一门学科或专业只有得到认知认同与职业认同，才能实现制度化，并最终确立为能掌控自己的思想取向、问题群、范式、方法和工具的一个组织化的独立知识体系[7]。默顿的观点被大多数人所采纳，成为判断专业形成的重要标志。按照默顿的理解，认知认同是指某些价值观念或学术规范在人们的思想中获得内在化的过程，其实现的

外在表现为：基本问题领域的确定、研究方法的构建、学术规范的确立以及学术话语体系的形成等。职业认同是指学术界和社会认同某种学科或专业作为一种独立职业而存在的权利，其实现的外在表现为：专业刊物的创建、学术机构的设立、社会研究资金的支持、学术队伍的组织化和后备人才培养的机制化。可见，认知认同更多地偏重于学科或专业自身的内在因素，职业认同则更多地偏重于外在社会因素的一种认可。学科或专业在制度化过程中既要受到科学认识自身的内在因素如研究对象、研究方法等的作用，又要受到外在因素如经济或技术需要、科研队伍、教育机构等的制约和影响。一门专业为了维持自身，必须赢得认同，确立自身的合法性，以获得重要的社会资源如新成员、金钱和自愿合作者，没有它们，科学专业不可能正常运转[8]。但外在社会因素并不能最终决定一门学科或专业能否实现制度化，科学作为一种独特的社会制度，具有自身的发展逻辑和规律，外部因素必须通过科学内部因素的矛盾运动才能起作用。这从一个侧面强调了科学的自主性。穆林斯强调科学的认知维度和社会维度的区分，他在对“噬菌体小组”的研究中明确写道：“这些常规活动可以划分为认知的和社会的。属于前一个范畴的包括范式发展、问题成功以及解难题；属于第二个社会范畴的则包括交流、合作关系、同事关系以及师徒关系。”[9]这在很大程度上强调了科学的自主性发展。

科研人员作为科学活动的主体，是衡量科学发展状况的一项重要指标，科学创造力的高低很大程度上取决于杰出科研人员的数量。默顿指出，“科学的持续运行需要那些对科学研究事业感兴趣且有能力的人的积极参与。”[2]科研人员在学科或专业间的迁移在科学新领域的成长中起着重要作用。克兰、哈根斯与哈格斯特龙等研究了科学家的领域流动情况，指出来自技术或理论上更先进领域的一个或几个科学家移入较落后的领域，如化学家进入生物学或物理学家进入生物化学进行角色杂交，在这些已有学科的接触点上取得了较大成果，极大地促进了科学的发展[10]。竞争的压力和个人的不安全感严重削弱了从事有价值活动的动力，迫使科研人员倾向于选择那些能迅速得到承认的领域。可见，科研队伍是影响一门学科或专业发展的重要因素，但其只不过是一种外在因素。问题是知识的萌芽，科学知识的产生和发展围绕问题而展开，新的专业往往是为了解决新问题而形成的，科学知识的增长时期是由于刺激知识增长的思想消耗殆尽而结束的。随着认识结构和社会机会结构的变化，在问题解决的同时，出现了范式无法解决的大量反常现象，专业的危机时期出现。随着可解决的问题减少，作出重大发现的机会减少，研究经费开始缩减，领域对外部人员的吸引力越来越小，新成员很少愿意进入这个领域，原有成员开始迁移到别的领域，该领域的进一步发展变得很困难，知识的增长速度开始下降。可解决问题的减少是影响从事某一领域研究的科研人员数量的重要因素，这从一个侧面也说明了学科或专业的发展最终取决于自身的内在因素。

克兰指出学科或专业发展会经历一个产生、发展和衰落的过程，她在乡村社会学和数学两个领域中发现科学交流和论文发表的速率遵循逻辑增长曲线。克兰把普赖斯的S形逻辑增长曲线、库恩的范式理论和她的经验调查结合起来，绘制出了专业结构发展的模式：第一阶段，出现了新的范式，并且开始吸引新的科研人员，知识平缓地增长；第二阶段，范式得到承认，一个常规科学时期开始出现，同时吸引了大量科研人员，形成知识指数增长的局面；第三阶段，在大量问题得到解决的同时出现了反常现象，社会互动减弱，专业的危机时期出现，知识的增长速度下降；第四阶段，可解决的问题减少，社会组织的成员减少，专业最终衰落[11]。穆林斯、哈根斯等人对共同引证集簇的结构研究证明，由澳大利亚抗原和逆转录酶两个专业的科学家所提供的社会计量数据与共同引证的数据相当吻合，共同引证密度的差异和专业的不同认知发展紧密相连，能揭示出专业发展、转变和消亡的动态过程[12]。共同引证分析技术不仅开启了一种系统调查专业内在结构和它们彼此间联系的方式，也说明了学科或专业有一个发展、衰落的过程。

默顿及其学派关于学科或专业兴衰的研究表明：学科或专业有其自身的兴衰规律，外界社会因素在一定程度上能影响其发展，但这种影响必须通过学科或专业自身才能起作用，只有尊重学科或专业的自主性，才能从根本上促进其发展。

四、默顿的科学自主性思想对我国当前科技体制改革的启示

自主性是科学内在的本质要求，但是，科学的自主性并不意味着科学是一个完全与外界隔绝的、自给自足的社会。科学的自主性是科学与社会的张力关系中所表现出来的一种独立性，是相对的而不是绝对的。科学从来没有也不可能绝对不受其他社会因素的制约，科学固有的不确定性，以及所引发的伦理道德问题，正不断加大着对科学进行控制的呼声。各种人为的和社会的因素在科学制度的社会运行中时时处处都可能存在，有时还可能对科学知识的生产起重要的作用。默顿科学社会学试图抹杀社会因素对科学知识及其生产过程的影响，具有一定的理想主义色彩以及远离科学实践的缺陷。但是，不可否认，其着眼于科学制度角度发现的一系列科学自主性所体现的追求真理、尊重事实和崇尚理性的基本精神，无疑是正确的。

随着科学技术的飞速发展及其社会影响力的加大，人们对科学技术的社会运行情况的关注进一步加强。默顿科学社会学从科学与社会的政治、文化背景的关系中提出了自主性问题，其对科学制度的系统研究，有助于了解科学的社会运行情况及其规律，特别是对科学自主性的强调，对于当前我国的科技体制改革具有特别重要的现实意义。在我国大力推进科教兴国战略的大背景下，加强对科学的有效组织与管理，构建健全的科学共同体显得尤为迫切。科学的自主性意味着科学自治、科学探索自由以及科学价值独立。进入大科学时代以来，由于科学与政治、经济、军事等的关系变得愈加复杂，如何使科学在保持其自主性的同时承担起对社会的责任，始终是各国科学界共同关心的问题。默顿科学社会学在洞察和把握科学的自主性方面，贡献了极其丰富的思想资源。默顿认为科学是一种具有独立性和自主性的社会制度，他对科学制度进行了全方位的研究，指出科学具有独特的规范结构、评价机制、交流体系、奖励制度以及分层结构，其目的是强调科学制度的自主性，避免和防止各种人为因素和社会因素的干扰和控制，使科学能够按照自己的行为规范、评价机制、奖励制度、交流体系等自主运行，这一点对于科学的健康发展是至关重要的。此外，不论何种因素，都必须通过科学内部的逻辑发展需求和科学制度的自主性因素才能对科学发挥作用。这一点，即便是在科学对社会的依赖性极大增强的大科学时代，也同样适用。

长期以来，我国的一些理论工作者片面强调物质生产和各种社会需要对于科学发展的根本动力作用，这种认识上的偏差进而导致在科学发展的实践中，轻视和违反科学自主性的现象时有发生。事实上，不论何种社会因素，不管其对科学的发展起多大作用，它也只是科学发展的外部因素，必须通过科学内部的逻辑需要才能对科学发展起作用，所有科学内部的矛盾运动相对于物质生产等社会需要的推动作用都具有自身的独立性[13]。这就启示我们，任

何国家和地区在对科学实行计划和控制以及进行资金、物资和人力投入的同时，还必须从体制、政策乃至文化等层面尊重科学的自主性，方能真正促进科学的发展。

当前我国学术界无视和违反科学自主性的现象比较严重。从学科建立、职称评定、成果发表到科学奖励的分布，马太效应现象极为严重，且与整个官本位的社会结构相联系，唯官是从和权力崇拜严重损害了科学的自主性。我国在对科学实行一定规划和计划管理的过程中，没有处理好计划和自由之间的关系。科技体制改革过多地强调科学研究要满足经济需求，对于科学的自由研究不够重视，致使科研人员在课题的选择方面受到很大限制。据调查，在1955—2001年期间选出的970名院士中，来自军事研究机构的院士只有106人，而实际参与军事研究项目的院士高达225人[14]。显然，这与党和政府一贯强调军用研究的政策导向有关。在当前资金支持的范围和力度过小的情况下，社会急功近利地要求科研人员限时限量出成果，无视科学研究中可能出现的大量不确定性因素和复杂性因素，没有保持计划的灵活性，这也严重影响了学术界的自主性。在我国学术界，“学而优则仕”的官本位思想根深蒂固，年轻学者必须承担重要的行政职务，这严重影响了他们的正常科研活动。曹聪和理查德·萨特梅尔（Richand P. Suttmeier）对我国优秀年轻科学家的调查显示，“在52个被访者中，210个承担行政职务。他们被纳入国家的政治进程不一定是自己的选择”[15]。理查德·萨特梅尔指出，“当我们考虑自主性的一些特征——自由决定研究方向，对奖励和惩罚的控制，运用和科学相适应的质量控制机制，科学交流中的自主权，这些特权在中国自从20世纪50年代以来从未获得”[16]。

在学术评价方面，我国学术界关于科学成果的质量评价体系并未真正建立，发表论文的数量、级别往往与科研人员的年度奖金、学位证书、学术职称以及学校的专业排名、硕博士点资格申请等直接挂钩。同时，也未能真正贯彻落实同行评议制，同行评议中存在的问题大致可归结为以下三方面：①同行评议制度不健全，与操作系统不匹配；②评审专家的遴选与组成不科学，准同行少、外行多；③评议程序不透明，黑箱操作和行政干预的现象很明显。评价制度不健全、评价体系不完善、评价方法不规范等问题的存在，助长了科学界的急功近利、浮躁浮夸等不良风气，已成为影响科技创新的突出问题。科学评价是科学奖励的基础，学术评价方面所存在的种种问题必然影响到科学奖励的公正性和权威性。科学本身具有一套行之有效的奖励制度，其实质是“同行承认”，它为科学的社会运行提供了持久的动力。因此，科学奖励应该主要体现其荣誉性，而不应该过多地和金钱、地位等物质方面的利益相挂钩。

默顿系统阐明了科学制度的自主性是科学事业得以健康发展的前提和基础，认为“任何有关科学与其他社会制度关系的政策，如果不能考虑这种对自主性的要求，它就会走向自我失败”[17]。科学的持续发展需要科学家具有永无止境的好奇心、怀疑精神、献身精神等良好科学素质，而培育这种科学素质需要自由、民主、宽松的政策环境。爱因斯坦曾指出，科学需要三种自由，首先是言论自由，包括发表论著、表达思想和从事教学活动的自由。其次，支配时间和精力的自由。他将这两种自由称为外在的自由。再次，内心的自由，即思想上不受权威和社会偏见的束缚，能自由地独立思考[18]。自由对于科学家满足真理的需求是必要的。李克特进一步指出“自由”和“支持”是科学持续运转所必需的两个基本组织条件。其中，“自由”包括不存在可能会干预科学活动的抑制因素，特别是不存在对科学思想的传播和批评的限制；“支持”包括可以获得科学活动必需的薪金、设备、物资等资源以及社会的认可和尊敬[19]。

科学作为一种高度自治的制度，有自身的运行机制和发展规律。诚然，科学的自主性只能通过科学家的身体力行才能实现，但是，光靠他们的洁身自好还不够，还要靠社会环境的整体改善以及健全的科技政策和相关法律制度方面的保证。这就启示我们：必须改革行政主导型的科技管理模式和经济利益导向型的科技政策，把科学界从行政化权力的桎梏中解脱出来，为其创造宽松的政策环境。政府在以计划和科技奖励的形式对科学研究进行宏观调控时，必须以科学现有的发展水平为前提，通过对科学的人力、物力和财力的支持，间接地行使行政手段，有意识地引导而不是强行控制科学发展的方向。科学有自己的一套评价和奖励体系，学术评价和奖励属于科学界内部的事情，社会应少插手，使学术水平的评定与科研成果的承认和行政级别相脱离，还给科学界应有的独立、自由空间，以保证科学社会的健康发展，最终确保确证无误的知识的生产。与此同时，社会还必须为科学发展提供足够的资金支持。因为“科学的重大的和持续不断的发展只能发生在一定类型的社会里，该社会为这种发展提供出文化和物质两方面的条件”[1]。在大科学时代，科学所需的资金愈来愈多，其持续运行必须以充足的资金为前提。社会应该为科学活动提供资金、设备、物资等方面的支持，以保障科学持续稳定地发展。特别是对于基础科学，由于基础科学研究需要经历一个长期的过程，指望短期资助产生直接经济效益是不现实的，社会应该事先给予基础科学充足的资金和时间保障。

总之，科学自主性是科学赖以生存和发展的前提和基础，只有社会和学术界共同努力捍卫科学的自主性，才能保障科学事业的健康发展，切实全面贯彻落实科教兴国战略，为中华民族的腾飞提供制度保障和智力支撑。

参考文献

[1] R. K. 默顿. 十七世纪英格兰的科学、技术与社会. [M]. 范岱年，译. 北京：商务印书馆，2000：再版前言 8，220，81－82，14－15.

[2] Merton，Robert K. Science and the social order [J]. Philosophy of Science，1938，5 (3)：321－337.

[3] Merton，Robert K. Science and military technique [J]. The Scientific Monthly，1935，41 (6)：542－545.

[4] R. K. 默顿. 科学社会学 [M]. 鲁旭东，等译. 北京：商务印书馆，2003：423.

[5] 杰里·加斯顿. 科学的社会运行 [M]. 顾昕，等译. 北京：光明日报出版社，1988：8－9.

[6] Zuckerman，Harriet. The sociology of science [M] //Neil J. Smelser. Handbook of sociology. Newbury Park：Sage Publications，1988：524.

[7] Thackray，Arnold，Merton. On discipline building：the paradoxes of George Sarton [J]. Isis，1972，63 (4)：473－495.

[8] Barber，Bernard. Research on human subjects：problems of access to A powerful profession [J]. Social Problems，1973，21 (1)：103－104.

[9] Mullins N C. The development of a scientific specialty：the phage group and the origins of molecular biology [J]. Minerva，1972，10 (1)：51－82.

[10] Hargens Lowell L，Hagstrom Warren O. Sponsored and contest mobility of American academic scientists [J]. Sociology of Education，1967 (40)：24－38.

[11] 戴安娜·克兰. 无形学院 [M]. 刘珺珺，等译. 北京：华夏出版社，1988：译者前言 5.

[12] Mullins，Nicholas C，et al. The group structure of Co-citation clusters：a comparative studsy [J]. American Sociological Review，1977 (42)：552－562.

[13] 马来平．科学自主性与科学素质传播［J］．山东大学学报，2007（6）：155－160.
[14] Cong Cao. China's scientific elite［M］. London，New York：Routledge Curzon Press，2004：122－129.
[15] Cong Cao，Richand P，Suttmeier. China new cientific elite：distinguished young scientists，the research environment and hopes for Chinese science［J］. The China Quarterly，2001（168）：960－984.
[16] Suttmeier，Richard P. Corruption in science：the Chinese case［J］. Science，Technology & Human Values，1985，10（1）：52.
[17] R. K. 默顿．社会研究与社会政策［M］．林聚任，等译．北京：生活·读书·新知三联书店，2001：249.
[18] 爱因斯坦．爱因斯坦文集：第三卷［M］．许良英，等译．北京：商务印书馆，1979：179－180.
[19] 小摩里斯·N. 李克特．科学是一种文化过程［M］．顾昕，等译．北京：生活·读书·新知三联书店，1989：120－121.

（本文原载于《科学与社会》2011 年第 4 期）

后默顿时代科学社会学述评

洪 伟
（清华大学科学技术与社会研究所 北京 100084）

摘 要：目前国内关于科学社会学的推介以默顿学派的理论为主，但对默顿之后科学社会学的发展没有进一步的追踪，而是转而关注科学知识社会学的理论，仿佛默顿科学社会学彻底消亡了。事实上，默顿科学社会学虽然在STS领域被彻底否定，在社会学内部也属于边缘化方向，但其学术价值在公共政策领域和经济管理领域得到充分的承认和应用，近年来可见度正在逐步提高。试图对科学分层方向、科学合作方向、科学对经济的影响及衍生研究方向进行梳理，以促进后默顿时代的科学社会学在其本源学科的发展。

关键词：科学社会学；科学分层；科学合作；科学与经济

科学社会学，这个由默顿开创的社会学分支学科，曾经爆发出极强的生命力。在20世纪六七十年代，默顿及其学生作出了一系列堪称典范的社会学研究，其影响延续至今。但是，随着科学知识社会学的兴起，对科学的研究从科学家、科学组织和科学建制扩展到了对科学知识本身的研究。科学社会学（Sociology of Science）也随之被科技的社会研究（Science &Technology Studies）、科技与社会（Science，Technology and Society）这些带有跨学科色彩的名称所取代，而默顿在此领域所作出的杰出贡献则被冠以默顿科学社会学（Mertonian Sociology of Science）的标签。基于Howard D. White对默顿和其他作者被共引情况的分析，Hargens[1]告诉我们这一标签的意义在不同的历史时期、对不同的群体，有着迥然不同的含义。

在20世纪70年代，默顿科学社会学几乎就等同于科学社会学本身，而之后的科学知识社会学对其不遗余力的抨击和排挤则使得这一标签隐隐带上了负面的含义。Hargens的引文分析发现科学知识社会学阵营的人几乎不引默顿的著作，即使引也是因为要对之进行批判；反而是引发这一革命的库恩（T. Kuhn）本人对默顿有较为正面的评价。与之相反的是另一群默顿主义者（Mertonians），其中包括默顿的学生科尔兄弟（Jonathan R. Cole和Stephan Cole）、朱克曼（Harriet Zuckerman）和本·戴维（Joseph Ben-David）以及曾撰写《科学共同体》一书的Warren O. Hagstrom，他们的研究中大量引用默顿的几乎所有工作，可以被视为默顿最忠实的拥护者[1]。

国际学界中的派别对立到了中国并未延续，概因无论是来自北美的默顿科学社会学，还是源于欧陆的科学知识社会学，对国内均有借鉴意义。对从未置身于争端的国内学界来说，两者都是值得学习的对象。目前国内关于科学社会学的教科书仍以默顿学派的理论为主，但对默顿之后科学社会学的发展没有进一步的追踪，而是转而关注科学知识社会学的理论，仿佛默顿科学社会学作为科学争论中失败的一方彻底消亡了。事实上，默顿科学社会学虽然在STS领域被否定，在社会学内部也属于边缘化方向，但其学术价值在公共政策领域和经济管理领域却得到充分的承认和应用，近年来其影响正在逐步提高。本文试图对介于默顿主义者与STS之间的领域进行梳理，以促进后默顿时代的科学社会学在其本源学科的发展。

本文的第一部分将介绍科学分层方向的研究。这个方向的研究者普遍具备很强的定量分析能力。他们关于科学分层的研究可以说是对默顿普遍主义规范的检验——科学家所获得的承认是否真的不受个人特质（如性别）和出身（如博士毕业的学校）的影响？鉴于科尔兄弟在这一领域的贡献已为国内读者熟知，本文将集中介绍科尔兄弟之外的一个精英团体。这个团体不属于默顿主义者，只会有选择地引用默顿的相关研究。但他们的研究沿袭默顿传统，大多发表于顶级的社会学期刊。第二部分介绍科学家的合作研究，这部分研究始于普莱斯和克兰对无形学院的研究。以两人为主线，分别发展出科学计量学对科学整体网的分析和社会学家对科学家个体网络的分析两种主要进路。克兰虽然是默顿的学生，但她的研究可谓独树一帜。这个方向的研究者通常会根据自己研究的主题有选择地引用默顿的工作作为理论支撑，也是科学社会学一个很有前景的发展方向。第三部分介绍科学对经济的影响及衍生问题研究。早在20世纪60年代，经济学家提出公共研究机构生产的知识将会对经济增长有所贡献[2-3]。到了20世纪80年代，许多国家开始反省对基础科学的过分投入，转而强调研究要结合社会的实际需要。Freeman等人进一步提出了国家创新系统的概念[4]，并将大学视为该系统的一个重要组成部分。由此，大学在传统的教学和科研任务以外，又开始肩负服务社会、将科研成果向市场转化的创业使命。创业型大学的概念应运而生[5]。这一革命性的转向对传统的学术规范造成了巨大冲击，也由此衍生出一系列对新形势下创业型大学和科学家的研究。这部分应该说是科学社会学和经济学交叉的产物，社会学特质已不明显。但这一取向认可默顿科学社会学的贡献，不失为另辟蹊径的一个学术阵地。

一、科学界的分层

Hargens[1]对SSCI中“library and information science”和“history and philosophy of science”分类下的论文进行了引文分析，之所以没有包括社会学类杂志，是因为科学社会学只是默顿社会学生涯中的一小部分，如果包括社会学杂志，共引分析得出的结果势必是关于默顿其他方面的成就，而不仅仅是限于科学社会学的。为了把社会学类杂志也包括进来，同时把分析范围局限于科学社会学，White又作了默顿和Hargens的共引分析[1]，这时，科学知识社会学的群体消失了，一个新的由社会学家组成的研究科学界分层的小群体浮出水面。他们是Paul D. Allison，Alan. E. Bayer，Mary Frank Fox，J. Scott Long，Barbara Reskin和Lowell Hargens本人。在这6人中，除了Bayer，其他5人之间有着或紧密或偶尔的学术合作，在科学界分层方向的学术成果经常见诸美国最顶级的社会学杂志，可以说是构成了一个小型的无形学院，以下将介绍他们回顾科学界分层的主要研究成果。

1. 什么因素决定了科学家的科研产出、职业地位？

根据默顿的普遍主义规范，科学界的奖励系统会根据科学家对科学知识的贡献分配奖励。这些奖励包括文章的发表和被引用、好的工作、科研经费、快速的提职、在业内的声望乃至各种荣誉（如入选科学院院士、获得诺贝尔奖）。科尔兄弟在《科学界的社会分层》一书中写道："科学界产生分层的社会过程也许近似于一种基于普遍主义原则之应用的英才统治的理想，而且可能在这一点远远胜于我们社会中的大多数（或许是全部）体制。"[6]而上文提到的研究科学界分层的小群体则通过若干实证研究提出了相反的观点。

首先，科学家在分层体系中处于什么位置？是由科研表现决定，还是由其他因素决定？这直接关系到默顿的普遍主义规范是否真正作用于科学界分层。早在 1967 年，Hargens 和 Hagstrom[7]就通过对 576 位自然科学家的调查发现，在控制科研产出的情况下，科学家们博士毕业院系的声望和他们现在任职院系的声望高度相关，从而提出科学界分层并不是完美地按科研表现而定。Long[8]再次验证了这一发现，科研产出不仅对科学家的第一份工作没有影响，对后面更换的工作也没有影响。和人们普遍认为的科研表现好才能找到更有声望的工作相反，是声望高的系促进了科学家的科研产出。这一因果关系只能通过跨时间的数据分析发现。Long 对此结果的解释是好的系教学任务较少，有更多的时间用于科研；能提供更多资源和好的研究助理；有杰出的同事和支持研究的氛围；也许署名声望高的系更有助于论文的接收和扩散。这一发现在后来的两项研究中得到进一步的证实，科学家的科研表现会和所在环境相符，是工作环境决定科研产出而不是相反[9-10]。不过 Long 在和 Allison 合作的另一项科学家流动的研究中[11]对以上结论作了一点修正，即换工作之后的院系声望由前一个工作的声望、博士毕业院系的声望和六年内出版物的数量决定。换工作是否能带来职称的提升则由博士毕业院系的声望、职业生涯的长度和文章被引频率决定。

其次，博士毕业院系的影响不仅来自该院系的声望，还源于导师的产出率和声望。Reskin[12]提出，同一系里教授的水平不一，因此应该把导师的特征作为解释学生工作的重要变量加以考虑。通过对一个化学家样本的追踪调查，她发现导师的科研产出影响样本科学家求学期间的科研产出，所在系的声望则对科学家毕业 5～10 年后的产出有正面影响，这些都可以归结为好的院系和导师的确能提供更好的指导和训练，从而提高其毕业生的科研能力和就业前景，完全符合默顿的普遍主义规范。导师是否入选国家科学顾问系统及获得荣誉学位的数量代表了导师的声望，这两个指标对学生是否能找到终身制轨道的教职及是否能最终获得成功有显著影响，这一影响独立于学生的科研表现而存在，违反了普遍主义规范。与之前的许多研究不同，Reskin 没有发现博士毕业院系的声望对科学家工作职位的影响。但 Reskin 并没有否认这一效应的存在，而是归因于自己使用了不同的测量科学家工作职位的指标。无独有偶，Long，Allison 和 McGinnis[13]也发现博士毕业院系的声望和导师的声望对毕业生的第一份工作的声望有显著影响，而科研产出对此却没有影响。

再次，马太效应带来的累积优势效应是导致科学分层的重要因素，早期得到认可的科学家更容易得到有利于科研的资源，如科研经费、实验室、优秀的同事和学生等，从而有更好的科研产出。而未能及时得到认可的科学家会因为缺乏以上资源从而与前者进一步拉大差距。Allison 和 Stewart[14]通过把一个截面数据分为不同年龄的群体进行比较发现，科研产出的差距的确随年龄增加而加大，而这主要是因为科研产出高的科学家继续投入较多的时间进行科研，而产出少的科学家则逐渐淡出研究工作。因为这不是跨时间数据，Allison 等人[15]又收集了真正的同期数据进行分析，同样发现科研产出的数量差距随时间加大，但论文被引的差距则没有加大。结合前面的发现，科学家的第一份工作往往取决于科研能力之外的因素，那么名校出身的科学家在开始阶段就会相对其他科学家有初始优势。通过后期的优势累积，起始阶段的差距会越来越大。这一科学分层的产生和维系是违反普遍主义规范的。

与其他作者不同的是，Hargens 没有止步于对科学家个体特质的分析，而是另外探讨了一些宏观变量对科学分层的影响。Hargens 和 Hagstrom[16] 发现，研究领域的共识程度越大，研究能力杰出的科学家就越容易取得成功。例如，以往研究发现的博士毕业院系的声望效应，在共识程度低的领域作用较明显。也就是说，普遍主义规范在共识程度高的领域贯彻得更好。Hargens 和 Felmlee[17] 提出，领域的发展和更新速度影响科学分层。快速成长的领域中论文被引频次增多，整体被引差距加大，从而加剧了科学分层。但对最近工作的引用超过对过去工作的引用则有助于减小这种差距，因为年长学者的优势不复存在。最近，Hargens[18] 分析了宏观劳动市场对科学产出的影响。通过对 1975—1992 年间 638 位社会学助理教授的研究，他发现在工作市场不景气时教授们的产出率更高，也许是因为这时拿到终身教授的职位更难，所以面临更大的发表论文的压力。以往研究对宏观背景的忽略显然是有可能得出错误结论的。这一方向的社会学研究集中在 20 世纪 70 年代末到 90 年代初，如前所述，大部分相关研究者关注更多的是社会统计方法，后来没有在这一领域进行持续的研究。现在在公共政策领域仍然有许多关于科学家科研产出的研究，但就理论深度和系统性而言，均未能超越上述研究。

2. 科学家性别对科研产出和职业生涯的影响

科学界分层中有一个重要的方向就是性别研究。不同时期的研究都分别发现，女性科学家的科研产出低于男性科学家，比较而言，不可能得到研究型大学的教职，而且职称提升较慢。原则上以上提到的所有影响科学奖励分配的因素，都可以进一步考察其和性别的交互作用效应。事实上，普遍的分层研究渐已淡出科学社会学的视野，反而是性别研究的方向一枝独秀。这大概是因为性别和职业成就的关系在社会学领域里一直是一个主流话题，科学家的性别研究在这颗大树的蔽荫下得以延续，而科学分层的普遍研究由于延续了默顿传统，在科学知识社会学家占据了主流地位的情况下受到更多的打压。

Mary Frank Fox 对科学家性别研究领域最为专注，早在 1981 年，她即撰文抨击女性的科研表现没能为她们带来和男性一样的薪酬回报率[19]。她和 Faver 合作[20]，考察了科学家的个人特质、环境特征和公共服务及婚姻家庭情况后发现，对女性而言，对科研的态度和投入程度对科研产出是最重要的因素。在公共服务方面，作为杂志编委对所有人的产出都有正面效应，但服务于全国性的职业协会则只对提高男性的产出有积极影响，对女性的产出有负面影响。这说明这类社会活动只会分散女性的时间和精力，而并未带来额外的收益。婚姻状况和孩子的数量一向被认为是导致女性科学家产出较低的主要因素，但以往的经验研究得出的结论往往互相矛盾。这项研究划分了孩子的年龄，发现家有年幼的孩子对女性的科研产出有正面影响，原因很可能是孩子年幼的时间一般也正好是获得终身教职前的这段时间，发表论文的压力比较大。在 2005 年的一项研究中，Fox[21] 进一步细化了婚姻状况和配偶职业等变量，进一步探讨婚姻家庭对女性科学家的影响。结果显示，配偶是学术界以外的科学家或专业人员的女性有更多的科研产出，处于第二次婚姻的女性科学家有更多的科研产出（二婚女性更多地与科学家结婚）；再一次，有年幼的学前孩子对科研产出有正面影响，Fox 给出了 7 种可能的解释，其中强调了女性只要善于规划时间，是可以平衡事业和家庭的。总体而言，Fox 强调女性科学家能够靠对科研的投入来克服先天的劣势。

博士毕业院系的教育质量和导师的研究水平对科学家的职业生涯至关重要。Long[22]发现，女性博士生往往会因为生育而失去和导师合作的机会，而男性博士生则没有这个问题。鉴于导师的指导对读博期间科研产出的重要性，女性在起步阶段就已经落后了。而这一劣势会因为马太效应而加剧。Fox[23]更进一步详述了女性博士生在教育阶段受到的不同对待，女性较少得到教授的严肃对待和尊重，她们也较少在组会上发言、较少和男性同学或老师合作，和导师的关系更像师生关系而不是平等的合作关系。但Fox也说明这些情况在快速上升的系里有所改善。

Long[24]发现，所谓女性科研产出较男性低是源于均值比较的结果，提供的是不全面的信息。事实上，在产出很少的人群中，女性远多于男性；在多产的科学家中，男性远多于女性。这些因素共同作用的结果是女性平均产出较低。但在男性产出开始下降的时候，女性产出反而会有所升高，对男女产出的差异要放到整个职业生涯中去看。而且，女性的论文得到引用的要高于男性。Xie 和 Shauman[25]也发现科学家科研产出的性别差异在逐渐缩小，而且所谓性别差异，其实是由于在资源获取机制上的性别不平等造成的。Long，Allison 和 McGinnis[26]发现，对科研产出特别高的女性而言，她们从副教授提升到正教授的可能性要高于同等水平的男性。但是这部分女性的比例很小，大部分女性的科研产出很低，她们得到提升的可能性则小于同等水平的男性。反映到总体上，看到的就是女性获得提升较慢。而且，愈是声望高的系，对女性的提升愈为苛刻。

针对女性在科学家中的比例远低于博士毕业生比例的现象及由此带来的性别歧视的指控，Hargens 和 Long[27]指出，即使没有歧视，人口学惯性注定了女性比例的提升是个长期而缓慢的过程。他们的模型假设女性博士毕业生的比例从20%升高到50%，同时男女能力一样，不存在歧视，教授队伍的数量保持不变。5年后，会有14%的教授退休，其中20%是女性，这些职位被新人填充，其中50%是女性，而这只将教授中的女性比例提高了4.2%。要使得教授中的女性比例达到50%，需要大约35年的时间。这一研究再次证明，脱离了社会结构变量、拘泥于个体层面的分析，很容易得出错误的结论。

二、科学家的合作研究

普莱斯和克兰对无形学院的研究开启了对科学家合作研究的先河。普莱斯在《小科学，大科学》[28]一书中首次把科学家非正式的交流群体称为“无形学院”。“无形学院”原指英国皇家学会的前身——由十来位杰出的科学家组成的非正式小群体。普莱斯借用这个词来指那些从正式的学术组织派生出来的非正式学术群体，群体成员保持不间断的接触、彼此分发手稿复印件，并且频频到对方的机构中进行合作研究。克兰后来在《无形学院》[29]一书中将无形学院重新定义为合作者群体中少数多产科学家形成的核心交流网络，他们使合作者群体之间联系起来，促进科学交流和创新的扩散，决定领域的范式和发展方向。在现代科学日益专门化、交叉学科兴盛、实验仪器昂贵的形势下，科学合作已成为优势互补、降低科研成本的重要手段，对科学合作的研究也成为科技政策的热点领域。

最常见的衡量科学合作的指标是看科学家之间是否有合作的文章发表，这可以通过查找科学引文索引（Scientific Citation Index）得到。从这个规范全面的数据库中，既可以查找目标科学家的合作记录，构建以科学家个体为中心的合作网络，也可以以领域学科为单位，分析其中科学家整体合作网络的态势。虽然以这种方法查找的科学合作客观全面，但也有不少缺点为人诟病。例如，有的科学合作不一定最后表现为发表的文章，而共同署名发表的文章不一定代表科学合作真正发生了，对论文没有贡献而获署名的现象中外皆有。另外还有许多技术上的问题比如重名的情况，会带来数据上的偏差。因此也有不少研究通过问卷调查，让科学家自己填写科学合作的情况。当然这种方式成本较高，科学家的回忆也可能出现偏差。以下具体介绍几个方向的研究。

1. 科学计量学的视角：科学合作是否能提高科研产出的数量和质量？

目前对科学合作研究最多的是科学计量学方向的学者。通过搜集特定领域和时间段内合作发表论文的信息，可以获得作者的姓名、工作单位、国家等信息，进而分析科学家之间、院系之间、单位之间乃至国家间的合作情况。其中最核心的问题是合作是否能提高科研产出的数量和质量。

Gordon[30]研究了某主流天文学杂志的投稿情况，发现署名作者越多，被接受的频率越高。这可能是因为在文章提交前已经在内部进行了交互检查和修改，从而提高了文章质量。Lawani[31]发现在癌症研究领域，论文作者越多，越可能成为高被引文章。Narin 和 Whitlow[32]也发现国际合作的文章的被引次数可高达单一国家来源的文章被引次数的两倍。Pravdic 和 Oluic-Vukovic[33]发现化学领域的科研产出和合作频率高度相关，和高产者合作能提高自身的科研产出，而和低产者合作则会降低自身的科研产出。最高产的作者合作频率最高，所有人都喜欢和他们合作。

Yoshikane 等人[34]从 SCI 数据库中计算机科学领域里选取了 1998 年第一次在该领域以第一作者身份发表文章的作者，然后搜索了其最后一位合作者（在该领域通常为最重要的合作者）前 7 年的发表记录和该作者后面 7 年的发表记录，以分析合作者之前的科研产出对新人科学家后来的科研产出的影响。研究发现主要合作者之前的产出和新人科学家之后的产出没有明显的相关，但和高产科学家合作有助于新手继续而不是中断科研产出。由此引申出的结论是：资深合作者能帮助新人走上学术道路，但新人最终表现如何还是取决于自身努力。

针对某个领域和时间段提取的科学合作复杂网络，科学计量学家和物理学家都表现出浓厚的兴趣，对其网络特质和动力学进行数学分析[35-37]。Yoshikane 和 Kageura[38]从日本的某个会议论文数据库中选取了电子工程、信息处理、合成化学、生物化学四个领域，通过蒙特卡罗模拟研究其作者的个体网络规模和差异性的动态变化。分析显示，生物化学要求的合作最多，而信息处理的合作最少。化学科学家与不同合作者合作的频率差异很大，体现了对核心合作者的较大依赖性；工程科学家与不同合作者合作的频率则较平均，显示了较小的对某些科学家的依赖。

2. 科技政策的视角：对科学合作本身的考察

科学计量学善于运用数据库的资源作宏观层面的分析，但是具体到科学家为什么要进行合作、怎样进行合作、合作为什么能提高科研产出，则未能提供更深入的分析。Katz 和 Martin[39]对科学计量学把合作发表论文等同于科研合作的方法论进行了系统的批判，指出科研合作形式很多，合作发表论文只是其中一种形式。同时，合作的层次也分个体合作、小组合作、院系合作、机构间合作和跨国合作，其紧密程度相差很大。到底什么能称为科研合作，这是一个开放的问题，需要根据具体情况而定。他们还总结了科研合作上升趋势的原因：大型仪器费用上升、交通和通讯的便利、科学家的交流需要、实验技术日益专门化、交叉学科有助于创新、政治层面的政策激励（如欧盟的诸多鼓励合作的项目）。他们还指出，合作虽然能带来知识的共享和传递、思想的碰撞以及克服科研的孤独感、融入更大的科学共同体、提高工作的可见度等好处，但也需要付出一定的成本。异地的合作需要旅行，有时还需要运输科研设备；需要大量的时间一起写作项目申请、更新研究的进程、解决意见的不一致、决定作者排名顺序等；随着涉及人员的增加，管理成本也大幅升高；当不同机构进行合作时，还可能因为不同的文化、财政系统、知识产权政策等产生协调成本。Landry 和 Amara[40] 对合作的交易成本也进行了专门分析。

Melin[41] 通过问卷调查和访谈试图从微观的角度探讨合作究竟是如何进行的，科学家为什么要进行合作。他发现大部分的合作是因为需要对方的特殊技能、数据、仪器、方法等，余下 16% 的合作是因为朋友关系，14% 是师生间的合作。他也验证了合作对科研的积极作用，38% 的受访者认为合作提升了知识，30% 认为合作提高了论文质量，25% 认为合作为未来工作建立了联系，17% 认为合作产生了新的思想。总之，Melin 充分肯定了合作对科研的正面影响，并认为科学家通常是出于实际需要而展开科研合作的。

针对科学家和政策界普遍相信科学合作有助于提高科研产出的现象，Lee 和 Bozeman[42] 提出合作是否有利于产出取决于许多中间变量，不能一概而论。时下的科技政策热衷于设立各种鼓励合作的奖项、项目，甚至建立跨学科机构、中心等，其实是缘于对科学合作的盲目相信。例如，他们发现，从合作动机来看，出于指导学生或年轻同事动机的合作者会有更多的科学合作，但这些合作对他们的科研产出没有帮助。真正能提高科研产出的合作是基于优势互补动机的合作，这和 Melin[41] 的发现是一致的。总体而言，这项研究的结论是：科研合作对提高文章发表总数是有益的，但对人均发表数量的提高则没有帮助。Bozeman 的观点在以前的文章中已表述得很清楚[43]：合作不一定是为了提高科研产出，而是为了提高他人/学生、集体乃至领域的科技人力资本（Scientific &Technical Human Capital）。导师和学生合作虽然也许不如和资深同事合作有效率，但从研究小组或者整个领域的角度来看则是有好处的。

3. 社会网的视角：什么样的合作网络有助于更好的科研产出？

社会网分析是社会学、管理学近年来非常流行和有理论前景的视角。从社会网的视角分析科学家的社会网络对科研产出的影响给这一方向注入了新的活力。佐治亚理工大学的 Julia Melkers 和伊利诺大学芝加哥分校的 Eric Welch 合作，对美国科学家的个体合作网和讨论网作了调查，产生了一系列的会议论文。例如，Melkers 和 Welch[44] 探讨了社会网络的性别差异：女性科学家的职业社会网络在结构上是否不同于男性科学家？社会网络的组成和层级是否有性别差异？男女科学家的合作网和讨论网一样吗？女性是否能够进入为研究提供资源的关键网络？Melkers 和 Kiopa[45] 则研究了国际合作的源起、资源和互动情况，探究科学家在多大程度上涉入国际合作，这些合作如何产生和维系，以及网络中交换了何种资源。她们检验了一系列网络变量和参与国际合作的关系，比较了国际合作和本土合作所动员资源的多少。Ponomariov[46] 发现以相互信任、经常联络和相同背景为特征的长期合作更有利于提高科研产出，这和普遍提倡的进行宽泛和异质性的合作的观点相反。

事实上，到底该追求同质性强、互相联系紧密的社会网络，还是异质性强、互相联系稀疏的社会网络，是社会网研究中的一个核心理论问题。以 Coleman[47] 为代表的观点认为，互相联系紧密的社会网络更容易培育信任、避免投机行为，于团队合作乃至社会运行有利；以

Burt[48]为代表的观点则认为，互相联系稀疏、结构洞多的社会网络能够高速传递有效信息，对个体发展有利。管理学由此发展出诸多有关公司研发部门内部网络的研究，其方式方法同样适用于科学界的科研团队。因为是以团队为研究对象，收集内部成员间互相交流的整体网数据就成为可能，在网络结构方面的变量，可以做得比个体网精细，进而可以研究团队的网络结构对绩效、知识传递效率的影响。

Pfeffer[49]在他的经典研究中展示了不同时期来公司工作的团体之间的对立。他认为同期进入一个组织的人之间会发展出非正式的社会网络和彼此的认同感，这导致同期群内的沟通增加，而不同期群内的沟通减少。因而，同质性强的群体更容易合作，总体表现更好。与此相反，Ancona 和 Caldwell[50]认为不同时期进入公司的人圈子不同、拥有的技能和信息不同、看问题的角度不同，能更具创造性地解决问题。同质性强的群体虽然内部比较和谐，但因其成员的观点、信息和资源有较高的冗余度，整体表现欠佳。Reagans 等人[51]考察了 224 个合作的团队的样本，检验了网络密度和网络异质性与科研团队绩效的关系。他们发现，网络密度越高，合作可能性越大，交流越多，绩效越好；同时，网络异质性越大，有越多的学习和创新可能性，绩效越高。也就是说，这两个看似效应相反的结构变量对知识传递都有正面影响。

三、科学对经济的影响及衍生问题研究

近年来，由于科学研究对经济的促进作用，引起了经济学和管理学对科研人员的研究兴趣。在一定程度上可以说，默顿学派的科学社会学在社会学内部日趋衰亡，却在公共政策和经济学领域获得了新生。麻省理工学院和哈佛商学院有一门课就叫作科学社会学和经济学，两校学生均可选修，充分说明了这一现状。科学对经济的影响方面的研究（如大学对企业、地区乃至国家创新的作用）更多地属于经济学的范畴，在此略过。本文将集中于对其衍生研究方向的介绍，即大学在积极投身经济建设后，反过来对大学本身有何影响。在大学要服务于社会的新要求下，科学家纷纷为自己的发明申请专利、为公司提供咨询服务或者自己开办公司，成为所谓创业型科学家（entrepreneurial scientists）。大学传统的价值规范、分层体系会受到怎样的挑战呢？这是一个相当长时期内都要面临的问题。

1. 对科学价值规范的影响

科学共同体有其独特的文化和规范，默顿将之称为“科学的精神特质”，并简洁地概括为四条基本规范，即普遍主义、公有主义、无私利性、有条理的怀疑主义[52]。然而，在大学和研究机构普遍参与商业活动的今天，科学家还会固守以前的信条吗？Hackett[53]认为可以将科学规范视为多维度的综合体，每个维度的两端代表不同背景下的规范（例如大学实验室和公司实验室，一个领域和另一个领域，竞争升温之前和之后的大学）。这个由相对立的多维价值组成的科学模型认为科学建制所处的社会和经济环境对科学的文化有着巨大影响。所以，当大学愈来愈依赖于工业界的资助时，它们的运作方式也会更接近于商业机构，那些与商业机构相适应的价值观会相应地获得主导地位。因此 Hackett 的模型意味着两个对立的科学模型（“学术的/公开的科学”和“商业的/私有的科学”）是科学建制的互相竞争的两面，何者占据主导取决于具体的社会和经济环境。类似的，Slaughter 和 Leslie 用“学术资本主义”这一术语来描述这一环境的变迁以及相应的规范和实际行动的改变，具体表现

为大学的研究者在竞争压力下更多地采纳资本家R&D实验室的运作方式。Slaughter和Rhoades[54]认为当学术资本主义被制度化，学术的/公开的科学模型和商业的/私有的科学模型之间的差别就模糊了，两者合并成一种新的范式，把知识制造视为在竞争性的环境中一种确保资源的手段。大学价值规范的变化使人们产生了一系列担忧。

首先，最主要的担忧集中在，来自企业的科研经费会导致科学家把工作重心转移到应用研究和开发上，而忽略了基础研究[55]。虽然以应用为目的的基础研究已取得越来越多的认可，但如果没有纯粹的好奇心驱动的基础研究，必定会对科学的长期发展带来不利影响。Florida和Cohen[56]将此称为“偏移问题”（skewing problem），并通过检验相关的实证研究加以考察：由Cohen等人执行的针对美国的校企研究中心的卡内基梅隆调查显示，大学在发展校企关系的过程中是占主导地位的，并不像人们想象的那样被企业所操纵。但那些以提高企业产品和流程为使命的研究中心，的确更多地从事应用领域的研发工作。Rahm和Morgan的调查也发现科学家涉入企业合作越多，应用研究的倾向就越明显。当然，在没有更细致的跨时间数据的情况下，还不能贸然判定是企业资助导致了研究方向的偏移，也有可能是企业更偏好选择从事应用研究的科学家进行合作。Van Looy等人[57]甚至认为科学家研究方向的改变也许和科学文化的改变有关，而不一定是企业资助的原因。

其次，人们普遍担心商业利益的介入会妨碍大学研究的开放性。按照默顿的理想型描述，科学家通过及时公布研究成果来力图证明自己是第一个作出某项发现的人，从而获得同行认可[52,58-59]。这种认可是科学家的知识产权，在理想型中也是科学家能从发现中获得的唯一所有权，因为科学成果一经公布即成为公共财产，科学家没有权利通过扣留成果不发来规定别人如何使用成果。正因为知识本质上是公共货物，公司难以从新知识的制造中获利，从而普遍缺乏生产公共知识的动力[60]。一个解决方案是对研究结果的保密，这可以使得研究人员获利，但却阻断了新知识的传播和广泛利用，及由此带来的社会福利[61]。另一个广泛使用的措施是专利，允许发明者暂时把研究成果据为己有并获利，来换取成果持有人对发明的公开和传授，发明在专利过期后即成为公有知识的一部分[61-62]。可以看出，当科学家涉入与企业的合作时，就面临着两种文化的冲突：一方面，公有主义规范要求及时发表研究成果；另一方面，市场机制要求对研究成果保密或申请专利以获取商业利益。Florida和Cohen[56]将延迟发表甚至不发表等现象称为“保密问题”（secrecy problem），认为其违反了传统的学术规范。

Hong和Walsh[63]特别研究了1968—1998年间美国科学家的保密行为的变化情况，这一研究阶段与美国竞争议程的提出和创业型大学的上升正好重合。结果显示，在这30年里，科学家的保密行为显著增加，尤以生物医学领域的科学家为甚。更进一步，她们发现科学竞争是预测保密行为的一个显著变量。与Campbell，Blumenthal及其同事之前的研究认为专利是导致保密的重要因素[64-65]不同，在她们的样本里，未发现专利和保密之间的联系，尽管申请专利对数学家和物理学家的保密行为有微弱影响。像之前的研究一样，她们的确发现产业界的资助和提升的保密行为相关。但她们也意外地发现校企合作会带来较低程度的保密行为。因此，不像许多之前的研究一味地强调校企联系的负面影响，Hong和Walsh的结果揭示的是一幅更加复杂和有趣的图画。她们认为，对高科技公司来说，研发信息的及时性和用户化通常比保密更加重要，因此公司也许愿意容忍乃至鼓励它们的学术界合作者与领域内的其他人进行讨论，从而能得到更多专家意见[66]。和这类较高层次的校企合作相对的是，单纯的产业界资助常常只是大学实验室承担了一个较低端的公司研发项目，对合作水平要求不高，但对保密性要求较高。

2. 对科学分层体系的影响

前文提到，理想情况下，在科学共同体内部，奖励是按照科学家对科学知识体系的贡献分配的。而现在科学家对商业行为的涉入无形中创造了另外一套分层体系，其奖励的标准不是发表论文的质量或数量，而是其发明创造在经济领域的表现情况。Haeussler 和 Colyvas[67]由此提问，科学家的创业行为是复制了目前的分层体系——那些拥有资源和资历的科学家更容易把科学发现转化到商业领域，还是创造了新机会、颠覆了现有的秩序呢？他们通过对德国和英国的生命科学家的调查发现，拥有更多科学和人力资源的资深男性科学家更多地涉入创业行为，从而证明两套分层体系在很大程度上是一致的。

在科研产出上，Gulbrandsen 等人[68]发现，获得外部资助的科学家比未获得外部资助的科学家发表更多的出版物，而其中在社会科学和医药领域，有工业资助的科学家又比获其他资助的科学家有更多的出版物发表。Van Looy 等人[57]对一所比利时大学研究人员的出版物作了数量和内容上的细致分析，发现在有工业界项目支持的研究中心工作的科学家要比其他同事发表更多的文章。特别值得注意的是，在应用领域，涉及企业项目的科学家发表更多的论文，但他们在基础研究方面的论文产出也并不落后于其他同事。这两项研究都说明：①上一部分所讨论的“偏移问题”并未发生。虽然承担企业项目的科学家在应用领域有更多的论文发表，但这并不是以对基础研究的放弃为代价的，他们也许只是付出了更长时间的工作来满足学术和企业项目的双重任务。②科研产出和创业行为有一定的相关性，涉入创业行为的科学家往往也是科研表现杰出的科学家，再次证明现有的科学分层体系没有受到商业化的太多冲击。

管理学家们还探讨了环境对科学家创业行为的影响。Stuart 和 Ding[69]在回顾了美国大学对商业行为的漫长接受过程后，把 190 位创立生物科技公司和 727 位在公司科学顾问委员会任职的科学家界定为创业科学家，分析他们为什么会从科学家变成创业者。他们发现，科学家的同事和合作者的商业化倾向，以及其他工作场所的特质，显著影响科学家走向创业的概率。尤其当周围对自己的成果进行商业转化的是有声望的科学家时，这种影响效应最为显著。Kenney 和 Goe[70]考察了斯坦福大学和加州大学伯克利分校的电子工程与计算机系，发现前者的教授更多地涉入创业行为。他们认为尽管两个系都很支持教授的创业行为，但因为斯坦福在学校层面有更为悠久和成功的创业历史及支持政策，因此造成了两系教授的表现不同。Louis 等人[71]也发现科学家所处小组的规范对科学家是否积极投入商业化行为至关重要。与第一部分传统分层研究中组织环境影响科研产出的发现相联系，基本可以断言：科学家的社会环境、社会圈子极大地影响了他们的职业取向和职业成就。这也正是科学社会学有必要存在的原因。

四、结 语

传统的分层研究经过了 1970—1990 年的辉煌时期后戛然而止，其核心研究成员除了 Hargens 都转向了其他方向，新生力量的缺乏似乎使这一方向难以为继。但社会网理论的盛行和科学家新的服务社会使命的出现给这一方向注入了新的生机：科学家的社会网络在何种程度上对其科研产出、职位的获得和提升、研究经费及荣誉奖励的获得产生影响？科学家的商业行为对传统的评价机制和分层体系有何影响？这些研究问题都是在继承科学分层的经典研究成果的基础上发展出的具有理论和现实意义的新方向。性别研究方向一直保持着旺盛的生命力，当然，结合新的形势，也可以探讨科学家社会网络的性别差异、女性科学家在创业的新战场上是否仍然处于劣势等问题。科学合作因其数据的易得性而一直是科学计量学的重点研究领域，近年来又因为被政策界普遍认为对科学产出有积极影响而成为科技政策研究的热点，但这两个方向的研究在理论性上都稍嫌欠缺。延续克兰的传统，社会网视角的介入给这一方向带来了更多理论创新的空间。科学对经济的影响及衍生研究是近年来备受关注的热点领域，虽然这主要是经济学家的领地，但其中涉及科学规范、科学分层的部分，则需要社会学家的贡献。

具体到我国的情况，和国际上又有所不同。在科学分层方向上，其实在政策界一直有研究科学人才成长方面的课题支持，但研究的规范程度与国际水平相距较远。究其原因，除了我国社会科学总体水平比较落后外，还因为从事科学社会学研究的人才匮乏。社会学家对科学家这个群体不感兴趣，对科学家感兴趣的学者则主要出身科技哲学，对社会学的理论和方法不熟悉，科学知识社会学的崛起更分散了科学社会学方向的研究力量。在科学合作方向上，我国的科学计量学发展水平具备和国际接轨的能力，应该能够作出有中国特色的研究；管理学家在科研团队的研究上也做了很多工作；但从社会网角度出发研究科学家个体网络的目前还很少，急需社会学家的介入。在科学对经济的影响及衍生研究方向上，经济管理、公共管理的学者都积极参与。但我国学界目前的情况是过于强调科学对经济的正面促进作用，对学术商业化可能对科学建制带来的负面影响则不作考虑。社会学家理应肩负起自己的学术责任和社会责任，对这个学术空白加以填补。

综上所述，科学社会学在我国面临的主要困境是社会学人才的稀缺，在最能体现社会学特色的方向上没有形成研究队伍。但同时也有比国际上更为宽容的学术氛围，科学知识社会学和科学社会学在中国的发展并行不悖，甚至因为科学社会学的应用性较强，在政策界能够获得更多的经费支持。当国外科学社会学的生存空间不断受到来自科学知识社会学的排挤而庇身于科技政策和知识管理等方向时，中国反而为科学社会学的发展提供了肥沃的土壤。同时，中国作为经济快速发展的大国也引起了国际学术界的强烈兴趣，有诸多国外学者不远万里来到中国对科学家进行调查或访谈，但国际期刊中却鲜有来自中国本土的科学社会学研究。我们应该适时壮大科学社会学在中国的队伍，让国际上因为学术政治无谓中断的研究方向在中国得到继承和发扬光大。这对我们既是挑战，也是机遇。

参考文献

[1] Hargens L L. What is Mertonian sociology of science? [J]. Scientometrics, 2004 (1): 63 – 70.

[2] Arrow K. Economic welfare and the allocation of resources for invention [M] //Nelson R R. The rate and direction of inventive activity. Princeton NJ: Princeton University Press, 1962: 609 – 625.

[3] Nelson R R. The Simple economics of basic scientific research [J]. Journal of Political Economy, 1959 (3): 297 – 306.

[4] Freeman C. National systems of innovation: The case of Japan technology policy and economics performance: lessons from Japan [M]. London: Pinter Publishers, 1987.

[5] Etzkowitz H. The norms of entrepreneurial science: cognitive effects of the new university-industry linkages [J]. Research Policy, 1998 (8): 823 - 833.
[6] 乔纳森·科尔，斯蒂芬·科尔. 科学界的社会分层 [M]. 赵佳苓，等译. 北京：华夏出版社，1989.
[7] Hargens L L, W O Hagstrom. Sponsored and contest mobility of American academic scientists [J]. Sociology of Education, 1967 (1): 24 - 38.
[8] Long J S. Productivity and academic position in the scientific career [J]. American sociological review, 1978 (6): 889 - 908.
[9] Long J S, R McGinnis. Organizational context and scientific productivity [J]. American Sociological Review, 1981 (4): 422 - 442.
[10] Allison P D, J S Long. Departmental effects on scientific productivity [J]. American sociological review, 1990 (4): 469 - 478.
[11] Allison P D, J S Long. Interuniversity mobility of academic scientists [J]. American Sociological Review, 1987 (5): 643 - 652.
[12] Reskin B F. Academic sponsorship and scientists' careers [J]. Sociology of Education, 1979 (3): 129 - 146.
[13] Long J S, P D Allison, R McGinnis. Entrance into the academic career [J]. American Sociological Review, 1979 (5): 816 - 830.
[14] Allison P D, J A Stewart. Productivity differences among scientists: evidence for accumulative advantage [J]. American Sociological Review, 1974 (4): 596 - 606.
[15] Allison P D, J S Long, T K Krauze. Cumulative advantage and inequality in science [J]. American Sociological Review, 1982 (5): 615 - 625.
[16] Hargens L L, W O Hagstrom. Scientific consensus and academic status attainment patterns [J]. Sociology of Education, 1982 (4): 183 - 196.
[17] Hargens L L, D H Felmlee. Structural determinants of stratification in science [J]. American Sociological Review, 1984 (5): 685 - 697.
[18] Hargens L L. Academic labor markets and assistant professors' employment outcomes [J]. Research in Higher Education, 2012 (3): 311 - 324.
[19] Fox M F. Sex, salary, and achievement: reward-dualism in academia [J]. Sociology of Education, 1981 (2): 71 - 84.
[20] Fox M F, C A Faver. Men, women, and publication productivity: patterns among social work academics [J]. Sociological Quarterly, 1985 (4): 537 - 549.
[21] Fox M F. Gender, family characteristics, and publication productivity among scientists [J]. Social Studies of Science, 2005 (1): 131 - 150.
[22] Long J S. The origins of sex differences in science [J]. Social Forces, 1990 (4): 1297 - 1316.
[23] Fox M F. Women, science, and academia: graduate education and careers [J]. Gender and Society, 2001 (5): 654 - 666.
[24] Long J S. Measures of sex differences in scientific productivity [J]. Social Forces, 1992 (1): 159 - 178.
[25] Xie Y, K A Shauman. sex differences in research productivity: new evidence about an old puzzle [J]. American Sociological Review, 1998 (6): 847 - 870.
[26] Long J S, P D Allison, R McGinnis. Rank advancement in academic careers: sex differences and the effects of productivity [J]. American Sociological Review, 1993 (5): 703 - 722.

[27] Hargens L L, J S Long. Demographic inertia and women's representation among faculty in higher education [J]. The Journal of Higher Education, 2002 (4): 494 -517.

[28] Price D. Little science, big science [M]. New York: Columbia University Press, 1963.

[29] 黛安娜·克兰. 无形学院：知识在科学共同体的扩散 [M]. 刘珺珺，等译. 北京：华夏出版社，1988.

[30] Gordon M. A critical reassessment of inferred relations between multiple authorship, scientific collaboration, the production of papers and their acceptance for publication [J]. Scientometrics, 1980 (3): 193 -201.

[31] Lawani S M. Some bibliometric correlates of quality in scientific research [J]. Scientometrics, 1986 (1/2): 13 -25.

[32] Narin F, E S Whitlow. Measurement of scientific cooperation and coauthor shipin CEC-related areas of science [R]. Brussels: Comission of the European Communities, 1990.

[33] Pravdic N, V Oluic-Vukovic. Dual approach to multiple authorship in the study of collaboration/scientific output relationship [J]. Scientometrics, 1986 (5/6): 259 -80.

[34] Yoshikane F, et al. An analysis of the connection between researchers' productivity and their Co-authors' past attributions, including the importance in collaboration networks [J]. Scientometrics, 2009 (2): 435 -449.

[35] Newman M E J. The structure of scientific collaboration networks [J]. Proceedings of the National Academy of Sciences, 2001 (2): 404 -409.

[36] Newman M E J. Scientific collaboration networks I: network construction and fundamental results [J]. Physical Review E, 2001 (1): 16131.

[37] Newman M. E.. Scientific collaboration networks II: Shortest paths, weighted networks, and centrality [J]. Physical Review E, 2001 (1): 16132.

[38] Yoshikane F, K Kageura. Comparative analysis of coauthorship networks of different domains: the growth and change of networks [J]. Scientometrics, 2004 (3): 435 -446.

[39] Katz J S, B R Martin. What is research collaboration? [J]. Research Policy, 1997 (1): 1 -18.

[40] Landry R, N Amara. The impact of transaction costs on the institutional structuration of collaborative academic research [J]. Research Policy, 1998 (9): 901 -913.

[41] Melin G. Pragmatism and self-organization: research collaboration on the individual level [J]. Research policy, 2000 (1): 31 -40.

[42] Lee S, B Bozeman. The impact of research collaboration on scientific productivity [J]. Social Studies of Science, 2005 (5): 673 -702.

[43] Bozeman B, J S Dietz, M Gaughan. Scientific and technical human capital: analternative model for research evaluation [J]. International Journal of Technology Management, 2001 (7): 716 -740.

[44] Melkers J, E Welch. The structure of collaborative and career development social networks of women and men in academic science [C]. Atlanta, GA: The Atlanta S&T Conference, 2009.

[45] Melkers J, A Kiopa. The social capital of global ties in science: the added value of international collaboration [C]. Atlanta, GA: The Atlanta S&T Conference, 2009.

[46] Ponomariov B. Relational determinants of the productivity of scientific collaborations [C]. Columbus, Ohio: The 2009 Public Management Research Conference, 2009.

[47] Coleman J S. Social capital in the creation of human capital [J]. American Journal of Sociology, 1988, 94 (S): S95 -S120.

[48] Burt R S. Structural Holes [M]. Cambridge, MA: Harvard University Press, 1992.

[49] Pfeffer J. Organizational demography [M] //L L Cummings, B M Staw. Research in Organizational Behavior: 5. Greenwich CT: JAI Press, 1983: 299 -357.

[50] Ancona D G, D F Caldwell. Demography and design: predictors of new product team productivity [J]. Organization Science, 1992 (3): 321 -341.

[51] Reagans R, E Zuckerman, B McEvily. How to make the team: social network demography as criteria for designing effective teams [J]. Administrative Science Quarterly, 2004 (1): 101 -133.

[52] Merton R K. The sociology of science [M]. Chicago: University of Chicago Press, 1973: 267 -278.

[53] Hackett E J. Science as a vocation in the 1990s: the changing organizational culture of academic science [J]. The Journal of Higher Education, 1990 (3): 241 -279.

[54] Slaughter S, G Rhoades. Academic capitalism and the new economy: markets, state and higher education [M]. Baltimore, MD: The Johns Hopkins University Press, 2004.

[55] Nelson R R. Observations on the post-Bandolero rise of patenting at American universities [J]. Journal of Technology Transfer, 2001 (1): 13 -19.

[56] Florida R, W M Cohen. Engine or infrastructure? The university role in economic development [M] // Branscomb L M, et al. Industrializing knowledge: university-industry linkages in Japan and the United States. Cambridge MA, London: MIT Press, 1999: 589 -610.

[57] Van Looy B, et al. Combining entrepreneurial and scientific performance in academia: towards a compounded and reciprocal Matthew-effect? [J]. Research Policy, 2004 (3): 425 -441.

[58] David P A. The economic logic of open science and the balance between private property rights and the public domain in scientific data and information: a Primer [M] //Esanu J M, P F Uhlir. The role of the public domain in scientific and technical data and information. Washington DC: National Academies Press, 2003: 19 -34.

[59] Merton R K. Priorities in Scientific Discovery [J]. American Sociological Review, 1957 (6): 635 -659.

[60] Jaffe A. Economic analysis of research spillovers: implications for the advanced technology program [R] // National institutes of standards and technology. the advanced technology program. Washington: U. S. Department of Commerce, 1996.

[61] Cohen W M, R R Nelson, J P Walsh. Protecting their intellectual assets: appropriability conditions and Why U. S. manufacturing firms patent (or not) [R]. Cambridge, MA: NBER Working Paper 7552, 2000.

[62] Scherer F M. Patents and the Corporation [M]. 2nd ed. Boston: Privately Published, 1959.

[63] Hong W, J Walsh. For money or glory: secrecy, competition and commercialization in the entrepreneurial university [J]. The Sociological Quarterly, 2009 (1): 145 -171.

[64] Blumenthal D, et al. Withholding research results in academic life science: Evidence from a national survey of faculty [J]. JAMA, 1997 (15): 1224 -1228.

[65] Campbell E, et al. Data withholding in academic genetics [J]. JAMA, 2002 (4): 473 -480.

[66] Zucker L G, M R Darby, J Armstrong. Commercializing knowledge: university science, knowledge capture, and firm performance in biotechnology [J]. Management Science, 2002 (1): 138 -153.

[67] Haeussler C, J A Colyvas. Breaking the ivory tower: academic entrepreneurship in the life sciences in UK and Germany [J]. Research Policy, 2011 (1): 41 -54.

[68] Gulbrandsen M, J C Smeby. Industry funding and university professors'research performance [J]. Research Policy, 2005 (6): 932 -950.

[69] Stuart T E, W W Ding. When do scientists become entrepreneurs? The social structural antecedents of commercial activity in the academic life sciences [J]. American Journal of Sociology, 2006 (1): 97 - 144.

[70] Kenney M, W Richard Goe. The role of social embeddedness in professorial entrepreneurship: a comparison of electrical engineering and computer science at UC Berkeley and Stanford [J]. Research Policy, 2004 (5): 691 - 707.

[71] Louis K S, et al. Entrepreneurs in academe: an exploration of behaviors among life scientists [J]. Administrative Science Quarterly, 1989 (1): 110 - 131.

（本文原载于《科学与社会》2012 年第 3 期）

和谐与贯通——莱布尼茨的STS活动及启示

刘啸霆

（北京师范大学价值与文化研究中心 & 哲学与社会学学院 北京 100875）

摘 要：STS是第二次世界大战前后兴起的新兴领域和学科，其根本特征是科学、技术、社会三者相互渗透所形成的复合性超学科理念。而这早在莱布尼茨的科学活动中就有许多体现。莱布尼茨的STS活动可以分为理论和实践两个方面。在理论活动方面，他坚持整体的科学理念，开展跨界性的学术研究和对科学的人文性理解；在STS实践方面，他通过建立广泛的学术联系以及推动学术共同体的建设来开展科学、技术与社会的综合活动。这既有个体思想与立场、治学特点和风格的原因，也有研究范式和非学院化的社会身份的原因。由于莱布尼茨的手稿在生前大部分没有公布，结果导致了罗素所说的隐显两个“莱布尼茨”的存在。今天，研究莱布尼茨既要去挖掘和“发现”，又要去推动和实践他的理想。

关键词：莱布尼茨；STS；整体论；研究范式

一、引 言

近年来，莱布尼茨的成就和思想受到越来越多领域的关注和重视，这既得益于他的一些重要文献相继公开面世，也得益于他的许多思想具有极强的前瞻性或未来性。不必说信息时代的主要工具计算机，其基本思想可以远溯到莱布尼茨，就是最近一些年在国际社会发展极其迅猛的STS（Science，Technology and Society）运动，也可以在莱布尼茨的思想中找到雏形。只是对他的这一思想和活动，目前还缺乏深刻的反省与专门化的研究。

STS是起步于第一次世界大战之后，并在第二次世界大战期间获得大规模发展的新兴领域和学科。STS的主要视野集中在以科学、技术、社会三个范畴为极点的这样一个“三角”区域，这三个范畴各自代表了不同的学科或领域。STS的根本特性就在于，这三个学科之间两两相互交叉或渗透，即科学和技术相互渗透、科学与社会相互渗透、技术与社会也相互渗透，由此形成了一个复合性的整体的学科理念。由于以往的科学和技术都是小科学或小技术，不仅与社会之间具有间距，它们彼此也是分隔着的，而STS倡导联系和综合，它把人类、自然和社会看作一个有机统一体，把自然科学、工程技术、人文社会科学联系起来进行研究，从而实现了迄今最大的跨学科性的综合研究，也代表了当代最新的科学观和技术观[1]。

在 STS 的前史中有许多人作出过重大贡献。这方面比较知名的代表可以追溯到英国的弗兰西斯·培根，因为培根最先看到了科学的力量特性及其潜在的巨大社会价值，他不仅把科学看作一个新时代到来的象征，而且提高了人的物质性劳动的思想地位。培根的思想因其社会角色和富有感染力的文字叙述而得到广泛传播并产生了巨大影响。但培根本人并非严格意义的科学家，他除了做一些二阶性的学术探究如关于科学归纳的方法论整理以及制定科学发展的构想和规划外，主要集中在科学的价值认定和文化鼓动方面，这大体相当于今天的科学哲学或科学社会学工作，此外并不作具体的科学问题研究。而以一线科学家身份在今天看来确实是按照 STS 的路线从事科学研究工作的，除了中世纪后期文艺复兴时代的达·芬奇，在近代则首推莱布尼茨。更为重要的是，莱布尼茨在他那个时代的学术活动中差不多是以一人之力自觉地推动科学、技术与社会联合的人。纵观与其同时的各色科学家，莱布尼茨或几乎只有莱布尼茨的劳动真正体现了后来被称为 STS 的许多理念和工作特性。莱布尼茨的主要功绩在于 STS 的一些核心观念在他的科学技术研究和实践中均有鲜明体现，而这样的思想和观念在他之后两个多世纪才被人们充分意识到。

本研究的目的也并非一定要在莱布尼茨的论著中发现他对现代科学的发展究竟有多少准确的预感（那是很可笑的），而是由此寻找其可以借鉴的科学精神。笔者觉得，作为一个特例，莱布尼茨的大、杂、全风格只是一种表面现象，其实是个未被充分识别的有意义的“规范”。而以往，人们在惊叹他是最大的个人通才之外，也都不自觉地把这看成了他的缺点，认为他很不“专”。限于篇幅，此处所提供的还只是一种结构性的钩沉和要点分析，细致的历史梳理有待对莱布尼茨全部文献的整理和研究的深入。

二、莱布尼茨的 STS 思想

由于 STS 的超学科性不仅跨越了学科间的界限，而且跨越了知识理论的界限而进入社会界，因而它在发展中也表现出了极大的开放性、交叉性、整体综合性以及人本特性等。而这些在莱布尼茨的学术思想中恰好都有比较充分的体现。

1. 整体论的科学理念

莱布尼茨的整体论思想是人所共知的，这一点在其科学思想中或许体现得更明确。而现代 STS 思想的理论基础恰恰是整体性。莱布尼茨关于科学的整体论主要体现在他对科学统一性的追求方面。

其一，是关于科学存在的统一性。在莱布尼茨看来，科学虽然分为各个学科领域，但它们本身是一个整体，不同的领域之间是相通的，其思想可以相互借鉴和移用。比如，他不仅认为在单一学科领域中科学是统一的，如数学中几何与分析的相通性，而且认为在跨学科领域中科学也是统一的，如关于自然的科学与关于人的科学的相通性，特别是他认为极大和极小事物之间具有明显的相通性，他也是据此发明了微积分的[2]。莱布尼茨还为他的这种整体论思想提供了一个实在性的“客观”的基础，那就是单子。单子具有物质和精神的两性特征，具有物理的和伦理的双重属性，而且单子虽然极其精微不再以其他事物为基础，但它自身也构成了一个独特的世界，有自己的结构，既不是虚空，也不是一个抽象的质点。最重要的是单子之间遵循前定和谐的规定。前者是质料性的，后者是形式性的，它们一起构成世界的整体[3]。这两个思路经过康德的系统化最终都以先验论的形式保存下来。虽然这一思想也曾受到严厉批评，但是近年来却越来越被证明是人类思想特别是西方思想无法回避的一种基本形式。它把莱布尼茨的思想“组成一个整体的网络”，是“莱布尼茨学说中充满活力的因素”[4]。实际上，莱布尼茨的单子论是个具有过渡性和分水岭的思想模型，他的前定和谐原则明显地是个博物学思想，而非现在的数理性的。他的单子的个体性原则又是现代数理性的。莱布尼茨正是用这一模型弥合了两种不同知识规范和世界观的分裂。但是，后来世界上流行的却是牛顿的单一的数理模型及其世界观，其后果恰恰是莱布尼茨所担忧的，今天STS的兴起可以印证他的先见之明。

其二，是科学方法的统一性。莱布尼茨综合使用不同的科学方法，在很多领域获得了成功。当别人质疑他的方法的可靠性时，他回应说，虽然有些方法现在还不能马上在逻辑上得到充分论证，但是只要还好用，就应该大胆使用。这样的态度从数理科学的理论规范角度看来似乎有些不严谨和冒险，但却是先民一直在实践中用着的老规矩，而且也有利于创造和扩大成效。后来美国的实用主义所贯彻的其实也就是这个原则。当杜威在《哲学的改造》中用亚里士多德的博物学反对康德的“逻辑”时，他的立场实际上更倾向于莱布尼茨。正是在这个意义上，莱布尼茨探究了统一的科学方法并形成了调和主义的方法论，他还试图运用这些方法去解决社会生活中的许多问题，包括不同国家之间的矛盾以及天主教和新教的关系等。

其三，是科学语言的统一性。这在科学史上几乎是一个最不可思议的事件，即莱布尼茨独自先知般地研究和设计了统一的科学语言。据一些学者的传记性研究，莱布尼茨在青年时代曾有过三个关于“统一”的计划：建立人类思想的符号系统、统一物理科学和协调天主教与新教[5]。如果说后两个计划的效果还有待审视的话，则第一个计划已经对人类历史的发展产生了深远影响。莱布尼茨把语言当作科学和思想统一的基本形式，无论是微积分中的符号系统还是数理逻辑中的形式构想，乃至计算机中的二进制记法，都不仅突显了他天才的语言观，而且体现了他对科学的独特理解。这在当时是空谷足音，在今天仍然是“统一科学”运动和分析哲学语言观的原始出发点，因而被称为“莱布尼茨之梦”[6]，或哲学史上的莱布尼茨－罗素传统（牟宗三语）[7]。

2. 开展跨界性的学术研究

莱布尼茨综合地从事科学、技术与社会研究，并在自己的行动中自觉地把理论活动与实践活动有机结合起来，形成了独特的综合研究风格。

一是莱布尼茨广泛地开展不同领域的科学理论研究。无论是数学、物理学、化学，还是社会科学、人文科学等，都在他的研究视野内。这使他对当时几乎所有的学术领域都作出了突出贡献，也使他不仅成为著名的数学家、物理学家，而且是著名的哲学家、历史学家、人文学家、宗教学家和社会科学家。正如美国数学史家贝尔（E. T. Bell）所形容的：莱布尼茨不只活了一生，而是活了好几世。在他所从事的每个领域都完成了足够一个普通人干一辈子的事情[8]。

二是莱布尼茨开展不同形式和内容的实验研究。这些实验既有复杂的化学实验，也有常见的机械实验，比如手摇计算机等，其中最著名的是对英国化学家波义耳的助手巴本的汽缸活塞实验的建议。根据巴本的通信集和新近公开的一些资料，巴本实验中的汽缸和活塞的思想，就来自1705年1月莱布尼茨写给他的画有蒸汽机草图的通信。这个草图是莱布尼茨改进了英国人Savery的蒸汽机的模型，主要是为解决高空抽水中的活塞动力学问题。莱布尼茨经常把自己天才的思想向周围撒布，而毫不介意有关这些功绩归于他自己还是别人。而且，巴本的活塞热力蒸汽机也是在德国与莱布尼茨一起合作发明的，所以这一发明是第一个真正的国际性发明[9]。这一发明由于是热蒸汽动力转化为实用机械动力的关键技术，因而后来通过纽可门和瓦特等人的不断努力，改造成能够为整个工业社会提供普遍动力的蒸汽机，最终引发了改变人类历史的第一次工业革命。

三是身体力行地打通发现、发明和社会应用之间的隔阂。莱布尼茨的几乎所有工作都带有综合性质，这使他能够集合不同领域的思想方法于当前最给力的领域，作出任何单个人都不敢奢望的贡献。现在人们提倡以问题为导向，打破学科界限，通过多学科交叉融合来共同攻关，在许多人沾沾自喜以为是多么不得了的新思路时，这其实不过是在描述和重复莱布尼茨的经验，所不同的只在于，这些事情都是在莱布尼茨一个人身上完成的罢了。

3. 对科学的人文性理解

莱布尼茨时代的科学处于巨大的转型期和上升期，一方面，人们看到了科学的巨大能量；另一方面，真正的现代科学规范还在形成中，这为人们从各方面理解科学提供了巨大的空间。在这方面，莱布尼茨不仅看到了科学的有效性，而且看到了科学的独特性，特别是看到了科学与人文的内在联系。

首先，他把科学看作为人类造福的途径。莱布尼茨认为，通过科学的努力可以改善人类目前的状况。这固然有近代早期科学乐观主义的素朴特征，但是这种功用主义的科学观却因此大胆地探究和应用科学，使科学获得了长足发展，并通过技术向实用领域的延伸而从现实获得了新的源源不断的动力。只不过由于当时德国的环境和社会基础远远不能和英国攀比，从而没有出现默顿在《十七世纪英格兰的科学、技术与社会》所描绘的状况罢了。

其次，他把科学看作一种新文化。莱布尼茨认为，这样的新文化具有自己独特的理性特征，已经不同于中世纪时期以信仰为主要特征的旧文化，许多社会事物甚至可以先实现科学上的调整或联合，然后再逐步去推广。这种对科学的文化理解使莱布尼茨得以高扬理性的旗帜，成为近代理性哲学最杰出的代表之一。现今的中国学者在研究欧洲近代哲学时，惯于把大陆理性主义和英国经验论哲学相对，这固然有某种合理性。但是，如果认真考虑当时德国的精神文化状况，则莱布尼茨的理性主义是和本国的信仰主义相对的，是通过科学来推动启蒙的。就此，莱布尼茨与马丁·路德是有距离的，所以他才不仅受到天主教的攻击，也受到新教的冷落。

再次，坚持人类主义的科学观和普适理想。把科学和时代精神联系在一起，是近代各类空想家的突出特征，莱布尼茨也不例外。他作为德国“启蒙运动之王”[10]，与路德各自代表了不同的思维路向，由此体现了他试图通过科学来获得个人、民族、国家解放的重要理想，其中最有价值的工作是他已经推进到人类主义的境界。莱布尼茨对待中国文化的态度在西方是个典型，他几乎喜欢中国的一切。莱布尼茨这种积极健康的文化心态和肯定的中国观[11]，使他成为今天全球伦理运动最重要的先驱之一。

三、莱布尼茨的 STS 实践

按照 STS 的规范，强行地划分理论和实践是个很不恰当的做法，因为 STS 与以往的纯粹理论探究不同，科学、技术、社会已经联为一体，是一种扎根社会的科学技术实践运动，是一种理论与实践相融合的社会行动结构。对于莱布尼茨的活动来说就更是如此。这里只是为了叙述上的方便并想说明莱布尼茨的 STS 活动不仅体现在理论研究方面，在实践上也多有特色之处。而这个特色，集中体现了 STS 发展之初理论与实践相互交融的整体性特征。与莱布尼茨的不同之处只在于，当代的 STS 运动已是一个被普遍意识到的更为复杂的自觉的社会行动。

1. 建立广泛的学术联系

STS 的复杂性要求一个行动者网络做支撑，而在这方面，莱布尼茨肯定是人类历史上最突出的典型。就其与不同类型的人士和机构建立最广泛的学术联系和交流方面而言，没有能超过他的人。这不仅表现在莱布尼茨遍访当时所能访到的欧洲大科学家和思想家，他甚至利用外交官的身份亲自到当时最发达的法国、荷兰和英国去拜访那里的学者，而且表现在他对距离最遥远的东方文化的兴趣和学术见识。莱布尼茨甚至在自己的办公室门口贴了一张纸条——“有关中国动态的办公室”，以便人们可以从他那里了解中国的最新情况。据熊伟先生描述，有多个出版物提到，莱布尼茨曾向康熙皇帝进献过一个计算机，只是现在已找不到实物[12]。基于此，赫费甚至认为，按照现代的眼光看，说莱布尼茨“亲华”也不足为过[13]。可以说，在莱布尼茨身上充分体现了启蒙运动初期那种开放和健康的积极的文化精神。

据莱布尼茨全集编辑委员会统计，与莱布尼茨保持通信联系的社会各界人士有数百人之多，他们分散在十几个国家，最远的是在中国的西方传教士，如白晋、闵明我等。目前保存下来的莱布尼茨与这些人的通信有一万五千多封，其中竟有不少信件长达一万多字。最重要的是这些信函不是一般的闲聊，而是讨论莱布尼茨最感兴趣的信息或学术问题，有的信件本身发表出来就是一篇学术论文或研究报告。按照福柯的系谱学观点，把莱布尼茨与这些人的通信关系展示出来，就是那个时代的某种科学行动图。现在，随着莱布尼茨手稿的逐步发表，关于莱布尼茨的历史的、系谱学的研究已经成为一项十分迫切的任务。而且，就莱布尼茨而言，通过这样的研究，后人也得以知道，他究竟是在什么情况和语境下如何从事科学研究的，也因此可以把一些长期戴在别人头上的学术桂冠老实地摘下来还给莱布尼茨。这也是莱布尼茨全部手稿被解封的一个意外收获。

2. 推动学术共同体的建设

学术共同体的存在是 STS 活动的基础。今天的 STS 之所以迅猛发展，就是因为有了能够汇集不同背景的人多方合作、集体攻关的稳定的各类学术平台。为什么农业和农社时代不能产生现代科学技术，而工业和城市时代产生了现代科学技术，其中一个原因就在于前者不能建构起这样的合作平台。

最早的学术研究往往带有私密性质，相关的学术合作也只是在不同的个人之间进行。后来，逐渐有了一种稳定持续的组织作为学术共同体的平台。这个平台在共同体中是一个公共性的机构，它可以协调合作、确认和评价成果、解决优先权纠纷等，人们公认比较早和有影响的学术共同体是英国的皇家学会，随后还有法国科学院等。

莱布尼茨是一个喜欢和善于合作的人，如他在数学方面与伯努利兄弟、在物理方面与惠更斯、在实验方面与巴本的合作等，成效都很明显，而且这些合作都是“国际性”的。特别是莱布尼茨在法国期间，就有机会参与法国科学院的工作，并被选为院士。后来他虽然回到德国，但是科学院这一学术共同体的形式却在莱布尼茨的思想中深深扎根，并经他的不懈努力而得到巨大推广。无论是德国的科学院，还是俄罗斯圣彼得堡科学院的建立，都有莱布尼茨的心血，他也因此成为这两所科学院的创始人。日后，科学院和学会这两种不同的形式相互影响，逐渐成为世界各国的权威学术机构，对世界科学的发展产生了深远影响。

3. 推进科学、技术与社会的合作

莱布尼茨科学研究的另一个特点是学用结合。这当然并不是他一个人的偏好，但在他身上体现得却非常明显。比如，莱布尼茨在关于中国技术的通信中所提的 30 个问题，就有 18 个是关于技术及其应用的，占总数的 60%。其他 12 个问题的分布则是：生物学 3 个；材料、书籍各 2 个；天文、数学、地理、文字各 1 个[14]。

此外，莱布尼茨不仅通过多种途径寻求社会各界如王公贵族、政府、资本家等对其科学研究工作的支持，而且也努力用刚刚发展起来的科学不断为时代解决难题，特别是为当时落后德国的发展排忧解难，推进科学、技术与社会的融合。如他就曾运用自己掌握的科学技术知识解决工程测量、化学化工、矿山采掘等实际问题。

德国日后科学的大发展在很大程度上与莱布尼茨的这种实践精神和传统有关，所以当代德国的最高学术奖才被定名为"莱布尼茨奖"。只不过这经过了几代人的努力，他已看不到了。

四、莱布尼茨 STS 活动的成因

导致莱布尼茨开展具有 STS 特性的科学技术活动的背景因素异常复杂，既有个体的思想基础，也是时代和环境的发展需要，更是多方面因素相互作用的结果。

1. 个体的思想和立场原因

莱布尼茨的 STS 思想在逻辑上源于其哲学的前定和谐的整体主义立场。

虽然历史上的每个哲学家都会为自己的观点辩护，但是总括近代西方哲学的逻辑进程，二元论一直是其理解问题的主导方式。而莱布尼茨以单子论为基础，并通过前定和谐和连续律等规则，协调了单子和系统的关系，为多元整体论的合理性与一致性进行了辩护。

就对科学技术的发展而言，莱布尼茨把人类的全部知识理解为一个大系统，科学和技术只是其中有联系的不同部分，甚至在那时还天然地联系在一起而根本没有区分。但是，古代社会那种科学技术与社会脱离的状况在这个时代却越发显得不合时宜，而莱布尼茨是天才地直觉到这一趋势的人。

和谐源于对存在各方的认可和彼此妥协。世界的集体共在与同存共感，是和谐的根本要求。今天，这一原则的合理性正被 STS 通过后天的方式再次印证。

2. 个人治学的特点和风格原因

莱布尼茨从其家族中继承了聪明的基因。他少年早慧、兴趣广泛而又视野广博，特别是由于其社会活动身份和国际交往的多样性，使他能够借助博物学的整体主义眼光对当时的学术和社会进行鸟瞰，克服了时人认识和研究的局限。

由于当时德国学界的整体学术水平远远低于英、法、荷等国，这使得莱布尼茨成了德国的学术高地而不自觉地担负起学术普及和思想导师的重任。结果，就如同任何草原上的大树一样，在空中向四面八方自由地生长，从而形成饱满的近乎圆形的云冠。这种全面的开放性特征也是近代社会处于上升期的一个普遍现象，套用恩格斯评价文艺复兴时期的话说，那也是一个"需要巨人并且产生了巨人的时代"[15]。

此外，莱布尼茨作为德国思想最初的奠基者和德国启蒙运动的领袖，其思维具有开端性和积极乐观的进步主义倾向。他对科学寄予了太多的希望，是一个早期的世界主义者或人类主义者。虽然当时的德国还是个落后国家，但因为这样的国家渴望发展，因而这些国家的仁人志士所表现出来的奋发情怀，有时比发达国家的学者还宽广；相反，发达国家的人士却由于其所在国已过了发展的高峰期而逐渐表现出不适宜发展的保守性。这在今天的欧美仍然不乏其例。

3. 科学研究范式上的原因

莱布尼茨时代的科学研究正处于科学规范的转型期，即从古代博物学范式向近代的数理学范式的转变中。这是当时科学的一种总体特征。虽然实验和数学方法流行，但总体上还是博物学范式占主导，真正实行分科化的所谓现代科学研究，已经是18世纪以后的事了，所以牛顿的代表性著作依然还叫《自然哲学的数学原理》。这些著作通常具有较强的综合性，还保留着古典时代的许多重要特征，而不像18世纪以后的科学那样只讨论一些专门的问题。因此，当时的大科学家几乎都是全才或通才，一个人往往在几个领域展开研究。莱布尼茨就是其中的杰出代表，他集这两种范式于一身，一方面把博物学的范式发挥到了极致，另一方面又深深地把握了数理学的要谛，从而作出了超越同时代的科学贡献。

4. 非学院化社会身份的影响

莱布尼茨因为过于聪明而在他的祖国找不到对手，即使在个别领域他也是佼佼者，于是研究的领域和范围就越来越广。但同样由于这一点，其在年轻时期多少难免有点恃才傲物，而遭到同行妒忌。他的大、杂、全的特点既是其融会贯通的个性和长处，也难免粗细不均而遭同行诟病。结果导致莱布尼茨一生没有在大学任教职，无法形成有效的团队，只能在学院外作为副业开展科学活动。

当然，非学院的身份虽使莱布尼茨在学术研究中目标无法集中和精专，尤其长期受到排挤而得不到应有的承认，也使他能够不受学院的限制，而看到科学的社会运行的价值与潜能，从而在更广阔的天地积极组织和建立更广泛的欧洲科学院和科学协会，开展联合性的国际学术研究，以打破学术垄断。

莱布尼茨的这些社会努力，看似被迫却又极具前卫性，因为今天的世界学术正在被各种各样的利益集团所垄断，所谓“大科学”，只不过表明科学在这种垄断下已经成为权力和货币的附属品而已。而莱布尼茨这种集合民间力量从事自由的科学研究的努力，为今天科学发展模式的多样化提供了具有引导性的先例。

五、结论

莱布尼茨科学和技术研究的STS特征使他成为现代STS学科的先驱，今天全世界的科学活动正沿着莱布尼茨所开辟的道路前进。这从另一个方面显示了莱布尼茨尚未被揭示的思想魅力和方法论价值。因此，全面探讨莱布尼茨的科学技术研究过程对于改变目前的研究格局和广泛地开展通识教育等，都具有重要的启发和借鉴意义。

同时，正是从STS视角出发，也看到莱布尼茨的思想并没有产生与其实际水平相称的社会效果。这既源于莱布尼茨本人的边缘身份，而没有像牛顿那样形成学派使其传统得以延伸，也源于其全部手稿和资料被布伦瑞克家族封存两百多年而几乎使之成为绝学。如果不是威廉·沃尔夫先生最终把他的哲学思想编辑加工并引入大学课堂，莱布尼茨的智慧大概还在学院外徘徊，而德国哲学至少到康德之前还一直停滞在中世纪后期的水平。由此可见信息和权力在科学传播中的作用。所以，罗素才不无感慨地说，事实上可能存在着两个“莱布尼茨”[16]。我们目前看到的或许只是冰山的一角，真正的莱布尼茨犹待人们去挖掘和“发现”。也由于莱布尼茨思想和文献的上述特点，今天探究他的 STS 思想及其体现，在方法上还只能采取回溯性的形式，即根据 STS 的一些思想规范，在莱布尼茨的工作中寻找特征的相似性。这种方法已被证明不是没有缺陷的，但在没有新方法替代之前仍然是可用的。

在此，罗素的判断同时也提出了两个非常艰巨的任务。

其一，我们研究莱布尼茨，需要进行历史考证、义理诠释，但最重要的是去“发现”。这样做既能够还莱布尼茨以应有的历史地位，亦可于其中获得新的启迪，因为莱布尼茨的思想是个富矿，还有许多珍宝等待人们去识别。这是莱布尼茨研究中的“上篇”。

其二，最重要的是做好莱布尼茨研究的“下篇”。即在反省中重新汲取莱布尼茨的智慧，把逐步揭示出来的莱布尼茨思想当作前进的源泉，展现他的未来意蕴，并不断用行动去转化和实践他的理想，去弘扬“莱布尼茨精神”[17]，在实际生活中塑造“活的”莱布尼茨，让莱布尼茨真正和今人生活在一起。这是反思莱布尼茨最根本的任务。

今天，我们倡导的智慧科学观，其实就是一种 STS 的科学观。STS 的视角使我们重温莱布尼茨的情怀，看到了数理科学与博物学重新修好的可能，看到了科学与人文有效融合的新文明曙光。

参考文献

[1] 刘啸霆．科学、技术与社会概论［M］．北京：高等教育出版社，2008：2－9.

[2] 刘啸霆．莱布尼茨数学思想的统一性［J］．自然辩证法通讯，1995（5）：53－61.

[3] 莱布尼茨．单子论［M］．钱志纯，译．台北：五南图书出版股份有限公司，2009：93－121.

[4]［17］洛朗斯·布吉奥．单子与混沌［M］//陆象淦．说完了一切的上帝．北京：社会科学文献出版社，2006：90－109.

[5] 加勒特·汤姆森．莱布尼茨［M］．李素霞，等译．北京：中华书局，2002：18.

[6] 席南华．数学所讲座 2010［M］．北京：科学出版社，2012：107－161.

[7] 刘钢．信息哲学探源［M］．北京：金城出版社，2007：22.

[8] E. T. 贝尔．数学精英［M］．徐源，译．北京：商务印书馆，1991：138.

[9] 恩格斯．自然辩证法［M］．于光远，等译．北京：人民出版社，1984：197.
另见：G Fischer. über dem Briefwechsel Leibnizens und Huygens mit Papin［M］．Jena：Sitzungsberichte der Jenaschen Gesellschsft für das Jahr，1881：29－31；Ignacio Angelelli. Begriffesschrift und andere Aufsätze［M］．2nd ed. Darmstadt：Wissenschaftliche Buchgesellschaft，1964：93－96.（感谢张璐博士帮助从德国莱布尼茨档案馆查到该文献详细出处）

[10] 赫费．世界哲学简史［M］．张严，译．北京：社会科学文献出版社，2010：116.

[11] 李文潮，波塞尔．莱布尼茨肯定的中国观［M］//成中英，冯俊．康德与中国哲学智慧．北京：中国人民大学出版社，2009：18－35.

[12] 熊伟．在的澄明［M］．北京：商务印书馆，2011：158－160.

[13] 黄燎宇，赫费．以启蒙的名义［M］．北京：北京大学出版社，2010：11.

[14] 韩晋芳，张柏春．对莱布尼茨与闵明我问答的分析与注释［C］//张西平，等．莱布尼茨思想中的中国元素．郑州：大象出版社，2010：120－147.

[15] 恩格斯．自然辩证法［M］．于光远，等译．北京：人民出版社，1984：24.

[16] Bertrand Russell. A history of western philosophy［M］. New York：Simon and Schuster，1955：581.

（本文原载于《自然辩证法研究》2012 年第 8 期）

爱丁堡学派解构默顿科学社会学的三元向度

艾战胜

（广东商学院　广东 广州　510320）

摘　要：20世纪70年代伊始，默顿的科学社会学受到了来自各方的批判，其中，爱丁堡学派可谓是最激进的代表。爱丁堡学派主要从三个方面对默顿的科学社会学进行了全面的解构：其一，极力批判默顿的科学社会学对科学知识进行“黑箱化”处理，倡导对科学知识进行社会学分析；其二，质疑默顿的科学规范理论，不仅直接批评了默顿科学规范的独特性和有效性，还强调与默顿科学规范相悖的科学中的利益和权威等因素；其三，对同行承认作了本质上不同于默顿的解读。与默顿迥异，爱丁堡学派认为，同行承认只是科学奖励制度的一个中介环节，激励科学家从事科学活动的最终因素是包含利益因素的科学家个人的特定要求和需要得到满足。

关键词：科学社会学；科学规范；同行承认；默顿；爱丁堡学派

科学社会学诞生于20世纪30年代末，以默顿的博士论文《十七世纪英格兰的科学、技术与社会》（1938）的发表为标志。正是由于默顿（R. K. Merton）的理论和研究贡献，“科学社会学进入了人们的视野，并获得了合法地位”[1]。在默顿的影响和带动下，默顿学派丰富和发展了默顿的科学社会学，使其在20世纪五六十年代达到繁荣鼎盛时期，非常受人关注。尽管默顿对科学社会学作出了许多开创性的贡献，但其理论也存在一些局限。有些学者因此对默顿的科学社会学进行了批判，爱丁堡学派是其中最夺目的批评者，他们的批判立场最为激进。正是在解构默顿科学社会学的基础上，爱丁堡学派建构了强纲领SSK。

由于爱丁堡学派的工作，默顿的科学社会学日渐衰微，SSK开始登上科学社会学的主流理论舞台。在解构默顿科学社会学的征途中，爱丁堡学派主要从三个向度来进行，本文对此进行重点探讨。

一、打开科学知识的“黑箱”

社会学家奥利夫（Len Olive）认为，知识社会学和科学社会学在科学知识与社会的关系处理上，本质上是一种“弱纲领”，即哲学家和社会学家拥有一个广为接受的著名答案：知识的条件、确证、有效性以及论据和证明的有效性等概念的分析属于哲学知识论领域，社会学因素是第二位的。但同时他们认为，有关知识起因、原因、影响和结果这些问题才归之于经验科学的研究范围，如心理学和社会学[2]。但是，哲学家、社会学家普遍接受这一“弱纲领”，默顿是其中的典型代表之一。默顿认为，科学的认知内容与纯科学之外的因素无关，“社会学不可能解释科学的内容，科学的内容最终是由自然所决定的”[1]。他说：“无论周围的环境如何影响科学知识的发展，或者，考虑一下我们更熟悉的问题，无论科学知识最终如何影响文化和社会，这些影响都是以科学本身变化着的制度结构和组织结构为中介的。”[3]为此，默顿将科学社会学的视域重点选定为科学社会的内部建制结构，尤其是科学的规范结构。

默顿的科学社会学在某些方面虽然来源于知识社会学的传统，但从发展结果上看，或者说，从理论旨趣和研究方法上看，它脱离了知识社会学的学术传统。默顿的科学社会学忽视了研究科学知识与社会因素之间的关系，也就是说，它是没有科学知识的科学社会学，是科学家的行为和组织的社会学。对此，本·戴维这样解释道：科学社会学家之所以这样做，是因为知识结构与社会基础两者之间变化的相关经验证据的确立一直不能令人满意，科学家的理性原则已经足以确定一种科学理论的被接受和被拒绝，无须再强调社会的内容，并不是因为把科学完全看成一种例外[4]。但在英国学者惠特利（R. D. Whitley）看来，这种忽视对认识过程进行社会学分析的科学社会学理论就是关于科学知识的“黑箱”理论[5]。

面临科学知识“黑箱”的存在，爱丁堡学派对默顿的科学社会学进行了重点批判。他们认为，默顿丢掉了欧洲传统知识社会学中对知识的研究，这实质上是丢掉了科学的社会研究的最根本的内容，忽视对知识本身进行研究是默顿所代表的科学社会学的一个严重的缺陷。布鲁尔批评道，默顿的科学社会学仅从宏观角度外在地研究科学与社会的关系，没有从社会学角度直接研究科学的内容即科学知识本身，这过于保守。社会学家心悦诚服并急不可耐地把他们对科学的关注局限于对科学的制度框架和外部因素上面，这种做法并未触及科学知识的本性，布鲁尔说，“这种心甘情愿限制自己研究范围的做法本身有违科学本性，是不彻底的社会学研究，应当把所有的知识，包括科学知识，都当作调查研究的对象。以前社会学家把本来可以研究的领地让给了心理学家和哲学家”[6]。布鲁尔认为，虽然哲学家一直堂而皇之地把界定知识的本性作为自己的任务和研究的领域，但是知识社会学完全可以强有力地深入到哲学领域之中。

爱丁堡学派批判科学社会学，目的在于“白箱化”科学知识，即对科学知识进行社会学探讨和分析。在布鲁尔和巴恩斯看来，对科学家与科学家行为的研究是不重要的，科学社会学的主要任务就是要对科学知识本身展开社会的分析和研究，这种分析和研究不仅是必要的，也是可能的。巴恩斯认为，“科学知识应该是社会学家理解自然知识及其多样形态的最有价值的资源，而不是最大的障碍。”[7]知识就是一种信念，是被接受的“信念”，而不是正确的信念。信念大致分为两种类型，其一与对象、事实和具体事件有关，其二与价值、义务、习惯和体制范畴的体系有关。社会学都可以分析和讨论这些信念，因为科学与其他的信念体系是一体的。在巴恩斯看来，科学家的思想是从在很大程度上体现了居于统治地位的知识阶级思想的文化中得到的，科学家的社会信奉、社会地位或者他们的社会团体都可能影响其思想。为此，巴恩斯还特意结合科学哲学家关于理论与事实的关系来证明自己的观点，他说，“组成我们接受了的知识的绝大部分信念，是从理论引出的并不全然是经验的产物，理论是加之于现实而不是从现实得出的”[7]。自然科学的信念即科学知识，自然也是如此。

爱丁堡学派不仅充分阐述了打开科学知识“黑箱”的必要性和可能性，他们还从宏观视域研究了历史中的种种典型的科学争论案例，探讨了科学知识发展与社会利益变化两者之间的内在因果相关性，并以“利益”（interests）作为必要的解释资源，对科学活动进行社会学的因果说明，即打开科学知识的“黑箱”。这种以“利益”作为解释资源的说明模式被称为“利益模式”，概而言之，知识的增长与利益相关，科学行动的目标和利益决定了科学知识的变迁。在布鲁尔和巴恩斯看来，科学研究包括科学评价都蕴含了一定的目标和利益，因为“目标和利益有助于解释作为目标导向和利益行为的特定结果的特定变化，它们虽不能充分解释行动的原因——在任何实际的经验性情境中，任何言语意义上的原因都不会被认为是充分的——但它们的确是导致行为的原因，如果不涉及它们，相关的行为将无法得到解释”[8]。也就是说，利益因素与科学事件或行动具有相应性。当然，“利益”的含义是广义的，不仅包含专业利益和职业利益，也包括经济利益，还包含了与社会背景因素紧密相关的政治利益、涉及文化取向的宗教利益，等等。

默顿的科学社会学拒绝考虑科学的内在因素，拒绝考虑科学知识的实在内容，而爱丁堡学派通过构建“利益模式”，将“利益”作为核心要素，来解释科学知识的增长，凸显科学家在科学行动中的力量。科学家是“社会中的人”，社会因素通过影响科学家进而渗入科学知识的生产过程，例如，科学家会根据自身的和共同体的利益选择、取舍科学的评价标准和拓展方向。由此可以说，爱丁堡学派通过强纲领终结了将科学知识内容与社会学视为不相容的传统，突破了社会学不能介入科学知识的禁区，彻底打开了默顿的科学社会学对科学知识设置的“黑箱”。对此，皮克林给予了肯定：“科学知识社会学研究的最大成就，就是把科学的人类和社会的维度置于首要位置。我们可以这样认为，SSK 使科学中的人类力量主题化。认为科学知识的生产、评价和使用，受制于人类力量的约束和利益。”[9]

二、质疑科学规范

科学规范理论是默顿科学社会学的理论核心之一，它在被提出来之初并没有立即遭受质疑和批评，甚至在 20 世纪五六十年代得到延伸和拓展。但是自库恩的《科学革命的结构》出版后，貌似简单的科学规范问题引起了历经几十年的广泛争论。华盛顿大学的社会学教授卡普兰（Norman Kaplan）在《科学与民主的社会结构回顾》（1963）一文中，第一个对默顿的科学规范提出批评，认为它“需要重新加以检验”[10]。相对于卡普兰，马尔凯的批评直接并具有深远的影响力。马尔凯认为，认知规范支配着科学家的行为准则。此后，还有学者，如英国的社会学家约翰·劳（J. Law）、大卫·弗内奇（D. French），甚至否认科学社会系统中规范的存在。与这些众多的批评者不同，爱丁堡学派对默顿科学规范理论的质疑主要是从两个维度来进行的：一是显性的维度，也就是爱丁堡学派直接对默顿科学规范提出的质疑和批评；二是隐性的维度，即爱丁堡学派所构建的理论体系中所折射出来的与默顿科学规范理论格格不入的内容。

爱丁堡学派对默顿科学规范的显性质疑主要体现在两个方面。其一，质疑默顿科学规范的独特性。在默顿看来，科学规范是科学自主性的保证，是科学制度特有的。但是，巴恩斯认为，普遍主义、公有主义、非谋利性、有组织的怀疑主义等规范并非科学所特有，它们同样存在于或适用于其他的社会活动。不仅如此，巴恩斯认为，“范式是社会控制的一个源泉”[11]。在科学活动中，社会规范不能约束科学家的行为，只有认知规范才发挥相关的作用。“那些表现出最大程度的一致的科学家群体，是共享库恩范式的共同体。在这些共同体内部的凝聚力、团结一致和共同的信奉，是来自范式的技术规范，而不是一种普遍的科学的精神特质。”[12]其二，质疑默顿科学规范的有效性。鉴于科学越轨行为和反科学规范行为的频频出现，默顿科学规范的有效性遭受了广泛质疑。对此，斯托勒认为，“对它的批评主要不是集中于它对这一精神特质的组成部分的误解上，而是集中在这些规范是否在实际中指导着科学家的日常行为这个问题上。没有人提出一组截然不同的规范，但许多评论者指出，科学家们经常违反一个或更多的已经概括出的规范”[13]。但是，对于这些有关科学规范有效性的质疑，默顿积极地作出了回应，他指出，“不能因对科学规范的偶尔背离，如伪造数据，就错误地得出结论，说它仅仅是认识论的或者仅是观念性的规范（同样，也不能因出现凶杀偶尔违背了道德和法律规范，而下结论说它们完全是无关紧要的）。同样根据理论社会学，我也不会坚持这些科学规范都是一成不变的，纵使它们被刻在永久性的石碑上”[14]。但是，巴恩斯专门发表了《科学的精神特质：一种离经叛道的观点》一文对此提出批评。巴恩斯将科学的发展分为“业余性”“职业化”“规模化”三个阶段，并认为在不同的阶段，规范的效用也会不同。例如，默顿的“非谋利性”规范在“业余性”发展阶段并不存在，在“职业化”的纯科学发展阶段可能在一些由职业科学家组成的献身于超功利研究的自主共同体中有所表现，但在“规模化”发展的大科学时期，随着科学应用性要求的日趋增强和纯科学重要性的日益降低，“非谋利性”规范并不多见[12]。

除了直接批评默顿科学规范的独特性和有效性，爱丁堡学派强调科学中的利益和权威因素等，这与默顿的科学规范在逻辑上是相悖的。

首先，在默顿看来，科学成为一种制度后，科学家一般不会显示出道德上的异常，他们在普遍主义、公有主义、非谋利性、有组织的怀疑主义等规范的约束下从事科学活动，其根本目的在于拓展被证实了的知识。从另一种角度来看，默顿其实是将普遍主义、公有主义、非谋利性、有组织的怀疑主义四条基本规范视为科学制度化的根本保障，也就是说，如果没有这四条基本规范的约束，科学无法作为一种制度而存在。之所以能如此，是因为这四条规范能确保价值无涉地在科学中实现，能使科学免受外在因素尤其是利益因素的污染。

与默顿不同，爱丁堡学派肯定了利益因素在科学中存在的合理性。对此，巴恩斯进行了专门的阐述，他指出，“科学的进步正在导致一种乌托邦，在这里，人性可以得到充分的表述，而所有行动都是以符合自身利益的合理估计为基础的自由的个人行动”[15]。“科学是这样一种制度，它的巨大潜力一直被主要地用于人们认为是有价值的目的上。”[15]科学活动成为“制度化”的东西后，人们就会根据它的继续存在制订计划，根据他们的计划，人们可以从制度的延续中获得某种既定的利益，“每一个为成为一名科学家而作出必要努力和调整的人，都会为科学的延续下赌注，并且都会从这种延续中获得某种既定的利益”[15]。在巴恩斯看来，“利益以某种方式把各种制度结合在一起并维持下去”[15]。之所以如此，是因为不仅制度的局内人能从制度的延续中获得某种利益，而且局外人也相信制度的延续能为自己提供一些商品、服务或人员，这样，局内人和局外人都会因为利益而支持制度的延续。事实上，科学中之所以有大规模的资金流动，主要是因为人们认为，“研究与发展将不负所望，会在资本投资的基础上产生巨大的利益回报”[15]。巴恩斯说：“我们在这里无须关心，科学事业是否似乎已经完全沉入了经济的海洋之中，或者它是否还像一座冰山一样漂浮在这个大海的海面。重要的是，至少有相当大的一部分科学活动与经济的或功利的目标联系在一起，从而，科学成了我们的生产体制中具有难以估量的重要性的组成部分。在无数地方，在企业、政府实验室和国防部门中，人们按照常规为了进一步更为具体的实用目的进行着科学研究。”[15]由此可见，巴恩斯将利益作为科学制度延续的根本因素，这与默顿科学规范所蕴含的精神有着本质的区别。

其次，默顿认为，科学建立在理性和经验的基础之上，是可以免去权威、教条和类似弊病的。他的科学规范理论充分体现了这种思想，比如，普遍主义预示科学的大门应向所有人洞开，公有主义也表明了科学交流中的平等性，有组织的怀疑主义更是针对权威而言的，它要求任何人都要接受批判。但是，爱丁堡学派的巴恩斯有着不同的主张。巴恩斯认为，科学家本应该直接核实知识的主张，而不应该问“谁这么说的”。但事实上，“谁这么说的”在科学中的确是一个非常重要的问题，在任何时候，科学家通常都会问这个问题，而且有必要问这个问题。其实，早在近代科学诞生之时，这种质问“谁这么说的”的传统就已存在。例如，进行重要的科学实验时，科学家会召集一群见证人，但是见证人并不是从群体中随机选取的，他们必须具有较高的社会地位和科学地位，这充分说明，在科学中存在着“资格控制系统”（the quality control system of science）。这种资格控制系统就是依赖权威来运作的。在巴恩斯看来，“科学是公认的认识权威的储藏所”[15]。科学中拒斥权威的理想与实际存在的情况联系起来是非常困难的。因为我们有一个巨大的科学教育体系，在其中，心甘情愿地把自己个人的想法、观点和批评搁置一边，而服从老师的权威似乎是必不可少的。而且，在科学中脑力劳动的分工程度很高，这似乎又要求一个人服从另一个人的感知、推理和建议，这种服从完全基于后者的地位，或者以他命名的学问，以及它们所暗示的他在认识方面的权威。巴恩斯不仅肯定了科学中权威存在的普遍性，他还充分肯定了权威在科学中的必要性。巴恩斯说：“科学的制度结构是建立在权威关系的基础之上的。”[15]也就是说，科学活动中排除权威是不可能的。科学知识正是通过权威关系结合到它不同的、多种多样的社会应用之中的，“除此之外，难以想象还会有什么别的办法可以运用”[15]，“科学家们就是以权威为基础来建立他们在社会中的地位”[15]。

三、对同行承认的不同解读

默顿通过科学奖励系统理论的阐述，为科学发展找到了动力机制。但在默顿看来，科学奖励本质上是荣誉性的，而非物质性的，即使在当代也是如此。他认为，在物质激励和同行承认之间，科学家更在意后者，归根结底，同行承认是科学家对奖励的终极追求。

爱丁堡学派也肯定了同行承认在科学奖励与激励中的作用和地位。对此，巴恩斯有专门的阐述，他指出，科学家一般把他独创的知识交给整个共同体以换取共同体的承认，而且他们非常在意获得这种承认，因此承认可以用来作为一种激励和奖励。巴恩斯说：“承认本身就是许多或绝大部分从事科学的人所渴望的东西，这种承认也许是名望或者是朴素的敬意，也许是喝彩或者仅仅是其他人的赞美之辞。而且，正是对这种承认的希望成为了许多科学家工作的动机，这或许是事实，一个科学家如果希望自己有一个成功的科学事业，即使对承认不感兴趣，甚至讨厌并且憎恶这种承认，但他还是不得不寻求获得这种承认。”[15]

尽管如此，巴恩斯却认为，科学奖励只考虑到承认还不行，“承认并不仅仅是对科学家进行奖励的一种可能的形式：在这种奖励系统中还包含着一种更深层次、更根本的奖励方式”[15]。也就是说，承认并不是科学家在奖励方面的终极需求。科学家之所以在意同行承认，是因为“承认是通往一切之路”[15]，即无论科学家需要什么，都把承认当作通往那种需要之路。例如，一个科学家，他若希望获得某个研究项目，但是这个机会取决于同行的认可程度；他若想寻求更多的设备、场地、时间或同行助手，承认仍是其中的关键；他若想通过调到一个工资更高的职位上、通过做顾问工作的积累甚至通过巧妙地掌握时机从研究一跃而进入科学决策或管理领域，来追求他个人的利益，那么，科学家同事对他的承认的程度仍然是至关重要的。总之，“不管这个科学家所需要的是什么，实现这种需要的方法就是借助他所获得的承认”[15]。这些例子其实也表明，承认是满足科学家特定需要的必要条件和中介，或者说，承认是科学共同体的奖励系统中的通货，只有用它才可以获取科学家希望的特定奖励。

为了清楚明了地阐释承认的本质，巴恩斯例举并分析了汽车装配厂中的激励。巴恩斯认为，组装一辆汽车所要求的工作必须由许许多多的个人以协同的方式来完成，个人是以一种满足外在的要求和需要的方式来完成其工作的，满足这些要求和需要，就是对个人工作的主要激励。但是要求和需要是因人而异的，有的人将养家糊口置于第一位，有的人将环游世界作为最大愿望，还有的人只想获得物质财产，等等。因此，满足要求和需要的激励方式变得十分复杂和难以操作，不过，在货币发明之后，汽车装配中的激励问题便迎刃而解了，因为“拥有货币就是拥有潜在的大量奖励，因为，任何奖励都可以定价，或者通过金钱获得。货币是通往大量特定的奖励的一条通路”[15]。也就是说，个人可以将自己特定的工作换取货币，再通过货币去满足自己的特定需要。在这种激励方式中，货币是作为达到目的的一种手段而非目的本身而存在的。巴恩斯说，“金钱的吸引力，是特定奖励的吸引力的一种反映，后一种吸引力超出了金钱以外。当人们为金钱而工作时，正是金钱以外的奖励成为了最终的激励因素”[15]。这种激励方式可以用图示（图1）来直观表示。

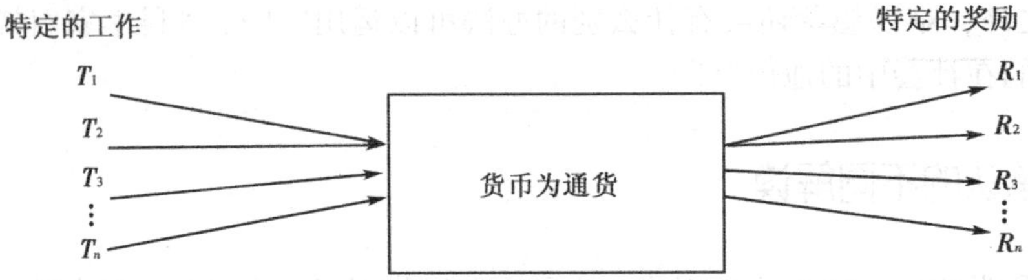

图1　汽车装配中的奖励图示

图1中，T_1，…，T_n 是进行一般的经济活动时要完成的所有常见的工作，任何一个人完成其中任何一项都可以获得货币，并以此获取货币所能购买的任何特定的奖励即个人的要求和需要（R_1，…，R_n）。货币为从任何 T 到任何 R 开通了道路，因此，工作总是与以货币为通货的某种奖励系统联系在一起的。

巴恩斯进一步指出，科学中的激励制度与汽车装配厂中的激励制度有着共同的机制，在后者中，金钱是通往奖励之路，而在科学中，承认是通往奖励之路。承认在科学中所扮演的角色与货币在汽车装配厂中所扮演的角色是一样的。“正如金钱可以使大量潜在的奖励变为汽车生产的实际诱因一样，承认也会使一系列奖励变为研究的诱因”[15]。科学中的奖励同样可以用图示（图2）直观表示。

从图2中看出，完成任何特定的研究工作（ST_1，…，ST_n）首先获得的不是金钱，而是

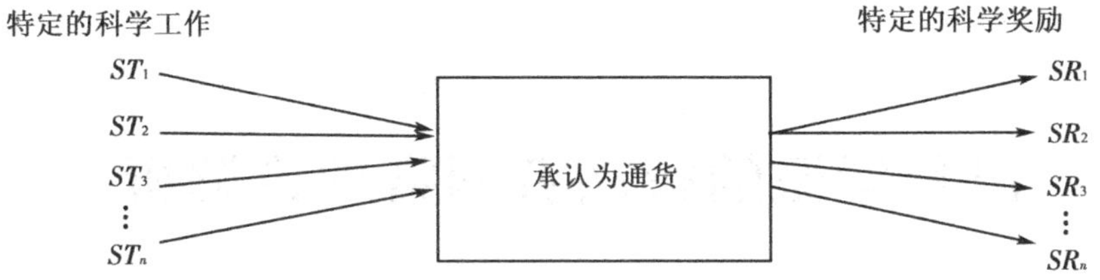

图2 科学中的奖励图示

科学家同行的承认，这种承认可以用来获取任何特别的奖励（SR_1，…，SR_n），如研究资源、经费资助、职务晋升、金钱等。因此，“对于一个科学家来说，承认是通往社会一般所能提供的所有奖励 R，尤其是科学所能提供的所有奖励 SR 的一条主要道路。”[15]

爱丁堡学派与默顿都强调了承认在科学奖励制度的地位与作用，但是，两者的本质是不一样的。总的来说，默顿将承认视为奖励制度的终点，正是承认激励着科学家从事科学活动，这种承认是名誉性的。而爱丁堡学派只是将承认视为科学奖励制度的一个中介环节，最终激励科学家从事科学活动的是科学家个人的特定要求和需要得到满足，这种要求与需要饱含利益因素，它既可以是名誉性的，也可以是物质性的，会因人、因地、因时而不同。

参考文献

[1] 斯蒂芬·科尔，郝刘祥．默顿对科学社会学的贡献［J］．科学文化评论，2005，2（3）：43－57.

[2] Len Olive. Knowledge, society and reality problems of the social analysis of knowledge and of scientific realism [M] Rodopi BV: Amsterdam-Atlanta, GA, 1993.

[3] 罗伯特·金·默顿．科学社会学散忆［M］．鲁旭东，译．北京：商务印书馆，2004.

[4] Ben-David Joseph. Sociology of science knowledge [M] //J F Short. The state of sociology. Beverly Hills CA: Sage, 1983.

[5] Richard Whitley. Black boxism and the Sociology of Science: a discussion of the major developments in the field [J]. Sociological Review, 1972 (18): 61－92.

[6] David Bloor. Knowledge and social imagery [M]. Chicago: The University of Chicago Press, 1991.

[7] Barry Barnes. Scientific knowledge and sociological theory [M]. London: Routledge and Kegan Paul, 1974.

[8] 巴里·巴恩斯，大卫·布鲁尔，约翰·亨利．科学知识：一种社会学的分析［M］．南京：南京大学出版社，2004.

[9] Andrew Pikering. Mangle of Practice [M]. Chicago: The University of Chicago Press, 1995.

[10] Kaplan N. Sociology of science [M] //Robert E L Fairs. Handbook of modern sociology. Chicago: Rand Mc-Nally, 1964.

[11] Barry Barnes. The comparison of belief-systems anomaly versus falsehood [J]. European Journal of Sociology, 1970 (11).

[12] Barnes B, RG A Dolby. The scientific ethos: a deviant viewpoint [J]. European Journal of Sociology, 1970 (11): 3－25.

[13] 诺曼·W. 斯托勒，R. K. 默顿．科学社会学：上册［M］．鲁旭东，林聚任，译．北京：商务印书馆，2003：编者导言.

[14] R. K. 默顿．社会研究与社会政策［M］．林聚任，等译．上海：上海三联书店，2001.

[15] Barry Barnes. About science [M]. New York: Basil Blackwell Ltd, 1985.

（本文原载于《自然辩证法通讯》2012年第1期）

巴黎学派的行动者网络理论解析

王增鹏
（清华大学社会科学学院 北京 100084）

摘 要：以科学知识社会学（SSK）遭遇的困境与科学技术研究（STS）的特殊性为契机，巴黎学派提出了行动者网络理论（ANT）。它既是一套分析科学与技术的有效工具，又包含了全新的世界观与社会理论：用广义对称性原则消解本体论的主客二分；用跟随行动者的灵活方法取代宏观理论框架说明微观现象的模式；用联结的社会学取代社会的社会学。在突破SSK困境的同时，ANT最终发展成为一个以科学技术研究为中心的广泛社会理论。

关键词：科学知识社会学；行动者网络理论；广义对称性原则；联结社会学

自20世纪70年代始，以爱丁堡学派为代表的科学知识社会学（Sociology of Scientific Knowledge，SSK）风起云涌。新知识社会学既在科学哲学之外找到了审视科学的新视角，又打破了曼海姆式的知识社会学与默顿社会学传统，逐步成为科学社会学的主流。它以强纲领为先导，以科学争论研究、实验室研究及文本与话语分析为研究场点，从多个方面解构科学知识是"自然之镜"的信念，突出科学的社会建构性。与此同时，应用SSK内部纲领分析技术的尝试也在慢慢展开。但无论从认识论还是方法论而言，新的知识（技术）社会学都遭遇到了多重困境。导致这些困境的直接原因是SSK将社会学置入了它之前一直绕过的领域——科学知识与技术，却又在说明策略上延续了传统社会学的模式。

巴黎学派以此为契机，重新审视科学技术研究（STS）的特殊性，提出行动者网络理论（Actor-Network Theory，ANT）。在本体论上，ANT用广义对称性原则打破现代性的主/客二分，瓦解传统社会理论说明模式的根基；在方法论上，ANT借助常人方法论，由"Why"问题转向"How"问题，即注重跟随行动者并描述行动中的科学，而非给予既定科学技术以静态说明；在认识论上，ANT由"How"问题再次转向"Why"问题，在细致经验研究基础上为科学技术乃至整个社会提供非因果还原说明范式，力图塑造完善、成熟的理论话语。所以，巴黎学派的行动者网络理论不仅从SSK困境中发现了新的可能性，避免了STS走入死胡同的尴尬结局，而且极大地推进了强纲领所怀有的建构一种包括科学知识在内的知识的一般社会理论抱负，最终发展成为一个以科学技术为中心却又不局限于此的广泛社会理论。

一、ANT 的双重契机：SSK 困境与科学技术研究

从历时性角度讲，行动者网络（Actor-Network）的概念最初由卡龙等人[1]在 20 世纪 80 年代中期提出，进一步的理论提升与扩展工作则是由拉图尔（B. Latour）完成的。需要注意的是，卡龙通过对技术的分析切入 ANT[2-3]，其视角并没有局限于科学知识领域；而拉图尔之所以能够颠覆传统的世界观与社会理论，也是借助于对科学技术的经验分析才获得启发。从共时性角度讲，虽然拉图尔宣称自己开始实验室研究时，并不知晓同时代科学社会研究的存在[4]，但他的早期工作无疑是围绕着强纲领主旨展开的[5]，这一点拉图尔自己也不否认[4,6]。因此，ANT 的提出与发展，一方面以 SSK 尤其是它遭遇的困境为背景；另一方面，是作为研究对象的科学技术给它提供了最好的例证与经验分析资源。

1. SSK 困境

18 世纪的大多数启蒙思想家或许不会想到，曾作为人类进步文明代表的科学在 20 世纪却饱受怀疑与批判。成规模开启批判之门的当属 20 世纪之初的法兰克福学派，他们对工具理性、现代工业文明以及为之提供动力的科学技术进行了持久批判。然而，由于法兰克福学派的批判还是集中在意识形态领域，加之科学哲学中逻辑经验主义的兴起与广泛传播，科学知识在一段时间内依然被看作“自然之镜”，科学的成功也在于它拥有独特的方法论优势。直到 20 世纪 60 年代，后现代社会思潮风生水起，历史主义科学哲学广泛传播，科学哲学中标准的逻辑经验论观点逐步瓦解，以至于费耶阿本德宣称“科学只不过是众多推动社会发展的意识形态之一”[7]，将启蒙运动时期被洗练出来的科学重新放到了与神话、宗教等意识形态对等的位置。

同以上过程几乎并行，社会学也将视角慢慢投向科学，其早期代表人物是卡尔·曼海姆（K. Mannheim）与罗伯特·默顿（R. K. Merton）。但如果说科学哲学家一开始就从科学发展的内在逻辑角度维护科学的合理性与独特地位，那么曼海姆式的知识社会学和默顿的科学社会学传统则有意绕开科学的具体内容，认为科学知识本质上是社会无涉的。这种观点在 20 世 20 年代遭遇到了以欧洲特别是英国为中心的新科学知识社会学的批判。

与北美的默顿社会学不同，后起的爱丁堡学派不再将科学家的行为规范、组织形式以及奖励系统等方面放在科学社会学研究的首位，而是将关注点放在科学观念、方法、程序和实践等科学知识的具体内容和生产过程方面。他们所持的方法论原则或者价值观就是“强纲领”（Strong Programme），布鲁尔（D. Bloor）明确地将它总结为四个信条（Four Tenets）：因果性，公正性，对称性，反身性[8]。由此，以强纲领为先导，SSK 内部相继出现了一系列基于不同研究场点的亚纲领，其中包括：基于科学争论研究场点衍生出利益分析纲领、经验相对主义纲领和批判史学纲领；基于文本与话语分析场点衍生出话语分析纲领和反身性纲领；基于实验室研究场点衍生出社会建构论纲领[9]。这些亚纲领都或多或少地践行着强纲领的主旨，从不同角度打开科学知识的黑箱。除此之外，也有学者跟随科学知识的社会建构理论，将 SSK 内部研究纲领应用到技术领域，分析技术的社会建构因素[10]，在互补中形成整体的科学技术社会建构理论。

毫无疑问，将社会学置入一直以来被视作禁区的科学知识与技术领域，SSK 学者取得了诸多成果。它不仅打破了科学知识客观、理性的信念，而且在科学哲学与科学史之外，塑造

出另外一套针对科学技术的解释性话语。然而，SSK取得相应成就的同时，也遭遇到了重重困境。可以说，强纲领信条在多大程度上引导SSK取得相应成果，它也在多大程度上为SSK制造了麻烦。

首先，SSK最为人诟病的是其认识论相对主义与社会实在论之间的矛盾。遵循公正性与对称性原则，SSK宣称公正地对待正确与错误信念，并用同一类型的原因作出相应解释。这一方面导致了认识论上的相对主义，即所谓正确与错误信念都是相对的，没有任何认识成果可以被客观、理性地保证；另一方面，由于SSK得出这一结论的过程是找到社会因素对认识过程的决定性影响，将科学知识视作一种或多种社会因素建构的结果，社会便成了因果链条始端的实体性存在。因此，“就像科学家错误地用自然实体说明科学家的信念一样，社会学家也错误地用社会实体朝向那一终结”[11]。明显的矛盾是，科学知识社会学家用相对主义的眼光看待一切——唯独排除自身，他们在打开科学黑箱的同时，却又将SSK黑箱化。

其次，反身性问题始终环绕SSK，威胁其自身存在的合理性。实际上，布鲁尔提出反身性信条的本意是维护SSK的合理性，认为原则上社会学家的解释模式同样可以应用于自身。但这仅仅是一种姿态而已，试想，“如果经验事实和逻辑论证对于科学知识实际上并无重要影响，那么为什么赞成这种观点的建构论者还要去从事经验研究呢”[12]？在反身性问题上，SSK学者并没有找到一个既可以应用到研究对象又能够应用到自身的最优解释模式。

再次，SSK的宏观与微观分析视角始终不能很好地结合在一起。围绕着强纲领提出的广泛论题，SSK内部出现了宏观与微观两种研究科学知识的视角。其中，爱丁堡学派与巴斯学派尤其偏重以科学争论为场点的宏观利益分析，他们或者将科学争论看作利益（认知利益、社会利益）负载的[13]，或者将科学争论的结束机制与更广泛的社会文化、政治利益相关联起来[14]。但是，纯粹的宏观分析进路，如核心群研究，在描绘日常科学活动方面并不够细致[15]，未能够把握丰富多彩的科学实践过程，而招致科学家的强烈反感；此外，利益分析视角下的科学知识成了纯粹的工具，似乎“知识是用来使用的，不只是用来沉思的；行动者具有自己的利益，作为知识的工具能够成功促进或阻碍这种利益的实现”[16]。于是，以实验室研究为代表的微观分析进路逐渐兴起。相对于宏观进路，微观研究更注重经验地描述科学实践活动，细致的实证研究极大削弱了人们对SSK的质疑，取得了诸多成就[17]。但实验室研究的微观进路的弱点是只见树木不见森林，由于它在很大程度上放弃了因果性解释，而更侧重描述主义，以至于“忽视了社会学家研究兴趣指向的‘更宽广’现象域”[18]。总之，SSK同样遭遇了社会学经典的微观-宏观困境，“要么社会科学足够精致到解释科学的内容，而将整个社会的制造置于黑暗当中；要么宏观社会学归来，但科学的细节从视野中消失”[19]。这也是SSK最为致命的一个弱点，因为如果它不能把科学家的微观实践、认知活动与宏观社会因素有效地结合，那么几乎可以宣告SSK在其原初目标上的失败。

实际上，即使抛却具体的方法论与认识论困境不言，仅就强纲领之后不同亚纲领之间的辗转挪移来看，也能反映整个SSK的尴尬处境。造成以上困境的直接原因是，SSK学者将社会学置入它之前从未涉足的科学知识或技术领域，却又在说明方法上沿用了传统社会学模式。因此，认识到“新的科学社会学使用一些熟悉的社会科学术语和解释策略，使他们也陷入了一些与哲学和社会学研究的寻常语言相关的习惯性错误”[18]仅仅是问题的一个方面。毕竟，社会学曾经顺利解释了诸多社会现象。真正首先需要澄清的是，科学技术研究到底有何特殊性，以至屡试不爽的社会科学研究模式在其中突然失效？社会学在科学技术分析上的失效，是否意味着科学技术能够逃离社会学解释？进而，如果继续 STS 事业，怎样才能不重蹈覆辙？

2. 科学技术研究的特殊性

按照严格的学科划分，自然科学与社会科学分属不同的学科领域，前者的研究对象是自然或纯客体，后者则研究与人类社会相关的一切有意识的行为。从时间维度讲，社会科学的产生要远远迟于自然科学，后者最先形成了自己严格、独立的学科分析方法与解释系统。社会科学产生早期，占据主流的一直是自然主义进路，它认为我们可以像自然科学家研究自然现象那样研究人类行为，以肯定的方式回答了社会科学存在的合理性问题。所以，自然科学是社会科学各学科得以成立的基础，后者在方法论上借用了自然科学的实证方法，其学科目标也是尽力仿照自然科学，对人类行为及社会现象作出准确说明与预测，成为一门真正的“科学”。直到 STS 兴起，自然科学本身成为社会科学的研究对象后，情况开始发生了变化。尤其是布鲁尔强纲领的四个信条，一直引导着之后的 SSK 学者寻找科学知识的社会建构根据，用相对主义认识论解构自然科学的客观性、合理性信念。但是，这也使得 STS 一开始就隐含了双重悖论：要么自然科学与技术的社会说明取得成功，社会学连同其他社会科学同样因为失去科学性而失败；要么社会学直接宣告失败，因为它根本没有成功解释自己的对象[20]。如此看来，无论哪种情况，只要 STS 用传统社会学介入自然科学领域，就会不可避免地陷入失败的境地，或者用拉图尔的话说：“像参孙大力士一样，愚蠢地被自己从神庙上摇下的石头砸死。”[20]

此外，科学技术研究的特殊性还在于，它的研究对象直接参与了整个自然与社会形态的塑造，是现代世界的始作俑者。较之宗教、艺术、大众文化等社会现象，科学技术同时面向自然与人类社会，它比任何一种活动都明显地将人与非人要素混合在一起，极大拓展了“社会”的内涵。当科学技术把非人要素连同人类要素重新组合后，社会便再也不是与自然对立的纯粹的人类集合体，恰恰相反，“每种人类互动都是社会技术的（sociotechnical）”[21]。所以，在 SSK 学者使用传统理论框架分析科学技术的过程中，才显得极不适应：一方面，它无法完全论证科学技术的社会决定性，关闭进一步争论的可能，因为主流社会学所擅长的是分析纯粹属人的社会现象，而科学技术的本质不能简单地归结为自然的或社会的；另一方面，科学技术的发展塑造了整个现代社会，假如再用受到科学技术影响的社会去分析科学技术，无疑是在循环论证。

归根结底，STS 的特殊性，实质上是它所研究对象的特殊性。首先，前 STS 时期（pre-STS），自然科学一直充当解释项，拥有独立的解释方法与解释系统；STS 出现以后，自然科学又成为社会科学的被解释项，而且后者既借用又解构前者的解释策略。其次，“社会是建构的，却非仅仅是社会地建构的，只有斯特拉姆的狒狒，才社会地建构了他们的社会”[21]。与社会学研究的其他对象不同，科学技术将自然与社会混合在一起并嵌入到整个社会系统之中，重新界定了社会的范围，导致纯粹属人的社会荡然无存。

对 STS 而言，这些特殊性既造就了一系列障碍，也蕴含了新的可能性。因此，拉图尔喜欢将 STS 先前的失败看作因祸得福（felix culpa）[20]，认为它打破了社会学的美梦，引导我们重新思考科学技术与社会，并借此机会对整个世界观与社会理论作出调整。在同科林斯和耶尔莱的论战中，卡龙与拉图尔敏锐地指出：“这场论战出现在科学技术与社会的文化研究之中，而且只出现在这里，因为只有在社会科学中，‘自然’与‘社会’之间大量的边界研究才会打破两者的分离状态。古典的社会学理论或科学哲学绝不会面临着这一问题，因为它们忽视了事物或社会。”[16]也是在此意义上，拉图尔才抱怨一直以来STS对主流社会学的贡献甚少，而事实本不该如此。他甚至把社会学家塔尔德（Gabriel Tarde）看作STS的鼻祖，因为早在STS产生的80年前，塔尔德就将科学研究（Science Studies）完全放到了社会理论的中心[22]。由此也可以理解，为什么最先提出行动者网络概念的卡龙等人会借助技术研究切入ANT，以及为什么拉图尔会以科学技术研究为中心重构现代世界观与社会理论。在他们看来，科学技术以及以科学技术为研究对象的STS具有无可比拟的重要性，社会科学研究如果不把科学技术因素考虑在内，就不能完全理解社会。缺失了科学，我们无法理解现存文化之间以及现代－前现代之间的巨大差异[23]；缺失了技术的人类社会就如同狒狒一样，相应的社会理论也与“狒狒社会学”无异[24-25]。

以此为契机，巴黎学派试图从另一个角度审视科学技术及其塑造的现代社会，不是将STS遇到的困难看成为自己设立的牢笼，而是将其看作改变传统世界观与社会理论的绝佳机会——ANT便应运而生了。

二、ANT的本体论澄清：广义对称性原则

林奇在评论以SSK为代表的建构主义进路时曾指出：“对建构主义研究进行评价的部分困难在于，其术语中经常包含着他们的观念所无力支撑的更鲜明的形而上学锋芒。”[18]这一观点与拉图尔不谋而合。早在其成名作《实验室生活》第二版的序言中，拉图尔就预感到他的实验室经验研究工作不会改变任何观点，因为大多数科学社会研究的内外学者，都立足于深刻的本体论承诺，而非对科学的任何经验说明[4]。事实的确如此，假若仔细审视科学知识社会学家对科学知识的分析，会发现他们的工作中带有很强的目的论成分，即所有的经验研究似乎都是为了得到一个结果：科学知识是社会建构的，是社会而非自然因素最终决定了科学家的信念。他们只不过是把因果链条上归之于自然的科学知识解释要素，全都转移到社会一级，把非人因素决定转换为人类因素决定，把客观的事实决定转换为主观决定。因此，所谓“形而上学锋芒”“本体论承诺”实际上就是本体论上的主客或者人与非人二分。

本体论上的主客二分，造成的结果是自然科学家、哲学家以及社会学家围绕实在论、认识论问题争吵不休，SSK的认识论相对主义与社会实在论矛盾、反身性悖论等缺陷，都可以归结到本体论上的不对称性。为了避免再次陷入SSK困境，卡龙首先提出了广义对称性原则[25]，把它作为ANT的三个方法论原则之一，解决科学知识社会学家在说明科学知识过程中的不对称性。广义对称性原则是布鲁尔对称性原则的进一步拓展，但它不是指认识论上用同样的术语解释正确与错误的信念，而是同等看待自然与社会中的人与非人要素。

这一原则最为直接地表现在巴黎学派对“行动者”（actor）的界定上。为了打破人类行动者的中心地位，拉图尔更习惯于用“actant”或者“agency”表示“行动者”概念。遵循对称性原则，它同时指称人与非人行动者，即在科学技术或者其他社会活动中，不去先验地规定是人还是非人，是自然还是社会塑造了现状，它们都有可能在稳定化的过程中发挥自己的作用，任何通过制造差别而改变了事物状态的东西，都可以被称为行动者。这也是卡龙方法论不可知论原则的必然推论，因为不可知论强调行动者的身份不能事先确定，而是在协商中暂时稳定下来的，每个行动者都有可能发挥重要作用，所以必须坚持对称性，以免分析过

程中出现偏向一面或者遗漏重要的因素。为避免误解，拉图尔多次重申："ANT 不是，我再重复一遍，不是要在人与非人之间确立某种荒唐的对称。对我们而言，对称仅仅意味着，不要先验地在人类有意识的行动与物质世界的因果联系之间确立某种虚假的不对称。"[25] 因此，对称性仅仅是一种分析的态度而已，并不是要将人与非人的各个方面都等同起来，"并不意味着我们希望把意图性扩展到事物，或把机械功能扩展到人类，而只是我们用来描述事物的一种方式"[26]。

由卡龙提出的广义对称性原则，被拉图尔进一步提升为本体论原则。如前所述，拉图尔早就明确意识到纯粹的经验工作并不能改变任何东西，面对传统社会学的本体论承诺，拉图尔坦言"你必须讨论普遍世界的问题，而不仅仅是讨论科学的社会维度的问题。因此，正如布鲁尔震惊地发现那样，你需要形而上学和本体论"[27]。于是，拉图尔从批判现代性的主客二分出发，遵循广义对称性原则，提出了非现代性立场与混合本体论，颠覆了主流世界观，塑造了全新的世界图景。ANT 背后的本体论野心，既是它利用新的方法论与认识论进行社会重组的逻辑前提，也是它区别于休斯（T. P. Hughes）技术系统的重要标志[24]。

拉图尔所指谓的"现代的"，是两组完全不同的实践形式："转译"（translation）与"纯化"（purification）。转译将自然和文化两种不同的存在形式混合在一起，而纯化创造了两种完全不同的本体论领域：人类与非人类[23]。自科学革命以来，非人自然被划归为自然科学所有，而人类文化被划归为社会科学所有，两者互不影响，保持着自身的独立性与封闭性。康德的哥白尼革命将二分原则彻底确立。成为一个现代人就意味着，将转译与纯化工作完全分裂开来，并专注于纯化工作，用自然定律与社会隐变量分别解释纷繁复杂的自然和社会现象，不断确认人与非人的区分，保证自身批判的合理性。现代性就奠基于以上深刻的主客二分，辗转于自然与社会实体之间的现代人看似是不可战胜的，但是故意忽视了转译过程，也就意味着我们实质上从未现代过，现代性是虚假的自欺欺人，因为没有转译的实践，纯化过程将是无效的、无意义的。而真正原初性的却存在于自然与社会两极之间的中间地带，拉图尔将其称为"拟客体"（quasic-object），它不能还原成纯粹的自然或者社会实体，而是介于两者之间的杂合体，"像自然一样真实、像话语一样被表述、像社会一样具有集体性、像存在一样存在"[23]。巴斯德的细菌、波义耳的空气泵等，都可以被看作拟客体。不难看出，拉图尔的拟客体实际上就是卡龙广义对称性与不可知论原则下，无法确定本质为何物的行动者。因此，逃出现代性牢笼，回到我们从未远离的非现代性的关键，就在于赋予中间地带以本体论地位，承认拟客体或行动者的合法性。ANT 的目的，也就是在新的世界图景中，用对称性人类学追踪并描述拟客体或者行动者的痕迹，重新组合社会。

三、重组社会：联结的社会学与社会的社会学

充满杂合体的世界内，自然与社会都要围绕着中间地带旋转，作为拟客体同一稳定化过程的孪生结果而存在。由于缺失了自然与社会实体的终极因果说明保证，ANT 首先是作为分析科学技术与社会如何相互建构的方法论而被提出的。例如，卡龙就相信，"技术研究本身能够被转化为社会的分析工具"[3]；劳也认为，ANT 并不能被看作一种理论，因为理论的作用往往是分析事情为什么会发生，而 ANT 是描述性而非基础性的解释术语，它毋宁是一个工具箱（toolkit）[28]。所以，在 ANT 得到广泛传播与应用时，劳不但没有极力推崇，反而

对此抱有很强的戒心，生怕 ANT 落为一般的固化社会理论，被千篇一律地应用到案例分析当中[29]。当然，由于它不是一种理论，我们也就无法总结而只能演示它的具体内容[30]。卡龙对圣伯鲁克湾扇贝养殖的研究、对法国电动车发展的研究、对市场的研究，劳对葡萄牙殖民扩张的研究，以及拉图尔的实验室研究，无一例外的都是在案例中展示 ANT，践行“跟随行动者”的 ANT 中心方法论指示[1]。

但从方法论角度而言，这样来定位 ANT，很容易让人将其与 SSK 后期的微观转向混淆。因为后 SSK 的微观实验室研究、文本与话语分析进路，就是从“Why”到“How”的转向，即放弃早期科学知识社会学家的理论要求，注重对科学家的日常科学知识生产活动进行描述。描述主义进路比宏观说明更加生动细致，避免了给研究对象强加基础性范畴，扭曲事情本来面目的缺陷。ANT 也在很大程度上借用了民族志方法论，弱化说明，强化描述。然而，ANT 追踪但不盲从行动者联结的痕迹，巴黎学派已经认识到，如果局限于现象描述，把方法当作目的，实质上是回避了问题。“无论如何，科学家和工程师毕竟不是一天 24 小时都在制定计划草案，阅读和写作论文。他们总是争辩说，在技术文本的背后存在着某种比他们写下来的任何东西都要重要的东西。”[31]把各种行动者都罗列出来，充其量只不过是描绘了一个行动者世界（actor world），而非行动者网络（actor network），只有后者才有自己的结构与机制[2]。简言之，“像民族方法论这种细密的社会学有其成功的一面，但这些纲领的问题在于，实际上，他们很好地说明了实践的细节，却完全遗失了宏观社会学的主要目标——即说明是什么让社会联合在一起”[19]。因此，“表明科学的社会建构性质不应该是科学社会学的终点，而是它的起点。在这个问题上，建构论实践似乎应该再来一次从 How 到 Why 转向”[9]。从 STS 研究得到启发的 ANT，想要成为完整、成熟的理论体系，仍需回答社会是什么，以及社会秩序何以可能的经典社会学问题。

按照拉图尔的考察，“社会的”（social）一词能够同时意指形容词与动词：作为形容词，它与其他描述物质类型的形容词无异；作为动词，它指一种组合、联结运动。日常应用中，往往忽视了其动词性的一面，只关注形容词。在统一的形容词理解下，社会无所不包、均匀同质，一切现象都可以追溯到其背后的社会隐变量。ANT 视野中的社会，所要表达的意义恰恰相反，把社会看成异质性要素联结的痕迹[25]，或者说是一个异质型网络（heterogeneous network）[32]。网络中的异质性要素相互界定，完全独立自主地超越社会根本不存在。所以，新世界观与社会观下的社会学任务也要随之调整：不是用统一的社会标志解释所有现象，而是追踪异质性要素联结的痕迹，社会从未解释任何东西，它本身是最需要被解释的——社会的社会学（sociology of the social）要让位于联结的社会学（sociology of associations）。

为了追踪异质型网络中的行动者痕迹，挖掘现有社会秩序或者力量关系是如何形成的，巴黎学派发明了一系列对称性的词汇。例如，行动者（actor，actant，agency）、网络（network）、转译（translation）、简化（simplification）、并置（juxtaposition）、转义者（mediator）等纷繁复杂的概念。但总体上，占据中心地位的是行动者、网络以及转译三个概念，它们既确认了行动者世界，又给出了行动者世界的内在结构与机制。

具体而言，ANT 主张关系唯物主义（relational materialism）[32]或者关系实在论[33]。人与非人组成的扁平化行动者世界中，所有的边界都被打破，没有上下层级、自然社会之间的差别，每个行动者都是在平等的关系下进行自由联结。行动者的身份也在相互之间的关系中界定，行动者世界之外，不存在一个超越的社会实体赋予行动者明确本质。换言之，单独的行动者无法完成任何事情，行动者不是行动之源，而是在他者的影响下行动，一切都是关系的结果。社会隐变量被ANT解构之后，关系网络中行动者之间的力量转换、行动者的身份变更以及行动者世界的机制、结构，都是通过转译而完成的。也即拉图尔所说的，从"扩散模型"到"转译模型"的转变[34]。

"转译"概念贯穿ANT始终，它使得描述行动者世界的建构机制得以可能[2]，所以，ANT也被称作转译社会学。转译的具体过程被分为四个重要的时机：问题化阶段、引起兴趣阶段、征召阶段和动员阶段。其中，问题化阶段的目的是为了让所有行动者接受对问题的界定，同时确认行动者必经之点；引起兴趣阶段界定行动者角色；征召阶段最终把行动者关联到网络中；动员阶段把征召的行动者当作代言人完成计划[26]。通过以上转译的四个时机，行动者世界的联结机制被勾画出来。然而，行动者世界还不同于行动者网络，前者仅仅表明存在一个行动者相互联系的网络，并且网络之外别无他物，但依然没有明确网络结构。所以，核心的转译概念之外还有描述行动者网络结构的简化（simplification）与并置（juxtaposition）概念。之所以提出简化，是因为理论上行动者是无限的，但实践上，只有有限行动者的特性通过转译被界定，简化就是为了减少世界的复杂性。在简化的意义上，才可以说一个行动者同时也是一个行动者网络。相应地，并置是指将简化的行动者联结起来，合成不同种类的协调、连续、有结构的关系。简化与并置是一个双向且相互依存的过程，"简化只有在各要素被并置到一个关系网络中才是可能的，而要素的并置反过来需要它们被简化"[35]。转译与它所引起的简化与并置一起，完整刻画了行动者世界的机制和行动者网络的结构，这实际上也反映出由How到Why转向后，ANT试图秩序化社会的努力。

巴黎学派对转译的解释纷繁复杂，但总体而言它具有以下特点：首先，转译是对称的，每个成熟的行动者都是转译者，当该行动者在转译他者时，自我的身份也会改变，例如，持枪人一旦杀人之后，枪即变为凶枪，该人也变为凶手[36]；其次，所有的转译都不是完全忠实的一对一的翻译，都有可能扭曲原意，巴斯德并没有将整个农场带进实验室，所以炭疽病移转到实验室的转译就是非完全的、不忠实的[37]；再次，转译具有不确定性，即所有的转译都不被保证，它也可能是失败的，法国的三位科学家就没有成功地转译各种要素，从而导致了扇贝网箱养殖技术的失败[26]。

转译的这些特点集中凸显了ANT的理论主旨以及联结社会学的价值取向。转译对称性是广义对称性原则的具体化，既表明行动者之间相互定义，也表明行动者与网络相互依赖，每个要素的变化都会引起其他行动者以及网络的变化；转译的不忠实性决定了ANT在说明社会关系上的非还原特征，集体构建的网络不能被还原到单个行动者或者网络之上，微观行动者也不能被还原到宏观自然或者社会实体之上，通过转译而实现的网络增长，代替了宏观/微观差异；转译的不确定是行动者自由联结的结果，所有的秩序化社会的工作要交给行动者自己，而不是一劳永逸地超越社会范畴，我们无法预知下一步舍弃或者加入行动者的网络会走向何处，只能追踪行动者的联结痕迹。拉图尔在《重组社会》中5个不确定性的展开，都可以回溯到转译的不确定性；社会的稳定与合成也是不确定性的暂时终结，转译仍在继续。

因此，ANT并不仅仅是一种简单的分析工具，与哲学上颠覆主客二元世界观一样，它在社会理论方面也抱有很大的野心，试图在追踪行动者痕迹的引导下，组建新的关系型、非还原、流动性社会说明范式，最终用联结的社会学取代社会的社会学。不过这并不代表联结社会学否认社会的存在，它只不过是把社会看作变动不居世界中的转瞬即逝的一个特定联结而已。

四、结 语

本文首先回溯了SSK发展历程中所遭遇的主要困境，进而指出这些困境在很大程度上是由其研究对象的特殊性所致的；以拉图尔为代表的巴黎学派却借此契机，反思科学技术研究的特殊性，颠覆主流世界观，在跟随行动者的核心方法论指引下，构建全新的社会理论——ANT。

拉图尔曾提出检验ANT的三条标准，即给非人类保证的角色、说明将要走入的方向、重组还是解构社会[25]。换言之，如果理论同等地看待人与非人，放弃“社会”的稳定性与说明作用，但又不像后现代主义那样解构社会而是重组社会，那么它就可以被看作ANT。这三条标准也正契合了上述ANT核心内容与巴黎学派的理论旨趣：将反思科学技术得来的广义对称性原则提升到本体论高度，打破传统世界的主客二分（同等看待人与非人），解构社会实体的说明性作用（社会不稳定并需要被说明），之后用追踪行动者联结痕迹的方法，构建联结的社会学（重组社会），最终使ANT发展成为一个以科学技术研究为中心但又不局限于此的广泛社会理论。

参考文献

[1] Callon M, Law J, Rip A. Mapping the dynamics of science and technology [M]. London: Macmilllan, 1986: xviii, 4.

[2] Callon M. The sociology of an Actor-network: the case of the Electric Vehicle [M] //Callon M., Law J, Rip A. Mapping the Dynamics of Science and Technology. London: Macmilllan, 1986: 33.

[3] Calllon M. Society in the making: The study of technology as a tool for sociological analysis [M] //Bijker W E, Hughes T P, Pinch T. The social construction of technology systems: new direction in the sociology and history of technology. Cambridge Masss: MIT Press, 1987: 83.

[4] Latour B & Woolgar S. Laboratory life: the construction of scientific facts [M]. 2nd ed. Princeton: Princeton University Press, 1986: 273, 106, 280.

[5] Colllin F. Science studies as naturalized philosophy [J]. Synthese Library 2011 (348): 109.

[6] Latour B. For bloor and beyond-a response to david bloor' s "anti-latour" [J]. Studies in History and Philosophy of Science, 1999 (1): 113 - 129.

[7] Feyerabend P K. How to defend society against science [M] //John Preston. Knowledge, science, and relativism. London: Cambridge University Press, 1999: 187.

[8] 布鲁尔·D. 知识和社会意向 [M]. 艾彦，译. 北京：东方出版社，2001：7-8.

[9] 赵万里. 科学的社会建构. [M] 天津：天津人民出版社，2002.

[10] Pinch T J, Bijker W E. The social construction of facts and artifacts: or how the sociology of science and the sociology of technology might benefit each other [J]. Social Studies of Science, 1984 (3): 399-441.

[11] Shapin S. Here and everywhere: sociology of scientific knowledge [J]. Annual Review of Sociology, 1995, 21 (1): 289-321.

[12] 科尔·S. 科学的制造：在自然界与社会之间 [M]. 林建成，王毅，译. 上海：上海人民出版社，

2001：44.

[13] MacKenzie D. Statistical theory and social interest STS：a case-study [J]. Social Studies of Science，1978 (1)：35－83.

[14] Colllins H. M. Stages in the empirical programme of relativism [J]. Social Studies of Science，1981 (1)：3－10.

[15] Pinch T. The sociology of the scientific community [M] //Olby R C，CANTor GN，Christie J R R，et al. Companion to the history of modern science. London，New York：Routledge Press，1990：93.

[16] 皮克林·A. 作为文化和实践的科学 [M]. 柯文，伊梅，译. 北京：中国人民大学出版社，2006：4，359，361.

[17] Shapin S. History of science and its sociological reconstructions [J]. History of Science，1982 (3)：157－211.

[18] 林奇. 科学实践与日常活动：常人方法论对科学的研究 [M]. 邢冬梅，译. 苏州：苏州大学出版社，2010：129，92，127.

[19] Latour B. One more turn after the social turn：easing science studies into the non-modern world [M] //McM-Sulllin E. The social dimensions of science. Notre Dame：Notre Dame University Press，1992：274，280.

[20] Latour B. When things strike back：a possible contribution of "science studies" to the social sciences [J]. British Journal of Sociology，2000 (1)：107－123.

[21] Latour B. Pragmatogonies：a mythical account of how humans and nonhuman swap properties [J]. American Behavioral Scientist，1994 (6)：791－808.

[22] Latour B. Gabriel tarde and the end of the social [M] //Joyce P. The Socialin Question：New Bearings in the History and the Social Sciences. London：Routledge，2002：124.

[23] 拉图尔·B. 我们从未现代过 [M]. 刘鹏，安涅思，译. 苏州：苏州大学出版社，2010：111，12，103.

[24] MacKenzie D，Wajcman J. The social shaping of technology [M]. 2nd ed. Milton Keynes：Open University Presss，1999：24.

[25] Latour B. Reassembling the social：an introduction to actor-network-theory [M]. New York：Oxford University Presss，2005：70，5.

[26] Calllon M. Some elements of a sociology of translation domestication of the scalllops and the fishermen of St Brieux Bay [M] //Law J. Power，action and belief：a new sociology of knowledge? . Keeele：Sociological Review Monograph，1986：200.

[27] 成素梅. 拉图尔的科学哲学观：在巴黎对拉图尔的专访 [J]. 哲学动态，2006 (9)：3－8.

[28] Law J. Actor network theory and material semiotics [EB/OL]. [2007－04－25]. htttp：//www. Heterogeneities. net/publications/Law20007ANTandMaterialSemiotics. pdf.

[29] Law J. After ANT：complexity，naming and topology [M] //Law J，Hasssard J. Actor network theory and after. Oxford：Blackwelll，1999.

[30] Law J. Traduction/trahison：notes on ANT. Convergencia，septiembre-diciembre，no. 42. 2006：47－72.

[31] Latour B. Science in action：how to follow science STS and engineers through society [M]. Cambridge Mass：Harvard University Press，1987：63.

[32] Law J. Notes on the theory of the actor-network：ordering，strategy，and heterogeneity [J]. Systems Practice，1992 (4)：379－393.

[33] 李雪垠，刘鹏. 从空间之网到时间之网：拉图尔本体论思想的内在转变 [J]. 自然辩证法研究，2009 (7)：52－56.

[34] Latour B. The powers of associations [M] Law J. Power，action and belief：a new sociology of knowledge?.

London：Routledge &Kegan Paul，1986：266.

[35] Wiebe Bijker，Thomas P Hughes，Trevor Pinch. The social construction of technological systems：new directions in the sociology and history of technology [M]. London，Cambridge MA：MIT Press，1987：95.

[36] Latour B. Pandora’s hope：essays on the reality of science studies [M]. Cambridge Mass：Harvard University Press，1999：179－180.

[37] Latour B. Give me a library and I willl raise the world [M] //Karin D Knorrr-Cetina，Michael Mulkay. Science observed：perspective on the social study of science. London：SAGE Publications，1983：146.

（本文原载于《科学与社会》2012 年第 4 期）

柯林斯的相对主义经验纲领的内涵及其影响

成素梅　张　帆
（山西大学科学技术哲学研究中心　山西 太原　030006）

新近出版的科学哲学著作业已表明，科学知识社会学的研究成果已经对科学哲学的发展产生了广泛的学术影响。与以默顿为代表的传统科学社会学的研究进路截然不同，科学知识社会学家试图运用社会学的方法，通过对当代科学家的实验生活的跟踪调查，揭示科学研究过程中所蕴含的长期以来一直被人们所忽略的社会因素的存在性，由此对科学知识的客观性与真理性提出质疑，并对科学的实在论立场提出挑战。哈瑞·柯林斯（Harry Collins）作为科学知识社会学的主要创始人之一，他的学术思想正越来越受到国际学术界的普遍关注。柯林斯的主要学术观点是围绕"相对主义的经验纲领"（empirical programme of relativism）和实验者回归（the experimenter's regress）的思想展开的。那么，他的相对主义的经验纲领是如何提出的？其主要内容与意义是什么？产生了哪些学术反响？受到了哪些方面的批评？毋庸置疑，在当代科学哲学研究立足于科学史基础正在发生着社会学转向的背景下，对这些问题进行系统的研究具有十分重要的学术意义。

一、相对主义经验纲领的产生背景

柯林斯是国际知名的科学知识社会学家，科学知识社会学的巴斯学派的创立者，现任英国卡的夫大学的社会学资深教授，知识、技能与科学研究中心主任。柯林斯著作颇丰，论文的引证率也很高，并于1995年荣获美国"默顿文学奖"。柯林斯的学术观点主要是在维特根斯坦的后期哲学与库恩的范式论思想的启发下，在超越爱丁堡学派的学术带头人布鲁尔（David Bloor）倡导的"强纲领"的基础上，在长期跟踪观察重建激光器与探测引力波两个物理学案例的实践过程中逐步形成的。布鲁尔的"强纲领"包括四个基本信条：① 因果性；② 无偏见性或公正性；③ 对称性；④ 反身性。柯林斯在20世纪70年代曾坚定地认为，以"强纲领"为核心的科学的社会建构论所倡导的是一种认识论的相对主义立场，他自己在当时完全认同与接受这种观点，并且明确地指出，"相对主义"的进路不仅对于科学社会学具有启发性，同时能够更深入地审视作为一种实践模型的科学在人类社会中所扮演的角色[1]。

然而，到1981年，柯林斯清晰地意识到，这种认识论的相对主义立场是无法得以证明的，而且，认识论的相对主义不能支持科学理论的经验主义，因此，有必要把认识论意义上的相对主义与方法论意义上的相对主义区分开来。他认为，分析科学主要有三种方式，这些方式随着把科学在多大程度上看成真的和确定的以及在多大程度上看成相对的而变化。一个极端，把整个世界都看成确定的和真的；另一个极端，把整个世界都看成可变的或相对的；

中间方式要求分析者根据当时的目的，对在多大程度上把世界看成真的和确定的以及多大程度上看成相对的作出选择。柯林斯把这种相对主义称为方法论的相对主义[2]。在柯林斯看来，方法论的相对主义态度要求，确立知识的分析方法不能从一开始就受到判断真假的常识标准的束缚，这需要有天真地怀疑平常的确定性的自我意识。柯林斯在运用这种方法论对他长期跟踪观察的重建激光器实验和探测引力波实验进行分析时，把相对主义和经验主义结合起来，提出并阐述了他的“相对主义的经验纲领”（简称为EPOR）。

柯林斯认为，布鲁尔的“强纲领”是“作为一种方法论需求的激进的纲领”，他自己的EPOR则说明科学知识的“常态的纲领”。在“强纲领”中，信条②和信条③是关键因素，信条①和信条④是没有必要的或多余的，他提出的“相对主义的经验纲领”只认可中间的两个信条，即无偏见性和对称性。在柯林斯看来，他的方法论的相对主义的研究进路只针对自然界，不针对社会，而布鲁尔的“强纲领”则要求，关于理解科学的模式同样应适用于对社会科学的理解[3]。柯林斯认为，布鲁尔所采取的方法论预设属于“行动者的范畴”。这种方法论允许在研究自然界时可以不受任何约束，甚至可以采取一种错误的、不合理的、不成功的或退步的方式来研究自然界。他自己的方法论预设所追求的则是“真实的、合理的、成功的或进步的”（简称TRASP）方式。TRASP是EPOR的基础，它有助于约束行动者的行为。

二、相对主义经验纲领的基本含义

柯林斯基于TRASP的方法论预设，以一名社会学家的身份亲历重新建造激光器与探测引力波实验的现场与科学家进行直接对话，在具体地观察与解读科学家行为的过程中，他把EPOR归纳为下列三个阶段[4]。

1. 证明科学家对实验结果的解释是灵活的

柯林斯认为，在具体的科学实践中，科学家总是习惯于通过重复实验来检验科学发现或实验现象的真实性与可靠性，或者说，科学家把实验的可重复性看成是验证科学发现的公认基础和解决争论的决定性因素。在这种意义上，实验的可重复性成为科学系统的最高法庭，是一个显而易见的公理。在科学价值系统中，与种族、信仰、阶级、肤色等相比，实验的可重复性象征着科学的中立性。这对应于社会学家罗伯特·默顿（Robert Merton）所称的“普遍性标准”。任何一个人，不论他们是谁或是什么，原则上，都应该亲自做实验来核对一个科学断言是否有效。然而，柯林斯通过自己在实验室里的实地调查研究却发现，把可重复性看成检验科学发现或实验现象的标准，不只是一个价值问题，而是一个实践问题，特别是在当代前沿性的科学实验中，科学家对科学实验的重复并非像过去认为的那么简单易行。

特别是，随着实验规模的不断扩大、实验费用的不断增加、实验难度的日益提高，科学共同体只重视与重复那些得到他们认可的实验结果。因此，对于一位科学家而言，他的研究成果能否得到科学共同体的关注与认可在很大程度上必然要经过一个社会化的过程。这样，如果科学家希望自己所获得的实验结果得到他人的认可，那么，他一定要形成一系列的公共规则，即“以相同的方式进行下去”的一套切实可行的方法，使得他的实验结果具有可重复性。柯林斯指出，“科学家和其他人往往相信，由一组像算法规则那样的指令直接操纵的自然界的反映。这给人留下的印象是，做实验在字面意义上是一种形式。这种信念，尽管在遇到困难时它会被偶尔悬置起来，但是，在实验成功之后，它会灾难性地再次具体化。正是这种具体化和再具体化有助于维持现存的科学知识”[5]。他在20世纪70年代跟踪观察一个小组重新建造激光器的工作过程中发现，一位物理学家即使曾经亲历了成功研制激光器的实验过程，从理论上掌握了与技能相关的知识与步骤，也不能保证他在另一个实验室一定会获得同样的成功。柯林斯通过实地考察研究后发现，建造一台激光器的技能的传播是一件非常复杂的事情。实验室之间的知识流动会受到许多因素的限制。除了有意的保密性成分等外在因素之外，单就内在因素而言，在科学实验中，实验技能与规则的运用包含着意会知识，而意会知识是无形的，或者说，是难以被明确表达的。这种知识的传递很难靠形式化的语言体系或规则系统来完成，只能在熟练的实践者的长期指导下，在具体实践中来体会与感悟。因此，意会知识的传递是变化多端的，是因人而异的。实验者在对一个实验的重复取得成功之前，他根本不知道自己是否已经完全掌握了建造激光器的相关技能。

因此，柯林斯认为，就像根本没有私人语言和私人规则这样的事情一样，也根本没有私人发现这样的事情。语言与规则的稳定性是在社会中联合确立的，是一种社会约定。在科学研究实践中，科学共同体对一种实验现象或科学发现的认可也是如此。特别是，当一个实验结果不可能被再一次成功地重新获得时，或者说，当实验无法提供一个公认的明确答案时，一方面，科学家对原有实验现象的理解与解释就会变得不统一起来；另一方面，因为科学家对同一种情况往往会有不同的感知，所以，科学家的行为又都具有合理性[6]。这样，使得科学家把他们理解与认可一种实验结果或科学发现的焦点从自然界转移到社会，呈现出解释的灵活性特征，也使得科学家关于科学发现的争论成为一件很自然的事情。

2. 描述制约解释灵活性的机制，允许科学争论趋于结束

在柯林斯看来，科学家先验地把实验的可重复性作为判定实验的可靠性与有效性的标准，是非常幼稚的，因为他们的这种做法只不过是对常识的一种延伸外推，没有意识到“常识”事实上是基于规则的一种社会约定，因此，在科学共同体中，终止科学争论也应是一种社会行为。柯林斯在1985年出版的代表作《改变秩序》一书中通过对探测引力波实验的观察分析阐述了这一观点。柯林斯认为，探测引力波的实验与重新建造激光器的实验具有完全不同的性质。重新建造一台可运行的激光器，是在已经拥有成功的激光器应该是什么样子的前提下进行的，而且激光器的零部件都是肉眼容易看得见的，不要求“精度”很高，即没有高温、高压等要求，也不需要防电、防声、防磁或防震。因此，重建激光器实验是普通的和很容易的。激光器是否能够成功的标志是能否发射出激光。而探测引力波的实验则要复杂得多。

众所周知，引力波是爱因斯坦的广义相对论的一个理论预言。20世纪60年代，一位名叫乔·韦伯（Joe Weber）的美国电气工程师和物理学家建造了一台引力波探测器，并宣布说，他成功地探测到了高通量的引力波。70年代初，韦伯的工作引起了物理学界的广泛关注，其他实验室先后开始重复韦伯探测引力波的实验，并且就韦伯的实验是否合格展开了争论。然而，令人遗憾的是，当时没有一个实验室的实验结果支持韦伯的断言，甚至到目前为止，也没有一个人提出能在地面上检测到引力辐射通量的有效方法。在1972年，共有12个小组主动针对韦伯的结果进行实验，但到1975年，随着争论的消失，除了韦伯本人的执着追求之外，再没有任何一个人继续从事这个方向的研究。物理学家达成的共识是，韦伯的实验是不真实的。韦伯自己也因此而被排除在柯林斯所说的科学家的“核心层”（即主流的科

学共同体）之外，不仅他的进一步研究工作不可能得到正常渠道的资金支持，面临着严重的资金问题，而且，他以后在大家公认的权威性刊物上发表的同类研究成果，也很难再引起“核心层”的科学家的关注。

柯林斯分析说，其他科学家要想再现韦伯的观察结果，首先要重新制造出合格的测量仪器。然而，如前所述，由于技能知识的存在，当科学家还没有准确地知道正确的实验结果应该是在什么前提下，对一个新的测量仪器的复制几乎是不可能的。退一步讲，即使其他科学家幸运地复制出一台测量仪器，那么，他们在没有探测到引力波之前，他们根本无法确定正确的测量结果是什么，更无法确定什么样的探测仪是合格的。这是因为，正确的结果所依赖的是，在检测辐射通量时，是否有引力波击中地球。为了搞清楚这一点，科学家必须建造一台好的引力波探测器进行观测。但是，在他们为此而努力并获得正确结果之前，他们并不知道他们所建造的探测器是否足够好。这样，就出现了柯林斯所说的“实验者的回归”这样一个循环。

柯林斯认为，在常规的科学实验中，由于有统一的实验质量判定标准，所以，这个循环并不明显，重建激光器的例子就是如此。激光器发出的激光具有很强的穿透力等独特性质，这构成了普遍认可的实验质量标准。激光器应该能够运行，这是毫无疑问的，而且，不管激光器是否正在运行，实验者都不会怀疑这一点。然而，在这样一个明确的标准不再适用的地方，实验者回归现象就很明显。实验者只能通过寻找定义实验质量的其他方法避开这个循环。柯林斯为了寻找科学家能够达成共识和结束争论的机制，在亲自采访与调查了几组科学家对待韦伯实验结果的态度后发现，在科学家中间，重复一个实验往往会变成对实验过程中每个零部件性能的测试与校准，变成对科学家本人的科学训练与素养的评价，变成对实验仪器是否合格和实验者的实验能力是否胜任的讨论，甚至变成对实验的每一个环节的可靠性的争论。在争论刚开始时，核心层的成员和有见解的任何其他人都是以二分法的方式思考实验的。他们把支持自己观念的实验看成合格的，反之亦然。柯林斯把科学家关于实验者的胜任能力及其实验的完整性的观点列成表格，如表1所示。

表1 科学家关于实验者的胜任能力及其实验完整性的观点

		科学家相信正在研究的现象	
		是	否
实验发现的结果与现象相一致	是	1. 能胜任	2. 不能胜任
	否	3. 不能胜任	4. 能胜任

柯林斯在对物理学家探测引力波实验的实地考察中发现，科学家对引力波实验结果的异议的说明范围是很广泛的：从评价仪器的相对灵敏度一直到评价每个实验者的个人品质。然而，科学家对韦伯实验结果的信任或怀疑所进行的“非科学”推理，暴露了他们没有一个很好的判定实验质量的“客观”标准。而当科学家缺乏正确地重复一个实验质量的“客观”标准时，社会因素便在未来试图确定把什么算作在“以同样方式进行下去”的方式中起到决定性作用。因此，把什么算作好的引力波探测器的定义和裁定引力波是否存在的问题是相一致的社会过程。它们是实验者回归的社会体现。或者说，实验者所找到的打破循环的标准与实验本身的输出无关[7]，是一种社会行为。社会因素所起的作用使得关于韦伯是否真的探测到引力波的争论告以结束。

3. 把结束科学争论的制约机制与科学文化、社会网络联系起来

柯林斯认为，“实验者的回归”是由把实验的可重复性作为判定实验结果真假的标准所导致的。可重复性事实上等价于被科学地建制化了的感知稳定性，而感知的稳定性又依次与相应的概念共存。因此，如果科学家在实验检验中不能明确地揭示实验结果的可重复性，那么，就必然会回到这样的问题：在实践中如何确定可重复性和相对应现象的存在呢？在柯林斯看来，这种确定既与科学家所默认的先前共识相关，也与他们运用概念的整个文化网络相关。这是因为，科学家之间的争论往往是为了坚持“关于自然界的理论概念和常规的实验实践的先前共识”所引起的，或者说，他们更喜欢最大限度地维护先前达成的联盟，尽可能地选择在科学网络中产生最小干扰的办法来解决争论。柯林斯引证皮克林（A. R. Pickering）所研究的关于是否存在“磁单极子”断言的争论等案例说明了这一点[8]。

在柯林斯看来，科学家结束争论的机制实际上与更广泛的科学文化网络与社会网络密切相关，是建立在确立了新约定的基础之上的。一方面，科学家的先前知识与理论共识是在科学训练的过程中形成的；另一方面，不是世界的规律性呈现在我们的意识中，而是我们把建制化信念的规律性附加于世界。科学家总是生活在一个社会化的网络当中，一种观念或一种实验结果，越是远离科学概念的核心网络，就越难以得到科学共同体的认可与接受。然而，概念网络的稳定性既起到了纠正错误的作用，也限制了创造性的发挥。柯林斯通过对几个超自然的通灵实验的分析表明，这些实验之所以得不到大家的普遍认可，长期以来被排除在科学的核心层之外，正是由于它们远离了科学中心的概念网络。科学家如果要使某种稳定的概念网络发生巨大的变化，必须发明和维持新的前进方式，形成能够用来作为继续进行下去的新规则。这是因为，一个人的创造性行为，只有能够成为建制化的行为，才会有价值。更广泛的社会与政治网络有可能为某些新的建制提供成功条件，有可能使科学家把继续进行下去的非正统的新方式“合法化”。

三、相对主义经验纲领的影响及受到的批评

柯林斯的 EPOR 的提出既产生了很大的学术反响，也受到来自多方面的褒贬不一的评论。在以柯林斯为代表的巴斯学派内部，EPOR 得到了进一步的巩固与加强，批评的声音则主要来自科学哲学家。大致可有代表性地概括为下列几个方面。

首先，在巴斯学派内部，柯林斯的追随者除了继续在这个纲领的指导下考察与研究其他的实验案例，以便进一步为 EPOR 提供更多的实验基础之外，平奇（T. J. Pinch）与比克（W. E. Bijker）在 1984 年合作发表的“事实和人造物的社会建构”一文中，通过对 19 世纪自行车设计的研究，把 EPOR 的观点直接推广到“技术的人文社会学研究”的领域，从而延伸了 EPOR 的应用范围。他们的主要目的是试图用技术建构论的观点来反对传统的技术决定论的观点。他们认为，人造物的设计与制造是依赖于社会文化语境的，不同的社会群体会对同一种技术设计或制造给予不同的解释；不同解释之争的终结取决于社会群体所达成的共识；这种共识同样也是与更广泛的社会文化网络、政治网络联系在一起的。或者说，人造物的意义是由相关的社会群体赋予的。

其次，柯林斯的 EPOR 受了科学哲学家劳丹（Larry Laudan）的批评。劳丹的批评主要有两个方面。其一，劳丹站在自然主义的立场上认为，柯林斯断言社会学家明智地假设

"我们关于世界的信念是与世界毫无关系"的观点是难以令人置信的。因为这种断言最终否认我们的信念来自于物理世界中的客体的因果相互作用，事实上，只要人们承认，我们在形成信念时，自然界起到了一种因果性的作用，那么，自然界就会对物理上可能的信念形成许多约束。其二，劳丹认为，柯林斯把相对主义与经验主义混合在一起是自相矛盾的。一方面，经验主义的前提假定，我们的科学理论与科学信念一定是建立在有效证据的基础上的，关于科学的先验推测应该让位于详细的经验案例研究；另一方面，强的相对主义则主张，我们关于自然界的信念在很大程度上是独立于世界的。这两种观点很难结合在一起，特别是当他把强相对主义的论点说成是根据案例研究确立起来的时候更是如此！因为在任何一个经验研究的领域内寻找证据都是寻找反映了世界某些特征的陈述。证据这个概念是表示一种关系，证据总是某物的证据。因此，柯林斯是打着相对主义的旗帜，干着经验主义的事情，是在"同时拥护两种不可调和的观点"[9]。

柯林斯针对劳丹的这种批评回应说，一个假设的价值并不在于它的似真性，也不在于它的真理性，而在于它所凸现出的职业价值。就此而言，职业本身有好有坏。他自己所推崇的是，社会学家应该以像科学家探索自然界那样的精神来探索社会。柯林斯强调说，这是一种"特殊的相对主义"，是科学知识社会学家的自然态度。社会学家的职业是社会，尽管好的科学社会学家的理解有时是分享自己学科关于自然实在的自然态度，但是，他的工作仍然是要把这种态度悬置起来，以便进行其他类型的观察。站在社会科学家的立场上来看关于自然界的相对主义的态度，有助于他们抓住时机观察到，明显确定的实在是在自然科学家的共同体中建立起来的。社会科学家悬置关于自然界的自然态度，却坚持了关于社会世界的自然态度。正像自然科学家的职业不可能考虑到科学知识的社会建构一样，社会科学家的职业也不可能考虑到社会科学知识的社会建构。社会科学家正是在社会世界中发现所确立的令人信服的实在[10]。

最后，美国的科学知识社会学家克诺尔－谢廷娜（K. D. Knorr-Cetina）也对柯林斯的EPOR发表了自己的看法。克诺尔－谢廷娜认为，就相对主义的运动而言，社会学虽然是后来者，不过是非常必要的。社会学家的工作是研究目前的自然科学家之间的理论共识是如何形成的。一方面，对于经验主义者来说，柯林斯关于限制解释的灵活性的机制是无效的。因为经验主义者认为，科学共识的达成是建立在不断积累的实验证据以及实验结果与先前接受的知识断言相一致的基础之上的，经验主义者是理性的，而不是社会的。另一方面，柯林斯的相对主义纲领已经克服了相对主义进路的固有弱点，它的最成功之处在于决定使他们的注意力远离相对主义的初衷，即不是关注反对绝对主义，证明围绕实验"观察"进行的协商是存在的，而是转向关注说服的社会过程是如何运行的，如何包含于科学家的推理过程当中[11]。

柯林斯认为，克诺尔－谢廷娜对他的相对主义经验纲领的批评是正确的。但是，他们的观点不可能只停留于把积累的实验证据与已有传统相一致作为制约科学中解释的灵活性的机制这一层面。因为从他们所考察的实验来看，实验结果在解决争论的过程中不可能起到决定性的作用，结束争论靠的是各种政治的和修辞的策略。而有些实验只是给出了已形成的理论论证的可行性，事实上，实验的物理学与政治学是不可分离的。在他们所考察的实验中，实验结果的积累与一致性不足以说明争论的结束机制，需要涉及修辞、权威和文化立场等属于兴趣与权力的因素。因此，日常实验工作的一致性解释只有受到外在于实验工作的制约时才有可能达成，可以坚持把社会学的方法论问题与自然科学知识的建构问题分离开来，当试图根据科学方法的规范来辩护某些社会学的方法时，科学知识社会学的研究结果只需要精通社会学[12]。

参考文献

[1] H M Collins, Graham Cox. Recovering relativism: did prophecy fail [J]. Social Studies of Science, 1976 (6): 423 - 444.

[2] 成素梅．科学知识社会学的宣言：与哈里·柯林斯的访谈录 [J]. 哲学动态, 2005 (10): 51 - 56.

[3] [6] H M Collins. What is TRASP? The radical programme as a methodolofical imoerative [J]. Philosophy of Social Science, 1981 (11): 216, 221.

[4] [5] [7] H M Collins. Changing Order [M]. Chicago, London: University of Chicago Press, 1992: 25 - 26, 76, 84.

[8] H M Collins. Stages in the empirical programme of relativism [J]. Social Studies of Science, 1981 (11): 5.

[9] Larry Laudan. A note on collin's. blend of relativism and empiricism [J]. Social Studies of Science, 1982 (12): 131 - 132.

[10] [12] H M Collins. Special relativism: the natural attitude [J]. Social Studies of Science, 1982 (12): 139 - 143.

[11] Karin D Knorr-Cetina. Relativism: What Now? [J]. Social Studies of Science, 1982 (12): 133 - 136.

（本文原载于《自然辩证法通讯》2012 年第 3 期）

凯文·凯利技术社会学思想初探

陈红兵　武　青

（东北大学文法学院　辽宁 沈阳　110819）

摘　要：凯文·凯利（Kevin Kelly）是美国现代著名的网络文化人，其对现代技术现象的分析值得重视。凯文·凯利创造出“技术元素”一词，用以解释其宏观的技术构想。他在探究技术元素的起源的基础上，厘清技术元素发展的轨迹，提出技术元素发展轨迹的方向是具体的；其谨慎乐观主义的技术态度要求人类与技术“共舞”。在对凯文·凯利技术思想进行梳理的基础上尝试进行初步评价。

关键词：凯文·凯利；技术观；技术元素

凯文·凯利（Kevin Kelly）是美国现代著名的网络文化人，其于1994年出版的《失控：机器、社会与经济的新生物学》（*Out of Control*：*The New Biology of Machines*，*Social Systems*，*and the Economic World*）一书，被《长尾理论》作者克里斯·安德森评价为“过去十年公认最具智慧和价值的一本书”，是曾被《黑客帝国》（*Matrix*）导演要求主要演员必读的三本书之一。除上述一书外，凯文·凯利的另外两本书《科技想要什么》（*What Technology Wants*）和《技术元素》（*The Technium*）也较有影响。作为网络文化的发言人，其对网络技术发展及其社会影响的话语值得从科技哲学视阈予以关注。本文试图在对凯·凯利技术思想进行梳理的基础上尝试进行初步评价。

一、技术元素概念阐释

1. 从技术与社会互动角度提出“技术元素”的概念

凯·凯利通过对现代科学技术，特别是20世纪后期电子技术与网络技术的发展状况进行考察和探究，提出了“技术元素”（Technium）的概念。所谓“技术元素”，是指“环绕我们周围的科技系统，这个系统涵盖范围更广，具有全球性和大范围的相关性”[1]。这个概念与芒福德的巨机器或巨技术的内涵有某些相似之处，都是指向现代科技所组成和互动的庞大社会系统，但是两者之间也有很明显的区别。技术元素更加强调科技与社会的互动，指向科学技术这样一个自然技术系统，它不仅包括传统意义上的应用自然科学所产生的实体技术成就，更包含着在现代社会起着越来越重要作用的非实体技术，如软件、代码、计算机符号等；而巨机器主要体现在政治意义上的政府机构、管理体制和军事工业等，强调的是工业革命之后大工业机器系统和资本主义制度所带来的专制技术，目的在于揭示现代资本主义社会的权利和控制，因此，芒福德将其称为“坏的技术”。而在凯·凯利的概念意义上，他更强调的是20世纪后期随着各门自然科学的发展所导致的技术更新和科技发明这类自然技术，而不是“社会技术”，特别是基于其亲身参与现代网络技术革命的经验，更能体会计算机技术所带来的对于社会、文化的巨大影响，因此，对于在计算机技术基础上发展起来的一大批高新技术与社会的互动的探究就显得十分有必要。

2. 运用进化思想分析技术元素的演化

技术起源问题上，凯·凯利从“思维”到“生命”、再到“宇宙”三个层次上对这一问题进行了分析。在“思维”层面上，凯·凯利重点探讨了科技与人类起源的先后问题，他认为，“科技先于人类出现”[2]，技术的主体不一定是人类，许多动物也会使用技术，并且使用技术的行为作为一种先天性行为与基因所携带的遗传信息有直接的关系，它随着遗传信息流不断从亲代传递给子代，绵延不绝。在“生命”层面上，科技不仅仅与人类的产生和发展有关，还与更大范围的生命有机体有必然的联系。迄今为止地球上的所有生物可以分为六大类，这六大类生命有机体互相影响，共同进化，创造出如今纷繁复杂的世界。生命有机体共同的属性是可以通过基因将各种生存能力、本领传递给下一代，这种能力与本领是生命有机体的延伸，而技术元素是人类的延伸，但却不是利用基因，技术元素是人类思维、观念的产物，是观念的延伸。技术元素与生命有机体的共同基础是非物质流的信息，生命进化的历史就是信息组织的结构变化史。技术元素的生命有机体的关联在于，技术元素是生命有机体所依托的信息的进一步重组，相对于生命有机体包含的信息组织结构来说，技术元素所包含的信息组织结构更复杂，涉及范围更广，在这种意义上，技术元素成为超越或比六大生命有机体王国更高级的存在——“第七王国”。在“宇宙”层面上，凯·凯利持有“信息是负熵”的观点，认为在热力学的热寂说与进化论之争中，信息作为一种负熵，信息增加的过程就是系统内部有序度、组织度增加的过程，一个封闭系统从外界引入信息，获取“负熵”，抵御系统的无序化，促进系统朝向进化方向发展。而在包含信息方面，技术元素包含的信息量呈指数级增长，充斥着地球的每个角落，不断增加的信息量是维持生物圈系统不断进化的最大力量，技术元素将在其中扮演越来越重要的角色。

从“思维”到“生命”，再到“宇宙”层面，凯·凯利不断提升技术元素的高度，技术元素起作用的范围越广，预示着它与人类的关系也更加地紧密，对于人类来说，技术元素存在与发展的合理性也更充分。

3. 技术元素的发展方向有迹可循

凯·凯利还分析了技术元素有其特殊的发展方向和趋势。技术元素必然是朝着一定的方向前进的，具体的发展表现为如下诸方面：“提高效率、增加机会、提高自发性、提高复杂性、提高多样性、提高专门化、提高普遍性、增加自由、促进共生性、增加美感、提高感知能力、扩展结构、提高可进化性。”[3]这些方面可以作为技术选择的依据，它帮助我们在两个相互竞争的技术中选择更具有发展前途的那一个，选择的根据是这两个技术中哪一个符合上述诸特征数量中的多数。

凯·凯利进一步具体分析了上述特征。① 提高效率：在所有已知的事物当中，物体传导能量流的效率从低到高分别为星系、恒星、地球、植物、动物、科技。经过约算，奔腾芯片每秒穿过的能量相对于一颗爆炸的核弹拥有的能量密度。科技提升了自然界能量的运行速度。② 增加机会：技术元素通过给人们提供更多的可能性和自由，从而赋予人类更多的机会，这也是绝大多数移民从乡村赶往城市的原因与目的，科技通过人口、能源相互影响，形成正循环，共同促进社会进步。③ 提高自发性：科技的趋同性体现了科技发展的内在自发性和自主性，它不以人的意志为转移，具有内在的发展轨迹。④ 提高复杂性：复杂性先于生物之前出现，生物进化的过程也是生物系统复杂性不断提高的过程，科技领域的复杂性体现在技术内部构成、技术与技术之间相互影响，技术与整个系统的互动趋向于不可观察性，事实上，科技的复杂性是没有上限的。⑤ 提高多样性：世界上的物种不断朝多样性方向发展，而技术元素扩展了生物的多样性，技术元素在统一性的前提下，某些分支的多样性不断增加，甚至超出了我们的认知范围，个人的选择在未来也不断趋向多样化、差异化、分众化。⑥ 提高专门化：有机体不断发展出越来越专门的细胞和组织，技术元素领域内的不同技术分类愈来愈细，不同的工具与技术渐渐为特定任务所用。至于电脑的全能化趋势，凯·凯利认为这是因为电脑处于发展的前期阶段。⑦ 提高普遍性：技术不断向普遍分布的方向发展，世界上最具普遍性的技术是农业，其次是公路和建筑物。在追求普遍性的过程当中，技术产生深嵌性和确定性。⑧ 增加自由：宇宙自大爆炸之始粒子即具有自由意志，而这种自由意志不断表现在进化的自然界和大脑，而科技也将不断实践这种自由意志，这具体表现在技术元素首先扩展主体选择的范围，然后扩展主体自身的范围，参与选择的主体不断增加。⑨ 促进共生性：技术元素不断加强人类与机器的共生性，同时也推动机器内部的共生性，从生物领域到技术领域的不断深入表明共生性将变得更加社会性。⑩ 增加美感：大部分进化过的生物都具有美感，而技术元素在进化过程中也具有内在美，这种内在美驱使我们产生技术崇拜的心理。⑪ 提高感知能力：技术元素的感知能力有三种表现形式：意识、智能和思维。未来可能的形态是人工智能，但是这种人工智能决不是某种具有中央处理器的专门超级计算机，而是某种被称为网络的超级有机体。科技将不断地提高感知能力，衍生更多的思维类型。⑫ 扩展结构：新的进化模式能够源源不断地产生变异的原因在于其所依靠的是语言、文字、印刷术和工具。技术元素将不断创造越来越多的研究方法和信息组织的方法，推动人类创造的世界的机构化。⑬ 提高可进化性：进化的总体过程不仅在进化，而且自然界和技术元素领域不断进化出更丰富的进化能力，即“进化之进化”。

这些特征是目前科技发展的趋势，它回答了科技将要去向何方，这个趋势并非由人驱动，而是体现了技术元素自身发展的偏向与必然性，它也引导着人类选择技术的方向，促进人与技术更好地相伴相行。

二、谨慎乐观主义的技术态度

1. 人类应与技术“共舞”

关于人与技术的关系，凯·凯利认为，充满矛盾：“越来越多的技术元素带来的便利和个人减少对科技的依赖性之间的对立关系。”[4] 凯·凯利在日常生活中尽可能地减少对现代产品的使用，他没有掌上电脑、智能手机，家里也没有广播和有线电视，他同意技术批判主义的某些观点，在人与技术的关系角度，技术引导人的需求，占用人大量时间，支配人类思想；在技术与自然角度，科技进步往往以生态环境的破坏为代价，科技的发展导致湖泊污染、森林被砍伐、空气污浊、物种迅速减少。但这并不意味着凯·凯利反对技术元素的进步。事实上，凯·凯利认为技术元素给人类带来了前所未有的选择，数量不断增加的农民从乡村移居城市的目的是为了追求机会和把握更多的选择，同时，任何导致环境破坏的现有技术都有更加环保的替代技术与之对应，技术造成的问题可以用技术的手段解决。

另外，在对待科技必然进步的问题上，凯·凯利认为我们并不会束手就擒、毫无选择——像新卢德主义者的看法“技术导致人受机器控制，人失去自由，失去个性，人的尊严受到侵害”[5]那样。相反，人类具有以下的能动性选择：“我们可以选择如何处理我们的发明，在什么领域应用这些发明，以及如何用我们的价值观约束它们。”[6]

对于基因技术、机器人技术、信息技术和纳米技术的迅速发展带来的担忧，“常见的反应是要求暂缓发展这些技术，或者彻底禁止”[7]，凯·凯利认为这种阻碍技术发展的批判主义见解并不可取，正确的做法是在技术投入使用过程中加强对技术的监控，将技术放在人类社会中进行试验，并不断改进其运行过程中出现的矛盾，人类与技术应“从一开始就与之共舞”。人类对待技术元素的态度应是“对有害技术的合理反应不是放弃研发或者停止生产科技产品，而是开发更好的，更具生命亲和力的技术”[8]。

在人与技术的关系问题上，人具有能动性选择之后，虽然技术具有自身的宏观发展轨迹，体现一定的自主性，但这种自主性因人与技术之间复杂的相互适应关系不断加强，人类为保证现有技术元素完善运行需要创造更多的技术，“技术意图创造一个有助于更多技术成长的环境”[9]，技术的强制性迫使人类不断发明更加复杂的技术，人类成为生产技术的“腺体”，成为技术的“父母”，技术成为人类整体的“孩子”，人与技术的关系从人具有能动性之后更进一层，人类培育技术，技术依靠人类，使人类有更多的闲暇，技术与人类的正向反馈系统促使二者共同进化。

2. 技术促进共享型社会的发展

互联网的复制功能使现有的计算机上所有数据都产生了复制品，并进而导致信息趋向于免费，这使得现实社会人们对财产的所有权渐渐向使用权倾斜，网络丰富的音乐、书籍、电影等资源在用户进行相关操作后即可自由使用，而用户不需要承担产品的清理、维护、存储的责任。这种使用权的原则渐渐从非物质化向物质化方向延伸，这是因为实体物质趋于数字化和非物质化。另外，实体产品的租赁形式作为一种共享经济，也是使用权向物质化方向扩展的表现。在技术迅速发展、新产品不断增加的情况下，单个商品的操作由拥有它们向使用而不拥有转换，共享产品成为社会发展的新方向，传统的财产所有权随着新工具的使用和内容的可修改性让步于使用权，“所有权已经退化了”[10]。

从更广阔的方面来说，网络的发展促进了分享观念的普遍化，人们在网上共享自己的意见、看法、观点、故事，构建共享型百科全书、网站、实体机构，新型技术的发展促进共享型社会的发展，最后的结果将推动现有社会更加合作、开放和透明。

3. 对技术恐怖主义者的批判

邮包炸弹者泰德·卡钦斯基（Theodore Kaczynski）是一名激进的卢德主义分子，他强烈地反对文明社会，将现代社会发生的种种灾难归咎于科技的应用，并持“人类不能摆脱工业社会的控制”“自由与科技进程互不相容”的观点，要求摧毁科技系统，回归天然自然。针对卡钦斯基的观点，凯·凯利分别予以批判。

首先，凯·凯利认为卡钦斯基所有论点的初设公理是不正确的。卡钦斯基认为“自由与科技进程互不相容”，科技剥夺人的自由，凯·凯利驳斥卡钦斯基的观点，并指出，事实上科技给人们带来了更多的选择。相对于贫困山区缺少科技的人们，城市里的人拥有更多的选择，在众多的选择中人们可以充分享受自由。而卡钦斯基认为科技将人的选择限定在选择科技的范围，实际上是将选择的自主权与自由相混淆，离开科技，人类选择的自主权也许会增加，但选择的自由必定减少。其次，凯·凯利从结论上对反文明社会的崩溃论者的观点进行了剖析，反文明主义者认为现代文明社会带来了各种心理、生态、社会问题，这些问题的解决必须以文明的推翻为代价，但是推翻文明之后该怎么做，反文明主义者并没有思考。事实上，在文明与文明之后，人们更愿意选择前者。再次，凯·凯利从反文明主义者的言行不一致层面驳斥其观点，反文明主义者一方面要求与自然处于更和谐的状态，另一方面却像任何其他的文明拥护者一样生活，即使是逃离城市隐居山间的卡钦斯基也不例外，虽然他有限的工具是由自己制造的，但是他生活中的绝大部分用品都是文明社会的产物。接着，卡钦斯基认为文明社会的替代物将导致数十亿人死亡的后果，因此在那之前多死几个人无所谓，姑且不论卡钦斯基丧失人性的疯狂想法，但就文明所带来的后果要远远优于文明替代物这一点来说，文明崩溃论者的想法也不可取。最后，凯·凯利谴责卡钦斯基在科技具有缺陷的前提下决定将其摧毁的错误行为，凯·凯利认为，尽管科技具有缺陷，但它从功利主义角度却比文明之前给人类带来更多的收益，我们要做的，是不断解决科技带来的问题，促进科技良性发展。

三、结 语

作为现代网络技术革命的先驱之一，凯·凯利的技术思想具有谨慎乐观主义倾向，认为未来的技术发展具有有迹可循的方向，人们将发明更具生命亲和力的技术，人与技术之间的关系不是对抗型而是友好型，人与技术之间具有某些共性，对待技术的态度应“与之共舞”。

凯·凯利从技术与社会互动角度提出技术元素的概念，并从“思维”“生命”“宇宙”三个层面分析技术元素的演进，这是富有创见的。凯·凯利敏锐地发现现代社会的技术本质，技术，特别是现代高技术，不仅是现代社会的重要组成部分，而且对现代文明的进步起着巨大的作用。技术元素的发展从宏观维度来看有其内在的发展轨迹与逻辑结构，但这并不意味着人类在技术面前就处于软弱无力的状态。事实上，微观层面的技术发展由人类的自由意志决定，在明白这种规律后，人们可以利用规律，看清未来的发展方向，更好地发展经济、文化和政治。技术元素提供人们看待社会发展的另一视角，它体现着人与技术之间、技术与技术之间以及技术与自然、社会之间的复杂关系，深入理解技术元素，对于理解人类现代所处的技术时代具有巨大的促进作用。此外，凯·凯利对现代技术所持的谨慎乐观主义的态度也是值得肯定的。作为网络文化人，他不是盲目乐观主义者，他一方面既看到现代技术特别是网络技术给人类带来的好处，也细致考察其存在的问题；另一方面，他又对像卡钦斯基这类的技术恐怖主义者进行严厉的批判。凯·凯利谨慎乐观主义的态度，对于我们思考网络时代人类生存境遇问题具有启示意义。

参考文献

[1] [2] [3] [4] [6] [7] [8] 凯文·凯利. 科技想要什么 [M]. 北京：中信出版社，2011：13，23，276，7，262，265，268.

[5] 陈红兵. 新卢德主义评析 [M]. 沈阳：东北大学出版社，2008：75.

[9] [10] 凯文·凯利. 技术元素 [M]. 北京：电子工业出版社，2012：34，35，115.

国外工程伦理教育的模式和途径

李世新
（北京理工大学人文学院　北京　100081）

近30多年来，随着科学技术和工程的迅猛发展以及全球化趋势的不断加强，工程伦理教育在世界范围内不断得到强化。本文以美国为代表，考察国外工程伦理教育的模式和途径。

20世纪80年代以来，负责美国工程专业课程认证的美国工程和技术认证委员会（ABET）一直要求，凡欲通过认证的工程教育计划都必须包括伦理教育内容。现在正在执行的ABET"工程准则2000"（EC2000）要求，工程专业必须表明他们的毕业生具备"对职业与伦理责任的理解"，接受"在全球和社会的背景下理解工程方案的影响所必需的宽广的教育"，以及具有"对当代问题的知识"。从1996年开始，美国注册工程师（RE）的"工程基础"考试，就包括有工程伦理内容。可见，在美国，工程伦理教育不仅在工程教育中占据重要的地位，而且这种地位具有体制制度上的保证。

下面简要介绍一下美国工程伦理教育的基本情况。

一、工程伦理教学的目的

美国工程伦理学家戴维斯（M. Davis）把向学生讲授工程伦理的预期目的简要地概括为以下4点：① 提高学生的道德敏感性；② 增进学生对职业行为标准的了解；③ 改进学生的伦理判断能力；④ 增强学生的伦理意志力。这一观点得到美国工程伦理教育界的普遍赞同。

二、工程伦理教学的主要内容

以往工程伦理教学主要关注微观工程伦理问题，即工程师个人在进行职业行为时所面临的具体道德困境，而相对忽视宏观整体问题。目前已出现这样一种趋势：扩展工程伦理范围，重视宏观伦理问题，讨论与工程实践有关的公共政策（如风险与产品责任、可持续发展、健康保健和信息技术等）的伦理含义等。

总结各学校的教学内容，主要包括以下内容。

① 明确工程师的社会责任。20世纪初以来，美国各个工程师职业组织先后制定了工程职业伦理准则，用以指导工程师的职业行为。随着时代的发展，工程伦理准则关注的重点不断变化：20世纪初，工程师把对雇主（企业或者政府）的忠诚看作自己的首要职责；第二

次世界大战以后，工程师的社会责任被突出，更强调工程师在职业活动中要把对公众的安全、健康和福利负责放在首位。工程伦理教学需要阐明为什么会发生这种变化，当代工程师的社会责任具体表现在哪些方面，等等。

② 工程师的职业行为规范。除了工程师对社会公众的安全、健康和福利的首要义务外，工程师还需要了解在职业行为中处理个人与工程职业、与工程师同事、与工人、与雇主、与客户等人之间关系的行为规范。这里涉及利益冲突、数据的真实性、工程的质量和安全及知情同意、忠诚与不服从甚至揭发、商业秘密、贿赂、国际环境下的工程实践等问题。

③ 工程环境伦理。传统观点认为，伦理道德仅限于人与人之间的关系，但随着工程对自然变革程度的加深和工程活动范围的扩大，人与自然之间的关系出现了新特点，爆发出能源资源生态环境危机，迫切需要工程从单纯为了人类利益而改造自然转向为可持续发展服务，肩负起塑造可持续未来的重任。

三、课程模式

ABET“工程准则2000”要求工程课程中加入伦理学内容，但并未要求开设独立的伦理学课程。它侧重从教学结果而不只是从开设了几门课程、有多少学分方面来评估课程。当前，美国大学一般采用以下3种课程模式来实现ABET的这一要求。

① 修课模式，开设独立的工程伦理课，学生必修或者选修。例如，德克萨斯A&M大学由工程师和哲学家组成合作小组，对所有本科生进行工程伦理教育。独立的工程伦理课程可以使教师和学生在集中的时间内讨论伦理问题，为学生提供了直接的技能训练和深入的知识。同时，这类课程能够吸引经验丰富的教师参与教学，提高其他工程教师对工程伦理教学的兴趣。但这类课程把工程伦理与学生学习的其他课程相分离，潜在地使学生滋生出工程伦理是一门软课程的认识，不利于将所学伦理知识与工程学习联系起来。受学生课时和师资力量的限制，采取这种模式的学校在美国并不多。

② 跨课程模式，即将伦理教育内容融入到各门工程课程之中去。这种模式正受到越来越多的青睐。例如，马里兰大学克拉克工程学院在大学一年级学生必修的“工程设计导论”课程中纳入伦理模块，在高年级选修的“生产责任和管理规则”课程中向学生展示社会因素对设计过程的影响。这种方式将工程伦理思想整合到技术课程中，具有实践性，并且不需要增加任何新的课程分量。它可以使学生在早期学习时就认识伦理问题，使他们将伦理问题作为工程的一部分。但是，这种模式把伦理教学零散地分布在各门课程中，会影响伦理教学的深度和连续性。

③ 把工程伦理与非技术课程整合。将工程伦理教育成分整合进工程院系的人文、社会科学类的非技术性的课程中，特别是利用“科学技术与社会”（STS）课程来进行工程伦理教育。现在越来越多的大学倾向于采取这种模式。将工程伦理与非技术课程特别是与“科学技术与社会”整合，可以帮助学生充分了解工程、技术发展的社会背景，完整理解工程伦理责任的重要性，同时也可以提高工程学生的兴趣。

四、工程伦理教学的主要方法

为了将伦理理论、工程职业伦理准则与工程实践紧密结合，提高学生解决自身可能面临的现实伦理难题的能力，美国各大学普遍采用案例法来进行工程伦理教育。案例法使用一个真实或虚拟事件的详细例子来描述道德困境，呈现各种解决伦理问题的方法。在具体运用中，教师提出一个案例，让学生思考并讨论解决方法，引导学生进行道德推理，并向学生指出相关的伦理规范和思考的方法。这一方法能够增进学生树立伦理实际背景的意识，鼓励学生表达伦理意见，激发学生识别伦理问题、提出和确证伦理决定。

五、教学材料

30 年前，美国工程伦理教育刚刚兴起时，美国国家科学基金会等组织就鼓励工程师与哲学家合作进行工程伦理教科书、案例库的开发和建设。哲学家马丁（M. W. Martin）和注册工程师辛津格（R. Schinzinger）合作编写的《工程伦理学》（*Ethics in Engineering*）就是这种合作的结果之一。甚至 20 年前，美国学者反映当时可供选择的工程伦理教材还很少，只有上述马丁与辛津格的著作以及约翰逊（D. G. Johnson）主编的《工程中的伦理问题》（*Ethical Issues in Engineering*）和工程师安格（S. H. Unger）的《控制技术：伦理与负责任的工程师》（*Controlling Technology*：*Ethics and the Responsible Engineer*）等。近些年来，这一局面有了很大改观，工程伦理学教材、专著大量出现，例如 C. Mitcham，C. Whitbeck、J. R. Herkert，R. L. Pinkus，C. B. Fleddermann，K. Shrader-Frechette 等人的著作。其中，哈里斯（C. E. Harris）等人所著的《工程伦理学：概念与案例》（第 3 版）、马丁和辛津格的《工程伦理学》（第 4 版）已先后被翻译成中文并出版，戴维斯（M. Davis）的《像工程师那样思考》（*Thinking Like an Engineer-Studies in the Ethicsof a Profession*）即将译成中文出版。

美国有关学校开发了大量的工程伦理案例，如国家科学基金会资助西密执安大学从 1989 起开发了大量精选案例，全国职业工程师协会（NSPE）出版了《工程伦理实例一览》为案例教学提供指导。目前，教学材料开发出现两个趋势：一是扩大资料的内容范围，在宏观伦理概念下加入与工程活动相关的社会背景问题，拓展思考、讨论的视野；二是将教学资料本地化，努力开发针对本地、本专业背景的主题和案例。

此外，互联网也是美国工程伦理教学的重要手段。美国国家科学基金会提供支持的工程与科学在线伦理中心、德克萨斯 A&M 大学的工程伦理站点、伊利诺斯大学的伦理研究中心等网站，为教师和学生提供工程伦理案例、课程提纲、工程伦理规则以及有关文件、论文、报告和新闻等。美国国家工程院（NAE）、全国职业工程师协会、电气和电子工程师协会（IEEE）在网站上也开辟有专门的伦理网页。

第四部分

不同进路的 STS 研究

论STS研究的行动主义范式

吴永忠

（哈尔滨工业大学人文与社会科学学院　黑龙江 哈尔滨　150001）

发端于20世纪60年代的科学、技术与社会（STS）是一种复杂多元的理论与实践探索活动，也是一个与时俱进的专门研究领域。笔者曾经撰文指出：研究范式问题关系到STS研究的学术视野、理论取向、研究方法、基本性质、本真精神和学术事业的进一步发展。以历史与逻辑相统一的观点看，STS的研究范式的演化总体上主要经历了与境主义、建构主义、行动主义三个阶段。有学者向笔者发问，为什么要提出STS研究的行动主义范式？STS研究的行动主义范式究竟有什么含义？针对这些问题，本文尝试性地对STS研究的行动主义范式作进一步的学术申论。

STS研究的行动主义范式的提出，主要基于以下五个方面的社会与思想背景。

① 科技革命时代的呼唤。众所周知，第二次世界大战以后，在全球范围蓬勃兴起了新科技革命的浪潮，将人类社会推进到科技革命时代。伴随着科技革命，一方面，使科学技术真正成为社会发展的主导力量，其影响的广度和深度日益加强；另一方面，科学技术对社会发展发挥越来越强的作用的同时，也加深了与社会各方面（经济、政治、军事、法律、文化、价值等）的互动，从而涌现出了许多重大的实际问题和理论问题需要研究。在当代科技革命中，科学、技术与社会三者的关系越来越密切，而且彼此发生转化的时间周期也越来越短。殷登祥指出："当代科学、技术与社会三者之间的关系中，科学是基础，技术是核心，社会是方向。"可以说，当代科技革命导致科学技术社会一体化的发展格局，是一场知行合一的革命，不仅需要对科技发展进行深刻的社会人文反思，而且需要塑造科学、技术与社会的新型关系。STS研究承载着"反思"与"塑造"的双重使命。

② 知识社会发展的挑战。当今时代正在经历着一场深刻的社会变革。知识经济与知识社会伴随着新世纪的曙光悄然而至。顺便指出，用"知识经济"来概括当今时代，不如用"知识社会"更准确和全面，知识经济只是知识社会的经济维度，而且，在知识社会中，经济的发展和社会的其他方面有更加密切的关系。在国际学术界，知识社会有四种表达：第一种表达（The Knowledgeable Society）强调社会的知识化趋势及其意义；第二种表达（The Knowledge Society）将关注的焦点直接放在了知识本身，放在了知识资源和知识活动的价值；第三种表达（The Knowledge Societies）意味着通向知识社会的道路并非是机械决定的单线行程，知识社会也并非只有遵循固定模式的单一类型；第四种表达（The Knowledge-based Society）强调社会结构、社会行动、社会发展的知识基础。概括而言，知识社会是科技革命的产物，是以知识为主导的社会，是以知识工作者为主体的社会，是知行合一的新型的社会形

态。知识社会的发展对STS研究与STS运动提出了迫切的挑战：需要对知识（主要是科学和技术知识）与社会的演化关系及其机制进行动力学分析，需要培育以知识为主导的社会结构，形成以知识为主导的社会发展模式。

③ 科技观念转变的必然。库恩在《科学革命的结构》中勾画出一种“大异奇趣的科学观”——以范式的形成和转化为核心的历史主义科学观，引发了科技观念的当代变革。在STS领域，形成了占支配地位的建构主义科学技术观，它认为：科学技术都是一种普通的世俗化的社会活动，它们受社会力量的作用，都具有社会集体性（socialcollectivities）；科学是由实验室产生的“地方性”知识，而不是以前认为的在一切时空之内都同等有效的普遍规律；技术的发展根植于特定的社会环境，社会的不同群体的利益、文化上的选择、价值上的取向和权力的格局等都决定着技术的轨迹和状况；科学知识和技术人工物都是用可以得到的材料和文化资源制造的，它们都是在协商中被建构起来的。建构主义科学技术观，循着历史主义科学技术观的后现代取向，一方面尖锐而有力地批判了个人主义的、观念论的、实证论的和朴素实在论的科学或技术说明，另一方面把对科学技术的认识推进到了激进的相对主义立场和较为极端的非理性主义态势。近年来，学界提出了“创建中国马克思主义实践科学观”、树立“包容科学技术与人文的科学技术文化观”、建设“具有批判性、建设性的科学技术文明观”等理论主张。科技观念的转变，必然导致STS研究的范式转变。

④ STS本真精神的回归。STS学术领域的兴起是和STS的社会运动相伴而生的，STS的产生和发展正是为了响应科技时代的呼唤，寻求解决伴随着科技的迅猛发展而积累和涌现的重大的社会问题的途径和方法。爱丁堡“科学论小组”的创始人艾奇（D. Edge）曾经说过：“谁都不能否认，STS研究的主题也是人类面临的核心问题。”他指出：STS的分析指向所有人类努力的“更高的”层面——真理、权力、正义、平等和民主，并追问，所有这些如何能在现代社会中得到保持和强化，如何能使科学知识和技术创新的无限可能性得到驾驭，以“成就人类的福祉”。这可以说是对STS本真精神的高度概括。但是，建构主义范式的STS研究使得STS学术事业走进了抽象理论的象牙塔，不仅不能为STS的社会运动提供有价值的理论指导和思想武装，而且引发了一场规模空前的“科学大战（Science War）”，加深了科学文化与人文文化两者之间的鸿沟。伴随着STS领域的“实践转向”（the Practice Turn），即把对科学和技术的理解从作为知识技能的科学和技术转变成作为人类实践的科学和技术的令人瞩目的进展，正在呼唤STS本真精神的回归，正在呼唤一种新的STS研究范式。

⑤ 为国服务理念的落实。于光远先生认为：自然辩证法（科学技术哲学）是一个“具有中国特色的哲学学派”。李昌先生也曾经强烈呼吁：自然辩证法要研究社会发展重大问题。进入新的发展时期，朱训先生明确提出了中国自然辩证法发展的新的指导方针：“自然辩证法研究要为国服务。”“为国服务”成为新时期自然辩证法发展的一个重要指导思想，STS是新时期自然辩证法研究和事业的新生长点，行动主义范式的STS研究有助于为国服务理念的落实。

STS研究的行动主义范式究竟有什么含义呢？它主要包括以下五个方面的含义。

① 科学统一性的重新理解。科学，从来都是社会中的科学，社会中的科学日益呈现复杂、多面的特性。从知识论角度看，科学是一种系统化的知识；从认识论的角度看，科学是一种特殊的探索性的认知活动；从工具论角度看，科学是一种人类探索自然奥秘的有力工具；从文化论角度看，科学是一种人类特有的文化现象；从生产力角度看，科学是一种精神

生产力，科学转化为技术并应用到实际生产中就是“第一生产力”；等等。在当代社会对科学的认识呈现多元化趋势的同时，提出 STS 研究的行动主义范式，可以帮助我们重新理解科学统一性。笔者认为，从实践论或行动主义的角度看，科学是三合一的求解过程，即科学是发现真理的解题过程，科学是人类自由的解放过程，科学是理解文化的解释过程。这三种过程都是一个具有自身特点的辩证的动态发展过程，科学的解题过程：观察负载理论；科学的解放过程：批判负载建设；科学的解释过程：描述负载规范。同时，作为人类的实践活动和光辉事业，在当代社会中，科学日益成为以上三种过程的辩证统一，发现真理、追求自由、理解文化构成科学真、善、美的统一。

② 行动主义的科学技术观。行动主义的科学技术观吸取劳斯（J. Rouse）等人科学技术实践论的合理因素，试图在当代语境中表达马克思主义科学技术实践观。马克思、恩格斯把科学技术誉为“历史的有力杠杆”“一种在历史上起推动作用的革命力量”。马克思还曾指出，自然科学“通过工业日益在实践上进入人的生活，改造人的生活，并为人的解放做准备”。马克思把科学技术视为经济和社会发展的一个组成部分，而且还是一个极其关键的组成部分。劳斯基于实践来理解科学技术亦即“知识即实践”的思想，集中了新经验主义和库恩的思想。所谓新经验主义者，指的是哈金、卡特赖特、海西和劳丹等哲学家，这是劳斯对他们的称谓。虽然他们在许多问题上存在分歧，但在他们的思想中却有着许多共同主题。其中最重要的是他们共同主张“科学不在于提高我们对事物表象的精确性，关键是提高我们解决问题的能力”“技术控制，即介入和操纵事物的能力，不应看成是对先前知识的应用，而应看成是当今科学知识的主要特征”。简言之，科学技术不仅为我们的生活世界制造出更新更好的表象和人工物，还以深刻的复杂的方式改造着世界和我们自身。行动主义科学技术观把科学技术看作是人类的文化实践活动，看作是一种介入性的社会行动，看作是人类探索真理、追求民主自由、实现可持续发展美好理想的社会事业。

③ 描述与规范的适当张力。建构主义范式的 STS 研究，不管从方法论还是从目的论来说都是描述性的。描述性 STS 揭露了科学的意识形态和价值负载特性，它宣告科学技术问题不再是科学家和技术专家的专利，而是利益相关方共同的事业。描述性 STS 无疑为我们理解科学、技术及其与社会之间复杂的相互作用作出了巨大贡献，它为我们描绘了一幅新颖而独特的科学、技术和社会的关系图景。但是，这样一种分析试图提供或达到什么呢？如果说这类分析直接对世界产生了或者应该产生实践性的影响，这未免有些自命不凡。这种纯粹描述性的 STS 研究，对实现改造科学技术发展模式、从而促进人－自然－社会的和谐发展的旨趣帮助不大。实际上，回避规范性不但是 STS 所做不到的，而且也有违它的初衷。我们不能只是持相对主义立场的旁观者，我们必须有所判断，我们必须大力开展规范性 STS 研究，我们必须重建科学技术社会规范，我们必须寻求并形成科学、技术与社会之间新的契约关系。我们还必须保持描述性 STS 与规范性 STS 之间适当的张力。这不是折中或综合，而是从新的描述派生出新的规范。STS 研究集学术的优先性与实践的迫切性于一身，STS 领域的思想活力很大程度上正是基于描述性与规范性、批判性与建设性的张力。

④ 理论和实践的有机结合。实践的概念在学术界获得了新的理论阐述。例如，皮克林的实践概念是在两个意义上表达的：一是时间上作为文化拓展和转换的实践；另一个意义上的实践与科学家在其日常工作中所依赖的特定的、可重复的活动序列相联系。皮克林对作为实践的科学的解释，体现出他对科学的复杂性及知识和实践要素的丰富性的强烈欣赏，他开

始将这称作“实践的冲撞”。通过这种措辞，皮克林把科学生活的本质定位于“实践的动力学”。在当今社会，我们面临的是诸如转基因食品和SARS事件这样的新挑战。这样的时候，我们不能期望从科学方法、实验、观察和理论中迅速找出严格的答案。理论是灰色的，而实践之树常青。但是，没有理论指导的实践是盲目的实践，在科技革命时代，盲目的实践蕴含着巨大的风险。在STS不断从理论反思走向实践生活的过程中，必须实现理论和实践的有机结合。STS领域理论和实践的有机结合，必须推进科教STS与科研STS的汇流，必须促进STS阵营与非STS阵营的力量整合，必须实现STS学术事业和STS社会运动的呼应。

⑤ 行动主义范式的STS研究。所谓行动主义范式的STS研究，简要说来，就是指以行动主义科学技术观为核心，将科学技术置于广泛的物质实践和社会实践中加以分析和理解，既研究科学知识和以科学为基础的技术为人类社会发展提供的建设性机会，也研究科学技术发展对社会制度、政治制度和人类的幸福带来的挑战或威胁，揭示科学技术所具有的广泛的文化意义，推进STS学术事业和STS社会运动的有机结合。事实上，近年来，STS领域的许多学者正在大力倡导和努力推进行动主义范式的STS研究，试图实现STS领域学术事业和社会运动的真正融合。柯林斯和埃文斯把STS领域的研究范式转换称为“第三次浪潮”，他们倡导“专门知识及经验的研究”（SEE），其旨趣是建立一个关于专门知识的规范理论。它试图根据专门知识和经验来确定行动者的身份，以此摆脱“专家倒退”的困扰，从而在科学争论尘埃落定前定义一个符合情境条件的专家组，以便适时地干预科学争论，特别是公共领域的技术决策。希斯孟多在“STS与一种介入纲领”一文中，主张将STS的建构主义研究与传统的行动主义相结合，形成STS的“一个介入纲领（an engaged program）”或“行动主义纲领（activism program）”，“建立一种承认科学与技术在现代世界的中心地位的政治学”。STS应当由研究外在于社会的知识与技术转向重点研究知识社会与技术社会，把认识论与政治过程相融合，把民主真正带入科学技术领域。

科学技术的发展已经深刻改变了社会的本质和人类的经历。正如温纳所说，STS“填补了一项巨大的空白，这项空白是由这样的社会造成的，这个社会很久以前就把自己维系在科学与技术进步全速前进的列车上，但是却从未以同样的速度发展出一种与时俱进的批判性的自我反思”。STS的当代使命不仅是完整地展现出科学知识和技术制品的社会生成过程，重要的是：通过STS，解决当代社会面临的重大危机，把握知识社会兴起的历史机遇，从而有助于创造一个富裕、美好、民主、和谐的人类社会。

技术社会化的单向度及其伦理规约

王　健　陈　凡　曹东溟
（东北大学科学技术哲学研究中心　辽宁 沈阳　110819）

摘　要：将技术社会化分为非人文向度的技术社会化和人文向度的技术社会化，揭示了当代技术风险的根源在于技术社会化的单向度，即非人文向度的技术社会化远远超出了人文向度的技术社会化，并提出通过伦理规约来克服技术社会化单向度的理论主张。

关键词：技术社会化；人文因素与非人文因素；单向度

当代社会，技术逐渐成为超越一切的力量，渗透到社会生活的各个层面，与诸多社会因素相结合，嵌入到社会系统之中，形成了技术系统与社会系统错综复杂的关系。为了破解这种关系，社会建构论者打开了技术黑箱，探讨社会系统对技术的型塑作用。应该说，建构论者的努力具有重要意义，让我们看到了摆脱技术宿命的希望，但建构论者在打开技术黑箱的同时却关闭了社会系统的开放之门，没有深入到社会系统内部探求不同社会因素对技术系统型塑作用的区别以及产生的不同后果，也正是这种忽视，使我们对当代技术问题失去了辨别能力。当我们试图通过技术社会建构理论来解决技术带来的社会风险时，我们发现对比单纯的技术风险，技术与社会因素结合带来的技术社会的风险更加难以预料和不可控制，例如，技术与资本结合爆发出的对自然界的破坏力远远超出了技术本身对自然界的剥夺，技术与政治结合形成的权利意志是技术与政治单独存在状况下根本无法实现的。这样看来，仅仅作为工具存在的技术无所谓风险，即便存在风险也是潜在的，只有当技术成为社会所接纳的被广泛应用的技术时，其风险才显现出来，我们曾称这种被社会接纳与社会相容的技术为社会化的技术。风险来源于技术的社会化，但离开技术社会化，技术又无法存在和发展，于是我们陷入了技术社会化选择的两难境地，我们不能停止技术社会化的进程，又不能无视技术社会化带来的风险，因此，如何认识技术社会化进而理性地把握技术社会化，成为 STS 理论研究必须面对的问题。

一、技术社会化的两种向度

“社会化”原本是社会学中的一个基本概念，它研究的对象可以是个人、群体，也可以是一种社会现象或文化。其基本含义是指人接受社会文化的过程，更具体地说是指“社会人”或“生物人”成长为“社会人”，并逐步适应社会生活的全部过程[1]。20 世纪 90 年代初，我们曾将“社会化”这一概念应用于中国的STS研究，在《技术社会化引论》中，从技术社会化的基本概念、技术社会化的过程、技术社会化与社会区位整合、技术社会化与社会心理调整等方面阐释了技术社会化的基本理论，提出了技术社会化的研究纲领，建构了技术社会化的逻辑起点。但我们当时在论证时没有对技术社会化的风险进行剖析，而技术社会化的风险效应在当代社会越来越明显。如果说技术社会化是技术发展的必然，那么技术社会化的风险也就相伴而行，如同没有可能完全控制技术风险一样，我们也无法完全消除技术社会化的风险。但不能完全消除风险并不等于我们在这个问题上没有任何的行动能力，作为理论工作者，我们的任务是揭示风险产生的根源及其表现的形式。那么，技术社会化的风险到底是如何产生的，风险的表现形式到底有哪些呢？为了回答这个问题，我们首先要回到技术社会化这个话题中去。

技术社会化是“在社会的整合与调适下，使技术成为社会相融技术的过程”[2]。在《技术社会化引论》中，我们详细地论述了技术社会化的基本内容，其中包括如下几方面。

第一，技术社会化是技术社会属性的获得和完善过程。众所周知，技术具有自然和社会双重属性，技术的自然属性首先表现在任何技术都必须符合自然规律，违背自然规律的技术是不存在的。其次，所有技术过程都是自然过程，蒸汽技术也罢，电力技术也好，都是自然界不同能量形式的转换过程。最后，技术成果也是自然的，人类通过创造性劳动发明了技术，形成了形态各异的人工自然物，这些人工自然物一旦形成就具有同天然自然一样的自然属性；技术的社会属性主要体现在技术的目的性上，任何技术都是人类的创造物，技术目的是社会生活中的人赋予的，深深地印有社会的烙印，日本著名的技术评论家深谷正规曾指出，每一国家的技术向来是该国文化的产物，与本国的文化、生活方式和环境密切联系在一起[3]。深谷教授还用技术—社会一体化的概念来说明任何技术都具有社会属性。技术的自然属性是技术本身固有的，或者说自生的，但技术的社会属性并非都是技术原来固有的，技术的社会属性伴随着技术的产生而获得，随着技术的发展而完善，这个过程就是技术的社会化过程。

第二，技术社会化是技术社会角色的形成和实现过程。技术的社会角色，是指技术在社会中的地位、作用以及社会对技术的期待和要求。技术的社会角色在不同的历史时期、不同的国家和地区的表现是不同的。在中国古代，技术被赋予了维护社会伦理、保证社会稳定的角色定位，因此，只有那些符合纲常伦理、对维护宗法等级制度有积极作用的技术才能得到社会认同，农业水利技术对农业大国的社会稳定至关重要，故而得到了社会的广泛认同并获得了较快的发展；“观象授时”对于有着“天人合一”观念的中国古代更是不容忽视，因此，中国古代天文观测方面的技术水平一直领先于世界的其他国家和地区，与此相反，旨在提高效率和征服自然能力的动力技术却被认为是“奇技淫巧”，得不到社会的认同，无法取得应有的社会角色和地位。而在近代的西方，由于技术能够有效地提高生产效率，其社会角色被定位为谋取财富的手段，所有能够带来高效率和高利润的技术都会成为社会支持的对象[4]。

从上面的分析中可以看到，无论是技术社会属性的获得，还是技术社会角色与社会地位的确定，都表明技术系统的发展路径不是技术系统自发形成的，正如技术社会建构论所主张的，技术系统的存在状态是社会建构的结果，在技术社会化过程中，这种建构表现在技术系统有目的地按照社会系统的要求进行有方向性的选择和改变。简单地说，技术社会化是在一定的价值向度内完成技术从自然属性向社会属性的转变，在这个转化过程中，社会系统的诸多因素对技术系统的影响是有层次性和方向性的。技术社会建构论者看到了社会系统对技术系统的型塑，却将社会系统的各种要素同等对待，将社会系统作为一个黑箱，笼统地探究社会系统对技术系统的型塑作用。我们认为，技术社会化过程中，社会因素对技术因素的作用是有层次性和方向性的，在这里，我们将这种层次性和方向性称为技术社会化的向度。那么，对于具体的技术社会化过程，其向度是如何划分的呢？为了解决这个问题，我们需要继续打开社会系统这个黑箱。

打开社会系统，尽管涉及的因素纷繁复杂，但总体上可以划分为人文性的社会因素和非人文性的社会因素。人文性的社会因素主要是指宗教、艺术、伦理等，非人文性的社会因素主要是指政治、经济、军事等，如此看来，技术社会化是在人文与非人文两个向度展开的。人文向度的技术社会化主要是技术人文性社会属性的获得，主要体现在技术与一定时空的宗教、伦理、艺术等人文性社会因素的整合，使技术具有宗教、艺术、伦理的取向；非人文向度的技术社会化是指技术非人文社会属性的获得，主要体现在技术与一定时空的政治、经济、军事等因素的整合，使技术具有政治、经济、军事取向。

从历史上看，技术社会化的两种向度在技术社会化过程中不总是处于等同地位。古代社会，技术社会化以人文向度为主体，技术人文价值的实现是技术社会化的重要标志。技术与艺术的完美结合可以在中国手工技术中找到最好的例证，无论是精美的景泰蓝还是华丽中国丝绸，技术在艺术中达到了它的最高层次；而古希腊的方尖碑则代表着以太阳神崇拜为主要形式的宗教文明，公元前1400—前1200年间，高达20多米的独石方尖碑高高地矗立，它上面装饰着琥珀、金和银的合金，映照出太阳的光芒，提醒人们方尖碑在神界和尘世之间所起的媒介作用[5]。近现代以来，技术的功利价值逐渐取代了技术的审美、宗教与道德价值，技术社会角色的取得越来越取决于它对资本的贡献，技术人文价值被技术功利价值所取代。在近现代的技术世界里，只认金钱、价格、资本和股份，而道德、艺术、信仰等其他人类生存的要素，被认为是抽象的东西。在当代社会，技术在非人文因素整合下的技术社会化应该说十分普遍，无论是如火如荼的技术创新，还是各个国家在军事技术领域不断加大的科技投入，都表明技术非人文向度的社会化正成为技术社会化的主要形式，在技术社会化的系统结构中处于主导地位。非人文性的社会因素对技术的制约作用越来越强，出现了技术非人文因素的过社会化倾向，即现代技术的发展过度地受到社会的经济、政治、军事力量的制约，技术已经换化成人类谋取利益、获得政治权利、发展军事力量的不可或缺的工具，技术上的领先往往意味着经济上的强盛、政治上的胜利、军事上的强大。

无论是技术在人文向度的过度社会化还是技术在非人文向度的过度社会化，我们都将之称为技术社会化的单向度。进一步说，技术社会化单向度是指技术在某一单一类型的社会因素（人文性或非人文性的）作用下，使之完全就范于该类社会因素的控制之下，以至出现技术的某一类社会角色单向发展与扩张，而其他社会角色退化与缺失的现象。

二、技术社会化单向度的当代显现及其危害

当获利、有效、攻击性成为当代社会选择技术的重要标准时，技术社会化单向度在当代社会中的表现日益突出，而人文性因素对技术发明、技术应用的整合调适作用却出现了弱化

现象，形成了非人文因素与人文因素作用力量的失衡，二者之间的必要张力消失。技术非人文向度社会化的扩展造成了技术发展过程中非人文因素对人文因素的挤压，从蒸汽技术、电力技术、原子能技术到信息技术，推动技术之轮快速旋转的是资本的力量，在巨大的利润面前，人类对真、善、美的追求变得越来越奢侈，但巨大的物质财富并没给人类带来预期的幸福，相反，人变得越来越孤独、无助、焦虑。弗洛姆在《为自己的人》中写到，现代的技术系统将人削减成一个机器的附属物，人创造了种种新的、更好的方法征服自然，但却限于这些方法的罗网之中，并最终失去了赋予这些方法以意义的人自己。人征服了自然，却成了自己所创造的机器的奴隶[6]。在当代，技术社会化单向度主要在以下三个方面显现出来。

第一，当代技术具有较强的经济取向。当代社会，经济因素在技术的发明、创新以及应用过程中起着极其重要的作用，追求利润、谋取利益成为当代技术的首要目的。当代技术的经济目的是通过不断地制造“需要”、创造市场、刺激人们的消费欲望实现的，由当代技术支撑的经济是一种浪费经济。当代社会，资本的拥有者通过不断附加技术功能将大量的虚假需要转变为人的本能需要，以手机为例，对手机的本能需要仅仅是接听电话，但为了能够获得更多的市场份额，技术开发者往往给手机增添多种附加功能，诸如照相、录像、视听等，其结果使消费者用更多的钱购买了许多没有用途的功能，造成资源浪费，更为可怕的是这种浪费在现代传媒的蛊惑下逐渐成为现代人的生活追求和理想，人们在消费技术产品的时候遗忘了自己本能的需要，在奢华中追求着虚假需要和对人类劳动的浪费，当代社会也在不断地制造浪费中接近了自己的尾声。

第二，当代技术表现出较强的政治取向。首先，在当代，技术影响着国家之间的权力分配，托弗勒在《权力转移》中指出，权力的三个要素是暴力、财富和知识。前二者曾是过去时代的权力基础，第三次浪潮的权力的主要基础已经发生了变化，这就是“……只是作用的变化——创造财富的新系统的出现——既能引起也有助于巨大的权力转移”。在他看来，“知识经济”的发展已经成为一种“爆炸性的新力量”，正改变着全球性的竞争局面，也对个人领域和公共领域的权力关系发生着深刻的影响。在这里，托弗勒所说的知识的力量可以大致等同于技术的力量，这种变化表现在国际权力的两极分化，原来技术经济基础薄弱的国家从新技术进步中的收益对比技术经济基础雄厚的国家要少得多，进一步加大了发展中国家和发达国家之间的技术经济差距，结果造成彼此权力占有上的马太效应，发达国家的权力越来越大，发展中国家的权力越来越小。其次，当代技术加剧了社会权力资源分配的不平等，信息技术带来的数据鸿沟使得信息爆炸的同时存在着高度的信息不对称，网络技术的拥有者可以轻而易举地获得大量的信息，而技术落后的边远地区信息十分闭塞，信息鸿沟正阻碍着人们平等参与社会公共决策的进程。

第三，当代技术表现出较强的军事取向。自人类产生以来，战争就连绵不断，为了达到在战争中取得胜利的目的，参战各方都力图把当时最先进的技术应用到战争中。古代社会，最先进的金属加工技术不是制备铁犁、铁锄，而是加工刀剑。当代社会，技术的军事功能被高度重视。军事领域的“革命”，无论是热兵器、核武器，还是电子武器、生化武器，都与技术创新密切相关。因为一般来说，政治领袖似乎都相信，军事技术上的优势能防止可能的对手在国际事务中使用压力和讹诈，或者能在战争中取得胜利，为此，各国不惜代价展开军事技术竞赛。美国原参联会主席沙利卡什维利上将指出：“我们必须努力从正在迅速发展的技术中获得利益，并将其转化为更大的作战效果。”美国许多机构着手研究预测 2020—2030

年间战争所需要的先进技术和武器系统，以支持实现三军所制定的远期发展规划。五角大楼认为，国防科学技术在和平时期是威慑的重要因素；在危机时期则能为决策部门提供各种可选方案；在战争中，能提高作战效果，减少伤亡。为此，美国防部在修订的基础上，颁布了新的《国防科学技术战略》，同时制定了三个支撑性发展计划，阐明了美国国防科技发展的战略、计划和任务，全面规划了国防科技的发展和投资重点。俄罗斯为了加强未来军事力量，也大幅度加大了国防技术投入。而西欧各国认为，新军事革命的首要标志将反映在武器装备的作战效能上，未来将出现一系列的新概念武器。为顺应这一发展潮流，西欧各国对国防科技工业进行了全面调整，表现出了咄咄逼人的态势。在日益高涨的军事技术的投入热情下，地球几乎成了一个巨大的武器库，尤其是核武器更成为高悬于人类头顶的达摩之剑。

三、伦理规约——技术社会化单向度的克服

当代社会，技术社会化过程中非人文因素对人文因素的过度挤压，引起了人文因素的反抗和觉悟，从人类价值、情感、正义、公平的角度来审视当代技术发展的人文力量在逐渐加强，尤其是当代技术带来的伦理道德冲突，更是让人们认识到在巨大的技术风险面前道德力量是我们摆脱风险的一种重要力量之一，伦理规约可以在某种程度上克服技术社会化的单向度。

首先，用节制规约现代技术的经济取向。“节制”作为一种美德，无论在东方还是在西方，在人类生活中具有十分重要的位置，曾经被誉为古希腊四主德之一，在中国古代更是将勤俭作为德性的重要标准，但这种美德在现代社会却一度受到冷落。大机器时代把大量生产、大量消费作为美的标志，于是有了所谓的摩天大厦、巨型机械、多功能产品等。当代经济是典型的浪费经济，而这种经济形式主要是通过当代技术经济取向实现的，面对由于技术过经济化引发的世界范围内的环境、资源、人口等问题的频繁爆发，人们开始思考什么样的需要才是我们本能的需要，开始思考技术的这种经济取向是否正当，开始了向节制美德的回归。目前，越来越多的技术设计开始向简约化发展，适用型技术设计正逐步取代高精尖设计，例如，在建筑上提倡节能设计，汽车设计上提倡小型、节能、环保，等等。

其次，用公正规约现代技术的政治取向。公正或曰正义的概念来自古罗马法学家乌尔庇安，他认为，公正是使每个人获得其应得的东西的永恒不变的意志。亚里士多德认为，公正就是在非自愿交往中的所得与损失的中庸。当代伦理学家麦金泰尔认为，正义是给每个人——包括给予者本人——应得的本分。从上面的论述中，不难看出，公正是平等的利害相交换的善的行为，公正的根本问题是权利与义务的交换。权利是权利主体必须应该从义务主体那里得到的利益，义务是义务主体必须而且应该付给权利主体的利益，一个人的权利与他所负有的义务显然不是他能够自由选择的，而是社会分配给他的。而在当代社会，技术成为社会分配权利的重要手段，为了减弱当代技术造成的政治上的不平等，人类需要运用古老的伦理智慧，重新解读先哲们关于“公正”的思想，重构社会公正的理念，建立公正机制来弱化由当代技术带来的不平等。

最后，用人道规约现代技术的军事取向。何谓人道？《史记》上说，“人道经纬万端，规矩无所不贯，诱进以仁义，束缚以刑罚，故德厚者位尊，禄中者宠荣，所以总一海内而整万民也”[7]。可见，中国古代的人道概念十分宽泛地囊括了人的一切行为规范，我们所指称

的人道概念等同于人道主义，是使人成为人，视人本身的自我实现为最高价值的道德思想体系，人道思想强调人性和人的尊严，人道主义反对一切形式的战争。技术尤其是原子弹制造技术在战争中的使用给人类造成了永远抹不去的伤痛，残酷的事实在人们的道德良心上投下了巨大的阴影，人们开始思考包括核武器在内的军事武器的善恶问题，清醒地认识到无节制地开发研制军事技术是对人性的摧残和毁灭。因此，尊重生命，承认人的价值和尊严的人道主义原则应该成为军事技术发展的内在尺度。

参考文献

[1] 郑杭生．社会学概论新修［M］．北京：中国人民大学出版社，1994：105.

[2]［4］陈凡．技术社会化引论：一种对技术的社会学研究［M］．北京：中国人民大学出版社，1995：5，5－7.

[3] 森谷正规．日本的技术［M］．上海：上海翻译出版公司，1985：48.

[5] 布鲁诺·雅科米．技术史［M］．蔓君，译．北京：北京大学出版社，2000：54.

[6] 弗洛姆．为自己的人［M］．上海：上海三联书店，1988：25.

[7]《史记·卷二十三·礼书第一》.

（本文原载于《科学技术哲学研究》2011 年第 6 期）

STS 的前沿进展——当代 STS 研究的社会学进路及其转向

赵万里　胡勇慧
（南开大学社会学系　天津　300071）

摘　要：社会学是当代 STS 研究的重要进路之一。根据国内外有关研究文献，分阶段回顾了 STS 社会学研究的发展历程和主要贡献。认为社会学视角进入 STS 研究不仅是 STS 理论走向成熟的关键因素，而且催生了丰富多彩的经验研究成果，客观上促进了我们对科学技术体制、科学技术知识、科学技术实践的更为深入的理解。对科学社会学和科学知识社会学的理论多样性持一种积极评价，视其为社会学说明模式日益开放的标志。而对 STS 研究近年来出现的试图超越社会学的各种“转向”，则持保留的态度。

关键词：STS；科学社会学；科学知识社会学；理论转向

对科学技术本身进行历史学、哲学和社会学研究，无疑是当代学术的一项重要成就。这不仅是因为科学技术在获得系统性理论和应用知识方面所取得的巨大进步，使之逐步占据当代知识的主导地位；而且因为它的社会功能，它对人类生活产生的深远而广泛的积极或消极影响，正在成为当代文化的焦点和社会问题的主要来源。换言之，科学技术已经成为一类具有竞争性甚至排他性的知识和文化，一项规模庞大、结构复杂、影响深刻的社会事业，一种能够左右人类命运的力量。因而，按默顿的话来说，从不同学科的角度对科学技术本身进行的反思日益成了学术研究的“富矿”。这些不同学科视角的研究工作既是其母体学科的拓展，又彼此整合为一个全新的元科学研究领域。其中，对于科学技术的社会研究，我们过去称之为“科学技术与社会”（Science，Technology and Society，STS），现在则更习惯地叫作“科学技术研究”（Science and Technology Studies，STS）。这种称呼上的变化，或许正是对社会学在其中扮演角色的一种反映。

一、社会学与 STS 研究的双重面向

众所周知，科学技术的社会研究始于 20 世纪 30 年代，其标志是贝尔纳的《科学的社会功能》（1939 年）和默顿的《十七世纪英格兰的科学、技术与社会》（1938 年）的相继问世。其中，以贝尔纳的工作为基础，在专业社会学之外形成了跨学科的“科学技术与社会”研究领域。这个跨学科的研究领域不仅有各种理论取向的历史学家、哲学家和社会科学家参与，而且更重要的，它从一开始就吸引了从事实际研究和管理工作的科学家、工程师和科技

管理人员的兴趣。它关于科学技术的社会组织和社会功能的研究成果，对于推动世界各国发展有计划的科技事业、提高科学技术的组织水平和研发效率起到了重要的作用。

"科学技术与社会"是STS的最早来源和含义。默顿曾在他为《十七世纪英格兰的科学、技术与社会》中文版所写的序言中，借科恩之口不无自豪地指出，他的博士论文的标题或许是最早将这三个词组合在一起的，尔后STS迅速流行并最终成为一个制度化的跨学科领域，"一千所大学讲授它，一百所大学有正式的研究计划"[1]。不过，默顿同时指出，STS的扩散和流行是同科学社会学在20世纪五六十年代的出现相关联的。这主要是因为，贝尔纳和默顿早期的STS研究，虽然都着眼于科学技术与社会的互动关系，但实际上两人的侧重点是不同的。贝尔纳的侧重点，正像他的《科学的社会功能》所表明的，是科学技术对社会的作用和影响。作为一个科学家和具有马克思主义倾向的左派知识分子，贝尔纳虽然也关注科学技术的社会起源，但他更关注科学技术的社会后果，关注如何使科学技术在现代社会中发挥更大的作用。通过以苏联为代表的计划科学模式，贝尔纳无疑看到了改善以英国为代表的自主科学模式的方向①。

与贝尔纳不同，默顿在《十七世纪英格兰的科学、技术与社会》中提出的著名论题是：新教伦理通过理性主义、经验主义、禁欲主义和功利主义等价值观念促进了现代科学在英国的产生，而社会经济与军事对实用技术改进和发明的需求影响了科学研究的兴趣焦点。尽管默顿并不赞成极端的社会决定论观点，但是显然，默顿的研究兴趣正在于探究科学之外的社会因素如何影响了科学技术的产生和发展。正是这种研究兴趣，促使默顿后来转向对科学共同体内部的社会结构的探讨，以及科学社会学的产生。因为要想解释社会因素如何促进或阻碍科学技术的产生和发展，除了首先要肯定科学活动的社会性质之外，还必须揭示科学活动的社会结构和运行机制。默顿学派的科学社会学正是由于借助于社会学的理论和方法，将科学视为一种具有独特精神气质的社会体制，首次明确地将科学与社会之间的系统关系揭示出来而取得成功的。只不过，默顿学派坚持认为，对科学的社会性质的解释不能扩展到科学的知识内容，后者仍需要寻求一种内在说明（internal explanations）。就关注社会对科学的影响而言，兴起于20世纪70年代的科学知识社会学一开始与默顿学派并无差别。爱丁堡学派通过复兴知识社会学范式所要达到的目标，只是要使对科学的社会学解释更为完善②。

科学社会学的兴起，引入了STS研究的第一个专业说明框架，并使STS走上了理论探讨与经验研究相结合的发展道路。尽管如此，早期的社会学说明框架也存在单向决定论的不足。按照国内外多数学者的定义，STS是一门研究科学、技术与社会相互作用关系的学科。正如许多人已经注意到的，贝尔纳学派的"科学技术与社会"研究纲领后来一度演变成了对技术的社会应用和社会影响的探讨，并且越来越明确地受到技术决定论的左右。这个意义上的STS研究，后来部分为以科技管理和科技政策研究为主要内容的"软科学"所替代，部分则杂糅于诸如"后工业社会"（贝尔）、"第三次浪潮"（托夫勒）、"信息社会"（奈斯

① 有关术语学问题国内学者多有评议和争论，可参见：刘珺珺．科学社会学［M］．上海：上海科技教育出版社，2009；郭贵春，成素梅，马惠娣．如何理解和翻译"Science and Technology Studies"［J］．自然辩证法通讯，2004(1)：104-107.

② 关于所谓"默顿论题"的讨论很多，比如参见：Steven Shapin. Understanding the Merton Thesis［J］. Isis, 1988, 79 (4): 594-605.

比特)、“知识经济”（马克卢普）之类的带有“未来主义”色彩的思潮之中。而默顿学派的科学社会学以及早期的科学知识社会学，虽然注意到社会对科学技术的作用维度，但又有将这种作用夸大为社会决定论的倾向。在个人与社会、行动与结构的关系上，涂尔干以来的主流社会学预设了社会相对于个人的优越地位，社会结构决定个人行动更成为实证主义社会学的基本信条。在这种社会学说明模式中，行动者不过是通过社会化过程将社会规范内在化并恪守执行的“规范傀儡”（norm-dopes）而已，其行动是被动和服从的。这种社会决定论要么忽视行动者所从事的大量当地性的和权宜性的创造努力，要么视之为反常或越轨行为。

使 STS 研究从单项的科技决定论转向科技与社会相互作用的互动论，是符号互动论和批判社会学的理论贡献。符号互动论有三个基本假设：行动者对某事物所采取的行动以对该事物赋予的意义为基础；这些意义产生于社会性互动过程中；这些意义通过自我解释过程不断修正[2]。在该假设之下，符号互动论同时关注情境知识的社会形成机制及其对后续行动的影响，从而揭示了知识与社会的交互建构关系。① 法兰克福学派的社会批判理论一方面从知识的社会决定论出发，认为包括科学技术、文化艺术、社会理论等在内的所有系统知识都具有歪曲现实的意识形态性质；另一方面认为，这些意识形态知识业已成为资本主义统治的工具，以各种方式对资本主义现实产生了异化作用。② 这种关于知识与社会相互作用关系的思想，突破了曼海姆知识社会学的“观念的社会决定”命题，坚持和完善了知识社会学的两个面向，对于全面把握科技与社会的关系无疑有重要启示①。

在当代 STS 研究中，单向决定论——无论是科技决定论还是社会决定论，原则上已经被更为周延的双向互动论所替代。但是，关于什么是科技与社会的双向互动，还存在广泛的理论误解。不少人将科技与社会的互动关系简单地理解为科学技术对社会的作用，以及相反，社会对科学技术的反作用。这实际上仍然是一种决定论，或者说是将两种单向决定论简单叠加在一起。其认识论根源在于我们已经习以为常的科技 - 社会的二元论区分和单向因果论，而其社会学根源则在于我们始终将科学技术看成是外在于社会的变量。在理解科技与社会的关系上，互动论的真正含义是，科学技术与社会的相互作用是在同一个过程中发生的，在这个过程中，任何单向的作用都会同时受到另一个方向的作用的调节或约束，其程度是由具体的经验情境条件来界定的。例如，在考察电子网络技术对工作组织的影响时，我们就发现，网络技术是在特定的社会结构和社会生活中产生和应用的，它一方面必然会对社会结构和社会生活产生影响；另一方面，这种影响的范围和程度又会受到社会结构和社会生活固有模式的制约。网络技术对工作组织产生的实际作用是一种反身建构的结果，并且处于不断变化过程中，二者之间的互动关系主要通过网络化实践得以界定[3]。

二、STS 社会学研究的成熟理论和理论多样性

在当代 STS 研究中，被人们应用最多也是最为成熟的社会学理论主要有两个：一个是结构功能论，一个是社会建构论。前者属于实证主义社会学传统，后者则来自反实证主义社会

① 参见：赵万里，李路彬．情境知识与社会互动：符号互动论的知识社会学思想评析［J］．科学技术哲学研究，2009，26（5）：87 -93；赵万里，高涵．知识社会学与法兰克福学派的社会批判理论［J］．山西大学学报：哲学社会科学版，2010，33（6）：106 -113.

学传统，特别是现象学社会学。

结构功能论是由默顿学派的科学社会学引入到STS中的。对于默顿来说，科学既是一种具有特殊认识性质的系统知识，又是一种社会活动和社会体制。在理解科学与社会的关系时，首先要把握科学体制与其他社会体制、科学家与其他人的同质性，社会学和科学社会学具有基本相同的理论基础。例如，默顿对科学优先权竞争的分析与他更一般的越轨行为研究密切相连，在马太效应研究中应用了其“非预期后果”理论等。新西兰社会学家克拉德斯（Charles Crothers）认为，默顿后期的科学社会学工作体现了他在一般社会学理论中的“结构分析”进路，即科学作为社会体制有其内在结构：主要体制目标和个人化目标，这些目标在实现的过程中又反过来影响科学及相关体制的结构①。

当然，默顿的结构主义是与功能主义结合在一起的，他与帕森斯是统治美国社会学30年之久的结构功能论的主要创始人和阐释者。默顿在创立他的科学社会学范式时首先面临的问题，就像帕森斯在他的行动系统理论中所遇到的一样，是所谓“霍布斯秩序问题”（Hobbes problem of order），即“社会秩序如何可能”的问题。帕森斯将秩序问题与行动和价值结合起来，建立了他的社会行动系统理论。按照他的理论，在一个没有任何外力介入的社会中，人们之所以不会陷入“一切人反对一切人的战争”状态，是由于社会中存在着一种道德规范或“共同价值体系”（common values system）。作为社会成员对社会的一致性理解，道德规范或共同价值借助于社会化过程被社会成员内在化了，成了他们的行动准则，从而避免了无序、失范或“战争”。这种解释框架显然包含了三个相互联系的命题：①稳定的社会秩序依赖于行动者在行动时遵守规范或规则；②规范或规则是社会独立于个人预先决定的；③对维持一种社会秩序来说，关键是道德规范在行动者的意识中被内在化②。

类似地，默顿提出的问题则是，在相对自主的科学共同体中，科学家之间相对稳定的行动和关系模式是如何维持的？对此，他沿袭了帕森斯对一般社会行动的功能论解释，在面临“科学与社会秩序”问题并阐释“科学的规范结构”时，不仅预设了科学体制在功能上的有效性，把这种有效性归结于其中的规范结构，而且他所概括的规范条款更像是道德劝告而不是对科学家实际行动规则的经验描述。“科学体制的目标在于拓展正确无误的知识，而用来实现这个目标而使用的技术方法正可作为知识的恰当定义：在经验上可以验证而在逻辑上首尾一致的关于规律性（即预测）的陈述。体制的要求（规范）源于目标与方法，技术的和道德的规范为实现最终目的提供了工具。忠实于实验证据的技术规范是不断作出真正预测的先决条件，而逻辑一致的技术规范则是有系统地和正确地作出预测的前提。这些科学惯例有其方法论上和理论上的理由，但它们之所以具有约束力，并非只因为它们在程序上有效，还因为科学家们从心底里相信它们是正确有益的。它们既是技术上也是道德上的指令。普遍性、公有性、无私利性和有条理的怀疑主义，这四组体制化的要求构成了现代科学的精神气质”[4]。简言之，那些在科学社会中被制度化的规范，是生产和认可能被经验证实且合乎逻辑之命题的基本要求。

作为社会学功能分析范式的提出者，默顿不仅提出了诸如潜功能、反功能、功能替代等

---

① 转引自：郑丹．默顿一般社会学理论与其科学社会学理论的关系［J］．科学文化评论，2007，4（1）：53－73.

② 李猛．常人方法学四十年：1954—1994［J］．国外社会学，1997（2－5）.

重要概念，而且建立了一套标准的功能分析程序。他通过科学发现优先权问题揭示了科学奖励系统的实质，即科学的社会结构中包含着以社会承认对信息（成果）的一种“交换”，提交给科学期刊的论文被接受后，就确立了他作为一名科学家的地位和他在科学共同体内部的声望。在他看来，科学奖励制度通过对有成就的科学家表达敬意，强化了科学家献身科学事业、坚持科研工作、做出独创性发现的动机；它把对独创性的强调推到一个独一无二的地位，又可能对科学家的行为产生消极影响。此外，由于科学奖励既有精神的形式，又通常有物质的内容，也可能诱发科学家的世俗贪欲。除了上述正、反功能的分析之外，默顿还注意到科学奖励制度的重要潜功能之一，即它在科学家中间导致了一种不平等的声望分配后果。正是围绕这种声望不平等分配，朱克曼、科尔兄弟、加斯顿等一批默顿的弟子开展了成果丰富的科学社会分层研究。此外，默顿通过“马太效应”对科学权威结构的功能分析也堪称典范。看似与科学的民主气质和普遍主义价值不相容的权威结构，却是科学体制的功能结构。作为科学标准、科学价值和科学传统的确立者，科学权威在科学家的社会化和科学的社会控制中扮演着重要角色，对于维持科学的意见一致、保证科学传统的延续、维护科学共同体的自主性等起着关键性的作用。与此同时，科学权威结构也有消极功能，它的“寡头化”趋势和对资源的垄断，以及为保持常规科学范式而常常表现出的对创新和革命的抵制等。

功能主义科学社会学后来受到批评，主要是由于结构功能主义社会学理论本身的缺陷，以及它赖以建立的实证主义科学观对科学知识社会学的排斥。在前一个方面，结构功能论被认为具有明显的保守主义倾向，将社会视为一个静态的均衡体系，忽视社会冲突和社会变迁，所谓功能分析，看起来更像是对现实合理性的辩护。尽管功能主义科学社会学并未像逻辑实证主义科学哲学那样明确宣称以辩护科学的合理性为己任，但从默顿学派的研究工作来看，科学的合理性也是不言而喻的前提。许多研究课题都是在这个前提下提出的，比如科学家为什么愿意献身于科学事业？单个科学家的智力兴趣和智力成就为何能得到有效的整合？科学界的不平等、社会分层、权威结构为什么没有受到科学家有组织的反抗？默顿及其弟子的经验研究也很少发现科学之社会运行的重要不合理之处，英美的科学奖励系统是按照普遍性原则运行的，科学界不存在性别歧视，科学家的越轨行为是罕见的①。

20世纪60年代前后，受后实证主义科学哲学和解释学思潮的影响，美国社会学日益分裂为实证主义与非实证主义两大对立阵营，并围绕社会科学的认识论和方法论以及更为现实的战争和民权问题展开论战[5]。其结果是社会学实证主义和结构功能论被削弱，而符号互动论、现象学社会学、马克思主义批判理论等理论流派则找到了兴起或复兴的发展空间，社会学进入到一个多元范式阶段。与此同时，默顿学派的科学社会学受到来自英国的一个“科学研究”小组的挑战。这个后来被称为爱丁堡学派的研究群体认为，以默顿为代表的美国科学社会学与早期曼海姆的知识社会学一样，放弃了对科学知识的社会学解释，是对实证主义知识观和科学观的屈从。正如布鲁尔宣称的，“社会学如果不能彻底地应用于科学知识，那就意味着科学不能科学地认识自身。”[6]他们从库恩的科学哲学、后期维特根斯坦的语言哲学中汲取批判武器，清算长期以来占统治地位的所谓“标准的科学知识观”，提出了将知识社会学命题贯彻到科学社会研究的“强纲领”，声称“科学不是一组在不同的特殊文

① 参见：Harriet Zuckerman. The sociology of science [M] //N J Smelser. Handbook of Sociology. Beverly Hills and London：Sage，1988，511－574.

化情境中维持正确描述和有效推断的普遍标准，科学中的权威和控制不会简单地保证理性与经验之间的互动不受妨碍。科学标准本身就是一种特殊文化形式的组成部分，权威和控制对保持这种特殊形式之适当感是必要的。因此……科学应该完全像任何其他知识或文化形式那样，受到社会学的考察”[7]。这种主张得到STS各种研究进路的关注，有关争论此起彼伏，而科学知识社会学则在这些争论声中迅速成为显学①。

科学知识社会学的主流理论被称为社会建构论，其社会学思想背景是源自韦伯的解释社会学传统，特别是符号互动论和现象学社会学。按照符号互动论创始人米德的观点，情景、自我甚至社会，都是每时每刻在流动、在调整、在生成，它们是在人们持续不断的沟通与磋商中被建构出来的，是局部情景化的产物②。所谓“托马斯定理”（Thomas theorem），即“一旦人们把情景界定为真实的，情景就会产生真实的后果”，奠定了社会学“建构激进主义”的基础。这种社会建构论“将现实本身消解成某种起伏不定的、不可知的或由人建构的东西”，对社会问题尤其是有关异常行为的研究产生了显著影响[8]。例如，在符号互动论的“标签理论”（labeling theory）中，原来所谓的异常范畴被认为其实是被社会地建构出来的。“社会群体通过制定规则并将对规则的违背视为越轨而制造了越轨，将那些规则应用于某些人，给他们贴上局外人的标签。就此而言，越轨并不是对某人不当行为的定性，而是其他人将规则和制裁运用于一个冒犯者的结果。越轨者是被成功贴上越轨标签的人，越轨行为是该越轨者被归类为越轨的行为。”[9]

胡塞尔的现象学认为，我们的世界是一种人工物，并非自然而成，因而我们关于这个世界的自然态度（the natural attitude）常常受到遮蔽。现象学事业的首要目标，就是要为哲学寻找一个超验的出发点。舒茨将胡塞尔的先验现象学转化为存在现象学，指出社会世界是按照常识的范畴被解释和被建构的，且其根源大部分是社会的。社会行动者使用这些建构资源解释他们的行动情境，领会其他人的意图和动机，实现主体间的理解和协调行动，从而操纵社会世界。基于此，伯格和卢克曼分析了为曼海姆所忽视的日常知识的社会建构。他们认为，对常识知识的社会学研究是探讨社会世界之组织的最恰当的切入点，因为“人类所有的‘知识’都是在社会情境中发展、传递和维持的；知识社会学就是要致力于理解这些为常人视为当然的‘现实’的过程。也就是说，知识社会学是对现实的社会建构过程的分析”。在他们看来，社会学对“现实”和“知识”的旨趣是由社会相对性的事实发轫的。社会实际上包含着主观过程（和意义）的客观化（或外化），以及透过客观化过程而建构的互为主观性的常识世界。换言之，社会世界是通过日常生活中的思想过程社会地建构的，是一种主观现实（subjective reality）；但由此产生的世界看起来好像是一个客观现实（objective reality），其中存在着由角色组成并由一组宗教的或准宗教的关于基础现实的信念加以合法化的体制。各个人处处传播着这组文化解释，因为他们已经社会化到那种文化中了。他们认为，知识社会学不仅处理人类社会中“知识”在经验上的多样性，也扩及任何“知识”体

① 参见：赵万里．科学的社会建构：科学知识社会学的理论和实践［M］．天津：天津人民出版社，2002：128－132.

② C McKinney. The Contribution of George H. Mead to the Sociology of Knowledge［J］. Social Forces，1955，34（2）：144－149；Tom W Goff，Marx，Mead. Contributions to a Sociology of Knowledge［M］. London：Routledge & Kegan Paul Ltd.，1980.

系何以被社会建构成一种“现实”的各种过程。社会中有许多现实如习俗、规则、角色、情感、权力甚至科学等，都是通过这些过程社会地建构出来的。科学知识社会学像符号互动论和现象学一样宣布科学知识的人工性和社会建构性质。“所有知识都不过是人们认为是知识的东西，是人们满怀信心地坚持并作为生活支柱的那些信念。”[6]

科学事实完全是在一个人工环境中，通过对陈述的操作而被建构、被传播和被评价的。在科学知识社会学中，这种反实在论和相对主义的立场大体是共享的，只是有强弱之分。正如史蒂芬·科尔所说：“建构论的所有主张实际上可以用三个典型观点来概括：第一，所有建构论者都反对把科学仅仅看成是理性活动这一传统的科学观。第二，几乎所有的建构论者都采取了相对主义的立场，强调科学问题的解决方案是不完全决定的，削弱甚至完全否定经验世界在限定科学知识发展方面的重要性。第三，所有建构论者都认为，自然科学的实际认识内容只能被看作是社会发展过程的结果，被看成是受社会因素影响的。”[10]

建构主义科学知识社会学把战略重点放在科学知识生产的日常实践上，关注科学知识形成和接受的实践推理过程。20 世纪 80 年代，科学知识社会学沿着社会建构论的理论进路取得了长足进展，发展出“科学争论研究”“实验室研究”“科学文本和话语分析”等重要的研究领域。这些经验研究领域，一方面与知识社会学的强纲领保持着直接的联系，另一方面又试图在理论和方法上汲取当代人文社会科学的更多成就，多角度、多方位地展示科学技术的现实特征。从研究对象上看，建构主义科学知识社会学将研究的触角逐步延伸到现代科学与传统科学、自然科学与社会科学、现代技术与传统技术、成功的理论和发明与失败的理论和发明等，大大拓展了 STS 的研究范围。从理论和方法看，则融合了人文社会科学的多学科视角，使 STS 俨然成了应用和检验各种思想假说的试验田。即使仅从社会学学科来看，科学知识社会学显然也刺激了那些原本作为社会建构论思想来源的社会理论参与到对科学技术的社会研究中来。特别是常人方法论的科学工作研究，以及符号互动论的社会世界理论，为我们展示了既不同于功能主义，也不同于科学知识社会学的科学社会研究纲领①。如果套用社会学家对当代社会学理论发展格局的术语，我们完全可以说，STS 的社会学研究目前同样处于一样“多元范式”的阶段。

三、STS 研究的理论转向及其含义

STS 研究的理论多样性是这个跨学科领域的固有特征，新旧理论更替及不同理论并存则是其发展的动力。从 STS 产生和发展的历史来看，社会学理论视角的介入曾经促成了这个领域的两次重大转向，即从“科学技术与社会”的松散纲领到科学体制社会学的转向，以及从科学体制社会学到科学知识社会学的转向。虽然这些转向始终伴随着各种各样的争论，但无论如何，社会学现在已经与哲学、历史学一样，成为当代 STS 研究中受到广泛承认的重要进路。

不过，科学知识社会学并非完美无缺，各种新兴的竞争纲领仍不断出现并推动着 STS 理

① 关于常人方法论的科学工作研究，参见：赵万里．科学的社会建构：科学知识社会学的理论和实践［M］．天津：天津人民出版社，2002：226－238；关于符号互动论的社会世界理论，参见：赵万里，徐敬怡．符号互动论视野下的科学社会研究［J］．自然辩证法通讯，2007，29（6）：47－53．

论的进一步创新。伍尔加和阿什莫曾用一个表格，简要列出了科学社会研究所发生的重大视角转换[11]。20世纪70年代以前，科学社会研究在认识论上，无论对“科学”还是对“社会研究”而言，完全是实在论的。这种科学社会研究以默顿学派的科学社会学实践为代表，局限于对科学家群体进行社会学研究，不考虑科学知识或科学的内容。在这种科学社会研究中，社会因素的作用被认为只在错误科学的情况下才是明显的，因而其分析方法是不公正的（un-impartiality）和非对称性的（asymmetry）。20世纪70年代中期到80年代中期的科学社会研究，以强纲领、经验相对主义纲领、话语分析和第一代科学民族学为代表，进入了被称为科学知识社会学的第二个阶段。这个阶段的科学社会研究，主张对科学的内容作社会学分析，在认识论上对“科学”采取相对主义的立场，但对“社会研究”则持实在论的立场，旨在建立相对主义地说明科学的实证社会理论。形成中的第三个阶段始于20世纪80年代末的反身性研究纲领以及第二代科学民族学的工作，在认识论上对“科学”和“社会研究”均采取相对主义立场。因为如果科学知识是社会的产物的话，那么社会科学知识（在它作为科学知识的意义上）也理当如此。上述第三个阶段所发生的事情，正是后来被标签为文化转向（cultural turn）的发展方向。一些受到语言学、人类学、文化研究等影响的科学知识社会学家，虽然在理论倾向上仍然是建构主义的，但解构STS科学地位的意味更为浓厚，具有鲜明的后现代主义取向。其中，“新文学形式”（new literary forms）和“女性主义科学研究”（feminist science studies）可能最具有典型性。按照马尔凯的说法，“新文学形式”是组织语言的新方式，“这些新方式可以避免盲目信奉一种正统的认识论，后者已被嵌入既有社会科学文本形式之中了。”[12]“新文学形式”用戏剧、滑稽模仿、寓言、对话、反前言（anti-preface）、反导论（anti-introduction）、叙事拼贴、百科全书、考试、演讲、新闻报道，以及自我包含的照片、自我参考的脚注等替代标准的经验主义研究报告格式，以便结构传统社会学之一元论的、无个性特征的、远离社会的作者声音。女性主义科学研究者则主张现代科学和技术知识是男性文化的建构物，且这种受男性支配的科学技术知识反过来进一步加强和建构了一个更为男性化的社会现实。因而，在女性主义者看来，科学和技术的制造与社会的制造是同时发生的，而社会重建的方案就是要借助一种女性主义认识论（不论具体指什么）同时改造科学技术和社会结构①。

事实上，前述第三个阶段还有另外一项影响深远的理论发展，这就是拉图尔等人提出的“行动者网络理论”（actor-network theory，ANT）。这个理论同样试图解决先前的科学知识社会学中所蕴含的认识论相对主义与社会学实在论的矛盾，把对称性原则同时运用于对自然和对社会的分析。行动者网络理论的观点可简单概括为：① 科学是社会性的；② 社会是自然性的；③ 自然和社会处在社会技术网络之中，并经由社会技术网络共同建构出来，这些网络将人与非人行动者连接为一个无缝之网。这一理论有时也被称为“异质建构论”（heterogeneous constructivism）或“共构论”（co-constructivism），主张自然和社会是在同一个科学实践过程中相互建构出来的。主要受行动者网络理论的影响，皮克林后来发展出了其“实践冲撞”（the mangle of practice）理论，突出了科学操作过程中人类力量和物质（机器）力量的相互交织和即时缠绕，进一步解构了自然与社会的二元对立。这些工作后来成了科学知

① 关于女性主义科学观的更为系统的评析，可参见：吴小英．科学，文化与性别：女性主义的诠释［M］．北京：中国社会科学出版社，2000.

识社会学“实践转向”（practice turn）的重要标志。

正是这些“社会转向之后的更多转向”，使“科学知识社会学”和“科学的社会研究”变成了“科学和技术研究”，“知识”和“社会”意味深长地消失了[13]。按照富勒（Steve Fuller）的说法，“科学技术研究所生成的科学社会学不再是知识社会学”，而科学社会学一旦失去知识社会学的支持，其后果就是沦为现在商学院的知识管理而已[14]。这不禁使我们想到几年前科林斯倡导的以专家知识与经验知识研究为主要内容的“科学研究的第三波”（The Third Wave），或称为“政策转向”（policy turn）。这种转向试图使科学知识社会学家进入公共政策领域的专家体制，通过“圆桌会议”说服科学家、政治家、企业家、媒体和其他政策精英接受其知识观和科学观。科林斯大概是在告诉我们，STS 的最初表达方式，即“科学技术与社会”，或许更能给我们脚踏实地的感觉。

参考文献

[1] 默顿．十七世纪英格兰的科学技术与社会［M］．范岱年，译．北京：商务印书馆，2000：20－23.

[2] H Blumer. Symbolic Interactionism：Perspective and Method［M］．Michigan：Prentice Hall，1969：2.

[3] 赵万里，翟丽红．技术与社会：工作组织的网络化实践研究［J］．自然辩证法研究，2006（5）：46－50.

[4] Robert K Merton. The Sociology of Science［M］．Chicago and London：University of Chicago Press，1973：270.

[5] 德朗蒂．当代欧洲社会理论指南［M］．李康，译．上海：上海人民出版社，2009：448－460.

[6] David Bloor. Knowledge and Social Imagery［M］．Chicago：The University of Chicago Press，1991.

[7] Barry Barnes T S. Kuhn and Social Science［M］．London：Macmillan，1982：10.

[8] Randall Collins. Theoretical Sociology［M］．New York：Harcourt Brace Jovanovich Pub.，1988：263－265.

[9] H Becker. Outsiders［M］．New York：Free Press，1973：9.

[10] Stephen Cole. Making Science［M］．Cambridge：Harvard University Press，1992：35.

[11] Steve Woolgar，M Ashmore. The next step：An Introuduction to the sReflexive Project.［M］//Woolgar. Knowledge and Reflexivity. London and Beverly Hills：Sage，1988：7.

[12] Michael Mulkay. Sociology of Science［M］．Bloomington：Indiana University Press. 1991：xvii.

[13] Andrew Pickering. Science as Practice and Culture［M］．Chicago：The University of Chicago Press. 1992：5.

[14] 富勒．科技研究与社会科学哲学［M］//特纳，罗思．社会科学哲学．杨富斌，译．北京：中国人民大学出版社，2009.

（本文原载于《科学与社会》2011 年第 1 期）

当代 STS 研究中的语境进路

刘 鹏

（南京大学哲学系 江苏 南京 210093）

摘 要：语境科学观是当代 STS 研究的一个重要特征。语境进路的逻辑起点是为了克服早期 STS 研究（SSK）在其本质主义的本体论、规范主义的认识论与自然主义的方法论策略之间的矛盾。语境进路的逻辑内涵在于，试图通过贯彻彻底的自然主义方法论，将认识论问题本体论化，从而避免本体论、认识论和方法论之间的矛盾，因此它坚持科学的实践性、偶然性、开放性和地方性特征。语境进路的逻辑根基在于一种实践化的历史主义认识论和历史主义本体论。这一进路在一定程度上缓解了社会建构论与传统实在论之间的冲突，为当代 STS 的本体论研究开辟了新的方向。

关键词：STS；语境论；历史主义认识论；历史主义本体论

当代 STS（Science and Technology Studies）研究的一个重要特征是科学观上的语境化倾向，这种倾向是 SSK 理论发展的一个逻辑结果。它破除了 SSK 在科学观上所持的社会建构主义观点，从而使得 STS 的工作从认识论领域推进到了本体论。语境科学观在一定程度上化解了 SSK 的学科危机，缓和了社会建构论与传统实在论之间的争论，为 STS 的进一步发展开辟了新的方向。

一、语境进路的逻辑背景：SSK 的学科危机

SSK 在 20 世纪 70 年代形成后，其激进的社会建构论观点，就遭到传统哲学家和社会学家的严厉批评。到 80 年代中期，外部的批评已经渗透到了 SSK 学科体系内部，这导致了科学论的一场学科危机。STS 领域的学者们也坦承这场危机的存在，劳指出“（科学社会学的）第二个阶段已经处在了危机之中”[1]；哈拉维也认为社会建构论“正在走入死胡同”[2]。这场危机表现在以下方面。

1. 本体论方面

SSK 的因果解释模型必然要求一个能够作为本体论根基的原因概念，即社会。但是，为了维持社会解释模型的合理性，布鲁尔等人又不得不将本体论意义上的“社会”概念本身排除在了经验主义的研究范围之外。从 20 世纪 80 年代开始，这一做法遭到了 STS 内部诸多学者的不断批判。例如，伍尔迦主张将反身性推进到本体论的利益层面，从而认为“利益

的建构与使用”也只是科学实践活动的一个层面[3]。塞蒂纳也主张从现实的“磋商”入手分析利益的实现机制[4]。

拉图尔等人的批判则更加直指强纲领的关键之处，要求取消社会（利益）的本体论地位。拉图尔指出，尽管“对称性原则仍然是本领域大多数工作的基础”，但“‘社会’解释的想法已经过时了”[5]256。进而，拉图尔要求我们在方法论层面上不应该对科学和社会的边界进行任何“事先”的界定[5]12，“如果打开当时的科学文献，我们就会发现那些故事已经为我们界定好了谁是主要的行动者，他们发生了什么事情，他们经历了什么样的考验。”与之相似，卡隆和劳也否定了利益可以作为行动者之行动的背景原因的可能性，我们应该根据行动者自身来不断地界定和重新界定社会秩序的偶然结构[6]，从而去“发现行动者是如何征募其他行动者的，探讨某些行动者为何能够成功而其他的为何失败”[6]。卡隆指出，“与自然相比，社会并不愈加明显，也不愈少争议，既如此，社会解释也就没有任何坚实的基础。”[7]拉图尔等人工作的实质是，贯彻自然主义的社会学方法论内涵，从而取消社会的超越性本体论地位。

2. 认识论方面

SSK 的核心观点可以概括为“社会建构科学”，实际上，社会建构论的关键之处在于社会建构科学的过程，批判者认为 SSK 所缺失的正是对这一过程的讨论。科尔批判 SSK 未能够提供“甚至一个例子”来“支撑他们的科学观”[8]，林奇也认为强纲领的工作并未展示出“一个团体的集体性理解”是“如何影响历史进程的”[9]。

从深层来说，SSK 的学科危机实际上来自其社会学解释模型与自然主义方法论之间的矛盾。在本体论上，SSK 坚持社会实在论，认为社会是一个超越性的本体论概念，它能够为认识论提供基础；在认识论上，SSK 将科学视为纯粹的知识，并且主张一种本质主义的思维方式，即为科学寻求某种基础或者本质，在自然被抛弃后，社会这样一个同样抽象、同样难以得到证明的本体论概念便承担起了这一责任。在方法论上，SSK 主张通过模仿科学从而确立一种自然主义的方法论。布鲁尔说，社会学要与其他科学建立在“同样的基本原理和假定”之上[10]，其最终目的在于，要确立一种科学的科学知识社会学，从而使它能够获得与自然科学一样的认识论地位。一种彻底的自然主义进路是反对超越性的，但在具体的社会学研究中，SSK 的本质主义进路又将科学和知识的最终标准确立为“纯粹的信念之外的东西”（即社会）。矛盾之处在于，彻底的自然主义和描述主义的研究方法无法在经验性的科学与超越性的社会之间架起桥梁，因此，对于规范主义而言，自然主义和经验主义的方法论并不充分；而方法论上的描述主义则要求一种现象主义的研究进路，排斥任何本质性的诉求。这就导致了 SSK 在本质主义的本体论、认识论与自然主义的方法论之间的悖论。

在 SSK 的社会学启蒙运动完成之后，早期科学实践研究积累下来的分歧，使得 STS 内部纷争不断，其后果便是这场学科危机的出现。1992 年皮克林主编的《作为实践与文化的科学》一书，标志着科学论内部正式分裂为了传统强纲领的 SSK 与以行动者网络理论、常人方法论和冲撞理论等为代表的后建构主义学派。

二、语境科学观的逻辑内涵：走向科学实践

鉴于 SSK 的学科危机，STS 内部的诸多学者如皮克林、拉图尔等人都开始寻求新的出

路。其出发点是，取消社会概念所具有的超越性，开始将之视为内在于科学实践之中的具体要素；其切入点在于，从一般转向个别、从普遍转向特殊。这种做法实际上将抽象的社会概念具体化，即将原来具有一般性和普遍性的社会转变为了特殊性的个体行动者，从而将社会学的任务限定为对个体化的科学实践的描述，规避社会解释。这样，皮克林、拉图尔等人不约而同地走向了一种语境科学观。这种科学观的本质内涵是，科学不再是一种单纯的知识，而是成为了一种语境化的实践方式，这样，其合理性就不再是逻辑或者符合论意义上的合理性，而是成为了一种实践合理性。具体而言，语境科学观包含以下几层含义。

1. 实践性

科学不再是一个单纯的认识论概念，它成为了本体论领域的一系列操作方式，这源自表征性语言与操作性语言之间的区分。“表征性语言”的目的是“寻求表征自然并产生描摹、映照和反映世界面貌的知识”[11]5，这就使得人们陷入了对科学是否恰当表达了自然的“认识论的恐惧”之中，结果便是实在论与反实在论的争论。要摆脱这种争论，就要转向操作性语言，皮克林的实践研究的目的就在于勾画出在科学实践中“人类力量和物质力量的各种操作”，反对在实践背后去寻找某个不变的本体[11]19-20。在同样的意义上，拉图尔也反对行动者的实指性（ostensive）定义，而主张一种述行性定义。他所谓的“行动中的科学”主张将科学界定于行动之中，实际上也是弱化科学知识的理论内涵，强化其操作属性，进而认为，科学，只有在行动和网络的具体语境中才可能得到理解。正是在此意义上，拉图尔主张用复数的科学（les sciences）来代替大写的单数的科学（La Science）[12]。

2. 偶然性和开放性

语境科学观主张科学知识只是一种偶然性的建构。皮克林强调作为实践的科学的“瞬时突现性”，其基本含义就是“一种在实践中发生着的纯正的偶然”，“阻抗与适应的力量持续地、不可预期地在其中实现。”[11]21

拉图尔也同样强调科学的偶然性特征，这种偶然性是建立在转译或转义的概念基础之上的。将科学从必然性中解脱出来，实际上就是取消了科学的超越性，而赋予科学以新的内在性。如果科学是一种理论，那么，其内在性就是理论的内在性，这种内在性很可能会将我们导向理性，而在皮克林和拉图尔的体系中，内在性仅仅是实践的内在性，即它是一种自足的建构，不需要任何外在的决定力量。

科学的偶然性是与其开放性联系在一起的。STS 领域的很多学者都主张科学实践是一个开放性的过程，即便在科学知识产生之后，科学实践过程也并没有结束，它只是科学研究过程中的一个开放性驻足点（open-endedness）。而是说，尽管科学知识是某一科学实践过程的产物，但是，这并不意味着这一知识就终结了科学的考察，它在后续的科学研究中仍然会被重新打开并被历史性地重新考察。科学的开放性特征，“是科学家在科学探索活动中不断地去语境化与再语境化的结果。”[13]按照拉图尔的看法，每一科学事实和科学陈述的客观性，仅仅是来自科学实践过程结束后的黑箱化过程；黑箱仅仅意味着科学知识生产的标准化过程，当科学知识的生产或者科学事实出现危机时，这一黑箱就会被重新打开，科学在不断地制造黑箱与打开黑箱的过程中获得进步。

3. 地方性

将科学的发展理解为一种偶然性的突现，将科学的内在性理解为实践内在性，将科学的真理性理解为一种实践的开放性，这使得皮克林和拉图尔等人都走向了一种地方性的科学观。特殊与普遍，对科学知识而言实际上是一个悖论：科学都是从具体的地方性语境中产生的，但是，这种地方性产生的知识却不断地要求获得普遍性；当这种束缚无法摆脱时，很多人便放弃了普遍性的诉求，从而将知识界定为一种仅仅局限于地方性的产物。皮克林的作为实践的科学的全部意义就在于将科学视为一种地方性知识、语境知识。他强调“知识生产的路径依赖”、科学知识的语境特性等[13]；其目的在于将科学等同于科学研究的实践过程，从而使得科学从知识走向了各种异质性因素的联结。拉图尔也认为，实体或者实在是与实验室的实验程序同在的，一旦离开其语境，一个完全确立的事实将失去其意义[14]110。科学陈述亦如此，“一个给定的陈述，不可能在实验室之外得到证明，因为它的存在恰恰就是依赖于实验室的语境。”[14]183这种语境就是实验室的建构性。实际上，地方性特征的核心是，一种理论能够成为科学，仅仅是相对于其所处的地方性网络而言的。当然，科学的地方性特征，并不彻底地排斥普遍性，只不过这种普遍性所反映的仅仅是地方性网络的扩展。

三、语境进路的逻辑根基：历史主义认识论和历史主义本体论

从上述讨论可以看出，语境科学观从本质上来说是一种历史主义认识论，它与传统的历史主义科学哲学的不同之处就在于它对科学实践和本体论的强调。这种历史主义认识论具有以下特征。

1. 实践中的历史主义认识论

将历史主义引入科学哲学主要是库恩的贡献。但库恩对认识论的历史主义讨论主要是从科学史的层面上展开的，因此，他所讨论的核心就是范式之间的不同通约性和范式意义上的科学革命。语境论视角下的科学，当然是历史主义的，它不具有某种永久合理性；但与库恩的历史主义相比，它的根基不在范式，而在于科学实践。科学的历史性就是科学实践的历史性，这样就能够将自然、文化、物质（如科学仪器）等异质性要素共同纳入到对科学的理解之中。

2. 本体论化的历史主义认识论

传统科学哲学，不管实在论还是建构论，都是在认识论的层面上理解科学的。在认识论的意义上，科学只能表现为某套命题系统、某一知识体系，而一旦将科学界定为知识，哲学家们的工作必然就是为这种知识寻求某个本体论的基础，但是从实在论和建构论的发展历史来看，在认识论的视角下是无法解决知识的基础问题的。语境进路的创新之处在于，本来作为认识论概念的科学，现在被本体论化了，进而，科学从最初的认识论领域的知识，成为了本体论领域的实践、行动或者操作，这样，科学能够成为科学，就在于科学实践能否达成科学的目标，而不在于它是否与外在的实在之间的符合关系。本体论化的认识论不需要外在根基。语境科学观的这两点贡献使得科学哲学在一定程度上走出了传统实在论和社会建构论所划定的框架。但是，实践化和本体论化的科学，尽管不主张某种超验实在的存在，但这并不能说明它就不需要本体论基础了。历史主义的认识论，同样需要一种历史主义的本体论。

语境中的科学，所要求的是“实践—时间—知识”三者在本体论层面上的统一体。认识论问题的本体论化，要求将认识论和本体论之间的立体结构，转化为一种“平面”结构（类似于拉图尔所说的社会学的平面模型），但它并未对本体本身作出判断。在传统的本体论理论看来，能够承担本体论地位的要么是自然因素（这时科学是客观的，它与自然之间

是静态符合关系），要么是社会因素（这时科学是主观的或者具有社会客观性，它与社会之间也是一种静态反映关系）；语境科学观必须要对传统的这两类本体性因素进行改造。这种改造的结果就是一种历史主义的本体论。

历史主义本体论的核心内涵在于实体的历史性和时间性，这里的历史性，并不是说我们对物的表述具有历史性（这是一个认识论的问题，它当然具有历史），也不是物在某种程度上可以演化。历史性来自实体的生成性和建构性，这已经成为当前STS领域的一个共识。拉图尔认为，在实验室的操作中，物的本体论地位是不断变化的。在巴斯德之前，乳酸菌仅仅是发酵过程的副产品；在巴斯德之后，它开始成为了乳酸菌，开始具有了我们现在所谈论的乳酸菌的一切属性。这些属性从何而来？来自实验中巴斯德和即将成为乳酸菌的东西之间的互相操作。“指称循环……将我们……从一种本体论地位带到另一种本体论地位。”[15]122因此，我们不能谈论本质，而只能谈论“实存”[16]98，甚至只能谈论“相对实存”[15]310。哈金也认为，“1879年之前，这一现象（霍尔效应）在世界上从未存在”，这与拉图尔所说的“在巴斯德之前，细菌并不存在”“在1976年，……拉美西斯二世（埃及法老）死于结核病”[17]如出一辙。进而，哈金说，“霍尔效应是这个世界上的一个新事物，是随着人类历史的进程而现身的”，他将此称为“现象的创造”[18]。

从哲学层面上来讲，历史主义本体论主张实体的建构性，那么就必须要对实在概念进行改造。拉图尔从词源学的角度指出，“正如拉丁语词res所表明的，实在就是那些阻抗之物。”[19]“任何阻抗（resist）考验的事物都是真实的”，“实在的，并不是说众物之中的一物，而是指阻抗的梯度（gradients of resistance）”[20]。拉图尔所说的阻抗，实际上是表明各种行动者之间的关系的一种方式，其他的诸多动词都可以作为它的替代，例如，“凝结”“折叠”“遮掩”“强化”“溜走”等[20]。每一个行动者都在网络中展开行动，细菌也是如此，并不存在隐蔽于网络之后的什么东西能够决定网络；因此，我们完全可以在拉图尔对自然和社会之内在性讨论的意义上[16]37-38称这个世界是内在的。这样会导致以下几个推论。首先，实在不会在主与客、真实与虚构之间作出区分。任何东西，只要发生了阻抗，那么就具有了实在性。这样，语境科学观就打破了本体论层面上自然与社会、客体与主体之间的二分。在此意义上，二元论以先验的实质性差别为标准区分本体的做法，在这里就被实用性的标准所替代，进而，主客之间的质的差别也被实用的差别所取代。缘于此，皮克林才称自己的理论为“实用主义实在论”或者“冲撞实在论”。在拉图尔的行动者网络理论中，行动者是由网络界定的，不同行动者之间的联结（association）关系是第一位的，而行动者的内在属性（自然类的差别）是第二位的，因此质的本体论便被行动的本体论和关系的本体论所取代。这也就是拉图尔所呼吁的哲学的“反哥白尼革命”[16]87的要义所在。其次，实在不再是一个基础性的概念。传统认为，纷繁复杂的现象背后有一种更为根本性的规律性，我们可以将之称为自然或实在。但是，拉图尔的实在概念并不是一个隐蔽不见的概念，不是一只看不见的手。相反，它是一个完全可见的概念。实在在哪呢？在联系中。细菌是实在的吗？只要它发生了联结，那么它就是。第三，实在成为了一个程度性概念。拉图尔将实在界定为“阻抗的梯度”，阻抗率的变化则意味着事实之实在地位的变化，就如对波义尔真空的讨论，它所反映的只是一种“稳定化的程度”，是一条轨迹[16]97-100。

在传统哲学看来，一物存在；那么就会一直存在，如果不存在，那么就会一直不存在。而现在，历史主义本体论认为，一物可以被创造出来、被建构出来，这就打破了传统哲学在存在与不存在之间的二值逻辑思维方式，向科学哲学提出了一个巨大的挑战。

四、结 语

当代 STS 的语境进路凭借彻底自然主义的方法论，消解了 SSK 的本质主义本体论和规范主义认识论，提出将认识论的问题划归到本体论领域，进而实现一种本体论化和实践化的认识论，在一定程度上规避了 SSK 的本体论和认识论难题。同时，语境进路的历史主义本体论取消了主客之间的二元对立，不仅将历史性赋予主体和社会，更将之赋予客体和自然，打破了实在论和社会建构论在知识与世界之间的二分状态，这样，科学就成为了人类世界与非人类的物质之间发生关系的一种方式；在这种关系中，人类和非人类的世界彼此交织，共同界定。“科学的表征链不是终止于‘世界本身’，而是终止于对物质力量的特定的捕获和构建”，进而，“冲撞在起点上就窒息了探寻反映论问题的任何冲动。”[11]222，218因此，STS 的语境进路也在一定程度上缓和了传统实在论和社会建构论之间的冲突，为科学哲学的进一步发展打开了一个崭新的本体论领域。

参考文献

[1] Law J. Editor’ s introduction：Power/Knowledge and the Dissolution of the Sociology of Knowledge [C] //Law J. Power. Action and Belief. London：Routledge and Kegan Paul，1986：2.

[2] Haraway D. The Promises of Monsters：A Regenerative Politics for Inappropriated Others [C] //Grossberg L，et al. Cultural Studies. New York：Routledge，1992：336.

[3] Woolgar S. Interests and Explanation in the Social Study of Science [J]. Social Studies of Science，1981 11 (3)：371 -373.

[4] Knorr-Cetina K. Scientific Communities or TransepistemicArenas of Research [J]. Social Studies of Science，1982，12 (1)：129.

[5] Latour B. The Pasteurization of France [M]. Cambridge，Massachusetts：Harvard University Press，1988.

[6] Callon M，Law J. On Interests and their Transformation [J]. Social Studies of Science，1982，12 (4)：615 -625.

[7] Callon M. Some Elements of a Sociology of Translation [C] //Law J. Power. Action and Belief：A New Sociology of Knowledge. London：Routledge & Kegan Paul，1986：199.

[8] Cole S. Voodoo Sociology [C] //Paul R Gross，et al. The Flight from Science and Reason. New York：the New York Academy of Science，1996：278.

[9] Lynch M. Scientific Practice and Ordinary Action [M]. Cambridge：Cambridge University Press，1993：75 -76.

[10] 大卫·布鲁尔. 知识和社会意象 [M]. 艾彦，译. 北京：东方出版社，2001：256.

[11] 安德鲁·皮克林. 实践的冲撞 [M]. 邢冬梅，译. 南京：南京大学出版社，2004.

[12] Latour B. La Fin de la Science? [C] //Chroniques d’ un Amateur de Sciences. Paris：cole des mines de Paris，2006：41.

[13] 成素梅，郭贵春. 语境论的真理观 [J]. 哲学研究，2007 (5)：76.

[14] Latour B，Woolgar S. Laboratory Life [M]. Princeton，NJ：Princeton University Press，1986.

[15] Latour B. Pandora’ s Hope [M]. Cambridge，Massachusetts：Harvard University Press，1999.

[16] 布鲁诺·拉图尔. 我们从未现代过 [M]. 刘鹏，安涅思，译. 苏州：苏州大学出版社，2010.

[17] Latour B. Ramsés II estil mort de la tuberculose? [J]. La Recherche, 1998, 307 (3): 34 –36.
[18] Hacking I. Historical Ontology [M]. Cambridge, London: Harvard University Press, 2002: 14 – 15.
[19] Latour B. Science in Action [M]. Cambridge: Harvard University Press, 1987: 93.
[20] Latour B. Irreductions Part Ⅱ of The Pasteurization of France [M]. Cambridge, Massachusetts: Harvard University Press, 1988: 159.

（本文原载于《科学技术哲学研究》2012 年第 4 期）

科学知识社会学的实验室研究及其哲学意蕴评析

郭俊立

（山西财经大学马克思主义学院　山西 太原　030006）

摘　要：科学知识社会学（SSK）的微观实验室研究把科学作为实践和文化，导引出“科学的文化建构”思想的形成。“科学的文化建构”思想作为一种整体主义认识论，将超越早期 SSK 的“科学的社会建构”主张的极端性和偏颇性，将其带出发展的困境。

关键词：科学知识社会学；实验室研究；哲学意蕴

20 世纪 70 年代兴起的科学知识社会学（SSK）提出的建构主义科学观，坚持把科学知识的内容纳入社会学研究的范围，以解构关于科学的普遍性、客观性和真理的传统话语。社会建构论在经历了 20 年的辉煌后，20 世纪 90 年代开始走向衰落。皮克林对 SSK 进行回顾性总结时指出：以强纲领为核心的科学知识社会学存在的主要问题是把“科学作为知识”（science as knowledge）[1]，即把科学作为静态的理论产品而不是把科学作为动态的行动而形成的对科学的理解。这种说明方式从一个极端走向另一个极端，即其批判传统哲学的“自然法则”或“方法论规则”的结果，是用“社会实在论”取而代之，在批判传统哲学的本质主义、基础主义的同时，自己却又陷入了新的本质主义、基础主义。而这两者都不能给实际的科学活动提供充分而有意义的说明，都从整体上扭曲了科学的形象和对科学事业的看法。

正是为了解决关于自然的不可知论与社会实在论之间的矛盾，科学知识社会学的研究进路从宏观模式转向微观模式。虽然这一转向依旧秉承着科学知识社会学的建构主义倾向，但已经从关注知识生产的结果、关注作为成品的科学理论转向关注知识生产的实践过程的研究。

在这个转向过程中，SSK 的实验室研究成为了最重要的章节。在这些研究中，法国的拉图尔、德国的塞蒂纳、美国的林奇和皮克林等都作出了突出的贡献。拉图尔、塞蒂纳及皮克林等针对科学活动而展开的实验室研究本质上是一种对科学实践的研究。实验室研究的一个突出特点体现为一种审视科学视角的转变，即转向“作为实践和文化的科学”（science as practice and culture）的研究。

一、SSK 的实验室研究

拉图尔作为 SSK 微观实践进路转向的里程碑式的人物，他的实验室研究以其人类学考察知识的生产现场和形成中的科学为对象，作为结果，彻底地转换了原有的知识观。拉图尔的“行动者网络理论”（ANT）主张，科学知识在本质上是一种活动和实践过程，对科学知识应该从具体的、历史的、实践的维度去理解，从对科学实践的考察去理解科学知识。行动者网络理论所展示的是一种颠倒了的说明方向，即不再用预定的自然或社会来说明科学活动，而是考察科学活动如何重构自然和社会。只有同时追踪行动中的科学和型塑中的社会，才能把握知识活动的本质。自然的和社会的要素不加区分地参与了知识的构造，同时作为结果被重塑。

ANT 打破了基于自然—社会的传统二分法，进入了考察科学和社会互动的研究路线，对科学与社会的关系进行了整体论（holism）的界定。ANT 将传统研究科学和社会这两个不同范畴视为同一个整体，认为它们相互嵌入、共同建构或演进而构成一张无缝之网。

塞蒂纳的“语境化建构”思想表明，科学知识的建构具有很强的语境偶然性，科学研究具有语境的不确定性。在塞蒂纳对科学的说明中，“科学对象不仅技术性地在实验室中被创造出来，而且符号性地、政治性地被建构。……通过科学家在形成同盟与调动资源的过程中使用的政治策略，或者通过从中建立科学成果的选择与决定转换而被建造。……在达到目标的过程中，研究不仅‘干预’了自然界，而且也深深地‘干预’了社会。……如果说从实验室中所观察的实践是文化性的，即它们不能简化为方法论规则的应用，那么由这些实践而产生出来的‘事实’，也必须被看作是已经由文化所形成的东西。”[2]3

塞蒂纳的实验室研究向我们表明，也许根本不存在普遍有效的科学知识，任何科学知识中至少都掺杂了社会文化的成分，因此也始终带有地方性的特征。

米歇尔·林奇（Michael Lynch）基于常人方法论（ethnomethodology）展开对科学的研究。对于强纲领以来的科学知识社会学的科学的社会建构，林奇始终持一种批评的态度，认为在对待自然科学和社会科学的研究态度上，它们自觉不自觉地采取了不对称的立场，用社会因素取代了自然因素，用社会消解了自然。在其《科学实践与日常活动》（1993）中，林奇基于常人方法论的基本原则，即对局域性实践活动和实践理性的强调，要求对所研究的科学实践，应该用内在于这种实践的语言给予描述，要信任科学实践者自身的观点，而不应该基于社会理论中所考察的实践，寻求一种完全外在于科学的对科学的说明。林奇主张应该按照社会活动的可说明性来说明科学活动的本质和特性。

事实上，在 SSK 内部，明确表述把科学作为实践和文化而不是作为知识和表征这种思想的是皮克林。皮克林在 1981 年的《Constructing Quarks》中，对理论物理学的研究历史展开经验社会学研究并提出了作为实践的科学的思想，之后在其主编的《Science as Practice and Culture》（1993）中对科学知识社会学研究领域的视科学为实践和文化的思想进行了梳理和总结，表明了在 SSK 内部实际上已经发生了审视科学的一种视角的重大转变，即用作为实践和文化的科学取代作为知识和表征的科学。

皮克林认为，科学活动应该被看作是参与到科学实践中的异质性的要素在真实的时间（real time）中瞬时突现（temporally emergent）实现的一种耦合，这种突现式耦合具有一种后人类主义（post humanism）的特征，这里的后人类主义，强调的是既非自然中心，也非人类中心，也非任何其他单一要素永恒不变的中心，科学实践的具体情境是有中心的，但这种中心也是瞬时突现的。

这种“后人类主义”强调的是实践要素的去中心化，强调了科学实践中的物质力量和人类力量、自然维度和社会维度在知识生成中的各自固有的彼此不可替代的作用，人类力量与物质力量相互作用、相互交织，它们各自的轮廓在实践中瞬时突现，在真实的时间中彼此界定、彼此支撑。科学实践中的所有要素的彼此不可替代又相互制约、相互作用、相互影响，刻画了科学实践所具有的客观性、相对性和历史性的本质。

哲学家哈金从科学哲学的视角坚定了这种研究路径的基础。在《表征与干预》（1983）中，哈金强调科学既是做（干预）又是知（表征）的过程。认为“哲学上最终的裁决，不是我们如何去想，而是我们实际做了些什么”[3]，指出理论和实践彼此是科学过程中的一体。科学的表征和干预在多样性、零散性和异质性的空间中展开。相应的，科学活动的这种表征和干预的一体性，使得科学知识的表征性还原成为不可能。基于这样的思想，哈金认为科学的稳定性是以科学活动空间的多样性、零散性和异质性为依托的。科学的稳定性是一种博弈，一种存在于数据、理论、实验、现象、仪器等要素之间的一种博弈。SSK 的微观实验室研究者摒弃了以往科学研究对哲学、认识论研究的过分依赖，并超越了 SSK 早期的宏观研究进路，深入到科学知识的生产场所，考察科学知识的微观生产过程。塞蒂纳对科学知识生产的语境化建构的说明，拉图尔的行动者网络理论对科学实践的网络建立与扩展中的异质性要素相互作用的强调，林奇对科学的常人方法论研究揭示的行动与规则的内在契合，皮克林关于科学的冲撞本体论思想，科学哲学家哈金对实验科学中“表征”与“干预”的相互缠绕的说明，都展现出了这种哲学思考。

二、作为实践和文化的科学

SSK 的微观实验室研究以考察科学实践为出发点，把实践活动置于文化场景中，对科学知识的本质进行了新的探讨，形成了理解科学的新视角，即把科学作为实践和文化来理解。SSK 的作为实践和文化的科学具有如下几方面的特征。

1. 行动中的科学

SSK 的实验室研究更注重对科学的进行状态和过程的考察。拉图尔的《行动中的科学》（Science in Action）（1987），塞蒂纳的《知识的制造》（The Manufacture of Knowledge）（1981），皮克林的《构造夸克》（Constructing Quarks）（1984）以及《实践的冲撞》（The Mangle of Practice）（1995），哈金的《表征与干预》（Representing and Intervening）（1983），劳斯的《从事科学》（Engaging Science）（1996）等，这些代表著作的原文名称就体现出对科学的正在进行的状态的关注，突显出对科学的正在进行状态和过程的哲学思考。强调科学是一种生成着的事物或过程，这个过程不仅包括把技能、社会关系、仪器和设备以及科学事实和理论作为必须和必然的异质性要素，更注重这些异质性要素在真实的时间中的具体的语境中的耦合。

2. 异质性的科学

作为实践的科学，把科学刻画成异质性要素相互作用、耦合的动态生成过程。科学是参与科学活动的所有异质性要素在不可逆的时间中彼此作用与相互塑造的过程和结果，这种彼此作用与相互塑造的含义就是，世界以我们建造世界的方式建造我们。这种世界与我们之间的彼此建造以及在建造中的共生，在全新的视角上审视了科学，审视了科学以及科学与世界的关系。而在作为实践的科学的研究中强调的异质性要素的突现耦合和去人类中心主义的后人类主义，则又在这种新图景中嵌入了刻画科学文化的新的路径——人类文明的赛博化（Cyborgnization）历程，在著名的科学的文化研究著作《赛博宣言》（A Cyborg Manifesto）中，哈拉维（Dorna Haraway）针对作为文化的科学提出一个概念——赛博体（Cyborg）——来界定科学活动的对象，其基本含义是一种社会、自然、机器的多元共生体。从作为实践的科学的研究视角，皮克林则认为赛博体可以用来刻画科学的特征。

赛博体突出强调的是科学实践的操作性过程中客观主义的、相对主义的、历史主义的统一。在这种理解中，科学是巨大的“赛博体”，是物质世界、社会以及科学知识作为持续不断地卷入历史的、物质的、社会的以及概念的相互作用的开放式终结的变体的相互共生的群集。

3. 语境化的科学

实验室研究深入到科学知识的生产场所——实验室——对科学知识的实际生产过程进行实地考察，认为科学活动是充满语境性的。拉图尔认为，科学事实是构造的，但这种构造离不开具体的活动和物质性的生产场所，比如说实验室。他认为，自然和社会在很大程度上是科学活动的结果，而不能用外在的、既定的自然或社会来说明科学知识；语言并非在世界的外部指涉世界，语言就是科学活动的一部分。因此，对科学活动本身的考察应该取代认识论的抽象。这表达了对科学的语境性关注。塞蒂纳认为“科学方法被视为一种当地性定位和当地性扩散的实践形式，而不是一种非当地的普遍范式。科学方法是语境孕育的，而不是无语境的。而且，它正如同社会生活的其他形式一样，也可以被视为植根于社会行动的场景之中”[2]88，科学活动是一种当地的、语境性的活动。科学活动是由资源关系所贯通并且维持的超科学领域。科学具有语境性生成的特性。我们决定一个科学观点的真理性一定无法从把这个观点塑造成真理的具体的社会历史语境中分离出来，因为这个真理性观点所拥有的可理解性和意义，都与各种各样的其他实践相关。

三、作为实践和文化的科学的哲学意蕴

SSK 的实验室研究意味着我们审视科学的一种视角转换，看待科学的一种方式的转换，理解科学的思维框架的转换。即把科学作为实践和文化，而不是把科学作为知识和表征。在最广泛的意义上说，关注科学活动的过程，而不仅仅关注科学活动的结果；关注科学活动要素的相互作用，而不是限于对科学活动要素进行孤立考察；关注科学活动的动态变化，而不是寻找活动背后的某种静态的永恒，就是对科学作为一种实践和文化的考察。

SSK 的实验室研究以研究实践的科学为契机，导引出“科学的文化建构”思想的形成。“科学的文化建构”具有如下几方面的特征。

1. 科学是一种“认识论的联合”

作为实践和文化的科学，把科学视为一种“认识论的联合”。劳斯明确指出：“知识最好不是被理解为一个命题系统或一个认知状态，而是理解为世界中的一个情景。科学是一种认识论的联合（epistemic alignment）。”[4]科学是一种认识论的联合，导源于实践的科学是一种语境中的科学。科学实践总是与特定的语境相对应，是适应特定语境的一种活动模式。科学实践是动态的、开放的，参与实践的要素是多纬度的，具有异质性的特征。这种异质性特征意味着在某个具体的科学研究领域中，科学家的技能和技术、科学活动的仪器和物质系

统、科学活动必需的资源、科学活动与其他社会实践的关联等，都加入了知识产生的过程。在这里，科学不再具有由单一的认识论和方法论规则控制的明晰的认识论意义，不再有认识论意义上的内在与外在、科学知识的内容与其背景之分。拉图尔曾表达过对科学工作的开放性观点，他认为“科学工作自身有效地打破了科学内部因素与外部因素、科学因素与社会因素的区别”[5]。作为实践和文化的科学，视参与科学过程的所有因素都是可能的终结因素，用过程中的异质性要素相互作用代替某一既定的终结者，在这个意义上，科学的实践和文化建构为科学的多元性研究提供了空间。

“认识论的联合”否定科学中存在任何永恒的认识论和方法论规则，认为科学中不存在任何一套确定的规则能够担当解释科学实践的重任；不存在任何关于科学的普遍性的认识论和方法论规则，科学的认识论和方法论规则本身是作为科学活动的异质性要素之一参与科学成果的生成的，其作用就体现在日常的科学实践的过程之中。

作为实践的科学，把科学的社会和文化要素置于进行中的科学的整体冲突之中，任何批判性的洞见都产生于一种认识论情境的联合或者反联合的张力之中。这样，科学的问题的确是认识论的问题，但不是传统的科学内部或外部的问题。科学是人类文化问题的一种认识论的联合。认识论问题在最一般的意义上就是人类与知识的关系问题。认识论的联合是实践、客体、共同体以及各种固化的要素的动态的、异质性的序列，这种序列中的各种要素彼此强化、吸收和扩展，最后构成科学知识的动态的生成。作为实践的科学以及对科学的文化建构把传统科学认识论中人类与知识之间的反映关系，转化为人类与知识相互塑造、彼此生成的关系，在这种彼此生成的关系中，知识具有主体间性的特征。

2. 科学是对现时秩序的把握

关于科学知识的生成，传统科学哲学提供给我们的是一种非突现的、人类主义的分析。在传统科学哲学中，“客观性被视为产生于一种特定的心智卫生术或思维控制”[6]230，它强调理论纷争的终结的最终实现，要诉诸持久作用的理性规则或方法。而作为实践的科学寻求的是在一定的历史语境中生成和显现出来的现时秩序，这种现时秩序是科学实践活动要素在特定时空中的历史性的凝结。

“瞬时突现”的基本含义是：一种在真实时间中发生的纯粹的偶然性，它强调的是发生，纯粹的发生。“后人类主义”的基本含义是：去中心化的异质性要素的耦合作用的生成。它既反对人类中心主义——用社会性力量解释或者消解一切，又反对反人类主义——像科学家和工程师一样，在他们的论域中是没有或者理想化地消除任何人类迹象，是纯粹的物质力量。这种人类主义与反人类主义的争论已经长久地或明或暗地深深浸透在抽象的理论乃至日常的思想活动中。长久以来自然与社会、物质与意识、真理与价值、科学与人文的二元对立，就根植于这种人类主义与反人类主义的对峙中。由“瞬时突现”和“后人类主义”形象刻画的对科学的操作性语言描述，则瓦解了人类主义与反人类主义之间截然分明的界限，开辟了异质性要素耦合作用的历史性生成的空间。在这个空间中，人类的活动者依旧存在，但他们与非人类力量内在地、有机地相互缠绕。“世界以我们建造世界的方式建造我们。”[6]23

3. 科学是一种存在方式

作为实践和文化的科学，呼吁一种全方位、多维度的对科学的审视和参与，在参与中审视，在审视中参与，基于参与过程的异质性要素的作用视角审视科学。科学不是科学家的，同样也不是科学哲学家和科学社会学家的，科学是科学过程的所有参与要素的。

实验室的微观研究告诉我们，科学本身就是一种存在方式，是在实践中，在一个复杂的网络和系统中实现的动态调整，是一种自我完善、自我发展、不断展现自己的过程。科学不是封闭的，而是不断向未来开放。而对科学的解释本身也是具有可塑性的。“任何一个解释图式都必须在其具体的应用中去发现它的意义，而不是相反。”[7]对科学的认识一直“在途中”，在科学自身的发展中。

四、结 语

“科学的文化建构”在学科上强调跨越界限的一种多学科综合，在微观和宏观的关系上强调经验性实证研究与一般知识社会学的结合，在对科学文化的刻画上则努力实现文化的断面描摹与文化在时间上的转换内在结合，一种共时性与历时性的结合。

“科学的文化建构”思想倾向于瓦解明晰的人类主义政治中的任何信念。这种后人类主义的观点强调，我们建造的任何政治纲领都应该置于具体语境之中，它强调特定的文化形成和感召，而不是基于任何非突现的宏大叙事。

“科学的文化建构”体现了一种整体主义认识论。20 世纪 60 年代以前，科学哲学的研究传统是以理论为主导的传统。逻辑经验主义者从静态上揭示科学理论的逻辑结构，历史主义科学哲学从动态上辨明科学理论的合理演变。而爱丁堡学派的科学的社会建构视社会利益与修辞手法为科学理论的决定因素，仍然是一种理论优位的认识论。理论优位的认识论作为一种表征主义的认识论，永远存在着方法论对具体科学的超越以及这种超越导致的“方法论的恐惧”。生成意义的开放式终结的认知联合使得一切问题在实践中产生并在实践中解决。一切都处在“实践的平面上”。劳斯把科学看作是实践领域而不是命题陈述之网，科学首先不是表征和观察世界的方式，而是操作、介入世界的方式。“只有介入世界，我们才能发现世界是什么样。世界不是处

在我们理论和观察彼岸的遥不可及的东西。它就是在我们的实践中所呈现出来的东西，就是当我们作用于它时，它所抵制或接纳我们的东西。……我们不是以主体表现的方式来认识世界，而是作为行动者来把握、领悟我们借以发现自身的可能性。从表征转向操作，从所知转向能知，并不否认科学有助于解释周围世界这一种常识性观点。”[8]

SSK 的微观实验室研究倡导以实践为主导的科学哲学，把注意力集中在探讨科学实际发生的过程和特征。这些哲学家认为科学不应该看成是逻辑系统或命题系统，而应看成是实践的领域，用维特根斯坦的话来说，它是“生活形式”。就是说，科学是人类从事的事业，一种内在的权威和外在的机制形成的活动的网络，从实践背景中获得其自身的意义和认知地位。实践优位的整体主义认识论有可能成为融合两种科学哲学传统的纽带。

参考文献

[1] 皮克林．作为实践和文化的科学［M］．北京：中国人民大学出版社，2006：8．
[2] 塞蒂纳．制造知识：建构主义与科学的语境性［M］．北京：东方出版社，2001．
[3] Hacking I. Representing and Intervening［M］．Cambridge：Cambridge University Press，1983：31．
[4] 劳斯．涉入科学：如何从哲学上理解科学实践［M］．苏州：苏州大学出版社，2010：171．

[5] Latour B. Give Me a Laboratory and I Will Raise the World [M] //Knorr-Cetina K, Mulkay M. Science Observed: Perspectives on the Social Study of Science. New York: Sage, 1983: 141 – 170.
[6] 皮克林．实践的冲撞：时间、力量与科学 [M]. 南京：南京大学出版社，2004.
[7] 郭贵春．科学实在论教程 [M]. 北京：高等教育出版社，2001：27.
[8] 劳斯．知识与权力：走向科学的政治哲学 [M]. 北京：北京大学出版社，2004：23.

（本文原载于《科学技术哲学研究》2011 年第 6 期）

“强纲领”、科学主义及其他

袁海军
（内蒙古大学哲学学院　内蒙古 呼和浩特　010021）

摘　要：知识社会学的“强纲领”引导了科学论中的一场巨变，尽管这场巨变有时被描述为从“作为知识的科学”向“作为实践的科学”的焦点转移，但其核心是知识观的变革。强纲领的“科学主义”立场、强纲领与理性主义科学哲学的争论以及晚期维特根斯坦哲学的社会学含义，构成了理解社会定向的新知识观的主要切入点。

关键词：强纲领；科学主义；理性主义；规则

20世纪70年代以来，由知识社会学的“强纲领”生发出的原动力引领了以科学为对象的人文社会科学中的一场巨变。结果，新兴的跨越学科界限的科学论（science studies）逐步取代了传统的学科身份清晰的科学哲学、科学史以及默顿学派的科学社会学等，成为该领域的主流。这场巨变有时被描述为从“作为知识的科学”向“作为实践的科学”的焦点转移[1]。然而，如果我们把这种转移不单单看作是学术时尚的潮流改变，那么，这一转移的内在机理或者其可能性问题仍有待澄清。对于新科学论的开创者来说，对科学实践的研究在很大程度上可以看作是科学知识论研究的延伸，而不是取而代之。就知识社会学的“强纲领”而言，研究对象是科学实践，而意图却主要是知识论的。“强纲领”通过研究科学实践来处理有关知识论的问题，其所面对的主要难题是：用经验方法研究知识论问题何以可能？对此，我们的讨论将从三个方面展开：“强纲领”的科学主义立场，强纲领与理性主义科学哲学的较量，晚期维特根斯坦哲学的社会学含义。

一、“强纲领”的科学主义立场

在一位国内学者对布鲁尔进行的书面访谈中，双方对“强纲领”与科学主义关系的理解出现了分歧。国内一般认为，强纲领是反科学主义的，而布鲁尔则以诚恳的语气重申了强纲领的科学主义立场[2]。这多少有些令人意外。因为在国内有关科学主义与反科学主义的争论中，“强纲领”及科学知识社会学是作为反科学主义阵营的重要武器登上学术舞台的。在科学主义与反科学主义的对垒中，实际上国内学者与布鲁尔本人对“强纲领”的理解正相反。当然，这并不意味着布鲁尔本人对强纲领的理解天然就是正确的。

问题的关键是：什么是科学主义？逻辑实证主义的科学主义立场有两个方面。一方面，它从自然科学活动中"提纯"出一套科学独具的方法论准则，并视之为人类一切认识活动都必须遵循的典范；另一方面，它借此排斥传统的形而上学，并着手从事一种新哲学，即科学哲学（scientific philosophy）。因此，当人们谈论逻辑实证主义的科学主义立场时，"科学主义"就意味着：在科学（方法论）的指引下，拒绝旧哲学，开创新哲学。国内有关科学主义与反科学主义的争论似乎要简单一些，"科学主义"意味着你总是坚持认为科学是好东西，而"反科学主义"大体等于"批评科学"。这也就是说，我们认为"强纲领"是反科学主义的，因为我们认为它批评了科学。

"强纲领"批评或批判了科学吗？除了"强纲领"的拥护者，人们普遍认为它构成了对科学的批评乃至攻击。这可以从布鲁尔的1990年版的《知识与社会意象》的"后记"中得到印证。而在"科学战"中，这种证据数不胜数，遍布科学哲学、科学史等传统学科，其中尤以科学家的攻击最为激烈乃至粗暴[3]。有学者干脆认为，以"强纲领"为旗帜的科学知识社会学对科学的批评是"科学战"的导火索[4]。结果，在对"强纲领"的立场作出判断时，正如在对《科学革命的结构》（以下简称《结构》）作出或激进或保守的解读时一样，作者成了少数派。

"强纲领"坚持的是一种怎样的科学主义呢？"我们把科学知识的社会学研究视为科学活动本身的一部分，视为用科学语言理解科学的一种尝试。……我们以模仿科学的方式敬重科学：在我们所进行的对科学的研究中，我们竭力仿效科学自身所具有的事实特性、非评价特性。"[5]这句话表明，"强纲领"的"科学主义"与人们在把逻辑实证主义称为"科学主义的"时，具有重要的相似性："科学主义的"意味着所从事的工作与自然科学具有内在的一致性。当然，差异也很明显：逻辑实证主义把科学的特征概括为"可证实性"或"可检验性"等，这些特征属于方法论的层面，主旨是哲学的重建；"强纲领"把科学的特征归结为"事实性"和"非评价性"，这些特征属于科学方法的层面，主旨是知识观的更新，要求用科学的方法研究科学。

用科学所擅长的经验方法研究科学，并非"强纲领"首创。普赖斯开创的科学计量学和默顿学派的科学社会学已经在"强纲领"之前做了大量的工作。"强纲领"的主要特点是它主张用经验方法研究科学知识。自从巴门尼德区分了"知识"与"意见"以来，对知识的研究就一直占据着哲学讨论的核心地带，并且这一讨论也几乎为哲学所专有。唯一显著的例外可能是20世纪30年代兴盛起来的知识社会学。但知识社会学仍然为哲学保留了科学知识这样的特权场点。为此，"强纲领"要求把对科学知识进行社会学研究作为知识社会学立场的一种彻底化，并表明自身是知识社会学的一种"强"版本，自称为"科学知识社会学"。

"强纲领"通过要求对科学知识展开社会学研究，即一种特定形式的经验研究，与哲学传统中的知识理论，特别是现代科学哲学所持有的知识理论形成了一种针锋相对的竞争关系。对于这种竞争关系，人们已经从不同的立场给出了多种多样的说明。例如，布鲁尔在说到这种竞争关系时，曾以"强纲领"所遵循的科学方法的普遍性作为自身的制胜砝码[6]：我想以"规则问题"作为讨论"强纲领"与理性主义科学哲学之间这场较量的切入点。

二、"强纲领"与理性主义科学哲学的较量

科学是一种遵守规则的活动，人们对此并没有分歧。问题在于那是一些什么样的规则？

理性主义科学哲学给出了多种不同的答案：可证实性、可检验性、可证伪性以及精致证伪的程序，等等。这些规则之间尽管存在着或大或小的差别，但有一点是共同的：特定的规则贯穿科学活动的始终，科学哲学由于遵守规则而保持自身的合理，科学哲学由于对科学合理性的信仰及阐明而成为理性主义的。就这些规则本身而言，它们是“合理重建”的结果，而非对科学进行现场观察的结果。这些规则的提出，拉卡托斯称为“事后之明鉴”。就字面意义来看，这些规则是名副其实的“潜规则”：它们暗中支配了全部科学活动，只是经由科学哲学家的劳作才得以揭示出来。

“强纲领”主张，那些支配科学活动的规则是一些社会惯例或者社会制度。这些惯例或制度的成型是社会力量作用的结果，通过揭示那一形成过程的社会本性就可以澄清科学知识的社会属性。这样，规则的揭示过程就是一个用经验方法/社会学方法考察真实的科学活动的过程。在这里，“强纲领”可能遭遇理性主义科学哲学的第一波攻击：通过观察科学获得的材料充其量属于“科学发现的与境”，与“科学辩护的与境”无关，因而错过了科学真正的独特性所在。“强纲领”如何穿越阻断“发现”与“辩护”的科学之墙呢？

对于逻辑实证主义而言，“发现”的领域充满偶然性，拉卡托斯则要求把科学的这一部分交给社会学和心理学去处理，而在科学史中它们只能出现在脚注中[7]165。“辩护”的领域是纯粹的理性殿堂，它遵循永恒的理性原则。“发现”与“辩护”的区隔构建了阻止混乱的社会侵扰圣洁的科学的防火墙。对于“强纲领”而言，无论“发现”还是“辩护”，就其本性而言都是社会的，那堵防火墙无须穿越，因为它根本就不存在。“强纲领”把科学知识、科学活动连同其遵循的规则都说成是社会的，使问题接踵而来。

科学知识具有出众的确定性。理性主义科学哲学的规则可以确保这种确定性，“强纲领”在推倒“发现”与“辩护”之间防火墙的同时，也抛弃了确保科学知识确定性的理性规则。它如何面对科学知识的明显的确定性特征呢？理性主义科学哲学的第二波攻击指向这样的问题：“强纲领”的社会建构论主张如何能够摆脱自相矛盾的认识论相对主义陷阱？“强纲领”的倡导者声称他们自己的立场是“方法论相对主义”。在那篇著名的回应文章中，他们主张：在研究开始时，要求研究者以同样的研究风格不带偏见地看待不同的信念或理论观点，而不考虑这些观点事后被认为是真的还是假的，合理的还是不合理的[8]。这正是在“强纲领”的四个信条中居于核心地位的“对称性”所要求的。

作为“方法论相对主义”的一个后果，“强纲领”对真理、客观性、事实等概念采取了唯名论的态度，即它们不过是特定人群给予他们认可的信念的标签而已。这种唯名论的立场使它遭遇了最为激烈的攻击。在某种程度上，“强纲领”似乎已经成为认识论相对主义的一个变种，而任何彻底的认识论相对主义都难以自圆其说。但是，对真理的概念持唯名论态度，并不意味着张贴“真理”这一标签的随意性。它主张，在合理的、正确的或不合理的、错误的信念之间，并不存在可以用理性规则加以区分的差别，不论这些规则是可证实性、可证伪性还是其他，也不论这些规则适用的对象是单个命题或者理论集团。也就是说，划分合理与不合理、正确与错误信念的依据并不如理性主义科学哲学所宣称的那样是理性规则，不能指望判别依据或标准最终以非历史的通用规则的单数形式出现在某种类型的理性主义科学哲学中。这些依据或标准的确定属于经验探究的领域，或者说需要“具体情况，具体分析”。

“强纲领”把原本由理性规则加以保障的科学知识的确定性特征委托给经验研究去考

察，把一个须经艰辛的哲学思索才可能揭示的规范问题转化成了田野调查的题目。在理性主义科学哲学看来，“社会的”或者“心理的”意味着随意的、不确定的、偶然的，因而“强纲领”给自己提出的任务无异于画出一个“圆的方”。“由社会保障的确定性”就等于“圆的方”。我想，库恩大概正是基于类似的考虑，才断然拒绝了“强纲领”版本的库恩哲学，并指责其为“疯狂的解构”[9]。而人们普遍地指责“强纲领”是唯心主义的、反科学主义的根本原因也大抵在此。下面，让我们从库恩哲学开始，看看晚期维特根斯坦哲学对于“强纲领”的意义，或者说，“由社会保障的确定性”是如何可能的。

三、晚期维特根斯坦哲学的社会学含义

理性主义科学哲学以一种事后追加的方式将规则赋予科学活动，并以这种方式确认自身为“理性”的。作为科学活动目标的真理和科学活动自身的历史构成了这些理性规则的约束条件。受限于上述约束条件，理性规则表现为某种调节规则，它尝试使科学史最大限度地合理化，并避免出现重大的遗漏。在波普尔和拉卡托斯那里，科学史扮演了类似于他们所设想的科学中的“观察”的作用，即它被用来检验不同类型的理性规则的合理性程度。这样做的前提是，理论命题与观察命题可以在某种程度上加以区分或者说存在某种中性的观察语言，观察命题成为对竞争的理论作出裁决的法庭。伴随“中性观察语言”神话的破灭，历史的作用压倒了逻辑或理性规则，他们放弃了寻求使科学史的合理性最大化的调节规则的努力，以及作为由这些规则保障并以终极目标的形式出现的真理概念。

在此进程中，库恩的《结构》对作为事后追加给科学史的“支配规则”这样的观念给予了来自科学哲学内部的最严厉的抨击。伴随着以不可通约性为核心特征的范式的更替，科学的形而上学假设、解题规则及方法论等都发生了无法形式化的变化。一个行为可能由革命前的“理性的”变成了革命后的“非理性的”，或者从革命前的“非理性的”变成了革命后的“理性的”。因为发生变化的恰恰是作为判定理性与非理性标准的“规则”本身。从前库恩科学哲学的角度看，库恩的哲学无疑是非理性主义的，因为他否认存在贯彻科学始终的同一规则：科学史变成了一些片段，这些片段各自大体具备前库恩科学哲学意义上的“理性”特征，但完整画面与理性主义科学哲学的要求已是大异其趣。

库恩完成了科学哲学中的一场革命吗？理性主义科学哲学的同情者会说：是的，因为他断送了理性主义科学哲学的前途，把科学哲学引入了一个非理性主义的时代。“强纲领”的拥护者或许会说：不，他至多只是制造了一场《结构》意义上的危机，面对真正的革命，他退缩了。对于“强纲领”而言，这场革命要解决的核心问题是：如何用经验方法讨论知识论问题，或者社会何以保障科学知识的确定性，或者如何在理性主义科学哲学的意义上画出“圆的方”。对这个核心问题的不同回答划分了科学哲学中的不同阵营，一方是库恩和前库恩科学哲学，另一方则是“强纲领”及其追随者，在这个二分法中，库恩落在了一侧，而《结构》则出现在了另一侧。

《结构》抛弃了作为科学终极目标的真理概念，并以实用主义的态度把科学看作是一种工具，评判作为工具的科学的关键指标是它的解题能力。结果，《结构》以解题能力的提升取代了传统的有关理性规则支配下的科学进步的陈旧说辞。《结构》更具攻击性的一面是把科学在历史上发生的重大变化模式化为范式之间的不连续的演替，而范式在很大程度上只是

科学共同体这一社会学概念的智识对应物。通过强调已有的对科学的理解中被忽略的“历史的作用”（《结构》中第一章的标题）以及科学活动的社会本性，《结构》成功地将科学重置于历史学-社会学的视野之中了。

拉卡托斯曾宣称，科学哲学并不是哲学家书斋里的学问，而是有着强烈的现实意义[7]1。但无可否认，包括拉卡托斯及库恩在内的哲学家们的学问确实出自他们的书斋。“强纲领”则把《结构》看作是向科学的研究者发出的走出书斋的号召：既然科学知识及活动就其本性而言是社会的，那么，对其展开实地的社会学考察或田野调查不是顺理成章的事吗？

关键的问题依然悬而未决。响应这一号召并将其落到实处，需要一个可行的方案、一些可行的方法。考虑到科学的知识论研究中强大的“书斋传统”或理论研究传统，尤其需要知识观念中的某种根本变革使其成为理论上可能的。布鲁尔有时被称为科学知识社会学家和维特根斯坦研究者，但这是一回事：没有维特根斯坦晚期哲学某种形式的支援，“强纲领”就无力回击知识论研究的“书斋传统”对它所提出的质疑并确立自身。在知识论研究从“书斋传统”向经验研究的转变中，“强纲领”的竞争者也认为，维特根斯坦占据了一个关键的位置[10]221。

维特根斯坦有关“遵守规则”的论述激发了大量的哲学讨论。这些讨论分歧很大，但也有共识：维特根斯坦认为，规则本身不足以充分决定何为遵守规则的行为，因为人们总是可以对规则作出不同的解释，从而使非常不同的行为看上去似乎都遵守了同一个规则。布鲁尔则更进一步：在规则与规则支配的行为之间存在一个有待填充的空间，而这个空间恰好是社会性的、属于社会学的研究范围。不仅如此，那些规则本身就是社会惯例或社会制度，而社会惯例或社会制度都是社会学研究的恰当材料[11]274。

来看“强纲领”的追随者柯林斯仿照维特根斯坦的模式构造的一个例子。这个例子比维特根斯坦本人的例子更适合所要说明的问题。设想一个数学老师写下“2，4，6，8”这样的序列，然后要求学生“以同样的方式延续这个序列”。我们都知道正确的做法是接着写下“10，12，14，…”。问题是，我们如何确定这就是正确的答案呢？

首先，“以同样的方式延续这个序列”可能意味着其他的可能性。例如，这个序列可能是“2，4，6，8，2，4，6，8，2，4，6，8”，或者“2，4，6，8，10，2，4，6，8，10，12，2，4，6，8，10，12，14”，或者“8，6，4，2，2，4，6，8，8，6，4，2”，等等。

其次，即便你把指令弄得更加明确，也无济于事。例如，把规则改为“加2，再加2，然后再加2，等等”，结果符合指令的序列可能是“82，822，8222”，或者“28，282，2282，22822”，或者“82”，等等。

这个例子表明，对于同一个规则总是可以给出貌似合理的多种解释，使不同的行为都可以被看作是“遵守规则”的行为。也就是说，规则，即便是明确表述的规则，也不足以保证其自身是唯一正确的执行方式，或者，任何明确表述的规则都不是足够明确的。那么，是什么使看起来有无限可能的对规则的解释得以收敛为对给定规则的唯一正确的理解呢？“强纲领”的答案是社会约定。无论是社会惯例或社会制度，本质上都是社会约定。这些约定是特定人群的共识，正是这种共识保证了人们对特定规则的理解及其实践方式的一致性[12]。

这个案例暗含了我们此前已经提及的知识观念的变革。它体现在晚期维特根斯坦对早期维特根斯坦的关键批判中，也即对语言与世界关系的以“奥古斯丁图画”命名的观点的批判中。语言并非世界的图像，因而语词的意义无法由世界给予充分的说明，“语词的意义在于其用法"。布鲁尔通过系统引申晚期维特根斯坦哲学，把语词意义的确定归结为一个社会过程。对于这一有违维特根斯坦本意的引申，布鲁尔直言不讳，他声称要用真实的自然史和真实的常人学取代维特根斯坦的虚构自然史和想象的常人学[13]。

简单地说，既然真正的知识要借助语言的表达，而语词意义的确定不是一个理论问题，而是一个实践问题[10]249-251或者经验问题[11]277-282，那么，由理论传统或"书斋"传统给出的方式就不再是知识论研究中唯一的甚或合理的选择了。人们依然可以问："强纲领"所提倡的知识论研究的替代性方案是一种更好的选择吗？但已很难否认，它确实提供了一个新的选项。

四、结　语

尽管在知识论研究走向实践的进程中，"如何用经验方法研究知识论问题"只是其重要侧面之一，这里的说明仍显得过于简略。在此，作以下几点补充。

首先，"科学主义"作为一种立场，其价值体现在符合其要求的工作及其成果中。单单"抱持"这样一种立场，并把论证这一立场的合理性作为一项自足的事业，"论证"就可能退化为"表态"，并直接违背"科学主义"的要求。反科学主义亦然。

其次，"强纲领"与理性主义科学哲学之间的竞争在类型上不属于逻辑学上的"矛盾"范畴。"强纲领"具有强烈的还原论色彩，而理性主义科学哲学则有明确的目的论倾向。尽管还原论与目的论通常被看作两种截然对立的理论倾向或模式，但保罗·利科通过对弗洛伊德无意识理论的某种改造，曾尝试确立具有目的论形式的黑格尔的精神辩证法和具有还原论形式的弗洛伊德的无意识理论之间的同一性[14]。这样，至少存在着按照保罗·利科的模式确立具有还原论形式的"强纲领"与具有目的论形式的理性主义科学哲学的同一性的可能。

最后，具有为"强纲领"辩护色彩的这样一个简略的说明不应该被仅仅看作是辩护词。相反，如果现代解释学有关此在的生存论说明及"理解的前结构"的论述的有效性是普遍的，那么，它对自然科学方法的局限性的批判也将适用于追随科学脚步的"强纲领"。我们甚至能够感觉到，在库恩的所谓"解释学转向"之后，自被称为"科学的世纪"的19世纪以来，弥漫于哲学中的来自科学方法论的压力似乎正在发生逆转：哲学被要求科学化的动力已是强弩之末，自然科学及其方法作为不具特权的人类认知方式之一，正在被重新纳入哲学的整体视野之中。

参考文献

[1] 安德鲁·皮克林．作为实践和文化的科学［M］．柯文，伊梅，译．北京：中国人民大学出版社，2006：1-12.

[2] 大卫·布鲁尔，刘华杰．SSK的强纲领与科学主义［M］//江晓原，刘兵．科学的异域．上海：华东师范大学出版社，2008：3-6.

[3] 保罗·R. 格罗斯，诺曼·莱维特．高级迷信：学术左派及其关于科学的争论［M］．孙雍君，张锦志，译．北京：北京大学出版社，2008：49-80.

[4] 舍格斯特尔．超越科学大战：科学与社会关系中迷失了的话语［M］．黄颖，赵玉桥，译．北京：中国人民大学出版社，2006：2.

[5] 巴里·巴恩斯，等．科学知识：一种社会学的分析［M］．邢冬梅，蔡仲，译．南京：南京大学出版

社，2004：1.
[6] 大卫·布鲁尔．科学与社会意象［M］．艾彦，译．北京：东方出版社，2001：16－17.
[7] 伊姆雷·拉卡托斯．科学研究纲领方法论［M］．兰征，译．上海：上海译文出版社，1986.
[8] 巴里·巴恩斯，大卫·布鲁尔．理性主义、相对主义与科学知识社会学［J］．鲁旭东，摘译．哲学译丛，2000（1）：5－15，72.
[9] Thomas S Kuhn. The Trouble with the Historical Philosophy of Science［M］．Cambridge：Department of the History of Science，Harvard University，1992.
[10] 迈克尔·林奇．扩展维特根斯坦：从认识论到科学社会学的关键发展［M］//安德鲁·皮克林．作为实践和文化的科学．柯文，伊梅，译．北京：中国人民大学出版社，2006.
[11] 大卫·布鲁尔．左派维特根斯坦与右派维特根斯坦［M］//安德鲁·皮克林．作为实践和文化的科学．柯文，伊梅，译．北京：中国人民大学出版社，2006.
[12] 哈里·柯林斯．改变秩序：科学实践中的复制与归纳［M］．张帆，成素梅，译．上海：上海科技教育出版社，2007：15－16.
[13] David Bloor. Wittgenstein：A Social Theory of Knowledge［M］．Houndmills，Basingstoke，et al：Macmillan Education LTD，1987：5.
[14] 保罗·利科．解释的冲突［M］．莫伟民，译．北京：商务印书馆，2008：121－148.

（本文原载于《科学与社会》2012年第1期）

国内科学文化研究与欧美后SSK“科学的文化研究”之比较

王荣江
（淮阴师范学院政治与公共管理学院　江苏 淮安　223001）

摘　要：国内的“科学文化研究”是在不改变科学的客观性、真理性和表象论的前提下，把科学作为一种文化现象和文化过程来研究的，可划归为“大众理解科学”的科学传播视域。欧美后SSK的“科学的文化研究”是SSK从科学的社会研究扩展到科学实践的文化研究，是从科学知识的社会建构论转向科学实践的文化建构论，是对科学客观性和表象论的进一步背离和消解，强化和放大了各种异质性文化因素对制造科学的作用；背离了科学家的真实立场和科学的核心问题，成了反科学的帮凶，不会结出真正的果实。二者在研究内容、方法、理念和科学观上是根本不同的，它们都有自己急需解决的问题。

关键词：科学文化研究；后SSK；科学观；文化建构；问题

在《国内科学文化研究二十年（1990—2009）述评》[1]一文中，笔者对国内自1990年以来科学文化研究的进路、发展状况、主要代表人物和观点、存在的问题和可能的发展出路等方面作了梳理；其中也论及了欧美后SSK的“科学的文化研究”（cultural studies of science，CSS）的一些研究状况及其在国内科学文化研究中的表现，并提到国内的科学文化研究与欧美后SSK的CSS的不同，但并没有对其不同作具体的分析和论述。深入的研读发现，二者的差异很大，它们在科学观、研究对象和内容、研究方法等方面都是不同的。

应该说明的是，从本文使用的标题上看，笔者是在把国内的“科学文化研究”与欧美后SSK的CSS明确加以区分的意义上来论述问题的，虽然国内也有学者把他的研究称为“科学的文化研究”的，欧美后SSK的研究也有“科学文化”研究的说法（见下文），并且阐述二者之间的主要区别是本文的主旨。另外，不论是国内的“科学文化研究”还是欧美的CSS，都是在一般意义上的文化研究的大背景下发展起来的；并且它们大都是范围宽泛、内容多样、边界模糊、方法各异、多学科综合的探索性研究，很难给出明确的定义或界定而得到大家普遍的认同。因而本文只能列举有代表性的人物和观点加以阐述。

一、国内的科学文化研究及其特点

在国内，按袁江洋教授的说法：“到目前为止，科学文化研究：仍然是一个充满歧异、难以给出明确定义的交叉研究领域。在此领域内，有着不同背景的学者从不同的角度与立场出发，发展出了多种不同的研究路径，以理解科学以及科学在社会中的地位、作用及运作方式”，以“解说今天的文化——科学文化”[2]。就是说，虽然国内学者因对“科学文化”概念的理解不同，并发展出多种不同的研究路径，在内容、观点、方法上都有所不同，有的借助科学史、科学哲学、科学社会学的成果和资源来研究科学文化，有的借助文化学和文化哲学的成果和资源来研究科学文化，但其主要还是以理解科学以及科学在社会中的地位、作用及运作方式，以解说今天的文化——科学文化，其实质就是将科学作为一种文化现象和文化过程来加以研究。

就国内科学文化研究的权威专家之一李醒民先生而言，他从科学文化作为人类文化的各种亚文化之一来讨论科学文化的特性，认为科学文化的主体是认知文化和理性文化，与作为信仰文化的宗教、与作为感性文化的艺术有较大的差异，是对世界的认知探索和对真理的理性揭示，是具有强烈的理性的和实证的文化[3]。他的科学文化研究主要涉及作为文化的科学，包括科学功能、科学语言、科学价值、科学与人文、科学与伦理、科学与宗教、科学的异化和危机、科学的限度、科学的智慧、科学主义和反科学主义等内容。

吴海江教授在其《文化视野中的科学》[4]一书中，把他的科学文化研究也称为“科学的文化研究”（见该书后记），但他把科学理解为“一种社会文化过程”，从文化的视野来理解科学活动的本质、价值和精神，并考察科学与社会文化的互动关系的。就书的内容而言，他主要是在一般社会文化情景中来论述科学的本质、科学共同体及其社会文化特征、科学的价值、科学主义与人文主义及其关系、科学文化和人文文化、科学与人的全面发展的关系等问题。因而，他的科学文化研究也是在一般文化的意义上、在社会文化中来理解科学的价值、作用和意义的。

孟建伟教授认为，“科学文化应包括科学的价值观、制度、行为和成果（理论的、技术的和物化的东西）这四个层面，其中科学的精神、理念、理想和价值观是科学文化之‘魂’，属于科学文化的形而上层面，而技术的、实证的、数学的或逻辑的东西是科学文化之‘体’，属于科学文化的形而下层面。科学的制度、行为和成果都渗透着科学的精神、理念、理想和价值观，科学文化是形而下和形而上两个层面的有机统一”[5]。他主张在“科学文化哲学”这一学科方向来从事科学文化研究，但其具体的研究内容和成果也没有超出“理解科学以及科学在社会中的地位、作用及运作方式”的范围。

总体来讲，国内的“科学文化研究”虽然范围宽泛，内容没有明确的界定，但主要是把科学作为一种文化形态、文化现象和文化力量来看待，分别从器物、制度、观念等层面加以研究，是从科学形态的外部表象来认识科学和理解科学的文化意蕴。

更一般地讲，我们还可以在大众理解科学的传播学的意义上来理解国内科学文化研究中的文化的意义。

作为“科学文化人”领军人物的江晓原和刘兵等人，主张对科学文化作宽泛和多元的理解和研究，认为没必要急于给“科学文化”下一个明确的定义。江晓原认为，科学史、科学哲学、科学社会学，构成一个相关的学科群，而科学文化与这几个学科都有交集，包括科学传播——“大众需要了解科学技术及其与社会文化之间的互动关系——科学技术是如何受社会的影响、科学技术又能够对社会产生怎样的作用”[6]。刘兵主张“把各种相关学科或领域中有关科学的人文研究都包括在内。例如，科学史、科学、科学社会学、科学论理学、科学元勘（Science Studies）、科学人类学、公众理解科学（科学传播）、科学与艺术等。”[7]他们立足于从科学史、科学传播等多视角、多纬度从事科学文化的研究和评论。吴国盛认为，“科学文化”这个术语可以指称科学史、科学哲学、科学社会学、科技政策与科研管理以及“科学与 X”等领域的学术研究，也可以指称这些领域的大众写作，他的“大众写作”就是指科学传播[8]。

如果用一句话来概括国内的科学文化研究状况的话，那就是：国内的科学文化研究大体上可归于科学传播的视域之内。正如吴国盛教授所言，“科学文化”目前的实践内容，不是科学史、科学哲学和科学的社会学领域里的纯学术工作，而是通过媒体从事大众与科学之间的沟通工作，把传播的理念引入对科学的理解之中，用“多元、平等、开放、互动”的传播观念来理解科学、对待科学；让科学真实的、人性化的形象展现给公众[8]。虽然这话是 2003 年说的，并且像李醒民先生一样的一些学者多年来也做了大量的纯学术工作，但到目前为止，这一状况并没有实质性的改变。

从理论渊源看，国内的科学文化研究，除了一般文化研究的社会背景外，主要是对贝尔纳的科学功能论、萨顿的新科学人文主义、斯诺的两种文化、默顿的科学社会学等研究视域下的推进和扩展，在科学观上坚持科学是客观真理的表象论的观点，是对科学的精神价值、文化价值和社会价值的挖掘和阐释。因而，从一定意义上说，国内科学文化研究可被看作对科学的人文理解，更多地属于科学传播的内容。

总的看来，虽然国内的科学文化研究也是多学科的，甚至是跨学科的综合研究，但从学理上说，它没有统一的理论旨趣和真正要解决的理论问题，就是一般意义上的理解科学及其外在形象，是科学的大众写作即科学传播学意义上的科学认识、科学意义的阐发和理解。我们看到，国内的科学文化研究的著作要么叫《科学的文化意蕴——科学文化讲座》，要么叫《文化视野中的科学》或者《论科学的人文价值》等，很能说明问题。郝刘祥的论文《科学文化的逻辑内涵、历史演变与社会扩张》[9]也很能说明国内科学文化研究的特点：从科学研究的价值理念及其制度化表达来定义科学文化，进而梳理了科学文化的历史渊源，包括古希腊所确立的科学价值观和 17 世纪英国所实现的科学制度化，并讨论了科学文化在政治、经济和教育等领域的扩张所引发的生活变革，以此说明科学文化构成了现代文明的基石。

因此，国内的科学文化研究最为突出的特点，是在科学观上持有一种明确的观点，认为科学是真理性的知识体系，是客观的知识。虽然他们也承认科学家在科学研究中的智慧创造作用，也认为科学是一种社会建制，也承认各种社会因素包括利益对科学研究的作用，但所有这些因素的作用都不能决定和改变科学的客观性和真理性。也就是说，国内的科学文化研究是在一种确定的、视科学为客观真理的情形下来讨论科学文化或科学的文化方面。

二、欧美后 SSK 的“科学的文化研究”及其特点

我们知道，自库恩《科学革命的结构》一书之后，欧美科学论（science studies）领域的研究开始转向相对主义的认识论立场，对传统的科学哲学和科学社会学观念构成了挑战，这些研究者为了把自己的研究区别于默顿学派和曼海姆的知识社会学，称自己的研究为“科学知识社会学”（SSK）。20 世纪 70 年代是 SSK 的酝酿时期，爱丁堡学派的倡导者巴恩斯和布鲁尔提出“强纲领”，要求用社会和文化的因素来解释科学知识形成的动因，他们

"把科学的人类和社会的维度置于首要位置"，"使科学中的人类力量主题化"，认为"科学知识的产生、评价和使用，受制于人类的约束和利益"[10]9，并且声称"科学是一种解释性的事业，在科学研究中，自然界的性质是社会地建构起来的"[11]，从而凸现了"科学知识制造的偶然性、非正式性和情境性"[12]。20世纪80年代是"强纲领"的快速发展时期，这时SSK内部的分歧也开始凸现，出现了新的研究方向，皮克林在《作为实践和文化的科学》一书中把它归结为后SSK研究，其最突出的特点是转向科学实践的文化研究。

在《作为实践和文化的科学》一书中，皮克林将哈金（Ian Hacking）的《实验室科学的自我辩护》、大卫·古丁（David Gooding）的《让力量回归实验》、卡琳·诺尔－塞蒂娜（Karin D. Knorr-Cetina）的《睡椅、大教堂与实验室：论科学中的实验与实验室》、他自己和亚当·斯蒂芬利泽（Adam Stephanides）的《建构四元数：概念实验的分析》、琼·藤村（Joan Fu-jimur）的《编织科学：标准化整合、边界对象与"转换"》等文章，作为后SSK研究的典型案例，并对其共同特点进行了总结。哈金的文章通过给出刻画实验室科学的各不相同的并且是可识别的文化要素的分类①，认为科学家活动在多样性、零散性、异质性的空间中，科学文化由各种各样的片段和点滴构成，物质的、概念的以及社会的，彼此之间不存在任何必需的统一关系。皮克林认为，哈金的目的是"考察文化的多元性，开启了思考科学实践的新空间"，其科学实践图景是"实验室科学中的仪器、事实、现象、解释的产生，是把他所列出的不同的文化要素集结在一起的一个相当艰难、不确定并具有创造性的工作"[13]8。他还认为，哈金把实践视为文化要素之间的相互调节的观点直接导致了这样的见解："稳定的科学是一个巧妙设计了的仪器程序、解释程序、自然现象以及理论认识的'自我辩护'组合"；科学中"不存在从理论到观察的因果箭头"[13]8-9。

在《让力量回归实验》一文中，古丁重构了吉尔柯姆·莫柏哥（Giacomo Morpurgo）寻找夸克实验的轨迹和迈克尔·法拉第关于发电机原型发展过程的研究。皮克林认为，尽管古丁的例证分析旨在强调仪器、事实、现象和理论之外的东西，强调实验者的内在技能是进入相互调节、实现稳定的另一个重要因素，但他的这些实践过程的结果都是哈金所描述过的文化要素的"相互作用式稳定"[13]9。

塞蒂娜把整个实验室而不是单个的实验作为考察单位来进行人种学分析，认为当我们转向实验室研究后，我们会发现存在着一个丰富而具有魅力的实验室文化——不同于日常文化的被人为改变和提升的文化，强调"所有的行动者及其关系的制造、物质世界的事实、现象和仪器在制造过程的相互调节过程"[13]10-11。

在《建构四元数》一文中，作者通过关注概念实践的本质，试图表明，在概念实践中，没有什么特别不同于其他实践的东西，实践就包含在异质性文化的联系中，科学实践是相互交织的主动选择（自由运动）和对力量的屈服（受迫运动）的筑模过程；贯穿于这种筑模过程中的各种结合，是一个复杂的构成，在概念实践中阻抗的出现具有物质实践以及社会技术实践中阻抗出现的相同普遍性。

藤村的文章也对异质性以及科学实践和科学文化中形成的各种要素的结合进行了分析。在她那里，异质性的理论、仪器、技能等，内在地居于专业性的科学文化中，她关注广泛

① 哈金把实验室科学的文化要素分别归属于3个标题即"观念""事物""标记"的15个要素，并指出即便把注意力限制在科学的技术文化范围内，其所列要素也并不完全。

的、多样性的“社会领域”，每个“社会领域”都有自己的问题、方法和仪器手段，多个“社会领域”结合在一起就形成了“癌症研究的分子生物学浪潮”——一幅多样性文化要素之间相互作用的稳定图景[13]11-12。

于是，按照皮克林的说法，在后SSK的研究中，出现了科学的新图景：彼此不同的社会的、体制性的、概念的、物质的等科学的文化因素，在相互之间的辩证关系中演化[13]13。其中，不同的要素在相互作用中实现稳定并且相互产生，在这个过程中没有任何一个要素或要素的集合具有必然的优先地位。皮克林总结说，这种后SSK研究，实际上可以“促使我们删除SSK中的K和第一个S，因为，新的科学图景中的主体是实践而不是知识，因为在我看来，在理解科学实践和科学文化中无须指定社会性因素具有致因优势或声称利益肯定是明显的”[13]13。这说明，后SSK的研究，一方面不再关注作为科学研究结果的知识，而把注意力指向科学实践本身，关注科学知识是如何在科学实践中受各种文化因素的影响和作用而被建构和制造出来的；另一方面，也不像SSK那样突现社会因素对科学知识建构的单方面的作用，而是强调科学实践中各种异质性的不同因素（人的、社会的、物质的，等等）对制造科学（making science）的意义和作用。

从皮克林的论述中，我们可以清楚地认识到后SSK和SSK研究的联系和区别：研究从关注社会因素扩展到关注更广泛的各种异质性的文化因素，但建构论的观点没有改变，只是从原来的社会建构论扩展到现在的文化建构论，并且进一步凸现了SSK所强调的“科学知识制造的偶然性、非正式性和情境性”。正如皮克林所言，SSK关注的不是直接可见的社会因素，而是试图挖掘隐藏的社会结构；而后SSK暗示所感兴趣的是在实验室之中与实验室之外的所有可见文化因素的相互作用；在可见的领域中，人们能够发现社会与文化因素、关系与相互作用的惊人的多样性，使社会秩序与布局中的一种积极的活动成为可能，为真正的社会学研究打开了一个空间，其中，不稳定的社会因素，在与其他层次的科学与技术文化因素——物质的、概念的或其他任何因素——的相互作用的过程中，它不断地变化、进化与生成着[13]。这些后SSK就是“科学的文化研究”，即CSS。

事实上，欧美后SSK的CSS是科学知识社会学（SSK）研究的推进和扩展，是面向科学家的科学实践，强调其中各种不同的异质性因素无法分割的联系及其在科学建构中的作用，其中的“文化”主要是指科学家在科学实践中涉及的各种异质性的不同要素及其关系，它和我们一般说的文化概念是不一样的。

后SSK的研究者之所以要把他们的研究称为“科学的文化研究”，主要是想用宽泛的文化概念涵盖科学家在科学实践中所涉及的要素的多样性、可扩展性、复杂的相互作用关系及其他们对创制科学的作用，从而摆脱SSK单纯突现社会利益在创制科学中的作用的狭隘做法。对此，作为后SSK研究的主要代表人之一的皮克林在《实践的冲撞》一书中作了专门的说明：“我对文化作了大致的但是广义的界定，我认为科学中的文化是‘制造事物’（doing things），其中包含着技艺、社会关系、机器和仪器，以及科学事实和理论，现在我还可以加上等等、等等其他因素。”[10]218

从理论来源上看，CSS是科学知识社会学的社会建构论之后转向科学实践研究的文化建构论，或者说是从科学的社会研究走向科学实践的文化研究。具体地说，就是直接面向科学家的科学实践中的诸多方面和因素进行综合研究，以重塑科学及其发展的形象。因而这是科学观层面的元科学研究。

从研究的问题来看，CSS 还属于传统科学哲学的问题视域，只是它的研究内容、范围、视角、维度、方法扩展了。这种研究只能说是 SSK 研究内容的拓展，而不是研究主题的深入和深化（或者可以说是研究主题的文化因素的泛化），因为它关注各种异质性的文化因素对创制科学的作用，从而进一步凸现了科学制造的偶然性、非正式性和情境性；并且正是由于这些研究的拓展，使它背离了 SSK 原有的、为科学知识的合理性作辩护的研究主题，从而进一步模糊了科学不同于其他文化的特质，走向了科学的对立面，成了反科学的帮凶。

在《作为实践和文化的科学》之后，皮克林集中关注科学实践中各种异质性要素在时间中是如何制造科学的，这在他的《实践的冲撞》一书中得到了集中体现。

在《实践的冲撞》一书中，皮克林一改强纲领 SSK 实证研究和社会研究把人的力量和社会力量置于首要位置的做法，认为科学是操作性的，在其中，人类力量与物质力量的各种操作居于显著位置，强调在科学研究中仪器、设备、实验组织体系的作用：科学家是借助于机器奋力捕获的物质力量领域的行动者，科学家的科学实践不仅整合了各种力量空间使人类力量与非人类力量在同一时间中共现，而且以各种不同的方式坚持人类力量相互交织与相互界定，是通过在多元的文化要素之间建立或破坏某种联系而被组织起来的。就是说，科学家的科学实践的发展线索并不是事先就存在于他的实践前的任何事件中，而是根据在其真实时间的实践中突现出来的适应与阻抗的冲撞中来确定的。在其中，人类力量和社会力量并不具有首要性，而是随着科学实践中物质与概念因素在时间中不断发展的，在瞬时的突现中物质与概念力量共同发展。

另一位"科学的文化研究"的主要代表是约瑟夫·劳斯（Joseph Rouse）。他在《涉入科学——如何从哲学上理解科学实践》一书中，详细地论述了他是如何看待科学实践、科学的文化研究，以及科学实践对理解科学的意义的：科学认知的叙事重建。

在《涉入科学》中，劳斯把他的论述分为两部分，第一部分是对传统科学哲学和社会建构主义（SSK）所遵循的共同的科学观念进行了梳理，认为这些学者对科学的理解一直受到现代性叙事的影响，在这一叙事中，科学总是扮演着突出的角色，并以适合于其故事讲述的方式而被理解，科学哲学主要关注科学的合理性、进步及"实在"的发现或构造等这些科学知识的表象特征，从而导致自身研究纲领的失败。在该书的第二部分，劳斯寻求通过把科学理解为实践来发展一种新的理解科学的方式，从而试图推动科学哲学研究的拓展和进步。

劳斯认为，科学应该被首先理解为一种实践，并且科学实践应该被理解为情景化的，属于竞争的叙事领域。他说："把科学实践理解为叙事重构，可以表明，科学工作如何变得连贯和重要，而无须依靠成问题的科学共同体、共识或背景内容。科学家们共有的不是一个信念的背景，而是一个他们可以属于其中而在理解上有分歧的情景"；"叙事重构对科学实践的说明指向科学理解和交流的动态特点"[14]25。

按劳斯自己的说法，他是在"很广泛的意义是使用""科学的文化研究"这个术语的，它包括了"对科学实践的种种探索"；"在科学实践中，科学理解在一个具体的文化语境中得到阐发和维持，并被翻译和扩展到新的语境中"。其中的"文化"是他有意选择的词语，"原因是它的异质性（它既可以包括'物质文化'，也可以包括社会实践，语言传统，或身份、共同体和团体的构造），以及它可以暗示意义的结构和范围"[14]219。在劳斯的异质性的文化视野中，科学实践的差异性、多样性、物质性、开放性得到了强调；科学被理解为一种具有情景中的科学家与工具、环境之间的有意义的互动，一切都产生于科学实践的不断进行中。正如《涉入科学》一书的中文版翻译者戴建平博士所评论的：“劳斯的实践观不是认识论的，不是表象主义的，也不是以主体为中心的。行动者并不将有意义的模式放置于世界，一个认识者并不拥有知识。毋宁说，有意义的模式从与世界的互动中产生出来。”[15]

事实上，CSS 要求学者们不再去研究抽象的知识内容或表象，而是直接面对活生生的科学实践，从而改变科学哲学与科学发生联系的方式。劳斯用“涉入科学”（engaging science）来描述这一新的联系方式。劳斯用“涉入”一词蕴含着两个重要主题：一是交涉某人或某物要求进行实际的亲密接触，而不是通过哲学或其他什么理论的透镜来理解科学；二是交涉的结果并不由其中任何一方决定，而是产生于他们之间的互动。我们既不能为科学强加一个哲学解释，也不能无批判地接受科学家们谈论自己成就的方式。CSS 就是将自身置身于科学实践的具体情境中，并形成和科学之间的互动，而不再是被动地解释科学的理论或知识。

劳斯关注和研究的直接对象是科学实践，更进一步的是关注科学实践中文化的异质性、开放性、情境性和互动性，试图通过各种文化因素在情境中的互动，重建不同于传统科学哲学和社会建构论的理解科学的叙事方式，从而避免传统科学哲学从内在论方面和社会建构论从外在的社会因素方面为科学知识作辩护的努力，并通过涉入科学及其文化的多样性中来理解科学的复杂性和丰富性，全景式地认识和理解科学。这些都是后 SSK 研究的共同特点。

应该说，欧美后 SSK 的 CSS 还是科学观方面的元研究，是在没有确定的科学观指导下的对科学形象或科学观的刻画，或者说是对科学形象或科学观在各种异质性要素作用下的建构式刻画——文化建构论的刻画。它是科学知识社会学的社会建构论之后的文化建构论，其主题甚至主要的研究方法并无根本的改变；它是继传统科学哲学强调科学内在因素的作用、社会建构论强调外在的社会因素及利益的作用后，试图强调各种异质性文化因素共同作用来勾画和描述科学的形象——一种各种异质性文化要素共同作用下的赛博科学（cyborg science）和科学观。

当然，CSS 也考察科学文化的活动与现象，但是这种考察属于“后库恩时代”的科学论，是“后殖民”思潮的一个有机的组成部分，就像默顿的科学社会学也研究科学文化一样，但在观念上与后 SSK 的“文化研究”格格不入。正如盛晓明教授所说的，CSS 的“实质是把科学作为实践，而不是作为表象（或理论）来研究”[16]。如在劳斯看来，科学知识的文化建构不像社会建构论所强调的那样，把一切知识都还原并归结为诸多社会因素，也不像拉图尔所描述的那样，要对等地看待自然的和社会的因素；CSS 是对科学实践过程的建构描述，即科学叙事。“叙事”是一条通往可能性的道路，把科学实践及其产物的知识引向它们赖以进行和理解的情境之中，并且叙事并非是已经完成的行为，而是“在途中”（on going）。因此，从科学的社会研究走向科学的文化研究，其实质是科学观念的变迁，即以实践的、情境中、不断发展变化的科学观代替表象的、确定不变的科学观。

三、问题与出路

从一定意义上说，我们可以把后 SSK 的研究归结为：从传统科学哲学的内在论到 SSK 的外在论再到关注科学实践的内在论和外在论相结合的合题的综合研究，正如史蒂夫·弗勒对劳斯所评价的：劳斯的这一方案可以被视为“近来与科学论相关的所有科学哲学进路的一个综合”[17]。它的积极方面在于，CSS是SSK研究的推进和扩展，看到了各种异质性文化因素对制造科学的意义和作用，也扩展和丰富了我们对科学的认识和理解，甚至为科学哲学的进一步发展拓展了空间（这是后SSK研究的主要动因，也是他们极力宣扬和倡导的）。但是，由于它强化和放大了科学实践中各种文化因素对制造科学的作用而远离了科学研究的核心问题，因而它也是对传统科学哲学问题的背离甚至是背叛，让科学失去了它不同于其他文化的独特的特质，这也让它失去了应有的积极意义：一方面，无法避免文化多元的相对主义困境；另一方面，在无意识中，成了反科学和伪科学的帮凶，站到了科学家的对立面。正如亨利·鲍尔在《当前科学和技术的社会与文化研究中的反科学》一文中所说的，对科学的社会与文化研究，助长了反科学的情绪，导致了对科学的不理解，以及虚伪的、与科学实践相对立的空谈[18]49-55。并且他认为，对科学的社会与文化研究如果要能长期繁荣，只有当①持续保持从20世纪50年代以来的学术繁荣或者②它向公众，包括技术团体证明其有用性。而事实上，对科学的社会与文化研究的状况显然不是像第①点所表述的那样；而作为一个激进的派别的对科学的社会与文化研究，由于热衷于忽略、贬低或者摧毁公众对科学已经建立的一个世界如何运行以及它因此而享有的崇高威望的信仰，因此②也是不可能实现的[18]61。正是后SSK所倡导的与自身做法的无法克服的矛盾，让自身处于无法摆脱的困难境地而毫无出路可言。

我们也可借助于西方哲学发展和科学哲学发展的历史来看后SSK今后发展的出路。回顾科学哲学发展的历史，从逻辑经验主义的逻辑理性建构的内在论，发展到历史主义的社会利益建构的外在论，再到多元文化建构的外在论，很像西方近代哲学从对科学知识的确证论辩护走向休谟的普遍怀疑论走过的道路，也像从古希腊一元决定论的哲学发展到希腊化时期的多元、相对主义哲学一样，这是西方哲学思维方式的必然。我想，科学哲学的今后发展，也会像西方哲学的发展那样，要么出现康德式的人物，要么转向类似于基督教哲学的东西。笔者更倾向于后者，因为哲学思想只能在时代的文化和思想情势的转向中获得新生。我们看到，无论CSS如何深化和拓展，无非是再增加新的异质性的各种文化因素，再把科学的形象描述得更加复杂和丰富，它并不能给科学研究本身带来什么，也不能让人们更清晰地认识和理解科学，如果任其发展，很可能成为像中世纪的经院哲学一样的东西。

从西方哲学思想发展的历史看，哲学思想的进一步发展，不是深化和综合就是转向。深化和综合，说明问题在学理上还有拓展和深化的空间，并有非凡人物的出现；转向是理论走向极端，没有回旋的余地，只能从其他方面和视角寻求出路，但它需要借助社会情势的变化和发展，在新的社会文化背景中寻求新的思想源泉。亚里士多德、康德的哲学思想是前者的表现形式，希腊化时期的怀疑主义和相对主义、休谟的怀疑主义和相对主义是后者的表现形式。也许对科学的文化研究才刚刚开始，但它已经表现出其短命的迹象，并且是不结果实的。博赛的文化建构及其相对主义的倾向，必然导致其理论的无建树性和平庸化。虽然他们面向科学家的科学实践，但他们的研究却让科学迷失于一般文化的视野中而无法辨认。

有关国内科学文化研究存在的问题和可能的出路，笔者已经在《国内科学文化研究二十年（1990—2009）述评》一文中加以分析和说明。这里就CSS的积极方面，谈谈国内科学文化研究应关注和研究的问题。我们应该看到，科学研究是作为现实社会中具体的人的科学家的智慧劳作，甚至研究的制度、规范、方法等都是人为的。既然科学研究都是处于现实社会关系中的人的作为，那么，作为个体和社会的人，他的个人追求、物质利益，社会关系等都会在他的科学研究中起作用。我们只有通过一定的方式认识这些方面和作用并试图合理地规范这些方面，以利于科学研究的发展和进步，才是我们的目的所在。从这方面讲，社会建构论和文化建构论都是有其贡献的。CSS 让我们更全面地认识和理解科学及其各种文化因素对科学的作用，这方面的研究是非常必要的。但它不能偏离科学研究的主题和核心，不能随意夸大各种异质性文化因素的首要地位和核心作用，否则就走得太远了，也很离谱。

就这方面讲，国内的科学文化研究是有欠缺的，即科学文化研究与具体的科学家的科学实践及其过程相脱离。这种状况掩盖了科学实践中各种文化因素对科学研究可能带来的影响和作用。虽然国内的科学文化研究者大都反对 CSS 所主张的各种文化因素对制造科学的作用，但实际上，国内的科学研究确实被科学研究之外的各种政治、经济、社会、个人利益等因素所左右甚至被支配，从而也扭曲了科学研究本来所具有的制度性和规范性，使得科学研究在一种不规范、不合理、不正常的轨道上发展。我们应该看到，虽然各种外在于科学研究的文化因素，在科学研究中不起主要和主导作用，但这些因素的影响和作用是存在的，如果处理不好，这些因素的作用就能凸显出来，甚至左右科学研究的成果、质量和进程，使科学研究在不正常的轨道运作和发展。

在国内，虽然有一些科学家也涉猎了科学文化研究领域，大多数的研究科学文化的学者也讨论了科学家的科学实践活动（如研究作为社会建制的科学、科学共同体的行动规范等），但他们的研究还是外在地描述科学活动的整体形象，坚持科学的客观真理性和表象论的图景，并不涉入科学家的科学实践的内部，更不专注于科学实践内部各种异质性的文化因素对制造科学的建构作用。也可以说，国内的科学文化研究是书斋里的坐而论道，他们很少“涉入”科学家的实际研究活动来研究具体的科学实践和历程，是与科学家具体的科学实践活动相脱离的。或者说，国内的科学文化研究，还是在规范的、“理应的”层面上来理解科学文化，而没有实际地涉入科学，没有真实地描绘科学实践的丰富性、复杂性和不确定性。

说得严重一点，在国内，除了那些研究和了解科学哲学及其当代发展思潮的人以外，在民众甚至大多数的科技工作者的眼中，科学还是刻板、单一的理性真理的科学主义的形象，甚至很多掌握科学研究资源和权能的科技知识分子，用这种科学主义的形象，以国家利益和科学真理为幌子来获得个人的名利。社会建构论和文化建构论者虽然只是片面地看到社会因素、文化因素在科学知识形成中的决定作用，科学的客观真理性形象在强调社会利益和文化因素起决定作用的声势中被消解而隐退。但是，社会建构论和文化建构论的观点在现在的中国似乎变成了现实：在科研项目、科研奖励、科研活动及其成果、行政权力、利益关系、期刊平台、评价机制等这些方面，社会和文化的因素所起的作用不能说小。

如果说后 SSK 的研究过分放大和夸大了各种异质性文化因素（人的、社会的、物的，等等）对制造科学的作用而走得太远的话，那么我们也应该看到，各种异质性的文化因素确实在科学知识的建立中起到或多或少的作用。如果科学家团体、科学建制不能按科学研究和运作的合理机制来处理这些因素，让这些因素超越了科学家对自然对象客观、理性和确证性的研究，那么，后 SSK 所描述的科学实践演化的图景真的会变成现实。在国内的科学研究中，后 SSK 所描述的景象，在不同的层面、领域和不同的程度上是存在的。所以，如果说后 SSK 研究走得太远的话，那么它也可作为反面的形象提醒我们，科学是在社会的各种异质性的文化情境中产生和发展的；如果不对科学家团体和科学研究进行必要的规范、限制和调节，那么科学既可以成为政治统治和控制的工具，也可以成为谋取个人利益的手段。

因此，国内的科学文化研究完全应该吸收和借鉴欧美 CSS 的积极方面和因素，为我所用，为我国科学正常而快速的发展提供理论支撑。

参考文献

[1] 王荣江．国内科学文化研究二十年（1990—2009）述评［J］．自然辩证法通讯，2011（1）：83－90，126－127，130.
[2] 袁江洋．科学文化研究刍议［J］．中国科技史杂志，2007（4）：480－490.
[3] 李醒民．科学的文化意蕴［M］．北京：高等教育出版社，2007：33－35.
[4] 吴海江．文化视野中的科学［M］．上海：复旦大学出版社，2008.
[5] 孟建伟．论科学文化［J］．新华文摘，2009（13）：139－141.
[6] 江晓原．科学文化：时代的呼唤［J］．上海交通大学学报：哲学社会科学版，2003（5）：31.
[7] 刘兵．科学文化研究与科学的形象［J］．太原科技，2008（1）.
[8] 吴国盛．科学传播与科学文化再思考［N］．中华读书报，2003－10－29.
[9] 郝刘祥．科学文化的逻辑内涵、历史演变与社会扩张［J］．科学文化评论，2010（5）：64－82.
[10] Andrew Pikering. The Mangle of Practice：Time，Agency，and Science［M］．Chicago：The University of Chicago Press，1995.
[11] Micheal Mulkay. Science and the Sociology of Knowledge［M］．London：George Allen and Unwin，1979：95.
[12] Steven Shapin. Here and Everywhere：Sociology of Scientific Knowledge［J］．Annual Review of Sociology，1995（21）：289－321.
[13] 安德鲁·皮克林．作为实践和文化的科学［M］．柯文，伊梅，译．北京：中国人民大学出版社，2006.
[14] 约瑟夫·劳斯．涉入科学：如何从哲学上理解科学实践［M］．戴建平，译．苏州：苏州大学出版社，2010.
[15] 戴建平．约瑟夫·劳斯的科学实践哲学方案［J］．安徽大学学报：哲学社会科学版，2009（6）：10－13.
[16] 盛晓明．从科学的社会研究到科学的文化研究［J］．自然辩证法研究，2003（2）：14－18.
[17] Fuller S. Book Review：Engaging Science：How to Under-stand its Practices Philosophically［J］．Science，Technology & Human Values，1998，232（1）：129－131.
[18] 奥利卡·舍格斯特尔．超越科学大战：科学与社会关系中迷失了的话语［M］．北京：中国人民大学出版社，2006.

（本文原载于《自然辩证法研究》2011 年第 11 期）

大卫·布鲁尔SSK思想演化历程

张改珍
（清华大学社会科学学院　北京　10084）

摘　要： 分析了大卫·布鲁尔SSK思想演化历程及主要内容：重新定义科学知识；提出作为研究方法的强纲领，用其分析科学案例并得出“利益”在科学知识产生过程中具有决定性作用；提出社会学有限主义理论，认为科学知识从其基本单位科学语词始，本体地由社会因素所决定。在全面阅读布鲁尔作品及以其为研究对象的文章的基础上，通过详尽的例子分析，完整、客观地呈现对布鲁尔思想的思考和理解，为进一步深入研究其思想奠定了基础。

关键词： 大卫·布鲁尔SSK思想；重新定义科学知识；强纲领；社会学有限主义

大卫·布鲁尔（David Bloor）生于1942年，英国人。于1964年获得数学和哲学学位，1966年在剑桥大学三一学院完成实验心理学方面的研究。1967年任新成立的爱丁堡大学科学研究部讲师。是20世纪70年代中叶后崛起的爱丁堡“科学知识社会学”（以下简称SSK）学派最主要的理论家之一。其主要著作有《知识和社会意象》（1976）、《维特根斯坦：一种关于知识的社会学理论》（1983）、《维特根斯坦：规则和制度》（1997）、《科学知识：一种社会学的分析》（1996）（与巴里·巴恩斯和约翰·亨利合著）。

大卫·布鲁尔不满足于传统的知识社会学和科学社会学理论。以卡尔·曼海姆为代表的传统知识社会学家们认为知识是情境依赖的，主张用非评价性的、动态的社会学方法去考察知识的历史、社会情境。他们拒绝把自然科学和数学作为研究对象，认为二者是经验和事实依赖并呈累积式增长的，不能用社会学方法加以考察。传统的以默顿为代表的科学社会学认为科学不仅是一种有条理的、客观的知识体系，它还是一种制度化了的社会活动，科学的进步速度和科学家关注问题的焦点受社会历史因素的影响。普遍性、公正性、无私利性等社会规范保证科学体制生产正确无误的科学知识。科学知识对于默顿学派来说也是一个黑箱，在他们的研究视野之外。大卫·布鲁尔及其同道者们的SSK理论打破了以上二者在科学知识问题上的黑箱态度，把社会学的领地扩展到了科学知识领域。

布鲁尔理论的主要思想来源是库恩的范式理论和后期维特根斯坦的语言哲学。他把前者崭露头角的科学社会学思想发展到极端，用作为社会因素的利益去解释科学知识的产生并付诸具体的科学案例研究之中；把后者的意义有限论思想从语言领域扩展到科学知识领域。其主要思想可以概括为以下三个部分，这三个部分也体现了大卫·布鲁尔SSK思想的演化历程。

一、重新定义科学知识——得到集体认可的信念

科学知识是科学的核心部分，在关于科学的社会研究中很少有人涉及这个科学的硬核。一方面，科学500年来树立的真理的掌握者形象太过牢固；另一方面，要做第一个吃螃蟹的人——动摇科学知识的权威地位，要承受来自多方面的压力。布鲁尔是始作俑者。他曾说过："人们之所以对从社会学角度彻底审查科学犹豫不决，是因为他们缺乏魄力和意志力。"[1]

一般的观点认为，"科学的"包括三个方面的含义：①所使用的概念、术语具有单一性、明确性，远离歧义性，保证表述的精确性；②其推理具有严密的逻辑性，追求公理化，较次也能够运用数学模型，再向后退也应该是个自恰（自我满足）的理论体系；③其结论和模型能直接接受观察和实验的检验，即我们通常所说的"实践检验"[2]。

布鲁尔则认为，对于社会学家来说，"人们认为什么是知识，什么就是知识。它是由人们满怀信心地坚持并以之作为生活支柱的那些信念组成的"[3]。"'知识'这个语词用来专门表示得到集体认可的信念。"[4]在布鲁尔看来，科学知识首先是一种信念，其次是作为集体行为的一种信念。

科学知识是信念，而不是对外在客观事物的反映。信念总是受历史、社会、个人主观等因素的影响，总归是社会的因素影响的。用来约束科学的再也不是外部世界和人的理性，而是这些因素之外的社会。这与以社会和人为研究对象的人文文化没有区别。

通过把知识定义为信念，布鲁尔把科学知识，同时也把神话、魔法、宗教、哲学、艺术等各种信念系统包括在了知识的范围内。这样，科学知识与其他信念系统具有同等的地位，因而也应该与其他知识一样接受社会学方法的考察。布鲁尔曾经说过，正像鲍尔拒绝"超自然主义"的陈旧基督教会史范式，运用历史学的技术研究基督教教会学说史（"超自然主义"把教义史分为可信的使徒真理以及有关异端邪说和违反教义的记录。鲍尔认为："宗教史只有被完全置于历史的情境中，才能得到说明。基督教教义是历史的产物，代代流传并随着环境的变化重新解释。"[5]）同鲍尔一样，布鲁尔的工作也是要打破理性主义者在反思科学时仅仅看到科学的"内在"历史，而把科学的"外在"历史看作是不合理的，需要社会学、心理学方面的原因解释的观点。他要用社会学因素对称地解释真实的信念和虚假的信念。布鲁尔排斥个体知识，他认为只有被群体接受了的、制度化了的信念才有资格被称为知识。在其1997年出版的《维特根斯坦：规则和制度》中，布鲁尔通过对后期维氏的"制度遵守"理论作集体主义和社会学的解读，进一步阐明了"知识是集体的，而非个人的信念。"对于一个数列"2，4，6，8，…"来说，（1）我们如何理解数列规则的强制性？（2）我们如何判断在2后面说4而不是5是正确的？对错的标准从哪里来？（3）我们如何理解数列的无限性？维氏认为"规则是社会制度、社会习俗和社会约定，遵守规则是进入一种制度和采纳一种习俗和约定"[6]。布鲁尔进一步解释："围绕数列规则的神秘气氛会因为我们对自己参与其中的社会过程的理解而消除。"[7]

维特根斯坦对以上三个问题一一做了回答，对于（1），他说，规则和制度没有强迫我们，真正强迫我们的是我们周围的人；对于（2），他认为"标准来源于人们对行为心照不

宜的共识”[8]，反对标准来源于本能的观点，他认为这样会把标准降低为与主观性相等同；对于（3），维特根斯坦认为：“无限并不意味着永无止境，永不停止。无限是终结制度的缺乏，是没有完成，是对结束限度保持沉默。”[9]

布鲁尔总结维特根斯坦的规则遵守理论认为其有三个维度：① 生理学和心理学方面，即我们的本能和机械反应促使我们遵守规则；② 社会学和集体主义方面，社会和集体约束我们的内在倾向，使它们进入习俗、惯例和制度；③ 整个过程发生在意义有限论的背景中，即规则是在使用中不断创造的。布鲁尔认为，遗憾的是，维氏没有给出一个明确的“制度”定义。借助于哲学家 Anscomber 和社会学家巴恩斯的著作，布鲁尔认为“制度是自我指涉（self-referring）的活动，是自我实现（self-fulfilling）的预言”[10]。“自我指涉”即“谈及的客体与谈及这种行为是同一的——（谈及这种）外在行为来源于人们之间的相互作用，没有这种作用，就没有制度”[11]。他举钱币为例，认为“使钱币成其为钱币的不是它的形状和物理成分……称某种形状的物体为钱币的集体行为，使这种物体成为钱币”[12]。在遵守制度的过程中，制度的标准也是自我指涉的。

布鲁尔通过把维特根斯坦的制度及其标准解释为“自我指涉的集体行为”，突显了其社会性。制度及其标准在本质上是社会的，那么就可以也必须用社会因素解释制度及其遵守。在接下来的部分，布鲁尔指出数学和逻辑是社会范畴，是制度，它们必须接受社会学的考察。在把科学知识定义为“得到集体认可的信念”的基础上，布鲁尔批判了传统所认为的与科学知识相关的经验、理性、逻辑、真理、客观性等概念。他只谈可信性不谈真实性，对他而言，真实性是通过可信性存在的。他曾经说过：“真实性如果与可信性相脱离，那么它就不复存在了……他们（知识社会学家）将把真实性和可信性融为一体。”[13]通过把可信性凌驾于真实性之上，布鲁尔为用社会因素解释科学知识的产生奠定了基础，他说：“可信性一直被视为一个经验主义的问题，社会学的因素一直被包含其中。”[14]

传统的科学哲学家重视科学划界问题，极力证明科学如何区别于艺术、宗教等其他文化。布鲁尔则通过重新定义科学知识，从信念和集体行为两个方面取消了它们的差异。保证科学知识为人们所接受的因素，如同保证其他文化形式为人们所接受的因素一样，是信念和集体，是作用于二者的社会因素而不再是经验、理性、逻辑。他剥夺了科学知识的规范性评价特征，企图在元科学领域实现科学和其他人文文化形式的统一。

二、SSK 研究方法——强纲领的提出与运用

1. 强纲领及其与自然主义的关系

既然科学知识与其他信念系统具有同等的地位，同样可以接受社会学的研究，那么怎么用社会学去研究科学知识呢？布鲁尔提出了其著名的“强纲领”理论，“强纲领”包括以下四条原则。

第一，因果性原则。研究包括社会原因在内的各种共同导致信念的原因类型。

第二，公正性原则。对真理和谬误、合理性和不合理性、成功和失败进行客观、公正的说明。

第三，对称性原则。同一种原因类型既可以用来说明真实的信念，也可以用来说明虚假的信念。

第四，反身性原则。各种说明模式能够运用于社会学本身[15]。

“强纲领”不仅要求把社会因素作为科学知识的解释因素，认为“所有知识都包含着某种社会维度，而且这种社会维度是永远无法消除或者超越的”[16]，而且要求用包括社会因素在内的同样的原因类型公正地、对称地解释真理和谬误、合理的和不合理的理论。因此，布鲁尔拒绝把科学知识视为规范性的，与“真理”“实在”等概念相联系，而把它看作一种自然现象，主张对科学知识作经验主义的、自然主义的考察。在《知识和社会意象》中文版作者前言中，布鲁尔说：“社会学家与科学哲学家有两个重要的区别。首先，哲学家们往往使用‘先验的’方法对科学进行分析，而社会学家们则使用经验方法或者历史方法进行分析。其次，哲学家们所关注的是人们‘应当’怎样进行科学研究，而社会学家们则研究人们‘实际上如何’进行科学研究。”[17]

在这里，我们有必要对自然主义作进一步的解释。在《维特根斯坦：规则和制度》中，布鲁尔评价维特根斯坦的语言哲学：“……最明显的特征是它完全的实际性（down-to-earth）。这种尘世的（worldly）、具体的（concrete）、因果关系的特征就是自然主义。维特根斯坦坚持认为他所谈及的语言，甚至是数学语言，是一种时空现象而不是时空以外的抽象幻觉。”[18]在《维特根斯坦：一种知识的社会学理论》中，布鲁尔又说道：“他（维特根斯坦）对生活形式的强调是自然主义进路的一部分……他的方法是把信念、语言、推理、行为的本质看作自然现象。”[19]

从以上的叙述我们发现对科学知识进行自然主义的考察不同于传统的用理性的、逻辑的抽象方法研究产生了的科学，而是把科学看作一种在时空中发生的自然现象，用描述的方法考察科学知识在实际中得以产生的原因。

2. 强纲领科学案例研究及决定性因素“利益”的鉴别

（1）波义耳机械论哲学和激进宗派“物活论”的科学案例

17 世纪 40 年代末 50 年代初，作为英国皇家学会的核心成员，罗波特·波义耳和他的同事采纳和进一步精致化了机械论哲学。机械论哲学认为自然是由一些惰性粒子组成的。这些粒子盲目地遵守运动理论并通过外力开始运动。物质是没有理性和生命力的，不会自己运动和自我组织。

同时，17 世纪 40 年代，由于内战的影响，英国的社会控制系统遭到了彻底的破坏。一批激进的宗教集团和组织新兴起来。他们“怪诞”地提出，他们的宗教和道德来源于内在的神启和自己的良心，得到了数量众多的失业者和克伦威尔余部的支持，并扬言要把世界翻转过来。他们的统一口号是：反对宗教专制，重新分配财产，政治和社会平等。他们要求自治的理由是直接与上帝联系。他们认为“神圣就在所有男人、女人和自由之中”[20]，“上帝就在万物之中”，“上帝是世界的灵魂”。

罗伯特·波义耳对这些激进宗教组织非常不满。1646 年，他曾说要限制这些教徒在这个混乱的城市行骗。在《对流行自然观念的调查》中，他说道：“最近兴起了一群人……，关于上帝，他们谈了很多，但是他们却提出了一个与有生命的、智慧的宇宙完全不同的上帝。”[21]

布鲁尔认为，双方的利益分歧可以解释为什么他们在同一个时代、同一个国度里产生了两种相对立的理论。波义耳在内战期间失去了财产，经济困顿。他把自己的心血倾注于新共和国，正在接受回报。他的个人财产需要一个稳定的社会秩序来保证。如果说事物是惰性的和机械的，那么保守的社会和政治政策就是合理的和合法的。新兴激进宗派则希望重新分配财产，政治、社会自由，如果说事物是活跃的、主动的，则社会等级秩序的崩溃和重新分配财产是自然的。

最后，布鲁尔指出，波义耳和激进宗派可能会坚信自己的理论来源于经验、推理和圣经。事实上，“双方都设法以这样的方式运用自然知识的基本规则和类型学，即巧妙地按照他们的社会目标来组织它们。政治背景被用来建构物质世界的不同图景”[22]。这种建构是无意识的、不自觉的。

（2）Hamilton 直觉主义和 Peacock 形式主义代数学本质观的科学案例

在 1829 年的《伦敦评论》中，数学家 BadenPowell 提出了关于代数学本质的激烈争论。争论双方来自剑桥派以 Peacock 为代表的“符号代数学”和以 Hamilton 为代表的“本质代数学”。BadenPowell 把他们分别称为“形式主义者”和“直觉主义者”。

Hamilton 认为代数学是“纯时间知识”[23]，“是严格的、纯粹的、独立的，是有效推理通过自己的直觉原理演绎而来的，它的先验沉思性并不少于几何学。在本质上，它区别于它使用或教导的法则，区别于它表达自己意义的标志、符号，它的本质源于规律和提升了的理智自身”[24]。他认为时间观念是先验的、神秘的，数学应该从属于更高形式的知识——宗教知识。Peacock 一派则认为：“符号是代数学的全部……符号是自我满足的。”[25]

布鲁尔解释说，形成这种差异的原因在于：在现实中，Hamilton“热爱秩序、和谐、等级对称和完美。在政治上他是广泛的保守主义，崇尚自由，也崇尚等级从属，认为国家的法律至高无上”[26]。所以他认为数学的本质是先验的、神秘的、有秩序的、从属于上帝的。Hamilton 曾经说过：“数学总是一种关于社会秩序的特殊概念的提醒物和支持者。”[27]形式主义主张符号是自我满足的，这意味着，数学家可以对自己负责，数学家团体是自治的和独立的，他们可以随意赞成或拒绝已经确立的社会控制和精神引导制度、已经确立的职业等级制度和智力要求制度。这对当时正在兴起的剑桥和伦敦的职业数学家有利。最后，布鲁尔总结道：“我们经常使用自然模式反映我们喜爱的社会模式。”[28]

关于什么是利益，布鲁尔曾经说过“……有些是可以识别的和宽泛的政治利益集团；某些利益集团是范围狭隘的和具有专业性的利益集团。”[29]对于波义耳的案例来说，“利益”是宽泛的政治利益；对于后一个案例来说，在布鲁尔看来，Hamilton 的本质主义代数观受其政治利益的影响，而 Peacock 的形式主义代数观则受其专业性的集团利益的影响。

三、提出社会学有限主义科学知识观

布鲁尔主张，科学知识是“得到集体认可的信念”，并用“强纲领”方法去考察科学知识的社会建构本质，这意味着：一切知识都是相对的，是由社会建构和决定的，随着社会情景的不同而有所不同。他的科学知识观有很强的相对主义倾向。布鲁尔自己也承认这一点，他曾经说过：“知识社会学的强纲领建立在某种相对主义之上，这是不容否认的。”[30]

他的相对主义知识观特别是“强纲领”理论自提出以来，受到了来自哲学家的、社会学家的、历史学家的、科学家的激烈的外部批判。其宏观“利益模式”也受到了来自 SSK 内部的理论批判。

在这样的背景下，布鲁尔与巴恩斯、亨利（以下简称 BBH）一起合著了《科学知识：

一种社会学的分析》(1996)，对爱丁堡学派的纲领作了进一步的精致化。在该书中，他们提出了社会学有限主义理论，进一步强化了科学知识的社会学本质和他们的相对主义认识论立场。

“社会学有限主义”这个概念最早是由巴恩斯提出的。他认为，“知识的观念有时可以看作是有限主义的，它的基本含义是一个词汇的恰当含义是逐步形成的，其中含有连续和即时的价值判断。一个概念含义的恰当使用，最终也必须单独由一些特定、即时和偶然的因素来决定。有限主义否定一个词汇的内在特性或意义与观念有关，并决定它未来的使用，因此，有限主义也否认正确和错误是陈述的本质特征”[31]。1983 年，布鲁尔在《维特根斯坦：一种知识的社会学理论》中又对“社会学有限主义”作了定义：“词语的现成意义不能决定将来的应用。意义被词语的使用行为创造，就像一个小镇随着时代的变化被重构一样。”[32]在《科学知识：一种社会学的分析》中，BBH 认为“有限主义是关于概念的本质和应用的一种学说。这种学说认为，一个概念的先前应用并不能决定这个概念的后继应用。……每一次的概念应用行为都是全新的和创造性的过程。就是说概念本身对概念的下一次应用并不会产生既定的内容。偶然性无处不在，每一次的概念应用行为在原则上都是实用性的”[33]。

BBH 在讨论分类的社会特性时，系统地阐述了社会学有限主义的五条基本主张：“术语的未来应用是永不终结（open-ended）的；没有任何一种分类活动永远正确；所有的分类事实都是可以修改的；对一种术语的连续性相继使用并不是孤立的；不同术语的应用并不是相互独立的。”[34]因为“信念是在术语用于已经分类的经验的过程中形成的，术语使用的有限主义观点，同样存在于信念的形成之中”[35]。BBH 把分类的有限论观点扩展运用于信念之上，认为“信念的未来蕴含是开放式终结的；任何关于信念的陈述都不存在不可废弃的真或假；所有现存的关于信念的例证、证实、反驳的陈述都是可以修正的；一个信念相继使用彼此之间不是相互独立的；对不同信念的使用彼此之间不是相互独立的”[36]。

为了加强对词汇使用（分类）有限论和信念有限论的理解，笔者将引用布鲁尔于 1982 年发表的重要文章《迪尔凯姆和莫斯修正：分类和知识社会学》中的例子对以上二者加以阐明。

布鲁尔借用玛丽·赫塞的“网络模型”（net-workmodel）来阐释分类问题。玛丽·赫塞认为“知识不是建立于个别的、孤立的事实之上的，知识是有机的，整体的组织结构优先于部分，决定着部分的调整和修正”[37]。布鲁尔让我们想象一个简单的分类系统：鱼类生活在水中；鸟类在天空中飞行；动物生活在陆地上。后者又包括了一个子类：哺乳动物。鱼、鸟、动物、哺乳动物这些类通过规则（鱼类生活在水中……）联系了起来，规则有时候会交叉指涉同一个类，这形成了一个网，被重复陈述的类是网结，网结通过作为网绳的陈述类的理论联结起来。布鲁尔说，在多数情况下，这个分类网足够我们应付环境。现在，假定网络使用者遇到了一个新的生物——鲸，它的栖息地和外表像极了一条大鱼却又给幼鲸喂奶。我们面临两种选择：承认不仅哺乳动物可以喂奶，一些鱼也可以；或者承认不是所有的哺乳动物都生活在陆地上。

这时，旧的分类约定系统再也不能满足新事物的需求，我们不得不调整、修正旧的分类系统和旧的分类规则。

布鲁尔还举了化合物的例子证明分类原型（examplars）也是需要修正的。过去，化学家们认为玻璃、合金、溶液、盐酸和一般的盐都是化合物，它们的成分紧密地结合而不是混合在一起。不同的是，溶液的成分可以按不同的比例结合而纯酸只能按固定的比例结合。1800年，人们提出了化合物具有固定的化合比例的理论。这意味着溶液、玻璃、合金都不是真正的化合物。随着“固定比例”理论的胜利，曾经作为化合物典型原型的“玻璃”被排除了。布鲁尔得出结论：“即使是原型也取决于规则网的周围环境。包含原型的理论并不比其他理论更安全。……原型从类核心变为边缘的和充满问题的，并最终以被完全排除告终。”[38]“理论具有历史维度，理论网仅仅是一个术语的登记簿或索引。”[39]

那么，是什么决定了特定规则的保留、保护或抛弃呢？布鲁尔认为，是利益这个社会因素，它使人们以自然因素为掩护，实现其社会用途。

在对布鲁尔的访谈中，布鲁尔说到有限主义的渊源，认为有限主义最早来源于经验哲学家约翰·穆勒，后者认为推理总是从一个特殊到另一个特殊，其后的渊源即维特根斯坦的制度遵守理论和玛丽·赫塞1974年在《科学推理的结构》中提出的理论。布鲁尔认为，“有限主义之所以重要的原因在于概念的变迁、调整、再定义、再分类和协商在科学中起到了核心的作用”[40]，“有限主义主张忘记无限的范围，关注数目有限的例子。所有类型的例子进入概念如何被应用”[41]。

至此，借助于社会学有限主义理论，从分类——词汇的使用——到信念的不断修正，社会因素从科学知识的起点到科学知识信念的确立，全面、持续地渗透了进去。因此，在布鲁尔看来，说科学知识是社会建构的产物是切适的，用“强纲领”方法去研究和考察科学知识是合理的。经过案例研究，布鲁尔似乎证明经验研究也是可行的。由此看来，科学知识和宗教、哲学、艺术等其他文化形式没有什么两样，都是社会因素渗透的，都是建构的，都是可以用因果模型和强纲领来加以说明的。科学不再是“霸主”，它和人文一样，是相对的、情景依赖的、需要社会学说明的。

参考文献

[1] [3] [4] [15] [16] [17] [29] [30] 大卫·布鲁尔．知识和社会意象［M］．艾彦，译．北京：东方出版社：1，2，3，4，7-8，2，1，262，159.

[2] 石泉森．试论科学主义不可能之所在［J］．科学技术哲学研究，2002（5）：40.

[5] David Bloor. Rationalism, Supernaturalism, and the Sociology of Knowledge in Scientific Knowledge Socialized [J]. Studies in the Philosophy of Science, 1988 (108): 60.

[6] [7] [8] [9] [10] [11] [12] [18] [19] David Bloor. Wittgen-stein, Rules and Institution [M]. London: Rutledge, 1997: 5, 5, 15, 23, 33, 34, 29, 20, 3.

[13] 巴里·巴恩斯，大卫·布鲁尔．相对主义、理性主义和知识社会学［J］．哲学译丛，2000（1）：8.

[14] 大卫·布鲁尔．社会建构拒斥科学吗？——三万英尺上空的相对主义［J］．江海学刊，2007（5）：16.

[20] [21] [22] [37] [38] [39] David Bloor. Durkheim and Mauss Revisited: Classification and the Sociology of Knowledge [J]. Studies in History and Philosophy of Science, 1984 (4): 286, 286, 290, 269, 276, 276.

[23] [24] [25] [26] [27] [28] David Bloor. Hamilton And Peacock On Essence of Algebra [J]. Social History of Nineteenth Century Social Mathematics, 1981: 204-216, 228, 217, 231.

[31] 胡杨．强纲领的建构与解构：下［J］．哲学动态，2003（11）：24.

[32] [33] [34] [35] [36] 巴里·巴恩斯．大卫尔，约翰·亨利．科学知识：一种社会学分析［M］．

南京：南京大学出版社，2004：25，2，66，86，86.
［40］［41］Zheng-Feng Li，Ruey-Chyi Hwang，Chih-TungHuang. Go Strong or Go Home：An Interview with David Bloor［J］. East Asian Science，Technology and Society，2010（4）：419－432.

（本文原载于《自然辩证法研究》2012年第10期）

“自主的技术”与“建构的技术”
——雅克·埃吕尔与托马斯·休斯的技术系统观比较

朱春艳　黄晓伟　马会端
（东北大学文法学院　辽宁 沈阳　110819）

摘　要：雅克·埃吕尔与托马斯·休斯都将技术看作一个系统，但由于“技术决定论”与“社会建构论”的研究范式的“分立”，两人的技术系统观尽管存在着相似性与互补性，在研究起点和研究进路上却各具特色。可以将休斯的“技术系统方法”的历史分析框架视为埃吕尔的自主论的技术系统观的一种反动，只是休斯矫枉过正，从理论的一极走向了另一极。正是以技术的社会建构理论为中介，技术哲学在寻求经验基础的过程中，向跳脱经典技术哲学决定论的渊薮迈出了坚实的步伐。

关键词：技术；技术系统；技术决定论；社会建构论

一般系统论于20世纪40年代提出以后，被广为接受并应用于各学科研究。在技术哲学领域，法国技术哲学家雅克·埃吕尔（Jacques Ellul，1921—1994）与美国技术史学家托马斯·休斯（Thomas Hughes，1923—　）等人都把技术看作一个复杂的系统，用“技术系统”（Technological System）概念来代替单纯的技术人工物、单一的技术。本文尝试对这两人的技术系统观加以对比研究，以期引起学界的关注。

一、“技术决定论”与“社会建构论”研究范式的“分立”

纵观西方技术社会思想史，技术社会学研究始终围绕两大主题展开：哲学家、经济学家和多数社会学家主要论述技术进步对社会的作用和影响，科技史家和少量社会学家则主要关注技术发展的社会条件和环境[1]。这两大主题代表了技术社会学研究中“技术决定论”和“社会建构论”两大主导性研究范式。这两种范式的规范表述分别为“社会的技术决定论”和“技术的社会建构论”，从而将所指限定于“技术与社会的关系”主题之内，为两种范式的比较提供了可能[2]。

埃吕尔通常被视作技术决定论的代表，其技术系统思想也旨在直接论证技术的自主性。所谓“自主”，就是技术“必须被当作‘有机体’，倾向于封闭和自我决定：它本身就是目的”[3]125。埃吕尔在《技术系统》（1977）一书中集中诠释了他的技术系统观。他受贝塔朗菲的一般系统论思想的启发，提出技术系统有三个特征：一是技术系统是由一系列的诸如铁路、邮政、电话、航空、电力生产与分配、工业生产自动化过程、市政、军事防御等次级系统组成的技术体系；二是技术系统具有的灵活性不仅关注人的自主性，也涉及次级系统的自主性，并且它导致次级系统对自身的关注，是对技术系统第一个特征的矫正；三是技术系统本身制定其适应、补偿和发展过程的规则，这也是技术系统最本质的特征[3]108-111。埃吕尔眼中的技术系统不是封闭的、孤立的，其存在、发展的外在环境就是社会这个“有机体”。为此，他分别阐述了技术与科学、政治、经济、伦理及价值等方面的复杂关系。技术自主意味着，作为整体的社会以及社会诸因素都不能决定、支配、控制技术，着重强调了技术与社会关系中“技术对社会的影响”。

休斯的“技术系统”既是其技术史研究中以一贯之的研究方法，也作为分析框架存在。他从“系统方法”（systems approach）的技术编史学进路出发，对第二次工业革命以来技术系统的演化图景（即初期的电力系统—中期的大规模生产系统—后期的大技术系统）作了历史性考察，先后出版了《电力系统：1880—1930年间西方社会的电气化》（1983）、《美国创世记：一个发明和技术激情的世纪（1870—1970）》（1989）、《系统、专家和计算机》（2000）等多本论著。在休斯看来，不必严格界定“技术系统”，因为技术系统会随着时间和地点的不同而不同。不过他在“大技术系统的演化”一文中对“技术系统”的组分作了如下描述：“技术系统的组分中含有技术人工物，如涡轮机、变压器以及电灯和电力系统的传输线，也包含了组织，如制造公司、公用事业公司、投资银行，以及通常被称为是科学的组分，如书籍、文章和大学教育以及研究计划，此外，立法人工物，如管理法规也可以是技术系统的一部分。”[4]51可见“技术系统”事实上是一个囊括了技术、科学、政治、文化等诸因素在内的统摄性分析框架。其中，实体性的“技术人工制品”和非实体性的“系统建立者”两个组分最为重要，尤其对“系统建立者”的关注使在技术进化中长久以来被遮蔽的“人”的要素得以显现。技术系统之外是环境，二者之间存在着权宜变动的边界，处于相互塑造与影响之中。他在与比克、平齐合编的《技术系统的社会建构》（1987）一书中，明确提出了系统方法，注重从方法论意义上加以拓展，引入了“技术动量”“技术风格”“落后突出部”等关键的概念工具[5]。国内学者将休斯的技术系统方法与行动者-网络理论、社会建构技术理论并列作为“社会建构论”的三条分析框架，凸显了技术与社会关系中“社会对技术的影响”[6]。

社会建构论正是欧美社会建构主义者在批判技术决定论的过程中逐步形成的，休斯就批评技术决定论是一种“关于技术力量决定社会和文化变化的信仰”[7]。“技术决定论”与“社会建构论”当前处于一种“分立”态势，它们既“各说各话”、彼此批判，又相辅相成、互相补充。依据对“技术与社会关系”向度和强度的不同认知，可以勾勒出一个连续性的理论谱系，即“硬（极端的）技术决定论—软（温和的）技术决定论—弱（温和的）社会建构论—强（极端的）社会建构论”。如前分析，埃吕尔的“技术自主论”大致属于“强技术决定论”，休斯的“技术系统方法”大致属于“弱社会建构论”。由此对比这两种技术系统观，其差异集中体现在：一是研究起点上，“本质主义”与“整体主义”的技术本质观，反映了对技术本质及意义的不同认识；二是研究进路上，“技术→系统”与“系统→技术”的区别，体现了对技术考察路径的不同指向。

二、研究起点："本质主义"与"整体主义"的技术本质观

在埃吕尔看来，尽管不同时代、不同领域的个体技术是千差万别的，但它们仍有一个共同的特征，那就是"效率"。因此，他在《技术社会》（1954）一书中把"技术"定义为"在人类活动的各个领域通过理性获得的（在特定发展阶段）有绝对效率的所有方法"[8]XXV。在科学的帮助下，技术成了一种科学的控制方法，这种无所不包的方法不仅被运用于生产领域，而且广泛运用于政治、经济、教育、商业等以效率为准则的领域。如果在《技术社会》中埃吕尔更多诠释了作为环境的技术，那么在《技术系统》中则认为技术已逐渐具有了系统的特征，正式使用了"技术系统"概念，以补充和发展其技术观。随着时代的发展，"技术现在是如此特殊，以至于我们不得不把它当作一个系统。"[3]83技术已成为系统，意味着每一单个的技术实际上已经结合成一个整体，必须以整体的方式去理解每一单个的技术。技术批判理论的代表人物费恩伯格将埃吕尔与伯格曼、海德格尔、哈贝马斯作为技术本质主义者进行了批判，认为他们的技术本质观是一种追求效率的单向度本质观[9]。

相反的，休斯并没有给技术本身下一个明确的定义，而是采用一种整体主义的思维方式把握技术。他在代表作《电力系统》中放弃了过去那种执著于单个人工物的做法，直接用系统的"格式塔"看待技术：技术是系统，系统也是技术。休斯将"技术系统"作为现代技术发展图式的特征，认为真正现代意义上的大技术系统肇始于电力系统，"从'二战'之后，大系统——能源、生产、通信和交通——才构成了现代技术的本质"[10]。"技术系统方法"在一定意义上其实也是休斯技术观的一种体现，其内涵是将技术置于含有政治、经济、文化等更广泛的"语境"（context）下加以理解，以将技术创新过程中各种群体、事件和因素囊括进来。社会建构论者试图还原技术起源的原貌，借此"打开历史和当代技术的'黑箱'，看一看里面有什么东西"[4]22。本质主义者将技术本质从具体技术中抽象出来，使技术与一定的社会历史相分离，而这种整体的技术观使休斯得以跳出非历史的技术追问的窠臼，将技术蕴含在历史演进之中。

埃吕尔和休斯显然都不认同狭义的个体技术理解，反对将技术与技术人工物连接起来。然而，如果深入分析两人的技术本质观，最终呈现的是"本质主义"和"整体主义"的分野。"本质主义和整体主义作为人类基本的两种思维方式，是人类最基本的认识原则和知识构造原则。前者基于二元区分和一元决定的分析—演绎逻辑，总体上是一种分析思维；后者基于整体—部分—整体的综合—演绎逻辑，总体上是一种综合思维。"[11]埃吕尔无法给出一个既具有普适性又能充分揭示现代技术特征的技术定义，在研究中只能偏重广义的技术理解，以至后期引入"系统"概念来把握技术。这种广义的技术理解，是现代技术的范围迅速扩大与寻求本质主义的技术定义的必然结果，而现代技术的自我增长性愈发表现为整个技术或技术系统的自我增长，技术力量对社会的影响愈加无孔不入，使埃吕尔的"自主性技术"在逻辑上导向"技术决定论"。而笃信"技术系统方法"的休斯则倡导"实践者和支持者始终持有一种整体主义的视野"[12]，将技术本质问题"悬置"起来，寻求技术的整体存在方式和系统结构。"技术以系统的方式存在着"的认知，很大程度上避免了本质主义思维方式的部分优先原则对技术的二元割裂。当休斯从"承认技术处于技术和社会的'无缝之网'中"出发，着手考察各个生产技术系统的历史演化时，各种异质性的社会因素便向其

涌现，从而与主张技术的社会建构（SCOT）的欧洲学者殊途同归，共同推动了20世纪80年 代以来“社会建构论向技术的转向”[13]。

三、研究进路：“技术→系统”与“系统→技术”

埃吕尔站在哲学高度追问技术、批判技术，于1954年发表了极具影响的《技术社会》一书，以其激进的技术自主论为学术界所熟知；20世纪六七十年代方兴未艾的系统论思想，为埃吕尔论证技术自主论提供了新视角，也是他应用最新的科学理论对技术研究的回应。与埃吕尔的“技术→系统”（先技术，后系统）的轨迹迥异，休斯的“系统→技术”治史方案应当遵循了“由系统，而技术”的路径。早在20世纪50年代晚期，技术史在美国技术史协会及其期刊《技术与文化》的支持下刚刚成为一门独立学科时，休斯就是重要的创始人之一。他完整而详尽地用系统方法对现代技术的演化进行关照，从而打破了统治技术史领域的内史进路，形塑了当代欧美技术史的分析框架。

这种研究进路引起的差异不仅体现在两人对技术系统结构的界定上，也明显体现在对技术系统进化动力机制的甄别上。埃吕尔认为技术具有自增性，技术系统通过内部的固有力量，以几何级数不可逆地加速自我增长，外部因素对技术系统的干涉只会引起系统的扭曲乃至灾难。技术系统不承认除了技术法则之外的任何法则，“技术作为一个系统遵循它自己的法则，遵循它自己的逻辑”[3]233。技术增长路线也是自动确立且由技术系统的结构所决定的，技术发展定向是纯粹的技术系统的内部事务，而“人的决定、选择、希望和恐惧几乎不对这种发展起作用”[14]。在休斯那里，当一个技术系统经历了增长和固化阶段、进入成熟阶段之后，就趋于一个闭合系统，可以靠内部动力驱动其自身发展，系统从而表现出一种貌似“自主”的趋势。但是，休斯认为“技术系统是获得了动量，而不是变得自主了”[15]。“技术动量”的概念并非“技术自主性”或“技术决定论”的等价物，因为他承认“偶然性、突如其来的灾难和转换”以及各种结构性因素的存在都会对技术动量产生一定的干预作用，即仍然坚持社会和文化因素形塑技术的可能性。可见，“技术决定论”强调的是技术的发展轨迹由技术的自主性所决定，其实质在于肯定技术本质上的自然属性；而“技术动量”所强调的是整个技术系统，尤其是商业实体、政府机构、教育机构等所形成的既得利益组织和社会规则，反映的是技术本质上的社会属性[16]。“技术动量”的概念其实是对“社会建构论”经常遭遇的理论困境的回应，即系统方法并没有预设技术系统是自然而然存在的，而是由背后的社会因素推动的。

“技术决定论”所描述、揭示、解释的是“技术→社会”（技术决定社会）现象，而“社会建构论”所描述、揭示、解释的是“社会→技术”（社会建构技术）现象。20世纪80年代以前，技术决定论占据主流位置，把技术看作是自变量，把社会看作是因变量，专注于技术“能做什么”“如何去做”以及经济、社会后果。由于技术对社会的影响具有二重性，技术决定论因此表现为技术乐观主义、技术悲观主义两种形态。埃吕尔认为我们生活的技术社会是非人性化的社会，“它使得现代的人类不但不能选择自己的命运，甚至不能选择自己的手段”[8]134，从而滑向了技术悲观主义。社会建构论者认为，技术成功绝不是仅仅依靠其自身逻辑的发展，而是在与社会的互动中实现的，社会因素构成技术创新的内在变量。“与其使用像技术决定论或者技术至上这样的宽泛概念，不如精确地探讨技术变化的动力学。与其试图通过像技术领域或者技术动力的轨道之类的不严格概念解释事件，不如密切关注人工产品和各种处在讨论中的技术知识，以及影响技术的发展的社会行动者。"[17]众所周知，技术系统的标准范例是爱迪生发明电灯丝的成功案例。通过对爱迪生技术发明活动中的社会关联性加以分析，休斯发现技术工程因素（电灯丝的发明）、经济因素（在价格上与煤气系统竞争）和政治因素（有关电力供应发展的法律框架）的结合，构成了电灯和电力系统，从而成功替代了煤气灯照明系统。

同时，埃吕尔与休斯的技术系统观也存在着一定的相似性和互补性。一是理论渊源上的相似性。在历史上，下列"系统"的相关研究对两人的技术系统观产生了同样重要的影响：芒福德（Lewis Mum-ford）最早（1946 年）将一组技术定义为系统，贝塔朗菲（Ludwig Bertalanffy）提出的一般系统理论，维纳（Norbert Wiener）提出的控制论，帕森斯（TalcottParsons）从社会学角度阐释系统理论等。二是研究问题的互补性。埃吕尔曾对英国工业革命期间的纺织业作过考察，描述了当时出现的织布和纺纱之间的矛盾而相继引起的技术变迁（凯伊的飞梭—哈格瑞斯的珍妮纺纱机—卡特·怀特的织布机），这是对休斯技术系统的组分互动观点最形象的描述。计算机网络在第二次世界大战以后的现代大技术系统的形成中发挥日益显著的作用，也是两人的共识。

四、结论与启示

休斯以"技术系统方法"的分析框架考察现代技术系统的发展历史，为技术的经验研究提供了新的路径，是对埃吕尔自主论的技术系统观的一种反动。20 世纪 90 年代以后，休斯经过对早期"技术系统方法"过多关注"系统建立者"中核心人物的做法加以反思，引入人类学的"深度描写"方法，以大量篇幅详尽刻画了一些与技术事件相关且曾作为背景出现但话语权和影响力都很小的人物（如雇佣工人、产品使用者、非西方人、女性等），探讨他们与技术系统演化之间的关系，将系统方法推到新的高度[18]。但是，由于建构论范式下的技术系统方法主要聚焦于技术创新问题，较少关注技术与社会相互作用的全过程，从而难以得出具有普遍性意义的结论。休斯在技术与社会的关系问题上从一极走向了另一极。

同时也要看到，终点也是起点。社会建构论对技术决定论的矫枉过正也预示着技术哲学发展的一个新时期即将出现。正是以社会建构论的技术研究为理论基础，欧美技术哲学自 20 世纪 90 年代前后开始表现出强劲的"经验转向"势头，要求把关于技术及其效果的哲学分析建立在对技术的充分的经验描述之上。21 世纪，在"经验转向"研究取得系列成果的态势下，为避免"经验转向"过分强调经验而把技术哲学研究变为一种纯粹的描述性研究，丧失其应有的社会价值，技术哲学界又提出了"伦理转向"[19]诉求，作为对"经验转向"运动的一种矫正。技术哲学的这两种转向，反映出技术哲学研究不仅需要基于经验的描述性研究，还需要哲学的、超越的规范性研究。可以说，正是以社会建构论的技术研究为中介，技术哲学在寻求经验基础的过程中，向跳脱经典技术哲学决定论的渊薮迈出了坚实的步伐。

参考文献

[1] 陈凡，康荣平．西方技术社会思想史述评［J］．科学学研究，1990（4）：19.
[2] 王建设．技术决定论与社会建构论：对立抑或分立？［J］．河南师范大学学报，2007（2）：36.

[3] Jacques Ellul. The Technological System [M]. New York：Continuum，1980.
[4] Wiebe Bijker，Thomas Hughes，Trevor Pinch. The Social Construction of Technological Systems：New Direction in the Sociology and History of Technology [M]. Cambridge：The MIT Press，1987.
[5] 郑雨. 技术系统的结构：休斯的技术系统观评析 [J]. 科学技术与辩证法，2008（2）：71-72.
[6] 邢怀滨. 社会建构论的技术观 [M]. 沈阳：东北大学出版社，2005：24.
[7] Thomas Hughes. The Dilemma of Technological Determinism [C] //M. Smith，L. Max. Does Technology Drive History? Cambridge：MIT Press，1994：80.
[8] Jacques Ellul. The Technological Society [M]. New York：Jonathan Cape，1964.
[9] Andrew Feenberg. Questioning Technology [M]. New York：Routledge，1999：viii；参见米春艳. 费恩伯格技术批判理论研究 [M]. 沈阳：东北大学出版社，2005：85-87.
[10] Thomas Hughes. American Genesis：A century of invention and technological enthusiasm 1870-1970 [M]. New York：Viking Penguin，1989：184.
[11] 陈吉猛. 本质主义与整体主义 [J]. 广西社会科学，2005（8）：24.
[12] Michael Gordin，Sam Schweber. Essay Review：Thinking systematically Thomas And Agatha Hughes，Systems，Ex-perts，and Computers [J]. Technology And Culture，2002：391.
[13] Steve Woolgar. The Turn to Technology in Social Studies of Science [J]. Science，Technology，and Human Values，1991（16）：20.
[14] Jacques Ellul. The Present and Future [C] //Hickman L. A. Technology as a human Affair. New York：McGraw-hill Publishing Company，1990：346.
[15] Robert Kirkman. Technological Momentum and the Ethics of Metropolitan Growth [J]. Ethics，Place and Environment，2004，7（3）：125-139.
[16] 尹文娟. 托马斯·休斯技术系统方法研究 [D]. 沈阳：东北大学，2008：20.
[17] Langdon Winner. Upon Opening the Black Box and Finding It Empty：Social Constructivism and the Philosophy of Technology [J]. Science，Technology，and Human Values，1993（18）：364.
[18] 尹文娟. 托马斯·休斯系统方法新探 [J]. 科学技术哲学研究，2012（3）：74.
[19] Philip Brey. Philosophy of Technology after the Empirical Turn [J]. Techné，2010，14（1）：36-48.

（本文原载于《自然辩证法研究》2012年第10期）

技术决定论：划分及其理论要义

王建设

（洛阳师范学院政法学院　河南 洛阳　471022）

摘　要： 从不同的角度，技术决定论可以划分为乐观的技术决定论与悲观的技术决定论，狭义的技术决定论与广义的技术决定论，以及极端的技术决定论与温和的技术决定论。培根、马克思、圣西门、孔德、奥格本、麦克卢汉、贝尔、托夫勒、奈斯比特等的思想可归属于乐观的技术决定论。芒福德、埃吕尔、海德格尔、法兰克福学派、鲍德里亚等的思想可归属于悲观的技术决定论。技术统治论、技术万能论、专家治国论、媒介决定论、技术至上主义、技术霸权主义、技术帝国主义、技术救世主义等，在实质内容上与技术决定论没有区别，属于技术决定论的不同表达。

关键词： 技术决定论；乐观的技术决定论；悲观的技术决定论；广义的技术决定论；狭义的技术决定论

自从人类出现，技术与人类社会如影随形，但是对技术作用的反思却是很久以后的事情。16、17 世纪以来，特别是到了 20 世纪，科学技术越来越大的影响使得越来越多的哲学家、社会学家、经济学家还有未来学家，不断地对技术及其社会作用进行广泛而深入的研究、分析和思考，而且这种研究、分析和思考仍在继续中，因而形成了思想内容各显特色的技术决定论。

技术决定论的核心论点为何？对技术决定论的各类理论、思想观点如何划分？探明这些理论问题不仅可以使我们从总体上把握技术决定论的思想内涵以及理论实质，更有助于我们进一步比较分析技术与社会之间的复杂关系。技术决定论的具体理论表述众多，需要依据某种标准或思想原则加以划分。笔者从不同的角度把技术决定论划分为乐观的技术决定论与悲观的技术决定论。本文重点探讨这一分类。此外，笔者还将技术决定论分为狭义的技术决定论与广义的技术决定论，以及极端的技术决定论与温和的技术决定论。笔者将技术统治论、技术万能论、专家治国论、媒介决定论、技术至上主义、技术霸权主义、技术帝国主义、技术救世主义、技术乌托邦主义、技术敌托邦主义、技术恐惧主义等都归于技术决定论。

一、乐观的技术决定论

乐观论者以现实的技术事实作为基础，“把现代技术看作是对人的力量的肯定和文化的前进”。他们的论点是，“人正是通过和借助技术决定着自己的未来”。悲观论者“把科学性的技术看作是威胁人类主体及其自由的力量。……他们中间的大多数人都把技术看作是一种自主的、强大的非人的力量”[1]。“他们的目的是探索这样的问题：为什么技术对人成为一种威胁，以及为什么它在未来似乎会成为更大的威胁。”[2]乐观论者和悲观论者共同注重技术的社会影响研究，强调技术对人、对社会具有决定作用，但总体上乐观论者对技术持肯定态度，具有较多的乐观色调；而悲观论者则对技术持批判态度，具有较多的悲观色调。

乐观的技术决定论产生的社会背景，大致源于技术对人类社会带来了越来越多和越来越重要的正面影响。通过某种理论表述的技术决定论，最早可以追溯到第一次技术革命或第一次工业革命时代。

从培根时代到马克思时代，思想家们乐观地看到了技术价值，他们对技术所怀抱的美好设想可以视为乐观的技术决定论的萌芽。培根在《新大西岛》中勾画出一个技术活动兴旺发达、由技术专家负责行政管理的理想国，并盛赞中国发明的火药、印刷术和指南针。培根将这三大技术发明凌驾于亚历山大的武功与罗马帝国的建立之上，认为它们比政治上的征服及哲学上的论争更有益于人类。与培根相近，霍布斯直接提出“人类最大的利益，就是各种技术”[3]的口号。笛卡儿构想出一棵“人类科学之树”，其树根是形而上学，树干是物理学和自然哲学，树枝是医学、机械学及伦理学，其中，医学负责医治肉体疾病以延长人类寿命，机械学研究舟车之利以为人类造福。马克思、恩格斯曾多次指明技术对社会历史发展有决定性意义。马克思对古代产生的技术发明的作用作过很高的评价，马克思有一个著名论断：“手工磨产生的是以封建主为首的社会，蒸汽磨产生的是以资本家为首的社会。”[4]马克思指出技术是推动社会历史的强大力量，“火药、指南针、印刷术——这是预告资产阶级社会到来的三大发明。火药把骑士阶层炸得粉碎，指南针打开了世界市场并建立了殖民地，而印刷术则变成新教的工具，总的来说变成科学复兴的手段，变成对精神发展创造必要前提的最强大的杠杆。”[5]

法国思想家圣西门及其门徒孔德是技术统治论、专家治国论的先声。他们认为，西欧的工业社会具有典型性，它将成为全人类的社会，它是一个由学者和实业家统治我们时代的社会。军事首领、政客将失去统治地位，能够发现事物规律的科学家、技术专家将成为社会的最高领导。

20 世纪 20—30 年代，出现了较为系统而成熟的乐观的技术决定论，这就是对技术正面社会作用进行系统研究的奥格本的“历史的技术解释”理论。通过对技术社会效应的分析，奥格本得出结论，技术是推动社会变迁的主要动力。20 世纪 60 年代末，加拿大学者麦克卢汉提出“地球村””冷媒介”“热媒介”“媒介即信息”等概念。麦克卢汉视技术为社会的决定性因素。麦克卢汉对于媒介技术的解析出乎寻常：“媒介即信息。”这句匪夷所思的论断表达的思想是新媒介技术将改变人类自身及其生存的社会的结构。20 世纪 70—80 年代，美国的贝尔、托夫勒、奈斯比特相继出版了《后工业社会的来临》《第三次浪潮》《大趋势——改变我们生活的十个新方向》。他们十分乐观地分析了技术对全球形成了盛极一时的影响。贝尔认为，资本主义社会后期金钱资本权力下降而知识文化资本上升，明确提出”专家治国论”，统治阶级不是金融资本家而是各行业的科技专家。这类科技专家，他们已经不是单纯从事科学研究，而是赢得了政治权力，科技专家成为政治家。

乐观的技术决定论，还包括技术乐观主义、技术乌托邦主义、技术救世主义。技术乐观主义、技术救世主义和技术乌托邦主义，是人们对于技术正面功能的赞赏、希望甚或空想。

二、悲观的技术决定论

悲观的技术决定论是对技术发展及其社会后果持悲观主义态度的一种理论思潮。悲观论19世纪末产生于西方工业发达国家，不过其萌芽可以追溯到更早，例如18世纪的法国启蒙思想家卢梭曾经认为科技会使人性堕落。进入20世纪以后，技术一方面给人类的经济生产带来了巨大的效益，给人类的日常生活带来了无限的便利；另一方面，技术又产生了无数的负效应。两次世界大战给人类带来的阴影尚未消去，环境问题、生态问题愈来愈严重，技术乐观主义的思潮并无消隐之虞或还在继续蔓延。一些哲学家、社会学家、经济学家等已经把思想的利剑指向技术以及技术应用的种种弊端，各种悲观的技术决定论不断出现。

芒福德曾将技术分为两类：一种是多元的或民主的技术；另一种是单一的或极权的技术。多元的技术是在生活实践的基础上，从小农庄、小作坊中产生的技术。这种技术往往都是因地制宜，以便于社会的共同发展。在这种条件下，社区成员之间面对面地交流，平等地劳作，生活的每一部分都是工作。单一的技术是指“巨机器”产生的“巨技术”。芒福德认为，随着近现代科学技术的突飞猛进，单一技术无孔不入，已经渗透到政治、经济、军事、文化、价值观念和日常生活之中，机械化和自动化取得了空前的胜利。自动化的技术程序已经产生被囚禁的心灵，除了采取权力、威望、财产、生产和利润的标准以外，也就丧失了一切判断这种程序结果的能力，而与任何较有生气的人性目标都已完全脱节。在“巨型机器”的淫威之下，人类背离了原来的生活日标，逐渐成为巨型机器的一部分。人类本身被机器化了，前途一片茫然。

埃吕尔的学说常常被冠以“技术自主论”的称谓，然而他的理论充满了技术决定论的思想。埃吕尔的观点是：一，技术是自我决定的。技术的自身内在需要是决定性的。技术已经成为自我存在、自我充足的现实，并有自己的特殊法则和自己的决定论。二，技术能够导致社会的变革，经济和政治不是技术发展的条件，技术对于价值、观念和国家等来说是自主的。“技术对于经济和政治是自主的。我们已经看到，在当前，无论是经济的还是政治的进化都不能制约技术的进步，技术进步也不取决于社会形势。……技术会诱导出和制约社会的、政治的和经济的变革，技术是所有其余东西的最初动因。”[6]三，技术能够自动选择。技术会选择人，但是人不能选择技术，面对自主的技术，人没有自主性。在社会中技术的活动越多，人的自主性和主动性就越少。埃吕尔认为，国家不是决定技术进步的自主因素，而是服务于自主性技术的工具，是技术进步的代理人，技术系统则决定着国家的职能、形式和发展方向。埃吕尔认为，我们的社会已经变成技术的社会，技术的社会听从专家领导，技术专家成为新贵族，但他们又与大众一样，完全臣服于技术。

海德格尔的哲学思想极为丰富，语言晦涩而诗性化，他对技术的反思语言晦涩但深刻独到。海德格尔认为技术是一种解蔽方式，是在解蔽和无蔽状态的发生领域中、在真理的发生领域中成其本质的。海德格尔得出现代技术的本质就是“座架”。座架即把人框架在技术视野中，人的思想和行动都受技术的统治和支配。“座架意味着对那种摆置的聚集，这种摆置摆置着人，也促逼着人，使人以订造着把现实当作持存物来解蔽。座架意味着那种解蔽方式，此种解蔽方式在现代技术之本质中起着支配作用，而其本身不是什么技术因素。”[7]现代技术的“座架”的本质从最表层表现为人类对自然的掠夺性、破坏性的征服关系，即人类主体性的膨胀。在这种关系中，人成了绝对的主体，自然成了任意被支配的客体。现代人类与自然的直接事实的确如此。一方面，人对自然的主体性通过技术发挥到了极端，成为无度的主体性；另一方面，自然本身的存在，造成了极其严重的后果。

法兰克福学派对资本主义制度下的科学技术的反思与批判，在西方哲学界影响极大。该学派两位主要人物马尔库塞和哈贝马斯都具有特色的技术决定论思想。马尔库塞对当代发达工业社会的分析与批判，一个很大的特点是把它作为一个与人性不相容的病态社会来加以看待的。在他看来，当代工业社会由于科学技术的发展而成了一个“富裕社会”，但它同时又是一个“病态社会”。马尔库塞认为，在当代工业社会中，人已经成为单向度的人，其根源在于科学技术的发展和自动化的实现，在于现代技术已经取代传统的政治恐怖手段而成为一种新的控制形式。在当代工业社会中，决定性的东西是技术。但这种技术不是“作为那些可以同其社会政治效果分离开业的纯工具的总和，而是作为先验地决定着设备的产品以及维修和延伸设备的操作的体系”在起作用[8]。在当代工业社会，这种技术不仅决定着社会需要的职业、技艺和态度，而且也决定着个人的需要与欲望。技术以理性的名义导致了人类生活的大规模改变。所有先前的独立体制——宗教、政治、立法等——都成了技术系统自身的理性化、客观化和物化活动的附属物。技术作为一种工具，不是一般意义上的工具，而是一种统治工具，特别是这一统治性工具由从对自然的统治延伸到对人的心灵的行为的统治。

哈贝马斯认为，一个社会的合法存在，必须有它的信条来证明其合法性。这个信条就是意识形态，意识形态的直接功能就是为政治统治的合法性提供依据。哈贝马斯运用一种出乎一般人们思维的方式，构造了他的技术观。这一技术观的核心就是：技术执行着意识形态的功能。哈贝马斯认为，技术与科学今天具有双重职能：它们不仅是生产力，而且也是意识形态。作为生产力它们实现了对自然的统治，而作为意识形态它们实现了对人的统治。

让·鲍德里亚（Jean Baudrillard）是法国20世纪70年代之后思想界的一位杰出思想家，他是继德国著名哲学家海德格尔之后，在欧洲大陆对现代技术与社会问题进行思辨研究的另一位著名学者，他的名气和影响不及海德格尔那么大，但他的思想和语言与海德格尔一样：艰涩而另类。鲍德里亚的技术哲学思想就是他有关“完美的罪行（perfect crime）”的理论。鲍德里亚所谓的“完美”，就是由于高科技的发展和进步而达到的至善至美。人们正是通过发展最新的高技术来追求物本身的完美、人本身的完美和我们生活世界的完美。那么，对完美的追求的过程及其结果、其结局是否也完美呢？鲍德里亚对此给出了一个完全否定的回答。完美的追求，非但没有一个完美的结局，而且是“有罪的”。“完美的罪行就是创造一个无缺陷的世界并不留痕迹地离开这个世界的罪行。但是，在这方面，我们没有成功。我们仍然到处留下痕迹——病毒、笔误、病菌和灾难。”[9]即人类在追求技术进步、技术和工艺上的完美进程中所付出的代价，也就是技术对人类的报复，或技术进步所带来的负面作用。鲍德里亚的完美的罪行的思想，就是对这一当代技术社会现象的深刻的哲学反思，集中地反映了其悲观的技术决定论思想特征。

悲观的技术决定论，还包括技术悲观主义、技术敌托邦主义、技术恐惧主义。技术悲观主义、技术敌托邦主义是人们对于技术负面功能的反对、拒绝甚或可怕想象[10]。

三、技术决定论不会“终结”

另外，还可以从其他一些角度将技术决定论作出一定的类别划分。硬技术决定论和软技术决定论之分，是根据技术决定论观点的强烈程度所作的区分，也称为极端的技术决定论和温和的技术决定论。如埃吕尔的观点一般被认为是极端的技术决定论，温纳等人的观点一般被认为是温和的技术决定论。

从狭义的和广义的角度对技术决定论可以作出两种方式的区分或理解：狭义的技术决定论和广义的技术决定论。狭义的技术决定论是这样一类技术决定论，是一些知名的哲学家、思想家提出的关于技术对社会具有某种决定性质的基本主张，它们具有特定的理论意义和理论特征，这些哲学家、思想家就技术对社会具有的决定作用进行了系统的论述，发表过表征其理论的经典著作，等等，也是学界对他们的学说、思想加以总结、概括所形成的理论。陈昌曙先生就他主编的《自然辩证法百科全书》中“技术决定论”这一词条指出，“把‘技术决定论’作为专用名词，特指只承认技术决定社会而否认社会制约技术的一种思潮或观点。”[11]189所以，作这种特定理解的技术决定论的最突出特征，一是具有某种理论形态，二是常常显出一定的偏激倾向。

广义的技术决定论是对技术决定论的一种普通理解，它是指社会各方面各阶层或普通公众所形成的对技术重要作用的一种社会共识，即社会公众关于“技术对社会具有决定性作用”的一种社会思潮、社会心理体现。这种理解并不强调”技术决定论”这一名词的特指、流派、起源等。一般而言，这种理解不带有极端的偏激的倾向。上海辞书出版社出版的《辞海》《哲学小辞典》对技术决定论的解释大致属于这种理解。

之所以将技术统治论、技术万能论、专家治国论、媒介决定论、技术至上主义、技术霸权主义、技术帝国主义、技术救世主义等均归入技术决定论，原因在于它们属于技术决定论不同的表达，在实质内容上与技术决定论没有重要区别，有时甚至仅仅是对某一种思想或理论的不同称谓而已，如苏联学者 B. 杰缅丘诺克在《当代美国的技术统治论思潮》中称技术决定论为技术统治论。这些称谓、观点或侧重不同，或倾向不同，或带有某种政治、权力背景的色彩，或带有某种隐喻的性质：专家治国论侧重于对技术专家作用的推崇；媒介决定论侧重于对媒介这一特定技术载体价值的炫示；技术至上主义、技术救世主义、技术霸权主义、技术帝国主义可能都带有某种隐喻的性质。或者可以从人们对“技术对社会的决定”的态度和感觉看出技术决定论不同形式间的这些细微的区分。技术万能论、技术至上主义和技术救世主义表现出人们对于技术功能的崇拜；技术霸权主义、技术帝国主义表现出人们对于技术具有意识形态隐喻性质或者成为某种无法约束的力量的无奈。本文不对技术决定论以外的这些称谓作过多的考究，而是将它们归入技术决定论的概念之中。“由于对‘技术’内涵的理解不同，在不同论者那里，技术决定论往往指的是技术自主论、媒介决定论、技术统治论等概念中的某一种形式，甚至或许还有其他另外的形式。”[12]

这些称谓常常是在一些特殊语境下的用法，有些并不构成成熟的理论术语，或者还处于理论术语的形成之中。这些词语的大多数，《自然辩证法百科全书》《辞海》《名词自然辩证法》几部较权威的工具书并未收入，仅有“技术救世主义”被收入了《自然辩证法百科全书》：“认为技术本身的发展直接主宰人类命运，并且导致社会繁荣的一种观点。这种观点认为，技术是独立自主的，技术的发展及其后果不受社会条件的制约，技术进步无可怀疑地给人类带来美好的生活。……这种技术救世主义，又称技术至上主义。”[13]可以看出，其实质的含义与技术决定论没有实质区别。

由以上分析可知，技术决定论并不是一种只具有单一或简单内涵的理论。狭义的技术决定论或极端的技术决定论存在较为明显的极端性和片面性。极端的技术决定论片面强调技术的自主性和独立性，认为技术能直接主宰社会的命运，把技术看成是人类无法控制的力量，技术的状况和作用不会因为其他社会因素的制约而变更，而且社会制度的性质、社会活动的秩序和人类生活的质量，都单向地、唯一地决定于技术的发展，受技术的制约。这种极端的思想倾向不仅受到社会建构论者的猛烈抨击，即使普通公众也难以认可其理论主张。这样的“技术决定论当然不能成立，应予否定或批判”[11]190。比如，埃吕尔的技术自主性思想——完全否定人们可以进行技术选择，否定人的能动性和创造性——是不能被人们接受的。埃吕尔的许多论断缺乏理论上的论证，在逻辑上、理论上是矛盾的，从根本上说不符合当代社会的实际，也不符合技术过程的实际。极端的技术决定论明显的“极端性和片面性”就在于过分地抬高了技术的地位以及技术对社会的作用。

无论哪一种技术决定论，在评价技术对社会所产生的影响和后果上，都存在着过于简单化的缺陷。技术乐观主义只看到了技术对社会所产生的好的影响和结果，相信技术是解决人类一切问题并给人类带来更大幸福的可靠保障，而忽视或无视技术对社会所带来的不好的影响和结果，因而对未来的技术及其社会作用怀抱简单的美好期待。技术悲观主义看到了太多的技术对社会所导致的负面的影响和结果，认为技术在本质上具有非人道的价值取向，技术将给人类社会及其文化带来灭顶之灾，不谈技术对社会所带来的正面的影响和作用，从而对技术及其社会作用产生恐惧，甚至认为应该限制技术的发展。仅仅站在技术乐观主义的立场上，或是站在技术悲观主义的立场上，既不能正确地评价技术对社会已经产生的影响和后果，也不能科学地预测技术对社会将要产生的影响和结果。

尽管在技术对人、社会的决定性作用上有着比较一致的看法，但对人类社会的未来，乐观的技术决定论充满乐观的期待，而悲观的技术决定论则深怀悲观的担忧。而且尤其自20世纪中期以来，两种理论观点此消彼长不断涌现。陈凡教授曾指出，从纵向看，在20世纪20年代以前这段时间内，以“专家治国论”和“技术统治论”为中心的技术社会学思想处于萌发阶段；而在30年代，则是“历史学派”的兴起；在70年代间，“技术统治论”又经历了“工业主义”“技术社会”等理论的发展而形成高潮；从60年代到80年代，则是“后工业主义”的孕育和崛起阶段。从横向看，技术社会学的研究始终是围绕着两个主题来进行的：哲学家、经济学家和社会学家主要论述的是技术进步对社会的作用和影响；而科技史家和某些社会学家则主要关心技术发展的社会条件和环境[14]。

随着社会建构论在20世纪70年代的兴起，技术决定论受到了社会建构论等理论激烈的批评和批判，但是技术决定论依然深入人心，人们难以完全拒绝这一理论。技术的迅猛发展、更新，使得这一思想无论如何不可能销声匿迹，它借着日新月异的新技术也变换着自己的形式和内容。“技术与科学一样都是最有生命力、最活跃的因素，没有任何一种因素和任何一种力量能够阻挡科学技术的前进。……科学技术的决定论是更有力的，无论社会制度对科技进步多么缺乏支持和热情，或多么严重地阻碍科技进步，都只会延缓科学技术发展的步伐或速度，而不会使科学技术中止积累和前进。”[11]16

丹麦阿胡斯大学的统计学教授比约恩·伦伯格是最新出现的技术乐观主义者。他在《多疑的环境学家》（2001）这本书中用他自己整理的统计数据对悲观主义环境论者进行了全面的反驳，并对人类以更新的技术来解决环境问题的前景十分乐观。法国哲学家贝尔纳·斯蒂格勒的思想则可谓最新出现的技术悲观主义色彩的论者。在新千年之际，斯蒂格勒出版了《技术与时间——爱比米修斯的过失》（2000）。“代具性”，简而言之，即指失去某个肢体的躯体对某种不属于躯体本身的外部条件的依赖。“由于人缺少各种特定的本能，所以才促使人对技术产生了兴趣：技术对于人类充当着类似动物本能的角色。”[15]人只有依靠技术，运用工具以补身体之不足。

思想家以不同的表达方式对不同时代的技术的作用、价值作了各自的决定论解释。21世纪还会出现新的功能更加丰富、强大的技术，所以，技术决定论还会以各种新的方式表达出来，技术决定论不会“终结”，我们无法走出技术决定论。

参考文献

[1][2] 舒尔曼．科技文明与人类未来［M］．北京：东方出版社，1995：作者中文本序，61.

[3] 北京大学外国哲学史教研室．西方哲学原著选读：上卷［M］．北京：商务印书馆，1981：385.

[4] 马克思．资本论［M］//马克思，恩格斯．马克思恩格斯全集：第4卷．北京：人民出版社，1957：144.

[5] 马克思．机器。自然力和科学的应用［M］．北京：人民出版社，1978：67.

[6] Jacques Ellul. The Technological Society［M］. New York：Vintage Books，1964：20.

[7] 孙周兴．海德格尔选集［M］．上海：上海三联书店，1996：937.

[8] Herbert Marcuse. One Dimensional Man［M］. London：Rout-61ledge & Kegan Paul Ltd，1964：16.

[9] 鲍德里亚．完善的罪行［M］．北京：商务印书馆，2000：43.

[10] 马兆俐，陈红兵．解析“敌托邦”［J］．东北大学学报：社会科学版，2004（5）：329－331.

[11] 陈昌曙．技术哲学引论［M］．北京：科学出版社，1999.

[12] 朱春艳，陈凡．社会建构论对技术哲学研究范式的影响［J］．自然辩证法研究，2006（8）：59－66.

[13]《自然辩证法百科全书》编辑委员会．自然辩证法百科全书［M］．北京：中国大百科全书出版社，1995：223－224.

[14] 陈凡，张明国．解析技术［M］．福州：福建人民出版社，2002：76.

[15] 伊夫·戈菲．技术哲学［M］．北京：商务印书馆，2000：17.

（本文原载于《科学技术哲学研究》2011年第4期）

技术的社会建构之法律向度

翟桂范

（洛阳师范学院政法学院　河南 洛阳　471022）

摘　要： 广义的技术社会建构论主张技术建构于社会。作为异质性社会因素之一的法律，在技术或技术活动的社会建构中居于极其重要的地位。技术生产、技术使用、技术转移是技术活动法律建构的三重路径。总体的强制性、历时的演化性、结构的差异性，是技术活动的法律建构的基本特征。

关键词： 技术；法律；建构

一、技术的社会建构与法律

无论是平齐（T. J. Pinch）和比克（W. E. Bijker）等的“技术的社会建构”（SCOT），还是布鲁诺·拉图尔（Bluno Latour）和米歇尔·卡隆（Michel Callon）等的“行动者网络理论”（ANT），以及托马斯·休斯（Thomas Hughes）的“系统方法”（SYS）等，之间存有多少差异，由于这些理论都指向对技术决定论的修正，因而共同构成着广义的技术社会建构论。这一理论主张技术为社会所建构，但并不能因此将其理解为“社会决定论”。因为社会对技术的建构基于“技术与社会相互适应、协同演化的过程”[1]。事实上，正是在技术与社会的“无缝之网”中，异质性社会因素才实现着对技术的建构，才型塑着技术变化。

依 F. 拉普的观点，“可以这样说明技术变化的过程：由特殊的文化态度、法律制度、社会结构和政治力量构成的社会，根据给定的技术知识和技能，考虑特殊的价值和目标观念，运用物质资源，在经济过程的框架内生产和运用技术系统。然后，这个过程又反作用于以前的技术系统，从而促进技术进一步发展。”[2]这就表明，型塑技术变化或建构技术的异质性社会因素，主要包括经济的、政治的、文化的和法律的，等等。

作为异质性社会因素之一的法律对技术的建构，并不是“孤立”地建构，这种建构在普遍性上，实现于“法律与其他因素的共同作用机制”。或者说，只是在与其他异质性社会因素的共同作用中，法律才充分发挥着对技术的建构作用。因为，一方面，法律不仅在根本性上“只是表明和记载经济关系的要求”[3]122，而且“本来都具有政治性质”[4]697，并制约于一定的文化精神；另一方面，作为一种异质性社会因素的法律，在对技术的现实建构中，既具有其他异质性社会因素所不具备的优势，又具有不可超越的局限性，充分发挥优势，弥补或扬弃局限性，只有在与建构技术的经济、政治、文化等的共同作用中才具有可能性。这就意味着，法律对技术的有效建构现实地基于异质性社会因素的共同作用机制。

尽管在普遍性上，法律对技术的建构实现于与其他异质性社会因素的共同作用机制，但是，“从16世纪以来，法律已成为社会控制的首要工具”[5]131，或者说，在建构技术的异质性社会因素的共同作用机制形成中，已成为“首要”的异质性社会因素，拥有着建构技术的某种“特殊能力”[6]483。因为，不仅在托马斯·休斯看来，“起立法作用的人类产品，如规章、法律等，也是技术系统的一部分”[7]。某项技术成功与否直接与法律的建构密切相关，而且建构技术的其他异质性社会因素必然现实地建构于法律，以至于社会已成为或正在成为法治的社会。在这个意义上，可以说法律在技术的社会建构中居于极其重要的地位。因而，在技术的社会建构讨论中，应当特别重视技术的法律建构问题的研究。

在马克思所言的“对于法律来说，除了我的行为以外，我是根本不存在的”，“因为行为就是我为之要求生存权利、要求实现权利的唯一东西，而且因此我才受到现行法的支配”[4]16-17的意义上，法律对技术的建构，建构的是人的技术行为。如果技术行为是受精神支配而表现在外面的技术活动，那么，法律对技术的建构，建构的是技术行为或技术活动。

将法律建构的技术理解为技术活动，并非仅基于语义层面的推论，其深层根据在于技术活动是技术的存在方式或本质。作为人造物的技术尽管是独立的实在之物，却终归“是人类劳动的产物”，因为“自然界没有制造出任何机器”[8]219。不仅如此，而且作为人造物的技术，只有在“劳动”或“消费”中才能“由死复生”。[9]214在这个意义上，技术的本质就是“人类在利用自然、改造自然的劳动过程中所掌握的各种活动方式的总和”[10]4，就是技术活动。

据此，技术的法律建构的讨论，可从技术活动的法律建构切入。

二、技术的法律建构的三重路径

技术活动在形态上，可相对区分为“技术生产”“技术使用”“技术转移”等。技术生产可主要理解为，以物质性人造物为核心的技术发明、创新、设计、制造等；技术使用可主要理解为，以物质性人造物为核心的技术操作、运用、消费等；技术转移可主要理解为，以物质性人造物为核心的技术推广、输出与引进、扩散等。值得稍加说明的是，把技术转移视作技术活动的一种形态，主要是由于，技术活动的历史在总体上是技术进步的历史，而“技术转移是技术进步的一个重要环节”[10]57，或者说，是技术活动的一种重要形态。陈昌曙先生就将“技术扩散”视作技术活动的一种构成，认为考察技术活动过程，应当包括“技术扩散的过程论”[11]113。

依技术活动过程的一般性阶段特征，将技术活动相对区分为以上三种形态，并不否证技术活动形态间的互渗与交融。但这种互渗与交融并不改变技术活动的阶段性特征，在技术活动的一定阶段，居于支配地位的只是作为该阶段“根据”的那种形态的技术活动。同时，如此区分并不否证某项技术作为活动，可能会仅止于技术生产。但在普遍性上，“新技术始于发明，成于研制，‘终’于推广应用”[12]156，或者说，并不止于技术生产的技术活动，往往包含着不同阶段，展现为各具特色的三种形态。

1. 技术生产的法律建构

一般地，法律对技术活动的全面建构，必首经技术生产路径。因为，作为过程的技术活动，总是始于技术生产。在以物质性人造物为核心的技术发明、创新、设计、制造的技术生产过程中，“为什么有些方向会消逝而其他方向会继续”，是技术的社会建构论关注的一个核心问题。尽管SCOT，ANT，SYS等仁智各见，但差异的解释却以不同形式表明，这种情形的发生，基于建构技术生产的异质性社会因素。依据ANT，这种异质性社会因素可称为构成网络的“行动者”。如果“一种成功的技术科学，是对所有这些行动者进行组织管理以达成既定目标的产物”[13]85，那么作为“行动者”之一的法律，在对其他“行动者”的“组织管理”中，即对技术生产活动的“控制”中，内在着使技术生产的“有些方向会消逝而其他方向会继续”的“特殊能力”。因为技术生产虽在某种意义上遵循的是技术逻辑，但法律对技术生产的具体方向、内容等的选择，具有或引导、保护、鼓励或限制、禁止的功能。当某一发明中的新技术在技术逻辑上具有可行性时，必须同时合法律规范，否则这一技术发明必定无效。比如，爱迪生的电灯技术的发明，正是由于取得了“有关电力供应发展的法律”的许可[14]才实现了“继续”。在综合国力主导于技术进步的当代，许多国家都通过作为国家意志的法律，积极介入技术生产活动。这类法律之所以能推动技术进步，主要在于其能使技术生产活动主体的权益得到有效保障。比如，专利法等就“保证发明人在一定时期内对自己发明独占使用，因此给了发明和制造实用新物品的天才之火添加了利益之油”[15]510。当然，法律并不对所有的技术生产活动都给予保护，对于那些“创造恶”或可能“创造恶”的技术生产，法律往往通过对其的限制、禁止使其“消逝”或不能“继续”。比如，美国、英国、加拿大等国都通过立法，对违背人类尊严的人体克隆技术研究，实施不同程度的限制或禁止[16]。事实上，以技术发明、创新为标志的当代技术生产的“继续”或“消逝”，在其他因素一定的情况下，以法律对之的建构为刚性规定。

2. 技术使用的法律建构

在某种意义上，如果“根本没有所谓的技术‘本身’，因为技术只存在于某种应用的情景中”[17]53，那么，法律建构技术活动的重要路径之一，便指向对技术使用。以物质性人造物为核心的技术操作、运用、消费的技术使用，并不存在“都是使用者们说了算”的情形。在现实中，若以是否指向特定的技术使用为尺度，技术使用的法律建构可大体区分为“直接性建构”与“间接性建构”。法律对技术使用的直接性建构，通过以特定的技术使用为对象的法律规范实现。一般地，这类法律规范主要由两部分构成：一是国家制定为法规的技术规范，主要包括指向特定技术“怎样使用”的操作规程、技术规程等；二是限制或禁止某项或某类技术使用的法律规范，此类法律规范主要指向会或必然会对人身、财产、环境等造成危害或严重危害的特定的技术使用。比如，欧洲许多国家早在20世纪80年代就颁布了一系列法律，对会产生严重危害后果的生物技术的使用严加管制等。技术使用的法律建构的间接性方式，不以特定的技术使用为调整对象。这类法律规范同样主要由两部分构成。一是对造成人身、财产、环境等危害或严重危害的技术使用实施惩罚的法律规范。法律对产生危害或严重危害后果的技术使用的惩罚，并不是限制、禁止该类技术的正常使用，而是通过惩罚，限制、禁止该类技术的错用、滥用、非法使用。当然，这并不意味着凡造成危害或严重危害的技术使用，必定因于错用、滥用、非法使用。因为在一定的条件下，某一技术的正常使用，也可能会产生危害或严重危害。对于产生危害后果的这类正常的技术使用，法律同样将其作为规范的对象，纳入建构的场域。二是鼓励安全、高效之技术广泛使用的法律规范。因为法律在建构技术活动中所内在的安全与效益两大基本价值追求，不仅表现于对某种技术使用的限制、禁止、惩罚，而且表现于对某种技术使用的保护、引导、鼓励。比如，我国的《环境保护法》等，就鼓励“资源利用率高”“污染物排放量少”等先进技术的广泛使用。这就表明，技术“使用者”只有在法律的建构中，才能对“使不使用、为何使用、怎样使用”某项技术“说了算”。

3. 技术转移的法律建构

“与人类的历史同长”[10]208的技术转移，自国家诞生起就调整于法律。这表明，技术转移是法律建构技术活动的一条重要路径。当代的技术转移，普遍地实现于基于市场的技术（或技术产品）贸易，而无论承载技术转移的是国内贸易还是国际贸易，普遍地规范于相关法律。在这个意义上，法律普遍地建构着当代的技术转移。由于当代的技术转移，对国家的技术状况与综合国力以及国家间的比较技术优势与综合国力的竞争有着重大影响，因而法律对技术转移的建构，呈现为异常复杂的情形。限于篇幅，我们仅作简要分析。其一，国内技术转移的法律建构。一般地，每个国家都会制定相关法律，对被限制、禁止生产、使用的技术除外的技术的国内转移给予保护，对先进技术的国内转移给予积极引导、促进与鼓励。因为先进技术的国内转移，能增强国家的综合国力与竞争实力。其二，国际技术转移的法律建构。以先进技术的国际转移为例，由于其主流是从发达国家向发展中国家转移，因而不同国家的法律对其的建构取向存在差异或较大差异。通常，发达国家的法律往往限制甚至禁止本国先进技术的输出，发展中国家的法律往往保护、促进、鼓励国外先进技术的引进。因为发展中国家普遍期望能够通过先进技术的引进，提升本国的综合国力，而发达国家则期望通过对先进技术输出的限制或禁止，巩固或强化以技术优势为支撑的对世界事务的话语权、主导权。比如，美国的出口管制法规就将中国纳入严禁高端技术出口的“受控国家”之列[18]，等等。不仅如此，一些发达国家还利用技术优势，通过制定包含知识产权的或国家或区域性法定技术标准（如欧盟的 CR 法规等），以及主导制定的国际法定技术标准等技术法规，构筑“技术壁垒”，限制其他国家特别是发展中国家的一些技术（技术产品）对其出口。比如发展中国家的一些技术（技术产品）若向其出口，必须符合这些发达国家制定的相关技术标准。然而，若符合之，必然因购买使用其中的知识产权而推升成本，进而失去竞争优势；若不购买使用其中的知识产权，必然因无法符合之而不能对其出口[19]。简言之，无论法律对技术的国内转移与国际转移之法律建构存在多少差异或多么复杂，但都无例外地表明，技术转移只有在法律的建构中才能成为技术转移的现实。

三、技术的法律建构的主要特征

一般地，技术活动的法律建构的特征，主要包括强制性、演化性与差异性等。

1. 强制性是技术活动的法律建构的总体性特征

“法律者，社会生活规范之由社会力尤其公权力强制实行者也”[20]100-101，因而技术活动的法律建构的总体性特征是强制性。法律建构技术活动的强制性，突出表现于对某一或某些技术活动，实施限制、禁止与惩罚的法律规范。一旦技术活动主体违反这类法规，就必须承担相应的法律责任，而受到或法院给予的刑事或民事制裁或国家行政机关给予的行政或纪律制裁等惩罚。这些惩罚的付诸实施，在现实性上，以国家的强制力为根本保证。值得说明的是，尽管国际上没有一个超国家的权力机构，但当某一技术活动违反相关国际法时，其应受到的相应制裁或惩罚，实现于某一国家单独或多个国家共同采取的强制性措施。不仅如此，如果法律建构技术活动的强制性根源于国家的强制力，那么，技术活动的法律建构的强制性，还可在对某一或某些技术活动实施保护、引导、鼓励的法律规范中获得理解。比如专利法等对以技术发明、创新为核心的技术生产活动的保护、引导、鼓励，若失去国家强制力的根本依靠，就难以奏效。言说法律建构技术活动的强制性，并不与SCOT所特别强调的技术形成或建构于相关社会群体内部或之间的非强制性“协商”的思想相冲突。因为不仅在“协商”不成的情况下，最终决定技术活动走向的“通常是占社会统治地位的群体或阶层”或阶级，是“融入技术体系”的作为“统治阶级的国家意志”的法律[21]，而且在能够“协商”的情况下，法律同样“融入”着“技术体系”，因为关于技术形成的“协商”，是必在法律的强制性框架内的“协商”。因而，SCOT的建构技术活动的“协商”的非强制性，包含于法律对技术活动建构的强制性。

2. 演化性是技术活动的法律建构的历时性特征

法律对技术活动的历时建构的演化性特征，在根本性上因于技术或技术活动演化或变化或发展的历史。因为如果依首先将实用主义哲学应用于法学领域的霍姆斯（Oliyer W. Holmes）的观点，法律的价值在于它是否产生“效果”，那么，尽管在某种意义上，法律“应当”是稳定的，但面对历时演化的技术，建构之的法律若不能适时演化，就难以对技术活动实施有“效果”的建构。因而，随着技术的演化，法律对之的建构亦呈现为不同的阶段性变化。在某种意义上，如果说法律对技术活动的建构，在古代主要指向“技术器物”，在近代主要指向“技术制度”，到现当代则既指向“技术器物”“技术制度”，又指向“技术理性”[22]，那么，这种阶段性变化表明，法律对技术活动之历时建构，是一个广度不断拓展、深度不断推进的过程。对此，还可在当代的技术活动的法律建构中获得进一步理解。比如，在许多国家中，不仅规范当代新技术的法律不断出现，而且不断对不完全适合当代技术发展的现行法律进行着适时修改，同时规范当代技术活动的法律正逐渐走向体系化。当然，言说技术活动法律建构的演化，在根本性上因于技术演化的历史，并不意味着唯因于之。因为法律对技术活动的建构是向建构技术活动的其他社会因素开放的建构，其他社会因素的演化同样会导致技术活动的法律建构的演化。换言之，如果技术或技术活动的演化是不可遏止的，其他社会因素同样处于不断的演化之中，那么，法律对技术活动的历时建构就具有演化性特征。

3. 差异性是技术活动的法律建构的结构性特征

在结构性上，技术活动的法律建构的特征指向差异性。因为作为一个开放系统的技术活动的法律建构，在共时或同时性上，展示为相互作用的不同国家的技术活动的法律建构在空间上形成的整体性结构。或者说，在结构性上，技术活动的法律建构现实地展示为不同国家的法律建构。这就表明，技术活动的法律建构的主体是不同的国家（即便是技术活动的国际法建构，其基本主体同样也是不同的国家）。尽管在全球化日趋加快的当代，世界各国都“同一”或“卷到”了一起，但这种“同一本身就是绝对的非同一”，就是差异，“卷到”一起的各个国家，仍是“绝对的非同一”的国家。由此，一方面，作为“统治阶级的国家意志”的法律因具有显著的国家属性，而是“绝对的非同一”的法律；另一方面，技术或技术活动不像科学那样，具有无国界属性或弱国界属性，即便是当代的国家间合作的技术活动空前活跃，在根本性上仍划界于“绝对的非同一”的国家。事实上，正是法律与技术活动的国家间差异，才使得以不同国家为主体的技术活动的法律建构，在结构性上展现着差异性特征。一般地，这一结构性特征，突出表现在以下两个层面。其一，无论在任何时代或时间节点上，技术发展状况都会因国家的不同而存在着差异甚至较大差异。尽管这种差异于历时性上在有些国家间会发生改变，但这种改变或只是差异中的改变或只是改变了的差异，而不可能使共时性差异消失。由于法律只能对现实的或正在形成的技术活动实施建构，因而当不同国家的技术活动存在着共时性差异时，技术活动的法律建构在不同国家间只能是差异性建构。其二，具有显著国家属性的法律，因不同国家“利益和需要”的不同或“统治阶级的国家意志”的不同，而展示为共时性的国家间不同。从而使技术活动的法律建构，不仅面对不同对象而且面对同一对象，在不同国家间都表现为结构性差异。当然，言说差异性是技术活动的法律建构的结构性特征，并不意味着不同国家在技术活动的法律建构中不存在任何“同一”的情形，只不过在根本性上，这种“同一”往往基于差异，或仅仅是不同国家对技术活动的差异性法律建构的一种补充。

四、结 语

以强制性、演化性、差异性为基本特征，经由技术生产、技术使用、技术转移三重路径，对技术活动实施的法律建构，在价值性上并不具无缺陷性。且不说可能某一或某些法律规范本就含有“恶法”属性，在建构技术活动中会出现马克思曾言的“能捏造罪行”[23]552的情形，仅就差异性特征而言，一国对某一技术活动的法律建构，就可能在有益于本国的同时，而不利于或有害于其他国家。比如，构成美国知识产权保护之对外法律“防线”的“337 条款”与“特别301 条款”，在对技术活动比如技术转移的建构中就有这类效应等。但是，这并不妨碍法律对现实的技术活动的普遍建构。因为法律建构是“大规模协作和使用共同的劳动资料，特别是使用机器的技术活动所必需的”[9]488。或者说，与社会“无缝”的技术活动，若失去法律的建构，可能会导致整个技术系统的崩溃。在这个意义上，没有技术活动的法律建构，就难有技术的快速发展。只有将技术风险责任法律化，才可能使当代的技术风险得到较为有效的防范或控制，才可能有益于技术的当代发展。

如果法律建构是技术发展“所必需的”，而若不能不断深入地理解技术活动的法律建构，就难以有效地运用法律来建构技术活动，那么，本文的讨论或许会有一定的意义。

参考文献

[1] 邢怀滨，孔明安．技术的社会建构与新技术社会学的形成［J］．河北学刊，2004（3）：29－33.
[2] 拉普．近代科学技术为何恰恰在欧洲兴起？［J］．自然科学哲学问题，1989（2）.
[3] 马克思．哲学的贫困［M］//马克思，恩格斯．马克思恩格斯全集：第4卷［M］．北京：人民出版社，1958.
[4] 恩格斯．英国状况　英国宪法［M］//马克思．恩格斯．马克思恩格斯全集：第1卷［M］．北京：人民出版社，1956.
[5] 罗斯柯·庞德．通过法律的社会控制［M］．沈宗灵，董世忠，译．北京：商务印书馆，1984.
[6] 恩格斯．致康·施未特的信［M］//马克思，恩格斯．马克思恩格斯选集：第4卷［M］．北京：人民出版社，1972.
[7] 邢怀滨．社会建构论的技术界定与政策含义［J］．科学技术与辩证法，2004（4）：46－49.

[8] 马克思．机器。自然力和科学的应用［M］//马克思恩格斯．马克思恩格斯全集：第46卷下册［M］．北京：人民出版社，1980.
[9] 马克思．资本论：第1卷［M］．北京：人民出版社，2004.
[10] 陈凡，张明国．解析技术［M］．福州：福建人民出版社，2002.
[11] 陈昌曙．技术哲学引论［M］．北京：科学出版社，1999.
[12] 陈昌曙．陈昌曙技术哲学文集［M］．沈阳：东北大学出版社，2002.
[13] 希拉·贾撒诺夫，等．科学技术论手册［M］．盛小明，译．北京：北京理工大学出版社，2004.
[14] 王阳，陈晓玲．社会建构论与技术研究的新视野［J］．科学技术与辩证法，2006（5）：71－74.
[15] 张俊浩．民法原理［M］．北京：中国政法大学出版社，1997.
[16] 罗胜华．人体克隆的法律政策与制度建构［J］．科技与法律，2003（4）：70－76.
[17] 安德鲁·芬伯格．技术批评理论［M］．韩连庆，译．北京：北京大学出版社，2005.
[18] 周琛．气候变化领域技术转让之法律障碍：从技术供给者的角度［J］．武大国际法评论，2010，13（2）：329－343.
[19] 吕明瑜．技术标准垄断的法律控制［J］．法学家，2009（1）：48－62.
[20] 穗积重远．法理学大纲［M］．李鹤鸣，译．北京：中国政法大学出版社，2005.
[21] 肖峰．论技术的社会形成［J］．中国社会科学，2002（6）：68－77.
[22] 苏建，杨丽娟．论技术与法律关系形态的历史嬗变［J］．科技与法律，2008（1）：1－5.
[23] 马克思．人口、犯罪率和赤贫现象［M］//马克思，恩格斯．马克思恩格斯全集：第13卷［M］．北京：人民出版社，1962.

（本文原载于《自然辩证法研究》2012年第6期）

技术的社会塑形论的三重批判维度

郑晓松

（上海社会科学院哲学研究所　上海　200235）

摘　要：技术的社会塑形论实现了传统技术哲学的社会学转向，它具有三重批判维度：① 对现象学技术哲学的形而思辨的批判，强调经验描述的重要性；② 对技术决定论的技术自主思想的批判，提出技术的社会建构；③ 对传统技术发展观的线性模式的批判，主张技术发展的多向模式。

关键词：社会塑形；技术自主；社会建构；线性模式；多向模式

1982 年，在欧洲科学技术研究协会的一次会议上，美国的平奇（T. J. Pinch）和荷兰的比克（W. E. Bijker）等人倡导用科学知识社会学中的建构主义的方法研究技术，这标志着技术的社会塑形论（social shaping of technology，SST）的诞生。1985 年，麦肯齐（Donald MacKenzie）和瓦克曼（Judy Wajcman）合编了名为《The Social Shaping of Technology》的论文集，这是第一部正式出版的关于技术的社会塑形论的学术著作。1987 年，平奇、比克和休斯（Thomas Hughes）合编了另外一部论文集，收录了 1984 年相同专题会议的论文，书名为《The Social Construction of Technological Systems》。此后，众多学者加入到 SST 的讨论中，结合大量的案例研究，先后出版了近十本相关著作，从而使技术的社会塑形论日渐发展和丰富起来，时至今日，SST 研究已经成为技术哲学发展的一个重要方向。概括来讲，技术的社会塑形论主要呈现出三种发展态势：① 以休斯为代表的“技术系统”研究路径。在休斯等人看来，技术是由包括发明家、工程师、管理者、工人、投资人，以及人工制品、组织机构、规章制度和文化历史传统等要素组成的异质系统，对技术的社会考察必须立足于技术与社会“无缝之网”的思想，着重研究各个要素相互作用的演化范型。② 以法国的拉图尔（B. Latour）、卡隆（M. Callon）、劳（J. Law）为代表的“行动者网络”研究方法。他们认为，凡是参与技术实践的要素都是行动者，其基本特征是异质性（heterogeneity），异质的行动者按照“追随行动者”的方法，通过“转译”（translation）组成网络，技术就是多种异质要素相互作用而形成的网络动态过程。③ 以平奇、比克、威廉姆斯（R. Williams）为代表的技术的社会建构论。他们把柯林斯的“经验相对主义”纲领扩展到技术的社会研究领域，认为对科学的研究和对技术的研究应该也确实能够相互受益，而“在科学社会学中盛行的、在技术社会学中正在兴起的社会建构主义观点提供了一个有用的起点”[1]。在社会建构论看来，技术制品的内涵与广泛的社会文化和政治环境密切相关，社会群体赋予技术以意义，技术制品是由社会文化建构和解释的，不同的意义可以规定不同的技术发展路线。

同传统技术哲学相比，技术的社会塑形论在研究视角、方法和纲领等诸多方面都发生了重大变化。基于此，对20世纪六七十年代盛行的技术哲学思潮的批判一直都是技术的社会塑形论的主旋律之一，甚至可以说，技术的社会塑形论正是在批判传统技术哲学思潮的基础上发展壮大起来的。

一、从形上思辨到经验描述的转变：对现象学技术哲学的批判

现象学技术哲学隶属于广义的现象学运动，其研究视角经历了一个从本体到经验的发展过程。海德格尔首先开始对技术的现象学沉思。和胡塞尔不同，海德格尔认为现象学不能仅仅局限于先验唯心主义的认识论，现象学方法同样适用于本体论研究。基于这一立场，海德格尔开创了从本体论现象学的维度思考技术根本问题的先河。在《技术的追问》一文中，海德格尔首先分析并批判了关于技术的工具主义和人类学的流行观念，然后对技术这一概念进行词源学考察。他认为，希腊文中表示技术的词是τεχυικον，它意味着τεχυη所包含的东西，在前柏拉图时代，τεχυη与表示认识的επιοτημη一词关联在一起，进而构成一种启发式的认识，这种具有启发作用的认识就是一种解蔽。在他看来，这才是τεχυη一词的本质意义。所以，他最后总结说："技术是一种解蔽方式。技术乃是在解蔽和无蔽状态的发生领域中，在αληθεια即真理的发生领域中成其本质的。"[2]现代技术同样是一种解蔽，只不过现代技术的这种解蔽体现着某种促逼着的要求即所谓的"座架"（Ge-stell）。海德格尔之后的现象学技术哲学出现了新的发展趋势——从本体到经验层面的转变，主要代表方向有伯格曼（Albert Borgmann）的技术人工物向度、德雷福斯（Hubert Dreyfus）的人工智能向度、伊德（Don Ihde）对人与技术关系具体分析的向度。尽管现象学技术哲学在研究对象和视角上发生了从海德格尔的抽象技术总体到伯格曼、德雷福斯等的具体技术对象物的转变，但现象学的思辨方法却贯穿始终。

技术的社会塑形论的研究方法与现象学技术哲学的纯粹哲学思辨完全不同。首先，在技术的社会塑形论看来，现象学技术哲学对"技术"这一概念的理解存在着偏差。在海德格尔那里，技术仅仅是哲学理念中的抽象的、"大写"的技术，完全独立于人类社会之外，没有任何经验、历史和文化内容。伯格曼、德雷福斯和伊德等尽管开始关注经验生活层面的技术，但在他们那里，技术也只是被理解为具体的技术制造物。有别于此，休斯首先提出技术系统的概念。他认为，技术特别是现当代技术并不是某种单纯的技术对象物，而是一种系统，一种包括物理人工物（physical artifacts）、组织机构和立法性质的人工物（legislative artifacts）等组分（component）的系统。在《大技术系统的演化》一文的开篇中，休斯写道"技术系统包括了混乱的、复杂的、解决问题的组分"，"技术系统的组分中含有技术人工物，如涡轮机、变压器以及电灯和电力系统中的传输线；但技术系统也包含了组织，如制造公司、公用事业公司、投资银行，他们还将通常称为科学的组分也融合进来，如书籍、文章和大学教育以及研究计划"。此外，"立法性质的人工物，如规章制度也可以是技术系统的一部分"[3]。休斯认为，技术系统中的人工物既可以是物质的，也可以是非物质的，它们各自不同但相互缠绕在一起，并且为了系统整体的目的而彼此发生作用（interaction）。不难看出，休斯的技术系统理论立足于整体主义的视角，克服了现象学对技术概念的简单理解。在这种整体论的视域下，一方面，社会和技术不再是彼此分离的，而是形成了社会、技术的

"无缝之网"；另一方面，科学和技术、工程师和科学家的界限也不再清晰。休斯希望借助这种整合了社会、政治、经济和历史文化的整体解析方法来实现打开技术黑箱的目的。

在技术的社会塑形论看来，"像我们的经济或政治系统一样，技术是我们社会生活方式的一方面。技术变成这样一种东西，它的转变是我们生活方式中更宽泛的转变的一部分。"[4]因此，对技术的思考如果只是局限于现象学的形上思辨，那就有失偏颇，必须认识到社会学的经验描述的方法的重要意义。具体说来，社会塑形论所强调的经验描述的方法主要有三种。

（1）实地考察（field work）

在社会塑形论看来，技术的形成更多是一个社会学维度的具体问题，而不是面对一个抽象的技术总体的哲学思辨，因此对经验层面的技术现象的实地考察尤其重要。拉图尔在不同场合经常对别人声明："我的工作一直是从事'经验哲学'的实践研究，也就是说，借用社会学中的实地考察（field work）的方法来解答哲学所提出的问题。这就是我为什么以转向实验室研究为前提来理解科学真理的原因所在；当我希望了解技术时，我着手描述地铁的项目；当我希望理解法律时，我在法国最高法院进行调查研究。总之，两者之间无法分割，我既是一名哲学家，也是一名社会学家。"[5]

（2）经验分析

社会塑形论认为，传统的技术哲学尽管成果丰硕，但由于过多强调理论性而缺失了实践的联系，因而对社会生活并没有多少实际意义。技术哲学必须从"经院的象牙塔"走向现实的"熔炉"，以一种经验分析的方法来考察具体的技术。同样道理，对技术形成的思考应当从传统哲学的规范性的、评价性的内容转向社会学的经验性的、描述性的内容，从而发掘出形塑技术并推动技术不断革新的社会因素

（3）案例研究

社会塑形论有别于传统技术哲学的最大特点就是案例研究。值得注意的是，案例研究并不是简单地引用史料的例证，而是对相应的个案进行全方位的剖析，以此证明社会的因素在技术形成过程的决定性作用。比如，为了论证科学、经济和市场等社会因素在形塑技术进程中的重要性，休斯以爱迪生发明电灯为案例，从三个层面展开了分析。科学方面，爱迪生的电灯利用了欧姆定律和焦耳定律。经济方面，爱迪生是一个企业家，发明电灯是为了实现利润的最大化目标，因而他必须进行严格的计算。针对这一点，休斯以爱迪生自己的笔记为例证，该笔记里面有30页是关于各种原材料价格、各种费用和生产预算的记载。市场方面，电灯的发明是爱迪生在同当时占主导地位的煤气灯的市场竞争过程中产生的[6]。

二、从技术自主到社会建构的转变：对技术决定论的批判

一直以来，在关于技术和社会关系的所有理论中，影响最大的莫过于技术决定论（technological determinism）。技术决定论思想始于文艺复兴时期的弗兰西斯·培根。培根的《新工具》一书的主旨就是把科学特别是技术发明理解为人类征服和控制自然从而达到为人类社会服务的根本手段，不仅如此，在《新大西岛》中，他还设想了一个完全按科学技术的规则建构起来的并且由技术统治的理想社会的蓝图。培根的这些思想通过法国的启蒙运动得到了进一步强化，孔多塞在其名著《人类精神进步史表纲要》中甚至认为人类社会的精

神进化同样和科学技术密切相关，他说："科学的进步保证了教育技术的进步，而教育技术的进步本身随后又加快了科学的进步；这种日新月异的交相影响是应该列入人类精神完善化的最活跃的、最有力的原因之中的。"[7]此后，由于工业革命的巨大成功并因此带来的人类社会的日新月异，技术决定论的思想迅速得到广泛的传播和接受。技术决定论认为，技术具有自主性和独立性，技术能直接主宰社会和人类的命运。技术决定论把技术看成是人类无法控制的力量，技术的状况和作用不会因为其他社会因素的制约而变更；相反，社会制度的性质、社会活动的秩序和人类生活的质量，都单向地、唯一地取决于技术的发展，受技术的控制。在技术决定论看来，技术对社会的影响有正面和负面之分，相应的，技术决定论也分为乐观派和悲观派。在当代，乐观派的主要理论代表有卡恩的"大过渡理论"、丹尼斯·贝尔的"后工业社会"理论、奈斯比特的"信息社会"理论、托夫勒的"第三次浪潮"理论，等等。他们认为，科学技术是万能的，科技的进步和革命可以最终妥善解决各种社会问题和矛盾。以罗马俱乐部为代表的悲观派在1972年发表的《增长的极限》中指出，以生态危机、社会危机和人的危机为表征的全球性问题并不是自古就有的，而是在当今全球化背景下特有的一种危机。造成这种危机的主要原因在于科学技术的扩张已经远远超出了人类的控制范围和能力，技术成了一种无政府主义状态，成了一种破坏力量。

技术决定论的核心思想是"技术自主"，这种思想认为，技术是一种自主和自律的力量，有自己不受社会影响的独立逻辑，技术的发展是一种不受制于外部条件的过程，它可以不依赖于社会而完全自主能动地发展，然后作用于社会，造成社会的变化；或者说技术是自变量，社会是因变量，只有技术决定社会的一面，而没有社会影响技术的另一面，是一种单向性的决定关系。激进的技术自主论者如埃吕尔认为，技术的发展本质上依赖于技术自身的逻辑和规则，它作为一种"有机体"可以自身设定发展目标和路线，趋于自我封闭和自我决定，技术本身就是目的[8]。因此，"技术并不是按照人们所追求的目标发展，而是根据业已存在的增长可能性发展"[9]。概括来讲，埃吕尔的技术自主论思想主要包括：第一，技术是自我决定的，技术能自我发展、自我扩张、自我完善，技术的自身内在需要是决定性的；第二，自主性是技术的根本特性，当代技术具有自主性、合理性、人造性、自我增长、一元主义、普遍主义等特性，但其中最根本的特性是它的自主性；第三，技术决定社会，当今社会是彻底技术化的社会，并且完全按照技术规则运行；第四，人的地位、目标是由技术决定的，埃吕尔甚至宣称"在技术自主性面前没有人的自主性"。温和的技术自主论者如温纳把"反适应"理解为当代技术的一个重要特征，通过"反适应"，技术的自主性即自我生成、自我协调、自我规划的机制得以实现。温纳同样强调，技术有自己的发展逻辑和独立体系，并且，"技术建立了很多人们赖以生活的规则"[10]。

对于技术决定论，社会塑形论给予了坚决的批判。首先，技术决定论"技术之于社会"的理论视角太过偏激，"技术对社会有直接影响的思想太过简单"[11]。但是，问题的关键在于："社会学家倾向于关注技术的'影响'，技术转变对社会的'冲击'。这是一种很有实效的关注，但却留下一个先在的、可能更重要的问题，而这个问题没有被追问因而也没有得到解答。究竟是什么形成正在发生'影响'的技术，一直以来是什么导致了我们正在经历其'冲击'的技术的转变？"[12]在技术的社会塑形论看来，技术本身是如何形成的才是学理上首先要解决的问题，针对这一问题，社会塑形论认为，技术的形成离不开社会因素的参与，因此，必须实现从"技术之于社会"到"社会之于技术"的视角转换，认真研究技术是如何被社会建构起来的。麦肯齐和瓦克曼在1985年合编论文集《The Social Shaping of Technology》时就明确指出："我们的意图有两个方面。第一，我们希望从学理层面或者之外，给读者提供一本生动而翔实的论文集，这些论文都主张技术是由社会塑形的。第二，我们想让我们的社会学家同人们相信，他们并没有令人信服地严肃而系统地研究这个论题。我们不希望放弃技术对社会影响的研究，但我们希望至少用同样的时间来研究社会对技术的影响。"[13]

其次，对于技术决定论的核心思想"技术自主"，技术的社会塑形论更是非常不满。技术的社会塑形论认为，所谓技术自主毫无现实依据，"我们主张，技术进化并不是依赖于自身内部必要的技术或者科学的逻辑。技术并不拥有某种固有的动能。"[14]因此，技术决不是一种自主的力量，而始终是人类活动的媒介和工具，既然如此，技术具有自我生成、自我发展的所谓自主性也就无从谈起，所以，技术的发展进化只能通过技术之外的社会因素来实现，基于此，技术的社会塑形论主张，"技术及其形成与历史的、经济的、政治的、心理的以及社会的因素密切相关。"[15]不可否认，技术有些时候的确表现出某种自主性，按照自身的内在逻辑进化发展，但这相对于外在社会环境的影响还是非常小的，从根本意义上讲，一项新的技术发明的形成，本质上是社会各种因素相互作用的结果。针对技术自主，技术塑形论针锋相对地提出了技术的社会建构（The Social Construction of Technology，SCOT），强调技术是由各种社会因素建构起来的。平奇、比克和休斯还专门主编出版了《技术系统的社会建构》一书，通过大量的案例研究和经验分析，提出了建构主义的基本原则和方法。主要包括待定原则、灵活性原则、对称性原则。技术的社会建构论认为："我们的技术反映我们的社会。技术再生产体现着专业的、技艺的、经济的和政治的因素的相互渗透的复杂性。……'纯的'技术是没有意义的，技术总是包含着各种因素的折中。无论技艺被何时设计或建构出来，政治、经济、资源强度的理论、关于美与丑的观念、专业倾向、嗜好和技能、设计工具、可用的原材料、关于自然环境的活动的理论，——所有这些都被融入其中。"[16]总之，概括来讲，技术的社会建构就是以建构主义的方法来研究技术的社会形成过程，强调技术是由社会因素塑造的，主张技术应对社会学开放，即运用社会学方法去考察社会的、体制的、经济的和文化的力量对技术形成的作用。

三、从线性模式到多向模式的转变：对传统技术发展观的批判

长期以来，占主导地位的观念是技术与科学紧密联系在一起，技术的发展被看作是一个以基础研究为起点、以技术转化为中介、以产品使用为终端的过程，按照这种观点，一项技术的进化周期可以描述为：基础研究→应用研究→技术开发→产品开发→生产→使用。很显然，这种传统的技术发展观是一种单向的线性模式（linear model），其核心思想是：技术发展的方向、目标是由技术系统内在的结构和逻辑决定的；技术增长的动力取决于业已存在的技术谱系之间的相互作用；技术进步是技术系统各个领域的众多发明、改进相互影响共同作用下实现的技术整体的自我增长。总之，在这种观念看来，技术发展仅仅是一个技术知识不断积累、进化的过程，这一过程与技术之外的因素比如社会、经济和文化等基本没有关系。

与传统的技术发展观相反，技术的社会塑形论认为，社会选择才是决定技术进化的方向和推动技术进步的根本力量，"SST（技术的社会塑形，译者注）的核心是'选择'这一概念，尽管不一定是有意识地选择，但选择却在具体的人工制造物和系统的设计中，以及在革

新方案的方向或者轨迹中却是固有的。……可供选择的路线不同，潜在地导致不同的技术结果。”[17]在技术的社会塑形论看来，传统的线性模式技术发展观太过简单和片面。首先，它把技术和社会绝对区分、对立开来，静止地、孤立地理解技术形成的参与者，把技术的形成主体仅仅局限于科学家和工程师。而实际的情况是，在当今时代，技术和社会已经相互融合，密不可分，俨然成了一张“无缝之网”。因此，塑形技术的主体不能简单地理解为科学家和工程师，而是关系到更广的社会网络。对此，休斯在“大技术系统的进化”一文中有详细论述。休斯认为：“技术对环境的适应就产生了技术风格问题，技术与时间、地点有关，形成技术的因素是大量的、多样化的。”[18]由于地理环境、管理体制等方面的差异，20世纪20年代，伦敦、巴黎、柏林和芝加哥各自形成了不同的电力供应技术系统，以至在发电、配电和输电的方式上截然不同。具体来讲，社会塑形技术的参与主体主要包括：① 宏观层面：自然环境、文化传统及政治经济体系等；② 中观层面：社会群体、组织机构、规章制度等；③ 微观层面：发明家、工程师、管理者、工人、投资商及消费者等。其次，线性模式的技术发展观只看到了从基础的技术研究、开发到形成新技术产品并被投入到市场这一单向的过程，并没有注意到社会选择在技术革新中所具有的引导性作用。技术的发展根植于特定的社会环境，社会的不同群体的利益、文化上的选择、价值上的取向和国家政策的导向等都决定着技术发展的方向和路径。一种纯粹在实验室中开发出来的技术产品往往很难得到社会和市场的认可、选择。“成功的实践的工程师们总是知道，他们的工作是经济的组织性的和政治性的，就如同是技术性的一样，他们知道一种设计如果太贵，如果不能吸引业主和顾客，如果它在适应一种组织结构上是如此的贫乏，或者失去了政治上强有力的支持，那么即使它在技术上是可行的，也是失败的。”[19]

技术的社会塑形论主张技术发展的“多向模式”（multidirectional model）。平奇和比克通过自行车发展历史的案例分析形象地解释了“多向模式”的具体内涵：自行车在19世纪70年代时轮子很大，它有利于提高速度，但由于骑在这样的车上人的重心会很高，所以极不安全，尤其对于妇女和中年男子来说，高轮车的危险性很大，不能作为大众普遍使用的交通工具。这就意味着，自行车作为一种技术人工制造物，它涉及具有不同诉求的相关社会群体，这些群体根据自身的需要对自行车的设计制造者提供不同的问题反馈，针对这些问题，相应地形成不同的技术解决方案，从而使自行车呈现为能够适应各种社会需求和选择的多种形态的人工技术制品。可见，技术实际的发展并不遵循从基础研究到技术开发最后形成新产品这样一种单向的进化过程，而是取决于技术使用者的需要和社会各种因素的影响，不同的需求选择和社会文化背景造就不同的技术发展方向和轨迹。因此，社会因素决定着技术设计的思路，技术工程师只不过贯彻实施了社会不同群体的需要和选择，而社会需要和选择又具有多样性，这也直接导致了技术是以一种“多向性”的模式进化发展。

参考文献

[1] 朱春艳，陈凡．社会建构论对技术哲学研究范式的影响［J］．自然辩证法研究，2006（8）：60.

[2] 海德格尔．海德格尔选集：下［M］．上海：上海三联书店，1996：932.

[3]［18］Bijker W E，Hughes T P，Pinch T J. The Social Construction of Technological Systems［M］. Cambridge，Mass：The MIT Press，1987：51，68.

[4]［6］［11］［12］［13］［14］［15］［19］Donald Mackenzie，Judy Wajcman. The Social Shaping of Tech-

nology [M]. Michigan: Open University Press, 1985: 3, 41-49, 6, 2, 2, 3, 5, 21.
[5] 成素梅. 拉图尔的科学哲学观 [J]. 哲学动态, 2006 (9): 3.
[7] 孔多塞. 人类精神进步史表纲要 [M]. 何兆武, 译. 北京: 生活·读书·新知三联书店, 1998: 198.
[8] [9] Jacques Ellul. The Technological System [M]. NewYork: The Continuum Publishing Corporation, 1980: 125, 256.
[10] Landdon Winner. Autonomous Technology: Technics-outof-control as a Theme in Political thought [M]. Cambridge, Mass: MIT Press, 1977: 317.
[16] Bijker W E Law, John. Shaping Technology/Building Society, Studies in Social Technical Change [M]. Cambrideg, Mass: The MIT Press, 1992: 121.
[17] Robin Williams, David Edge. The Social Shaping of Technology [J]. Research Policy, 1996 (25): 856.

(本文原载于《自然辩证法研究》2012 年第 4 期)

知识与政治：女性主义立场论的批判性反思

陈 英 肖 峰

（华南理工大学思想政治学院 广东 广州 510640）

摘 要：分析了女性主义立场论与马克思主义阶级立场理论的亲合与分离以及其激进的政治立场所面临的困境，指出当放弃了对多元立场的独断论的政治赋权，温和的女性主义立场论对科学与政治关系的认识将呈现出更民主与更合理的理论向度。

关键词：女性主义立场论；强客观性；多元政治

随着女性主义认识论对西方传统哲学的冲击与影响越来越大，“知识与政治之间的关系”问题也越来越进入知识社会学理论论述的中心。而女性主义立场论作为女性主义认识论中的一支主流思潮，对探讨认识论中存在的性别问题提供了一种方法。有如哈丁指出的，立场论理论家们“大多数是独立从事研究而没有意识到其他人的工作”，但是却获得了相似的理论结论，这是一个在很大程度上不能归结于巧合的有趣现象，在一定程度上这意味着立场论的时代已经来临[1]389。女性主义立场论中的立场是什么？立场支撑女性主义认识论合法性的哲学根据何在？女性主义提出的性别立场与马克思主义提出的阶级立场又有什么异同？女性主义立场论能够为知识与政治的纵深探讨提供怎样的启示？本文通过对这些问题的诠释与思考，试图发现女性主义立场论面临的困境以及女性主义认识论未来的可能进路，并为理论化知识与政治的多元关系提供可辩护的启示。

一、什么是“立场”

立场是女性主义立场论秉持的核心概念。立场概念隐含的辩证法含义可以追溯至黑格尔的主奴辩证法，主人与奴隶处于不同的社会位置因而形成不同的认识。从主人的立场看奴隶，他们懒惰、撒谎、无知，是不完整的人。然而，从奴隶的立场来说，敷衍、伪善、消极怠工恰是他们反抗奴隶主压迫的武器，因此，从奴隶的视角出发理解他们的行为，奴隶又是完整的人。马克思与恩格斯把黑格尔的主奴辩证法发展为“阶级立场”。针对资产阶级维护现存社会结构的保守性，处于社会底层、在物质上一无所有的无产阶级对社会制度的弊端有更深刻的认识，这种批判的意识让他们在认识世界的过程中可以获得比资产阶级更客观、更合理的知识。

女性主义者曾一度指出，压迫关系不仅存在于资产阶级与无产阶级的阶级对立关系中，而且存在于男性与女性的性别对立关系中。正如恩格斯所言："在家庭中，丈夫是资产者，妻子则相当于无产阶级。"[2]70同样，在家庭之外形成的社会性别关系中，男性以压迫者的面目出现，而女性则是被压迫者。因此，女性主义者指出，不同阶级因其处于社会关系中的不同位置而形成不同的认识，同样，不同性别因其处于不同性别关系中的不同位置也必将形成不同的认识。

性别立场导源于性别差异。"生活方式或不同种类的活动往往会产生不同的思维方式与观察方式。我们的行为既帮助我们能知道什么，又限制我们能知道什么。"[3]191从一定的意义上来说，认识就是处于一定社会关系中的人的活动，与认识者在社会关系中所处的社会位置不无关系。以哈丁所系统阐述的立场论为例，女性主义立场论信守的立场概念具有三个方面的特征：其一，作为一种观察位置与思考位置，具有相对独立于观察者与思考者的实在性；其二，作为一种具有多元社会身份与处于多元社会位置的认识者可能持有的认识立场，其立场同样是多元的；其三，不同立场之间并非等值关系，相反，压迫者与边缘者的立场在认识论中具有更可取的优势。立场论正是借助于赋予压迫者与边缘者更大的权重，试图超越绝对相对主义无立场的困惑，而这一点也正是其理论最受争议的地方。

哈丁定义，"一种立场是一个社会关系中的客观位置。"[3]202在立场论的语境中，这个位置首先是某种可以流动、可供选择的观察位置。就好比观察一根插在水杯中的筷子，我们可以从上看、从下看、从左看、从右看，从每一个角度看到的筷子都是不一样的。很多时候水中的筷子看上去是弯的，但是在某一个角度我们会发现筷子是直的，这时筷子回复到其本原状态。同理，理论家们采用种族、性别、阶级、国家等关系观察，在这些关系中不同的立场产生对自然和社会的不同认识。当然，立场不能完全决定理论，就好比围绕水杯观察所看到的现象并不能直接导出光学理论[1]384。但是，不同的观察立场因为所观察的现象不同，就有可能产生不同的理论，而"被主流概念框架排挤到边缘的生活原来可以提供用其他办法得不到的资源，以便更好地描述和解释作为科学和科学研究描述对象的自然关系和社会关系"[3]211。

这个位置同时也是某种思考位置。作为观察位置，"妇女经验"和"妇女言说"都成为科学研究的适合领域，但是这些"经验"与"言说"本身"并不能提供可靠的根据来决定哪些知识主张是更优越的"[4]522。作为思考位置，不同的立场提供了对同一事件的不同认识。例如，在男女约会或家庭生活中，当女性委婉地拒绝男性的性要求时，她的本意是在说"不"，但是男性经常把这种行为看作一种羞涩的调情手段，认为"这是经过她同意了的"；当丈夫不经妻子同意强意要求性行为时，他认为这是一个妻子应该行使的义务，但是，从女性的立场出发，这完全应该看作是一种强奸行为、一种犯罪。从不同社会群体的利益出发，从不同的政治立场出发，对社会生活与世界经验就会有不同的理解，这种差异成为不同立场得以形成的前提。

正如哈丁指出的，女性主义立场论主要"聚焦于性别的差异，聚焦于女性与男性境遇之间的差异"[4]522。哈丁后期又把这种差异扩展到不同民族、国家、种族与文化之间的差异。不同群体之间的差异包括经验的差异，如不同的生活境遇、不同的工作类别、不同的情感形式都可能形成不同的经验。当然，经验的差异虽然会影响到认识的形成，但是这种影响并不是直接形成的，因为经验本身并不能自然地作为理论出现。立场论强调不同群体政治之间的差异，试图"努力解释不同的政治格局对于知识生产造成的影响"，并"把知识与政治之间的描述关系置于其描述的中心”[3]207。在坚持立场论的女性主义者看来，知识与政治的关系，恰如认识与立场的关系，是不可分割的。

二、女性主义立场论的认识论悖谬

虽然哈丁界定女性主义立场论起源于“黑格尔对主人和奴隶之间关系的洞察，以及在领会黑格尔之中由马克思、恩格斯和G. 卢卡奇发展而来的无产阶级立场”[4]519，然而，为了迎合在经验上“男性也能成为女性主义者”这一历史事实，哈丁强调“意识不是由社会地位决定的”，“从边缘生活开始思考问题，并不需要我们像边缘人一样地理解问题与表述问题。主流也能学会从边缘人的立场开始思考问题，就如同男性也能学会从女性的生活开始思考问题”[3]218。因此，在女性主义的语境中，性别立场就不是导源于社会人之生活情境的不可抹去的阶级印记，各种立场之间也不会如阶级立场般构成某种非此即彼的对抗关系，而是某种可以由研究者理性取舍的研究视角。

马克思主义阶级理论认为无产阶级立场是与无产阶级意识一体的，什么样的立场形成什么样的意识，这种意识与无产阶级所处的社会境遇密切相关。“不是人民的意识决定人们的存在，相反，是人们的社会存在决定人们的意识。”[2]82 马克思这一句常被引用的话表明了阶级意识与社会人所身处其中的社会境遇之间直接相关，这种相关的密切程度甚至达到自我觉知的“无意识”程度，有如卢卡奇所指出的：“阶级意识抽象的、形式地来看——同时也就是一种受阶级制约的对人们自己的社会的、历史的经济地位的无意识。”[5]106 与此相反，女性主义立场论解构了性别立场与性别意识的本体论关联，认为女性主义立场与女性的处境、社会地位以及群体利益并无本质的联系，性别“意识不是由社会地位决定的”，也正因为如此，男人可以是女性主义者，而女人不一定是女性主义者。

但是，当女性主义试图为女性立场辩护时，她们从方法论上又回到了马克思主义，认为“寻求知识的努力均定位于社会环境中，其中某些客观的社会位置比其他位置能更好地作为知识研究项目的出发点”[3]207。妇女作为受压迫者，其位置恰好就是这一更好的出发点。妇女不同的生活区域与工作环境使其形成不同的经验，并且受压迫的社会地位使她们可以形成批判的视角。男性作为统治阶级，主流知识体系就是以他们的视角、以他们的经验为主体建构起来的。然而，他们作为既得体系的受益者，只有可能形成保守的立场而无法获得批判的思维。“比起仅仅从科学技术变革中受益最多的群体的角度认为合理的分析来，有关科学技术变革会不会和怎样起作用的这种边缘生活的立场，可以导致更客观的描述。……从更客观的立场来看，胜利者对时代的命名可能不是最准确的。以失败者的生活为出发点，可以系统地扩展我们的知识。”[6]95 这一论证策略，明显是马克思主义阶级立场的论述逻辑，同样假定作为统治者必将受到主流意识形态的影响而无法达成客观的认识。

在理论上的分离使女性主义立场论不得不面对马克思主义理论可以逃避的相对主义指责。女性主义立场论在理论上所面临的最大哲学问题与认识论问题恰恰是其方法论中所允诺的彻底的相对主义归谬，这一相对主义的归谬在理论与现实之间为女性主义立场论实现其所承诺的最大化客观性设置了一条不借助政治手段就无法跨越的鸿沟。

理论的归谬首先归结为立场的归谬。女性主义立场论在阶级的分析轴线之后引入性别、种族、国家等不同的分析轴线，但是，值得进一步思考的一个问题是，表现为压迫的社会关系只存在于这些社会关系之中吗？哈丁提供了以不同性别、阶级、文化、种族、国家、地域来界定的不同立场，然而，有什么理由认为差异与压迫只存在于这些关系之中？当早期女性主义以“聚焦于性别的差异，聚焦于女性与男性境遇之间的差异”为理论出发点，到包含由阶级、种族、性别、历史时期和文化背景等因素组成的多元分析轴线，这种差异与压迫关系还可以进一步扩展，以至包括不同年龄、不同学历、不同工作，直至每一个有着不同人生境遇、经验与感受的个体，而且彼此之间都不得不面对因差异而导致的受限问题。“立场的增生过程可以一直持续直到两个可能的结果：或者是每个人的独一无二的社会境遇保证了他或她个人独一无二的立场，或者被压迫者的身份必须被认识到是最有优先权的立场，因此可以排除其他理论的边缘批判”[7]188，纯粹的个人立场除了能够讲述个人的传奇故事之外不可能产生任何理论，不可能有超出个人经验的普遍断言。“如果我们从立场论的多元政治得出逻辑结论，一致的分析是不可能的，因为我们有太多的分析轴。最终，每一个妇女都是独一无二的。如果我们分析每一个妇女的唯一性，系统的分析将变得不可能。这就是女性主义的政治：我们甚至失去了谈论某种妇女群体的能力。”[8]359当客观主义以本质主义的方式把妇女的从属与服从理解为一种导源于自然秩序的本质属性，这显然对女性主义寻求妇女解放的政治目标是一种阻碍，然而，彻底的相对主义除了提供一种彻底的批判外，同样无法为女性主义政治目标的合理性作出辩护。

立场论者认为有一种体系、有一种立场对知识生产的事业更合适、更有效，这就是受压迫者的立场。借此策略，立场论试图脱离相对主义无立场的理论困境。但是即使加上有更可取的立场这一规定，立场论同样必须面对认识上的归谬。如果我们接受受压迫者的“他者”立场总是更可取的立场，女人相对于男人是“他者”，因此女性立场为理解世界提供了更可取的视角；同样，黑人女性相对于白人女性是“他者”，因此黑人女性为批判白人女性把自己面临的问题普遍化提供了更可取的立场。接下来，依据同样的道理，谁又将反对黑人女性把她们所面对的问题普遍化呢？根据立场归谬同样的逻辑，立场论不得不面对这一认识上的归谬。解决这一认识归谬的最终方法将不是靠证据、理论或经验事实的支撑，而是需要靠政治上的认定决定什么样的群体可以拥有优先立场，至于这种政治认定是采取暴力征服的形式或民主约定的形式，这一立场论无法逃避的政治问题尚没有在其问题域中出现。

三、“他者”立场的温和诠释

有一种观点认为，从方法论上而言，女性主义提供了一种可操作的“证伪”方法[9]137。笔者认为，女性主义的“证伪”表现在三个层面上：在第一个层面上，“性别意识”从哲学的层面上强调认识行为的主体不是抽象的人，而是基于一定政治立场的、有阶级、有性别标签的社会人，继而从理论上推导出科学知识与政治之间不具有清晰可辨的边界；在第二个层面上，女性主义科学、女性主义社会学等女性主义经验研究以女性的视角指出科学研究与认识中固有的男性偏见以及男性意识形态对女性这个性别认识的固有成见；在第三个层面上，也是女性主义立场论最有实践价值的一点，“他者立场”强调在认识实践中用坚持多元与差异的民主政治取代本质主义的强权政治的合理性与合法性。在理性主义的传统认识论中，政治成为科学认识行为中的剩余物，真正的科学是远离政治的，在这种逻辑下，任何被贴上科学标签的知识都具有“自在”的合理性与合法性，无须辩护的权威性。哈丁指出，女性主义立场论的一个主要理论目标就是使对“有权就有理”的批判能够概念化为一个可以合理探讨的认识论论题，而这在客观主义与坚持价值中立的认识论语境中无法达成。就此而言，女性主义立场论探讨认识论中的霸权主义，要求开启对多元与差异的理论思考，这对考察认识与政治关系的民主进路具有极为积极的意义。

无疑，重视“他者”的经验，考虑“他者”的利益，让“他者”发现自己的声音，这些策略都促使“他者”以“他者”的身份（而非主体定义的“他者”身份）登上历史的舞台，能够通过与主流的交流与对话逐渐从边缘走向中心。同时，当主流学会从“他者”的经验中反思、考虑“他者”的利益与立场、从“他者”的理论中发现自己的偏见与缺憾，这本身就是以主流放弃自我固守的利益与价值标准、放弃本身的立场与偏见并承认自己在认识上的失败为前提。但是，在政治上仍然存在的一个问题是，主流为什么要放弃自己的立场与利益呢？只是因为发现“他者”的立场更可取、更能获得客观的知识吗？难道“他者”不是相对于主流才成其为他者吗？而且，当主流都学会了从“他者”的立场看问题，则“他者”立场就成了主流立场，主流立场就成了他者立场。如是，我们似乎又从跷跷板的这一头滑到了跷跷板的那一头，这时，我们又应该选择怎样的立场呢？为了不至于陷入这种认识论的悖论，政治上的民主同样要求女性主义立场论放弃在不同立场之间设立价值原则，取消认为某些立场因为某一原因具有认识论的优越性。认识论的合理进路不是用“他者”立场取代主流立场，而是让主流立场不放弃自身优势的同时学会从“他者”立场思考问题，学会以多元的方式不仅重新反思本身认识的优势与局限，而且重新反思“他者”认识的优势与局限。

女性的立场与其说是由女性不同的认识经验带来的不可抹去的痕迹，不如说是认识者选择的一种为之辩护的政治立场、一种以“他者”为中心组织理论的方法策略。这种政治策略必须以民主作为保证。正如哈丁自己所言：“是谁来实施这一‘开始’呢？带着这一问题，我们明白，寻求知识必须同时有民主的、参与的政治。否则，只有那些在寻求知识的体制中占据主导地位的性别、种族、性征和阶级中的精英才有机会决定怎样开始提出他们的研究问题，而我们有权怀疑那些事实上应当受到质问的历史定位。”[4]523

因差异导致的忽视与误解可以通过交流与对话、理解与沟通获得有效的解决，在后殖民时期的多元政治与全球化语境中，正是民主的政治使得各利益群体之间有可能进行对话。客观性知识形成的政治基础不是对抗而是合作，不是把历史建构的社会等级幻化为不可变更的价值与利益等级，而是在彼此尊重相互差异的前提下进行平等的交流与对话、理解与沟能。女性主义立场论坚持为带有女性主义标记的知识谋求属于自己的合法地位，在这一卫道的进程中，当放弃了在不同立场之间人为赋予的价值等级，“他者”立场的优势不是因为“他者”处于更优势的认识位置、拥有更优势的认识资源、可以获得更客观的知识，而是因为“他者”立场提供了多元的、可为之对话、交流与反思的语境。

参考文献

［1］Sandra Harding. Comment on Hekman's "Truth and Method: Feminist Standpoint Theory Revisited': Whose Standpoint Needs the Regimes of Truth and Reality?"［J］. Signs, 1997, 22 (2): 382 - 391.

［2］恩格斯．家庭、私有制和国家的起源［M］//马克思，恩格斯．马克思恩格斯选集：第三卷［M］．北京：人民出版社，1972.

[3] 桑德拉·哈丁．科学的文化多元性：后殖民主义、女性主义和认识论［M］．夏候炳，谭兆民，译．江西：江西教育出版社，2002.
[4] 桑德拉·哈丁．女权主义认识论［C］//麦克拉肯，艾晓明，等．女性主义理论读本．广西：广西师范大学出版社，2007.
[5] 卢卡奇．历史与阶级意识［M］．杜章智，任立，燕宏远，译．北京：商务印书馆，1992.
[6] 桑德拉·哈丁．边缘认识论［C］//章梅芳，刘兵．性别与科学读本．上海：上海交通大学出版社，2007.
[7] Diemut Bubeck. Feminism in Political Philosophy：Women' s Difference［C］//Miranda Fricker，Jennifer Hornsby. Feminism in Philosophy. Cambridge：Cambridge University Press，2000：185－201.
[8] Hekman. Truth and Method：Feminist Standpoint Theory Revisited［J］. Signs，1997，22（2）：341－365.
[9] 李小江．女性/性别的学术问题［M］．济南：山东人民出版社，2005.

（本文原载于《自然辩证法研究》2011 年第 9 期）

第五部分

多学科视角的 STS 应用研究

科学与政治互动下的科学家多元角色
——以 20 世纪美国核政策制定中的科学家为对象

尚智丛　王会凤
（中国科学院大学　北京　100049）

摘　要：20 世纪的科学家在美国的核武器政策中发挥了重要作用，一度作为代表参加了政治谈判。美国的核科学家们通过这一过程被纳入到政治范畴。在政治斗争中，他们也会利用自身的专门知识占据优势地位。这些科学家影响了国家政策的制定，反过来，政治决策活动也深刻地影响了科学家的职业发展。冷战后，美国科学家参与到核电发展之中，经济因素与核安全文化因素直接影响核电公司的运行与技术操作，进而影响到核电科学家的职业行为。科学家表现出追求功利以及社会责任与道德认识多元化等倾向。科学家的社会角色的多元性日趋明显。

关键词：科学家；核政策；社会角色；多元性

第二次世界大战期间，科学家开始成规模地参与到武器研制、战术与战略制定以至国家政策的制定等活动之中。此后，这一趋势愈演愈烈。而今，科学家已成为影响国家政治取向和政策制定的重要主体。科学家凭借其专门知识，参与国家政策的制定。在这一过程中，他们的主要职责不是发展知识，而是利用其知识使己方在政治斗争中占据优势。他们的行为与那些利用其政治知识、历史知识、经济知识、社会知识等专门知识参与政治的人物，并没有根本区别。换句话说，在参与政策制定的过程中，科学家扮演了政治人物。科学家影响了政治，反过来，政治活动也改变了科学家。参与国家政策制定的科学家集中体现了政治与科学的互动。本文以 20 世纪美国核政策制定过程中的科学家为对象，探讨这一主题。

一、核武器政策制定中的科学家

第二次世界大战后期，核技术能否在军事方面成功应用，成为战争胜败的关键。美国核科学家首先试爆原子弹成功，令美国政治家欢欣鼓舞。这也许有违科学的根本宗旨：物理科学发展到放射时代，科学家们穷尽智慧最先研制的是制造武器。虽然此举的初衷是为了结束战争，但第二次世界大战最终还是令人痛心地变成了一场核战[1]。第二次世界大战催生了核弹，也一度把科学家的作用放大。核科学家成为民族英雄，并登上了政治舞台。但核弹的出现也分化了科学共同体：有些科学家认为应该取消原子弹；而另有一些科学家却认为原子弹的威力可以帮人们消除战争，因为任何战争都可能引向核战。

核弹爆炸后，登上政治舞台的科学家们千方百计寻找一种能控制其使用的国际力量。但是，原子弹存在于美国的事实本身导致他们提出的倡议难以被其他国家全部接受。这一事实暴露出用科学家的方法解决政治问题有其不切实际之处。

冷战开始后，为了与苏联竞争，美国很自然地把核武器作为一个竞争砝码，制定发展核武器的政策。在核武器政策方面，科学家分成了控制派与遏制派。控制派认为应该提升对领导者的教育，提高民众对核武器危险的认识，全民遏制核武器的发展。遏制派则认为要遏制苏联的扩张，有效的武器就是核武器，应支持核武器的发展。但是，在氢弹制造问题上，遏制派内部出现了分歧。一部分科学家认为：不能制造氢弹，制造氢弹可能会使得核武器失控。另一部分则认为：达成国际控制条约是不可能的；美国应该在核武器竞赛中占据优势；发展氢弹是必要的手段；氢弹的存在可以遏制大规模战争，甚至消除战争。

1957年，苏联发射伴侣号卫星（Sputnik）成功。美国政府深受刺激，改变一贯强硬的核武器政策，那些倡扬和平口号的科学家被局势推到了政治谈判桌前。1963年，在《禁止在大气层、外层空间和水下进行核武器试验条约》的谈判过程中，美国科学家作为美国代表与苏联科学家展开磋商。尽管这个条约涉及很多技术问题，但本质上是一个政治条约。美国科学家做出了一些让步，谈判取得了较大进展。从表面上看，该条约的签订是美国政府转而采取控制派科学家的建议所取得的结果。在这一过程中，科学家发挥了作用。然而，禁止核试验谈判取得一致的最终原因，是美国总统认为推行禁止核试验条约所取得的利益会大于核威慑取得的利益。事实上，随着竞争加剧，美苏之间在核武器问题上的矛盾升级，该条约被弃置不顾。控制派科学家的主张不再适应政治需求，自然退出了政治舞台。

自第二次世界大战后期到冷战期间，美国核武器政策折射出科学共同体在面对科学之外的世俗问题时存在分歧。科学家的分歧，在很大程度上应该归因于他们的社会责任意识。在公众事务上，科学家的建议往往交织着政治因素和其他因素。有些人很难理解科学家之间的分歧来自何处，他们觉得肯定是其中有不诚实的行为，才会导致分歧的出现。这些人认为，如果科学家们在才智上是诚实的，那么，应该在那些导致他们产生分歧的关键问题上达成一致。然而，分歧的产生与科学家的专业知识无关。实际上，在政策问题上，科学家之间矛盾的根源是其政治智慧的差异与矛盾。

从另一个角度来看，政治活动深刻影响了科学家的职业生涯，导致科学共同体内部的矛盾和斗争愈演愈烈。在科学共同体内部的斗争中，政治职位与科学声誉同时被用来作为斗争的手段与工具。原子弹在广岛和长崎爆炸之后，作为“曼哈顿计划”科学主管的奥本海默，心灵深受震撼。随后，他与爱因斯坦等人反对发展核武器，由此引发了与“氢弹之父”泰勒之间的激烈冲突。1954年4月23日，原子能委员会就“奥本海默是否安全可信”举行听证会，泰勒给奥本海默以最沉重的打击。他说：“从很多场合，奥本海默博士的行动——我这里指的是他已做过的事——使我非常难以理解。我在很多问题上与他的看法不一致。他的许多行动让我感到迷惑和难以理解。从这个意义上说，我希望看到对这个国家生命攸关的事业掌握在我更了解，因而也更信任的人手中。”[2]听证会彻底摧毁了奥本海默。他几乎在一夜之间头发就全白了，心情沮丧，在抑郁中了却终生。有人推测，泰勒的行为是为了夺取原子物理领域的领袖地位。此推测无从考证，但事实上，奥本海默确实深受打击。在复杂的国际形势和政治局势的变动下，科学共同体内部各派别时有沉浮。当一派科学家的建议与掌权政治家的偏好吻合时，政治家毫不犹豫地接受其观点，给予大力支持。而当科学家的建议与其意见相左之时，政治家拒绝听取他们的建议，有时甚至会因政治目的而贬低科学家的贡献和声誉。

第二次世界大战以后，科学与政治的纠缠越来越紧密，也越来越复杂。1960 年，美国《时代》杂志的年度人物是"美国科学家"[3]。但到了 1970 年，《国家》杂志认为科学已经变成了一种"战争或者空间机器"[4]2。许多民众渐渐仇视科学，把科学与战争、人口膨胀及一切邪恶行为联系起来。《科学》杂志的编辑菲利浦（Philip）曾公开谴责说：科学家之间日渐剧烈的斗争是由其对相关科学研究的不切实际的需求导致的。与此同时，科学也越来越深入地渗透到世俗生活之中。科学的神圣色彩越来越淡薄，而其在世俗生活中的影响则越来越大。莫尔（Moore K.）认为：即使在 20 世纪 60 年代批判科学的浪潮中，科学主义也未在公众生活中失去影响力。各种各样的演员们不停地声明他们的想法是科学的，从而获取民众的信任和力量[4]11。

莫尔曾深入考察 1945—1975 年间美国科学与政治和军事之间的关系。他分析了科学家对如下几个问题的认识：事实和价值的关系、政治和科学的关系、专家和市民的关系。他认为，在科学精英之中存在着一类激进主义者，而科学家的激进主义扰乱了正常的社会和科学道德秩序，导致了一系列的混乱[4]1-22。这种观点对激进主义持有偏见，认为科学家不应该卷入激进的社会活动中，从而影响科研活动的正常进行。然而，实际上，科学共同体内部的分裂和斗争时常发生，而导致分裂与斗争的焦点却往往不在科学知识本身。

1996 年 9 月 5 日第 383 期的《自然》（Nature）曾刊登了一篇题名为"科学家因烟草公司研究基金而分化"（Scientists split over tobacco industry research founding）的文章。这篇文章分析了因经济因素和社会因素而引发的科学共同体内部的斗争。其中一派科学家认为，对尼古丁的研究不能接受烟草公司提供的研究基金，另外一派科学家则认为应该接受这样的基金赞助。这一话题在当时引起了广泛的公众议论。可以说，今天的科学不仅仅交织在政治之中，科学的方方面面已经被社会公众作为一个整体来关注。科学的发展模式和发展趋势也成了与公众生活密切相关的重大社会问题。

第二次世界大战以来，美国核政策几经变革。每一次变革都是美国国内各派势力互相影响和制衡的结果。当然，科学家在其中发挥了极为重要的作用。20 世纪 50 年代以后，科学家在美国核政策制定过程中既发挥了积极作用，也发挥了消极作用。从国家利益出发，科学家的一些社会特性可与政治家相谋和，为政治家所利用；而有些则难与政治家相协调，甚至产生激烈的冲突。在每一个时代里，科学家、政治家、民众以及国际形势之间都存在着复杂的关系。如果从政治决策的角度出发，在核武器政策制定中如何更有效地利用科学家呢？对这一问题，斯诺（Charles Snow）曾说过：在现代社会中，制定决策时应该避开那些科学霸主、科学匠人和过分保守秘密者[5]。

二、核电发展中的科学家

冷战结束后，国际形势缓和。核武器的巨大威胁暂时消除，核电站的建设与发展成为体现美国核政策的重要方面。随着核技术在发电方面的应用，核电站的安全保证成为社会各界关注的焦点。切尔诺贝利核事故后，民众反对核存在的呼声高涨。核电对于电力公司来说是巨大的利润诱惑。这种经济利润的诱惑与民众对灾难的警惕成为影响美国核电政策的两种主要因素，也是影响核电科学家的两种重要的非科学因素——经济因素和文化因素。

1996 年，美国东北公用事业公司在核监督管理委员会的命令下关闭了米尔斯通（Millstone）的三座核电站。这是美国核安全管理的果断之举。在市场竞争中，东北公用事业公司采用成本控制策略，从而导致核电系统存在安全管理方面的隐患。虽然成本控制策略带来了经济上的收益，但是也带来了核工厂管理操作的安全隐患。核监督管理委员会先是发出了早期警告，后命令这三座核工厂不准重新启用：其中一座永久关闭，另外两座被要求重新申请开放。重新开放获得批准后，这两座核工厂被拍卖给另外一家公司，采用新的管理方式来管理[6]。在核电发展中，安全管理是根本。东北公用事业公司的科学家一味追求经济效益，采取短视的科学行为，可能会带来巨大的灾难。核监督管理委员会的科学家则避免了这一情况。

世界核能发电协会（WANO）认为：在能源市场管制放松的条件下，核事故的原因在于追求利润带来的降低成本的压力。这种压力使人们忘记了在社会上培育一种安全的文化。人们没有注意细节，过度自信，存在偏见，忘记了重要的经验；而核科学家与工程师们过于傲慢自大和自鸣得意。柏霖（Perin C.）曾逐一研究了核电管理系统中的控制部分：事故检查体系、控制中的泄漏阀、反应器和安全漏洞、变压器故障，等等。在此基础上，他分析了控制的逻辑与管理及自我管理的智力资本，提出应该从技术和文化两方面来降低风险。他认为：在这个高风险的世界里，一方面，技术专家们以控制机制为核心，可以通过最大限度的自动化、标准化和培训，来降低人为科技的多样性与不稳定性带来的潜在风险；另一方面，通过文化观念的培养，来降低风险[7]1-2。事实上，核电中的大部分问题是和文化相关的。在人类科学技术发展史上，从没有任何一项技术发展出完美的控制和应对策略。“就科学家的某些才能而论，既存在眼前的负担，也存在潜在的悲剧。人类在道德上，对这样巨大的恩赐是没有准备的。在道德缓慢演进的过程中，人类还不能适应这种恩赐所带来的巨大责任。在人类还不知道怎样来支配自己的时候，他们已经被授予支配大自然的力量了。”[8]18 应该说，人类缺少应对科技风险的文化理念。

在国际原子能委员会（IAEA）的支持下，柏霖曾实地调查过国际上的众多核电站，访问核电站中的各类工作人员，包括科学家、设计工程师和系统工程师、电力工程师和电力工程管理者、卫生学家、人力资源经理、监控师、电力断供经理、风险分析师等，了解他们对安全操作的认识。他还特别对那些曾在三里岛核电站工作过的人员进行了访问研究。他发现，这些专业人员实际上是通过实践中的自学，才搞清楚为何会产生失控、如何重新控制，以及如何保持控制。他的研究试图解释这样一个最基本的问题，即降低核技术应用风险到底是一种什么问题？他在研究中不断回答如下的一些问题：“当控制失去或受到威胁时，人与机器的关系是什么？可以采用现实的模式有哪些？模糊性和确定性都是什么？什么是理性，什么是经验？等等。”[7]1-28 这实际上是应对科技风险的文化理念问题。

2011 年 3 月 11 日日本地震之后，福岛核电站成为世界关注的焦点。核安全问题又一次引发讨论高潮，世界各国随后也相继调整核政策，德国政府马上承诺关闭境内所有核电站。美国麻省理工学院一位专攻球形燃料反应堆的核能工程师安德鲁·卡达克（Andrew Kadak）说：“中国有决心建造（球形燃料反应堆）并证明这种技术的可行性，而且承诺会完成这项工程。在美国，我们过去不能做出如此承诺，现在也不行。”[9]卡达克的说法反映出美国科学家对待核电政策的文化理念。

三、科学家的多元性

由上述分析可见，第二次世界大战以来，受多种因素的影响，科学家的角色日益多元化。有时候很难把科学家的多重角色分离：爱因斯坦是物理学家，但 从1914年反对第一次世界大战到1955年4月签署“罗素—爱因斯坦宣言”，却是非科学研究的行为。

尽管科学家参与政治只是最近几十年的事情，但科学发展已受到政治极大的影响和干扰。科学家在政治活动中扮演的角色已远远超出知识专家的作用，开始发挥政治作用。他们扮演社会运动或者政府管理中的科学管理者。当然，科学家的政治影响也深受其在科学共同体中的地位的影响，地位越高，政治影响越大。科学家作为政治权力代表这种现象在近代社会中的出现，一方面推进了科学主义，但也使得科学主义变质。尽管表面上科学共同体仍然是参与科学事业的集体，但实质上，政治权力在其中所发挥的作用已相当巨大。

传统上，致力于学术钻研的科学家往往表现出与社会相脱离的品性。他们喜欢按照理想的模式来思考问题，忽视社会的不平衡性和复杂性，有时表现得很天真。另一方面，他们追求严格的理性，排斥宽容、情感，标准化要求比较高。科学家表现出一种追求真理的独特精神气质。科学社会学家默顿将之概括为科学的精神气质，即普遍主义、公有主义、无私利性和有组织的怀疑精神。然而，随着政治、经济和文化因素的影响增强，科学共同体在体现这些精神气质方面已发生了变化。

首先，现代社会中的科学家表现出功利追求。当代科学研究越来越着眼于社会应用。在科学共同体内部，作为重要的经济来源，科研资金是影响和制约科学家的重要因素。“科学家总得维持生活，而他的工作极少是可以立即产生出产品来的。科学家有独立生活资财或者可以依靠副业为生的时代早已过去了。”[8]19在现代社会中，科学处于一种尴尬的困境。科学在本质上并非为了取得金钱，也不是为了顺应政治风向。但是，在目前的社会现实中，科学家出卖自己的专业知识以获取金钱。无论是公共资助还是私人资助，都需要科学家提供预期的研究成果，也就是科学家所创造的新知识。不过，很有意思的是，没人会问，科学家为了取得政府的基金放弃了什么，这是社会习惯之外的事情[10]。

美国国家基金体制对科学共同体的影响既有经济方面的，也有政治方面的。从政府那里得到资金帮助，实质上是一个政治过程。政治知识和意识形态在其中起着复杂的作用。那么，国家从大量的科技投入中到底得到了什么？除了科学所创造的直接的技术成果与工业成就和社会福利之外，科学最为重要的力量不在于科学家告诉政府什么，而在于科学是一种直觉的文化权威的力量。对政府而言，这种科学权威才最有用。政府就从这种文化权威中取得其行动的合法性。正因为如此，政府积极维持国家科学基金体制。通过研究基金的申请与投放，以实现政治与科学联姻。

其次，科学家的社会责任与道德认识多元化。科学家的社会责任和道德来自自身对作为人类一员的深切认识。默顿所提出的科学社会规范，是制约科学家行为的重要方面。然而，科学家的社会责任和道德深受社会环境和研究环境的影响。不同的文化范畴会使得科学家肩负的社会责任感和道德有差别[11]。参与核政策制定的爱因斯坦、奥本海默与泰勒的不同行为深刻体现出科学家的政治立场、道德观念的巨大差异。参与对苏核武器谈判的科学家的行为则深刻体现了美国本土文化对他们的影响。

在承担社会责任方面，当代科学家还面临一个巨大困境。那就是科学信息的保密与公开。当代社会飞速发展，信息成为重要的资源。如何把握科学信息的公开与保密的标准，成了一个让科学家困惑的问题。从科学追求真理的角度出发，科学家应当无偿地、及时地公开所有科学发现以及相关知识。但是，由于科学知识在当代各国的经济发展、国防建设等方面发挥越来越重要的作用，无论是政府资助研究还是企业资助研究，都纷纷采用签订保密协议的做法。在这一背景下，科学家背离默顿提出的公有主义原则，而是实行保密原则[12]。在美国核科学发展的整个过程中，保密原则一直是科学家必须遵守的重要原则。稍有不当，即被指责，如奥本海默的遭遇。科学家是否应该坚持一切研究成果坦诚公布，保护公众的知情权？科学家是否应该把研究结果毫无保留地告知世界，还是应该有所选择？在政府决策面临公众反对的情况下，科学家是应该向公众公开一切有关信息？还是应该保持沉默，远离社会政治？不同的科学家在具体环境下会作出不同的选择。

科学是当代社会发展的重要动力。通过与政治、经济、文化等多种社会因素的结合，科学发挥出巨大的作用。反过来，政治、经济、文化等多种社会因素也深刻地影响了科学共同体，产生深刻的内部分化，产生多样化。科学家越来越多地扮演多元社会角色。科学家的表现与具体的历史环境、社会文化结构和氛围是分不开的，是时代的社会产物。

参考文献

[1] Michael D. Five Days in August: How War II Became a Nuclear War [M]. Princeton: Princeton University Press, 2007: 1-2.

[2] 方在庆. 重申“奥本海默事件” [J]. 科学文化评论，2006，3（6）：80.

[3] The TIME Archive. Person of the Year Time: US. Scientists [N/OL]. Time, Jan. 2, 1961. http: // www. Time/subscriber/ personoftheyear/ archive/ stories/1960. html.

[4] Moore, K. Disrupting Science: Social Movements, American Scientists, and the Politics of the Military, 1945—1975 [M]. Princeton: Princeton University Press, 2008.

[5] Gilpin R. American Scientists and Nuclear Weapons Policy [M]. Princeton: Princeton University Press, 1962: 299.

[6] Paul W &Rosenthal J. Corporate Profit and Nuclear Safety: Strategy at Northeast Utilities in the 1990s [M]. Princeton: Princeton University Press, 2004: 1-7.

[7] Perin C. Shouldering Risks: The Culture of Control in the Nuclear Power Industry [M]. Princeton: Princeton University Press, 2006. .

[8] 贝尔纳. 科学的社会功能 [M]. 陈体芳，译. 北京：商务印书馆，1982.

[9] 凤凰网资讯. 美报称中国未来5年内将兴建50座核反应堆 [EB/OL]. (2011-3-27). http: // news. ifeng. com/world/special/ribendizhen/Content-0/Detail_ 2011_ 03/27/5392544_ 0. shtml.

[10] Chandra Mukerji A Fragile. Power: Scientists and the State [M]. Princeton: Princeton University Press, 1990: 1-5.

[11] Schweber S. In the Shadow of the Bomb: Oppenheimer, Bethe, and the Moral Responsibility of the Scientist [M]. Princeton: Princeton University Press, 2000.

[12] 刘珺珺. 科学社会学 [M]. 上海：上海科技教育出版社，2009：183.

（本文原载于《自然辩证法研究》2011年第4期）

技术风险研究的伦理向度

张秋成

（东北大学科技与社会研究中心　辽宁 沈阳　110819）

摘　要：风险问题越来越受到技术哲学和 STS 研究的关注。传统上讲，风险问题属于决策理论的研究范围。随着现代科学技术的负面效应凸显，哲学，特别是科技伦理学，也逐渐开始重视风险问题。决策理论对风险问题的研究广泛使用数学方法，通过对风险发生的概率、统计期望值等的计算为理性决策提供依据，基本上不考虑意愿、允许、目的和手段的关系等伦理问题。这些问题与风险评估和管理都是高度相关的，不容忽视。技术风险的研究无法脱离伦理的向度。

关键词：技术风险；伦理；向度

近年来随着新兴技术给人类健康和生存环境带来的风险日益增多，学术界对技术风险的关注和研究也呈现出迅猛增长的态势。技术风险的研究吸引了来自统计学、工程学、物理学、生物学、医学、经济学、社会学、社会人类学和伦理学等领域的专家和学者。从伦理学的角度对技术风险的研究越来越引起社会的广泛重视。

一、传统伦理学与风险决策理论

传统伦理学很少关注风险和不确定性问题。这通常是可以理解的，因为另有一个学术分支——决策理论——来专门处理这些问题。决策理论旨在对人们如何应对风险和不确定性问题提供理性的解决方案，相反，伦理学的目的是在行动结果大致可知的前提下对人们如何行动才算符合道德提供建议和指导。这种传统的区分在当代受到了严峻的挑战。当代技术社会中出现的风险和不确定性问题越来越和人类的权利、自由、平等、意愿和正义等伦理价值观念密不可分，以通过概率计算对风险和不确定性进行量化的方法为特征的决策理论，因为缺乏处理价值问题的工具已难以适应新时代的要求。决策理论只有借鉴伦理学的成果才有望走出困境。

但是这不可能通过完全照搬传统伦理学理论来做到，原因在于传统伦理学所处理的往往是世界中的确定问题，即对其后果是确定可知的人类行动是否合乎道德提供指导。举例来说，假如一个人有能力救助一个落水儿童，但却因为坐视不管导致这个儿童溺水而死，传统伦理学会判定这个人是不道德的，因为他对自己坐视不管的行为后果是确知的。然而在实际的道德困境中，我们往往对行动产生的后果是不确知的。比如说，我们都知道温室气体排放存在环境风险，但我们无法确知自己的排放行动是否真的导致了对环境的破坏，也无法确知有多少人会因此患上某种疾病。传统伦理学中的功利主义、义务论和契约论等流派都对如何指导人们的正确行动提供了种种方案，但这些方案以我们确知行动的后果为前提。它缺乏应对风险和不确定性问题的有效工具。因此，面对风险和不确定性问题的挑战，伦理学的研究范围也亟待拓宽，这基本上可以解释风险伦理学的建设为何近年来受到学界的热情关注。有鉴于此，为了使伦理学能够成功处理技术风险问题，我们必须改造传统伦理学，使之既可以处理结果确知的行动选择，又能够有效应对结果不确定的风险问题。

二、风险决策理论的量化方法

风险在日常语言中不具有量化的含义，它大体上与危险同义。例如，当我们谈论温室效应带来的水灾风险时，我们是指可能发生的危害。实际上我们很难确定水灾发生的概率，因为这不仅是自然事件，而且涉及人类在温室气体排放以及是否加固堤坝等问题上采取的决策这些不确定的人为因素。尽管我们不确知概率，但我们在谈论温室效应所可能引发的水灾危害时也会经常使用风险一词。在专业语言中，风险一词具有量化的含义，它是用确定数值表示的危险程度[1-5]。

在风险决策领域中，对风险的量化通常有两种方法[6]。其一是指出风险事件可能发生或不发生的概率。一个向医生询问治疗方案失败的风险有多大的病人，期望被告知该治疗方案在历史上失败的概率。在风险分析领域，这种直接使用概率的方法自20世纪80年代以来就越来越少用了。目前，另外一种对风险进行量化的方法成为主流：指出风险事件可能发生或不发生的统计期望值，其计算方法是把风险事件可能发生的概率和其后果相乘。举例来说，如果200名深海潜水员执行某一项任务的个人死亡概率是0.1%，执行该任务的死亡统计期望值就应当是$0.001 \times 200 = 0.2$。常识上讲，我们会选择风险统计期望值较低的行动方案，但是这种做法可能导致严重的问题。试想这样一种情形：某种行动虽然风险统计期望值较低，但是一旦风险发生，其导致的灾难是毁灭性的。在这种情况下，我们宁可选择风险统计期望值较高、后果较轻的行动方案。这就是很多人宁可选择火车出行也不愿乘坐飞机的原因。

三、技术风险研究的伦理向度

技术风险问题的复杂性远远超出像决策理论那样只是给出风险的概率或者统计期望值。它还涉及正义、意愿和允许等伦理向度。核专家可以对遭受辐射的风险定量化，但却无法单独决定何等程度的核辐射是可以被允许的，这涉及十分复杂的社会、法律公正、道德和民主参与等因素。

为了有效应对技术风险问题的复杂性，近年来人们提出了一种二元模式，它综合考虑了风险决策理论和伦理向度。它在美国国家科学院的一份1983年的报告中得到了最充分的表达[7]。报告提出决策程序应当包含两个彼此独立但却依次进行的步骤：第一个步骤是风险评估，它科学地收集和评估相关信息并且以此为基础预测风险的性质和严重程度；第二个步骤是风险管理，与第一个步骤不同的是，它的特点不在于科学性，而是结合政治、经济和社会等因素对如何规避第一个步骤所预测的风险后果进行决策。第一个步骤主要是科技专家的工作，第二个步骤却可以是哲学和伦理学工作者的用武之地。不难发现，这种二元模式体现了科技工作者和人文工作者的密切合作。

伦理向度主要体现在第二个步骤的风险管理中。第一个需要关注的向度是风险所涉及的个人或人群。首先区分三类人：可能遭受风险的人、应对风险的决策者和从风险中获益的人。接下来需要重点关注以下问题：可能遭受风险的人是否是或部分是从风险中获益的人？可能遭受风险的人在经济上或其他方面是否依赖于应对风险的决策者？可能遭受风险的人能否得到有关风险的全部信息？风险决策者是否可以从别人所遭受的风险中获益？

意愿是另外一个在风险管理中必须被考虑的伦理向度。举例来说，吸烟所导致的健康风险是吸烟者自愿承担的，而住在某家尾气排放严重的工厂附近的居民所遭受的健康风险却是非自愿的。对许多吸烟者来说，戒烟比搬到空气污染相对较轻的街区居住还要困难。在风险管理中充分考虑可能遭受风险者的意愿体现了对人的尊重，人们对风险可能导致的不良后果的最大承受能力是与自身的意愿密切相关的。

允许也是风险管理需要考虑的一个重要伦理向度。人们也许会想当然地认为如果获得了可能遭受风险者的允许，那么可能引发风险的行动在道德方面就是没问题的。这种想法实际上过于简单化。可能遭受风险者的允许其实并不只是对风险的不良后果的允许。例如，一个同意做有风险的外科手术的病人其实同意了两件事情：手术可能导致的不良后果和手术成功带来的好处。他绝不仅仅同意风险的不良后果。同样地，同意从事致残率很高的工作的人实际上也是同意了两件事情：致残的风险和其他方面的好处（比如高工资）。这启示风险管理者要慎重对待可能遭受风险者的允许，特别是对那些如果风险发生就会给遭受者带来严重甚至是毁灭性损失的行动要慎之又慎，哪怕可能遭受风险者受高回报的驱使往往会同意这样的行动。

以上谈的是在风险管理方面需要重点考虑的伦理向度，其实在第一个步骤的风险评估中也不可能完全不涉及伦理方面的考虑。风险评估中对风险的量化类似于古典功利主义伦理学中对利益的计算方法。这种算法是不考虑个人的，首先把对不同的个人可能造成的风险相加在一起，然后同样把不同的个人可能从风险中获取的利益也相加，最后用利益的总和减去风险导致不良后果的总和所得到的数值，就成为风险评估的结果。如果其数值为正值，则被认为收益大于风险，值得冒风险采取行动；如果其数值为负值，则说明风险大于收益，应该放弃可以导致此种风险的行动。我们可以很容易看出这里的问题。试想有这样两个人面对同一个风险，其中一个人比另一个人可能遭受的不良后果大很多，而这个人从风险中的获益却比另一个人小很多。按照前面的风险和利益计算方法，这种情况的总收益和总风险之差大致和这两人各自可能遭受的风险和从风险中获益的量都完全相等的情况相同。也就是说，这两种情况下的风险评估结果是相同的。但是我们能否由此得出结论说，在这两种情况下应对风险的决策应该没有区别呢？显然不可以，因为这对第一个人是极大的不公平，其荒谬性可以和下述情形相类比：因为你我都会同意你失去大拇指的损失要大于我失去小拇指的损失，所以我们也同样会同意如果可能，可以牺牲我的小拇指来挽救你的大拇指。

毫不夸张地说，这种由风险引发的道德困境在人们的生活实践中广泛存在。如何摆脱这一困境呢？伦理学对个人权利的洞见可以给我们以启示。康德的义务论伦理学有一条基本原则：永远要把别人同自己一样当作目的，而不能只当作手段，因为每个人都有同样的不可剥夺的权利。我们可以依据这条伦理原则采用如下策略来处理这种困境：面对同一风险情形，在尊重每个当事人的平等权利的前提下，对每个当事人可能遭受的不良后果和从风险中获得的利益进行单独计算，在最后进行决策时尽可能照顾到所有当事人的合法权益。这种做法目前在医学实践领域已有先例。

上述风险评估中常用的风险和利益量化方法还有一个严重的问题：有很多由风险导致的不良后果无法用其他收益来补偿，如人的死亡、物种的灭绝和生态环境遭到毁灭性的破坏等。这些不良后果不但不能用经济利益来补偿，而且它们之间也不具有可比性。例如，我们无法回答多少例青少年糖尿病和一个人失去生命相等价，我们也无法回答多少人的痛苦和死亡与某一稀有物种的灭绝相等价。由此可见，技术风险造成的不良后果往往十分复杂，用所谓的科学的概率计算方法给出一个量值来刻画是不现实的。在应对这些困难处境时，我们无法期望找到一个统一的药方来包治百病；最好的选择是借鉴伦理学思想的成果对每种风险困境进行细致入微的分析和论证，对风险涉及的各方（不管是人或自然环境要素）的权利和义务平等看待，力争找到统筹兼顾的解决方案。

四、技术风险的伦理原则的构建

我们每个人都是个人权利的主体，都拥有免于遭受其他人危害的权利，这当然包括免于遭受非自愿承担的技术风险。但不可否认的是，在现当代社会实践中，这样的权利几乎无法完全得到满足。原因很简单，现代社会的技术风险无处不在，我们每个人都身处其中。现代人很难脱离技术而生存，我们在享受技术所带来的生活便利的同时，也难以完全避免技术带给我们的风险。

试想一个简单的例子：当某个人在其居住的城市里驾驶汽车的时候，这肯定会增加其他居住在同一城市中的人们遭遇车祸或者因空气污染患某种呼吸系统疾病的风险（尽管这种风险发生的概率很小）。现在请想象一下，如果每个人都想实现完全避免这种风险的权利，并且我们的法律也会保障实现这样的权利，那我们大家就只好都不开车。这说明在技术风险无法被完全排除的现代社会，如果要完全保障人们避免任何技术风险的权利，就意味着我们不得不放弃大部分的技术使用，放弃技术给我们的生活带来的诸多便利，可以相信，大多数人实际上是不会主张这样做的，这会使现代社会发生倒退甚至成为不可能。

但是完全保障每个人免于其他人伤害的权利正是传统伦理学的基本原则。为了在现代的技术风险社会正常生活，我们别无选择，只能对上述传统伦理学的基本原则进行修改，甚至必要时构建新的风险伦理原则。前面已多次提及传统伦理学的原则大多只适用于行动结果确知的情形，上述原则也不例外。在上面的例子中，如果我们能够确知某个人开车上路一定能够导致另外一个人出车祸死亡或者患上严重的呼吸系统疾病，那么我们使用这条伦理原则禁止这个人开车就是正当的。但实际上对这类风险后果的确知是不可能的。由此可见，传统伦理学的道德原则很难适用于行动结果不可确知的风险问题，要想解决此类问题，必须构建新的道德原则，这将是风险伦理学的重要内容。

下面简要讨论一下可能的解决方案。仍以上例加以说明。虽然别人开车会使我遭受风险，但如果我开车也会同样使其他人遭受风险，那么人们会倾向于同意为了使大家共同获益

(在此例中是指开车有利于人们的生活更加便利)。赋予每个正常人以同等的开车权利在伦理上是可以接受的。于是，我们就可以总结出这样一条风险伦理原则：

尽管每个人的同一行动都会使其他人遭受同样的风险，但是如果这样的行动会使每个人同等获益，那么这种同一行动在伦理上就是适当的。

但是我们会很容易地看出这条风险伦理原则除非加以适度的限制，否则在某些特殊情形中应用时会发生困难。试想如果人们遭受的风险后果对全社会来说极其严重，远远超过每个人从中的获益；甚至因此导致的后果是毁灭性的，根本无法用每个人的获益来补偿，这条风险伦理原则就会失效。为了使它更加合理，我们可以对它加上这样的限制：

在风险的不良后果不超出全社会可以允许的承受能力的情况下，尽管每个人的同一行动都会使其他人遭受同样的风险，但是如果这样的行动会使每个人同等获益，那么这种同一行动在伦理上就是适当的。

当然，对这里的限定条件“在风险的不良后果不超出全社会可以允许的承受能力的情况下”应该如何解释、“全社会可以允许的承受能力”是否能够精确量化等问题还会有诸多争议，这里提出的对这条原则的限定也不可能是唯一的，限于篇幅，这里就不作进一步讨论了。

参考文献

[1] 斯文·欧威·汉森. 技术哲学视阈中的风险和安全 [J]. 张秋成，译. 东北大学学报：社会科学版，2011，13 (1)：5－10.

[2] Sven Ove Hansson. Seven Myths of Risk [J]. Risk Management, 2005, 7 (2): 7－17.

[3] Sven Ove Hansson. The entry “risk” in the Stanford Encyclopedia of Philosophy [OL]. [2007－09－13].

[4] Sven Ove Hansson. Risk-Objective or Subjective, Facts or Values? [J]. Journal of Risk Research, 2010 (13): 231－238.

[5] R P Rechard. Historical Relationship Between Performance Assessment for Radioactive Waste Disposal and Other Types of Risk Assessment [J]. Risk Analysis, 1999, 19 (5): 763－807.

[6] R Duncan Luce, Howard Raia. Games and Decisions: Introduction and critical survey [M]. New York: Wiley, 1957: 13.

[7] Sven Ove Hansson. From the Casino to the Jungle. Dealing with uncertainty in technological risk management [J]. Synthese, 2009 (168): 423－432.

行动者网络理论视阈下的物联网技术

张学义　倪伟杰

（东南大学哲学与科学系　江苏 南京　211189）

摘　要：物联网技术是一项旨在通过射频识别（RFID）系统、红外感应器、全球定位系统、激光扫描器等信息传感设备，按照约定的协议，把任何物体与互联网相连接，进行信息交换和通信，以实现对物体的智能化识别、定位、跟踪、监控和管理的技术形态。从行动者网络理论的视角审视物联网技术，不仅能够给我们带来深刻的哲学启示，还能够为该技术的发展提供新的对策思路。

关键词：行动者网络理论；行动者；转译；物联网

物联网技术是指“通过射频识别（RFID）、红外感应器、全球定位系统、激光扫描器等信息传感设备，按约定的协议，把任何物体与互联网相连接，进行信息交换和通信，以实现对物体的智能化识别、定位、跟踪、监控和管理”[1]的一种技术形态，旨在实现地球上的任何物体与物体之间或任何物与任何人之间的信息交流。

行动者网络理论（Actor-network Theory，简称 ANT）是20世纪80年代中期，由法国社会学家米歇尔·卡龙（Michel Callon）、布鲁诺·拉图尔（Bruno Latour）和英国社会学家约翰·劳（John Law）等提出的科学知识社会学（SSK）理论。该理论将参与科学知识建构的各种异质因素都看作地位平等的行动者（actors），科学知识、技术成果的产生则是特定场域下多重行动者相互作用的结果。

新兴的物联网技术是通过多种技术手段达到人—物、物—物相联，“交流互动”，进而形成一个有机协调、智能高效的行动者网络系统。从 ANT 的视角来审视物联网技术，不仅能够给我们带来深刻的哲学启示，还能够为该技术的发展提供新的对策思路。

一、行动者网络理论的分析框架

行动者网络理论（Actor-network Theory）以“广义对称性原则”（general symmetry principle）为基准，以“行动者网络”（actor-network）、“转译”（translation）等为核心概念构建而成。广义对称性原则力求平等地看待自然与社会、人类（humans）力量与非人类（non-humans）力量在科学研究中的作用。拉图尔直言，使用“actor”或“agent”并不对他们可能是谁和他们有什么特征作任何假定，他们可以是任何东西——可以是个体的或者民众的、拟人的或非拟人的[2]；行动者组成的网络又是通过“转译”联结起来的，所谓“转译”，意为行动者经过努力将自己的问题通过商谈、翻译，转换成其他行动者的问题和利益，从而把其他行动者纳入到共同的“行动者网络联盟”中来，或者相反。转译的实现主要通过以下方式来完成，即问题化（problematization）、权益化（interesting）、招募（enrollment）、动员（mobilization）。所谓问题化，是指行动者网络发起者——科学研究或技术创新主体——将不同行动者关注的对象问题化，使得自己面临的问题成为其他行动者利益实现的必经节点，从而使他们加入到自己的网络中来，这是建构行动者网络的关键所在。如卡龙所言，“我们想你们所想，你们就应该与我们结盟，支持我们的研究。而这样你们就更可能得到你们想要的东西。”[4]“权益化”则是强化问题化过程中给行动者界定的角色，从而使得其他行动者被“招募”进来成为网络成员，而“动员”就是网络发起者——科学研究或技术创新的主体——调动各种相关的人力、非人力资源，界定其角色，以形成稳定可靠的网络联盟[5]。“转译”另一层蕴含还指涉行动者之间互相定义，一方通过另一方来界定自己的角色，彼此都处在这种转化与被转化、定义与被定义之中。而每一个“行动者”之间的关系又是不确定、变动不居的，需要结合特定的网络情境、场域来考量；一个行动者就是一个节点（knot 或 node），节点之间经通路连接，共同编织成一个“无缝之网”。

二、物联网技术的行动者网络分析

整体观之，物联网技术及其形成的物联网产业构成了一个覆盖广泛、关联众多、异质复杂的多重行动者网络系统：首先，构成物联网系统的多种技术实体本身就是一个行动者网络，即 Net1；其次，装置了传感、射频等技术设备的物－人联结系统又构成另一重行动者网络，即 Net2；第三，由物联网技术应用而拓展开来的产业链则形成了第三重网络系统，即 Net3；最后，由对该技术及其产业进行引导、协调、规范等而生成的管理环节又构成第四重行动者网络，即 Net4。四重网络交叉相叠，组成了一个多种技术实体结合、多个产业链条交织、政府引导、企业参与的行动者网络集合体。

1. 行动者网络 Net1：实现“物联”的技术之网

物联网系统的建构，首先要在基本的技术层面上得以实现。就物联网而言，其基本的技术架构可分为感知层、网络层和应用/中间件层（如图 1 所示）；而每一个层级都需要招募诸多行动者（actors）——各种技术实体——参与到物联网络系统的建构中。

首先，感知层可视为整个物联网络系统的策源地。要实现人类世界和物理世界的数据获取和联结，首先需解决这两个世界之间的“感知”和“感应”问题，那么，原有的传感器技术、射频识别技术等行动者实体就被纳入到网络建构者的考虑范围。传感器是一种检测装置，能感受到被测量的信息，并能将检测感受到的信息，按一定规律变换成为电信号或其他所需形式的信息输出，以满足信息的传输、处理、存储和控制等要求[6]，这就基本上可以实现物联网络系统中各个行动者之间的“感知”。射频识别（RFID）技术是一种非接触式的自动识别技术，它通过物品标签与阅读器的配合，借助网络通信设备进行物与物的自动识别和信息的交流共享；射频标签之中内置有电子产品编码（EPC），它是识别目标的特定编码，使得每个物理对象都有了自己的“身份证”。装载有 EPC 标签的 RFID 让拥有了自己的“身份证”的物“活”了起来，并且能够“开口说话”了[7]，这就基本上可以实现各个行动者之间的“感应”。当然，感知层还包括二维码、GPS、红外等异质的行动者因素，它们共同

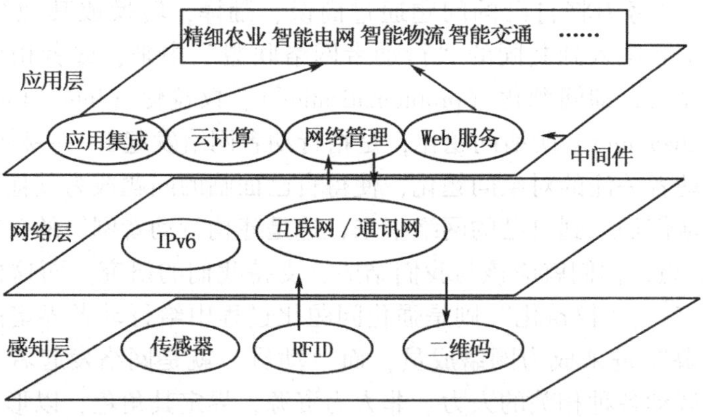

图 1 实现“物联”的技术之网 Net1

地被摄入到感知层行动者网络中来。

感知层的构建基本上解决了短距离的物物感知、感应等问题，使得具备感知、感应能力的物的能动性有了显著提升，但是要实现远距离行动者之间的信息交换与通信，还需要招募网络层的行动者参与其中。

于是，网络层行动者（如无线通信技术、IPv6 等技术实体）的加盟解决了数据的远距离传输问题，进而能够实现广泛的物联之网；该层级目前主要依托互联网和电信网。众所周知，在互联网中有 IP 地址，同样，在物联网中，也要求给每一物理对象分配地址，但规模化了的物联网对地址的需求巨大，现有的互联网协议 IPv4 已不能满足为物联网中的每一物体分配一个地址的要求，而新一代互联网协议 IPv6 具有几乎无限的地址空间，它“可以给每一粒沙子都设定一个 IP 地址”。在无线通信技术中，3G 网络以其高宽带和高频谱利用率的特点能够支持物联网的海量数据传输，使得长距离的物——物联结成为可能，是构成覆盖广泛的行动者网络不可或缺的行动者实体[8]。

网络层作为桥梁和中介，实现了长距离的行动者之间的信息传递与交换，使得物联技术具备了不可估量的应用价值。

最后，嵌入了中间件的应用层是将物联网技术应用到各个行业领域的终端环节。中间件层由一类独立的行动者（如应用集成、云计算、网络管理、Web 服务等系统软件或服务程序）组成，处于操作系统软件和用户应用软件之间，主要解决网络层和物联网应用服务之间的接口和能力调用，以实现对业务的分析整合、共享、智能处理、管理等。应用层则是指该技术在各个行业、领域的应用。目前应用相对成熟的如智能电网、精细农业、智能交通、智能物流、环境监测等[9]。

总之，从行动者网络的构成看，感知层完成对物体属性的标识和读取（静态属性由直接存储于物品的编码标签中，动态属性则由传感器进行实时感应，RFID 对物品进行识别读取，并将其转换为可供网络传输的数据格式），网络层属于信息传输和通信的桥接层级，应用层则实现信息的接收、处理、反馈，并应用于各个行业领域。各个层级在整个行动者网络中都具有不可或缺的重要地位；它们在技术环节的对接组合，才构成了一个互联互通的“无缝之网”。

2. 行动者网络 Net2：物—物相联的能动之网

那么，具备上述技术条件的物理对象是如何进行信息交换和通信的呢？或者说，它们是以何种方式进行物——物相联的呢？

在技术层面上，一般来讲，装置了物联网技术设备的物理对象——行动者节点——具有以下几种类型。①无源节点，即贴有电子标签的物品，它不带有电源、具有被感知能力和少量数据存储能力，可以移动，但一般不具备联网能力，只能被动地与他物相联，因此，在物联网络中，属于具有较低能动性的行动者。②有源节点，是一种具备感知、联网和控制的嵌入式系统，是物联网的核心。它有电源、能感知以及可移动、存储、计算和联网等，可实现物—物、人—物、人—人的连接，能动性也有了明显提升。③互联网节点，是具备联网和控制能力的计算系统，是物联网的信息中心和控制中心。它采用了互联网的联网技术，但是具有物联网系统需要的时空上的动态控制能力，是相对可靠、安全的控制体系。互联网节点带有不间断的电源，但不具移动性，有较强的可感知、存储、计算和联网能力，可提供人—物、人—人的连接与“对话”。

根据以上分类，行动者节点之间具有如下三种联结类型，即无源节点与有源节点之间的联结（如图2所示）、有源节点与有源节点之间的联结（如图3所示）和有源节点和互联网节点之间的联结（如图4所示）。在第一类型中，贴有电子标签的无源行动者，通过射频识别技术达到与其他行动者的“沟通”“交流”，虽然能动性较弱，但是拥有自己“身份证”和IP地址的物通过与有电源行动者的联结而显示其存在和功能，其能动性便得到了彰显；在第二类型中，有源节点之间彼此具有感知、反馈能力，其交流更加自主，物的主体性、能动性更加显著；同理，在第三类型中，行动者网络系统将物、人等诸行动者信息都“摄入”进来，物与人都符号化、平齐化地参与了物联世界的建构[10]。

可见，在物联网技术构成的行动者网络中，作为行动者的物，其能动性、主体性得到了显著提升；物联网就是一个物——物互联的能动之网。

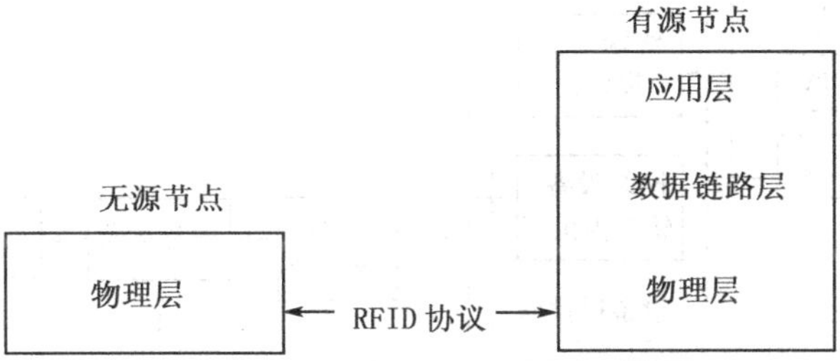

图2　行动者节点联结类型1

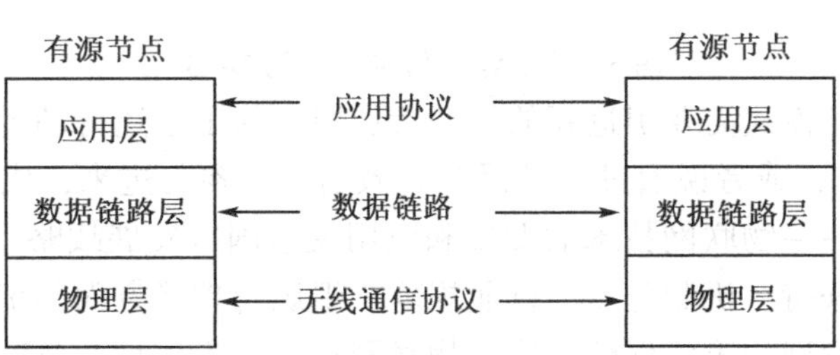

图3　行动者节点联结类型2

3. 行动者网络 Net3—Net4：“转译”的物联网络联盟

要保持一项新技术旺盛的生命力，关键要将其成果转化为生产力，也就是将该技术进行

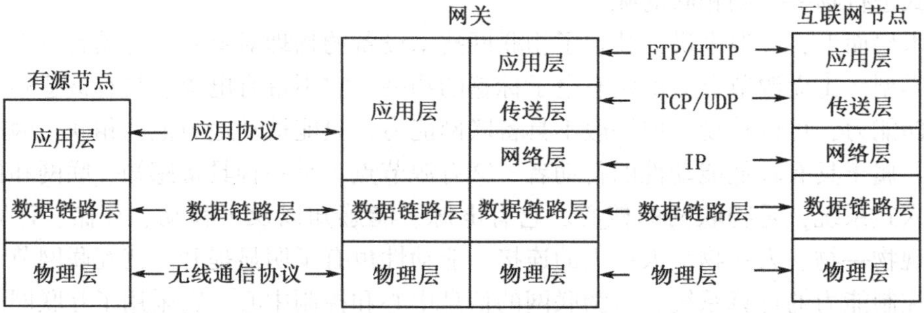

图4　行动者节点联结类型3

产业化应用与推广。新技术的产业化途径本质上就是各个技术主体及相关产业部门之间的“转译”过程，物联网产业链条的形成和发展亦是如此。

早期，该链条以终端设备提供商为主要业务推动者，即行动者网络建构者，他们通过获取行业客户的需求，再根据此需求寻找应用开发商进行业务开发，将自己的问题——客户的需求——转换成应用开发商实现利益的关节点；同时，与网络提供商（如电信运营商）进行“商谈”，将网络提供商招募进来，提供网络服务，再次实现问题、利益的“转译”；随即，邀请方案提供商加盟，分别给业务使用方或业务应用方提供整体的解决方案。这样就构成了一个以终端设备厂商为最初推动者的物联网产业链形成的模式（如图5所示），其特点是适时、灵活，根据客户的不同需求实现多样化的服务，但是这种作坊式的产业模式很难适应规模化、产业化的要求，往往导致市场混乱、业务功能单一，缺乏系统的可靠性、安全性[10]。

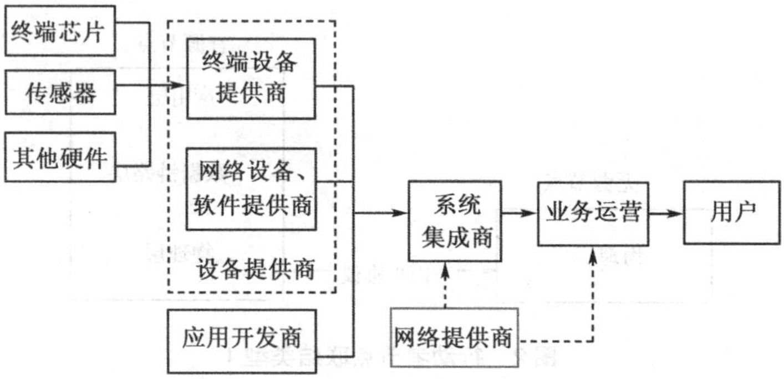

图5　产业链“转译”之网 Net3

因此，新的产业化模式需要引进新的行动者加盟，除了上述行动者的参与之外，还需要“说服”政府加入进来，或者说通过“转译”让政府主动参与进来，成为新的庞大的行动者网络体系的重要成员——物联网技术的发展和应用关涉国家发展战略，“转译”自然不成问题。发挥政府在政策扶持、机制建立、行业规范、组织管理等方面的统筹、引导作用，是物联网技术安全、健康发展的重要保障。我国物联网技术起步较早，政府对该技术的发展也给予了充分的重视，很早就参与到物联网技术的研发和建设中来：早在1999年，中国科学院就启动了传感网的研究；2009年8月7日，温家宝总理在无锡调研时，对微纳传感器研发中心予以高度关注，提出了把“感知中国”中心设在无锡、辐射全国的想法；同年9月，

《国家中长期科学与技术发展规划（2006—2020年）》和“新一代宽带移动无线通信网”重大专项中均将传感网列入重点研究领域；在2010、2011年连续两年的政府工作报告中，温家宝总理都明确指出，要加快物联网的研发应用，加大对此类战略性新兴产业的投入和政策支持[11-13]。

另一方面，物联网涉及的领域非常广阔，这就需要标准化的数据库、软硬件与数据接口，互相联结的网络平台，以及统一的身份标识和编码系统；只有这样，才能将世界上的每一个物体纳入物联网世界。技术标准化，是新兴技术产业化进程中必然面对和必须解决的难题，也是行动者网络得以维系和拓展的重要力量。这不仅仅是纯技术性问题，还关涉到社会、文化等多方面因素，因此需要保持与国际社会及相关组织在标准制定、资源共享、信息互通等方面的通力合作。在全球化视野下的行动者网络中，作为行动者的各国政府和组织，是竞争者，更是合作者，因为彼此之间有着千丝万缕的利益关节点，而且也只有在合作中才能实现共赢共生。我国在这方面已走在世界前列，并成为物联网标准化进程的重要参与力量：2008年6月，首届ISO/IEC传感网国际标准化大会就在中国召开，中国代表提出的传感网体系架构、标准体系、演进路线、协同架构等代表传感网发展方向的顶层设计被ISO/IEC国际标准认可，已纳入ISO/IEC SGSN总体技术文档中；2009年10月，由中、美、德、法、英、韩等国家联合成立了ISO/IEC JTC1传感网标准工作组WG7[9]。

这样，就形成了以政府为统筹，以政策扶持为支撑，以国家发展、用户需求为导向，以技术研发为主线，以设备制造、网络服务、国际合作为纽带的多重异质性行动者网络（如图6所示）。

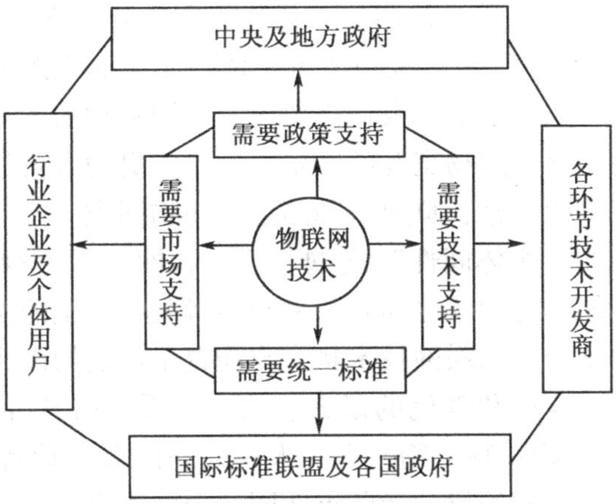

图6　物联网络联盟 Net4

概而言之，Net4涵盖了Net1、Net2、Net3，而且每一重网络下又可细分为若干个子层级网络，直至每个网络节点；这些节点可以是物，也可以是人，人与物都被符号化、平齐化地看作行动者，彼此之间实现了不同程度的互联互通。

三、审思和启示

从ANT的视角来审视物联网技术，我们可以得出如下结论和启示。

1. 物联网技术的哲学审思

首先，在由物联技术构成的行动者网络系统内，“物”的能动性有了显著提升。“物”（包括天然自然物和人工物）和人一样，本质上都是不断流变的行动者，平等地参与到物联网络所构建的场域中。在这样的场域情境中，物有了“物格”：装置了传感设备、贴上了象征“身份”的编码标签、拥有唯一属性的IP地址的物（无论无源还是有源）可以能动地接受、存储、处理和输出信息，感知、感应外在世界；原本被动、静默的物有了自己的“声音”，能够“开口说话”，可以与他者（包括人和他物）交流互动，由一个“失语的在场者”趋变为一个“‘可言说’的在场者”。在这样的技术情境中，物可以能动甚至是主动地影响、建构这个世界；在这样的技术情境中，技术人工物在被人“定造”出来之后，加剧了其物化、对象化进程，与人快速分离，形成了独立的“物格”。如果说技术发展的极限是人的话，那么，物联网技术正使得技术之物不断地向人靠拢——纵然其背后的操纵者依旧是人，而人当如何？

“物格”提升的同时却造成了“人格”的贬损。人和物一样，作为平等的行动者，在现实的或虚拟的物联网络中被信息化、数字化、图像化、符号化；在现实的物联世界中，人可被视为对象之物，被监控、跟踪、管制，而在虚拟的网络世界中，人便化为信息之物，只是一个符号、一幅图像、一组数字。人和物被平齐化地规约在物联网络中，人的自由、精神、尊严被技术性地挤压出来，成为了技术座架下的“无灵”之物。人在物联网技术世界中，彰显了他物无可企及的技术理性，同时也损伤了崇高尊贵、人之为人的品格价值[14]。

如果说拉图尔等人的行动者网络理论在理论上消解了传统的主客分殊，那么物联网技术则在技术上实现了这种消解。如果说拉图尔时代作为非人类存在的“物”还是一个“准客体”，那么物联网时代的“物”已经升级为“准主体”了，而人的传统性主体地位却遭到了贬降。在物联网时代，面对如此情形，我们需要充分意识到物的能动性和主体性，重视其功用及存在价值，做好与物共存、同物交互的准备；同时，更为重要的是，人类在尽情张扬其技术理性之时，应保守尊贵的人格，莫要自降品位，与物同类。

其次，物联网是复杂的“主体间性”之网。行动者网络理论视域下，行动者的角色是在与他者关系中得以界定的，行动者之间是一种与他者共存共生的主体间性关系，而物联网时代，这种关系变得更加复杂。物联网技术将人与物置于传统的以实际地理、地域为依托的“地方空间”（space of spaces）和现代的以人、物、货币、信息等跨时空流动的“流动空间”（space of flows）之中，物—物、物—人、人—人等诸多行动者在多重行动者网络中进行多层次交互。一般而言，不同的行动者节点在同一个网络之中，其位移才能保持不变，其特质、性状、角色、身份才能得以界定，一旦进入多重网络、多个层面，行动者的空间存在便有了多种可能[15]；而物联网络不仅是一个技术之网、能动之网，还是一个转译之网、联盟之网。在此可以看到，自然与社会相融，主体与客体难辨，现实之物与虚拟之物交织，“地方空间”与“流动空间”交汇于以多元异质的行动者为节点而编织成的天衣无缝似的“网络空间”之中；其行动者之间的关系更加难以确定化、模式化。然而，要建构利益共赢的物联网络联盟，必须注重这种错综复杂的主体间性关系，处理好与他者的关系，关注他者，与之共处，在彼此关系中界定自我、成就自身；其基本实现方式为“问题商谈，利益转译”，想他者所想，你我共用。

2. 物联网技术的发展启示

首先，注重自然、社会两种力量，建构物联网络联盟。总体看来，目前物联网技术的发展还处于起步阶段，面临诸多技术"瓶颈"；而普遍认为，阻碍物联网发展的最大"瓶颈"还是技术问题，包括技术标准化问题、相关技术的深化发展、融合问题，以及技术产品成本较高问题等。这些问题最终限制了物联网技术的规模化、产业化，而只能局限于小型的传感网。而从以上的分析中可以看出，技术问题的解决、技术创新的实现，超越了技术本身，是多重行动者网络共同作用、诸多行动者共同参与的结果；技术创新主体在掌握技术自身发展规律、着力提升科研实力的同时，还要注重社会文化等因素，重视其他行动者的价值和利益实现途径，动员、招募更多的行动者加盟进来，在与他者的有效互动中成功实现问题的"转译"，进而实现共赢共生；政府在制定科技政策、管理规范之时，也要注意发挥多种行动者的能动作用，才能有效地推助科技创新[16]。

其次，保护行动者的"隐私权"，规范物联网健康发展。物联网时代，不论人和物，都可能被贴上电子标签，处于他者的监控、跟踪之下，人或物的"隐私权"都可能被侵犯。人的隐私容易理解，物的"隐私"如何把握？作为能动之物，其自身属性、状态等均可被信息化、数字化地纳入到物联网络中来；具备独立"位格"的物，其自身的"隐私"暂不论说，其背后往往关涉的是物之所属者的"私密"，大到国家机密，小至个体安危。因此，政府和技术主体在建构物联网络联盟的过程中要审慎对待、充分考量，在技术防范、伦理规约等环节做好准备，防止技术之马脱缰而难以驾驭。

总之，物联网技术带给我们诸多新的哲学命题，我们唯有对这些命题进行深度思考，才能更好地引导该技术沿着正确的方向发展。

参考文献

[1] 吕廷杰. 物联网的由来与发展趋势 [J]. 信息通讯技术，2010 (2)：4-8.

[2] 盛晓明. 巴黎学派与实验室研究 [J]. 自然辩证法通讯，2005 (3)：64-69.

[3] Bruno Latour, Woolgar Steve. Laboratory Life: The Social Construction of Scientific Facts [M]. Beverly Hills & London: Sage, 1979.

[4] Michel Callon. Four Models for the Dynamics of Science [C] //Sheila Jasanof. Handbook of Science and Technology. London: Sage, 1995: 52.

[5] 郭俊立. 巴黎学派的行动者网络理论及其哲学意蕴分析 [J]. 自然辩证法研究，2007 (2)：104-108.

[6] 传感器 [OL]. [2010-10-27]. http://baike.baidu.com/view/16431.htm.

[7] 胡向东. 物联网研究与发展综述 [J]. 数字通信，2010 (4)：17-21.

[8] 童剑军. 感知、通讯和反馈：物联网技术发展的关键 [J]. 中国安防，2010 (7)：48-50.

[9] 黄涛. 物联网技术与应用发展的探讨 [J]. 信息通信技术，2010 (2)：9-13.

[10] 张飞舟，杨东凯，陈智. 物联网技术导论 [M]. 北京：电子工业出版社，2010：1-3，26-45，131-145，184-196.

[11] 物联网 [EB/OL]. [2010-05-27]. http://news.xinhuanet.com/eworld/2010-05/27/c_1215332.htm.

[12] 2010年政府工作报告 [EB/OL]. (2010-03-15). http://www.most.gov.cn/ztzl/lhzt/lhzt2010/201003/t20100316_76307.htm.

[13] 2011两会温家宝总理政府工作报告全文 [EB/OL]. (2011-03-07) http://news.hexun.com/2011-03-07/127754083.html.

[14] 王治东．“物联网技术”的哲学释义［J］．自然辩证法研究，2010，（12）：37－41．
[15] 艾少伟，苗长虹．从“地方空间”、“流动空间”到“行动者网络空间”：ANT视角［J］．人文地理，2010（2）：43－49．
[16] 王能能，孙启贵，徐飞．行动者网络理论视角下的技术创新动力机制研究：以中国自主通信标准TD－SCDMA技术创新为例［J］．自然辩证法研究，2009（3）：29－34．

（本文原载于《自然辩证法研究》2011年第6期）

视角的符号消费本质探析

王　娜　王　前
（大连理工大学人文学院　辽宁 大连　116024）

摘　要：符号消费是现代技术发展引发的新的消费方式，这种消费方式深刻地影响了人们的思维方式、价值观和审美意识。从STS视角揭示和剖析符号消费的本质及其社会后果，可以为建构现代技术发展与大众消费活动的合理关系提供一种可能性路径。

关键词：STS；符号消费；现代技术

现代技术使人们的物质需求得到空前的满足，同时又敦促人们酝酿更新更多的需求，从而使持续消费成为可能。在这一过程中，符号消费作为一种新的消费方式，被引入人们对需求的认知中，建构并控制人们的生活需求和价值取向。现代性的社会认同总是围绕着某些符号意义的产生而进行的，这一方面使得消费行为的社会评价逐渐偏离传统的伦理维度，另一方面也造成人们对自身需求的认知暧昧不明，因而有必要加以澄清。

一、STS视角下的符号意义和人类需求

要理解符号消费的本质，首先需要将“符号”本身的特征置于社会文化的大背景上，进行STS（科学、技术与社会）视角的解析。

在伽达默尔看来，符号乃是“其功能所要求的东西”，而符号的这种“从自身去指出什么”的功能，要求符号必须具有吸引力，它也必须“在其知识内容中表现自身”。因为符号使某种非现时的东西成为现时的，并且以这样的方式，使得现时的东西单独地成为被意指的东西[1]。从马克思主义的观点出发，符号不是一种本质上植根于人的精神意识的东西，而是一种被技术生产方式所建构的存在。它依附于生产方式，随着生产方式的变革而改变，并因技术发展的连续性得以持续存在。马克思指出，“物质生活的生产方式制约着整个社会生活、政治生活和精神生活的过程。”[2]西班牙哲学家敖德嘉（José Ortegay Gasset）认为，技术的本质在于满足人的需求，“人的需求”这个概念是理解技术的基础，它同时包含着客观上必需的东西和客观上多余的东西，而“人”“技术”“活好”具有相同的内涵[3]。也就是说，技术的本质中蕴含了生产必需品以外的存在之可能性，即敖德嘉所谓的“多余的东西”，这种存在既包括具体的物的存在，又指向抽象的符号的存在。尼尔·波斯曼（Neil Postman）将工具文化背景下的技术目的概括为两方面：一是解决物质生活里具体而紧迫的

问题；二是解决如何为艺术、政治、神话、仪式和宗教等符号世界服务的问题[4]。技术的这种关于内在符号的定制与人类需求有着密不可分的联系，人对技术的需求本身就包含对符号意义的需求，人借助技术使符号需求得以展现，符号意义是表达人类需求不可或缺的部分。

对于符号意义的理解，也可以诉诸技术。技术因人的需求而具有了目的性，进而使得伴随技术而衍生出的所有观念、解释、符号等都获得了意义。人的需求一方面包括人类生存的基本需要的内涵，具有绝对性，因为“需要的逻辑和表述不同于想往，也不同于欲望、喜好和选择”，“需要不仅仅是重要的，而且是绝对的、无条件的”[5]；另一方面，需求又具有相对性，它是不断发展的。马斯洛指出了人类需求的动态性特征，认为需求本身就意味着已经有其他需求的满足。针对人类需求的本质特征，他给出了两个事实：一是人类只能以相对或者递进的方式得到满足；二是需求似乎按照某种优势等级、层次自动排列[6]。对于已经获得满足的旧有需求而言，尚未实现的新需求就是一个符号，这种符号表明一种潜在性，它代表着对实现目的的可能性的预测、期许、希望等意义的总和。人对符号意义的需求并不仅仅是一种本能的、物质上的需求，而是与社会经济、政治、文化等密不可分的需求，是一种被技术生产水平所决定的需求。卡西尔指出，人不是生活在一个单纯的物理宇宙之中，而是生活在一个符号宇宙之中。语言、神话、艺术和宗教则是这个宇宙的各个部分，它是织成符号之网的不同丝线，是人类经验的交织之网[7]。尽管在人类需求的系统中，对于符号意义的需求在逻辑上不是先验的、本质性的，但这种需求却是一种必然性的需求，它必然存在于整个人类社会的生产和生活过程中，也必然随着技术的变革和文明的演进而发展。

符号意义所反映的不仅是物质需求满足的一种可能性，它也是人类认识世界、认识自我的载体，具有不可替代的象征性价值，并在人类文化演进的过程中不断成为人类思想和行为的一种指令。在古希腊时期，毕达哥拉斯学派以数字关系构建了万物发展的规律，认为万物是数的摹写或模拟。当他们将完美、和谐、善等概念与数字相联系的时候，便以最简单直接的方式肯定了符号的象征意义。正如福柯所言，符号体系导致了“对起源和可计算性的探求”，使人们“去构成种种能确定可能的结构的图表，并在最简单要素的基础上重建一种分析”[8]。符号本身具有建构的功能，它能够为人们认识和描述客观世界的各种关系提供一种可能性，甚至是一种预设。正是符号这种先在性与预设功能，使符号对人类需求与社会生活的操纵成为可能。而这种可能性转变为现实性，则在一定程度上依靠技术。

在人、符号与客观实在的互动中，技术因素决定着符号意义与自在世界差异的程度，而人则在一定范围内需要依据符号来判断自己的行为，这便为技术借由符号对人的思维和日常生活进行控制提供了条件。由于符号与人类需求的普遍联系，这种控制既是强大的，又是广泛的。在当代社会，符号意义对人的控制最直接地体现在人们的消费活动中。在信息与传媒技术高度发展的今天，人类消费活动的目的已经渐渐疏远了功能性的物质需求，而是将目光投射到具有象征意义的符号需求。在数字时代，当IT工程师说“我正在做一个需求”，便理所应当地将需求与一系列符号、代码相等同，随后人们的需求、消费意识与行为等便轻而易举地处于连续性代码的监视和操纵下。相对于原始符号崇拜的神秘性与宿命感，现代技术的覆盖性与精密性无疑完成了符号意义去神圣化的过程，缜密的数字逻辑限制了符号操纵以外的可能性。相对于古典符号关系描述的自下而上的过程，消费社会中的符号更倾向于占据逻辑上的先在性，以实现从描述需求到制造需求的角色转变过程。符号消费的蔓延，无疑反映了现代技术对社会生活的作用与控制已不囿于工具性应用的层面，而是连同改变着人们的思维方式、价值观和审美意识，并试图构建与消费主义相契合的社会意识形态。

二、STS 视角下的符号消费本质解读

符号意义对于现代消费生活的影响是深刻而广泛的。马尔库塞区分了现代人的“真实需要”与“虚假需要”，认为“现行的大多数需要，诸如休息、娱乐、按广告宣传来处世和消费、爱和恨别人之所爱和所恨，都属于虚假的需要”，这些需要是受“个人无法控制的外力”所支配的需要[9]。人在丧失了对于自我真实需要反思的同时，也沦为“单向度的人”。列斐伏尔认为，技术的控制已经蔓延到人们的日常生活之中，人们的消费活动已不再是面向物本身或使用价值的对象性活动，而是由符号所牵引的被动行为。所谓“自己的判断和选择”只是虚幻的假象，我们所作的选择是受广告、电视等媒体引导和操纵的，我们是实实在在的“客体”，消费者在脱离政治束缚后又自动接受了由消费意识形态提供的标准而彻底失去反抗性[10]。因而，列斐伏尔把现代资本主义社会描述为一个“消费被控制的科层制社会”[11]。法国社会学家鲍德里亚在《消费社会》一书中指出，“现代消费的定义并不在于我们所消化的食物、我们身上所穿的衣服和我们使用的汽车，而在于把以上这些组织为有表达意义的实质；它是一个虚拟的全体，其中所有的物品和信息，由这时开始，构成了一个多少逻辑一致的论述。如果消费这个字眼要有意义，那么它便是一种符号的系统化操控活动。”[12]在鲍德里亚的逻辑中，人类消费活动的对象并不是物品，而是一种关系，符号对于消费活动来说不仅仅是人与物之间简单而抽象的链接，而是系统化操纵活动的主宰者。在这里，符号的角色更倾向于一个生产者，它不断生产着人与物的新关系，不断使人消费以全套形式出现的物。消费不再是一种自然的物质享受过程，而是重新构造社会关系的过程[13]。从 STS 视角剖析符号消费的本质，可以从以下三个维度展开。

(1) 技术的审美维度如果在表层意义上理解时尚，它的作用无非是提供一种时下流行的美的标准。时尚的存在需要满足两方面的条件：一方面，它通过对消费符号的排列组合给出关于当下“美”的含义的证明；另一方面，技术的变革和市场的规律又不断以新的时尚符号取代旧的符号，从而保障了消费符号的连续性。伽达默尔将时尚视为“完全任意的、没有深层依据的”肤浅东西。但不可否认，时尚之物具有一定的价值。首先，时尚意味着变迁，新时尚符号取代旧符号的过程为技术创新与观念转变提供了动力和契机，这种契机可能成为技术全面变革的起点；其次，时尚符号若能在一定时间里流行，物之本身必定具备某些功能上或品质上的出色特性，从而在消费领域中产生品牌效应，建构一种信任。

时尚符号推陈出新的过程，是一个消解普遍的、永恒的、超验的美的意义的过程。柏拉图认为运用知识能够将“美本身”同“含有美的个别东西”区别开来[14]。美的理念是永恒的、至高的，运用现实生活中的技艺对于具体事物的制作，无非是对美理念的“分有”与“模仿”。康德明确反对将时尚与美相等同的观点，他认为时尚的本质在于变迁，时尚拒绝一切超验、不变的东西，他的这一观点在亚当·斯密那里同样获得了认可。现代技术所制造的符号消费，正在进行消解美的形而上学的尝试。市场的需求和技术的方式共同决定了时尚的“在场”。它的“在场”所呈现的一切符号只能被视为一种综合趋势的显现，却无法从中抽离出具有普遍意义的内容。就审美意义而言，与其说现代性技术在执行一种不断建构的活

动，不如说它致力于美的形而上学的解构。现代技术致力于符号化的迅速叙事，呈现在人们面前的“美”往往是由符号所积累而成的某种趋势，而非超越世俗的、无功利的形上之美。这样很容易使人们不断追逐个别的时尚的美感，而缺乏对美的深层体验。

（2）技术的解释维度现代消费实践综合了人的认识、符号、技术、技术物和社会价值等因素，体现为一系列关系的总和。消费实践本身蕴含着一种解释学关系，这种关系在符号消费过程中表现得尤为明显。在康德看来，人对客观世界的认识包括先天的理性和后天的经验，形成了先验综合判断，而先验综合判断所能够认识的内容只是现象，却无法穷尽“物自体”本身。如今，技术手段的介入使人们对客观实在的认识活动更为间接，认识所产生的精神之物更为依赖于技术及其所制造的符号。伊德曾指出了人与技术、世界存在着解释学关系，即人→（技术—世界）。这一过程类似于我们的阅读或解释活动，人在“阅读”人工物，所读到的东西是身体和知觉意义上的[15]。认识主体只能在有限范围内来理解客观对象，这种理解的真实性更多地依附于技术中介及其所生产的符号能够在多大程度上激起人们理解它的意愿。

在大多数从事社会批判的哲学家那里，技术所展现给世人的符号都是虚假的存在。列斐伏尔认为每种物体和产品都获得了双重性的存在，即可见的和假装的存在，人们所消费的只是符号而已。鲍德里亚指出，符号所展示给我们的是“一种虚假的透明形象、一种社会关系虚假的可读性，而在它们的背后，真正的生产结构和社会关系仍令人无法辨读”[16]。现代广告与大众传媒极具商业目的地致力于产品的表达，但为消费者所阅读的文本并非产品，而是经过精心设计与包装的符号。解释活动本身也是创造性的过程，“任何解释性话语都想超越其外表”。当符号对物品的表述已经凌驾于其本身的意义之上时，人对于符号的解读便充斥着超越乃至脱离原始文本的可能性。鲍德里亚的担忧是，“意义和解释体系在其自身符号的重压和游戏中崩溃”，“这种符号已经成为不受控制的诱惑和不受控制的术语的掩饰物，一旦它充满意义，它就与意义在交换中串通一气，造成意义的缺失”[17]。符号消费给现代社会带来的消极影响正体现于此，解释的错位直接引发了消费行为的非理性倾向。在消费社会中，真实对象与人类意识所反映的精神事物距离渐远，作为认识中介的技术也可能成为歪曲真相的力量，这一方面需要人们不仅对所获信息进行反思，需要辩证地看待获得信息的技术手段；另一方面，则是无须过分地依赖技术手段在认识过程中的作用，或者把解释的视域局限于消费社会的情境中，而应当更多地诉诸人类所固有的理性。

（3）技术的伦理维度符号消费所带来的社会风险显然不囿于人们对于自身消费活动的认知与解释，其对社会伦理的冲击与挑战也是不可忽视的方面。符号来源于人类需求，又作用于人类实践与日常交往，它与人类社会的伦理同样有着密不可分的联系。在中国传统文化的语境中，“伦理”既包含客观上已经形成的关系，又包含主观上对人际关系的领悟和调节的过程。符号作为社会关系的载体，致力于表达与指示业已形成的稳定的社会关系，因而符号具有伦理象征意义。在传统社会生活中，符号的象征意义同样作用于人们的日常消费行为中，它指涉处于一定社会阶层的人应该做什么，不应该做什么，不同身份的社会个体应该具有怎样的消费水平。具有象征意义的符号消费等级的划分，有助于社会消费实践与相应的消费伦理长期处于一种稳定的关系中，而技术生产规模的限制也使人们的消费活动无法僭越一定的伦理标准，像节俭、抑奢等观念都是自然经济条件下形成的消费伦理准则。

然而，现代技术的机器批量生产方式打破了传统单一的生产模式，也以极具现代主义特征的符号消费取代了传统的消费实践方式与伦理规约。生产方式的转变导致了社会关系的变化，新的社会关系具有新的意义。在消费权利表面上平均化的同时，人们迫不及待地以占据新符号的方式来建构自我的身份与社会认同。相对于传统符号对稳定社会关系的维系，现代性的符号消费则致力于取消稳定关系的存在，营造一种取代活动的大循环。当符号的伦理意义不断被消解，传统的消费伦理体系便随之分崩离析，消费成为一种社会责任。在技术时代，正如盖伦所担忧的，被生产和交换的工业体系客观化了的世界并不直接通向伦理需要，这些需要在它那格局之内丧失了意义[18]。

三、STS视角下符号消费的社会后果分析

马尔库塞、列斐伏尔和鲍德里亚等哲学家不约而同地反思与批判了技术时代的消费社会，揭示了当代消费生活的本质，颇具预见性地剖析了现代技术对人的社会生活和文化的影响，尽管其中不乏激进和片面的思想，但他们提出的理论对于认识和分析现代社会生活和思维方式具有重要价值。现代人对于符号的沉溺与膜拜，动摇了传统消费的主动性的模式，一套颇为完善的消费逻辑的技术操纵活动正在大行其道，并带来了明显的社会后果。

首先，符号消费是一种被动消费，它是被技术设计干预和控制的实践活动，现代消费行为已在一定程度上具备符号消费的特征。鲍德里亚认为，技术设计将商品以全套模式兜售，消费者所获得的已不完全是自己需求的物品本身，而是由技术所构造的整体性的商品符号，捆绑式的技术设计方案使他们落入商家隐蔽的盘算，成为符号消费控制下的被动行为者。现代消费不再是传统单一模式的主动的对象活动，人们不可避免地处在符号系统的逻辑之中，简单的供求关系被整套性的符号要求所替代，满足需要的方式也由主动性的买卖行为变成一种不自由的交易。鲍德里亚关于符号消费的论述指出了现代消费活动的某些特征。例如，手机功能的设计迫使用户购买了无用的功能，网络套餐的设计取消了用户需求的多样性，使用者被强加额外功能的同时必须承担这些功能的费用。在这里，通讯网络的角色已经由需求信息的载体变成了需求的主宰者。在鲍德里亚的逻辑中，消费的内容，即被消费物的功能性离人们越来越远，就像一个人为了追求个性化的奇异的时装和流行的款式，而完全忽视了衣服的最主要的特征是御寒遮体一样[19]。需要指出的是，尽管符号消费具有极强的操纵性，但消费活动本身无法脱离人类本质性的物质需求，人们对符号的需求亦是建立在基本需求基础之上的。即使技术设计、营销手段等因素的控制已经渗透到人们日常生活的方方面面，但人类生存和发展的本质性需求却是无法操纵的，这种本质性诉求的先在性可以成为人类理性甄别符号幻象的基础，这是鲍德里亚所没有提到的。在技术设计的成套符号面前，面对着银行的信用卡和先消费后还款的营销策略，人类的消费实践面临两难的抉择：一是遵循符号消费的逻辑，落入商家的“暗算”，不停地接受和沉迷于符号，混淆本质需求与符号需求的差别，回避任何认识这种差别的可能性；二是以理性透视消费活动的本质，辨别真实需要同虚假需要的差别，以理性指导人的消费实践，后者恰是现代人难以做到的。

其次，大众传媒技术在很大程度上决定了消费的导向，成为符号干预人类消费理性的最直接方式。商业包装和广告宣传不断将各种符号意义与消费品相连接，符号价值取代了使用价值，理性的需要节节败退于强大的信息符号。如果说传统工具性技术以符号为载体影响着人的生活，那么现代信息传媒技术则更倾向于将这种影响转变为操纵。正如列斐伏尔所言，

“消费物不仅被符号和‘美德’所美化，以致它们成为消费物的所指，而且消费基本上同这些符号相关联。”[20]大众传媒的操纵手段是无处不在的，它试图改变和建构人们的需求和兴趣，并使消费信息渗透到人类生活的每个角落，促逼着人们不停地购买，持续地占有新的符号意义。公交车无论车体还是车内电视，都成了广告的载体；互联网为时下流行的网购、团购等新交易提供了广泛的平台；电视直销中的“秒杀”、限量购买等噱头为商品勾勒出稀缺、珍贵的符号意义。在通讯技术高度发展的今天，正如杰姆逊所说的，“世界众多错综复杂的商品网络本身就可以被视为一个典型的符号系统。”[21]传媒技术一方面将符号植入人的观念中，使商品获得普遍的社会认同；另一方面，在持续的信息灌输的过程中，人们的消费视野也不断被扩大，从而使符号消费得以更新和流行。符号消费的“在场”将更根本的信息与传媒技术的力量隐匿起来，在符号意义推动社会同质化的进程中改变着人们的消费实践和文化观念。在这里，传媒技术将符号的角色从一个信息的连接者转变为消费意义的生产者。

最后，生产方式的转变打破了旧时贵族对于奢侈的特权，对符号自由占有的欲望充斥着人们的日常生活，现代性的符号消费使现代消费模式逐渐由高雅消费走向了大众消费，这同时给社会伦理带来了前所未有的挑战。生产规模的扩大在一定范围内增加了消费活动的自由度，批量生产的技术模式使得奢侈品不再是上流社会的专宠，技术水平的提高造成了消费能力的解放，奢侈消费权利的变革完成了其自上而下的过程，大众的欲望得到了史无前例的满足。法国哲学家吉尔·利波维茨基认为，在现代性消费领域中，“奢侈与‘廉价’相结合，过度与经济核算相结合，浪费与实用、名誉与购买的日常刺激和消遣相结合。”[22]然而，这种新的自由却是被限定在符号统摄下的自由，而非是真正意义上的自由。现代人对奢侈品牌的趋之若鹜，对非功能价值的关注证明了符号操纵性的强大。消费符号并非鼓励消费活动的多元化，而是致力于消费行为的同质化。技术的高速发展繁荣了现代人的物质生活，以符号消费为特征的消费社会不断被构建。在传统生产方式转变的同时，处于上层建筑的原有的伦理准则已经松动，而与消费社会相适应的伦理却未同步建立，这就极易造成人们的消费行为与真实需要相脱节。世俗消费权利的普及引发了明显的社会后果，禁欲主义的新教伦理被符号崇拜与追逐所取代，节俭美德让位于奢侈享受，对自然、家庭的道德义务被符号消费的潮流所淹没。这正是消费社会普遍存在的伦理问题。

四、结 语

符号意义产生于人的需求，用以描述和人类社会的各种关系，在一定技术条件下建构关于人类实践的文化与伦理的认同。人类的交往与生活实践无法脱离社会关系的引导，人类的自我认同与伦理观念同样不能摆脱社会因素的影响。符号是架构人类认知与社会存在不可或缺的桥梁，具有无法替代的象征意义。符号重要的象征意义同样适用于消费实践领域中，它在传统的消费活动中为人类满足需要的实践划定了可能性的范围，并在与物质欲求的角逐中成为胜利者，从而促成了与传统生产方式相适应的消费伦理。

现代性的符号消费是工业时代的产物，并在信息时代盛行。从审美维度来看，批量生产的方式使传统的高雅文化、为艺术而艺术等非功利审美被现代商业的逻辑所淘汰，取而代之的是日益同质化的媚俗趋势。现代技术的干预使人们的消费认知日渐偏离客观对象的本质，符号迫不及待地要成为意义的全部，甚至走向人类需求的对立面，这些给作为解释主体的人类理性带来前所未有的挑战。对于符号的占有不仅成为一种大众的权利，而且也逐渐成为获取新的社会身份的重要手段，这引发了消费行为的非理性倾向。

在技术时代，人既是徘徊在实用与时尚、需要与象征、本质与符号之间的选择主体，又是受到符号消费控制的客体。人的需要本身包含了符号所构建的认同，而消费实践也不仅是为了迎合已经存在的需求。我们如何在消费社会中认识和获得真正意义的幸福，才是当今最重要的事情。在以往同欲望的角逐中，理性和伦理取得了大部分的胜利，古希腊的节制、新教徒的禁欲，还有我国古代的“抑奢”，都成为当时的主流伦理观。挣脱符号的束缚，并使技术成为真正服务人类的力量，成为现代人生活实践中最重要的课题。人类不靠物质来为自己定义，应该不是遥不可及的事情，但并非很快就来临[23]。技术时代的实践智慧需要理性、伦理、信仰、文化等因素的共同作用，在广阔的视域下认识和解释消费社会，以知识和德性取代符号消费所建构的认同，使我们的生产和消费实践成为一种理性的行为。

参考文献

[1] 汉斯－格奥尔格·伽达默尔．真理与方法［M］．洪汉鼎，译．北京：商务印书馆，2007：213－214.

[2] 马克思．《政治经济学批判》序言［M］//马克思，恩格斯．马克思恩格斯文集：第10卷．北京：人民出版社，2009：591.

[3] 敖德嘉．关于技术的思考［M］//吴国盛．技术哲学经典读本．上海：上海交通大学出版社，2008：268.

[4] 尼尔·波斯曼．技术垄断：文化向技术投降［M］．何道宽，译．北京：北京大学出版社，2007：12.

[5] Kate Soper. Conceptualising needs in the Context of Con-sumer Politics［J］. Journal of Consumer Policy, 2006，29（4）：355－372.

[6] 亚伯拉罕·马斯洛．动机与人格［M］．许金声，等译．北京：中国人民大学出版社，2007：8－9.

[7] 恩斯特·卡西尔．人论［M］．甘阳，译．上海：上海译文出版社，1985：33.

[8] 米歇尔·福柯．词与物：人文科学考古学［M］．莫伟民，译．上海：上海三联书店，2001：84.

[9] 赫伯特·马尔库塞．单向度的人：发达工业社会意识形态研究［M］．上海：上海世纪出版集团，2008：6.

[10] 吴宁．日常生活批判：列斐伏尔哲学思想研究［M］．北京：人民出版社，2007：188.

[11] Henri Lefebvre. The Urban Revolution［M］. Minneapolis：University of Minnesota Press，2003.

[12] 让·鲍德里亚．消费社会［M］．刘成富，全志钢，译．南京：南京大学出版社，2008：223.

[13] 徐琴．鲍德里亚消费社会理论的意义与局限［J］．哲学研究，2009，（5）：43－50.

[14] 柏拉图．理想国［M］．郭斌和，张竹明，译．北京：商务印书馆，2002：219.

[15] 唐·伊德．让事物“说话”：后现象学与技术科学［M］．韩连庆，译．北京：北京大学出版社，2008：56－57.

[16] 尚·布希亚．物体系［M］．林志明，译．上海：上海世纪出版集团，2001：216.

[17] 让·鲍德里亚．生产之镜［M］．北京：中央编译出版社，2005：156－162.

[18] 阿诺德·盖伦．技术时代的人类心灵：工业社会的社会心理问题［M］．何兆武，何冰，译．上海：上海科技教育出版社，2003：91.

[19] 孔明安．从物的消费到符号消费：鲍德里亚的消费文化理论研究［J］．哲学研究，2002（11）：68－74.

[20] Henri Lefebvre. Everyday Life in the Modern World［M］. London：The Penguin Press，1971：92.

[21] Fredric Jameson. The Prison-Hourse of Language：A Crit-ical Account of Structuralism and Russian Formalism ［M］. Princeton：Princeton University Press，1974：8.
[22] 吉尔·利波维茨基，埃利亚特·胡．永恒的奢侈：从圣物岁月到品牌年代［M］．谢强，译．北京：中国人民大学出版社，2007：39.
[23] 郑也夫．后物欲时代的来临［M］．上海：世纪出版集团，上海人民出社，2007：94.

（本文原载于《自然辩证法研究》2012 年第 2 期）

科技政策的工程伦理向度

张恒力
（北京工业大学工程伦理研究中心　北京　100022）

摘　要：以研究工程技术人员道德素养为核心的工程伦理提高了工程技术人员的道德敏感性和职业道德水平。“平等、公平、诚实、责任”等基本道德原则也成为工程技术人员在科技政策制定、执行和评估中的基本道德准则和职业行为伦理标准，保障了科技政策的合理规范。在作为科技政策重要环节的工程设计活动中，工程技术人员必须坚持生态保护原则，促进可持续发展，推进人、自然与社会的和谐发展。

关键词：工程伦理；科技政策；道德原则

科技政策是由一定主体根据相关要求或标准制定的科技方面的政策，对国家、地区和社会都会产生重大影响，不仅会带来经济效益，也会改变一定的价值观念等。科技政策一方面是技术性政策，回答“是什么，不是什么”，同时也是规范性政策，蕴含着“应该是什么，不应该是什么”。可见，科技政策既包括现实实践目标，也包括伦理价值目标。然而，这些目标在制定、执行和评估过程中却出现了某种偏差。当前，我国科技政策已出现了公信力缺乏和效率低下等问题，政策的信用逐步丧失，政策的导向与控制功能不断弱化，导致政策经常出现失灵或夭折的严重局面。与此同时，科技政策所应展现的“平等”“公正”“公共”“正义”等伦理精神和价值取向等也出现了一定程度上的缺失和偏离。而这些功能性目标和价值性目标的偏离，在一定意义上说是由于政策制定主体的差异所导致的。这些主体的道德水平和对伦理道德的理解认识水平在一定意义上决定着科技政策的制定、执行和后果。科技政策主体一般分为三个层面：精英、共同体、公众。在我国现阶段，科技政策的制定主体是科技精英，一般是具有一定科技水平和能力的工程技术人员，他们往往成为科技政策制定过程中的核心人群。从工程伦理视角考察他们的道德要求，明确他们在科技政策过程中的责任和权力，无疑会使科技政策的制定、执行和评估更加科学、合理。因此，从伦理视角（特别是工程伦理视角）考量科技政策主体的伦理观念和道德要求，应该成为科技政策发展的基本诉求。本文在阐述以工程技术人员基本道德规范为核心内容的工程伦理学发展的基础上，明确工程伦理学中工程技术人员的“安全、责任、诚实”等道德要求，详细论述工程技术人员在科技政策的制定、执行和评估中的道德原则，并以工程设计为解读对象，指明工程技术人员的道德向度，以促使相关科技政策更加科学、合理、规范，促进科技政策更好地符合人性要求，保护自然及推进可持续发展，更好地促进人、自然与社会的和谐。

一、工程伦理的发展过程与道德要求

现代科技的发展使人类的生产生活水平得到了大幅度改善和提高，但是也不可避免地导致了环境破坏、生态失衡，对人类生产和发展带来了许多不利影响。这些情况在20世纪初、20世纪30年代大萧条时期，以及20世纪70—80年代尤为严重。许多公众开始怀疑技术的作用，逐步改变了先前的技术乐观主义态度，认为作为技术专业人士的工程师应该承担更大的责任。20世纪70年代，为了回应公众对技术的质疑和工程师社会责任的争议，工程伦理学在美国应运而生。

为了使工程师更充分地理解技术和相关技术政策，提高社会责任，工程伦理学研究包括“技术风险与工程安全”“工程师职业规范”“伦理基础理论”“全球化和环境问题”等内容，促使工程师从伦理角度深刻地认识技术的伦理价值和自身的职业责任，提高道德敏感性。当然，工程技术人员不仅需要认识到技术的道德价值，更需要充分理解相关技术政策的道德正当性与合理性。正如美国著名工程伦理学家M. 马丁（Mike Martin）从伦理学的描述和规范意义上界定了工程伦理学：“从规范意义上（normative sense）看，包括两层含义：第一，伦理学等同于道德，工程伦理学包括从事于工程的人所必须认可的责任与权利；第二，伦理学是研究道德的学问，工程伦理学是研究工程实践和研究道德上正当的决策、政策和价值。从描述意义（descriptive sense）上看，也包括两层含义：第一，是指工程师伦理学，研究具体个体或团体相信什么并且如何开展行动；第二，是指社会学家研究伦理学，包括调查民意，观察行为，审查职业协会制定的文件，并且揭示形成工程伦理学的社会动力。”[2]8这一概念的内涵告诉我们，工程伦理学不仅是工程师的职业道德研究，更应该包括相关科技政策道德正当性的研究。因此，从工程伦理视角关注科技政策的正当性、关注作为科技政策主体的工程技术人员的伦理责任向度，也是工程伦理学自身发展的应然要求。

工程职业伦理规范的核心道德条款也能够为规范工程技术人员的技术行为提供有益的帮助。如美国工程师协会规范中增加了一些伦理方面的要求[3]288-301，最明显的是几乎各大工程师协会的职业规范都把“工程师的首要义务是把人类的安全、健康、福祉放在至高无上的地位”作为规范的根本原则。同时，全国工程师职业协会（National Society of Professional Engineers，NSPE）设立了伦理审查委员会，积极鼓励工程师利用伦理理论来评估工程技术性的各种活动。在美国国家工程院（National Academy of Engineering，NAE）有关2020年工程的报告中，也指出伦理标准是未来工程师具备的品质之一[4]。在这些详细的工程伦理规范之中，都规定了工程师的三个核心道德要求——“安全、责任和诚实”。

德国社会学家U. 贝克（U. Beck）在著作《风险社会》（Risk Society）中指出，他深深地被作为“人类史上的灾难”（anthropological shock）的切尔诺贝利核灾难所震惊，并进一步强调仅当发生重大事故（如切尔诺贝利或福岛核灾难）时，我们才认识到我们处于一个危险的世界中。其实，在我们没有认识到风险之前，风险一直就存在着，我们生活在一个“风险社会”之中[5]。在工程实践中，最普遍的观念之一就是“安全要素”的概念。保障安全、降低风险已成为每个工程技术人员的核心义务之一。如美国机械工程师协会（American Society of Mechanical Engineers，ASME）要求“工程师把对公众的生命、安全、健康和福祉判断融入到他们的职业工程判断、决策和实践中”，“在批准设计方案之前，工程师应认真审核他们负责的设计、产品或系统的安全性和可靠性”[3]295。

责任是工程技术人员从事工程技术活动和制订技术政策时的基本道德要求。美国工程职业协会伦理规范中，专门设计具体规定了九个方面的责任要求，如工程师应该努力地服务于公众利益、工程师应避免所有欺骗公众的行为等[3]298-301。台湾工程师学会制定了四大责任（对社会、对专业、对雇主、对同事的责任）的“工程师信条”，这些内容一般又被解释为八大责任，即对个人的责任——善尽个人能力，强化专业形象；对专业的责任——涵蕴创意思维，持续技术成长；对同僚的责任——发挥合作精神，共创团队绩效；对雇主/组织的责任——维护雇主权益，严守公正诚信；对业主/客户的责任——体察业主需求，达成工作目标；对承包商的责任——公平对待包商，分工达成任务；对人文社会的责任——落实安全环保，增进公众福祉；对自然环境的责任——重视自然生态，珍惜地球资源。这八大责任促使工程师成为一个敬业乐群、不负社会信托的工程师团体。而这些责任能够促使工程师增加对自身的道德要求，努力去认识和理解技术的相关影响，并通过参与制定相关政策减少或降低不利后果。

诚实也是每个工程技术人员自身内在的伦理价值要求。不诚实的表现形式主要为“说谎、蓄意欺骗、抑制信息、未能获得事实”等[3]97-98。如美国电子电器工程师协会（Institute of Electrical and Electronics Engineers，IEEE）伦理规则3鼓励所有成员“在陈述主张和基于现有数据进行评估时，要保持诚实和真实”，规则7要求工程师“寻求、接受和提供对技术工作的诚实批评”。美国机械工程师协会伦理规范基本原则2规定工程师必须“诚实和公正”地从事他们的职业，基本原则7规定：“工程师只能以一种客观的和诚实的态度来发表公开声明。”要求工程师不要“参与散播有关工程的不真实的、不公正的或夸大其词的声明”[3]295-298。诚然，这些基本道德要求成为工程技术人员的行为规范和道德指南，能够促使他们在技术活动中提高道德敏感性，在科技政策过程中保持道德立场，维护公众安全、健康和福祉。

二、科技政策制定、运行和评估过程中的基本道德原则

从系统论的角度看，科技政策主要包括制定、执行和评估等系列环节。在这些环节中，政策主体的价值倾向在一定程度上决定着科技政策的实施效果和作用发挥。下面主要以科技政策的制定、执行和评估三个阶段为立足点，明确科技政策主体的道德要求和道德原则。

（1）在科技政策的制定过程中，坚持平等，遵守知情同意原则。

目前，我国科技政策制定长期处于在效率与公平之间徘徊的状态，效率一直较低，公众对此满意度不高。科技精英依然是我国科技政策的主体，掌握着国家的科技话语权和科技资源，形成了科技精英制定科技政策的局面。普通公众在此过程中几乎没有利益诉求以及意见表达的机会和渠道，对科技政策制定的许多具体细节和内容也不甚清楚，一直被排除在科技政策制定的主体之外。相关科技信息得不到共享，公众的民主权利得不到尊重和发展。为此，作为科技政策的制定主体的工程技术人员，必须明确科技政策的公共性特征，深刻理解科技政策的伦理价值内涵，做到在政策制定开始就平等地对待每个人，做到利益分配公平、机会参与平等。

平等性作为基本的伦理价值标准，是公正原则的基础，没有平等就没有平等对待的公

正。在科技政策制定过程中，政策制定主体应该对科技政策的所有对象给予一视同仁的对待。进一步而言，科技政策的制定主体应该对要解决的各种科技问题都要有一个理性的、没有偏颇的认识与对待，应该一视同仁地对待科技政策所要影响到的所有社会成员[6]。正如美国工程师协会伦理章程规定的“工程师提供的服务需要诚实、公平、公正、平等，以保护公众的健康、安全和福祉”[3]298。当然，一项科技政策的制定可能使一部分人受益，也可能使另一部分人利益受损。但所有的政策对象都应该享受到科技政策制定系统及其政策的一视同仁待遇和平等对待。

为了保障公众的平等权益，知情同意成为基本的道德前提要求。其实，在医学伦理中，知情同意已经成为一个核心概念[7]。《世界医学协会赫尔辛基宣言：关于涉及人类主体的医学研究伦理原则》（World Medical Association Declaration of Helsinki：Ethical Principles for Medical Research Involving Human Subjects）是最为权威的医学研究伦理宣言，指出知情同意权包括如下内容：“在关于人类的任何研究中，每一可能的主体都必须充分地被告知目的、方法、资金来源和任何可能的利益冲突、研究者的机构关系、研究的预期收益和潜在的风险，以及需要承受的不便之处。主体应该被告知有权利放弃参与研究或在任何时间内不受报复地撤销同意参与。在保证主体理解信息之后，医生应该获得主体自由地作出认可，更需要签字。如果在签名上不能得到同意，那么非书面的同意必须是正式的证明文件和证人。”同样，在科技政策的制定过程中，美国著名工程伦理学家 M. 马丁和 R. 津欣格（Roland Schinzinger）指出，关注普通公众的知情同意一直是重要的问题，而这种知情同意有三个必需的条件：第一，一个人没有受到强迫；第二，一个人必须具有相关的信息；第三，一个人必须有足够的理性和能力来评价这些信息[8]。因此，具有一定专业技能和水平的工程技术人员应该充分理解普通公众的权益要求和道德权利，在公众知情同意的基础上，促进公众积极参与科技政策的制定过程。2004 年巨能钙产品含致癌物事件、2007 年厦门 PX 项目事件以及上海磁悬浮事件等公共危机突发事件，体现了公众关心公共科技事务，尤其重视科技政策的制定。工程技术人员要将普通公众对科技政策方面的关注和参与引入到合理的制度设计之中，给予他们更多的参与机会和渠道，促使科技政策在制定过程中能够协调各种利益诉求，能够基本实现对公共科技资源在社会各个层次中进行公平、正义的分配，促使科技事业向着民主、和谐的方向发展。

（2）科技政策执行过程中，以安全为基本，保障公正原则。

科技政策制定得合理、科学和规范，能够为科技政策的执行提供良好的基础。为了履行科技政策制定的“平等和知情同意”等道德原则，在科技政策执行过程中，科技政策主体必须在维护人类安全的基础上，保障公正。那么何谓“安全”“公正”呢？

现代科技带来的风险具有长远性、潜在性、巨大性等特征。比如切尔诺贝利核泄漏造成 31 人当场死亡，320 多万人受到核辐射伤害，对乌克兰造成了数百亿美元的损失，这个地方至今也没有人居住而成为“死城”；2011 年发生的日本福岛电站核泄漏造成的危害比切尔诺贝利核泄漏更加严重，泄漏到太平洋的放射性污水可能对海洋生物链产生不可挽救的严重影响，全球几亿人的健康和安全受损；挑战者号航天飞机由于一个 O 形封环失效导致失事，造成 7 名宇航员全部遇难，给美国航天局带来几千亿美元的损失。核政策、航天政策等科技政策如何在给人类带来益处的同时，更有效地降低风险、保障安全？这应该成为每个科技政策主体深入考虑的问题，在政策运行过程中尤其值得重视。虽然技术已经在许多问题如控制洪水、预防灾害等方面大大地降低了风险，但是技术也增加了我们更容易遭受其他自然灾害攻击的风险。比如地震对人口集中地区等生活更具摧毁性，使我们已经相当完善的水、能源和食品等生命线的技术网络遭受极大的破坏[2]120。可见，我们始终面临着许多风险。

但是，不同的主体（如政府部门、科技专家、普通公众）对于风险的理解和认识差异较大。就专家而言，他们认为可接受的风险是“这样的一种风险，在可以选择的情况下，伤害的风险至少相等于产生收益的可能性”[3]125。就管理者（政府管理者和工程管理者）而言，他们认为“可接受的风险是这样一种风险，其保护公众免遭伤害的重要性远远超过了使公众获利的重要性[3]131。就普通公众（包括消费者）而言，他们认为“可接受的风险是这样一种风险，它是通过行使自由和知情同意权而自愿认可的，或者它是得到适当赔偿的，并且它是公正分配的[3]127-130。那么，作为科技政策执行主体的科技专家，应该把安全作为自己内在的第一位的职业行为准则和道德原则。在科技政策的执行过程中，工程技术人员不仅有义务保护公众的安全，预计科技运行可能的负面影响，而且还要努力控制这些消极影响并降低风险。这也是工程职业职责把公众的安全、健康、福祉放在至高无上地位的必然要求。与此同时，工程技术人员应该充分运用技术工具进行风险评估，合理评估风险，促使公众参与科技政策并知情同意，促使科技政策在运行过程中把风险降到最低，保障公众安全。

为了更好地促进和保障科技政策制定时的“平等”道德原则，作为科技政策主体的工程技术人员，在科技政策执行过程中必须保持“公正”，这要求科技政策对于每个人、组织或机构都是平等的，不能向其中的任何一方面倾斜。正如美国著名政治哲学家罗尔斯的两个正义原则提出的那样：“每个人对与所有人拥有的充分恰当的、平等的基本自由体系相容的类似自由体系，都应有一种平等的权利；社会的和经济的不平等应这样安排，使它们在与正义的储存原则一致的情况下，适合于最少受惠者的最大利益，同时依系于在机会公平平等的条件下职务和地位向所有人开放。”[9]然而，在我国科技政策的执行过程中，还是存在着“科技政策倾斜导致垄断，政策不公造成效率低下”等现象，这就迫切要求科技政策主体在科技政策执行过程中，秉持“公正”的伦理价值取向，平等地对待科技政策实施对象并公平分配科技政策带来的各种利益，保证科技政策运行的顺畅并获得多方面群体的认同支持，真正地使科技政策保障安全，促进社会和谐发展。

（3）科技政策评估过程中，坚持诚实和负责任原则。

科技政策评估就是科技政策主体按照一定的标准，对科技政策制定及执行的效果进行的一种综合性判断。健全、合理、完善的科技政策评估对科技政策的制定和执行起到至关重要的作用，利于科技政策的规划和实施。当前，我国的科技政策评估一般采用效率、效果和效应等标准，推动了科技政策的完善和发展。但是，科技政策评估过程中也存在诸多问题，比如评估主体不明确、评估标准不合理、相关信息不够透明、政策依据不够客观等，严重影响了科技政策制定和运行的效果[10]。因此，作为科技政策主体的工程技术人员，在科技政策评估过程中，不仅应坚持客观的科学规范等标准，更应该坚持公平、正义等伦理价值精神。这些价值标准应该成为科技政策主体在科技评估中的基本道德要求，其中，诚实和负责任应该成为基本道德标准。

“诚实”作为基本的道德原则，意味着在科技政策评估过程中要求科技政策主体客观、公开、透明。这也就要求科技政策主体在科技政策相关信息透明度方面，不能说谎或蓄意欺骗，更不能压制相关信息。科技政策的工程技术人员还要努力获得相关事实，进行充分的调查研究，对科技政策信息进行全面收集、整理、保存和完善的科学分析，使相关科技信息更加透明、公开，使科技政策的对象都能够充分获知相关科技信息，了解科技活动发生的种种作用，避免科技政策的封闭性和神秘性，还需要邀请大众传媒介入，形成“鱼缸效应”[11]，进而更好地保证科技政策评估的客观、公正。

科技政策主体强化责任意识、明确责任，也已成为科技政策评估过程中的基本道德要求。现代科技的发展，使科技后果无限放大，并且潜伏期增长至几十年甚至几百年，促使科技政策的风险评估变得更加困难，也使得风险后果更加严重深远。作为科技政策主体的科技人员，对这些未曾预料的“副作用”负有长期责任。这种现代科技带来的新的责任形式可能在实践操作层面变得尤其困难。正如哲学家汉斯·昆对德裔美国哲学家汉斯·约纳斯的主张赞赏的那样：“汉斯·约纳斯在他的杰作《责任之原理》（1984）中，着眼于整个人类生存的危险，向我们展示，在这个以划时代性的方式改变着的世界形势中，我们所面临的是一个真正的全球责任的问题。这个问题扩展到整个生物、地质、水和大气的领域：它是一个对围绕着我们的世界、环境和子孙后代的责任的问题，它关系到整个人类的前途和命运。”[12]这就要求作为科技政策主体的工程技术人员能够从根本上认识到这种责任的正当性、全面性和长远性，强化伦理意识，转换伦理思维范式，使之由近距离思维转向远距离思维、由个体性思维转向整体性思维、由追溯性思维转向前瞻性思维、由过失性思维转向关护性思维，明确伦理责任。当然，工程技术人员还需要充分应用自己的知识和技能，积极履行职业责任“善举”（good works），并努力承担“风险责任”。同时，在进行科技政策评估时也要进行伦理评估，制定规范完整、普遍适用的伦理评估标准和模式，避免科技政策评估的单一性、功利性等弊端，使科技政策评估既符合一定的效应、效果标准，也符合人性的基本需要，以推进人类的长远发展。

三、在工程设计阶段，科技政策主体必须坚持生态保护原则

随着现代科技的快速发展，科学、技术、工程之间全方位一体化方式的大科学工程开始出现。现代科技政策在实践实施过程中，大科学工程成为典范。在这些大科学工程活动中，工程设计无疑成为最为重要的环节之一。作为工程活动的第一个阶段，诸多问题也是从这一环节产生的。比如，当前工程造成的环境问题突出，就是因为许多工程技术人员在工程设计环节忽视工程的环境影响，在伦理思想层面漠视环境问题。“好”的设计已成为“好”的工程的前提和基础，“坏”的设计则在设计阶段为工程埋下许多“隐患”，而这些“隐患”随时可能使“好”的工程变“坏”。工程产品不仅应该能够满足人类的需要、合乎人性的需要，而且还应该在改造自然的过程中，尽可能少对自然环境产生负面影响。这就要求工程技术人员重视工程设计问题，特别是工程设计可能产生的环境影响。《世界工程组织联合会（WFEO）工程伦理规范》中第Ⅲ章“环境伦理”部分要求工程师应该“……评估在涉及的生态系统的结构、动力和审美、都市化或自然的，以及在相关的社会-经济系统所带来的所有影响，并且选择最好的发展路径，既是环境合理的也是可持续的”。这些规定明确要求工

程技术人员保护环境，特别是超越人类的利益而延伸到整个生态系统来保护环境。

德国著名伦理学家伦克指出："我们不仅有消极的责任把健康和良好的生活环境留给后代，而且也更有积极的责任和义务避免致命的毒害、损耗和环境破坏，而为人类的将来生存创造一种有价值的人类生活环境。"这也要求从根本上转变工程技术人员的人类中心主义观念，充分认识到人类作为自然界的一部分，在改变自然的同时，也更应该尊重自然、平等地对待自然并尊重其他生物；人与自然是相互依存的关系，人类的生存离不开自然，人类的发展更离不开人与自然的和谐相处。

在工程设计过程中，工程技术人员在转变观念的同时，更应该坚持"生态性"保护原则和"绿色设计"原则，保护生态环境，保护人类历史文化的传承；充分利用"循环设计"和"组合设计"等方法，充分考虑产品零部件及材料回收的可能性、回收价值的大小、回收处理方法、回收处理结构工艺性等与回收有关的一系列问题，以达到零部件及材料资源和能源的充分有效利用、环境污染最小。同时，在工程设计环节坚持进行环境影响评估等活动，促使普通公众参与设计。公众不再是设计过程的外人、被动的消费者，而是积极的参与者，这种参与性设计（Participatory Design，PD）应当成为工程设计的必要环节[13]。此外，应协调机制或机构来促使政府、企业、民间环保组织以及公众参与到环境保护中来，积极地促进环境保护运动。

总之，在现代科技政策的推进过程中，工程技术人员应充分认识并理解工程伦理，明确道德责任，努力在科技政策的制定中坚持平等和知情同意原则，在科技政策的运行中坚持安全和公正原则，在科技政策的评估中坚持诚实和负责任原则，促进科技政策更加合理、规范、科学。同时，在工程设计中，也要坚持生态保护原则，努力承担环境保护责任，积极推进人与自然和谐发展。

参考文献

[1] 李侠，蒋美仕．论科技政策制定中的伦理基础缺失问题［J］．中国科技论坛，2006（4）：105－109.

[2] Martin M W，Schinzinger R. Ethics in engineering［M］．Boston：McGraw－Hill，2005.

[3] 查尔斯·E. 哈里斯，迈克尔·S. 普里查德，等．工程伦理：概念和案例［M］．丛杭青，沈琪，等译．北京：北京理工大学出版社，2006.

[4] National Academy of Engineering of the National Academies. The engineer of 2020：Visions of engineering in the new century［M］．Washington，DC：National Academies Press，2004.

[5] Beck U. Risk Society［M］．London：Sage，1992.

[6] 覃永毅．科技政策的伦理问题及其对策［D］．南宁：广西大学，2006.

[7] Faden R，Beauchamp T. A history and theory of informed consent［M］．New York：Oxford University Press，1986.

[8] Martin M W，Schinzinger R. Ethics in engineering［M］．New York：McGraw-Hill，1983.

[9] 罗尔斯．正义论［M］．何怀宏，等译．北京：中国社会科学出版社，1998.

[10] 李洁．我国公共科技政策制定及其评估体系的建立研究［D］．秦皇岛：燕山大学，2008：56－72.

[11] 王建容．我国公共政策评估存在的问题及改进［J］．行政论坛，2006（2）：43.

[12] Kung H. A Global Ethic for Global Politics and Economics［M］．New York，Oxford：Oxford University

Press，1998：65，246.

[13] Schuler D，Namioka A. Participatory design：principles and practices［M］. Hills-dale：Lawrence Erlbaum Associates，1993：xi.

（本文原载于《科学与社会》2012 年第 2 期）

社会－技术互动网络视域中纯电子期刊的社会建构

聂　卉[1]　叶继红[2]

（1. 苏州大学政治与公共管理学院　江苏 苏州　215123；2. 苏州大学社会学院　江苏 苏州　215123）

摘　要：“社会－技术互动网络”（STIN）模型为分析纯电子期刊的形成提供了一种有效的概念工具。根据STIN模型，纯电子期刊的形成就是一个由新技术为一方，由读者、作者、编者、出版者等构成的另一方之间展开的复杂的互动过程，在这个过程中建构和生成了纯电子期刊这个技术产品。这表明，任何一项新技术被社会所认可和接受，不仅取决于技术本身的可行性和相对优势，还要受制于技术所嵌入的社会背景（social context）中经济的、社会的、政策的和观念层面的诸要素之间围绕技术而进行的相互作用与相互制衡。

关键词：“社会－技术互动网络”（STIN）；纯电子期刊；社会建构

一直以来，学术期刊作为科学共同体进行学术交流的重要手段和平台发挥着重要作用。而随着计算机和网络技术的快速发展，以及以数字网络为载体的科学交流模式的出现，一种新型的期刊——电子期刊——应运而生。从与印刷型期刊的关系上，电子期刊可分为基于印刷型期刊的网络电子版和纯网络电子期刊。后者是指由某些机构或个人创办，投稿、审稿、编辑、出版、传播等过程完全借助计算机网络运行的电子期刊。本文是指后一种。纯电子期刊作为一种新技术产物，是如何被学术界接受的？在这一过程中技术与社会是如何互动的？通过引入“社会－技术互动网络”（STIN）模型，可以很好地认识纯电子期刊的社会形成过程。

一、“社会－技术互动网络”模型的由来

“社会－技术互动网络”模型（Social-Technical Interaction Networks，STIN）最早是由美国社会信息学专家R. Kling及其合作者提出的，该模型是在平奇（Pinch）和比克（Bijker）等人的“技术社会建构”（social construction of technology，SCOT）理论以及拉图尔（Bruno Latour）的“行动者－网络理论”（Actor-Network Theory，ANT）的基础上形成的。在Kling等人看来，社会－技术互动网络是一个包括人员（包含组织）、设备、数据、各种资源（金钱、技巧、地位）、文件和信息、法律安排与执行以及资源流动的网络。网络内部诸要素之间存在社会的、经济的和政治的互动关系[1]。由此可见，STIN展示了人与技术系统产生相

互作用过程中各种要素之间的结构关系。STIN 模型区别了两种不同类型的社会互动：资源依赖（resource dependency，或称为直接关系）以及对手参照（account-taking，或称为间接关系）。这些都需要纳入细微的网络关系进行考察。资源依赖建立的网络包括出资者和受助者、雇佣者和被雇佣者、杂志的出版者和作者。对手参照一般采用模仿（imitation）和区分（differentiation）的形式，即将一种交流系统与另一种交流系统进行类比，找出二者之间的不同。

在建构 STIN 模型时，R. Kling 等人从方法论的角度，提出了以下基本假设：

①社会的和技术的方面并不能有意地区分开来；

②社会行为理论不仅可以而且也会影响技术的设计选择；

③系统参与者植根于多元、重叠和非技术主导的社会关系中；

④持续性和例行化的运作非常重要，它对确定性的设计起关键作用。

此外，R. Kling 等人还指出建构 STIN 模型需要遵循如下几个主要步骤：

①确认系统互动者的相关人数（最好采用像是股权分析，将所有的利害关系人都找出来）；

②确认核心互动团体（了解不同次团体所扮演的不同角色）；

③确认诱因（了解何种特定的互动类型是较被喜欢的，参与者背后的动机为何）；

④确认置身事外的行动者和不被期待的互动（可能包括各种形式的监控、争执或官僚系统）；

⑤确认现有的传播沟通论坛（了解现存的互动生态以及可能的影响）；

⑤确认系统架构的选择点（具有技术或社会性质的安排选择的各种可能性）；

⑦确认资源的流动（网络中造成直接或间接的互动影响，有可能是金钱）；

⑧从架构的选择点当中绘制出具有社会 - 技术特质的可能概貌（经由各种交换选择后所呈现出来的形构）。

以上便是“社会 - 技术互动网络”模型的基本理论观点。“社会 - 技术互动网络”模型为我们提供了观察技术系统微观社会互动的一个有效视角和工具，通过“使用‘社会 - 技术互动网络’这一术语可以洞悉那些存在于技术密集型项目中的复杂的社会 - 技术构型，凸显存在于人与人之间、人与设备之间，甚至技术结构与政治思潮之间相互作用的交互性特征。”[2] R. Kling 等人首先将这一模型应用于电子学术交流论坛（e-Scholarly Communication Forum，e-SCF），揭示了不同参与者基于网络学术交流而形成的复杂的网络关系。随后这一模型被学者用来解释“探究学习论坛”[3]（Inquiry Learning Forum，ILF）、数字图书馆[4]（digital libraries）、自由软件的发展[5]、OA（Open Access）式科学交流系统的建构[6]等方面，得到了很好的应用。

二、“社会 - 技术互动网络”模型应用于纯电子期刊的分析框架

如果将纯电子期刊看作一个社会 - 技术互动网络的话，那么该网络主要包括读者、作者、晋升与任职委员会、编辑委员会、出版机构、图书馆等要素（见图 1）。为了弄清这些要素之间围绕纯电子期刊而发生的网络关系，先对各主要要素进行分析。

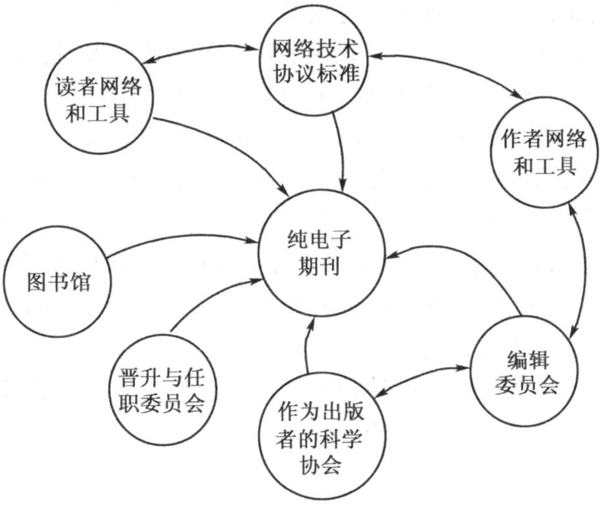

图1 纯电子期刊的 STIN 模型[1]

1. 读 者

从读者方面看，纯电子期刊作为一种重要的网络学术资源，有没有得到读者的很好利用呢？一项调查显示，大约1/3（32.3%）的被调查者在他们的论文中引用过电子文献，而大约2/3（67.7%）的作者没有引用过电子文献。当被询问有无在其研究中使用了电子资源但是在论文中没有引用的情况，37.4%的人作了肯定回答，50.3 的人作了否定回答，另有12.3%的人回答不清楚。当问及他们为什么不引用电子文献时，一部分人回答说主要是格式上的问题，网络文献在网上保留时间有限，很容易被删除；另一部分人则回答主要是内容上的问题，电子文献只适于提供一些背景资料知识，而不适合引用。这表明，研究者在使用和引用电子文献时较为谨慎[7]，从中可以看出他们对于纯电子期刊的态度。

2. 作 者

从作者方面看，纯电子期刊面临的一个最大问题是稿源，早期的纯电子期刊由于不大被接受，所以很少有人投稿。一项调查显示，只有7%的被调查者愿意给纯电子期刊投稿，由此可见稿源获取的难度。以美国的《地球相互作用》杂志为例，该杂志于1997年创刊，创刊后的两年内每年仅收到约12篇投稿文章，不到预期每年30篇投稿量的一半，而最终经过同行评议之后，1997—1998 年只有 9 篇论文出版。究其原因，出版中心主任 Judy A. Holoviak 分析说，“实际上，一些地球物理学高级研究者非常不鼓励年轻同事们向《地球相互作用》投稿，因为他们在申请职位时，如果能提交更为人知的纸质期刊论文的话，将会更有优势。”这也就是说，大学或研究机构更看重纸质论文在职位晋升过程中的作用。正因为如此，当询问计算机科学家为什么不向《芝加哥理论计算机杂志》（一种经同行评议的纯电子期刊）投稿时，2/3 的人回答是：如果电子期刊同时也有一个印刷版的话，他们就会投稿[8]。

3. 晋升与任职委员会

晋升与任职委员会是认定学术刊物是否符合晋升或任职的权威部门，在国内主要是指各大学或研究机构的学术和学位委员会。目前在国内无一例外地将纸质论文作为职称评定的唯一依据，发表在纯电子期刊的网络论文是没资格进入评审程序的。“在昂贵的有同行评审的铅印学术期刊上发表论文，乃是学者不能忽视的一种学术声誉。只要学术期刊还被评审委员会视为唯一正当有效的论文发表园地，它就将继续被大多数学者看作是更好的选择。”[9]

不过近年来，随着一些纯电子期刊加大了质量控制力度，网路论文得到了一定程度的社会认可。以我国教育部科技发展中心推出的《中国科技论文在线》（纯电子期刊）为例，该电子期刊发表的论文已被国内一些高校作为硕士研究生申请学位认可的学术论文。例如兰州大学规定：“在《中国科技论文在线》上以本人为主发表至少一篇且综合评价参考值在四星及四星以上的学术论文可以认为达到申请硕士学位的成果要求。”苏州大学规定：“凡在《中国科技论文在线》上公开发表与专业有关的学术论文且专家评价参考值在三星及以上，则视为符合申请硕士学位科研成果的要求。”[10]

虽然这种认可目前主要针对的是申请硕士学位的研究生，而少有针对高校教师职称评聘的，但这毕竟朝着全面认可迈开了重要的一步。

4. 编辑委员会

编辑委员会及其遴选的评审专家是学术期刊的“看门人”，传统的纸质期刊依靠严格的同行评议机制保证了出版论文的质量。而对于网络论文，如何执行同行评议却是一个难题。当前网络论文之所以不被大学或研究机构的学术和学位委员会承认，很大程度上与网络论文的质量不高有关，而质量又主要取决于各个出版领域内的出版标准和规范[11]。

对于一些纯电子期刊来说，由于从收到论文到发表论文时间很短，因而很难执行传统的“先评审、后发表”模式。例如，国内一家法律学术网站规定：“本站无特殊情况将在收到稿件后3日内决定是否上传（特殊情况可能延长到一周）。”在这样短的时间要想判定一篇论文的质量是很难的，因而只能采用“先发表、后评审”的办法，即纯电子期刊收到稿件后先公布在网站上，然后请同行专家进行评审，甚至还允许读者进行评论。这种评价方式又被称为开放同行评议[12]（open peer review），它克服了传统封闭式同行评议的不足（评审周期长、创新思想易遭扼杀或被剽窃等），使得评审过程更加透明和公正。

以《教育交互媒体杂志》（Journal of Interactive Media in Education，JIME）为例，该刊物将匿名的评价机制和开放的同行评价机制相结合。在评审的第一阶段，编辑人员将收到的稿件发布在在一个专门的网站上请评审专家进行审阅，之后进入第二阶段，编辑将专家的评审意见贴在网站上，请读者、评审者与作者展开公开辩论，经过大约两周的网上评论和辩论后，一篇文章才会最终发表出来（见图2）。

5. 出版机构

作为学术交流的载体，印刷期刊在传播学术研究成果、保障学者知识发现优先权方面一直扮演了很重要的角色。而从学术期刊的出版来看，目前全球两万种通过同行评议发表论文的学术期刊，超过60%是由出版商控制的，余下的则主要是由大学或学会等非盈利性机构出版[13]。电子期刊的出现则对原有的由出版商控制出版市场的模式产生了一定的冲击，也为学者们寻找新的出版模式提供了契机。

计算机和网络技术的发展和普及，使得学者运用计算机进行文字处理的技巧和能力大为提高，为作者在网络上进行自我出版提供了可能。于是，一些学者不需要通过专业出版商便创办了可以在网上免费获取的纯电子期刊，例如《心理学》（Psychology）和《计算机系统公共存取评论》（The Public-Access Computer Systems Review）就是这样创办起来的[14]。虽然像这样由独立出版者出版期刊并不构成学术期刊出版的主流力量，但它们处于不断发展壮

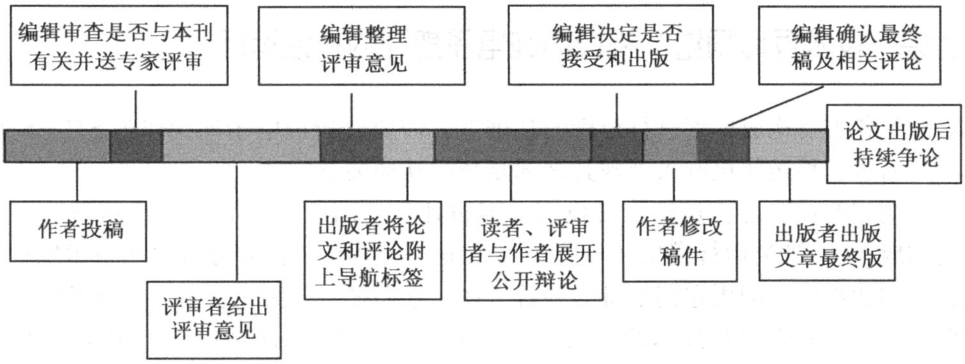

图 2　JIME 的同行评议过程

大之中，而且直接导致了后来 OA（Open Access）期刊的产生。

OA 期刊遵循的理念是："公开获取对于科学的快速和高效发展至关重要，而以订购为基础的获取方式妨碍了而不是有利于科学交流。"OA 期刊有两个特点：第一，只有新的电子版，没有对应的纸质版；第二，采用在出版前付费的新'商业'模式，即作者需要一次性交纳论文出版费[15]。之所以采用作者付费，是因为作者的研究大多数来自基金项目或研究单位的经费支持，收取的费用则主要用于论文的同行评议、稿件的编辑加工、电子期刊的出版等开支。论文出版后，可以为世界范围内的用户和读者在网上免费获取和使用。目前影响较大的 OA 期刊有 BioMed Central（BMC）和 Public Library of Science（PLOS）等。以 BMC 为例，这是一家独立的出版商，提供网上免费查阅经过同行评议的生物医学研究资料。在提供的 130 多种的电子期刊中，有 105 种无限期免费使用。这种出版模式无疑对传统的纸质期刊出版造成了很大的冲击，使他们的利益受到影响。

6. 图书馆

图书馆是为学术研究提供文献信息保障的学术性机构。电子出版对于图书馆的影响表现在如下两个方面。

第一，从经济方面看，相比于纸质期刊，电子期刊体积小、密度高，不需要占用大量储存空间，也省去了下架、装订等程序。这对于减少在馆舍建筑和藏书设备方面的投资非常有利。据调查，在美国，图书馆每平方英尺面积的造价平均为 95.43 美元。此外，装订期刊要占到图书馆装订量的 60%，装订开支要占图书馆总开支的 2%。而电子期刊所具有的这些优势就很好地解决了以上由纸质期刊带来的问题[14]。

第二，从出版模式来看，电子出版给图书馆的作用提出了挑战。网络信息技术的发展使得人们在网络上获取资料更加便捷，尤其是 OA 期刊出版的论文都可以在网上免费获得，这就自然会使人们对图书馆的作用提出疑问。当用户需要的所有文献资料还都可以在网上得到，那么我们还需要图书馆做什么？事实上，早在 1982 年，美国西蒙斯学院图书馆情报学研究生院副院长陈钦智教授就在调查中发现，美国科学技术界的情报来源中，只有 18% 的人使用的情报来自图书馆。而今天，上网人数大大超过进图书馆的人数，人们从非图书馆渠道获得的信息服务远多于从图书馆获得的信息服务[16]。

三、“社会－技术互动网络”视域中纯电子期刊的社会运行

在对以上各主要构成要素进行分析的基础上，需要分析纯电子期刊作为STIN模型的运行机制，并通过这种运作机制来展现其内部复杂的互动关系。

纯电子期刊的社会运行包括作者投稿、编辑评审、出版者出版，以及图书馆订购的过程，从而构成一个STIN运行模型（见图3）。在这一过程中，需要分析“与技术发展有关联的个人、群体和机构，剖析它们本身的利益所在、它们之间的关系，以及对技术影响的势能和着力点，从而去看它们对技术的发展以及发展的进程产生的影响”[17]。因此，纯电子期刊的产生和发展决不仅仅是技术层面的问题，它涉及与技术有关的各主体要素之间复杂的互动关系，从而形成一个整体的互动网络。这一网络主要包含以下互动关系。

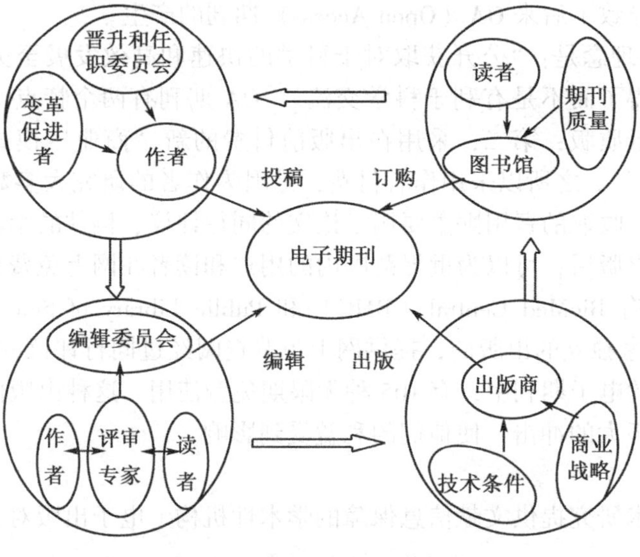

图3 纯电子期刊社会建构的STIN模型

第一，作者对于纯电子期刊的投稿至少取决于晋升与任职委员会和变革促进者的作用。前者的互动关系表明，要能使作者向电子期刊投稿，其前提条件是该刊物发表的网络论文必须能够得到晋升与任职委员会的承认，也就是说，“作者是否向电子期刊投稿将取决于所在机构出台的针对电子出版物的政策。”[18]而后者的关系表明，创新倡导者对于其他人是否接受创新具有引领作用，他们“往往具有超凡的魅力，会对创新的传播施加很大的影响，从而消除组织在创新过程中所产生的漠然和抵制情绪”[19]。从一些纯电子期刊如PLOS的实际做法来看，PLOS通过吸引一些名人（如诺贝尔获奖得者Harold Varmus和James Watson）投稿，起到引领作用[15]208。

第二，纯电子期刊论文的质量很大程度上取决于期刊编辑委员会的编审工作。从以上关于JIME的同行评议过程来看，开放同行评议离不开作者、读者和评审专家之间的交互作用，作者和读者可以通过网络全程参与同行评议过程并发表见解，从而使“同行评议逐渐变成了一场科学讨论而不是下一个概括性的评价结论”[15]161。这种交互式评价和讨论无疑有助于推进双方对于有争议问题的理解，促进学术思想的交锋和新思想的产生，从而不断完善和修正作者的观点。舍此，就无法保证网络论文的质量。

第三，纯电子期刊论文的出版需要借助一定的出版平台，出版机构是否愿意出版又取决于技术条件和出版社的商业战略。首先必须保证出版纯电子期刊在技术上是可行的，目前已经开发出来的数据格式软件如 Post Script，TeX 和 DVI 视频接口软件，以及为解决数据格式交换而开发的标准通用标记语言软件 SGML，开始在纯电子期刊出版上得到应用，这些软件的使用丰富了纯电子期刊的信息表达功能[14]。其次，商业集团的出版行为还要受到其商业战略的影响。在 OA 出版模式出现后，一些商业出版集团就采取怀疑和抵制的态度，因为这种新的出版模式直接危及自身的商业利益。但是不久，一些商业出版机构开始调整商业战略，也考虑适当介入 OA 期刊出版领域，如 Springer 实施的 Open Choice 计划，Blackwell 实行的 Online Open 计划[20]。这表明，面对由新技术应用带来的利益格局变化，商业出版社也在进行适当的调整和重新定位，以抢占出版市场份额，占据主动权。

第四，学术期刊的生存和发展离不开用户，大学和研究机构的图书馆是期刊的主要订购单位，而用户又是通过图书馆来使用期刊文献的。在传统的出版模式下，读者需要通过图书馆阅读和使用文献，但是如果按照 OA 出版模式，作者可以直接在网络上免费获取和使用文献，这就使得读者在这方面可以绕过图书馆，使图书馆作为学术资料中心的地位和作用下降。这种情况势必影响到图书馆未来的生存和发展，但同时这也为图书馆进行自我反思和重新定位提供了契机。因此，面对纯电子期刊，图书馆表现出一定的矛盾心理：一方面，电子期刊能够节省空间和省去装订等麻烦，这为图书馆带来了好处；另一方面，由于纯电子期刊出版模式给图书馆带来潜在的威胁，所以，图书馆对于纯电子期刊的支持也是有限的。

以上通过对纯电子期刊运行过程的考察可以发现，纯电子期刊的形成和发展是一个相互作用、相互制约、互为前提的整体过程。①作者对于纯电子期刊的投稿主要取决于晋升与任职委员会的认可，而晋升与任职委员会对于网络论文的认可在很大程度上又取决于纯电子期刊的出版规范和质量；②网络论文的质量又与编辑委员会是否执行同行评议有很大关系，内在要求引入由读者、作者共同参与同行评议的机制，以保证论文质量；③出版社是否出版纯电子期刊又与图书馆是否订购有关；④图书馆是否订购又与读者用户是否使用以及期刊质量有关。最终，读者（包括作者）是否使用和引证网路论文又以网络论文的质量为前提，从而形成了一个环环相扣、相互促进的网络结构。其中，网络论文的质量始终是一个核心问题，也是一个关键的网络节点。

四、结　论

综上所述，“从传统纸质期刊向电子期刊的转型并不是简单的技术替代过程”[21]，而表现为一个技术与社会、经济等因素之间复杂的互动结构和面相。从这个意义上讲，纯电子期刊的形成或被接纳，实质上是一个社会建构的过程，也是各利益主体进行博弈的结果。这表明，任何一项新技术被社会所认可和接受，不仅取决于技术本身的可行性和相对优势，还要受制于技术所嵌入的社会背景（social context）中经济的、社会的、政策的和观念层面的诸要素之间围绕技术而进行的相互作用与相互制衡。

参考文献

[1] Rob Kling, Geoffrey W McKim, Adam King. A Bitf More to It: Scholarly Communication Forums as Socio-technical Interaction Networks [J]. JASIST, 2003, 54 (1): 47-67.

[2] Barab S, MaKinster J G, Moore J, et al. Designing and building an on-line community: The struggle to support sociability in the Inquiry Learning Forum [J]. Educational Technology Research and Development, 2001, 49 (4): 71-96.

[3] Barab S, Schatz S, Scheckler R. Using Activity Theory to Conceptualize Online Community and Using Online Community to Conceptualize Activity Theory [J]. Mind, Culture, and Activity, 2004, 11 (1): 25-47.

[4] Joung, K H, Rosenbaum H. Digital libraries as socio-technical interaction networks: A study of the American Memory Project [C]. Paper presented at the ASIST 2004 Annual Meeting; 'Managing and Enhancing Information: Cultures and Conflicts' (ASIST AM 04). Providence, Rhode Island.

[5] Walt Scacchi. Socio-Technical Interaction Networks in Free/Open Source Software [J]. Software Process Modeling, 2005 (10): 1-27.

[6] 王细荣.OA式科学交流系统的建构与社会功能：基于社会-技术互动网络的观点 [J]. 情报理论与实践，2010，3：29-36.

[7] Yin Zhang. Scholarly Use of Internet-Based Electronic Resources: A Survey Report [J]. Library Trends, 1999, 47 (4): 746-770.

[8] Kiernan. V. Why Do Some Electronic-Only Journals Struggle, While Others Flourish? [J]. The Chronicle of Higher Education (Online). 1999, 4 (4). May 21.

[9] 简·罗瑟尔.21世纪初的科学交流 [J]. 国际社会科学杂志：中文版，2002 (2)：95-106.

[10] http: // www. Paper. Edu. cn/index. php/default/height school/.

[11] Odlyzko A M. Tragic loss or good riddance? the impending demise of traditional scholarly journals [J]. Internal Journal of Human Computer Studies, 1995, 42 (1): 71-122.

[12] Sumner, et al. Open Peer Review & Argumentation Loosening the Paper Chains on Journals [J/OL]. Ariadne (Electronic). 1996, (5). www. ariadne. ac. uk/issue5/jime。

[13] Crow, Raym. Publishing Cooperatives: An Alternative for Non-profit Publishers [J]. First Monday, 2006, 11 (9):.

[14] Hak Joon Kim. The Transition from Paper to Electronic Journals: Key Factors that Affect Scholars' Acceptance of Electronic Journals [J]. The Serials Librarian, 2001, 41 (1): 31-64.

[15] Mackenzie Owen J. The scientific article in the age of digitization [M]. The Netherlands: Springer, 2007.

[16] 章洁. 信息时代的图书馆：挑战与变革 [J]. 贺州学院学报，2008 (4)：121-127.

[17] 罗宾·廉姆斯. 技术研究与技术的社会形成观导论 [C] //殷登祥，威廉姆斯，沈小白. 技术的社会形成. 北京：首都师范大学出版社，2004.

[18] Shamp S A. Prospects for Electronic Publication in Communication: A Survey of Potential Users [J]. Communication Quarterly, 1992, 40 (3): 297-304.

[19] Rogers, Everett M. Diffusion of Innovation [M] News York: The Free Press, 2003: 414.

[20] 刘兹恒，李武. 试析OA期刊发展中各利益关系方的作用 [J]. 数字图书馆论坛，2007 (4)：53-57.

[21] Gaines B R. Dimensions of Electronic Journals [M] //In Teresa M Harrison, Timothy Stephen. Computer Networking and Scholarly Communication in the Twenty-First-Century University. New York: SUNY Press, 1996: 315.

（本文原载于《自然辩证法研究》2012年第3期）

科技创新驱动东北新型工业化的对策分析

吴俊杰　杨山木
（东北大学科技哲学研究中心　辽宁 沈阳　110819）

摘　要：实现东北老工业基地振兴，必须走新型工业化道路。科技创新是新型工业化道路的主要动力。分析了东北地区在核心技术和关键技术发展、科技成果转化及协同创新方面的现状，从理清思路、整合力量、完善布局、增强活力四个方面，提出了东北新型工业化科技创新驱动的战略选择。

关键词：科技创新；东北地区；新型工业化；对策

走新型工业化道路，必须把科技进步与科技创新放到关键和突出的位置上来。实现新型工业化的过程，实质上就是用科学技术不断促进工业化的过程，就是科技经济一体化的过程。我国要走新型工业化的道路，就必须紧紧抓住创新这个关键环节[1]。科技创新是东北地区新型工业化的驱动器，为实现东北地区新兴工业化的目标，需结合东北地区工业化及科技发展的现状，提供相应的科技创新驱动的战略性对策。

一、东北新型工业化科技创新的现状

第一，主导产业科技创新水平较高，但某些核心技术、关键技术尚有待突破。

装备制造业、材料制造业、医药工业以及现代农业是东北地区的主要产业，在这些领域，东北地区有着较强的科技创新水平。如东北的装备制造业的科技创新具有明显的行业优势基础。在机床技术的研发、重型机械制造的信息化发展、船舶技术中的高端产品研发上都具有很强劲的科技创新能力。在新型纳米材料、金属功能材料等领域，东北地区也有着明显的科研创新优势。

但是，东北科技的整体水平落后于国际先进水平，特别是在某些技术方面，还存在着新产品（品种）、新材料、新装置的开发速度较慢，适宜企业实际的新工艺或工艺改进还较少，新标准/新测试方法的制定跟不上现实发展需要，集成系统/计算机软件/集成电路布图设计以及示范工程的建设布局不太合理，区域标准信息资源平台建设（数据库、技术研发/推广平台等）的建设不力，产业链配套不够完备等问题。

第二，高新技术产业发展已获得明显成效，但科技成果转化和应用效率不高。

东北地区的高新技术产业目前已形成基本发展框架，东北地区 7 个国家级高新技术产业开发区的建设取得了重要进展，拥有众多的发明专利，2003 年已经占东北地区的 40% 以上[2]。目前，辽宁省的计算机、先进装备制造、生物制药、新材料和软件，吉林省的生物医药、光电子、先进制造技术和新材料，黑龙江省的机电一体化、现代制造、精细化工和现代中药等高新技术产业的发展已粗具规模。

但是，东北地区的科技成果转化和应用效率有待提高。产业链配套技术支持缺乏导致科技成果转化和应用的整体效果，后续资金或人员队伍的缺乏导致前期成果悬置；科技成果的市场国内竞争力不足，被其他省市的科技成果替代；用户缺乏应用动力，对成果的公益性价值认识不足；缺乏良好的转化中介服务；等等。此外，旧的生产模式与新型工业化进程的矛盾也影响到科技成果转化的力度。东北老工业基地的环境资源消耗较大，而绿色技术创新要兼顾生态、资源、环境和社会后果，技术性强，复杂程度高，难度大，风险大，其技术投资和运行费用相当昂贵。由于政府和企业的有效资金投入不足，缺少鼓励企业应用绿色科技的系列政策，制约了绿色技术成果的迅速转移和应用。

第三，科技驱动新型工业化在部分区域和领域取得进展，但区域联动、协同创新较弱。

在国家实施的东北老工业基地改革的试点中，科技创新驱动的作用得到了一定体现。重点瞄准航空、航天、新材料、新能源、节能环保、先进制造和生物工程等领域，组织实施了一批带动力强、影响面广、见效快的技术创新项目。涌现了一批传统产业信息化和生态化的转型的技术成果，并得到了较好的实施。如沈阳自动化研究所、东北大学、沈阳工业大学与沈阳机床厂合作开发的数控机床技术和信息化服务技术、沈阳远大机电装备有限公司的风电机组在推进节能减排中作出了巨大的贡献。

但是，东北地区科技创新能力的总体发展不平衡。虽然东北地区的科技创新资源丰富，但由于分属于不同的部门和地区，加之受三省行政区各自的约束和政策措施不力等原因，相互之间的联系处于一种相对松散的状态，自成体系，缺乏互动，没有形成相互开放、资源共享、联合公关的协同网络。在东北三省还有数十个城市的老工业基地改造还刚刚起步，各地大学科技园、生产力促进中心和科技企业孵化器等建设还不平衡，创新服务模式和服务水平在国内尚属中等水平，削弱了东北地区整体的科技创新能力。

二、东北新型工业化科技创新驱动的战略选择

1. 以开放式的科技创新开拓新型工业化的思路

东北地区的科技创新能力在国内位于中游偏上水平，与国内先进地区和先进国家存在一定的差距。为缩短这个差距，不能仅仅依靠区域内部的力量，更重要的是要吸纳国内和国际科技创新力量的加入，善于利用国内和国际的科技创新成果和创新资源。首先，通过积极参与的方式体验先进地区和发达国家新型工业化的模式和经验。东北地区要把技术雄厚、规模大、有尖端技术产品的大型跨国公司和国内企业作为利用重点，通过参与它们的生产、供应、销售网络，“借舟渡河”，真正参与到国际市场和优势市场的竞争中。其次，通过建立科技汇聚机制，让更多的杰出科学家和工程师为东北打工。要想成为世界科技的领跑者，不仅仅是自己作出了多少顶尖的创新成果，更关键的在于能够汇集和分享多少他人顶尖的科研成果，要抓住跨国公司 R&D 本地化的机会，把更多的跨国公司 R&D 机构引进到东北地区。

在引进来的同时，还要走出去。东北地区要发展一批以利用境外资源、占领境外市场为目标的层次高、效益好、管理规范的本地企业，以东南亚、东北亚和非洲地区为目标市场，

创造条件，将原材料进口型企业的前道工序和产品出口型企业的后道工序放在国外，形成东北地区在境外的生产加工基地和产品销售中心、资源开发中心，构筑国内外相呼应的生产经营网络，促进东北地区有比较优势的行业向外转移，从而从高层次、大范围拓宽东北地区对外开放的新路子。同时，地方政府要利用政策扶持的契机，加强与俄罗斯、朝鲜等邻国在各个领域的合作，尤其是现代化农业领域，建立农业生产和出口基地，扩大农产品出口。

2. 以分工式的科技创新整合新型工业化的力量

科研机构和研究型大学是知识创新的主体，企业是技术创新的主体，这是创新系统内已经明确的角色分工。但不同类型的企业以及不同类型的科研机构和大学，它们在科技创新中的地位和作用却不能用如此简单的一句话便可概括。比如，大型企业和小型企业在科技创新中的作用便不同。大企业并不适合进行真正意义上的创新，特别是原创性的创新。因为它们仅仅依靠自己的研发实力就可以等创新技术成熟后再后发制人地推出更好的产品，并领先市场。过多地进行原创型的创新活动对大企业是很危险的行为，一旦失败，造成的损失会非常巨大。大企业对创新方向的判断也会陷入“专家评审”的泥潭。大企业对科技创新的价值在于完善和补漏。小企业则不同，它们的创新欲望更强，而失败的成本更小，因此是科技创新最主要的力量，只有把创新的主体放在创业型的小企业，才真正找对了对象。必须将科技创新主体的类别和功能加以细化，予以合适的分工，才能使其更有效地成为驱动新型工业化的力量，尤其具体到东北区域语境下，更需明确这一语境下都有哪些优势科技创新主体，它们的特长和专业是什么，如何给予它们合理的分工和具体的角色定位，如何打破传统的分工格局，按照新型工业化的要求进行分工，实现各主体力量之间的整合。

除了关注创新主体各自定位的同时，也要注重为其提供交流和合作的平台，让各主体在动态中形成分工合作。由于高等院校和科研院所在科技资源优势和人才优势上更突出，因此主要集中在基础科学和共性、重大、关键技术的创新上，而企业多集中于专业、应用技术的创新。创新主体之间因领域和研究侧重点不同，往往不能及时互通有无。因此，疏通技术成果由高校、科研院所向企业转移的渠道，加强区域内的技术服务体系建设，推进科技基础条件平台建设，实现科技资源共享是整合创新主体的有效途径和必要举措。

3. 以系统式的科技创新完善新型工业化的布局

日本在工业化的进程中强调“综合即创造”。核心竞争力的形成是一个组织过程，使各种单项和分散的技术成果得到集成，其创新意义远远超过单项技术的突破。所以，我们应当注重技术的集成创新，注重以产品和产业为中心实现各种技术集成，才能实现全面协调发展的工业化[3]。系统式的科技创新包含如下三方面的内容。

其一，形成由多个科技领域组成的创新系统，着力围绕优势领域开展科技创新活动。东北地区在不同的科学技术领域所具有的研发基础和优势不同，因此，要根据东北地区的实际情况，以优势领域的科技创新为核心，进一步扩大其领先优势，以优势领域相关科技为新的突破点，以其他科技领域为补充；同时，注意协调基础科技、重大科技专项、战略高技术、一般科技创新四种不同类型科技之间的关系，使之形成梯度合力。

其二，形成由多个地区组成的科技创新系统，发挥集群效应，实现区域优势互补。通过对区域内城市和地区的科技创新优势和程度进行分析研究，更好地进行区域协作。根据不同城市和地区的科技创新优势，有重点地培育其规模创新优势，防止各城市和地区的科技创新结构雷同化，造成因内部竞争导致的内耗。目前，东北地区已经形成了多条产业链和多个工业体系。如以鞍钢为主体的钢铁工业体系，以大庆油田为主体的石油工业体系，以一汽集团为主体的汽车工业体系，以吉黑农副产品加工为主体的食品工业体系，以及以吉林省为主体的医药工业体系等[4]。城市和地区间的科技创新优势不同，同时科技创新程度也是有所差异的，长春相较于辽宁和黑龙江两省的科技创新能力稍弱，因此要在不同地区和城市间形成创新的经验和成果的梯度转移，将创新经验和成果的效用最大化。在注意各个地区和城市间的优势互补的同时，注意把握各地区之间已经形成的创新关联，进一步拓展辐射范围，扩展创新网络。

其三，形成针对不同目标的科技创新系统。新型工业化是以信息技术及其代表的高新技术为引领的工业化，是可持续发展的工业化，是能够实现充分就业的工业化，是需要充分利用国内外两种资源的工业化。新型工业化是为了实现人、自然、社会（尤其是经济社会）和谐发展的工业化[5]。新型工业化本身蕴含了一个目标体系，为实现这个目标体系，科技创新也需形成相应的体系与之对应。这个科技创新体系应囊括引领工业化的信息科技及其代表的高新技术、与可持续发展相关的绿色科技和能源科技、与现代农业发展相关的农业科技等，这些科技的创新和应用都要以经济效益高、能源消耗低、环境污染少、人力资源优势得到充分发挥为目标。科技创新体系的建立和成果的应用，需要综合考虑这些目标。如，新型工业化提倡自动化和智能化，可以把人们从笨重的体力劳动和一些烦琐的脑力劳动中解放出来，一直是科技进步的重要标志，但自动化技术的创新必须以客观条件为基础，以它们所带来的效益为依据。世界上曾出现过盲目追求无人工厂的片面倾向，在德国约有 1/3 的工厂投入了大量资金建设“完全”自动化生产，由于柔性差而回到较低层次的自动化上[6]。另外，东北因劳动力资源相对比较丰富，必然要求产业技术在总体上具有多就业的性质，即以劳动替代资本，同时又不失经济效率，所以在信息自动化技术创新时，必须将充分就业的目标考虑进去，哪些生产领域和环节适宜采用自动化，哪些更需要人工，都是创新中需要系统考虑的。要试着将各个目标尽量统一于同一个科技创新中，如在进行信息科技创新的同时，可以考虑建立一个适应性设计系统，通过扩展通用产品以生产不同式样的新产品，从而大大降低成本，节省能耗。

4. 以动态式的科技创新增加新型工业化的活力

新型工业化道路是一个动态发展的过程[7]。要注意把握新型工业化的不同阶段的特点，以采取相应的科技创新形式与之适应。在新型工业化初期，可以采取引进、消化、吸收、模仿的科技创新的形式进行量的积累，但随着工业化的深入，更多的要求原创性的创新。另外，随着时间的向前推移，科技创新系统在空间布局上和物质的量上都在不断地变化和运动着，系统各要素之间的关系不断地变化着；系统与外部环境的关系，即区域经济系统与自然生态环境的关系也在不断变化，处于动态状态。在科技创新过程中，要不断掌握系统的动态变化，根据动态变化来合理调整布局、结构、发展方向和速度。在新型工业化初期，城市化率较低，加之东北地区具有发展农业的基础，因此对农业工业化方面的科技创新可以实现短时间内提高新型工业化程度的目标。但随着城市化的进一步发展，对农业的科技创新成效将逐渐减弱，此时应将目标转向城市的信息化建设，通过扩大信息化基础设施建设来提升地区信息化水平，从而促进地区新型工业化的发展。在不同的发展阶段，应采取相应的科技创新措施与之相对应。

三、结 论

走新型工业化道路，是党的十六大作出的重要战略部署。要坚持以信息化带动工业化，以工业化促进信息化，走出一条科技含量高、经济效益好、资源消耗低、环境污染少、人力资源优势得到充分发挥的新型工业化路子。中国特色新型工业化道路是一条坚持自主创新为导向的道路，科技创新是其主要动力。以科技创新驱动新型工业化，是东北地区实现振兴的必然选择。东北地区拥有的科技人员数量较多、素质较高，产业基础雄厚，但在科技创新方面还存在一定的问题。在新型工业化进程中，必须注重科技创新的开放性、协同性、动态性、系统性，依靠科技创新，理清思路、整合力量、完善布局、增强活力，推动区域性的新型工业化进程。

参考文献

[1] 孙慕天．新型工业化道路与创新［C］//龙江春秋：黑水文化论集之五．哈尔滨：黑龙江教育出版社，2007.

[2] 郭兴新．关于高新区在振兴东北老工业基地中的地位及其发展战略研究［D］．长春：吉林大学，2004.

[3] 查英青．论新型工业化的科技创新战略选择［J］．中共福建省委党校学报，2004（7）：34－38.

[4] 徐广顺．东北地区走新型工业化道路问题分析［D］．长春：吉林大学，2004.

[5]［7］汪慧玲．景文宠，戴石高新技术和科技创新体系互动发展：推进新型工业化的动态模型［J］．科技文化评论，2007（4）：30－31.

[6] 巩顺龙．基于新型工业化道路的"东北制造"技术创新战略研究［D］．长春：吉林大学，2005.

我国古代科技与经济关系定量研究

朱永俊　赵晓春

（安徽医科大学 人文学院　安徽 合肥　230032）

摘　要：开创性地以我国古代整个发展历史长河为背景，分析了我国古代科技对经济的作用模式，发现古代科技对经济具有明显的促进作用，但这种促进作用存在天花板效应。进而分析了不同科技要素如科学发现数量、农学、其他学科、不同科学家类型和比重等对经济的影响模式。在以上分析的基础上，提出了破解现代科技对经济天花板效应的启示，以期为我国现代科技与经济发展的政策制定提供定量分析。

关键词：古代科技；经济；麦迪森数据库；定量分析

一、问题的提出

科技与经济的关系一直是科技界、经济学界广为关注的问题之一。20 世纪 80 年代以来，罗默、卢卡斯等人将人力资本的概念引入经济增长理论，认为知识和人力资本是经济增长的发动机。美国经济学家保罗·罗默于 1986 年提出了技术进步内生增长模型，他在理论上第一次提出了技术进步内生的增长模型，把经济增长建立在内生技术进步上。

科技之所以能够发挥出巨大的经济功能，其根本原因就在于科技能够通过对现实生产力要素的渗透与物化，能够通过影响生产要素的组合并内化为生产系统的整合要素，以及能够通过改进社会基础结构的状况等途径，融入经济系统转化为现实的直接生产力，从而发挥其巨大的经济功能[1]。笔者认为，在当代大科学时代，经济的发展与科技日益密切，科技促进经济的可持续发展已成为不争的事实。但是，我国古代也创造了杰出的世界科技文明和经济水平，那么我国古代的科学技术是以什么方式融入经济系统来发挥其巨大的经济功能呢？我国古代的科技对经济的发展模式对我国现代的科技经济发展和政策制定具有哪些启示呢？这是摆在埋论工作者面前的一个重要课题。

本文以中国近两千年来的十一个历史朝代（汉、三国、晋朝、南北朝、隋、唐、宋、元、明、清以及民国时期）的 GDP 总量、人口总量、科学发现总量、科学家人数为样本，应用 SPSS 社会科学统计软件为辅助，定量分析了我国古代科技发现和科学家数量与经济之间的关系。以期探求我国古代科技和经济的发展模式，为现代科技与经济发展政策的制定提供借鉴。

二、古代科技对经济影响的数据分析

1. 数据来源及初步处理

本文的GDP总量和人口总量数据来源于英国著名经济学家安格斯·麦迪森所创建的“麦迪森数据库”。“麦迪森数据库”是安格斯·麦迪森经过几十年的研究考证，所建立出来的世界各国主要宏观经济指标的长时间序列数据库[2-3]。本文所选取的是其中关于中国各个历史时期的数据，其中，历年GDP均折算成1990年固定价格（constant price 1990dollars）数，人口总量取自各个朝代相对稳定时期的人口数量；科技发现数据来源于《人类科学发现发明词典》一书，该书在世界科技发展的背景下，注意较充分而恰当地记述我国几千年来的主要科技发现、发明和首创性工作，客观地反映了我国科学技术的历史状况和成就。科学家人数来源于《中国历代科技人物生卒年表》以及《世界科学家大辞典》[4-5]这两本书几乎全面地囊括了中国历史上各个朝代的各类学科，包括物理学、化学、天文学、地学、生物学、医学、农学、工程技术、声学音律、博物学、潮汐学、气象学、机械学、冶金学、建筑学、水利学、管理学、军事、科学思想、数学和历算等，详见表1。本文在数据选取时，考虑每个科学家的主要活动时期，跨越两个朝代的分别计算，力求每个朝代的科学家人数都可靠有效。表1较完整地展现了我国从汉代到民国时期的各学科代表的科技发展情况，以及与GDP代表的经济发展状况。

表1 我国各朝代科学家人数及科技发现与GDP的关系分布

朝代	GDP/10亿元	科技发现	数学	历算	管理学	军事	科学思想	自然科学	物理学	化学	天文学	地学	生物学	医学	农学	工程技术	声学音律	博物学	潮汐学	气象学	机械学	冶金学	建筑学	水利学
汉代	26.8	36	16	1	2	0	4	0	0	1	27	3	0	9	3	1	1	0	0	0	5	1	1	6
三国	16.0	6	6	0	0	0	2	0	0	0	9	2	0	4	0	0	1	2	0	1	4	1	0	0
晋朝	18.8	12	3	1	0	0	2	0	0	1	11	3	1	18	0	0	1	3	0	1	1	0	0	0
南北朝	19.3	8	1	2	0	0	0	0	13	0	19	7	0	31	2	1	1	0	0	0	1	1	3	0
隋朝	31.1	4	0	2	2	0	0	0	3	0	2	1	0	13	1	0	0	0	0	0	0	0	3	0
唐朝	45.6	18	6	3	5	0	3	0	0	0	14	7	0	42	2	1	0	1	3	0	2	0	2	1
宋朝	75.6	48	19	4	9	1	7	4	2	1	59	20	4	93	24	5	2	0	3	2	6	1	6	8
元代	60.0	15	17	5	11	0	5	1	1	0	20	13	0	53	9	3	0	1	0	0	3	0	1	9
明朝	61.8	24	19	7	3	2	0	4	5	1	23	21	4	153	17	3	0	1	0	0	3	0	5	16
清朝	228.6	60	180	23	9	0	12	12	16	8	55	63	9	389	35	4	1	1	1	1	4	1	10	25
民国	239.9	141	58	2	3	0	3	15	107	121	22	94	93	128	5	17	1	1		10		3	0	5

2. 数据进一步拟合

为了更好地研究科技与经济的关系，本文把各学科数据进一步拟合成我们所熟知的自然科学、社会科学和基础科学三大体系，以便利用科学发展的宏观走势探讨科技对经济发展的影响模式。本文所提到的自然科学包括物理学、化学、天文学、地学、生物学、医学、农学、工程技术、声学音律、博物学、潮汐学、气象学、机械学、冶金学、建筑学以及水利学，社会科学包括管理学、军事和科学思想，基础学科包括数学和历算，通过对以上数据进行分析，概括为表2。其中，GDP总量可以代表各朝代的经济发展水平，科技发现总量可以作为科技发展水平，科学家总人数、自然科学家、社会科学家、基础科学家可以作为科技和经济发展水平的影响指标，通过考察各类科学家人数对经济发展水平的影响，能够更好地类比现代科技与经济的关系。

表2　中国历代GDP总量、人口总量、科技发现总量与各类科学家人数分析

朝代	GDP总量/10亿元	人口总量/百万人	科技发现总量	科学家人数	自然科学家	社会科学家	基础学科科学家
汉代	26.8	65	36	81	58	5	17
三国	16.0	30	6	32	24	2	6
晋朝	18.8	35	12	46	40	2	4
南北朝	19.3	36	8	82	79	0	3
隋朝	31.1	58	4	27	23	2	2
唐朝	45.6	85	18	92	75	8	9
宋朝	75.6	126	48	280	240	17	23
元代	60.0	85	15	152	114	16	22
明朝	61.8	200	24	187	256	5	26
清朝	228.6	436	60	859	635	21	303
民国	239.9	479	141	688	622	6	60

3. 古代科技与经济的相关性分析

接下来利用SPSS软件对表1和表2作相关性分析，分别得到相关性分析表3和表4。由表3可见，与经济具有显著相关的学科按相关系数从大到小排列依次为自然科学、地学、建筑学、数学、医学、工程技术、军事，相关系数分别为0.975、0.973、0.870、0.821、0.798、0.766、-1。通过表4可以发现：科学发现和科学家数量与GDP的相关系数分别为0.867和0.974，由此可以说明我国古代科技与经济存在着密切的关系。其中，自然科学家与经济的相关性最大，相关系数为0.981，自然科学家在整个人类历史上占有重要地位，同时也是三类科学家之中人数最多的，自然科学与经济之间的关系可见一斑。

表3　各学科与经济的相关性分析

	科技发现	数学	历算	管理学	军事	科学思想	自然科学	物理学	化学	天文学	地学	生物学	医学	农学	工程技术	声学音律	博物学	潮汐学	气象学	机械学	冶金学	建筑学	水利学
GDP	0.867	0.821	0.611	0.188	-1	0.565	0.975	0.714	0.687	0.517	0.973	0.683	0.798	0.522	0.766	-0.6	-0.514	-0.988	0.617	0.308	0.645	0.870	0.434

表4　科学发现和科学家等与GDP相关性分析

	GDP	科学发展
科学发现	0.867	/
科学家	0.974	0.787
自然科学家	0.981	0.846
社会科学家	0.536	0.287
基础科学家	0.812	0.468

需要注意的是，基础科学家与经济发展也具有很大的相关性，相关系数为0.812，社会科学家与经济的相关系数也超过了0.5，这表明基础科学和社会科学能通过某种方式影响社会的经济发展水平，同时也提示我们科技成果向生产力要素的渗透需要一定的条件。各类科技指标是如何影响经济发展水平的？下面将进一步探求。

三、古代科技对经济影响模式分析

1. 古代科技大幅促进经济增长

我国科技史实际是以技术为主的，技术成果占我国历史上科技成果总数的80%以上[6]。例如造纸术、活字印刷术、火药等重大发明，都江堰、郑国渠等大型水利工程，以及大规模的城市建筑的辉煌成就，充分表明了我国古代技术水平在世界上的领先地位，涌现了很多杰出的技术专家和工匠。下面将详细分析科技发现数量和科学家人数与经济的关系。

通过对科技发现数量、科学家人数与GDP指标的分析得出科技发现数量、科学家人数对经济的影响关系如图1和图2所示，其中，纵坐标均为GDP总量，横坐标分别为科技发现数量、科学家总量。由图1和图2可见，科技发现数量及科学家数量对经济具有明显的促进作用。

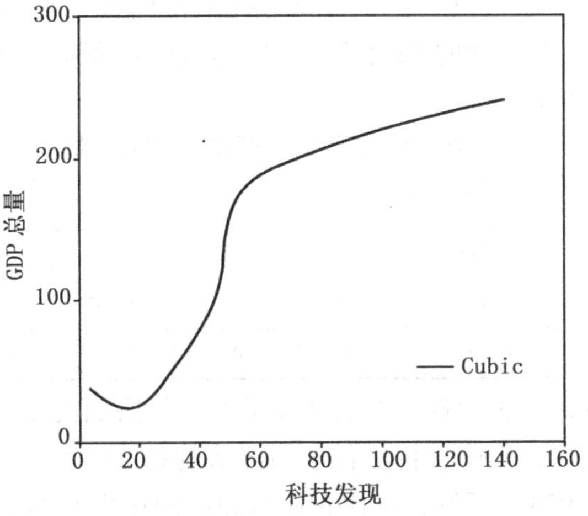

图1 科技发现数量与GDP的关系

科技之所以能够推动现实生产力的发展并发挥出巨大的经济功能，其根本原因就在于科技能够通过影响生产要素的组合并内化为生产系统的整合要素，融入经济系统转化为现实显在的生产力，从而发挥其巨大的经济功能[7]。但科技发现数量和科学家数量对经济的促进作用具有明显的天花板效应。如图1和图2所示，科技对经济有着明显的促进作用，但这种促进不是无限的，当科学家人数达到一定数量的时候，科技不仅很难促进GDP总量增长，反而会阻碍经济的增长。

我国古代的社会生产模式较单一，大多为小规模的家庭式或作坊式生产，这种生产模式使得科学技术的发明能快速地渗透到生产力的各个要素，直接推动经济发展，但还是不免受到各种生产因素的影响，以致存在天花板效应。这种天花板效应能否破解对现代经济发展具有重要的意义，下面将具体阐述。

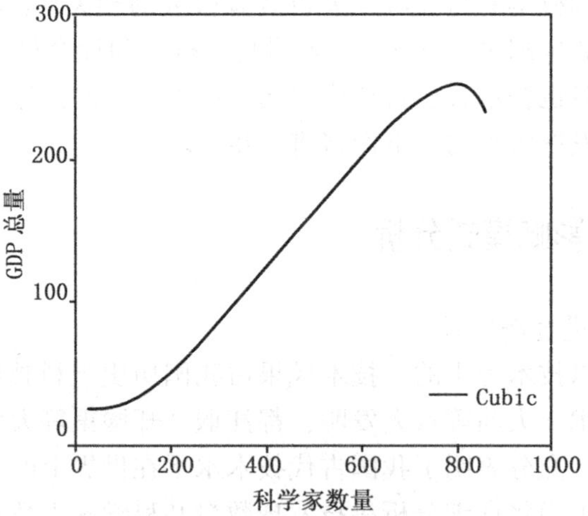

图 2　科学家数量与 GDP 的关系

2. 农学对经济发展的影响模式

我国历来是农业社会，农学是我国传统科学体系中发展较为充分的学科，农学家在各朝代的分布也基本是连续的，目前流传下来的农学著作，在世界农学史上占有重要的地位。古代的经济生产是以农业为主的，但从表 5 可见，我国古代农业对经济的作用并没有如此明显，相关系数仅为 0.522，在统计的 22 个学科中，有 13 个学科对经济的促进作用都大于农业，这似乎有悖于我们的认识。

表 5　与农学显著相关学科的相关性分析

	天文学	医学	数学	历算	军事	科学思想	建筑学	水利学	地学
农学	0.870	0.862	0.743	0.849	-1	0.966	0.909	0.862	0.685
GDP	0.517	0.798	0.821	0.611	-1	0.565	0.87	0.434	0.973
差值	0.353	0.064	-0.078	0.238	0	0.401	0.039	0.428	-0.0288

进一步通过相关性分析表 5 发现，与农业相关的学科诸如天文学、地学、医学等都与经济的发展具有很大的相关性，其中，自然科学与经济的相关性最大，达到了 0.975；地学与经济的相关性次之，为 0.973。可见，古代农业对经济的作用并不是直接的，而是让位于制约农业的其他相关学科，这提示我们为了经济的持久发展，不能只看表面现象和眼前利益，而应该深刻发掘和研究影响当前经济主体的制约因素，才能促进经济的可持续发展。

3. 其他学科对经济的影响模式

进一步把各学科对经济和农业的影响进行对比得图 3。由图 3 可见，地学和数学对经济的影响均超过了对农业的影响，地学对经济的影响最大，数学次之。历史上地学和数学的发展在我国具有连续性。数学家诸如秦汉时期的许商和杜忠，著名的《九章算术》成书于西汉中期，但不是一人一时所为，可见数学一直得到很好的发展。数学在宋代出现了第一个高峰，有 48 位科学家，这也是我国传统数学发展史上的新高峰；数学家出现的另一高峰期是明清两代，清朝大约有 60 位数学家。从此可见，地学和数学作为对农业发展非常重要的学科，其对经济的作用已经超越了对农业的依存，而是通过对多种学科和生产的影响直接起到影响经济的作用。除了地学和数学外，对经济影响显著的学科还有天文学、医学、历算、科学思想、建筑学、水利学和医学。通过对各学科与农学和GDP的相关系数作差，发现各学科对农业和经济两者的影响差值从大到小依次是水利学、科学思想、天文学、地学、历算、数学、医学、和 建筑学，绝对差值依次为0.428、0.401、0.353、0.288、0.238、0.078、0.064和0.039。其中，军事学对经济具有直接的阻碍作用，这表明杰出的军事学家主要产生于战乱年代；水利学对古代农业的发展非常重要，例如都江堰、郑国渠等大型水利工程的建设，水利是通过对农业的影响而促进经济增长的；科学思想也是主要通过对农业的影响而实现对经济的影响的，可见在以农业为主的时代，科学思想的主要任务也和农业休戚相关；天文学和历算对经济的影响也是受到对农业影响的限制的；而建筑学对经济和农业的影响相差最小，这和我国古代人口以农民为主相关。通过以上分析，我们认为社会的经济是一个非常复杂的系统，经济主体虽然对经济发展起着主要的直接作用，但也要充分考虑社会各阶层人口的构成情况，同时也要研究影响经济主体的各经济指标的协调发展，才能促进整个社会经济的可持续发展。

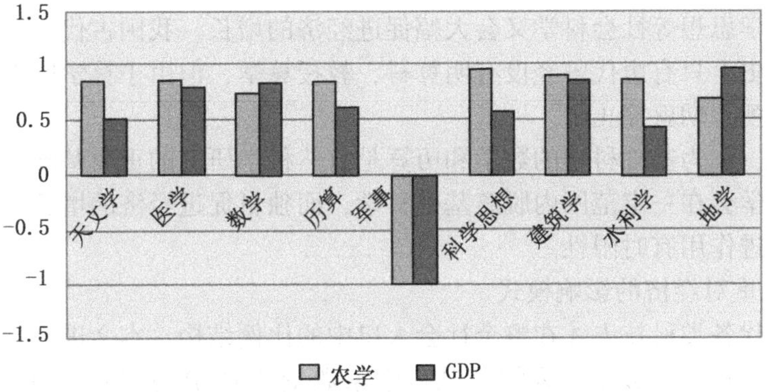

图3 各学科与经济和农学的关系对比

4. 科学家类型对经济的影响模式

在以上分析的基础上，进一步分析古代不同类型的科学家对经济的影响模式。通过SPSS社会科学统计软件对自然科学家数量、社会科学家数量、基础科学家数量与GDP指标进行曲线模拟，分别得到图4、图5和图6。其中，纵坐标均是GDP总量，横坐标分别为自然科学家总量、社会科学家总量、基础科学家总量。

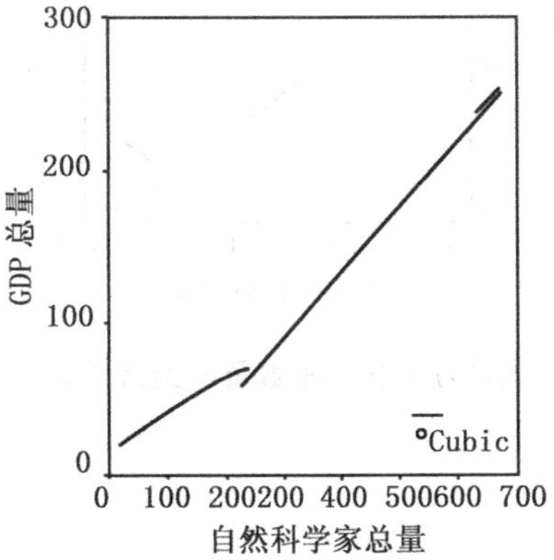

图4 自然科学家与经济的关系

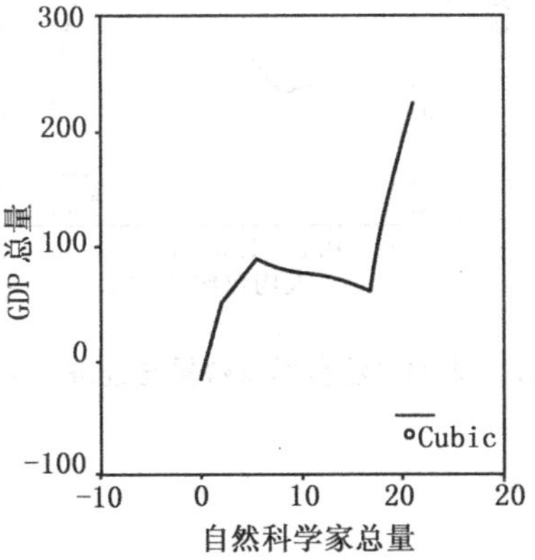

图5 社会科学家与经济的关系

从图4可以看出，自然科学家数量对经济具有直接决定作用。GDP的总量随着自然科学家人数的增长不断地增长，自然科学家数量越多，所带来的GDP总量越多。可见，自然科学家数量的增长直接促进了经济的增长。因此在现代的大科学时代，为了使经济取得有效增长，需要完善自然科学家的培养制度，在政府加大科技投入的同时，也要加大对我国自然科学家培养的资金投入，但自然科学家的培养也不是越多越好，而是有一个度。

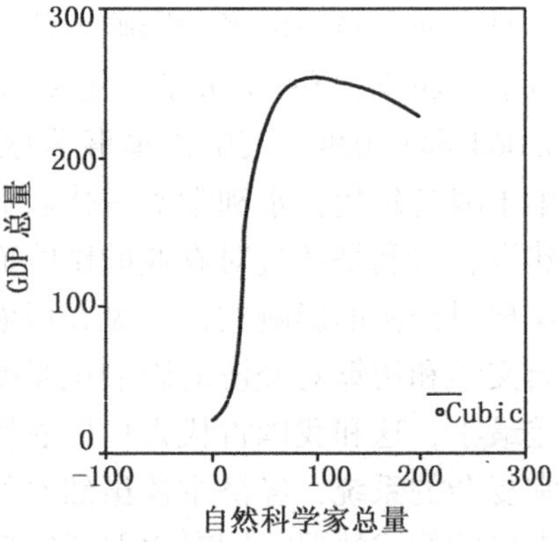

图6　基础科学家与经济关系

从图5分析可见，社会科学家数量对经济发展具有迂回上升作用。在一个社会状态的早期，管理学、军事和科学思想能共同促进GDP总量的增长，但是当总数达到一定点时，再继续增长，这种促进作用就会下降，随着科学的继续发展，科学思想等社会科学又会大幅促进经济的增长。我国古代的教育注重经史治国而轻视科学，历史上只有唐代曾经设有明算科，教授算学，但由于算学博士地位低下，人数越来越少，到唐朝末期就停止了。

从图6可见，作为基础科学的数学和历算是自然科学研究的重要基础，但随着自然科学的发展，自然科学会在一定范围内脱离基础科学，而独自促进经济的增长，因此数学等基础科学对经济的促进作用有时限性。

5. 科学家比重对经济的影响模式

为了把握古代各类科技人才在整个社会人口中的比例结构，本文进一步将人均自然科学家数量、人均社会科学家数量、人均基础科学家数量与GDP总量指标进行曲线模拟分析，得出它们之间的关系如图7、图8、图9所示。其中，纵坐标均是GDP总量，横坐标依次为人均自然科学家数量、人均社会科学家数量和人均基础科学家数量。

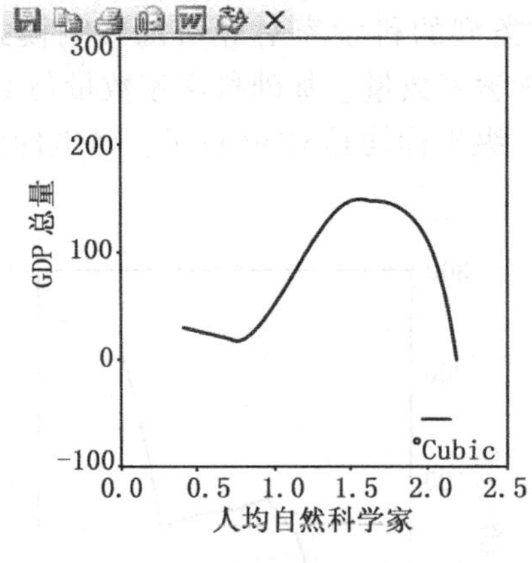

图7　人均自然科学家数量与经济的关系

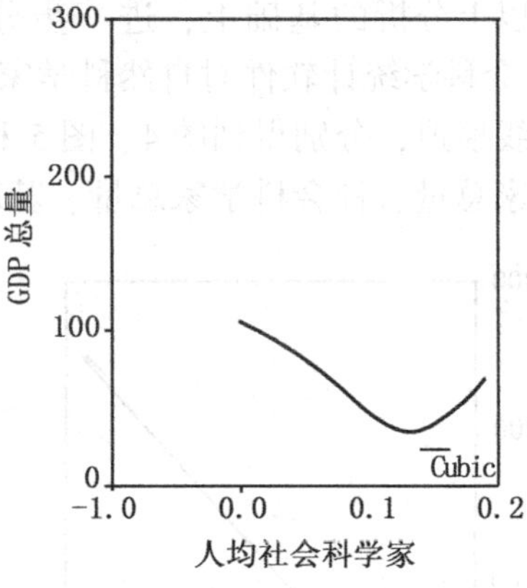

图8　人均社会科学家数量与经济的关系

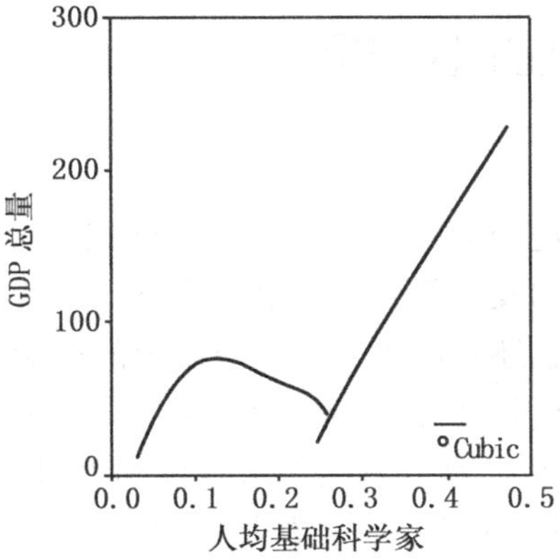

图9 人均基础科学家数量与经济的关系

通过 SPSS 软件分析，发现科学家比重对经济的影响呈现明显的三次方程，如下所示：

Dependent	Mth	Rsp	d. f.	F	Sinf	b0	b1	b2	b3
社会科学家比重 GDP 总量	CUB	.078	7	0.20	.895	105.013	-153.71	-8871.2	45496.2
基础科学家比重 GDP 总量	CUB	.460	7	1.99	.025	-43.274	2145.49	-11587	17556.1
自然科学家比重 GDP 总量	CUB	.443	7	1.85	.226	232.389	-840.34	934.108	-273.53

$F(X_{社会科学家比重}) = -153.71X^3 - 8871.2X^2 + 45496.2X + 105.013$；

$F(X_{基础科学家比重}) = 2145.49X^3 - 11587X2 + 17556.1X - 43.574$；

$F(X_{自然科学家比重}) = -840.34X^3 + 931.108X^2 - 273.53X + 232.389$；

接下来对三个方程分别求导函数，然后用解方程器软件（Equation）分别对得出的一元二次导函数求极值，得出社会科学家比重的极值为 X1 = -83（无效），X2 = 1.2；基础科学家比重的极值为 X1 = 2.5，X2 = 1.1；自然科学家比重的极值为 X1 = 0.2，X2 = 0.5。

从方程的极值可见，社会科学家比重的极值只有一个，基础科学家和自然科学家比重的极值分别有两个，而且基础科学家比重的两个极值与自然科学家比重的两个极值的差异度较大，自然科学家比重对经济的作用从最低到最高的跨度仅为 0.3，而基础科学家的跨度达到 1.4。

联系到实际，基础科学家在整个社会科技经济发展过程中都起着重要的作用，由于基础科学早期是和自然科学一起促进经济增长的，因此早期社会对基础科学家和自然科学家具有同等的关注，这也使得基础科学家能较为顺利地成长，但要警惕随着自然科学对基础科学的逐渐脱离，会导致社会对基础科学的重视下降，使基础科学对经济大幅促进的第二个极值作用不能发挥出来；而社会科学由于开始不能促进经济的增长，因此社会科学家的成长可能会坎坷一些，尽管基础科学家和社会科学家后期对社会经济发展的作用虽然很明显，但从历史上看，无论哪个朝代，基础科学家和社会科学家对经济的作用都远没有达到理想的极值状态，作为现代科技和经济协调发展的社会主义中国，能否和怎样达到这种极值状态，值得现代科研管理部门深思。

四、古代科技经济发展模式的几点启示

1. 经济主体的把握

从以上分析可见，要想促进经济的增长，必须准确把握经济发展的主体。例如在古代，农业是经济发展的主体，科学的发展就要围绕这个主体，即使是数学和地学这样对经济的促进作用已经超过农业的学科，也还是离不开受农业发展的影响，更不用说水利和建筑等对农业影响更密切的学科了。当代更是如此，当代的经济模式更加复杂，而对经济主体的把握更要经过科学论证和长远规划，不能为了单纯追求当前的 GDP，而忽视对其他经济主体及相关学科的发展和重视。同时我国一直是一个农业大国，尽管当前的经济是以工业发展为主体，但农业的作用也不能忽略，做好农业与工业的协调非常重要。

2. 人才培养要均衡

通过对历史的借鉴，我们发现人才培养对经济发展的重要作用，因为科研人才是科技发展的重要基础。但通过以上的研究表明，从自然科学家以及自然科学家在总人口中的比例对经济的影响可以看出，在这一方面资金投入或人才培养节奏必须注意一个限度，否则超量的自然科学家的培养不一定能促进经济的增长，有可能会阻碍经济发展。国民教育的水平是决定我国科技研究与开发能力和水平的前提，同时也是吸引外国技术与资金的重要条件之一。但人才培养周期很长，为了使我国经济具有持久的增长力，必须对人才培养有一个科学的总体规划，使各方面人才培养均衡化，不能急功近利，为了我国经济的可持续性发展，人才培养决不能失衡。

3. 破解天花板效应

从古代社会开始，经济的发展就离不开科技的作用，但科技对经济的作用并不是一蹴而就的，而是存在着明显的天花板效应。究其原因，就是各种生产力要素没有进行很好的调控，激发了科技对社会副作用的产生，现在的“拆毁性建设”也说明了对社会科学研究领域的科研规划人员的不够重视，造成了城市不能可持续性发展[8]。

在我国古代，科技对经济的天花板效应虽然没有被破解，但我们却看到了一种破解的趋势和方法。其一是正确把握科技投入的时机，通过统筹各科技要素的投入比重和模式，促进经济增长的最大化。因此，在大量投入资金促进学科发展和科技进步的同时，必须考虑到投入资金的当前和远期效用，例如数学等基础学科的发展，不能因为其对当前经济不具有显著的促进作用而大力削减其投入。其二是发挥社会科学家的协调和规划作用，以协调社会整体生产力的发展和规划，以促进经济持续健康地发展。现代社会科技对经济的作用更加复杂，即科技对生产力的影响更加复杂多变，导致现代科技对经济的作用受到各种因素的制约。因此，要想使科技能较好地促进经济的可持续发展，必须有一股力量协调科技和经济之间的影响因素，使它们朝着有利于促进经济增长方面的方向发展。

五、结 论

我国古代的科技和经济发展的分析表明，科技对经济的促进是复杂的。在现代社会，随着科学的应用，生产自动化不断提高，这种复杂性更加显现。科学已经无法直接作用于生产

力要素以促进经济的增长。根据这个实事求是的考虑，人们根本没有可能像伯特兰·罗素（Bertrand Russell，1872—1970）等唯心主义哲学家们所希望的那样，不是为了追求经济目标而发展科学。因为现代科学还没有消除单单服务于利润的弊病，这就使得科学无法同工农业及卫生事业等紧密结合起来，而是受到科学之外的种种社会因素的制约。历史上科技要素对经济的作用是不断循环的，当到达天花板之后，这时就需要出现一股新的力量，重新开启促进经济发展大门的钥匙，例如古代的改朝换代；然而在当代的社会主义社会，正如贝尔纳所预测的，社会主义社会能最大限度地消除科技的工业利润弊病，能更好地促进科技要素的合理发展[9]。基础主义指的是这样一个论题：知识可以追溯到坚实的基础之上。一般来说，人们认为这样的基础是感官印象与理性原则的结合，它们转而支撑着一个高阶信念大厦[10]。在当代的大科学时代，笔者认为，基础科学和社会科学对整个生产力要素的发展和规划，代表着新时期的基础，要充分发挥基础科学和社会科学规划的作用。无论是经济主体的把握、科学家的培养、学科发展的投入等都离不开合理的规划和协调。在古代的封建社会，社会科学的极值及基础科学的第二个极值对经济的作用都没有显现出来。而在当前提倡自主创新的社会主义中国，具备着任何社会制度都无可比拟的优势，具有做好科技要素长期发展规划的制度基础，相信科技对经济天花板效应的破解不是梦想。

（致谢：感谢中国科学技术大学科技哲学部徐飞教授和安徽合肥学院图书馆吴彩丽老师对全文的悉心指导和修改。）

参考文献

[1] 刘冠军，邢润川．科技融入经济系统的主要方式及其发展走向［J］．自然辩证法研究，2005，21（6）：84－89.

[2] Angus Maddison. The World Economy：A Millennial Perspective［M］．Paris：OECD Development Centre，2001.

[3] Angus Maddison. The World Economy：Historical Statistics［M］．Paris：OECD Development Centre，2003.

[4] 张奠宙．科学家大辞典［M］．上海：上海辞书出版社，2000.

[5] 李迪，查永平．中国历代科技人物生卒年表［M］．北京：科学出版社，2002.

[6] 戴建平．中国古代科学家历史分布的统计分析［J］．自然辩证法通讯，1997（6）：48－54.

[7] 史清琪，王金存．1996—2010年世界科技进步趋势及其对我国社会经济发展的影响［J］．科技进步与对策，1995（1）：1－3.

[8] 杨弼麟．建行董事长质疑“拆毁性建设”：拆出一个新中国？［EB/OL］．（2011－06－02）http：//finance. ifeng. com/news/people/20110602/4102177. shtml.

[9] J D贝尔纳．科技的社会功能［M］．陈体芳，译．上海：商务印书馆，1982.

[10] 西斯蒙多．科学技术学导论［M］．许为民，孟强，译．上海：上海科技教育出版社，2007.

（本文原载于《自然辩证法研究》2011年第12期）

我国低碳理念的扩散机制研究

刘 涛 邢佳妮
（东北大学科技哲学研究中心 辽宁 沈阳 110819）

摘 要： 近年来，为了应对生态危机而提出了发展低碳的口号。虽然低碳理念是一种全新的有利于社会发展的理念，但是对于低碳理念的诞生、扩散机制，人们并没有形成一个清晰的认识，民众和企业对其的理解仍停留在表层。探究低碳理念的实质和扩散机制，对人们认识和理解低碳理念都具有重要意义。基于此，着重对低碳理念的扩散机制进行了考察，分析了其扩散的主客体要素及扩散的途径，并深入探讨了我国低碳理念扩散的利弊。

关键词： 低碳理念；生态观；扩散机制

低碳理念是建立在碳排放增加和环境恶化的基础上的，对于减少能源消耗、减少污染物和碳排放、促进低碳发展、保护生态环境的一种生态观念、价值体系和指导思想，其核心是保护生态环境，促进人与自然的和谐发展。低碳理念在国际国内的生态环境普遍恶化的状态下传入我国，是我国解决当前环境困局、谋求经济发展、国际政治角力的重要砝码，是坚持可持续发展的必然途径。我国低碳理念的形成与我国既有的传统生态价值观念关系密切，在坚持可持续发展观的今天又具有重要的现实意义。长期以来，将人与自然对立起来的价值观导致自然界的有序性被破坏，而低碳理念是在人类正视自然后提出的一种理念，低碳式的生产方式、低碳的消费方式以及低碳的环保理念都充分显示了人类认识上的根本转变，人类将自身与自然看成了有机的统一体。因此，低碳理念是人与自然一体化的新自然观，它的本质是人与自然的和谐发展，更是可持续发展观和科学发展观的重要组成部分。

一、低碳理念在我国扩散的必要性和可行性

目前人们对低碳理念已经形成了普遍的共识。追寻环境问题的根源，是人类高碳式的发展和对能源无限制的攫取利用。作为发展中国家的中国，能源危机、人口压力、产业结构不合理、环境污染和生态破坏，都是困扰中国未来前行的阻碍。而当前企业和民众对低碳理念的认识不够深入：企业常将低碳指标视为巨大的负担，忽视了巨大的机遇；民众往往对低碳理念重视不足，没有正视问题的严重性。

低碳理念在我国扩散还具有其特殊性。我国的生产方式仍以粗放为主，缺乏核心技术，产业结构不合理，当面临一种全新的发展方式时，很多企业表现得“有心无力”，改革很难

落到实处。企业本应作为低碳理念的宣传者和践行者，然而实际情况却是企业成为了低碳理念扩散的负面典型；从我国的宣传模式上说，在低碳理念的宣传过程中政府起着主导性的作用，政府的重视可以促进低碳理念扩散的深入和拓展，但传播过泛也可能会使得民众在认识上造成一定的盲目性；在社会价值观上，虽然中国自古以来就有不可杀鸡取卵、竭泽而渔的生态自然观，但新中国成立以来片面追求经济效益使得民众对于环境缺乏重视，缺乏一种普遍的环保社会价值观，缺乏发展低碳理念的社会文化环境，而且当前追求奢侈的消费观也在甚嚣尘上，在低碳理念扩散中加大了不利因素。

虽然存在不利因素，但低碳理念在我国的扩散仍具有可行性。我国自古就有“天人合一”的哲学思想，古代人们就强调人与自然的和谐，但是一味追求经济的心态使人们忽略了这种思想，而伴随着环境恶化，人们有迫切改变生存环境的需求。所以，低碳理念在中国实际具备了扩散的良好土壤，民众更加容易从心里接纳。另外，当前我国企业的发展主要是以传统的发展模式为主，不仅不适应国际化的发展，更不利于在国际舞台的竞争。我国企业的发展需要新技术的推动，各个企业有追求发展新技术、改善企业血液、增强自身竞争力的本质需求。

二、我国低碳理念的扩散要素

低碳理念扩散的主体由科学共同体和政府共同构成，客体以广大民众和企业为主。

科学共同体是低碳理念提出的最早参与者，在低碳理念的扩散中充当了扩散主体的地位。当国外低碳的呼声高涨的时候，最先接受低碳理念的是我国科学界的精英——科学共同体。科学共同体内部通过学术交流传播低碳理念，对外，则是将低碳理念引入我国公众的视野。当低碳理念进入我国，科学共同体是最根本、最权威、最可靠、最全面的信息发布机构，并且在后续的扩散中，都会以科学共同体所作出的对低碳理念的定义为基准。科学共同体对低碳的认识通过多种途径传递给政府，得到了政府组织的一致认可，其扩散的形式从单纯的科学研究形态向科研与政治化色彩兼备转化。通过政府直接的政策文件、媒体的宣传和经济、方向上的引导，低碳理念得到大力推广。政府强有力的政策支持是低碳理念能够得以迅速扩散的原因，因此，这时政府就成为推进低碳理念扩散的重要主体。

低碳理念扩散的接受客体是广大民众和企业。从目前我国民众状况来讲，对低碳理念的理解有着较大的差异，使得低碳理念传播受阻的现象时有发生；企业可以直接在低碳理念实践方面发挥重要作用，企业是温室气体的重要源头，如果企业可以应用新能源技术，生产低碳的产品，那么不仅污染从源头得到治理，而且技术、产品以及企业对自身和产品的宣传也会对低碳理念的扩散起到推进作用。

我国低碳理念扩散需要多种载体。低碳理念扩散的载体形式多样，主要有技术载体、文化载体和物质载体。

技术载体：大力推广低碳技术、发展低碳技术的过程，其实也就是低碳理念进一步扩散的过程，低碳技术本身就是低碳理念得以扩散的载体，人们对低碳理念的理解离不开对低碳技术的“解答”。而新的低碳技术的应用不仅可以使得低碳理念被深入理解，更能够扩大低碳理念的扩散。

文化载体：低碳理念以低碳文化的姿态在我国广泛扩散。广义的低碳文化，包括有形的实物、技术和无形的制度、仪式等社会形式，它们都可以作为低碳理念的载体，既可以是低碳的产品，也可以是低碳功能技术，还可以是低碳的规章制度，都在无形中附着着低碳的理念和内涵。

物质载体：低碳理念能够扩散到广大民众的生活中，从某种程度上讲，是民众对含有低碳技术的产品的体验。对企业来讲，含有先进低碳技术的产品必然具有更强的竞争力，企业会加大对其的关注，而低碳理念也会在无形中深入到企业的发展中，影响到企业在未来的决策。

三、我国低碳理念扩散的途径

低碳实践是促进我国低碳理念扩散的根本途径。可以说社会生活在本质上是实践的，而人类的实践活动的根本性质就是它是社会性的实践[1]。低碳理念尽管在国内得到了广泛的宣传，但是很多民众对低碳理念并未有深入的理解，想调动全民参与到“低碳的社会发展”中来，离不开民众对低碳生活的体验、企业对低碳技术的发展、国家对低碳的支持。而从实践的角度看，低碳理念也只有融入社会生活中、生产资料的生产活动中、人们的日常生活中，才能得到更好的检验，同时也是得以认可和扩散的根本途径。

物质载体是我国低碳理念扩散的有利工具。低碳理念的扩散需要民众对低碳理念的直接接触，尤其是实际生活中的物质接触。当低碳理念附加到产品时，我们便会接触到生产过程低碳的产品，以及具有低碳功效的产品，让民众接触体验产品的“低碳功能”，也使人们能够理解和认识到低碳式的发展所带来的有利之处。

生态文化传播是我国低碳理念扩散的辅助手段。当前高碳式的社会发展对人类自身和自然造成了严重的破坏，解决的办法和途径不仅仅是强调人们转变思维，倡导一种生态文化，促进低碳文化的传播，“生态文化的传播与引导，可以完全改变人们的传统的生活方式和行为习惯，促使人们理智地选择‘绿色消费’和生态行为方式”[2]。低碳理念是针对当前不合理的发展方式而提出的，是生态文化的重要内容，这种强调人与自然的和谐相处，减少对自然的污染和破坏的生态文化，是倡导低碳理念的重要内容。

四、我国低碳理念扩散的反馈

从当前对低碳理念的理解和反馈来看，情况并不乐观，大部分民众并未真正了解和理解低碳理念的真正内涵，而且我国并未形成完善的低碳制度和统一的标准，大部分企业对低碳理念的理解还只是停留在“节能减排”和“发展新能源上”，尚未对低碳发展带来的机遇和挑战有清晰的了解，同时中小企业也无法承担低碳技术变革带来的巨大风险。

低碳理念扩散的反馈机制暴露了我国低碳理念扩散中存在的问题。一方面，低碳理念扩散强化了对低碳的盲目迷信。目前低碳在我国是一个热议的话题，很多事物都被打上低碳的符号，低碳地产、低碳信用卡、低碳旅游、低碳服装……而真正的低碳产品非常欠缺。低碳理念的扩散在经过政府组织后，其扩散的强度和范围被大大加强了，很多民众对于低碳理念的理解大部分是在盲目跟随的情况下形成的，对真正的低碳根本不了解。民众对低碳的误解和盲目迷信，不仅不能起到其原来的作用，而且还可能适得其反，离真正意义的低碳生活会越来越远。另一方面，人们能否实现低碳生活取决于，全人类能源消耗观念的转变和消费方式的转变。然而，我国的很多民众却将低碳和节约混为一谈，低碳式的生活和低碳式的发展不是贴一个标签就能够实现的。很多地方政府对低碳理念的理解也存在很多误解的地方[3]。某些地方政府为了完成国家颁布的低碳指标，完全忽略自然规律和自身企业的发展，为了考核过关采取“一刀切”的方法来节能减排，导致企业受到冲击。

虽然我国低碳理念在扩散中存在一定的问题，但仍然具有重要的积极意义。

首先，低碳理念扩散促进低碳技术的开发和应用。低碳技术弥补了传统的化石能源技术带来的生态问题的不足，是一种突破性创新技术，作为一种技术范式的转变，低碳技术最终将通过技术与社会系统的共同进化为自己创造出一个新的社会经济系统。低碳理念在各个国家或地区的扩散促进人们达成共识：开发和使用低碳技术是减少排放的一个关键途径，无论是节约能源、降低消费和排放，还是开发利用可再生能源，优化能源结构，都必须以低碳技术的研发、应用和普及为基础。

其次，低碳理念扩散促进低碳产品的生产和消费。一方面，为了发展经济而刺激消费往往误导人们的消费行为，由此造成对自然的破坏以及资源的浪费；同时民众的环保意识差，在消费过程中不会将环保因素考虑在内，造成了环境污染和生态破坏。而低碳理念在民众中的扩散会从一定程度上改变民众对自然和消费的认识，加强民众对环境的保护，促进民众低碳式的生活方式，最直接的效应则是会激发低碳产品的生产和购买。另一方面，企业为了能够加强自身的竞争力，赢取利润，会大力开发引进先进的低碳技术，促进低碳产品的生产，“低碳产品提供的效用包含了两大功能因素：使用性能及其超越使用性能而与环境相关的性能”[4]，为促进低碳产品的销售，使消费者对低碳产品的环保属性具有购买意愿，企业会加强低碳文化的宣传，又促进了低碳理念的扩散。同时，国家出于社会发展和经济转型以及应对环境危机的考虑，会鼓励动员民众实行低碳生活方式的转型。这些都将会推动低碳产品的生产和消费。

第三，低碳理念扩散促进生态伦理意识的强化。低碳理念的实质是为了人类的可持续发展，而其所包容的“环保”“绿色”观和生态伦理更加相似。虽然中国古代就拥有丰富的生态伦理思想，例如中国“天人合一”哲学、“人与天地万物一体”思想，但是随着近代生活消费的观念改变，人们逐渐被扭曲甚至抛弃了这种人与自然和谐发展的思想，不断从自然掠夺和对自然造成危害。低碳理念的扩散重新唤醒了人们的生态伦理意识，并使其得到强化。人们在遭遇自然的“报复后”，急切地想改变现状，而最好的途径便是尊重和保护自然，加强与自然的平衡发展，现代生态伦理和低碳理念在人与自然和谐共生方面具有相通之处。

第四，低碳理念扩散促进相关制度、政策的完善。构建低碳社会，需要为低碳社会的建构立法，建立低碳减排制度，加快建立相配套的法规和政策体系，确立碳排放监管体制，规范碳排放行为，形成奖励补偿机制，同时加强生态保护和环境治理，加快建设资源节约型、环境友好型社会。国家相关政策的颁布和实施从本质上体现了低碳理念的适应性和需求性。随着人们对低碳理念的接受和深入理解，我国相关制度政策将会不断被完善。

参考文献

[1] 邹铁军．两种不同哲学上的“实践”与“效果”［J］．吉林大学社会科学学报，1980（3）：61－67.
[2] 陈寿朋．生态文化建设论［M］．北京：中央文献出版社，2007：270.
[3] Zhang Xingping，Cheng Xiaomei. Energy consumption，carbon emissions，and economic growth in China［J］．Ecological Economics，2009（68）：2706－2712.
[4] 庞晶，李文东．低碳消费偏好与低碳产品需求分析［J］．中国人口资源与环境，2011，21（9）：76－80.

社会－技术系统视野下的电子健康技术与创新研究

孙启贵　方本新

（中国科学技术大学科技哲学部　安徽 合肥　2300262；中国科学技术大学公共事务学院　安徽 合肥　230026）

摘　要：由于电子健康创新与发展的实践需要，电子健康的社会研究备受关注。运用社会－技术系统的多层分析框架，分析和探讨了影响电子健康创新与发展的复杂因素以及电子健康与社会的关系问题，认为电子健康系统的推广、应用与创新不只是信息技术向健康领域扩散的简单线性过程，而是动态的复杂的非线性过程即技术与社会活动的协同演化过程，除技术因素之外，更应当关注用户、组织、制度乃至更广泛的异质性社会因素与非技术问题。

关键词：电子健康；小生境；社会－技术域；社会－技术地景

随着信息技术产业化和现代服务业的发展，以信息通讯技术为主要技术支撑的现代服务业正从一般商务向人口与健康等公共领域拓展。近年来，一种崭新的现代服务业和社会发展方式——电子健康——在欧美发达国家兴起并快速发展，成为发达国家医疗保健系统的重要组成部分。世界卫生组织成员国于2006年发起并达成了一个建立电子健康的发展规划，旨在通过相互合作，促进电子健康的发展，尤其是电子健康的标准建设。我国政府十分重视电子健康体系建设，将其作为“基于下一代信息网络的现代服务体系（e-service）”的五大重点内容之一，列入国家“863计划”。

在这一背景下，电子健康技术与创新的研究，成为学界关注的新兴领域。对电子健康技术与创新的研究大致可以分为两大类：一是技术层面，主要是电子健康的系统构成与架构、系统实现、科学技术支撑体系等；二是制度层面，主要是组织管理、运行机制、标准制定以及法律法规等。此外，也有一些关于电子健康在不同领域的应用研究。本文在已有研究的基础上，拟运用社会－技术系统的多层分析框架，将电子健康系统看作由小生境（niche）、域（regime）和地景（landscape）三层构成，并从不同层次分析和探讨电子健康创新与社会的关系问题及其影响因素，为我国政府有效推进电子健康系统建设提供理论支持与政策建议。

一、电子健康的社会－技术系统模型

简而言之，所谓电子健康，是指信息与通信技术（ICT）在健康领域的全方位应用，满足所有居民健康需求的有效手段[1]。从根本上看，电子健康是一种动态的复杂的社会－技术工程。其创新和发展必然涉及多样化的发起者和行动者[2]。受到经济、技术、组织和社会－文化等多重因素的影响和制约，各种因素之间相互交织、相互联结和相互作用，共同构成了电子健康的社会－技术系统。技术的社会功能是由社会－技术系统内的基础设施、技术、组织、用户、制度、文化等的一系列要素的互动和协同而实现的。

为了清晰地解构电子健康系统与社会的关系问题，本文基于技术社会学领域的研究成果，将电子健康的社会－技术系统分为三个层次，即由小生境（niche）、域（regime）和地景（landscape）构成，如图1所示。

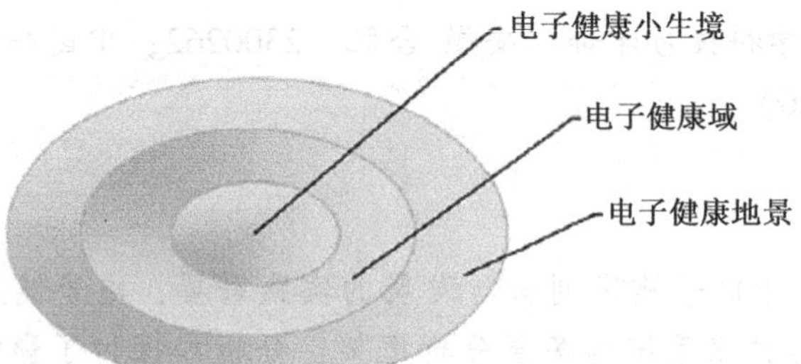

图1　电子健康的三个层次

1. 电子健康小生境

在技术演化过程中，学者们发现存在类似于生物学中的“小生境”现象。技术小生境位于核心或微观层次，是指通过试验为有前景的技术发展和使用提供一个短暂的保护空间，在这个当地性孵化空间里，能够进一步了解新技术的属性，扩展新技术的应用范围，通过有关行动者之间的协同使新技术获得发展和成长的机会，逐步走向成熟[3]。电子健康作为一种新型技术，首先应在“小生境”中获得发展。小生境对电子健康的技术与创新同样十分重要，一方面，它能够提供技术学习（如干中学、用中学和互动中学）的场所；另一方面，它能提供构建保护创新的社会网络如供应链和用户－生产者之间的关系，避免主流市场选择[4]和其他各种制度的压力。

2. 电子健康的社会－技术域

纳尔逊和温特于1977年提出了“技术域”[5]概念。所谓技术域，是指技术的认知结构和参与其中的个人和组织群体结构[6]。但是，该方法过多关注问题解决活动的认知层面，而较少注意认知与在某些方向促进技术问题解决的经济和其他社会因素之间的互动。为了弥补技术域概念的局限性，技术社会学家比克（Bijker W. E.）于1995年提出了社会－技术综合体[7]（socio-technical ensemble）概念，强调科学家、政策制定者、用户和特殊利益集团在技术发展模式上的贡献，从而扩展了“技术域”对技术发展模式的解释。在此基础上提出的社会－技术域概念由于包容了广泛的社会共同体及其相应活动，因而比技术域具有更广泛的解释力。就电子健康而言，社会－技术域大体上，可划分为五个维度的要素：技术、科学、用户或市场、政策和社会文化等，而所有这些要素都附着在不同的社会群体并嵌入在制度和规则之中[8]。

3. 电子健康的社会－技术地景

“地景”位于外围或宏观层次，形成了一种超越小生境和域层面行动者直接影响的外在环境，由广泛的一系列缓慢变化的异质性要素组成，如石油价格、经济增长、战争、移民、政治联盟、文化价值和行为规范以及环境、健康问题等[9]。对于电子健康来说，可以将其具体归入以下几个维度：宏观经济、基础设施、知识、制度和深层的文化模式等。社会－技术地景是行动者互动的外围结构和情境（context），与更广泛的技术外在因素有关。它的变化通常比“域”的变化更加困难和缓慢。

二、电子健康技术与创新的社会建构

电子健康虽然有助于改进医疗保健和健康服务的质量，提高医疗保健系统的效率与效益，但电子健康由研究向实践的转译（translation）过程并不会自动发生，需要与整个医疗保健系统、信息与通信基础设施、包括病人在内的用户需求、医疗保健行业、企业投资以及政府政策等的全面整合和协同，才能最终实现电子健康的功能。

从社会－技术地景方面分析，电子健康和其他技术系统一样，总是在一定的社会－技术环境中得以兴起与发展（见图2）。从基础设施看，催生电子健康发展的一个基本条件是互联网及其相关数字技术的使用和普及，且快速成为人们的基本生活方式。同时，大量的现代医院需要配备连接门诊、专业科室、护理等计算机管理网络。

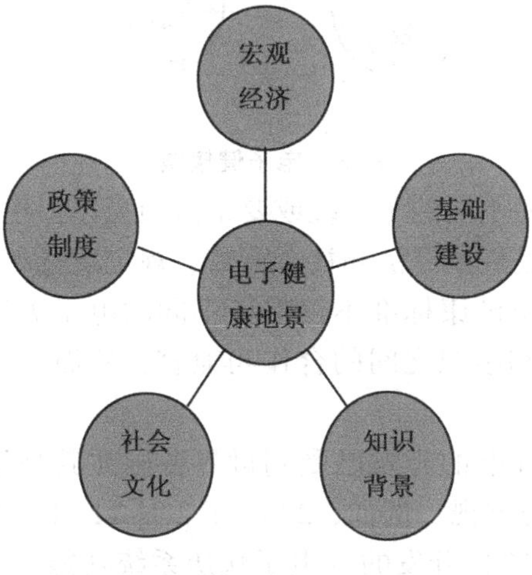

图2　电子健康地景

从制度上看，大量研究表明，世界各国现有的医疗保健系统存在许多不足，公众普遍担忧医疗保健的质量和安全，如误诊、误治、慢性病患者并发症发病率增加、医院对药物副作用的管理、可预防的传染病爆发如SARS等。

从科学的眼光看，近年来，现代生物学创新日益需要计算机科学的支撑和大型计算机的协助，人类基因组工程、计算生物学和生物信息学的兴起就是极好的例证。

从宏观经济看，世界各国均面临为国民提供全方位健康服务的资金压力。大体上说，主要表现在以下几个方面：首先，人口老龄化、期望寿命的增加、慢性和急性病患者生活的改善，以及诊疗和健康服务的多样化选择要求等因素的结合势必增加医疗保健负担；其次，医疗保健业的高薪和公众对快速提供以病人为中心的高质量健康服务的期望势必增加医疗保健服务和规划的开支；最后，由于制度缺陷和人性弱点引起的本可以避免的患病、死亡势必导致医疗费用增加。

可见，从社会－技术地景看，电子健康的创新与发展是解决医疗保健问题、降低成本，提升医疗保健体系的安全性、质量和效率，满足公众健康需求的重要手段之一。事实上，所有这些正是电子健康技术的核心战略目标。

就电子健康的社会－技术域来说，电子健康是一种新型的医疗保健模式，必然受到现有的社会－技术域的制约和阻碍。社会－技术域包括技术域、用户或市场需求域、科学域、社会－文化域和政策域等多个维度（见图3）。

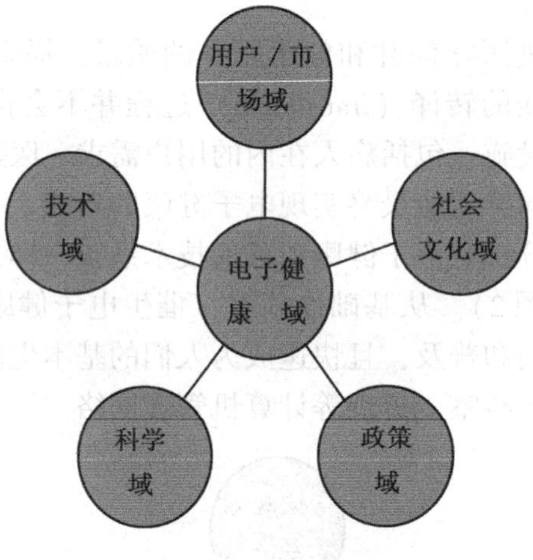

图3 电子健康域

首先，从技术域看，要使不同的子系统或要素协同工作，建立和发展清晰的电子健康技术标准至关重要。技术标准是规范经济和社会行为、规定质量和安全需要以及保证系统兼容性的重要技术工具之一。电子健康标准不仅保证不同的电子健康子系统之间的协同和互用性，而且加强不同组织内部和组织之间的合作与兼容，从而加速信息技术向健康领域的转移。

实际上，电子健康技术标准的开发已受到世界各国尤其是发达国家的政府、私人部门（包括营利和非营利组织）的重视。例如，2007 年 2 月 21 日，美国医疗信息交换标准组织（Health Level Seven，简称 HL7）开发的《电子病历系统功能（ANSI/HL7EHR）》获得美国国家标准局（ANSI）正式批准，成为世界上第一个关于“电子健康记录（EHR）”的国家标准。专家们普遍认为，该标准的施行和推广对电子健康记录乃至电子健康系统的开发与应用具有里程碑的意义[10]。

但是，目前尚未形成国际统一的电子健康技术标准。电子健康的标准化过程、程序和可操作性还相当混乱，势必制约和阻碍电子健康技术的发展和应用。有必要考虑遵从透明、开放、公正和公平、一致、有效、关联和协调等基本原则，加速电子健康的标准化进程。

第二，从用户或市场需求看，用户是电子健康创新的关键。互联网和手机的普及是电子健康系统的基础条件，但是电子健康的真正发展和应用从根本上取决于用户需要或市场需求。只有赢得用户如医生和病人的认可，电子健康才可能真正实现技术扩散。

由于电子健康可以改进病人的自我管理，因此无论医生还是病人都愿意接受和支持电子健康的应用。但有研究报告指出，电子健康记录技术遵从 50 年的采纳曲线[11]。这就是说，电子健康记录技术被医生采纳需要经历一个相当长的过程。要想促进电子健康技术的应用，就必须消除医生和用户对保密、医患关系的变化、祛人化、信息技术使用过度等方面的担心。

第三，从科学域看，电子健康是一个新型的跨学科领域，既涉及计算机科学、电子科学、生物信息学、流行病学、医药科学等自然科学的发展，也取决于经济学、管理学、社会学、社会人类学、社会心理学、伦理学、法学、教育科学、决策科学以及政策研究等社会科学的发展。诸多异质性学科的进步及其整合和交叉是电子健康创新的基本驱动力。从科学发展看，电子健康研究还处在初步阶段，机遇与挑战并存，依然充满潜在的风险。例如，电子健康可能危及病人隐私、增强医疗保健的不平等、导致病人偏离有效治疗、加深数字鸿沟等。

第四，从社会－文化域看，尽管健康领域的 IT 创新已经持续了 40 多年[12]，但电子健康技术的扩散速度相当缓慢，其根本原因则是传统社会－文化域的惯性和阻碍。

美国的电子健康之所以不如欧洲发达，其原因不在于技术因素，而在于作为社会因素的美国健康系统和组织相对分散。分散的健康系统内的组织之间的竞争压力，使得它们之间的相互协调相当困难，难以接受统一标准。生物医疗文化通常将信息技术看成对生物医学活动起外部支撑和辅助作用，而不是将信息技术看成医疗保健的战略资产。IT 界精英虽然看到了信息技术转变医疗保健模式的投资机会，但通常未将电子健康纳入日常的战略规划之中。

第五，从政策域看，鉴于电子健康投资巨大、涉及范围很广，政策支持和政府主导是成功的保证。由于电子健康系统具有准公共物品特征，世界各国尤其是发达国家已经制定了促进和加速电子健康创新的各种政策措施，迎接医疗保健系统以及电子健康应用和发展的各种挑战。首先，政府理应加强信息基础设施建设，界定和提升数据共享的标准治理，确保健康信息网络的兼容性；同时需要采取各种政策措施，如免税和补贴等吸引企业投资。其次，政府需要对各类行动者实行分类管理，促进政府、公司、医院、非营利组织以及其他公共和私人参与者的协同与合作，加强对健康从业者和用户的教育和培训，使他们有能力操作、管理和运用各类健康信息。再次，政府作为关键行动者有责任和能力协调医疗保健行业、IT 企业、非营利组织、医生和居民等其他行动者，使电子健康系统与各类行动者之间实现互操作和协同配合。最后，针对公众对隐私和保密的担心，除了采取技术手段外，还需要加强法律法规建设，如保密法等。

电子健康的进一步发展，使电子健康的潜力和目标在实践中得以实现和证明，电子健康的小生境创新也尤为重要。而医院和诊所则是电子健康创新的微观小生境。例如，美国一家为医院开发技术系统的专业公司 TLC（The Learning Clinic）发明了一种可以识别和记录重病患者症候的软件 VitalPAC，以便于医务人员在病情恶化的情况下及时采取行动。由于 VitalPAC 系统能够全天候提醒医务人员，提供建议和信息，实现病人病情恶化的早期认知，因此，VitalPAC 的使用能够持续地改进病人特别是重症病人的护理，进而节省人力资源，节约资金成本，提高医护效率和病人的安全性。该产品已经成功地应用到英国国民健康保健系统信托基金什鲁斯伯里和泰尔福特医院（Shrewsbury and Telford Hospital NHS Trust），大大提高了重病患者的安全性，降低了死亡率[13]。该产品的成功主要是供应商（TLC）与用户如医院之间的协同和合作的结果。

VitalPAC 系统只是医院小生境电子健康应用的一个例子。事实上，大量的小生境创新积累到一定的程度，才能突破社会－技术域的制约和束缚，实现从传统模式向新型电子健康系统的转型。当然，实际的转型和演化并非一定要等到小生境创新积蓄到某种程度才开始社会－技术域的转变，而是小生境、域和地景三个层次同时展开的协同演化过程。

三、建立健全电子健康系统的政策建议

世界各国的医疗保健均面临诸如资金、人力资源以及健康服务的质量、效率、覆盖范围等方面的挑战和压力，电子健康技术的创新和发展被认为是解决这些问题的重要方法之一，世界各国尤其是发达国家已高度重视它的创新和发展。

电子健康技术的创新和发展需要政府、医疗保健行业、医生、用户、非营利组织等各类行动者的合作和协同，形成动态的社会－技术的“无缝之网”。换句话说，电子健康发展决不仅仅是信息技术向健康领域扩散的简单线性过程，而是动态的复杂的非线性过程即技术与社会活动的协同演化过程。电子健康的创新与应用不只是一个技术问题，更重要的是需要特别关注用户、组织、文化乃至更广泛的异质性社会因素与非技术问题。即使技术标准本身的形成与发展也必然涉及经济、社会、组织和文化等因素以及这些因素在更广泛的社会－技术情境下的互动（见图4）。

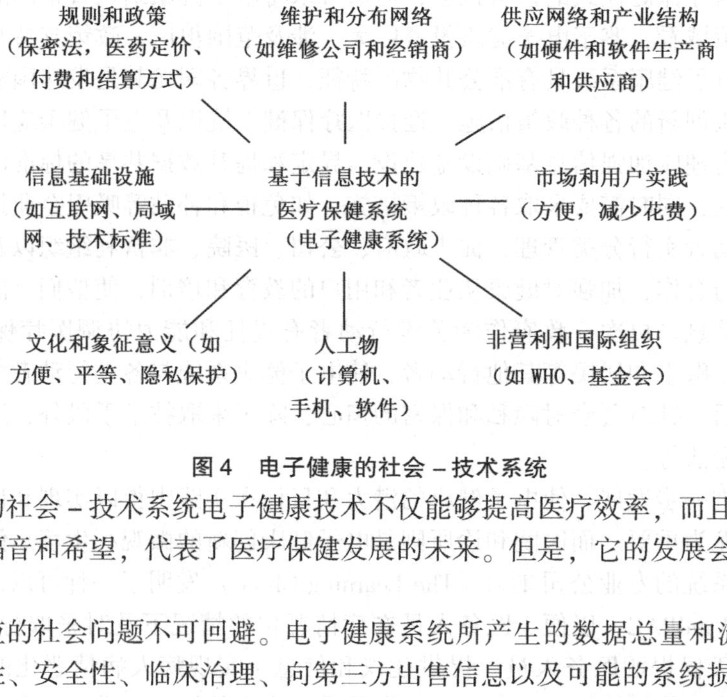

图4　电子健康的社会－技术系统

电子健康的社会－技术系统电子健康技术不仅能够提高医疗效率，而且为更多疑难杂症的治疗带来了福音和希望，代表了医疗保健发展的未来。但是，它的发展会面临许多问题与挑战。

首先，相应的社会问题不可回避。电子健康系统所产生的数据总量和流量的大量增加，将引发与保密性、安全性、临床治理、向第三方出售信息以及可能的系统损坏相关的一系列风险；风险的产生还源于电子健康从政策向实践转译的困难，以及新技术应用有可能产生难以预料且与用户利益相悖的负面效应[15]。

其次，组织问题需要关注。电子健康创新不是在真空中被设计、发展和应用的，因此，组织问题理应与技术问题一样受到足够重视[16]。健康信息系统的互操作性需要组织之间的合作，加强电子健康的组织管理对政策、实践和研究都具有重要的意义。

再次，用户认可和使用至关重要。包括病人在内的医疗保健用户的认可、接受和使用是评价电子健康创新是否成功的最终标准。协调用户与供应商等其他各类行动者之间的合作，

不仅能够促进电子健康技术的创新，更重要的，它是创新应用的成功保证。

考虑到中国人口众多、地域和贫富差距较大、有效的医疗保险系统尚未建立等方面的特殊性和复杂性，要在短时间内建立一个为全体国民所享有的优质的、可支付的、平等的电子健康服务系统，必然面临比发达国家更大的挑战和困难。令人欣喜的是，我国政府已经认识并着手处理这些棘手的问题。为弥补现行医疗保健系统的缺陷，我国正在积极改革现行的医疗保健体系，从而建立与中国独特的社会文化相适应的新型医疗保健服务系统。在这个背景下，有充分理由相信，积极推进电子健康技术与创新，必然有助于改进或解决医疗保健的质量、成本、效率与安全等问题。

（特别感谢英国约克大学社会学系主任安德鲁·韦伯斯特（Andrew Webster）教授和中国科学技术大学科技哲学部主任徐飞教授的指导和帮助。）

参考文献

[1] [15] Silber D. The Case for E-health [C] //Ilias Iakovidis, Petra Wilson, Jean Claude. Current Situations and Examples of Implemented and Beneficial E-health Applications. Amsterdam: IOS Press, 2004.

[2] Law J. Technology and Heterogeneous Engineering: The Case of Portuguese Expansion [G] //Bijker W E, Hughes T P, Pinch T. The Social Construction of Technological Systems: New Directions in the Sociology and History of Technology. Cambridge, Massachusetts: The MIT Press, 1987: 111 - 134.

[3] Kemp R, Schot J, Hoogma R. Regime Shifts to Sustainability Through Processes of Niche Formation: the Approach of Strategic Niche Management [J]. Technology Analysis and Strategic Management, 1998, 10 (2): 175 - 195.

[4] Schot J W. The Usefulness of Evolutionary Models for Explaining Innovation: The Case of the Netherlands in the Nineteenth Century [J]. History of Technology, 1998 (14): 173 - 200.

[5] Nelson R, Winter S. In Search of Useful Theory Innovation [J]. Research Policy, 1977, 6: 36 - 76.

[6] Nelson R R. The Co-evolution of Technology, Industrial Structure, and Supporting Institutions [J]. Industrial And Corporate Change, 1994 (3): 47 - 63.

[7] Bijker W E. Of Bicycles, Bakelites, and Bulbs: Toward a Theory of Socio-technical Change [M]. Cambridge, MA: The MIT Press, 1995.

[8] Berkhout F, Smith A, Stirling A. Socio-Technological Regimes and Transition Contexts [J]. SPRU, Working Paper, 2003 (3): 48 - 75.

[9] Geels F W. Technological Transitions as Evolutionary Reconfiguration Processes: a Multilevel Perspective and A Case-study [J]. Research Policy, 2002, 31 (8/9): 1257 - 1274.

[10] 刘丹红，等. 解析世界首个电子病历国家标准 [EB/OL]. [2009 - 01 - 09]. http: //www.52mi.cn/html/bzgf/ef7974a527bab36f/.

[11] The Lewin Group. Health Information Technology Leadership Panel Final Report [R/OL]. http: //www.hhs.gov/healthit/HITFinalReport.pdf.

[12] Shortliffe E H. Strategic Action in Health Information Technology: Why the Obvious has Taken so Long [J]. Health Affairs, 2005 (24): 1222 - 1233.

[13] E-health insider. Safety first: Vital PAC Helps Hospital Staff to Measure Vital Signs [EB/OL]. http: //www.e-health-insider.com/case_ studies/safety_ first: vitalpac_ helps_ hospital'DF_ staff to measure vital signs.

[14] Webster A. Health, Technology and Society: A Sociological Critique [M]. Basingstoke: Palgrave Macmillan, 2007.

[16] Gerst M，et al. Social Shaping &Standardization：a Case Study From Auto Industry [C]. The 38th Hawaii International Conference on System Sciences，2005.

（本文原载于《自然辩证法研究》2012 年第 1 期）

新一代高清视频技术的社会建构

韩连庆
(北京航空航天大学人文社会科学学院　北京　100191)

摘　要：以新一代高清视频格式蓝光BD和HD DVD的竞争为例，阐述了技术的发展路径是多元的，是由技术标准和社会标准共同决定的，究竟选取哪一种技术，取决于占主导的利益集团。历史上形成的既得利益集团会继续控制新的技术和市场，从而加速技术、市场和社会的分裂。

关键词：蓝光BD；HD DVD；技术决定论；社会决定论

一、蓝光BD和HD DVD之争

2008年2月19日，日本东芝公司宣布放弃下一代高清视频格式HD DVD（High Definition DVD），由此宣告了以东芝为首的HD DVD联盟的解体，以索尼为首的蓝光BD（Blu-ray Disc）联盟取得了胜利。持续7年之久的"新一代高清DVD格式"之争暂告一段落。

东芝公司在致媒体的新闻稿中说："东芝公司今天宣布，经过深入评估HD DVD业务的整体策略后，决定不再继续开发、生产和销售HD DVD播放机和录影机。这是根据最近市场上所发生的重要变化而作出的决定。不过，东芝将继续为HD DVD产品的所有用户提供全面的产品支援和售后服务。"[1]

东芝公司认为，好莱坞电影巨头华纳公司在2008年1月4日突然宣布投奔蓝光阵营，从而引发业界连锁反应，纷纷倒戈，北美众多零售商也拒绝销售HD DVD播放机，由此从实质上奠定了蓝光BD格式的最终胜局。东芝公司表示，这一"市场的变化"是造成东芝退出的主要原因。

华纳公司拥有6600多部电影、5万集电视剧的版权，是好莱坞电影公司中拥有版权数量最多的公司。2004年，当东芝公司推出第一台HD DVD播放机之后，华纳公司曾与派拉蒙、环球、新线、HBO等好莱坞片商共同支持HD DVD格式，为HD DVD提供了75%的片源。华纳公司的立场对HD DVD的成败有着举足轻重的作用。

DVD技术采用的是波长650nm（纳米）的红色激光。目前单面单层的DVD存储容量为4.5G左右，这也就是俗称的"D5"，清晰度可达480P（P意为逐行扫描）；单面双层的DVD存储容量为7G左右，这也就是俗称的"D9"，清晰度最高可达720P。东芝开发的HD DVD依然是基于红色激光的技术，因此它属于一种连续性创新（continuous technological innovation，CTI）的技术。HD DVD 光盘单面单层的容量是 15G，单面双层的容量是 30G。HD DVD 注重了与现有 DVD 的兼容性，生产厂家只需修改激光头和控制芯片，就可以用现有生产 DVD 的设备生产 HD DVD，大大降低了从 DVD 向下一代高清 DVD 过渡的成本，加快了新技术转换的步伐。

索尼开发的蓝光 BD 采用的是波长 405nm 的蓝紫色激光，光盘结构不同于传统的 DVD 光盘，脱离了 DVD 的技术路径，属于不连续技术创新（discontinuous technological innovation，DTI）或中断性的技术。蓝光 BD 的光盘单面单层的容量是 25G，单面双层的容量是 50G。蓝光 BD 作为一种中断性的技术，会改变原有的产业布局，使市场重新洗牌。

与蓝光 BD 相比，HD DVD 的优势是播放机和光盘的售价都比较低。虽然 HD DVD 光盘的容量不如蓝光 BD，但是在高效率的解码技术的帮助下，HD DVD 和蓝光 BD 都能达到 1080P（画面分辨率 1920×1080，也就是目前液晶电视的分辨率）的清晰 35 度。HD DVD 和蓝光 BD 是两种不能兼容的格式，这就是说，HD DVD 的播放机无法播放蓝光 BD 的光盘，而蓝光 BD 的播放机也无法播放 HD DVD 的光盘。

二、东芝为什么会输？

21 世纪初，当 DVD 技术已经成熟、市场逐渐趋于饱和时，关于新一代高清视频格式的标准问题就提到议事日程之上。

2002 年 2 月 19 日，以索尼公司为首，联合松下、三星、飞利浦等全球九大电子企业，宣布开发蓝光 BD 技术，作为下一代高清 DVD 的技术标准。8 月 29 日，东芝和 NEC 提出将 HD DVD 作为下一代光盘格式的标准。蓝光 BD 和 HD DVD 之争由此拉开了序幕。

由于下一代高清 DVD 技术涉及播放机、电脑驱动器以及音乐、电影、游戏等相关产业，具有巨大的商业利润，全球各大电子企业、电影公司和音乐集团纷纷参与了蓝光 BD 和 HD DVD 标准的角逐。

最初，派拉蒙、环球、华纳兄弟、新线、HBO、微软和英特尔等商家宣布支持 HD DVD，而迪斯尼、狮门、环球音乐集团、三菱电机、惠普、戴尔等厂商则宣布支持蓝光 BD。不久，派拉蒙、惠普又宣布同时支持蓝光 BD 和 HD DVD 这两种格式。

2005 年 3 月，索尼希望两大格式能够统一，和东芝就单一格式的可能性进行谈判。当时提出了两种合并方案。一种是 HD DVD 用于 ROM 光盘，而蓝光 BD 用于影碟机，这属于一种"分赃"方案；另一种是如果无法在物理格式上达成共识，就在高层协议和光盘交互层上寻求共同点。由于两大利益集团谁也不肯让步，不愿意放弃下一代 DVD 技术所带的巨额利润，最终谈判没有成功。

2006 年 3 月，东芝发布全球首款 HD DVD 播放机，日本市场售价 11 万日元（当时折合 936 美元）。同年 11 月，索尼在推出的 PlayStation 3 家用游戏机上内嵌了蓝光播放机，这实际上就是第一台蓝光播放机。

2007 年 4 月，HD DVD 播放机在北美的销售量突破 10 万台。微软在 Xbox 360 主机上也提供了 HD DVD 外置光驱。在与蓝光 BD 的竞争中，HD DVD 似乎略胜一筹，导致派拉蒙和梦工厂放弃支持蓝光 BD，改投 HD DVD 阵营。

2007 年底，HD DVD 开始大幅降价，售价降到 299 美元，而蓝光播放机的售价是 600 美元。HD DVD 凭借自己的价格优势和广告宣传，得到了零售商的响应。

但是，市场风云变幻莫测。2008 年 1 月，华纳公司宣布不再支持 HD DVD。2 月，东芝公司宣布不再继续开发和生产 HD DVD。

华纳公司在放弃支持东芝的 HD DVD、转而支持蓝光 BD 之后，华纳高层依然认为，HD DVD 是一种适用的技术方案，东芝的失败不是技术上的原因，而是没有建立较好的技术统一战线。蓝光 BD 阵营除了以索尼为主导外，还联合了全球九大电子产业巨头，而 HD DVD 阵营基本上是东芝在单打独斗。

技术统一战线的背后是商业利益的布局和市场营销的竞争。蓝光 BD 的阵营中有飞利浦，而飞利浦在欧洲有巨大的市场，这实际上就使蓝光 BD 阵营占据了欧洲市场。

高清播放技术是一个巨大的产业链，内容生产商、硬件生产商、零售商、软件供应商等上下游势力都参与角逐，而片源的争夺才是决定下一代 DVD 的关键。

高清播放机主要用来播放高清电影，而市面上流行的电影主要是美国好莱坞的电影。因此，虽然蓝光 BD 技术是以索尼为首的阵营开发的，HD DVD 是以东芝为首的阵营开发的，但是究竟选择哪一种技术却是好莱坞说了算，尽管好莱坞没有贡献任何技术，只是内容提供商。

索尼早在 20 世纪 90 年代就收购了处于亏损中的好莱坞哥伦比亚公司，参与制作和发行电影。当时索尼的做法很让人费解。从事后的角度来看，索尼当初的用意似乎不仅仅在于制造和发行电影，而是为了“卧底”好莱坞，推广它的蓝光计划。

2005 年，霍华德·斯丁格（Howard Stringer）出任索尼公司的首席执行官，这是索尼历史上第一个非日本人的首席执行官。他上任之后就提出了索尼要把娱乐、电子和游戏等业务协同发展的战略。索尼作出了一个大胆的决定，将蓝光播放机内置于它的 PlayStation 3 游戏机中。索尼认为，将蓝光播放机内置于 PlayStation 3，有助于消费者接受和认同蓝光技术，同时也向消费者提供购买蓝光播放机的便宜方法。

索尼认为，蓝光 BD 是一种更好和更先进的技术，有着更大的存储容量，迟早会被市场所接受。索尼借助斯丁格的个人关系在好莱坞展开游说，以期获得他们的支持。索尼先是与迪斯尼和福克斯签署了销售协议，随后又联合狮门公司收购了米高梅公司，后来又跟华纳公司接触，向购买 PlayStation 3 的消费者免费赠送这些电影公司出品的蓝光电影光盘。这些举动终于得到了华纳公司的青睐，使华纳公司放弃了东芝的 HD DVD 格式，转投索尼的蓝光 BD 阵营。

东芝宣布放弃 HD DVD 格式之后，市场上已经销售了 130 万台 HD DVD 播放机。东芝承诺继续为 HD DVD 用户提供产品支援和售后服务。索尼为此采取了新的营销策略，HD DVD 的用户可以用换购的方式购买蓝光播放机，以此进一步普及蓝光。这些措施使蓝光 BD 的发展速度超过了当年的 DVD。仅在美国就有上千万的家庭拥有了蓝光播放机，蓝光光盘的销售量也达数千万张。东芝 HD DVD 的失败也有技术上的原因，那就是 HD DVD 的核心加密技术 AACS 早在 2006 年就被黑客破解。这就意味着可以把 HD DVD 光盘上的电影拷贝在电脑和空白盘上，同时也就为盗版打开了方便之门，这也是好莱坞迅速倒戈的一个原因。索尼自诩蓝光 BD 加密技术的安全性是东芝 HD DVD 加密技术的四倍，但随后不久也被黑客破解。

三、技术标准和社会标准

美国哲学家芬伯格（Andrew Feenberg）在《技术批判理论》（Transforming Technology）中曾提出“两种类型的工具化”理论，也就是“初级工具化”和“次级工具化”。

芬伯格认为，“初级工具化是面向现实的技术倾向，海德格尔将它看作是一种技术的‘揭示方式’。然而……技术不仅包含一种倾向，而且还是在世界中的一种行为，这种行为完全是以社会为条件的。”[2]这就需要技术的次级工具化。

所谓“次级工具化”，就是将技术置于社会情境中来考察，由此发现影响技术发展和发挥作用的条件。因此，“次级工具化位于技术行为和其他行为体系的交叉处，只要技术是一种社会事业，它就与这些其他的行为体系密不可分。”[3]技术的完整定义必须包含次级工具化。

基于高清视频这种“揭示方式”的需求，可以由蓝光BD和HD DVD来实现。这属于技术的物理属性，也就是技术的初级工具化。

但是播放机和光盘只是一种介质，它们是用来播放和储存电影的，因此片源问题非常关键。市面上流行的大部分电影都是美国好莱坞生产的，版权在它们手中。究竟使用哪种技术，很大程度是由好莱坞决定的，这就是技术的次级工具化。东芝的HD DVD在竞争中不是败在初级工具化上，而是败在次级工具化上。

如果看不到技术的次级工具化，仅仅从初级工具化的角度来认识技术，就会落入技术决定论的窠臼。芬伯格认为，所谓的“技术决定论”建立在以下两种论点的基础上：

“1. 技术进步的模式已经固定，技术进步在所有的社会中都按照唯一和相同的道路发展。尽管政治、文化和其他因素能够影响变化的速度，但是它们不能改变发展的一般道路，这反映了发现的自主的逻辑。

“2. 社会组织必须在发展的每一个阶段上，根据技术‘律令’的需要来适用技术的进步。这种适应执行了一种潜在的技术必然性。”[4]

从这种“技术决定论”的角度来看，技术的发展是自主的，技术决定了社会的组织和结构。从一方面来说，技术决定论是对的。从录像带、VCD、DVD再到现在的蓝光，人类对高清视频的要求越来越高，视频技术的发展确实好像变得自主了。不管是HDDVD还是蓝光BD，都是为了满足对高清晰度视频的要求。

另外，技术决定论看到了技术绝不是中性的。一种新的技术表面上看来似乎是中立性的工具，但它的实际后果会使经济结构重整，技术企业越来越集团化。

中国是世界上最庞大的DVD生产厂家，拥有世界上80%的DVD生产线。蓝光BD胜出之后，就淘汰了中国现有的DVD播放机和光盘生产企业，使市场重新洗牌。

决定论的错误在于没有看到，对于每一项需求，都可以由不同的技术来实现。换句话说，技术的发展路径是多元的，它是一个社会斗争的舞台，“技术发展是由进步的技术标准和社会标准完全决定的，因此技术发展可以沿着许多不同的方向进行，这要取决于占主导的霸权”[5]。

从录像带到蓝光，每一个视频格式实际上都是可以由不同的技术来实现的，但最终却都要由好莱坞来决定。好莱坞站在谁的一边，谁就成了占主导的霸权，就能够左右技术的发展，获得丰厚的利润。这就是说，“只有在技术的决定因素和社会的决定因素的交叉处，某一种具体技术才能获得它的特性，并且从可利用的技术资源所实现的大范围的可能性中选择出来”[6]。

四、知识产权加深社会分裂

从这种非决定论或社会决定论的观点出发，很容易得出技术是社会建构的结论。但是，正如美国学者克莱曼（Daniel Lee Kleinman）在《科学技术在社会中——从生物技术到互联网》（Science and Technology in Society：From Biotechnology to the Internet）中所说的那样：

“我不同于那些只注意建构过程本身的人，也就是那些研究诸如性别、种族或科学是怎样在 X 面上构成社会的人们。我相信这项工作是重要的；但我们的社会是稳定的也是实际情况。这个世界在任何给定的时间点上已经建立的特征，也就是那些沿时间尺度已经构成的因素，规定了行动者面临的机会和限制。它们塑造了行动者的实践，塑造了社会斗争的后果以及政治体制和纲领。”[7]

换句话说，克莱曼并不想用社会决定论代替技术决定论，而是要寻找“我们的社会性世界中的这些相对稳定的特征是怎样塑造技术科学领域的实践、斗争、政治体制和纲领的”[8]。从克莱曼的这种观点出发，我们会看到，中国企业在 VCD、DVD 时代没有自主知识产权，虽然中国拥有庞大的市场，但中国企业只能成为国外的加工厂，赚取微薄的利润。像索尼、飞利浦这些电子产业巨头，凭借知识产权和建立联盟，建构起了视频市场领域的权力结构。这种历史上建立起来的权力结构对蓝光技术的发展和谁从蓝光技术中受益具有塑造作用。

2001 年，飞利浦、索尼和 LG 结成了所谓的“3C”联盟，向中国制造 DVD 的企业强制收取每台机器 3.5 美元的专利费。随后，日立、松下、JVC、三菱、IBM 和时代华纳又结成了所谓的“6C”联盟，向中国制造 DVD 的企业强制收取每台机器 4 美元的专利费。这就使得专利费占到了生产成本的 15%，仅在 2004 年就导致深圳近 30 家 DVD 企业倒闭。

这次索尼的蓝光 BD 和东芝的 HD DVD 之争，实际上仅仅是历史上建立起来的这些利益集团内部的争斗。东芝宣布放弃 HD DVD 之后，马上就加入了蓝光阵营，开始生产蓝光播放机和驱动器。一旦内部斗争结束，它们肯定还会如法炮制，对付中国企业。在蓝光时代，中国如果没有知识产权，还将重蹈 VCD、DVD 时代的覆辙。这就像克莱曼说的那样：“知识产权的问题正在产生和加深新的社会分裂，使有些人更有权力，而另一些人则受到孤立并失去原有的权力。”[9]

克莱曼认为，“技术发展的轨迹确实在很大程度上取决于社会斗争，也取决于斗争中的现存的社会组织和力量，尽管如此，偶然性有时真的会产生意外的结果。在这种斗争中，次要的参与者总是有机会塑造历史的。”[10]这种“偶然性”或“次要的参与者”的说法类似于芬伯格所说的“机动的边缘”（margin of maneuver）：“边缘中的行为有时以在更高水平上重新构造统治的方式、有时以削弱统治的控制的方式可以再次合并到战略中。”[11]

在索尼和东芝争夺新一代高清视频的标准时，中国企业为了避免重蹈 DVD 时代的覆辙，曾经先后提出了 EVD、HVD、HDV 等各种标准。在这些不同的标准格式中，由于 EVD 具有 7 项国家专利和 22 项申请专利，得到了国家科技部和发改委的支持，成为推荐性的“国家标准”。

EVD 技术的拥有者北京阜国数字技术有限公司的负责人曾经说过：“标准杀人不见血。它是先进者掠夺后来者最合理的工具。也只有标准和自主知识产权能让你能掌握生产和发展的主导权。”[12] 由于得到了国家支持，阜国公司当年曾经高调提出，所有采用 EVD 标准的中国企业先要交入门费 5 万元，然后每台 EVD 影碟机收费 2 元；如果对象换成外国企业，费用将分别是 5 万美元和 2 美元。

EVD 在技术上存在很多问题，在音频和视频的压缩处理上与传统的 DVD 区别不大，而如果采用高分辨率，以当时每张盘 4.5G 左右的容量，只能储存 20 ~ 30 分钟的节目。另外，EVD 没有得到好莱坞的支持。这最终导致 EVD 上市没几年，还没流行起来就变成了历史。

不管是“偶然性”“次要的参与者”，还是“边缘中的行为”，能够塑造历史或削弱统治的机会是很少的。要战胜蓝光 BD，还需要从未来着手。

五、高清视频的未来

蓝光 BD 的产业模式是“碟机 + 碟片”，市场开拓空间有限。因此，蓝光 BD 很可能是光盘产业的终极格式，会像音乐、图片和书籍一样走上“去物质化”的路径。2012 年 3 月 14 日，大英百科全书公司宣布《大英百科全书》停止发行纸质版，今后只发行网络版。媒体评论称，这是“一个时代的挽歌”。高清视频的观看方式也会顺应这一潮流，转变成网络下载和在线视频。

蓝光 BD 面临的最大挑战就是网络下载。苹果公司的前首席执行官史蒂夫 · 乔布斯就认为，高清市场的将来在网络下载，而不是蓝光碟片。

当年，乔布斯以 iPod 音乐播放器为契机，重新疏理了被 Napster 等分享工具破坏的全球数字音乐市场。iPod 用户只需支付 0.99 美元，就可以从苹果的 iTunes 音乐商店下载一首高品质的歌曲。仅仅到了 2010 年 2 月，iTunes 的下载量就超过了 100 亿首。

苹果的战略布局是：“以苹果独有的硬件产品配合苹果软件平台，重心落于销售硬件，同时拿数字发行分成来稀释娱乐内容的制造者，再通过硬件改良性升级和控制软件平台管理习惯，进而牢牢控制数字音乐生态圈主导权。”[13]

随着 iPod、iPad 和 iPhone 开始播放视频内容，苹果又试图在视频领域再次复制 iTunes 音乐生态体系。但是，由于好莱坞一直对数字化保持警惕，生怕自己重蹈唱片业的覆辙，乔布斯生前暂缓了视频生态圈的构建。最近，苹果公司将重启苹果 TV（Apple TV）战略，可以让计算机和平板电脑中的相片、音乐和视频无线传输到高清电视中播放，从而对蓝光 BD 作出实质性的挑战，对高清视频的观看方式产生革命性的影响。

比尔 · 盖茨也认为，未来的高清市场在网络下载。凭借苹果和微软这些公司的雄厚资本和强大影响力，可以干预市场，有能力和资金实现它们的战略构想。

未来高清市场的发展方向和利润可能从索尼、东芝这样的企业手中，转移到苹果、微软这样的公司的手中。中国相关的电子企业也应该转变发展方式，以期改变被动的局面。未来观看高清视频的另一条途径就是在线视频，这也对蓝光构成了威胁。目前各大门户网站和专业视频网站都能提供大量高清视频。限于带宽和网速，目前在线视频大多只能达到 720P 的分辨率，与蓝光的 1080P 的分辨率还有差距，但赶超蓝光只是个时间问题。

索尼、夏普和三星等公司最近又推出了3840×2160P的超高清电视。人类对清晰度的追求不可能是无限的，画质也不再是消费者选择的第一标准。因此，电视除了具有高画质和大屏幕的优势以外，未来的发展方向将是“人机互动”，改变电视的封闭、单向和被动式的传播模式[14]。机顶盒、智能电视、互联网电视都可能是未来观看高清视频的模式。由于技术发展的不确定性和监管政策尚未出台，未来采取哪种模式仍不可知，这本身也是一种技术的社会建构。目前，借助3D电视和3D蓝光机，“3D+蓝光”的模式还会持续一段时间。但是，从未来的发展来说，“碟机+碟片”的观看模式将会终结。

参考文献

[1] 本文以下部分内容参考了“搜狐数码频道”的相关报道．[EB/OL] http：//digi. it. sohu. com/s2008/3292/s254668946.

[2] [3] [4] [5] [6] [11] 芬伯格．技术批判理论 [M]．韩连庆，等译．北京：北京大学出版社，2005：220，222，174，180，180，103.

[7] [8] [9] [10] 克莱曼．科学技术在社会中：从生物技术到互联网 [M]．张敦敏，译．北京：商务印书馆，2009：28，28，105，67.

[12] 张春蔚，常楠溪．标准之争得先手EVD启动产业链 [N]．南方周末，2004-07-15 (23).

[13] 尚进．封闭为王、小众立场和技术嗅觉 [J]．三联生活周刊，2011 (17)：65.

[14] 黄燕．借道语音与传统电视的生态再造 [J]．三联生活周刊，2012 (8)：110-111.

（本文原载于《自然辩证法研究》2012年第7期）

网络技术政治负价值的表象析因与消解

毛牧然　肖鹤馨

（东北大学文法学院科学技术哲学研究中心　辽宁 沈阳　110819）

摘　要：在概述网络技术政治负价值的表象（虚假网络政治舆论、网络安全问题、网络恶性群体性事件、“数字鸿沟”问题等）基础上，分析了导致网络技术政治负价值产生的主、客体原因，然后根据主、客体原因，论述了综合应用技术、行政、法律和伦理方法消解网络技术政治负价值的系统性对策。

关键词：网络技术政治负价值；主、客体原因；主、客体消解对策

网络技术的政治价值就是人们借助于网络技术手段参与社会政治生活所产生的正负向政治效用的总和。由于任何技术的社会应用都会产生价值的二重性，网络技术也不例外，所以，透过网络技术政治负价值的表象，探寻其产生的原因，并提出相应的消解对策，具有十分重要的理论意义和现实意义。

一、网络技术政治负价值的表象

网络技术在社会政治领域中的应用带来了诸多正向价值，其中包括网络监督为反腐倡廉提供了新途径，电子政务提高了政府的工作效率、为协商民主和参政议政提供了重要渠道、为社会政治意识形态的推陈出新提供了竞技的舞台等，也不可回避地带来了诸多负向价值，其中包括虚假网络政治舆论、网络安全问题、网络恶性群体事件、“数字鸿沟”问题等。

1. 虚假网络政治舆论

网络技术的开放性、便利性、匿名性、虚拟性以及无中心性等特点，使得网络上的个人或组织可以随时随地地在网上发布、传递政治信息。甚至更有不法之徒蓄意操控令人难辨真伪的虚假信息，造成网络安全隐患。

无论制造虚假信息的人是出于何种目的，媒体的受众通常都或多或少地存在先入为主的思想，一旦一则虚假信息出现在网络中，一传十，十传百，再假的话传上一百遍也变成了事实，最终导致虚假舆论搅乱政府公共管理秩序的结果。比如河北容城“‘艾滋（爱之）病女’与279名‘嫖客’发生关系”的虚假新闻，使许多民众产生了恐慌，严重地影响了社会稳定。据北京市公安局网络安全保卫处网络管理处副处长张俊表示，当前国内一些大的比较知名的网络论坛，有50%以上的帖子都是人为炒作出来的；所谓“热门帖”“精华帖”等，很少是网民出于自发的点击、回帖形成的，几乎都有背后的“网络炒家”在推波助

澜[1]。本应是公民向政府表达民意的空间，却成为了一些对政府不满者戏谑和宣泄不满情绪、散布制造虚假信息的平台。

2. 网络安全问题

网络安全是我们研究网络的政治效用时不可忽视的一个问题，这直接关系到网络能否正常运作、电子政务能否有效开展甚至可能引发网络政治骚动危及国家安全的问题。如今网络技术的发展日新月异，一旦使用不慎或者防御技术稍有滞后，重要信息就有可能被他人恶意窃取和篡改，以达到他们利用网络煽动攻击政府的目的。

具体来说，网络安全问题分为两个层面。首先，是国家安全战略层面。网络中充斥着大量的反华、反政府、反社会的信息，侵蚀着网民的伦理道德观念，比如法轮功曾一度利用网络散布邪教言论，恐怖组织也活跃在网络中，试图利用网络煽动、攻击政府，时刻威胁着国家在网络空间中的整体安全和战略地位。

其次，是技术层面的网络安全问题。据统计，2011 年，有 2. 17 亿的网民遭遇过病毒或木马攻击，占到网民总数比例的 44. 7%；还有 1. 1 亿网民曾经有过账号或密码被盗的经历，占到网民总数的 24. 9%[2]。此外，通过黑客手段窃取政府机密，利用病毒捣毁政府机构重要数据系统，也威胁着国家安全。

3. 网络恶性群体性事件

网络中的群体性效应会针对政府的政策不符合民意、执法不公，以群体性事件形式进行监督，给相关政府部门带来舆论压力，从而推动问题的解决，充分展现了网络政治的民众监督效力。但是我们又不得不看到，正是由于网络群体性效应的这一特点，而被某些组织或个人蓄意操纵，制造虚假网络舆论，进而演变成恶性的群体性事件。

2009 年 7 月 5 日发生在新疆乌鲁木齐的打砸抢烧事件就是典型的事例。原本是由新疆籍员工与当地员工发生群殴而引起的一桩很普通的治安案件，已于事发当时得到了妥善解决，但被“世维会”① 利用，以民族分裂为目的，在网络上炒作鼓噪，借势煽动制造事端，演变成了有组织有预谋的暴乱行动[3]。不法之徒利用公众的盲从和非理性的情绪化，形成群体激化现象，破坏了政治稳定。

4. “数字鸿沟” 问题

美国商务部给出的定义是：在一个国家的内部，总有一些人拥有最好的网络信息技术，以及最强大的计算机硬件设备、最好的电话服务和网络服务，同时他们也受到了这方面最好的教育和培训。而另外一部分人，他们出于各种各样的原因不能拥有最强大的计算机、最好的电话服务和最优良的网络教育。这两部分人之间长久积累下来的差别，就是所谓的“数字鸿沟”[4]。

网络技术在政治领域中所表现出来的数字鸿沟问题主要表现在两个方面。其一是在一个国家内部，不同地区、不同阶层对于网络技术的应用水平必然存在着差距。从本国内部的数字鸿沟问题来看，上网率是阻碍网络正向价值实现的一个重要条件，就我国目前的发展状况来看，由于地域及经济水平的差距，并非所有人都能有条件上网，这就形成了最有民意表达

① “世维会”是“世界维吾尔代表大会”的简称，成立于2004 年，该联盟成立后，即制定了暗杀新疆维吾尔自治区党政军领导、破坏铁路和桥梁、制造恐怖爆炸、袭击中国驻外机构和在中印、中塔、中阿边境实施武装袭扰等行动计划。被我国视为恐怖、民族分裂、宗教极端势力。

需求的人，未必会有机会得到话语权，这使得网络政治民主、政治协商仍然有着一定的局限性。

其二，它还是一个世界性的问题，这种差距体现在不同国家间。从国家间的数字鸿沟问题来看，一些发达国家始终占据着最好的网络资源，无论从信息的质量还是数量上，他们都具有绝对的优势，信息的差距必将带来与他国之间经济、政治方面的差距，信息霸权逐渐演变为政治霸权，进而干扰他国的政治秩序。根据联合国的有关数据显示，发达国家的人口数量仅为全世界的1/5，然而他们却拥有着全世界生产总值的86%，互联网的上网人数也占到全世界的93%，而那些极度贫困国家的生产总值只占到全世界的1%，互联网用户也仅占到全球用户量的0.2%，甚至更低。发达国家就是凭借有利的信息资源，获取先行利益聚敛财富进而更大力度地掌控信息优势，拉大与其他国家的差距，使大多数的发展中国家陷入更加信息匮乏和贫弱的境地。

二、网络技术政治负价值析因

导致网络技术政治负价值产生的原因有客体性原因和主体性原因。客体性原因属于生产力的范畴，主要指网络技术开放性、交互性、全球性、无中心性、虚拟性等特点使网络政治负价值伴随着网络政治正价值实现时必然产生；主体性原因属于生产关系的范畴，主要指网络技术创造主体和应用主体失当的伦理价值观和不够完善的网络法律导致了网络政治负价值的产生。

1. 网络技术政治负价值产生的客体性原因

（1）网络的开放性和交互性

开放性是网络最根本的特点，网络从一开始就是建立在不受限且开放的基础之上的。互联网的开放性打破了地域和民族的局限，这意味着任何人都能够在网上自由地发表言论。孤立的个人面对政治不再是被动地依从，而是可以充分表达社情民意。而交互性，是指网络的参与主体之间所进行的交流和互动。互联网打破了传统媒体交互性受时间、空间以及地域的限制，完全可以形成瞬时互动，大大降低了人为干扰的可能性。强大的交互性意味着网民政治参与的自主性增强，某些事件往往在短时间内就能激发出众多网民的参与热情，并聚集成相当规模的网络民意，强有力地促进民主政治的发展。

然而，开放性和交互性也是网络技术政治负向价值产生的最大根源之一。随着网民言论的自主性扩大，面对网络海量的信息，加之网络开放性的特点，政府和国家的控制力相对被削弱了，监管难度加大，为一些别有用心的人利用网络散布虚假信息、非理性的发泄不满情绪创造了便利。再加上网络的交互性，一旦这些负面的信息带到网上，非理性的民众经过被挑唆，网上不断地跟帖造势，若不能及时得到控制，负面的社会舆论必定影响社会安定。

（2）网络的全球性

互联网是全球性的，网络正被全人类所利用着，发挥着其强大的技术优势。网络的产生拉近了各国人民之间的距离，可以足不出户就了解到各个地区的风土人情、当地习惯以及各国有关政治、经济、生活等方方面面的差异，使视野更加开阔，有利于借鉴各国在政治发展中的有利举措，分析各国采取的多种政府治理模式，规避危机因素的产生。

然而，网络全球性的发展，助长了跨国网络犯罪的滋生，借助于其他网络安全薄弱的国家，通过网络等技术手段远程操控犯罪行为，为打击网络犯罪增加了难度。比如，前不久在新疆发生的打砸抢事件，就是由“世维会”在境外通过网络进行操控的。

另外，一些大国利用自己掌握的互联网优势进行大势的全球性舆论宣传，实施广泛的文化浸润，将其所持有的意识形态、世界观、价值观等对他国进行渗透式传播。从长远来看，此种舆论渗透可以使国际受众不断加深对其的认同感和信赖；短期内可以利用国际舆论对某一国的国内民意进行煽动，将国内某一个很小、很普通的社会问题挑动成激烈的对立斗争，将偶发问题转化为敌对问题，形成舆论焦点，并造成混乱，以达到颠覆他国的政治目的[5]。

（3）网络的无中心性

网络的无中心性有助于平等的实现，使现实社会中由于身份、地位、财富等诸多因素带来的差异得以消除，无论是平民还是国家元首都可以对政治进行参与讨论。网民可以自由地发表自己的看法，不存在谁控制谁、谁听从于谁的问题。人们可以借助于网络获取政治信息，打破了以往政客们对政治信息的垄断和封锁，保证政治信息公开化，置于人民的监督之下。网络中各种信息的来源，甚至不会受任何一个政府、团体、组织乃至个人的控制和支配，能更充分地表达民情民意、对违法乱纪的行为予以公开、对公共权力的行使进行有效监督。

但是，这一特性也必将给网络管理带来更大的难度，政府很难真正成为网络的主宰者。就如同尼葛洛・庞帝所比喻的那样：网络就如同“人”字飞翔的鸟群，飞行秩序不是由头鸟确定的。如果猎手射杀了头鸟，“人”形会重组，鸟儿们会继续向前……政府无法攻击网络的领袖，要想对抗网络——像埃克森参议员决心要做的那样——除了射杀所有的鸟，其实别无选择[6]。

（4）网络的虚拟性

网络不是人与人之间面对面的交流，而是隐藏在计算机背后虚拟的人以网络为媒介的交流。互联网本身的这种结构特质必然决定了网络的虚拟属性。在虚拟信息交往中，人们可以隐去其自身真实的性别、年龄、职业、社会背景等，有效地降低了人们在现实政治的参与过程中所产生的不安全感，可以畅所欲言地反映最真实的民众情绪和意见。

但从另一方面来说，人们甚至可以轻而易举地虚拟出多重身份来进行网络政治参与。因此，对政治活动主体的道德约束就显得极其微弱。比如：从小规模犯罪着眼，盗取QQ号冒充好友，利用网页钓鱼工具、网络恋情等多种形式实施网络诈骗。从大规模敌对势力来看，活跃于网络中的恐怖组织、叛国集团和反华势力等，利用网络煽动政治谣言，攻击诋毁政府，利用黑客窃取国家机密、破坏政府机构重要数据系统，严重影响政府权威、威胁国家安全。比如，前些年一直活动于网络的“法轮功”邪教组织，总试图在网上散播反华言论，不断侵蚀网民思想，颠覆网民传统的道德价值观念，给国家和政治的安定造成了极坏的影响。

2. 网络技术政治负价值产生的主体性原因

（1）网络技术创造主体的失当价值观

网络技术主要的创造主体是指发达国家及其政府扶持下的科研机构[7]。作为网络技术创造主体的各个发达国家出于功利主义的考虑，都不惜投入大量的人力、财力、物力以发展本国的网络技术，从而全面带动本国的经济、政治、军事等综合国力的提升。这一点对于网络技术本身的发展来说无疑是强劲的推动力。

然而不同国家间网络技术发展及应用水平的差异所导致的“数字鸿沟”，在失当价值观（比如霸权主义）的指引下，则导致了严重的社会问题。网络技术发源于美国，目前全世界13个根服务器（顶级域名服务器）有10个分布在美国[8]。不仅如此，美国还占据着强大的经济和人才优势，掌控着核心技术和标准的制定，在全球的互联网技术方面占有绝对霸主地位，信息霸权势必会带来潜在的政治霸权，国家间的“数字鸿沟”问题的实质是发达国家对其他国家譬如我国的另一种意识形态的攻击和侵略。

(2) 网络技术应用主体的失当价值观

网络技术应用主体，主要是指利用互联网络这一平台，在网上进行各种制作、发布、传播信息的行为主体、组织机构等。从对政治作用和影响的角度，网络技术应用主体可以分为政治的决策主体和政治的参与主体。

① 政治的决策主体——地方各级政府及其公务人员。

各级政府对于网络政治、网络民意的重视程度，在很大程度上影响着网络技术在政治方面的发展取向。自1999年我国推行政府网上工程以来，党中央一直予以高度的重视。2007年，中共中央政治局还专门组织了以当前世界互联网技术的发展和中国网络文化建设为主要内容的专题学习。2008年6月20日，胡锦涛总书记在强国论坛与网友直接在线聊天，以具体行动这样的特殊方式展现了国家领导对网络民意的极大重视和充分关切；广东省委书记、省长诚邀网民对政府博客进行“灌水”“拍砖”；天津市市长黄兴国说：“我一直认为网络是当前最直接、最广泛且最有效的沟通方式，对国家的行政官员来说，是问政于民、问计于民的重要途径。”[9]地方各级政府在深入认识到网络的重要性之后，都在努力使网络发挥出其对于政治的积极效用。

但仍有一些地方政府领导干部对网络重视不足或刻意回避，政府网站内容更新迟缓，网站虚设栏目、信息量少，只把一些法律、法规、条例照搬照抄到网上，忽视政务信息的时时更新，以应付的心态摆摆花架子，没有真正把网络作为一项有效地与民众沟通交流的工具，甚至为了能坐拥公共资源、保有原定的公务员数额，而迟迟不进行电子政务的开展。对于公众在网上发表的各种政治意愿采取围追堵截的手段，而不是尽力疏导，公众的意愿长久得不到表达和释放，势必会引起民众积怨，使民怨成为恶性群体事件的导火索，带来政治负效应。

② 政治的参与主体——民众。

网络中海量信息的制造、传播者多数来源于民众。网络正以其强大的生命力推动着人们现代公民意识的发展。所谓现代公民意识，是指每个在民主体制下的公民都应具有的民主法治观念、权力责任意识、与他人合作的意识、完整的独立人格以及集体观念，等等。这种意识是社会主体精神文明和物质文明共同的思想基础，是社会主体思想和道德发展的基本依据[10]。网络以其自由、开放等特点，使得人们能够自觉地唤起主人翁意识，积极参与到政治活动中来，一些人利用其较高的政治觉悟积极进行政治参与，以理性的态度分析问题、以高尚的道德思想发出主流声音，吸引了大众视线和舆论。

然而形形色色的人在网络中扮演着不同的角色，从当前网民群体的构成来看，年轻人占了很大比例，40岁以下的网民占到网民总人数的80%以上。从这个年龄群来看，他们心态尚不算稳定，更喜欢新鲜刺激且具有挑战性的网际娱乐活动，而对政治的关注度并不是很强。并且出于年轻人好胜、猎奇的心理，往往会做出一些出格的举动，比如蓄意篡改、捏造网络信息，面对网络中的虚假政治舆论盲目跟风“拍砖”“灌水”，甚至很容易在不知情的状态下随从网络水军等幕后操纵者随声附和，推动虚假的政治舆论成为主流政治观点。有一些网民为了提高自己博客的访问量，抢夺话语权、博取关注度，怀着“语不惊人死不休”的心理，不惜在网络上言过其实、以偏概全，甚至制造虚假信息。更有甚者，借助于网络传播反动、极端思想，侵蚀着民众传统的道德观念和价值标准，对社会的政治稳定构成了很大威胁。

（3）相关网络法律规范的不够完善

首先，网络本身的全球性和虚拟性等特点，注定了以网络为媒介的破坏活动具有隐蔽性高、不容易被追究的特点，这就造成了对不法行为追究时取证的困境。其次，违法的成本低廉，一台电脑、一根网线就可以在网络上进行各种操作，而且事后毁灭证据也要比其他破坏活动方便得多。而且，简易的工具也便于随时随地地实施破坏行为。随着互联网技术的广泛普及，青少年对网络的接受力及运用能力不可小觑，很多网上盗取信息数据、破坏互联网公共资源等行为都出自未成年人，对未成年人的惩治力度虽然相对较弱，但他们的破坏活动对社会的危害却可能是巨大的。网络活动的种种特性也注定了网络相关法律的特殊性，因此，照搬现实社会生活中的相关法律显然效果不大。应该在认真研究互联网发展的新情况、新特点的基础上完善相关法律法规。

目前来看，我国信息网络立法缺乏总体规划，大多属于为了应一时之需，或是为了解决部分地区及部门的管理需要而进行的相关立法，具有应急式、尾随式和局部式的特点；各部门依据自身实际情况制定规章，规章很多，但法律地位和真正的法律效力却不强；部门立法缺乏互相支持和关联，不同规章之间存在交叉和盲点，很多方面的规范也不明确；立法总体质量低下，内容简单[11]。相对于网络日新月异的发展，与其相关的法律、法规却表现出明显的滞后性，许多规定过于原则或笼统，缺乏可操作性。当出现网络纠纷时，就很可能出现缺乏明确法律依据的情况，制约着网络信息的良性传播，影响着网络政治的安全。

三、网络技术政治负价值的消解

针对网络技术政治负价值产生的客体原因，应用技术方法予以消解；针对网络技术政治负价值产生的主体原因，应用行政、法律和伦理方法予以消解，形成系统的消解体系，就能够尽力解决网络技术在政治领域中应用所产生的负面效应。

1. 应用技术方法予以消解

（1）应用技术手段提高网络本身的安全性

网络本身的安全性包括物理性的安全问题，诸如设备故障、人为破坏、系统备份等一些问题，还牵涉网络的运行安全，比如信息的可用性、可控性、防止黑客攻击、过滤网络病毒等。此外还存在着网络的内容安全，网络的信息内容是否会发生被篡改、盗用、泄密等问题，都直接关系到网络政治能否正常运转。因此，要加强政府对网络的控制，使网络更有效地促进政治的良性发展，必须高度重视网络与政府信息安全的建设，同步建设政府网络的安全保障体系。

要采用专业化开发单位提供的产品和服务，尤其是那些涉及国家命脉、社会安定、国计民生的重大政务系统。在系统运行、维护、升级的过程中还要重视设计的合理性。电子政务网络的建设分政务内网和政务外网两个层次，两网之间实行物理性隔离，政务外网与外部互联网采用逻辑隔离，主要用于承担政府部门之间的非涉密的信息交换，以及政府部门面向企业公众开展的普通服务业务，安全级别相对于政务内网要低一些；政务内网平台是关于涉密的办公业务网络，将主要为领导决策提供信息支持和技术服务等安全级别较高的政府政务[12]。这必将大大增强政府网络的安全系数，更有效地解决网络安全问题带给网络执政的威胁。

只有网络运转的安全性得到有效的保证，才能确保电子政务的高效开展和网络监督通道的畅达。因此，从政府层面上来说也要重视网络安全问题的研究，协同公安、相关科研部门、网络运营商，通过数据备份、物理隔离网闸、防火墙技术、加密等诸多技术手段解决网络的安全问题，建立起强大的网络安全技术保证体系[13]。

（2）应用技术手段，控制虚假政治舆论

由于网络技术本身所具有的开放性、虚拟性以及无中心性等特点，网络纷繁复杂的信息中势必会充斥着大量不健康、反动甚至是虚假的政治舆论，每个人都可以在网上发布信息，这么大的信息量如何更好的控制、规范，解决这些问题必须通过不断的技术更新进行积极防御。最基本的就是梳理出问题的类型和特点，应用技术手段对由社会突发事件而引发的网络政治舆论进行消解。从信息源头网络技术本身入手，找到解决的办法和对策。以网络舆情为例，对于网络舆情及民意要能通过科学的数字化方法加以体现，建立起像股市一样的舆情指数，针对不断变化的舆情指数研究舆情、民意的变化规律，当发生突发紧急事件的时候，能够做到很容易地从互联网上海量的信息中发现舆情形势和变化趋势，以及有关突发事件舆情信息的时间和空间的分布情况，使看似错综复杂的网络舆情在科学的测量方法和有效的学术分析解读下，变为清晰并且可把握，再通过各种其他技术手段对网络舆论加以正确引导，防止网络中虚假政治舆论的滋生、蔓延[14]。

2. 应用行政方法予以消解

（1）加强各级政府公务员对网络的重视，有效防止政府网站空置

首先，要提高各级领导对网络的重视程度。各级党政主要领导要转变观念、提高认识，将网络政务建设情况列入各级政府官员组织考核的指标之中。有力地提高各级领导对网络政务的重视程度，才能有效地推动政府网络的运转。

其次，要提高政府公务人员对网络的重视。广大政府公务员是网络政治最直接的参与者，公务人员的综合素质是决定网络政务顺利开展的重要因素，是实现网络政务必须认真对待的重要问题。因此必须加强对公务人员的信息技术的专业培训，使其尽快掌握必要的信息技术，主动地推动网络政务的建设发展。

提升政府公务员网络素养必须从两个方面同时入手。从政府层面来说，要把网络素养提升到执政能力的高度，应通过建立制度、加强培训等手段为党政领导干部提升网络素养创造良好的环境。从个人层面来说，各级党政官员要把网络素养提升到个人施政能力的高度，切实改变传统的行政思维方式，完成从认识网络、接触网络、融入网络到善于利用这一过程的蜕变[15]。政府官员只有与时俱进，通过学习不断加深对网络的认识，逐步提升运用网络的能力，才能更好地树立起官员形象，拉近与民众的距离，减少官民敌对情绪，更强有力地保障电子政务的平稳有效的运作，消除政府网站空置、虚设现象的发生。

（2）普及信息基础知识，减少网民的消极参政

政府部门要对民众做好全方位的宣传，让民众积极投身于网络政治的参与中。从实际情况来看，多数网民将网络视为娱乐、消费的工具，网络中那些刺激性的、戏剧性的、娱乐性的事物比较容易引起他们的关注，而那些严肃的、与民生等有着重大利害关系的政治事件，则很难引发他们的兴趣。因此，政府部门应加大力度进行宣传，鼓励网民热衷于政治参与，只有民众的参与，才能顺利推行网络政务的建设。

2003 年以前，网络政治的社会影响力还不是很大。从 2003 年直到党的十七大召开，这段时间是网络进入快速发展的时期，网民在网上发表意见的数量激增，对某些社会事件能够形成强有力的舆论压力，从而影响政治问题解决的方向，网民参政议政初见端倪。从党的十七大以来的这段时期，是网络问政、网络参政的成熟期，人们开始自觉地利用网络发表自己的看法，从而达到参政议政的目的。然而这一时期也出现了专门从事网络舆论的幕后黑手，由于他们蓄意造势操控网络舆论走向，严重偏离客观实际情况，被喻为“网络水军”。面对此种问题，除了通过技术方面的手段进行消解以外，政府部门还应该对网民进行有力度的宣传，使网民以积极的心态参政，使网络舆论不被网络水军恶意操控和绑架。

3. 应用法律方法予以消解

（1）网络政治领域的立法现状概览

自 1994 年以来，中国颁布了一系列与互联网管理有关的法律法规，主要包括《全国人民代表大会常务委员会关于维护互联网安全的决定》《中华人民共和国电信条例》《互联网信息服务管理办法》《中华人民共和国计算机信息系统安全保护条例》《信息网络传播权保护条例》《计算机信息网络国际联网安全保护管理办法》等[16]。

但是，我们又不得不看到，法律法规的制定相对于高速发展的网络而言，有着明显的滞后性，产生了许多漏洞。比如，最典型的就是网络中的侵犯个人隐私问题。随着开心网、微博等的广泛应用，网络隐私受到很大威胁，网络中存储的个人信息，如姓名、照片、联系方式、家庭住址、社会背景等，都可以被好友随意地转发、标注，从而产生网络隐私侵权。引用清华大学新闻与传播学院副院长史安斌的观点，目前法律还没有到因言获罪的程度。当个人隐私遭到侵犯后，很少有人能站出来进行追查。受害人出于种种考虑，没有进行起诉，也就无法去进一步追究[17]。

（2）网络政治领域的立法完善对策

首先，应拓宽法律制度的调整范围。我国应加强针对个人人身、财产权利保护等方面的专门立法，将现实中大量发生的网络行为纳入法律规制的范围[18]。把广大网络使用者以及网民之间的行为作为调整对象，对侵犯隐私等人格利益的侵权行为、虚拟财产的归属和流转方式、人肉搜索等诸多问题予以法律规范。

其次，应设立相关民法和刑法的规定。仅仅依靠行政法律手段难以赋予广大网民以有效的民事法律途径对自己的权益进行有效的维护，也难以用明确的刑事法律对危害行为进行制裁，从而无法对互联网环境下的各种社会关系进行全面调整[19]。因此，要建立多层次、多维度的包括民事、刑事、行政法律规范的网络法律体系，使它们发挥各自的作用。

第三，网络不同于现实社会，网络具有其自身独特的虚拟性、无中心性等特点，对于行为的认定、取证很可能会不同于以往。所以，网络的相关法律要突出对于这些特殊之处加以界定，明确法律责任，便于量刑或裁定。

第四，立法还要注重协调性。如果各个部门都依据各自的职责范围颁布规章制度，这些规章制度的制定必然会缺乏协调性，大大降低制度的可行性。

4. 应用伦理方法予以消解

（1）发挥网络伦理各组成部分的作用

网络伦理学，就是以网络道德问题和网络道德现象为主要研究对象的学科[20]。网络伦理学是由网络伦理理论、网络伦理原则和网络伦理规范所构成的学科体系。因此，网络伦理在消解网络政治负价值方面的作用分别体现在网络伦理理论、网络伦理原则和网络伦理规范在消解网络政治负价值方面的作用[21]。

① 发挥网络伦理理论的作用。

网络伦理的哲学理论是以马克思主义关于自由与限制的理论为基础的。通过网络伦理理论的宣传教育，能够使网民更加清楚地理解只有自觉遵守网络规范，才会互不侵害地保持公平无害的网络交往秩序，获得更大更多的自由。康德在《纯粹理性批判》一书中写道："一只轻盈的鸽子扇动周围的空气自由地飞翔着，他感觉到了空气的阻力，可能它会想，如果我要是在真空中飞行，可能要比现在更容易一些。其实，鸽子并不知道，正是空气的阻力才使它能够自由地飞翔。"[22]这个例子表明，网络规范如同空气一样是（网络）自由的保障。

另外，网络伦理理论的宣传教育有助于网络法律的制定。对于法律不能全面涉及的特殊问题或者新生问题，是可以通过伦理方法来规范的。伴随着网络日新月异的发展，很多特殊问题很可能会转变为一般问题，新生问题也会转变为常见问题，此种情形下，法律也必须跟随发展的脚步不断地完善更新，之前只能用网络伦理理论加以规范的内容，之后就变成法律的硬性规定了。

② 发挥网络伦理原则的作用。

网络伦理原则是体现网络伦理理论要求，并具体指导网络伦理规范制定的基本规则。具体包括平等原则、公正原则、兼容原则、互惠原则、自主原则、无害原则以及知情同意原则。

网络伦理原则有着承上启下的作用。"承上"表现在它是在网络伦理理论的指导下发挥作用的，"启下"是指其具有指导具体规范制定的作用。针对网络虚假舆论等问题，一方面要考虑为了社会公共利益是否应当适当限制某些私人权利，但另一方面也要考虑到公正原则和知情同意原则。在网络伦理的具体规范不到位的情况下，可用网络伦理原则作为行为的指引。面对网络的快速发展，所预见的问题和情况也未见周全，使得网络伦理规范以及相关法律规范的制定必然具有相对的滞后性，在此种情况下，就有必要利用网络伦理原则来规范这类行为了。

③ 发挥网络伦理规范的作用。

网络伦理规范最著名的当属美国计算机伦理协会制定的十条戒律，它用很平直易懂的句子表达了最基本的网络伦理规范。以规范消极的网络舆论为例，法律的相对滞后性，对于一些新出现的消极网络舆论，可能会出现没有相应的网络法律规范可以适用的情况，比如网络恶搞、不良网游等。这种情况下，具体的网络伦理规范就可以用于弥补网络法律规范的不足。另外，由于网络伦理规范不具有国家强制性的特点，因此作为底线的网络伦理规范，为了能够被严格遵守，很可能将它们制定成为网络法律规范。

（2）提高网络政治主要参与者的道德素质

当前网络中充斥着大量网络病态现象和网络偏差行为，比如恶意的攻击、散播各种谣言、盲目跟风虚假网络舆论、揭露个人私隐，等等。要解决这些问题，就要进一步加强网络伦理教育，才能营造出网络政治良性发展的氛围。在网络伦理理论、网络伦理原则的指导下制定网络伦理规范，这只是消解网络政治负向价值的前提，网络伦理规范必须得到落实，才能发挥实际的消解效果。如何落实？学校、家庭、政府部门、互联网相关行业协会等对网络政治的主要参与者——青少年网民——的网络伦理教育是关键。通过提高青少年网民的道德素质，使他们能够自觉遵守网络政治领域的网络伦理规范，就可以在很大程度上消解网络技术的各种负向价值问题。这里所说的道德素质，是要网民提高明辨是非善恶的道德认知力。这是一种道德智慧，它要求主体能够在特定的生活中回答：什么是善的？什么是恶的？应当确立怎样的道德价值目标？等等[23]。只有提高青少年网民的道德素质，才能更好地规范他们的参政行为，以高尚的道德弘扬民主、参政议政、履行监督，并且能够严格自律，避免行为失范。

从我国网民的构成情况来看，1/3 的网民是在校学生，30 岁以下的网民占到网民总人数的 60%，40 岁以下的网民占 80% 以上。由此可见，针对广大青少年网民的网络伦理教育显得尤为重要，建立起学校、家长、社会从多个方面完善的网络道德教育模式势在必行。学校要把中小学生的网络道德教育作为日常的工作常抓不懈。家长的责任同样重要，家长首先要加强自身的网络知识储备，进而有能力影响、引导孩子建立正确的网络价值观。同时，还要发动社会力量特别是政府部门，大规模宣传文明上网，提早在青少年的内心建立起网络的道德底线，让未来的后备网民树立起正确的网络伦理道德观念。

此外，还要充分发挥网络行业自律组织在青少年网民网络伦理教育方面的重要作用。互联网行业自律委员会、中国无线互联网业自律同盟等都属于网络行业自律组织[24]。逐步建立和完善互联网行业的自律机制，认真贯彻国家相关法律法规，构建适用于计算机网络世界中的道德原则和规范，积极引导和有力监督青少年网民在网络世界中的各种活动和行为。《中国互联网行业自律公约》将“爱国，守法，公平，诚信”视为互联网行业自律的基本原则[25]。以网络舆论的引导和管控为例，就是在引导网络舆论正向价值充分实现的基础上，尽力管控网络舆论负向价值的实现。“爱国”意味着对于涉及国家主权、领土完整、民族尊严等网络舆论，要本着“有理、有力、有节”的方针，把群众的爱国热情控制在理智的限度内。“守法”意味着对于负面网络舆论，要根据法律的规定积极管控，不能为了网络人气、商业利益而不予管控。“公平”意味着对于网络舆论的正负面、网络舆论中弱势群体和强势群体的博弈，要本着公平、公正的态度来对待。“诚信”意味着诚实、守信，不畏权势，也不为利诱所动，比如，对于正向的网络舆论，不要因为一些地方政府或官员施加压力，而采取技术手段予以删除或屏蔽；对于负面的网络舆论，例如房产商利用网络大肆发布虚假房子涨价的信息来哄抬房价，网站要不为利诱所动，应采取积极措施予以管控，以保证国家调控房价政策的落实。

参考文献

[1] 曾昭鹏．新华社发文要求警惕网络虚假信息［N］．东方早报，2011－01－11（12）．

[2] 第 29 次中国互联网络发展状况统计报告［EB/OL］．（2013－08－18）．http：//tech. qq. com/zt2012/CNNIC29/．

[3] 夏威．暮色下的罪恶：乌鲁木齐“7·5”打砸抢烧严重暴力犯罪事件始末［J］．时事报告，2009

(8)：28－32.
[4] 曹荣湘．解读数字鸿沟：技术殖民与社会分化［M］．上海：上海三联书店，2003：3.
[5] 立德为善．互联网发展对国际政治格局的影响［EB/OL］．（2013－08－20）．http：//blog. tianya. cn/blogger/post_ read. asp？BlogID＝4125447&PostID＝40176939.
[6] 胡泳，范海燕．网络为王［M］．海口：海南出版社，1997：236－239.
[7] 毛牧然，陈凡．网络技术负向价值的表象、析因与消解［J］．科技进步与对策，2010（8）：124－127.
[8] 龚小平．论网络技术的政治价值［J］．学术界，2011（7）：85－94.
[9] 刘志鹏．论网络民主及其对实现社会公平正义的影响［D］．长春：东北师范大学，2009：13.
[10] 邱国良，段艳丰．新农村建设与农民公民意识培养的路径选择［J］．江西行政学院学报，2008（4）：44－46.
[11] 程琳．加快信息网络法治建设，维护网络社会安全秩序［J］．中国人民公安大学学报：社会科学版，2013（1）：1－9.
[12] 李玉申，孙玉善．辽宁电子政务的现状、问题及对策［J］．信息通信，2011（3）：67.
[13] 袁剑锋．网络安全问题及其防范措施［J］．中国科技信息，2005（15）：150，157.
[14] 喻国明．中国社会舆情年度报告2010［M］．北京：人民日报出版社，2010：46.
[15] 赵志云，钟才顺，钱敏锋．虚拟社会管理［M］．北京：国家行政学院出版社，2012：181－183.
[16] 《中国互联网状况》白皮书［EB/OL］．（2012－07－08）．http：//news. sohu. com/20100608/n272641135. shtml.
[17] 部分网民个人信息遭泄露，网络维权相关法律滞后［EB/OL］（2012－07－13）．http：//www. baoye. net/News. aspx？ID＝324956.
[18]［19］刘乙，李长喜．互联网法律规制模式的探讨［J］．北京邮电大学学报：社会科学版，2009（4）：23－28.
[20] 李雅梅．网络道德问题研究综述［J］．道德与文明，2011（3）：152－157.
[21] 毛牧然，陈凡．论网络技术的价值二重性［M］．北京：中国社会科学出版社，2008：218－227.
[22] 康德．纯粹理性批判［M］．北京：商务印书馆，1961：47.
[23] 邓名瑛．传播与伦理：大众传播中的伦理问题研究［M］．长沙：湖南师范大学出版社，2007：3.
[24] 王正平．着力构建中国特色的网络伦理［N］．解放日报，20007－06－21（11）.
[25] 中国互联网行业自律公约［EB/OL］．（2012－07－08）．httn：//net. ehina. eom. en/ehinese/ie/408334. htm.

网络交往的负向价值研究

薛 孚

（东北大学技术与社会研究中心 辽宁 沈阳 110819）

摘 要：网络交往是互联网的诞生和发展而催生出的一种新型交往方式，大数据时代其影响更加广泛，它基于网络技术、信息技术而存在，反映了人与人之间的社会联系，同时其对人和社会的作用也不容忽视。网络交往具正作用的同时也带来主体的新型异化和交往生态系统恶化等新的社会问题。提出消解负面作用的对策，探寻更有利于人类社会发展的网络交往出路和前景，探究增强人自身的主体性及加强规范网络生态环境规范建设的途径，同时进行了哲学反思。

关键词：网络交往；负面作用；技术

网络的诞生和飞速发展是20世纪后期让人振奋、引人注目的科技事件。大数据时代的到来，使网络交往向自由人的联合体的自由个性交往目标迈出了一大步。对于“大数据”（Big data），研究机构Gartner给出了这样的定义：“大数据”是需要新处理模式才能具有更强的决策力、洞察发现力和流程优化能力的海量、高增长率和多样化的信息资产。大数据时代的网络交往不仅可以通过文字、数字、符号，还可以包含图像、声音、视频。网络交往（Network-Based Computer-Mediated Communication，Network Communication或E-Communication）是伴随网络的诞生和发展而催生出的一种新形式的人际交往方式。网络交往是以网络为基础、以计算机为中介的人际交往方式，是人的社会本性在计算机互联网时代的拓展和延伸。网络的发展始于技术，但并未局限于技术，而是为人们的交往提供了一个崭新的平台。社会关系是复杂的，任何一项技术在给人类带来福祉的同时，也会给人类带来危机，对主体及社会发展的作用将是一把双刃剑。网络交往技术也不例外，在给人类的生活带来巨大便利的同时，也带来了一系列的异化现象。从哲学的视角深入认识网络交往的负面作用，分析其原因并研究如何消减和控制网络交往的负面作用，进行自由且合理的网络交往，这些都是亟待解决的问题。

一、网络交往的负面作用

第一，人的自我异化。网络交往某种程度上替换了人们在现实生活中交往的时间和机会，导致了交往的异化。网络交往这种交往的方式是间接的，主体首先需要具备网络终端设备，然后终端设备连接上网络与交往对象沟通联系。这样间接交往的方式不像现实交往中通过语言、面部表情、肢体动作等形式传递信息，更多的是通过网络传递的虚拟的信息达到心理慰藉的作用，某种程度上阻碍了人与人深层次的情感交流和肢体交流，使交流脱离依托于本体的现实世界。长此以往将造成主体对网络的痴迷与依赖，形成网络交往中人的自我异化。“在虚拟现实中你可以张开双臂，拥抱银河，在人类血液中游泳，或造访仙境中的爱丽丝。”[1]虚拟现实使网络交往中虚幻的符号变成了意识中虚构的真实，以排除孤独感和寂寞感为目的的交往实质上又加重了主体内心的孤独感，越孤独越依赖网络，从而造成主体自身的分裂。网络空间人际交往使个人淹没于网络当中，对现实的人际交往持回避和漠视的态度，不愿意进行面对面的交流，导致自我异化。

第二，人的主体性退化。对于主体而言，虽然主体在网络交往中能够获得开放性的满足，但是也有越来越走向封闭和僵化放弃或扭曲自身的本质属性，被机器网络控制，依赖网络交往的风险，形成了单向度的人。大数据时代虽然主体可以通过上传图片、视频等自主产生信息，对网络交往中的主体而言，网络交往最大的魅力在于自主性和开放性，但这些都是在既定的网络供应商提供的范式或者在网络舆论氛围的影响下的虚假的“自由”。主体的思想受网络舆论的影响，主体的行为依赖于网络实现。在社会层面而言，这恰恰是网络的弱点，它预示了人的全新的依赖网络的主体性形成，被网络引导和控制，而人自身的主体性退化。

第三，主体的人文精神丧失。网络空间为人们提供了逾越社会道德、规范的机会。同时网络交往的匿名性等特点，在交往过程为主体提供违背社会伦理道德规范的机会，造成网络隐私暴露、网络犯罪等异化行为，造成主体人文精神的丧失。这样就容易在网络交往过程中形成反社会的危险群体，在网络空间中发起组织一些危害社会安全的活动，例如“黑客”。网络犯罪对社会造成的损害会随着网络交往的普及和网络技术的发展而呈裂变式膨胀。对现代人的道德诉求更应该体现在自尊与自律、信任与信仰、悲悯与虔诚等方面，然而，在网络世界中，常常无情地消解着诸如“崇高”“敬畏”等人类精神中最基本的守望。

二、负面作用析因

第一，背离了人的本质。大数据时代，生活中的大事小情都可以在网络上寻找答案，更增加了人们对网络交往的依赖。网络交往过程中往往使人脱离物质世界，脱离现实的人际交往，这是与人的本质的社会关系中的物质关系脱节的，导致了主体的自我异化、人的主体性退化乃至人文精神的丧失。马克思在《关于费尔巴哈的提纲》中得出了人的本质的科学论断：“人的本质并不是单个人所固有的抽象物。在其现实性上，它是一切社会关系的总和。”[2]人类在劳动的过程中，交往联系，共同改造自然，逐步形成社会关系，在社会关系中体现了人的本质，人的本质脱离不开社会关系。各种社会关系之间的联系不是机械不变的，而是能动的，它们相互影响、相互促进，形成多样的统一体。在各种社会关系中，物质关系又是相对基本、主要的。物质关系决定和制约着其他的社会关系，因此也对人的本质具有相对重要的意义。所以人与人的交往离不开物质世界，网络交往亦是如此。

第二，从主体能力而言，技术的发展加重了异化劳动的程度。最为严重的是技术理性严重压抑了批判理性。技术理性通过丰富人们的物质生活转而对人们的政治生活进行统治。技术正是通过对人的精神需要控制达到对人的控制。电脑网络对人的某些体力和智力活动的模拟与替代，使人对知识和信息的获取越来越依赖于电脑或机器，这种非人化的倾向越来越使人的生活世界被这些人为的符号系统所消融，并导致人的语言文字能力和思维创新能力退化。主体迷失在网络空间中，失去了对主体真正需要的辨别能力，导致人的主体性退化。个人的价值意识已经渗透到商品之中，“他们必定把文化价值吸收到他们的生活中，进而让他们的生存文化价值浸润和塑形”[3]。马尔库塞认为，是大众文化导致了人的需要的异化、人的本质的异化，从而人也是不自由的了。

第三，网络技术的负效应，实质是反映了人自身的危机，原因在于人自身不能正确认识网络的双重效应，导致主体的人文精神的丧失，并将现实社会中人所遇到的种种困惑在网络上片面引申、推崇网络技术带来的种种神话而导致的结果。网络交往并不能代替主体对知识的学习和思考，更不能代替精神境界的提升和人格品质的培养。对网络的过分依赖、对快餐式网络文化的热衷取代了阅读思考和亲身体验，有可能造成主体的浅薄和文化的退步。网络之“我”是弗洛伊德所说的“本我”，此时人在社会进化中被压抑制约的自然属性的弱点便暴露出来了。“自我”和“超我”的控制功能被削弱。因而网络问题也就滋生和蔓延开来，导致网络交往生态空间的恶化与发展并存。

三、网络交往引发新的社会问题

第一，交往生态系统的恶化。在网络交往过程中，如果人们对信息资源肆意开发、任意使用和缺乏管理，就容易导致交往生态失调，使网络交往过程中主体和网络空间的矛盾冲突日益凸显。网络交往过程中产生的信息泛滥成灾，不分优劣，导致人们处理与利用信息的能力跟不上网络空间信息的生产和传播能力，使信息生产和利用严重失调。网上信息污染使人类精神世界受到严重毒害，缺乏有力的法律约束机制，违规、违法行为层出不穷扰乱了社会秩序，危害了国家安全；信息侵权使版权、隐私权受到严重的侵犯，带来了许多社会、政治、经济和法律问题。信息分布不均使信息贫富差距扩大。各种现象都表明过度的自由开放而缺乏法律法规的规范及有关部门的监管，将导致互联网环境的混乱无章。

第二，信息爆炸与虚假的自由。网络信息共享导致步入信息爆炸时代，马尔库塞认为，科学本质上是一种统治手段，执行着意识形态的功能，技术合理性就是统治合理性。科学技术已经从特殊的阶级利益控制中解脱出来，成为自主的统治体制，其本质是奴役、控制和异化。他对技术是如何成为政治最有效工具的若干分析，在网络技术深入生活的今天看来，仍然具有启发意义和先见之明：“当代社会的力量与以往相比强大到无可估量。我们社会的突出之处是，在压倒一切的效率和日益提高的生活水平这双重的基础上，利用技术而不是恐怖去制约那些离心的社会力量。”[4]1 网路技术，为信息工业提供了新的强有力的生产机器，也为制约社会离心力量提供了更加平稳而隐秘的方式。

网络交往为人们提供了信息、娱乐和消遣，然而这种模式下提供出的文化产品看起来是多种多样的，然而其本质是单一性、肯定性的，统治阶级通过控制文化工业使之成为控制人们思想和公众舆论的工具。文化工业使工业社会的消费性文化、娱乐性文化日益兴盛，在这种文化的浸淫下，信息大量泛滥和爆炸，“虚假的满足”导致人们越来越多地接受已呈现出的固定模式和观念，而忽视了质疑社会和制度的合理性，进而逐渐丧失了其否定性和批判性的思维向度。人们每天接收到的新闻信息、娱乐信息、广告信息铺天盖地，个人信息的处理速度已难达到接受速度，信息严重“超载”。受众对信息的反应速度远低于信息的传播速度，被动地接受，人们疲于对于信息作出审慎的思考，对既定的事实不加批判地接受。这意味着在某种程度上否定性批判性的丧失，以这样的逻辑，信息的爆炸带来的是思想的枯竭。于是现实社会中的“统治者”，基于上述事实，就更愿意利用技术而不是恐怖去制服那些离心的社会力量。“技术成了社会控制和社会团结的新的、更有效、更令人愉快的形式。”[4]5网络中的自由表达削减了现实中人们诉求的意愿。按照这个线索推演，信息的爆炸和虚拟的自由，也正加剧着人思想的单向度。

这种反思并非否定技术进步的积极功能和作用，而是提出一个参照和警示：虚拟社会并不是“乌托邦”，而只是一种媒介的形式。正确把握现实生存和虚拟生存的本质及其关系，才更有可能构建多元、健康发展的社会形态。

第三，网络交往的技术终端异化。马克思批判资本主义社会，就是说在资本主义社会，人们被迫和他的工具疏离，因为工具被资本家控制了。这就是有名的“疏离”的观念，是马克思年轻时就发展出来的，是非常深刻的分析。技术本质上是一种开放式演进的旨趣，这种旨趣和意向使技术活动成为人的内在向度，人建构了技术，技术反映了人的开放性的本质力量。然而技术的发展过程也是人类依赖技术的过程，“人们一旦获得了探求真理的可靠方法，获得了一种可以应用于人类生活各个领域的方法，那么，他们就拥有了一种具有无限权威的工具，只要人类延续下去，这种工具就能满足其需要。”[5]这样就导致技术理性的无限膨胀。网络交往中主体对技术的过度依赖和探寻，必然促使其裂变式快速发展。犹如电影《骇客帝国》中，矩阵构建了一个虚拟世界，人的思想与身体剥离，在矩阵设置地人生模式中生活，使人在不知不觉中被技术控制，导致技术终端异化，使人逐渐变得“电子化”。

网络空间一旦失灵，人就仿佛被流放到了信息的孤岛。于是马尔库塞的“技术成为统治的强大工具，技术消除了反抗的因素”理论，在当代有了新的表征和内涵，技术的控制作用几乎是贴身肉搏式的直接，人们沉溺于虚拟世界中的各种体验，直到技术失灵，满足无法再现，才发现原来自身早已为物所役。

第四，网络交往的信任危机。网络空间人际交往使人与人之间的信任度降低，归属感变差，而相互信任是人际交往的一个基础。吉登斯认为，可信任性有两类：一类是建立在彼此很熟悉的个人之间；另一类是基于很长时间了解，从而互相从对方的眼中看出可信度证据的个人之间[6]。在社会关系中主体实名制，甚至人与人之间相互熟悉，人际约束是主要的维持信任的机制。因此，紧密的社会交往关系网是信任的有效保护机制，通过信息的频繁传递、交易的重复性和非单一性，使欺骗者在未来的交往中面对困难，由此约束了欺骗的选择。在这种约束下，疑心得不到充分发展，人们不需要使用不信任来保护自己，于是较高的信任程度得以存在[7]。

网络空间人际交往是在虚拟世界的人际结构中进行的，而且很多是在匿名状态下完成的间接交往，交往具有不可重复性和非对称性，这为人们不负责任的交往留下了余地，也为欺骗性交往提供了可乘之机，使得人与人之间的信任度在某种意义上大打了折扣。网络空间的人际交往似乎使人有了归属感，但又使人感到空虚。

以福岛核泄露引发的国人抢盐热为例。网络上谣言四起，消费者盲目信任，相关部门虽然在网上做出了碘盐对碘以外其他的放射性物质没有防辐射作用等公告，但是消费者仍然疯抢，各大超市的碘盐告罄，正体现了当下网络交往中人们由于信任危机所表现出来的盲目做法。

四、网络交往的出路及其发展前景

1. 增强人自身的主体性

主体性是指人在实践过程中表现出来的能力、作用、地位，即人的自主、主动、能动、自由、有目的地活动的地位和特性。

第一，准确把握马克思人的本质学说。马克思关于自由自觉的劳动是人的类特性，人的本质是一切社会关系的总和的论述，主要侧重于从起源的角度揭示人的本质，说明劳动创造人，社会环境改变人。马克思在肯定人是劳动的产物、社会关系的产物的同时，又强调人是劳动的主体、社会关系的主体，从人的主体角度揭示人的本质。所以既要坚持人的中心性，以弘扬主体性的价值，又不能夸大这种中心性，走向绝对性的自我，要在各种关系的相互联系中来全面认识和分析人作为主体的性质。在网络交往中只有运用马克思的人的本质学说，认识人的社会属性以及个体的独特性，平衡两者之间的关系，突出主体的能动性、自主性和自为性，才能增强人自身的主体性，实现网络交往与现实交往的均衡的可持续发展。

第二，加强教育。为了营造和谐的网络交往环境，需要广泛运用新的技术手段，在网上弘扬正确的网络交往观念，以有效地防止网络空间的混乱和道德意识的消解。教育可以提高网络交往主体自身的思想道德素质和科学文化素质，增强人的主体性，达到在根源上应对网络交往的负面作用，改善其引发的主体新型异化和社会问题。可以把网络教育列入大学生课程，从学生阶段培养网络交往的正确意识；利用新闻媒体等手段加强舆论引导教育，形成良性的社会氛围。教育是提升主体性的有效途径。

第三，树立正确的价值观道德意识。网络交往的自主性应以人的道德自律为前提，才能保证其交往的秩序性和安全性。由于网络交往的虚拟性和非真实性，人们在网络空间中可以任意宣泄自己，人的行为可以不受任何外界限制。所以人们在获取更大的信息的同时，也要更严格地控制自己，做到自律和自重，用个人的良心和个人的价值准则来约束自己的行为，爱因斯坦说："人类最重要的努力，是在我们的行为中追求道德。我们内心的安定，甚至我们的生存，都离不开道德。只有道德的行为，才能给生命以美和尊严。"[8]因此更需要树立正确的网络交往价值观及道德意识。

同时，发展网络技术，不仅要满足当前的需要与利益，而且要不祸及后代的需要和利益。网络将不仅作为即时性的工具，更作为人类社会历史性的生活理念而存在，要把科技发展、人的全面发展与环境保护结合起来，在网络技术中融入文化传统、时代精神和未来理想，将网络和人、环境的"可持续发展"视为价值关怀的最终目标。只有这样，人类才能以网络技术的发展促进现实社会、人类和环境的可持续发展，才可能培植起网络时代的新人文精神。

2. 加强网络规范建设

第一，提高网络交往技术规范能力。对于网络空间这一技术化的生活空间的伦理关照应基于一种恰当的技术观，树立正确的技术规范。技术控制是网络社会控制的重要关口，针对当前网络交往带来的道德意识等方面的问题，采用技术手段达到可持续发展的技术目的，加强管理是完全必要的。当前，国际通常采用的技术上的防范措施主要是过滤软件及分级制度的使用，新加坡政府采用控制介入的方法抵制网络外来文化的侵袭就值得我们学习和借鉴。我国现阶段形势下，在网上建立马克思主义思想阵地、弘扬中华文明是一项十分紧迫的任务，可以采用分层的形式设计易于控制的信息框架，滤除网上西化和分化的思想，传播文明规范，及时清除信息污染，建造思想意识领域的新长城。

第二，建构网络交往法律法规体系。建立相关法律体系，政府要强化网络监管，世界各国都出台了相关的法律法规，我国于1997年3月通过的新刑法首次规定了计算机犯罪。同年5月，国务院公布了经过修订的《中华人民共和国计算机信息网络国际管理暂行规定》。这些法律法规的出台，为打击计算机犯罪提供了法律依据。我国在2012年出台的《中共中央关于深化体制改革推动社会主义文化大发展大繁荣若干重大问题的决定》提出要加强和改进网络文化建设和管理，加强网上舆论引导，使得其有利于我国文化发展，支持并培养网络骨干企业和新技术、新业态。当然在当前的网络环境下，还需要出台更完善的法律来约束网络交往。同时应加强管理，从管理措施上下工夫确保网络安全也显得格外重要。可以打造不同的用户平台以适用于不同的用户群体，提高并加强对微博内容的监管和引导力度。对微博实行实名认证，以提高其权威性和可靠性。建立健全相关监督体制，畅通监督举报渠道。对于网络交往中的违法违规情况，鼓励网民监督举报。

五、结论与反思

网络交往是增强了还是降低了人的主体性？网络交往是扩大了还是虚化了人对世界的认识？形成网络交往悖论的根源来自数字化技术催生的网络技术。技术是美丽的，它是穿越时空的人类得以生存、延展的凭借和依托，但技术有时又会侵犯人的主体性。如海德格尔所说："在所有生存的领域里，人被大仪器和自动装置的力量包围得愈来愈紧。长时间来，各种力量以某种工具的形式，处处地、时时地纠缠着人们，困扰着人们，限制着人们与引诱着人们。长时间来，这些力量超出了人的意志和控制，因为它们并非来自人。"[9]我们能对不可避免地使用技术性物品说"是"，但同时也能说"不"。

互联网本身不会把世界变成乌托邦，模拟不能取代现实。网络使人们的交往方式更加丰富了，使人们的生活更加方便了，并不表明人们可以在网络空间完成现实生活的全部。哈贝马斯指出："交往行动者不可能走出其生活世界境域，他们本身作为阐述者凭借言语行为属于生活世界，生活世界似乎是言语者和听者在其中相遇的先验场所；在其中，他们能够交互地提出要求，以致他们的表达与社会主客观世界相协调；在其中，他们能够批判和证实这些有效性要求，排除他们的不一致并取得认同。"[10]网络社会与现实社会不是对立的，网络交往是从现实社会生活中分化出来的，它是社会人通过网络相互交往的过程，它必然以现实社会生活为前提。网络充其量只是一个"能量放大器"，参照马尔库塞的技术批判理论，反思网络空间中交往对人的影响，这种反思并非否定技术进步的积极功能和作用，而是提出一个参照和警示。正确把握现实生存和虚拟生存的本质及其关系才更有可能构建多元健康的社会形态。

总之，网络交往的发展就如一个硬币的两面，在希望中蕴含危机，在危机中又能看到希望，它尽管带有一种现代性的负面效应，但它的发展和扩张也的确给人类带来了前所未有的希望和机遇。人类的责任是要在"网络世界"的新舞台上，清扫各种思想垃圾，清除各种不利于人的全面发展的因素，以技术与知识的创新促进网络人文精神，以网络道德与网络法的建设保障网络人文精神，从一个境界走向一个更高的境界，实现人类的全面发展。

参考文献

[1] 尼葛洛·庞帝. 数字化生存 [M]. 海口：海南出版社，1997.
[2] 马克思. 关于费尔巴哈的提纲 [M] //马克思，恩格斯. 马克思选集：第1卷 [M]. 北京：人民出版社，1995：56.
[3] 赫伯特·马尔库塞. 审美之维 [M]. 上海：上海三联书店，1989：7.
[4] 赫伯特·马尔库塞. 单向度的人 [M]. 上海：上海译文出版社，2006：1.
[5] 丹尼尔·贝尔. 资本主义文化矛盾 [M]. 赵一凡，等译. 北京：生活·读书·新知三联书店，1989：67－68.
[6] 安东尼·吉登斯. 现代性的后果 [M]. 北京：译林出版社，2000：73.
[7] 张静. 信任问题 [J]. 社会学研究，1997 (3)：25.
[8] 李超元. 凝视虚拟世界：网络的社会文化价值 [M]. 天津：天津社会科学院出版社，2004：156.
[9] 邱燕燕. 网络安全与伦理建设 [J]. 情报杂志，2000 (1)：26.
[10] 哈贝马斯. 交往行动理论：第二卷 [M]. 重庆：重庆出版社，1994：15－53.

工程伦理教育的实践转向

陈大柔[1] 郭慧云[2] 丛杭青[2]

（1. 浙江大学公共管理学院 浙江 杭州 310027；
2. 浙江大学人文学院 浙江 杭州 310028）

摘　要：工程伦理教育的实践转向有两层含义：其一，在工程伦理教育内容上，从关注工程伦理的合理性推理和对工程伦理规范的认知，转向对日常的工程实践的关注；其二，在工程伦理教学目的上，从伦理认知层面（文中所说的伦理认知均指对伦理合理性的认识，不包括事实认识）转向对伦理实践技能的培养。后者的实现恰恰是借助于工程伦理教育内容的工程实践转向。主要从工程伦理教育方法上来梳理这种转变，其中，案例分析法是这种转变的标志，而 STS 的方法则充分展示了工程伦理教育的实践性。

关键词：工程伦理；工程实践；案例分析；STS

工程活动内在地包含着伦理的向度。工程活动的伦理是一种应用的、实践的伦理，它来源于问题，其目的在于解决问题。因此，工程伦理教育的目标，不仅是要使工科学生和工程师明确认识到工程活动与伦理密切相关，也不仅是使他们能够辨识出工程活动中的伦理问题，更重要的是要培养他们建设性地解决工程实践中可能遇到的伦理问题的能力。

在传统的工程伦理教育中，流行的主要是自上而下的道德推理法和中间路线的伦理规则教育，这些方法关注的是伦理认知；20 世纪 80 年代以后，案例分析法和 STS 方法日渐推广开来。STS（Science Technology and Society）方法，是运用科学技术和社会这种全面的描述性的视野来分析工程实践，从中展现出工程伦理问题。案例分析法和 STS 的方法之所以受到重视，是因为它们都突破了传统工程伦理教育只注重伦理认知的局限性。它们都开始关注工程伦理实践的维度，注重工程伦理实践技能的提高，注重工程活动中行为的伦理有效性。我们可以把这种转变看作工程伦理教育中的“实践转向”。

案例分析法提供了一种伦理实践的方法论技能，而 STS 的方法将这样一种技能具体运用于工程伦理实践。在这个意义上，STS 的方法对于工程伦理实践具有更加积极的意义。所以本文把案例分析法作为一个转折，而把 STS 的方法作为关注工程伦理实践的具体的方法。

一、关注伦理认知的工程伦理传统教育方法

关注伦理认知的工程伦理教育方法，主要包括自上而下的道德推理和中间路线的伦理规

则教育。

1. 中间路线的伦理规则教育

所谓“中间路线”，主要是从一些道德规范和原则，比如不撒谎、信守承诺、不伤害他人、将利益冲突的影响最小化等出发，在此基础上再讲解工程伦理规范。在美国工程教育界，这主要体现在对各个工程社团伦理章程的合理性的认知上。对学生而言，工程伦理规范的合理性，是在这些原则的指导下产生的。

这种方法停留在法律和习俗的层面上解释了工程伦理章程的合理性，也是在这个层面上说服学生相信工程伦理规范的合理性和正当性。因此，它也被称作教条式的方法，其关注点是对工程伦理章程的理解和认同。它得到了一些工程师和哲学家的支持，例如昂格尔（Stephen H. Unger）和戴维斯（Michael Davis）。戴维斯从“职业化建设”的角度来谈工程伦理章程教育的重要性，以及工程师对于工程伦理章程的认同和遵守[1]。

戴维斯认为，职业的伦理章程是一个职业得以存在的前提，在20世纪初工程职业伦理章程诞生之前，工程只是以工作（occupation）的形态而非职业（professional）的形态出现的。进一步，工程职业伦理章程的宗旨与内容的特殊性也是工程职业区别于医师和律师职业的关键因素之一。所以，为了能够成为一位合格的工程职业从业者，作为工程职业的主要参与者之一的工程师必须学习相关的工程社团制定的伦理章程[2]。

这种方法是在有限的理性（即不加批判地对习俗和法律的认同）的基础上理解工程伦理章程的，其直接的效果是使学生知道了工程伦理章程的具体内容。

2. 自上而下的道德推理

自上而下的道德推理方法就是运用伦理学方法（比如功利主义和康德的义务论）对具体的伦理行为进行合理性分析。在教学中，就是先将各种伦理学的基本理论和相关概念教授给学生，然后将这些理论知识运用于分析具体工程实践的伦理困境。这种方法具有理论抽象性，在辨认伦理主体的立场上，抽象的理论有一定的帮助。比如，可以很清楚地看出一位工程师在处理某件事时所持的伦理立场，是功利主义的，还是义务论的。同时，在评价某个伦理决定是否合理时，这些伦理理论有着积极的作用。

自上而下的方法在一定程度上提高了学生分析和评价工程伦理问题的能力。如果工程伦理教育的目的只是培养伦理分析能力，那么它的教学效果是非常好的。但是，纽伯利（Byron Newberry）对美国高校工程伦理课程作了如下评价，学生的反映是：“伦理是无关紧要的，或者只是常识，学习工程伦理是浪费时间和精力的。”[3]我们应该将工程伦理教育的目标停留在培养伦理分析的能力上吗？学生的这种反映该如何解释呢？

中间路线的伦理章程教育和自上而下的道德推理教育在不同程度上论证了工程伦理规范的合理性，学生在一定程度上理解了工程伦理的合理性，培养了伦理分析和辩护的能力，以及熟悉了工程伦理章程。但是，这些显性的效果仅限于一种理性理解和认识，至于对工程实践中伦理规则的认同，这种以理性为基础的伦理认知方式所能达到的效果就很不明晰了。

目前，一种对于传统工程伦理教育方法的激烈批评是，它无法树立学生的伦理信念，无法促成工程实践中伦理行为的产生。因为伦理信念的产生在儿时社会化的过程中就已经实现了，所以，传统的工程伦理教育对于工程师的伦理实践没有任何积极的意义。其实，这种批评看到了传统工程伦理教育的不足以使工程师积极解决工程实践中遇到的伦理问题，并把这种不足看成是伦理信念的缺失造成的。于是，很容易全盘否定传统的工程伦理教育。撇开培养伦理信念这一难题，以伦理认知为主的工程伦理教育有利于学生理解和分析相关伦理观念和概念，而这种理解对于伦理实践有一定的帮助。在培养伦理信念上，以伦理认知为主的工程伦理教育确实力不从心。尽管这种以伦理认知为主的教育或许以潜移默化的形式对成年人的价值观和道德观有一定的影响。但是，与其他课程的课堂教育效果相比，工程伦理教育这种隐性的、潜移默化的效果，显得很尴尬。工程伦理教育让很多没有耐心的学生觉得索然无味，甚至是多余的。目前还有一种关于伦理认知中情感干预的尝试。他们认为，伦理教育中这种尴尬主要是传统的伦理教育中过分强调从理智的角度来理解伦理。这种主张主要是从女性主义伦理观出发提出的。比如，尝试在工程伦理教育中采用科幻小说的形式。尽管这种做法的效果尚不明确，但这却是一种积极的尝试，或许会促进对伦理认知的效果。

针对传统工程伦理教育中伦理实践效果的不足，除了在伦理信念上寻找出路外，还可以另辟蹊径，关注工程伦理实践技能的培养，关注工程实践中伦理问题的解决技能的培养，即从伦理认知的维度转到伦理实践的维度。

这种转移首先是通过案例分析法这一途径来实现的。案例分析法提供了一种方法论上的伦理实践指导，而STS的方法贯彻了案例分析法中对于“相关事实”强调的原则。这种面向实践和事实的转向非常适合目前工程伦理的教学形式[4]。

二、自下而上的案例教学法——实践的转向

1. 案例分析法

关于工程伦理的案例教学法在哈里斯的《工程伦理：概念与案例》一书中体现得非常充分，其主线是关于“构架”的方法。这里的“构架”是指在特定的案例中，援引我们的公共道德、职业伦理规范、更一般和全面的伦理原则和个人道德来区分出“相关的事实”和“相关的概念”。哈里斯认为，在对一个案例进行伦理分析时，这两种辨别能力是基本的。更进一步的方法是“划界法”和“创造性的中间方式”。“划界法”可以用于那些不能确定如何区分可接受的与不可接受的行为的案例中。将复杂的案例与那些典型的范例进行比较，通常就可以确定在复杂的案例中我们应该做什么。当我们面临许多相互冲突的价值无从选择的时候，我们要有能力提出一个“创造性的中间方式”，即一个关于相互冲突的价值的解决方式，它能够使我们尊重所有的相关价值。中国传统文化中的“中庸之道”就是这种“创造性的中间方式”之一。

案例教学法在工程伦理教育中的运用得到了很多人的推崇。比如哈里斯、戴维斯、昂格尔、普理查德、克兰（Ronald Kline）等。这种方法其实就是古老的决疑法的复苏。它的构成要素是伦理规则（maxim）、范例（paradigm）和具体的案例情景。这种方法不是简单地将伦理规则和理论运用到特殊的案例中，而是以案例的情景为中心，来确定要运用的伦理规则，并在与同类的典型范例的比较中产生正确的行为选择。

2. 案例分析法的实践取向

哈里斯认为，案例分析的方法不仅仅是一种教学方法，更是学生应该掌握的一种解决伦理问题的技能。“正是通过案例研究，我们能够很容易地培养从事建设性伦理分析所必需的能力。通过激发我们预测解决问题的可能的选择和这些选择的后果，案例激励了道德想象。通过案例，我们学会了识别伦理问题的表现方式和培养分析解决它们所必需的技能。”[5]值

得注意的是，他运用了“技能”一词，正是这样一种态度，使得案例分析的方法与以前的方法有了一定的区别。传统方法是停留在伦理思考和认识层面的，案例分析法开始将目光转向了伦理实践的层面。

哈里斯的观点与传统的工程伦理教育方法形成了鲜明的对比。他引用工程师塞缪尔·弗洛曼（Samuel Florman）的一席话清楚地表明了他的这一实践倾向：“学术界内外的怀疑论者都主张，道德品质是在家庭、教堂和社区中形成的，在大学课堂或职业讨论班上，它无法得到改变。在这一点上，我不同意怀疑论者。绝大多数邪恶的行为不是由道德败坏的人干的，而是由正派的人——在绝望和脆弱的瞬间，或在纷杂的主张下无力区分什么是道德上正当的情况下干的。成为一位品德端正的人的决心塑造了我们的童年时代，但是，我们却用整个一生来努力把握什么是好的行为或至少是可接受的行为。”[6]

传统方法的主要关注点是伦理认知，是对工程伦理规则合理性的认识。对于在现实中怎么才能够成功解决伦理问题，则很少涉及。案例分析法则呈现了一种不同于传统方法的实践态度，即将工程伦理教育定位在伦理实践能力的培养上。

3. 案例分析法的局限性

案例分析法中的相关事实和相关概念对于伦理实践是非常重要的。从实践的角度说，对相关事实和相关概念的把握是案例分析法能够成功运用的关键。然而，我们能否及时准确地辨认出与伦理问题相关的事实和相关的概念？我们的伦理敏感性来自哪里？这种能力能不能通过一个个具体的案例分析获得？

工程实践是复杂的，具有很大的不确定性，而且又涉及诸多的问题：环境问题、隐私问题，甚至是社会公平问题。所以，及时准确地把握与伦理相关的事实和情境是非常难的。在这里，案例分析法表现出它的局限性。案例分析法提供了一个原则性的方法论。按照这一方法论原则可以合理地解决伦理问题，但是这一方法论的贯彻却需要很多具体内容的充实。虽然具体的案例提供了一些细节和实践的内容，但它们却是已被分析和筛选过的材料，事实信息是非常有限的。而且，目前所采用的案例分析法都是局限在某个具体的工程实践的“职业行为”上，忽视了工程实践更丰富的背景，忽略了对日常化的工程实践的真实还原。所以在一个案例中关于相关事实的判断是很不充分的。很多案例分析忽略了个人因素以外的伦理维度，这很容易产生边缘伦理。

可见，案例分析法对工程实践维度的关注是非常有限的，与工程的日常实践仍有一定的距离。工科学生缺少的是什么？是对日常的工程实践的把握，是对工程实践中伦理情境的熟悉。仅靠现行的案例分析法，他们仍然无法在工程实践中及时把握以及建设性地解决伦理问题。

针对案例分析法的上述局限性，有很多改进意见。普理查德提出关注积极的案例，例如，针对以往的案例分析中的工程师举报和被解雇的边缘伦理倾向，积极的案例就是做出正确伦理行为的同时能避免举报和被解雇。林奇（William T. Iynch）和克兰则提出运用 STS 研究的成果和方法，增加案例的社会历史背景维度。

三、关注实践的工程伦理教育方法——STS

1. STS 方法

STS 是“Science and Technology and Society”的缩写，它主要是一种描述的方法，通过描述来揭示科学技术和社会之间的紧密联系。具体应用到工程领域，涉及对工程设计的产生、工程项目的施工、对工程事故的描述，等等。在这一系列的描述中，工程的日常实践得到了具体的展现。例如，工程实践中多个主体间的互动，工程事故发生的多重复杂成因，一个很好的例子是沃恩（Diane Vaughan）对“挑战者号悲剧”的 STS 分析[7]。在他的分析中，这一悲剧的发生不再是某个人或某些人的责任，而是美国国家航空航天局（NASA）长期以来所形成的实践文化所造成的，这种文化就是“偏差的常规化”。

2. STS 方法的实践意义

这样的描述对于工程师的伦理实践有什么积极的意义呢？赞德沃特等人（H. Zandvoort）的一段话充分表达了这种描述的意义：“在狭窄的工程职业伦理内产生的问题，更大程度上要归咎于工程师工作环境的组织方式，包括法律、规章制度和职业规范。正如我们所看到的，工程师的伦理问题经常不能由个体的工程师或者在工程师行业内部得到满意的解决……工程师只能通过理解伦理问题产生的背景，并在必要的时候积极地促进背景的改变，从而充分地解决或消除他们所遇到的伦理问题。”[8]

由此可见，从 STS 的描述中，工程师可以获取日常工程实践的“相关信息”。这些相关信息也就是更宽泛意义上的案例分析中的“相关事实”，这是案例分析所不能提供的。对于这些“相关事实”的掌握，可以积极地影响工程师的伦理实践效果。也就是说，在做出伦理行为时，工程师能综合各种因素，并由此出发，想办法去影响各种因素，从而使他的伦理行为成功的机会更大，而不仅是做一意孤行的悲剧英雄。这也许就是为什么克兰提倡工程伦理的 STS 教学方法的原因。

就 STS 方法对伦理实践效果而言，除了对个体利益的保护之外，还能起到预防伦理学的作用。哈里斯认为，工程师的伦理实践应该是成功的——或进一步说是建设性的——伦理实践，原则上能够阻止工程悲剧的发生。通过借用各方面的信息，调节各方面的因素，工程师可以完美地解决伦理问题。这样既不会危害到自己的利益，也能够使自己的努力更为有效。当然，这种技能更多的是一种实践的智慧，它要求丰富的经验。在工程伦理教育中，这种经验的传授肯定是有意义的。

除此之外，这种描述性的方法可以帮助工程师提高伦理敏感性，能够在第一时间辨认出伦理问题。相比之下，案例分析法的一个缺陷就是，它无法在工程实践中及时发现伦理问题，只能当伦理问题已经足够严重时，才会引起工程师的关注。但在此时，往往太晚了，有的时候损失已经造成，有的时候结果已经无法改变。STS 的描述之所以能起到这种作用，是因为描述展现了工程伦理实践的日常特性，越是接近日常实践的描述越能够让工程师真实地了解工程实践。而伦理问题发生在平凡的日复一日的工程实践中，不会像案例分析中那样自动显示出它的伦理紧张性和冲突，除非伦理问题已经非常严重了。比如，在工程设计中，工程师必须熟知自己设计的产品在社会大背景下的应用，充分了解工程产品与社会应用间的密切关系的相关事实，这样才会积极地意识到工程设计中可能会出现的伦理问题，才能具有伦理敏感性。“缺乏对相关事实信息熟知的责任心是盲目的。”[9]

STS 的工程伦理教育方法最有争议之处在于，它的描述性与工程伦理的规范性之间的矛盾。例如，在沃恩对于“挑战者号”悲剧的分析中，好像这个悲剧是不可避免的，对这种结局，个人的行为是无能为力的。果真如此，这就与工程伦理的规范性、应然性很不相符。这个批评有其合理之处。因为 STS 的方法本身的侧重点是培养解决伦理问题所需的技能，不是对工程伦理规范应然性的印证。然而，我们不能把全部希望都寄托在一种单一的方法上。正如传统的伦理认知方法不可能传授解决工程伦理问题的实践技能一样，STS 的方法也不可能论证工程伦理规范。这两种方法各有侧重，可以相互补充。需要指出的是，沃恩对于“挑战者号”的 STS 分析，并没有回避个人伦理责任的意思。另外，从经验学习的角度来看，沃恩的分析隐含着积极的因素，它告诉我们工程实践中的真理——“先例、细小的变化和有瑕疵（缺乏充分数据证据）的工程判断有时是非常重要的。”[10] 与传统案例分析中的管理者和工程师之间的博弈、利益和安全的对峙相比，这种分析要积极得多。

总之，作为一种关注伦理实践的工程伦理教育方法，STS 给工程师提供了日常工程实践的广阔的相关事实和信息，可以从提高工程师的道德敏感性和道德实践效果这两个方面提高工程师在工程活动中的伦理实践能力。

四、工程伦理教育实践转向的意义

1. 进一步满足工程伦理教育目的的要求

目前得到普遍认可的工程伦理学教育目的是由戴维斯提出来的，主要包括四个方面：“（1）提高学生的伦理敏感性；（2）增加学生在相关的行为规范方面的知识；（3）提高伦理判断能力；（4）提高学生的伦理意志力（这是当一个人想道德行事时一种强大的行动能力）。”[11] 其中的第二个目的所对应的方法是中间路线的伦理章程教育，第三个目的所对应的方法就是自上而下的伦理推理。这些方法对于伦理认知有着积极的意义，但却不能有效地提高学生的伦理敏感性和伦理意志力。

对于伦理认知的关注是必要的，但不是全部。具有了伦理信念和伦理分析能力，一个人并不必然会做出成功的伦理行为。伦理行为的产生还会受伦理实践能力的制约。这种能力包含了伦理敏感性和伦理意志力。案例分析法给出了运用这种能力的方法论原则，STS 的描述法则给出了培养这种能力的渠道。所以，案例分析法和 STS 方法的实践转向进一步满足了工程伦理教育目的的要求。

2. 一种责任伦理下的工程伦理观

责任伦理被认为是科技时代的伦理。在高科技时代，科学技术活动对自然和社会、对人类的当下和未来都产生了深远的影响。这些影响是一种分工和合作的合力的结果，个人的道德实践与集体的行为方式紧密地结合在一起，个体责任和集体责任往往很难分开，这些都是传统的个人伦理很难把握的，也是传统的信念伦理无法企及的。责任伦理更加关注行为效果、整体责任以及个体对于相关信息的充分掌握。而这些都可以在以伦理实践为中心的工程伦理教育中得以体现。

（1）克服信念伦理的局限，注重伦理实践效果

责任伦理的一大特点是注重伦理行为的效果。注重实践的工程伦理教育方法关注伦理实

践技能的培养，不再仅限于伦理信念的树立和伦理分析能力的培养。伦理实践技能保证了伦理行为的实践效果。具体到工程伦理实践中，至关重要的技能就是对日常工程实践信息的把握和运用。关注工程实践的STS方法本身就为工程中好的行为——进而是好的工程——提供一个很好的保障。

（2）注重事实判断在伦理实践中的工具理性作用

责任伦理对于伦理实践的效果的关注就落实在对于事实的掌控上，这是实现伦理责任的一种非常重要的工具和手段。

在工程伦理教育的实践转向的过程中，对于事实问题在伦理实践中的重要作用应当给予积极的肯定。这在哈里斯的讨论中体现得尤为充分。他说，“在许多情况下，道德分歧常常转变为关于相关事实的分歧。”[12]这句话也许有道德还原主义的嫌疑，但它却清晰表明了：对于一个已具备伦理信念的人来说，相关事实信息的获取是非常关键的。这个时候，事实判断就是一个完成道德行为的重要前提。而STS本身就是对工程实践的相关的日常事实的描述。在这个意义上，STS是彻底的以伦理实践为中心的工程伦理教育方法。

（3）注重整体的伦理维度

在责任伦理中，伦理主体是我们，一个行动者网络。“个人的权力也许从比例上看甚至变得更加渺小。而无疑变得更加伟大的是集体的相对的权力，即集体性行为主体。”[13]当然，尤纳斯在这里并没有否认个体的责任，“人们不应该忘记：这个利维坦是由所有我们个人组合而成的，而且，我们每一个人肯定也是以这样那样的形式再次在制度性形式中发挥其各自的作用……利维坦并不简单地是一个现有的庞然大物，而我们就呆在一边并且眼看着它如何行为。相反，我们自身肯定是其中的组成要素。”[14]

具体到工程伦理实践中，工程师的伦理责任是在对集体意志和行为方式的把握的基础上实现的。这种把握就是客观地承认集体权力的存在和它的运作方式，从而积极对其斡旋、调整直到能达到自己的伦理目的。这样的伦理实践更能产生积极的效果，而不是一种边缘伦理学——导致举报或者解雇。在这个方面，STS的工程伦理教育方法很好地向工程师展示了工程实践的日常运作模式。

五、结语：新的趋势

工程伦理教育方法的实践转向具有重要的意义，对于工程伦理教育而言，它适应了科技时代伦理观的转变，与责任伦理形成了很好的呼应，兼顾了工程实践的特殊性，使工程伦理教育突破了抽象的、笼统的职业伦理教育范畴。

在《像工程师那样思考》一书中，戴维斯认为工程伦理的研究方法或进路有五种：哲学的、决疑的、技术的、社会的以及职业的。尽管他推崇职业的研究进路，但他也认为，这五种研究进路是互补的，都对工程伦理乃至工程哲学作出了贡献。STS研究也能为工程伦理作出贡献[15]。

然而，他并不认为工程伦理是STS研究的一个部分。我们认为，他所列举的两条论证理由似乎很难成立。理由一是，这两个研究领域的刊物是不同的，关注工程伦理的刊物很少关注STS，反之也是如此。事实上，我们认为，要举出反例也易如反掌。理由二是，从事STS研究的学者对待工程伦理乃至职业伦理的态度是淡漠的。他举的例子是米切姆的专著《通过技术思考》一书，他认为，尽管米切姆给上述专著取了个副标题“工程与哲学之间的道路”，但是，该书关注的是技术，而不是工程。“工程伦理与技术评价、公共政策研究是有差别的。”[16]以米切姆来代表整个STS学界的状态，这显然是有失公允的。

紧接着，他又认为，“要了解道德问题，我们必须了解具体问题的背景，我们就必须了解具体工程的背景。”[17]事实上，他也是这么做的，他对工程所采纳的分析，大到社会、历史、文化、政治、经济，小到团体（包括非正式组织，即行动者网络理论）、习俗、人际关系（包括非正式的人际关系）、情感，这些分析难道不是典型的STS方法吗？例如，沃恩对由挑战者号所引发的“偏差的常规化”的文化分析，这是戴维斯极力推崇的，而这恰恰是一个典型的STS的分析范例。

与戴维斯不同，哈里斯明确提出工程伦理的三个新趋势，其中第一个是把STS（Science and Technology Studies）与技术哲学融入工程伦理[18]。尽管两种STS理论与方法不尽相同，但强调多元化与差异化的研究却是它们的共同点。

参考文献

[1] 迈克尔·戴维斯．像工程师那样思考［M］．丛杭青，等译．杭州：浙江大学出版社，2012：36－37，278－281，286－287，287.

[2] 迈克尔·戴维斯．中国工程职业何以可能［C］//．杜澄．工程研究：跨学科视野中的工程：第3卷．北京：北京理工大学出版社，2008：132－141.

[3] Byron N. The Dilemma of Ethics in Engineering Education［J］．Science and Engineering Ethics，2004（10）：343－351.

[4] 徐献军，丛杭青．知识可以传递吗？［J］．自然辩证法研究，2005（4）：37－39.

[5] 查尔斯·哈里斯，迈克尔·普里查德，迈克尔·雷宾斯．工程伦理：概念与案例［M］．丛杭青，等译．北京：北京理工大学出版社，2006（4）：11，42.

[6] Florman S. Moral Blueprints［J］．Harper's，1978（10）：31.

[7] Vaughn D. The Challenger Launch Decision：Risk Technology Culture and Deviance at NASA［M］Chicago：. University Of Chicago Press，1996：77.

[8] H Zandvoort，I VanDe Poel，M Brumsen. Ethics in the Engineering Curricula：Topics，Trends and Challenges for the Future［J］．European Journal of Engineering Education，2000（4）：291－302.

[9] Martin M，Schinzger，R. Ethics in Engineering［M］．New York：McGraw-Hill，2005：97.

[10] Lynch W Kline R. Engineering Practice and Engineering Ethics［J］．Science，Technology & Human Values，2000（25）：195－225.

[11] Herkert J. Engineering Ethics Education in the USA：Content，Pedagogy and Curriculum［J］．European Journal of Engineering education，2000（4）：303－313.

[12]［14］汉斯·尤纳斯．技术、医学与伦理学：责任原理的实践［M］．张荣，译．上海：上海译文出版社，2008：274，297.

[13] 查尔斯·哈里斯．美国工程伦理学：早期的主题与新的方向［C］//杜澄．工程研究：跨学科视野中的工程：第3卷．北京：北京理工大学出版社，2008：118－131.

（本文原载于《自然辩证法研究》2012年第8期）

第六部分

STS 研究的新趋势

欧美 STS 的研究传统以及未来走向

陈　佳　陈　凡
（东北大学科学技术哲学研究中心　辽宁 沈阳　110819）

摘　要： STS 两种研究传统之间的论争已经成为国际 STS 研究争论的主战场。其中，从研究进路来看，理论与实践的不同研究旨趣、描述与规范的不同研究策略以及科学认识论与技术价值论的不同争论焦点是 STS 研究两种传统之间的主要分歧。纵观国际 STS 研究动态可以发现，STS 的本体论转向，走向参与进路的 STS 研究与社会－技术系统论是国际新近 STS 研究的未来可能走向。

关键词： STS 研究传统；参与进路；社会－技术系统论

一、欧美 STS 的研究传统比较

国际 STS 经过几十年的发展已经表现为一种学派林立、思想繁杂并不断更迭交替的态势，形成了一种对不同 STS 观点和立场能够兼容并蓄的泛教会（Broad Church）的局面。其中欧洲和美国的 STS 研究代表了国际 STS 发展的主流，而欧美两种 STS 研究传统之间的分立成为国际 STS 元研究主要论争之地。

STS 的这两种学术传统之间的差异是多方面的，其中 STS 概念界定上的分歧最为根本。不同知识背景、学术观念、研究旨趣的主体，对社会背景中的科学技术现象的关注点往往出入较多、分歧较大。两种学术传统在研究重心上的差异在于对 STS 本质理解的不同。简而言之，分析哲学传统或实证论传统“在科学技术中看出了对人类力量的确认和对文化进步的保证”，把人的技术活动方式看作是了解其他各种人类思想和行为的范式[1]；而人文主义传统或实用主义传统，则侧重于对技术价值的评判，它“用非技术的或超技术的观点解释技术的意义”，觉察了人类与技术之间的冲突，他们确信技术危及人类自由，认为“人的本质不是制造的，而是发现或解释的”[2]。这两种学术传统呈现在我们面前的是研究范式或内涵各异的理论形态。

1. 理论与实践的不同研究旨趣

理论导向与实践导向是欧美 STS 研究的不同特色。欧洲 STS 研究直接秉承科学哲学与科学社会学的研究传统，用建构主义来解释科学知识的社会生成，是用一种内部主义的视角研究科学技术、打开“科学技术研究的黑箱”的方法，他们具体从社会内部理解科学知识和技术的产生，将科学技术看作是富含社会价值的事业。因而更加侧重对科学技术发生、发展的内部机制的社会学考察。这就要求欧洲 STS 研究需要一种理论导向。

而对于美国 STS 研究来说，研究科学技术的社会性质、现实价值和科学与社会的相互关系是其根本任务，这就需要了解科学技术的社会影响和作为社会过程的科学技术的作用，在这一过程中，需要理性地看待科学技术。从这方面看，实践导向是美国 STS 研究的出发点；其次，对于美国 STS 来说，克服科学技术的负面效应和消解科学技术带来的全球性问题是美国 STS 的基本宗旨，因此对科学技术的公共政策关注和伦理规约是美国 STS 的研究重点，这就要求合理地进行科技政策的制定、跨学科管理人才的使用和合理的伦理规范，从这方面来看，关注实践是又美国 STS 研究的落脚点。

2. 描述与规范的不同研究策略

在欧美 STS 研究进路中，一个重要的不同就是规范与描述的不同解释策略，欧洲 STS 研究坚持一种描述性立场，他们认为，SSK 的主要任务是解释科学家怎样谈论和从事研究，诸如利益、价值等社会因素对科学的影响。他们关注的是科学活动的情境性与索引性、科学是如何进行的等微观细节的描述，而不是对科学的价值性作规定，因此，在描述性研究中，科学知识是无价值指涉的。正如皮克林指出的，“SSK 根本上而言是经验性的和自然性的，就是说通过对真实的科学进行历史与现实的考察来说明科学知识何以是社会性的，规范哲学的先验论教条被搁置一旁[3]。”描述性是建构主义研究的必然策略，社会建构论不采取规范性批判的视角，而更多的是为科学知识和技术提供一种解释和描述。从这里可以看出，SSK 的多数从事者放弃了传统认识论的规范性的认识评价与理性功能，从而无法为自身寻找到一种认识评价的基准。正是在这一意义上，欧洲的 STS 研究才被认为带有“描述性”的色彩。

美国学者研究 STS 的理论出发点往往带有现实的批判特征，试图寻找科学知识背后的社会根基，这也就是说，评估知识产生过程和提出建议是为了改进知识。对于自然化的认识论者，规范的建议必定是针对现实的改进建议。默顿科学社会学坚持规范立场，力图为科学设定种种规范与标准，描绘出科学的理想图景。它回避对科学知识的内容作社会学解释，只关注科学社会结构的研究，采取规范主义进路。而批判性的 STS 研究描述了一幅独特、新颖的科学图景，给出了一种“是”的标准，并且推动了科学知识社会学的转变，即价值上的差别足以排除关于事实的任何显而易见的公式，因此导致了一种规范性科学社会学的趋势[4]14。

3. 科学认识论与技术价值论的不同争论焦点

STS 是一块充满诸多争论的阵地，争论的对象主要集中在对科学技术的不同认识上。其中，以欧洲与美国为代表的 STS 在争论主题与论争焦点上又存在不同。欧洲 STS 的主要论争主要体现在关于科学知识的认识论争论上，表现为实在论与反实在论之争；美国 STS 的主要论争体现在关于技术的价值论争论上，表现为技术决定论与社会建构论之争。

STS 在欧洲所表现的科学知识的实在论与反实在论的争论主要在三个层次上展开。

首先，科学的真理性问题。在实在论者看来，科学是自主性、理性的事业，存在一种一元性的科学，也存在一种真理，科学是不断积累、不断接近真理的事业；而在反实在论者看来，科学知识是参与者网络的“社会建构”，科学的真理性和权威性不复存在。

其次，科学认识的内外因素关系。在实在论者看来，科学活动中的内在因素对科学知识的形成具有决定性的作用，而忽视了科学的外在因素，走向了绝对主义；反实在论者进行了范式转换，认为既然科学的真理性不复存在，那么科学知识的内在因素在建构科学知识过程中与外在因素包括认知因素与社会因素将具有平等解释力，科学知识的产生和增长不必然是内部逻辑的自我增长过程，而是包含了众多的社会文化因素。

再次，对科学的评价问题。在实在论者看来，科学评价的标准是客观的、普适的；在反实在论者看来，科学知识是地方性的，对科学知识的评价不但要有真理性评价，还要有价值评价，并且这种价值还是文化多元的。由此可见，二者争论的关键在于社会因素与理性因素在科学知识内容的解释中相对重要性的大小、在于对科学研究方法与成果的经验描述与认知评价的关系、在于对科学知识与世界关系的解释是否具有一致性上。

对于美国 STS 来说，争论的聚焦点在于对技术与社会这一对矛盾关系的理解上，由此可以引申出两种不同的技术价值观——技术决定论与社会建构论。技术决定论与社会建构论争论是在以下两个层次上展开的。

首先，关于技术与社会何者优位的问题。在技术决定论看来，技术是一种具有内部逻辑自我发展的力量，不受社会因素的影响，无论是技术悲观论还是技术乐观论，其基本观念是技术发展必然带来社会变迁，因而是技术优位的；而在社会建构论看来，技术的内部逻辑跟社会文化要素共同组成了技术发展的行动者网络，技术的内部逻辑不再具有首要位置，社会在形塑技术过程中起到更重要的作用，因而是社会优位的。

其次，关于技术的价值性问题上。技术决定论将认识的焦点集中于技术对社会的后果、影响，不关心技术本身如何形成的问题；而社会建构论则将认识的焦点集中于社会对技术形成、变迁的影响，几乎不讨论技术对社会的作用、价值，或者把技术对社会的作用问题勉强地归于社会对技术的影响之内，认为技术人工物的功能不是预先给定的，而是在其应用过程中被发现的。

因此，欧洲 STS 所面临的主要问题就是科学实在论的危机，SSK 通过相对主义和怀疑论的立场，研究了对长期以来的本质主义、形式主义、基础主义和实证主义产生的巨大的挑战。赵万里指出了 SSK 的相对主义的两个层面：方法论相对主义和认识论相对主义。方法论层面上的相对主义，就是指强纲领引入因果性解释学，来说明科学家在科学活动中实践的本质，以及科学知识的本质。“科学知识社会学就是要搞清楚，在什么意义上和多大程度上，我们可以有理由说，科学知识是植根于社会生活之中的。”[5] 认识论的相对主义，按照布鲁尔与巴恩斯的观点，“(1) 观察在一定主题上会存在不同的信念；(2) 确信在一个既定与境中这些信念是依赖于使用者的环境或者与之相关。不过，相对主义往往还有第三个特性。它需要某种被称为‘对称性’或‘等价性’的假设。”[6] 这种科学认识论的危机最终导致了科学大战的爆发。尽管二者争论的观点林林总总，竞争势力此消彼长，但对科学知识的可靠性和稳定性的追求是二者的共同目的。

而对于美国 STS 研究来说，随着社会建构论在技术研究领域的胜利，技术决定论的思想逐渐被社会建构论所取代，技术的社会建构论把技术看作是由社会因素建构的，通过界定技术的人类、非人类的参与者，把他们共同视为社会建构的行动者，取消了传统技术观的“主－客”二元对立，实际上打开了“技术黑箱”。然而，技术的社会建构论在其相对主义的方法论、单方面强调社会对技术的建构并导致社会决定论等方面也受到了广泛的批评，许多学者也开始重新审视二者的关系。

二、国际STS研究的未来走向

实际上，国际上一直存在关于STS两种传统的研究，学者们对二者之间的对立也有足够的认识和清醒的定位，对于二者如何走向融合也给予了一定的重视，其中比较有代表性的观点有“和解论”，例如，大卫·艾杰认为两种传统可以走向一种“创造性的和解”，不仅是在STS共同体内部，在STS共同体外部的历史学家、哲学家、政治学家以及科学家等都纷纷寻求STS共同对话的平台。这主要表现为“批判”进路与“技术统治”进路展开的对话，而STS注重实效的这一根基为二者的沟通搭建了桥梁[4]14。也有STS的“终结论”，例如伊万·伊里奇（Ivan llich）认为，作为STS的三角的科学、技术和社会以及它们之间的相互关系都发生了很大的变化。科学和技术已经变得没有分别，主张科学和技术有不同关系已经没有意义了。社会的作用现在也不大像是STS三角中的一个独立的成分，而更像一个各种形态的技术－科学可以在其中作为应用程序发挥作用的操作系统。而我国学者李伯聪则认为，所谓STS的终结的观点，并不是什么意义特别重大的问题，相反，此问题背后的关于两种STS的性质和关系的问题才是一个值得给予特别关注的问题[7]。卡特克里夫对STS的知识与实践的理论核心构建的考察，提出了STS未来发展的四条进路，即建构主义、与境主义、问题化和民主化策略[8]。纵观新近的国际STS研究，总共出现了以下几种未来两种传统研究走向的研究。

1. STS的本体论转向——寻求理论与实践的平衡

STS的本体论转向首先在2008年牛津大学赛德商学院的科学与文明研究所的STS小组主办的“STS本体论转向”的讨论会上由史蒂夫·伍尔伽提出。在2008年8月鹿特丹举办的EASST会议上“STS的本体论转向”问题被再次提出，并引起了与会者的广泛而深入的讨论。

本体论问题是STS学者和哲学家（科学哲学家与技术哲学家）争论已久的问题。一般认为，对于科学知识进行研究的科学知识社会学被视为STS的认识论研究，SSK与后SSK的分裂造成了欧洲STS的认识论危机，具体表现为相对主义与基础主义的二难、描述与规范的悖论。里普（Arie Rip）将经典的本体论问题表示为是什么和应该是什么，表示为存在和成为某种存在的问题之间的关系。与传统本体论研究不同，STS的本体论转向它不属于纯哲学的思辨，而是基于经验案例的跨学科思考，这种思考使自然的历史性又以一种全新的面貌重现[9]。而拉图尔的行动者网络使得传统的理论优位走向实践优位，为STS的本体论转向打开了通道，柯文分析道“行动者网络的世界是由准客体、准主体和杂合体占据，传统上泾渭分明的二元论解释在此瓦解，物质文化场所正是主客体的交汇点，也是科学实践得以发生的真实时空，实验室生活因而就成为当代STS本体论研究的起源”[10]。这样，STS的本体论问题就将科学知识的合法性问题转化为科学的实在论问题，从而保持了哲学与STS之间的张力。在此种意义上，STS与其他三个传统问题的关系得以重新审视。

（1）STS与哲学的关系

STS与哲学的关系即关于科学的性质是知识还是实践。随着哲学家参与到这种争论中来，这两种观点出现融合的趋势，他们承认科学既是知识又是实践。尤其是当我们没有理解历史或者承认哲学家关于本体论的研究工作，提出新的争论是徒然的。“行动者网络理论”

与"冲撞理论"关注像实在论与客观性之类的哲学主题，两者提倡一种经验研究来挑战二元论的哲学，倾向于从本体论的角度来理解科学实践。从本体论的角度来看，后 SSK 打破了诸如主体/客体、自然/社会之间的根本界线[10]。后人类主义的 STS 去除了"人类社会"这一中心特征，也反对以"自然"为中心的做法，强调科学、技术、自然物、科学家、社会等全都不可分割地处在一个可见的动态异质性网络中。

在吴彤看来，科学实践哲学为 STS 提供了哲学解释的基础，他认为，科学实践哲学比较彻底地批判了理论优位的传统，这使得关于科学实践活动的解释成为哲学关注的焦点，把颠倒的科学观再次颠倒了过来，科学实践哲学的科学观不仅为 STS 是否具有哲学维度的合法性奠定了基础，而且为 STS 提供了一种合乎本性的哲学观和立场[11]。这至少表明了科学哲学与 STS 从冲突走向对话的一种趋势。

（2）STS 与政策、政治学的关系

林齐认为转向本体论是一种社会认识论的哲学家在介入这些争论时的问题，超越或不参与政治争论的途径。玛瑞斯（Marres）提出了一种标准技术计划，旨在揭示客体在社会和政治生活中的作用。哲学家却指责 STS 的这种秘密标准，认为其放弃了所有认识科学、技术和社会过程的现代主义梦想的希望。但是，在这一领域，STS 的出现使得世界有了很大的变化，虽然没有证据显示 STS 的出现和世界变化之间的关系，这体现在三个有意义的方法上：科学的出现不断冲击着基督教的信奉者；科学日益市场化；技术科学的出现，相比较其他东西，科学更容易受到技术标准化的工具的影响。

（3）STS 与研究对象的关系

这反映了 STS 中人与物的关系问题，当代 STS 的本体论没有对客体的存在与消失作出理念论的解释，而是基于实验室的研究，考察科学对象是如何进入或消失在研究领域之中，研究科学仪器等物质因素在这一进入或消失过程中所起的作用。就客体的生成方式而言，当代 STS 的本体论研究主要体现在以下几方面：自然显现；物质实践中的建构；认知实践中的建构[11]。《新 STS 手册》提出行动者与分析者的概念要对称对待。在 STS 研究者看来，不事先思考行动者是谁，他们会在哪出现等这些问题就"跟随行动者"是天真的。关于实践问题的看法不仅仅来源于行动者的告知，还应该来自阅读学术文献的判断。另外，行动者会坚持其信仰，这种信仰经过分析后是无法接受的（例如技术决定论），但是基于这种信仰，行动者是没有理由不去采取这种行为的。本体论是学术思考的工具，行动者会有很多信仰，将途径归于目标，但不是在本体论意义上。

STS 本体论转向实际上凸显的是 STS 理论导向与实践导向的关系的重新审视。STS 是集理论研究与实践研究于一体的一门学术领域，按照艾杰的解释，STS 理论与实践的主要区分，"是通过批判那种只强调规范和价值之解释性角色的'默顿学派'的功能主义；有关定量和引证方法的适用程度与范围的争论；持有学术和政策不同旨趣的群体之间的对立来区分的"[4]4-11。

按照马克思主义实践论的启示，关于 STS 的理论与实践应当是一种辩证关系，即 STS 的理论是从科学技术的经验事实和社会实践中来的（当然，有些理论也可以从原有 STS 理论中演绎而来），而实践是 STS 理论的基础、指向和评判标准，而关于 STS 的实践研究应当受到 STS 理论研究的指导。STS 中的理论研究与实践研究是相互促进的，保持一种"实践—认识—再实践—再认识"的不断发展的过程，因此，应该保持 STS 的理论研究与实践研究的辩证统一。

2. STS 的参与进路——保持规范与描述的张力

参与进路是国际 STS 研究兴起的最新动态，STS 一方面显示了在相关领域巨大的凝聚力，越来越引起社会公众的关注，走向了实践转向的行动主义的纲领；另一方面，关于实践转向的迫切要求需要 STS 有一个整合的理论框架来指导，理论上的多元性也是导致目前 STS 发展争论较多的重要原因。近年来 STS 领域内一个重要的转向就是关注 STS 研究与政策的结合，强调 STS 的参与进路（Engagement）。

STS 的参与进路也是在 STS 本体论转向下的实践路径。所谓 STS 的参与进路，其基本观念是 STS 的研究者不再成为科学技术生产的观察者和批评者，而是要通过伦理和政策的手段参与到科学技术的社会过程中去，西斯蒙多在《科学技术论手册》（第三版）中详细论述了这种参与纲领，并表达了“建立一种承认科学与技术在现代世界的中心地位的政治学”[12]的迫切愿望。在西斯蒙多看来，参与进路是沟通高教会与低教会 STS 研究的可能路径。西斯蒙多主张两种进路联系为一个整体，由研究外在于社会的知识与技术转向研究知识社会与技术社会，把认识论与政治过程相融合，把科学带入民主。西斯蒙多指出科学研究与政策研究急需结合[13]。

参与进路是建构主义与行动主义相结合的产物。在吴永忠看来，STS 研究的行动主义范式，指以行动主义科学技术观为核心，将科学技术置于广泛的物质实践和社会实践中加以分析和理解，既研究科学知识和以科学为基础的技术为人类社会发展提供的建设性机会，也研究科学技术发展对社会制度、政治制度和人类的幸福带来的挑战或威胁，揭示科学技术所具有的广泛的文化意义，推进 STS 学术事业和 STS 社会运动的有机结合。行动主义科学技术观把科学技术看作是人类的文化实践活动，看作是一种介入性的社会行动。科学技术不仅为我们的生活世界制造出更新更好的表象和人工物，还以深刻的复杂的方式改造着世界和我们自身[14]。因此，在参与进路的影响下，STS 研究的重要趋势就是：规范和描述之间的适当张力。

正是看到了欧美 STS 在规范与描述之间的局限性，STS 的参与进路不仅保持了传统认识论的规范性认识评价与介入的功能，同样也带有作为其思想理论来源的 SSK 的理论“描述性”特征。描述性和规范性所体现的本质是自然与理性、事实与价值、是与应当之间的关系。自然与理性、事实与价值在本质上是二位一体的，不能相互分离，我们既不能把规范与描述付诸先验，也不能归结于人的心理状态。

实际上，规范性离不开描述性。规范性的基本策略是解释、论证和建构，而 STS 规范性的解释和论证既需要建立在对科学技术的真实的描述上，只有从内部了解科学技术的“黑箱”，才能从外部的社会、伦理、政策层面对科学技术加以规范，这也是 STS 研究走向微观以及技术哲学的经验转向的基本要义，不存在完全没有描述的所谓规范性解释和论证。

描述也离不开规范。STS 的描述虽然面对的是科学知识与技术的不确定性和未定型，但同时也不可避免地带有研究者个人的价值和目标，STS 的描述不是研究纯粹的文本话语与修辞学游戏，而是要有所指向、蕴含价值的。因此，在 STS 研究中，纯粹的描述和过多的规范性都是不可取的，参与进路意在寻求一种描述与规范之间的合理张力。

3. 社会－技术系统论——技术的社会建构论的新发展

传统的技术决定论和社会建构论的争论在 STS 解释框架内都遇到了理论困境。其中，社会建构论受批评最多的是它的相对主义倾向，批评的问题集中于对于技术系统中社会建构的边界到底在何处，技术发展的内在动力在技术系统中的表现是什么。在新近的一些技术哲学与 STS 研究中，社会–技术系统论的观点逐渐成为 STS 研究的热点并受到学界的广泛关注。

社会–技术系统原本是组织发展研究中的一个基本概念，20 世纪 60 年代首先由伦敦的塔维斯托克研究所的艾里克·特里斯特（Eric Trist）和弗雷德·埃默里（Fred Emery）提出。这一术语最初用来解释现代社会结构与人类行为的复杂性，在现代社会中，组织和人日益受到技术的影响，并打上了很深的技术烙印，社会也越来越成为技术化的社会，而社会–技术系统论最初就是研究社会和人的社会层面以及组织结构与发展的技术层面的。后来这一概念被冈特·罗波尔（Günter Ropohl）借用到技术的研究中来，在《技术系统论——一般技术论基础》中，罗波尔也全面阐述了技术系统论的思想，他用技术系统来强调人与机器的内部相互关系，把技术系统看作是描述和解释一般技术的理论工具[15]。罗波尔认为传统的技术哲学研究的分野不是将关注投向技术的自然属性，就是投向技术的人文属性和社会属性。这表现为一方面，工程师忽视技术的社会层面，而社会科学家并不了解技术并且不愿意去了解技术人工物的物理属性，这造成了不是技术的决定论就是社会对技术的建构论。为了克服这种片面性，他提出用系统的模型来描述社会与技术现象、人与机器以及社会的技术化和技术的社会化[16]。

受罗波尔的影响，越来越多的 STS 学者也逐渐开始将学术旨趣转移到社会–技术系统中的研究上来。马丁·弗兰森（Maarten Franssen）和皮特·克罗斯（Peter Kroes）所理解的社会–技术系统是由一系列组分和要素组成的综合性系统。他们指出，组成社会–技术系统的要素不但包括了技术的物质层面、科学等要素，还包括了公司、政府等社会实体，也包括了类似于制度、法律、规则等其他的抽象要素[17]。黛博拉·约翰逊（Deborah Johnson）和詹米森·韦特莫尔（Jameson Wetmore）也认为，技术不应只仅仅理解为它的物质层面。技术的存在和意义的获得都不能离开人类活动，社会实践活动也不能离开技术的物质层面。因此，要理解技术日益渗透到我们的日常生活中来的方式，就必须要考察技术的物质层面与社会实践层面以及二者的相互关系。而社会–技术系统就是理解技术的物质层面和社会层面二者不可分割的一个重要工具[18]。因此，社会–技术系统一个显著的特征就是复杂性，不同的行动者以及由此带来的不确定性的共同作用形成了社会–技术系统的功能并促成社会–技术系统的发展。工程师、商人、政策制定者甚至是使用者，他们不仅仅建构技术人工物并赋予其意义和使用价值，他们也相应地建构了人所生存的社会中的框架和社会结构。因此，技术系统本身不是无意义的，其蕴含的目的、价值和意含是理解其社会情境的重要途径。

社会–技术系统论与休斯技术系统论最大的区别就是价值的嵌入，在休斯那里是没有考虑技术系统选择的社会后果的，也就是说社会价值是排除在休斯的技术系统之外的。而在社会–技术系统看来，技术发展、技术进步以及技术使用都蕴含了人类的特定目的，这种目的或者是为了完成一项具体的任务，或者是为了达到特定的目标。人类将技术整合到由社会系统编织的“无缝之网”中就是为了特定的价值，并且处于发展这种价值考虑的。在整个技术发展过程中蕴含了各种各样的价值选择。技术设计和决策的过程中会遇到的风险决策的问题而需要不同的行动者之间的决策协商，技术的使用者可能会发现技术当中存在着工程师没有设计或者市场没有宣扬的那部分技术功能，政治家和决策者在极端复杂的经济和政治环境下进行技术决策，社会–技术系统中的文化标准包括了种族、阶层和代际之间诸多因素。但不管这种价值在社会－技术系统中如何体现，“只要承认技术是人和事的结合体，那么这就是社会－技术系统了”[19]。在社会－技术系统论者看来，社会－技术系统是影响着价值同时也被价值所影响着的，它们不仅建构着技术“事实”，还建构着社会以及通过价值决策来影响着社会。

社会－技术系统是把技术系统放在一个更为广阔的社会背景下考察，实际上是前两种技术论的批判与超越、承接与发展。社会－技术系统论反对技术决定论和社会建构论思维，但又秉承了二者的合理成分。例如，社会建构论摒弃了技术决定论中对社会后果的分析，社会－技术系统论则将价值嵌入到社会－技术系统中来，但并没有陷入技术决定论的桎梏；技术决定论忽视了社会因素在技术系统演化中的作用，社会－技术系统论则将技术系统植入社会系统的“无缝之网”中，但同样没有落入建构论的窠臼。

参考文献

[1] Don Ihde. Philosophy of Technology 1975—1995 [J]. Society for Philosophy & Technology, 1995 (1): 3.

[2] 卡尔·米切姆. 技术哲学概论 [M]. 殷登祥，译. 天津：天津科学技术出版社，1999：17－20.

[3] Andrew Pickering. From Science as Knowledge to Science as Practice [C] //Andrew Pickering. Science as Practice and Culture. Chicago: University of Chicago Press, 1992: 1.

[4] 希拉·贾撒诺夫，杰拉尔德·马克尔. 科学技术论手册 [M]. 盛晓明，等译. 北京：北京理工大学出版社，2004：14.

[5] 赵万里. 科学的社会建构 [M]. 天津：天津人民出版社，2002：138.

[6] 巴恩斯，布鲁尔. 相对主义、理性主义和知识社会学 [J]. 鲁旭东，译. 哲学译丛，2000 (1)：6－16，73.

[7] 佚名. 新世纪的时代特征和 STS 研究 [J]. 哲学动态，2001 (10)：21.

[8] Stephen H Cutliffe. Ideas, Machines, and Values: An Introduction to Science, Technology, and Society Studies [M]. Boston: Rowman& Littlefield Publishers, 2000: 138－139.

[9] 柯文. 让历史重返自然：当代 STS 的本体论研究 [M]. 自然辩证法研究，2011 (5)：81－86.

[10] 蔡仲，郑玮. 从“社会建构”到“科学实践” [J]. 科学技术与辩证法，2007 (4)：54－55.

[11] 吴彤. 试论 S&TS 研究的哲学基础与研究策略：从科学实践哲学的视野看 [C] //全国科学技术学暨科学学理论与学科建设 2008 年联合年会清华大学论文集. 2008：12－14.

[12] Edward J Hackett, Olga Amsterdamska, Michael Lynch, et al. The Handbook of Science and TechnologyStudies [M]. Cambridge: The MIT Press, 2007: 26.

[13] 杨艳.《新科学技术论手册》述评 [J]. 自然辩证法研究，2008 (9)：101.

[14] 吴永忠. 国际 STS 研究范式的演化 [J]. 自然辩证法研究，2009 (12)：76.

[15] Ropohl. Philosophy of Sociotechnical System [J]. Techne, 1999 (3): 59.

[16] Ropohl. Philosophy of Sociotechnical System [J]. Techne, 1999 (3): 66.

[17] Jan Kyrre Berg Olsen. A Companion to the Philosophy of Technology [M]. Willey: Blackwell, 2009: 223.

[18] Deborah Johnson, Jameson Wetmore. Technology and Society Building our Sociotechnical Future [M]. Cambridge: MIT Press. 2009: viii.

[19] Deborah Johnson, Jameson Wetmore. Technology and Society: Building our Sociotechnical Future [M]. Cambridge: MIT Press. 2009: XIV.

科学技术与社会（STS）
——人类把握现代世界的一种基本方式

田鹏颖
（沈阳师范大学科学技术哲学研究中心　辽宁 沈阳　110034）

摘　要：科学技术与社会（STS）把科学和技术放到（本来就在）社会生产（物质生产、精神生产、社会关系生产等）和生活（物质生活、政治生活、精神生活等）中，把本来就由科学、技术参与或支撑的社会生产、生活视为（本来就是）科学、技术的活动场域、生成条件和整合基础。这种思维方式具有重要的认识论启示，它深刻地揭示了人类科技认识的选择性、人本性、时空性和相对性，充分表明在科技全球化时代，科学技术与社会（STS）是人类把握现代世界的一种基本方式。

关键词：科学技术与社会（STS）；科学精神与人文精神；把握世界

科学技术与社会（Science，Technology and Society）研究颇有意义，因而日益受到学术界的普遍关注：有的从学科范式来思考科学技术与社会（STS），主要讨论科学技术与社会的内在逻辑关联；有的把科学技术与社会（STS）本身作为一个自明性理论工具，专门用以研究科技、经济、文化、社会发展中的具体理论和实际问题；有的则把科学技术与社会（STS）作为科学技术哲学领域的一个研究领域（方向），侧重研究科学技术（创新）的社会生成等问题，凡此种种。笔者则倾向于把当前学术界对科学技术与社会（STS）的多视角研究加以整合与提升，把科学技术与社会（STS）作为人类把握世界的一种基本方式，以期在科技全球化时代，为人类携手创造全球科技合作的美好未来提供方法论支持。

一、破解“斯诺命题”的重要思维向度

所谓的“斯诺命题”，即英国学者 C. P. 斯诺在 20 世纪 50 年代末和 60 年代初发表的一系列颇有影响和见地的著述中所提出的耐人寻味、发人深省的命题。斯诺集中尖锐地提出并论证了“科学文化”（Scientific Culture）与“文学文化”（Literary Culture）的关系问题，认为这“两种文化”的分裂是英国经济社会发展中一系列困境和矛盾难以解决的根本原因。斯诺对科学文化与人文文化由合一而分化的现实以及现代社会一系列深层矛盾的“原罪”的深刻揭示，可谓入木三分、一语中的。

“斯诺命题”之所以成为问题且为人们广泛关注，根本原因在于，英国工业革命以来，特别是20世纪50年代末以来，全世界范围内，尤其是西方资本主义现代性矛盾的集中展示与暴露。虽然人们逐渐地认识到现代性问题并不是一个处在现代社会中的人们可以抽象讨论和简单选择、取舍的问题，而是一种历史演进、嬗变的机制问题，但是人们仍然难以容忍风生水起的西方资本主义现代性悖论。从16世纪开始，现代性仿佛一艘历史巨轮从中世纪起航，历经“文艺复兴”“宗教改革”“地理发现”而揭开了现代社会的序幕。到18世纪晚期，经过工业革命、启蒙运动，特别是法国大革命的洗礼，现代性穿过风云激荡的19世纪而逐渐走向成熟。人们无法否认，现代性无疑给人类带来了福祉，但同时现代性也彻底打破了自然的宁静与和谐，彻底改变了人和自然的存在方式，使金钱成了万物的尺度，使用价值完全“听命”于交换价值，生产的真正目的不是意义而是利润，对竞争和效率的崇尚和迷恋使现代人从事各种活动的出发点是急功近利。

然而，人们对这些重大的综合性社会问题的批判、反思与消解，不仅涉及自然科学，而且需要不断创新的人文社会科学，更需要自然科学与人文社会科学的有机结合。遗憾的是，在斯诺看来，发轫于18世纪中叶以来的英国工业革命是以“知识（自然科学技术）就是力量”的科学文化传统为支撑的，人文社会科学（技术）一直游离于工业革命系统之外，人文文化与科学文化已经彻底断裂，而自然科学（技术）早非常迅速且十分紧密地与现代工业革命黏合在了一起[1]。

进入21世纪以来，人类所创造、掌握和运用的科学知识日益增多，但人类创造、掌握和运用科学知识的智慧的增长却受到了现代性的束缚，当下更难以自觉地利用这些科学知识医治现代性创伤。正所谓“我们不是医生，而是病人”。现代工业革命以来，人类在各个历史时期所遭遇的各种危机，貌似政治、经济、、金融、能源、环境等问题，但究其根本原因，则是科学文化与人文文化没有真正结合所致。人类社会是一个整体，自然科学（技术）与人文社会科学（技术）不能割裂，这不仅具有知识论的价值，而且是人类生存和文明发展的内在精神资源和思想动力。从哲学视角考察，自然、人和社会本身就是一个有机整体，哪个环节发生断裂，都可能引发难以想象甚至不可挽救的灾难和风险。

科学、技术与社会（STS）研究，将自然科学、技术科学、人文社会科学结合为一体进行方法论开拓，把“科学”“技术”“人”“社会”整合到一起进行“四位一体”的研究，把现代社会中的经济问题、政治问题、文化问题、社会问题、生态问题等融为一体进行整体把握，无疑给破解“斯诺命题”提供了一个重要思维向度。

二、现代科技认识论的一个重要视角

为什么科学技术与社会（STS）研究可以为我们破解“斯诺命题”提供重要指导性线索，以至于成了我们把握现代社会的重要思维向度？这是由科学技术与社会（STS）研究具有鲜明的超越学科壁垒、实现现代学科交叉、多重视角互补的认识论价值决定的。

众所周知，认识论是探讨人类认识的本质、结构、功能、前提、发生、发展的过程及其规律的哲学学问。传统的马克思主义哲学原理在讨论认识论问题时，往往把思考的重点放在“认识与实践”及其相互关系的演绎上，并在最一般的意义上得出“实践—认识—实践”的认识论公式。但认真反思，我们不难发现，在传统认识论中“实践”被抽象了，特别是实践的社会内涵、历史内涵、文化内涵被遮蔽了，认识主体的个性特征、社会环境及生成条件消失了，使传统的认识论变成了主体缺位的认识论，或者传统的认识论的主体很抽象，因为“谁”“如何”“什么环境”“认识什么”等问题没有得到必需的揭示和说明。

科学技术与社会（STS）研究，则正视现代科学技术认识、创新、传播的现实，全面把握科学技术与社会相互作用的内在机制，其一，把科学技术放（还原）到具体的社会环境、社会生产和生活中，赋予科学技术具体性、生动性、鲜活性，而绝不是言之无物的科学技术概念；其二，把现代社会理解（还原）为有科学和技术支撑或作为第一生产力的具体的社会形态、社会结构、社会系统和社会环境，赋予现代社会具体性、生动性、鲜活性，而绝不是言之无物的社会形态概念；其三，把科学技术与社会（STS）作为相互关联的系统来考察，揭示了“社会生活的本质——实践”的真谛。人类社会不过是由人、人的活动、人的活动的产物构成的有机体。人是掌握一定科学技术的人、人的活动是认识世界和改造世界的活动，实际上就是科学—认识活动、技术—改造活动、人的活动的产物—人的科学和技术活动的对象化三者的有机统一。所有这些，恰恰给出了科学技术与社会（STS）研究的认识论启示。

1. 科学技术认识的选择性

科学技术与社会（STS）启示我们，科技认识的生成、发展既有不可选择性，同时又具有选择性，是两者的统一。从社会条件的给定性来看，科技认识只能在历史给定的条件下生成和发展，人们认识和改造世界不能随心所欲，必须在特定的历史条件下，在前人认识的基础上认识现实世界。从这个意义上说，科技认识具有不可选择性。但同时，社会条件、社会环境也是由人来创造和改变的，一定的社会制度、体制、机制、政策、法规等是一定的社会的人们创造的产物，因而，科技认识生成、发展以及作用的发挥又具有选择性。

从一般认识论视角分析，全部世界的总和是所谓的“自在世界”，只有进入人的认识视野的世界才是“世界图景”。自在世界也称天然自然，首先，自在世界是人类世界产生之前的自然界。在人类社会产生前，客观的自然界早就独立地存在和发展着了，这是人类世界产生前的先在世界。其次，自在世界又是人类活动尚未深入到的自然界。自然界在广度上和深度上都是无限的，永远存在着人类活动尚未达到的部分，即尚未被人化的部分，世界的这一部分仍然属于自在世界。在日常的生活中，人们以自身所需要的框架去观察、描述和解释世界，其实质是以个人经验的普遍性去把握世界，进而形成具有经验共同性的“世界图景”。由认识主体需要而形成的“世界图景”，又直观地呈现认识的主体。换言之，“世界”以认识的普遍性和共同性为内容而给予认识主体，认识主体又以认识的普遍性和共同性为中介而直观“世界”的存在。在“世界”“主体”“认识”的三者关系中，“认识”既是构成主体的世界图景的手段，又是“世界”在主体的表象和思想中的“图景”。因此，认识的普遍性与共同性是“世界图景”构成的中介与实质内容的统一。认识主体在主体需要框架与经验直观的统一中达到对世界的自我理解，以及认识主体之间的相互理解。当代科学哲学家瓦托夫斯基提出，“可批判性的条件至少是，批判的对象必须是被明确表达出来的，是自觉反思的对象，而不再是不能言传的东西。但是，构成这样一种批判对象的是什么呢？什么东西能够用这种方式加以批判呢？这不能只是经验本身，因为经验不过是过去的存在。要使经验成为批判性的，就需要用如此一种方法来表述经验，以使得经验能够成为反思的对象”[2]5。这就是说，“世界图景”只能是以具有批判性的科学概念框架去构建，而在一般的常识的世界图景中，“人总是倾向于把他生活的小圈子看成是世界的中心，并且把他的特殊的个人生活作为宇宙的标准。”[3]瓦托夫斯基认为：“在科学本身的基础上，铭刻着其带有共同经验、带有共同的理解方式以及带有共同的交谈和思想方式的历史连续性的印记，因为科学并不是一跃而成熟的。它是通过合生、修正、彻底重新表述而与传统和各种尚未成熟的概念并肩成长起来的。科学已经创造了十分严格和优雅的人造语言，但是，它这样做时，还是不得不讲述我们共同的自然语言，并把在我们的普通语言和理解中所表示的世界跟出现在科学对话的非常语言和理解中的世界联系起来。”[2]89而所谓的科学，既同常识相联系，又超越了常识，进而形成科学认识的概念框架。

2. 科学技术认识的人本性。

毋庸讳言，人类崇尚“知识就是力量”的哲学命题，目的在于发现、发明和创新知识（科学技术）为人类的生存和发展服务，这就充分表明，科学技术认识就其本质而言具有鲜明的人本性。当然，科学技术的人本性绝不意味着社会主体人的至高无上性。然而必须注意，文艺复兴以来500年的历史，几乎使人们比较彻底地铸就了这种主体至上的思维定式：人们的逻辑、论说、认知、行为，以及人们的情感方式等都必须仰仗和遵循大师和先哲学业已“前定”的思维模式。这种思维模式即所谓的“笛卡儿主义”，这种“主义”确定了主体人的独立地位和主体与客体的两分法，进而导致了数百年来“科学技术等于理性”“科学技术等于进步”等似乎不正自明的“真理”。但是，现代科学技术在促进人类经济社会蓬勃发展的同时，也给人类造成了令人毛骨悚然的生存危机。在这种时代背景下，人类开始追问：科学技术认识的人本性何在？批判与反思中，人们终于发现，人类进入现代社会以来，在一定意义上说，科学技术构成了时代进步的轴心。今天的科学技术早已发展到当年的牛顿、伽利略等难以想象和置信的地步，然而，人文文化却一定程度上出现了渐行渐远的局面，这不仅表现在“两种文化”的分裂与疏离，而且更表现为人们包括哲学家们时至今日仍然重复着柏拉图甚至孔夫子先哲的文本，这种主体形而上学的顽固性还相当明显，阻滞着具有解释力、整合力、改造力和创新力的世界观和价值观的创新与重构。科学技术与社会（STS）为科技与社会、科技与自然、科技与人文的协调发展提供了基本的思考方式。

3. 科技认识的时空性

科学技术与社会（STS）为科学技术找到了存在的场域，实际上也就找到了人们认识的时间和空间。时间和空间相对于自然物而言，其自身可能是一种独立存在。而对认识主体——人——而言，时间和空间都是在社会生产、生活、生命中自我生成的。在时间维度上，人们的科技认识是一种历史、演进的活动，人类每一代人的科技认识都是在前一代甚至前几代人的科技认识的基础上进行认识或创新。所以，科技认识必然是以继承以往的科技认识成果为基础的。在空间维度上，科技认识是通过人与人之间相互活动而形成一定的社会关系，每个人的科技认识同样离不开他人的科技认识，每个人的科技认识成果都是社会科技共同体科技认识成果的一种体现，是对社会科技共同体认识成果的再认识和再创造过程，具体的历史的科技认识是这“两个维度”的统一。正如马克思在《1861－1863经济学手稿》中指出，社会“时间实际上是人的积极存在，它不仅是人的生命的尺度，而且是人的发展的空间”[4]。回避具体的时间和空间变量，所谓人们的科技认识是难以想象的。

4. 科学技术认识的相对性

科学技术与社会（STS）启示人们，科学技术认识永远是一定社会条件下的认识，社会意识、社会认识、社会文化、社会宗教等对人们的认识都有影响甚至制约。因而，认识只能是具体的、历史的、相对的和暂时的。人们在认识的过程中，应当用辩证的思维来思考认识主体、认识手段、认识过程和认识结论。“思辨性是哲学方法的关键。思辨性带来了歧义性和难以检验性，也带来了与实证方法不同的功能。之所以在对世界的认识中需要运用思辨方法，首先是因为这种方法对科学思想发展具有开拓作用。其次，科学理论中常常包含在一些无法用经验直接说明也无法从理论本身推导出来的基本假设，在该理论范围内，这些基本假设是超验的、思辨的、形而上学的。”[5]在认识的过程中，需要确定认识的对象，对其特征运用辩证的思维和方法进行分析和研究，最终得出对对象的全面的认识。从20世纪中叶以来，人类社会掀起了一场史无前例的新技术革命，已经导致产业结构、经济结构、社会结构和思想观念发生了深刻变革。任何国家和民族要想站在这场历史变革的前头，要想成为优胜者，就必须突破以往的科学技术认识，坚持不懈地进行科学创新、技术创新和社会创新，以适应当代科学、技术、社会“立足现代，扬弃前现代，面向后现代”的基本趋势。

三、人类把握现代世界的一种基本方式

马克思在《〈政治经济学批判〉导言》中指出：“整体，当它在头脑中作为思想整体而出现时，是思维着的头脑的产物，这个头脑用它所专有的方式掌握世界，而这种方式是不同于对于世界的艺术精神的、宗教精神的和实践精神的掌握的。”[6]

科学技术与社会（STS）是一门研究科学、技术与社会相互关系及其互动规律的多学科、多领域的综合性新兴学科，具有鲜明的整体性、系统性和工程性，其根本宗旨在于改变科学和技术，分离科学、技术和社会脱节的状态，使科学、技术与社会有机结合，更好地造福于人类，特别是使社会更有利于科学、技术的持续健康发展。

科学是人对客观世界的认识，是反映客观事实和规律的知识，是反映客观事实和规律的知识体系，是一项反映客观事实和规律的知识体系相关活动的事业。技术则是人们改造世界的知识体系，法国思想家狄德罗主编的《百科全书》曾经列入了“技术”条目，认为技术是为某一目的共同协作组成的各种工具和规则体系。从学科技术发展的历史看，一般地说，“科学技术与社会（STS）”，作为一个专门的研究领域，一个新兴的交叉性——自然科学和社会科学相交叉的研究领域，出现于20世纪60年代。它的新兴特点，决定了到目前为止，STS学科的性质、范畴、边界、方法等问题，还都需要深入思考与研究。但是可以明确的是，科学技术与社会（STS）把作为文化现象、作为人的认识和改造活动、作为知识体系的科学和技术，放到（本来就在）社会生产、生活中，把本来就有科学、技术参与或支撑的社会生产生活视为（本来就是）科学、技术的活动场域、生成条件、存在基础。其使命在于：在当代社会中，对科学技术与社会的编织之网或相互关系的复杂性进行深刻的揭示与理解。我们不能再无视这样的事实：科学正在影响当代的社会变革，而且也受到这些变革的影响，但是为了使这种认识多少具有实在内容，我们需要比以往更仔细地分析两者之间的交互作用。科学技术的发现、发明、设计与创新建立在科技与社会的构架基础上，科技与社会构架在很大程度上规约人的目标选择、支配人的思维方式。简言之，科学技术与社会（STS）实际上是人类对科学技术与社会的真实图景的能动把握、理性自觉和把握方式。

从这个意义上说，只有关注科学技术及其与现代社会的关系，才能理解现代社会；只有

关注社会对科学技术的规约，才能理解科学技术的生成、功能、效应。现代社会是科学技术的社会，现代科技以现代社会为场域。现代科学技术一旦离开于现代社会的规约，现代科学技术就将成为“潘多拉的箱子”或一匹脱了缰的野马。现代社会一旦远离或没有科学技术参与和支撑，现代社会就将走向死寂。所以，科学技术与社会（STS）便合乎逻辑地成了人们把握现代社会、把握现代科学技术、把握现代科学技术与社会的关系的基本方式。换言之，科学技术与社会（STS），就是既在科学技术与社会的关系中把握科学技术，又在科学技术与社会的关系中把握现代社会，是人类对科学、技术与社会的双重把握。只有这样，科学技术与社会才能在人类的创造性伟大实践中得以全面、协调和可持续发展。

总之，作为把握世界的基本方式或一种世界观，无论哲学的、艺术的、宗教的，还是实践的，其具体内容和形式都不是一劳永远逸和一成不变的，而是一种不间断的思想探索和思维创新过程。科学技术与社会（STS）亦然。其核心价值理念在于调整人对自我的传统认同，调整人对科学技术的传统认同，调整人对科学技术与社会三者关系的传统认同。面对当下人类面临的种种危机，科学技术与社会（STS）呼唤人们反思现代科学技术，反思现代社会法制和伦理，反思人们的生产和生活实践，具体地说，既从人文反思科技，又从科技反思人文，质疑现代社会以来为人们所普遍接受的自然科学技术价值观念，逐步实现哲学世界观的历史性创造与更新。

参考文献

[1] 斯诺. 两种文化［M］. 纪树立，译. 北京：生活·读书·新知三联书店，1994：1－50.

[2] 瓦托夫斯基. 科学思想的概念基础：科学哲学导论［M］. 北京：求实出版社，1989.

[3] 卡西尔. 人论［M］. 上海：上海译文出版社，1985：20.

[4] 马克思. 1861－1863年经济学手稿［M］//马克思，恩格斯. 马克思恩格斯全集：第47卷. 北京：人民出版社，1979：23.

[5] 刘大椿. 科学活动论互补方法论［M］. 桂林：广西师范大学出版社，2002：45.

[6] 马克思.《政治经济学批判》导言［M］//马克思，恩格斯. 马克思恩格斯选集：第2卷. 北京：人民出版社，1995：19.

（本文原载于《科学技术哲学研究》2012年第3期）

“反身性”难题消解与科学知识社会学的未来走向

王彦雨[1]　马来平[2]

（1. 清华大学人文学院　北京　100084；2. 山东大学文史哲研究院　山东 济南　250000）

摘　要：“反身性”是科学知识社会学所标榜的原则之一，但“反身性”的自我拒斥特性却使得科学知识社会学陷于“反身性”困境。原因何在？其源盖出于科学知识社会学的“反身性”之痛实际上是社会科学的“科学化”之痒——它仍然沿用了传统科学观的一些先验预设（如“实在”“基础”“恒在”等）。而一些SSK学者在反思反身性难题、打破这些先验预设时（如马尔凯的“新文体形式”），却反向性地陷入了“反身性”的单向解构路径，从而走向“虚无主义”。要想彻底破解科学知识社会学反身性困境，为当下知识的合法性提供认识论基础，乃至使整个社会科学走出反身性怪圈，关键在于对“反身性”概念进行元反思，充分发掘其所蕴含的“建设性”意蕴。

关键词：反身性；科学知识社会学；新文体形式；反身性建设意义

20世纪六七十年代之后，“反身性”概念在社会学、科学知识社会学、人类学、心理学等领域日益表现出其重要性，还迅速扩展到法学、政治学、神学、人工智能、教育学、经济学等学科。反身性概念不仅是知识社会学家——科学社会学家、批判知识社会学者（如布尔迪厄）——追问“科学如何可能”“科学知识社会学如何可能”“知识社会学如何可能”的基本前提，同时，也是社会学家质疑传统社会学理论、寻求“如何走出现代化社会牢笼”的工具。科学知识社会学（或是说整个的社会科学）应该如何应对反身性的挑战？科学知识社会学应走向何方？是走向彻底的自我解构以换取自身的合法性存在，还是另辟蹊径？回答这些问题，对于科学知识社会学甚至整个的社会科学都具有重要的意义。

一、科学知识社会学遭遇“反身性”难题

1. “反身性”含义追问

关于反身性的内涵，不同的学者从不同的视角给出了不同的含义。巴特利特（S. J. Bartlett）曾列举了有关反身性的75种内涵及用法。阿什莫尔将反身性分为：① 作为“自我指涉的反身性”（reflexivity as self-reference）[1]，指将特定文化、历史维度中特定主体的研究方法、研究结论、研究程序运用到对自身的说明，在对等的情景中（解释对象与解释自己）审查研究方法、结论、程序的合法性；② 作为“自知的反身性”（reflexivity as self-awareness)[1]，如伍尔加的“温和的内省”（benign introspection)[2]，古尔德纳（Goulner A. W.）、布尔迪厄、华康德（Loic Wacquant）倾向于将反身性视为“自知”（self-awareness），即认识自己、反思自我认识的局限性；③ 作为“话语的建构性循环反身性”[1]。尽管学界关于反身性的确切含义并没有一个非常统一的答案，但是在各种关于“反身性”概念的定义背后，也隐藏着共同的意义蕴含。

（1）对“实在知识”假定的拒斥

反身性质疑我们思维的一切基础，它要求思维者向批评开放，不断反思我们建构知识过程中所使用的潜在的价值观、方法论、文化背景，“反身性在本质上对暗含在主流社会科学目标……提供关于世界的绝对观点……中的哲学确定性和方法论确定性的假设构成了挑战。”[2]反身性具有较强的解构意向，它指向对知识、思维定势的反思与拆解，往往导致悖论、自我解构、自我拆解。特别是反身性所蕴含的自我指涉特性往往将自身置于被解构的境地。

（2）打破传统的主客二分，将主体与客体纳入一个诠释学的循环语境中

“反身性”概念打破了启蒙理性以来所作的一系列概念二分，如主体与客体、科学与非科学、进步与退化、自我与世界，将人类思维带入非科学主义的诠释学范围，将不同的要素置于一个综合的、互动的、联系的、开放的场域中，“‘反身性’标志着人们对社会的把握开始从科学主义视域中挣脱出来而引入诠释学理念，社会的构成不是先验的，而恰恰同人们的日常活动以及对这些活动的日常阐释相关联，社会就是在这种‘诠释学循环’中得以生产和再生产，并因此而把社会学从超社会的理性主义氛围中解救出来。”[4]

2. 反身性魔咒：科学知识社会学无法破解的诠释圆环

反身性概念所导致的一个根本问题是自我驳斥、自我指涉难题。反身性难题在曼海姆的知识社会学中便已非常明显地表现出来，格尔兹（Clifford Geertz）将之称为“曼海姆悖论”：曼海姆的知识社会学一方面宣称，所有思想、意识不过是一种源于特定社会存在的意识形态，不存在超文化、超主体的绝对知识；而另一方面他又以某种实在论支点作为其知识社会学思想的精要，这便形成了曼海姆知识社会学特有的悖论形式。而在格林伯格（Barry Gruenberg）看来，任何科学社会学都会遇到自我指涉这个“重大的羁绊”[5]，“因为科学社会学家是一个社会科学家，所以，他处于一个特殊的位置中：他不仅要将‘科学’定义为其研究对象，同时还要将其定义为他开展研究的方法与程序，这削弱了科学社会学家将研究对象定义为独立于其研究方法的能力。”[5]科学社会学家很难将研究对象与研究方法隔离开来，二者反身性的联系在一起，不存在“议题独立的方法”和“方法独立的议题”，于是便产生了以下问题：关于“描述”的描述、关于“理解”的理解、关于“观察”的观察、关于“重复实验”的重复实验等。

反身性的自我解构、自我拒斥特性，使传统社会学家、传统理性哲学家极力反对将反身性作为重要的研究议题，他们试图将反身性排除在认知范围之外，说服人们“没有它（反身性），我们确实会生活得更美好”[1]。传统理性哲学强调知识的最终原点（如笛卡儿的“我思故我在”），以此作为人类思维能力合法性的基点，并在此基础上建立思维得以运行的方法论、认知规则（如逻辑演绎法）。他们通过某种最终的、免于被怀疑的阿基米德点筑起拒斥反身性的堡垒。

自然科学也通过一系列的规则保障着自身的反身性无涉。自然科学是通过一系列的二元

区分来实现的：主体与客体、表述与对象、方法与结论等，"自然科学不存在反身性难题，因为，他的话语排除了社会科学中的相似性（表述与对象之间的）关系，科学分析的修辞学在不同层面上强调操作（方法）与研究现象之间的相异性。"[2]自然科学通过假设一系列外在的、超然于历史与文化的因素，如自然界的客观规律、客观的方法论、知识评价的中立性标准，将科学知识完成与外在实在的单线联结，从而使反身性的反向回路无法实现。

传统的默顿式科学社会学也可以逃避反身性诘难。默顿很聪明地将涉及知识生产与知识性质的问题排除在自己的分析视野之外，集中于探讨"知识生产者之间的社会关系、科学的影响、体制性增长"[2]。默顿社会学很好地处理了表述与对象的相似性难题，他通过避免探讨它们的关系（即通过逃避对科学内容的分析）来获得反身性救赎，"科学的社会研究是关于科学家的非反身式研究。"[2]

但 SSK 则无法幸免，科学知识社会学明确要求将科学知识这一知识形式纳入自己的分析范围之内，"换句话说，研究者要求在其研究过程中参与到作为研究对象的活动中，她生产关于知识'生产'的观点，她试图解释'解释'是如何得以完成，理解'理解'是如何产生的等。因此，我们可以预见，自我指涉紧紧地伴随着科学知识社会学，在自身研究过程中得以发生。"[2]伍尔加谈道："一旦认识到同样的观点（科学知识是社会建构的）可以在 SSK 所制造的知识中得到，那么反身性议题便在科学的社会研究领域中出现。"[2]如果依科学知识社会学所言，科学知识是在特定文化场域中社会地建构出来的，负荷着主体情感、文化情景与社会利益，那么这种一元结论同样也适用于科学知识社会学的相关主张，这种悖论威胁到了科学知识社会学的生存及其结论的合法性，用博托莫尔（Bottomore T）的话来表述便是："因为如果所有命题都是被实际存在的角度决定的，任何一个命题都不是绝对真实的，那么，即使这个命题本身是真实的，这种真实也不是绝对的，而是被实际存在的角度决定的。"[6]

3. "怪物"或"礼物"：科学知识社会学界关于反身性的不同态度

当 SSK 遇到反身性的诘难时，科学知识社会学内部便会出现不同的态度，前期 SSK 学者主要采用漠视、公开的反对态度，将反身性视为对自身合法性存在的一种威胁，是一个难以摆脱的"怪物"；而伍尔加、拉图尔、马尔凯、阿什莫尔则更多的是直面反身性诘难，在他们看来，反身性是"礼物"。

科学知识社会学界关于反身性的态度归结为下面几种。

（1）标榜型（以布鲁尔、巴恩斯为代表）。在布鲁尔的实践中，反身性从未被认真对待过，没有提出具体的反身性操作策略，而仅仅是一种 SSK 对科学知识进行社会学分析的所谓" 彻底"立场的文学式自我标榜。

（2）漠视型（如劳丹、Millstone）。如劳丹认为"反身性"是"多余的"[7]，是"没有牙齿的"（has no teeth）[7]；Millstone 认为，"让社会学家检查社会关系与他们自身信仰，这一强加的责任是没有必要的"[8]。

（3）反对型（以科林斯、平奇、霍利斯为代表）。如科林斯声称："被社会学家应用于说明科学的模式能否同样被应用于社会学，这不是一个需要研究科学社会学的社会学家需要回答的问题。"[9]

（4）温和的立场：建构反身性。伍尔加认为，科学社会学对反身性研究表现出相当低水平的关注，"期望学者关注科学知识并审查其基础是合理的。但是，那些学者仍然对自己的方法和生产条件保持沉默”[10]。伍尔加的反身性直接指向了SSK自身的实践，伍尔加提出了“建构反身性”概念，“建构反身性等同于对区分的拒斥、对相似性的强承认（a strong affirmation），表述与对象并非是相互独立的，它们是紧密地互相联系”[2]。

（5）新文体形式：反身性的绝对拥趸及实践者（如马尔凯、阿什莫尔）。马尔凯与阿什莫尔是新文体形式的提出者与传播者，在对待反身性的态度上，他们都采取了绝对的支持态度。阿什莫尔谈道，反身性既可以被视为一种威胁（往往使分析陷入“我都一样”的困境），一种批评他人的工具，但同时也是一个机会。对于一些话语实践者来说，反身性“通常被视为对其目标——具备生产合法性知识的独特能力——内在的、最为关键的批评”[1]。

二、科学知识社会学解决反身性难题的路径

1. 社会科学“科学化”之痛

实际上，任何涉及知识的性质、涉及知识生产的性质的学科，大都会遇到反身性难题。因为，任何学科都会去寻求自身合法性的最终基础，以及为自己所使用的方法论程序、规则的合理性进行辩护。反身性便可以通过反向地用历史、文化、与境、社会等维度来解构特定文化、历史、与境、社会中所生产的知识。用公式表示如下：

知识即Y，作为限定条件的log（历史、文化、与境、社会因素限定），知识生产主体X，以及当时被视为适用的、合理的生产知识的方法论与评价程序Z，则

$Y = \log(XZ)$

而反身性则通过log的反向前移来解构知识Y的最终普适性，即

$\log Y = XZ$

反身性给知识Y加上了状语log，从而为Y戴上了历史、文化、社会、主体的限定语。

社会学所面临的反身性困境，实际上是“社会科学的文化属性”与传统理性知识观所要求的“理性、超然性、客观、主体及社会无涉性”之间的矛盾，是科学主义在社会科学内部的一种渗透。科学知识所要求的普适性、客观性，随着社会科学内部实证主义的兴起与发展，也便在社会科学内部种下了“科学”社会科学的影子。

从认识论上讲，与自然科学试图获得某种关于自然界的实在性知识一样，传统社会学也以实在论作为认识论依据去书写社会世界。这种实在主义知识观在传统的实证主义社会学传统中占据非常明显的位置，如孔德、斯宾塞、迪尔凯姆。他们都继承了科学界的实证主义观，都试图发展出一整套可以表述社会实在的元社会学语言，强调社会学语言的“价值中立性”，认为“价值”与“客观”是相对立的。在他们看来，如果一种知识含有表述者的价值倾向，无法超越当时当地的文化背景，那么就不可能获取超然、客观的社会学知识，不是“理性”的知识；知识社会学者曼海姆虽然也强调“社会意识的社会存在决定”，但是，在面临如何对待自己的知识这一问题上，他同样无法摆脱科学实在论的影响，为自身贴上“硬”知识的标签；SSK的前期学者，如科林斯、巴恩斯、布鲁尔，虽然标榜自己是反对科学实在论的斗士，但实际上，也不过是摘掉科学的“实在主义帽子”，却又将这顶帽子重新戴在自己的头上。SSK往往是对科学知识采取一种相对主义的说明——将各种社会因素引入对科学知识的解释，从而使科学知识成为一种“相对主义”的或“社会的”“基于信念”的知识，但却对自身的知识（社会学知识）采取一种实在主义态度——作为社会学家，SSK

学者所生产的知识是绝对可靠的“实在性知识”，这种实在知识是基于客观的证据的（SSK学者自己所获得的资料，如科学文本、田野调查所获得的录音资料等），且是运用了科学的方法的（他们所采用的经验调查法、历史案例分析法、文本分析法等是非主观的且可靠的），其结论亦是反映了科学活动真实本质的，是唯一正确的。实际上，SSK的认识论基础、方法论观点都是基于传统的标准“科学观”的，其自我辩护方法亦是遵循了传统的、标准的科学观的方法的。

基于实在论基础上的知识观，使得社会科学（包括SSK）遇到反身性时丧失了抵抗力。任何社会科学都不会超越当时当地的历史、文化、社会、宗教、方法论的制约，社会科学知识的生产、评价与传播也只能在当时的思维框架下进行，任何知识都是特定的时代、文化的产物，其意义无法超出特定文化与时代，也只能在这一范围内才具有自己合法的地位，而从一个更广泛的范围内来审视的话，此时代与此文化内的合理性知识在另一时代与文化内便可能失去了其合理性意义。

在SSK之前，反身性所造成的难题是隐性的，因为社会科学都可以借助科学的无上力量来为自己张目无论是价值观、认识论，还是方法论，社会科学可以借助于科学所宣扬的阿基米德点为自己的最终合法性、合理性进行辩护。但是，当SSK兴起之后，套在科学上的神圣光环被摘下，科学成为利益的、社会的、文化的科学。这时，反身性问题通过自我指涉，使得科学知识社会学面临危机。如布鲁尔所说：“首尾一致的、诉诸因果关系并且具有普遍性的知识社会学，特别是关于科学知识的社会学，根本不可能存在。”[11]

2. SSK关于反身性难题的解决路径

在科学知识社会学内部，解决反身性难题的最主要方法便是话语分析学派所提出的“新文体形式”（这一概念主要由马尔凯提出）。“新文体形式”以“文本”为媒介，通过探讨“如何书写”“如何描述”来打破传统社会学文本的独白式书写模式，在文本书写范式的转换中来突破反身性难题的困扰——解构“我语言”（社会学家自身的语言）的实在性，打破科学社会学家对其说明对象（科学活动）的解释优势，通过恢复社会学家语言的语境性、历史性、先验的意识形态性来贯彻反身性原则，以达到应对反身性难题的目的。

（1）新文体形式之一：“自我诘难式的文本书写模式”。自我诘难式的新文本形式试图还原社会学文本的文本性，并通过引入某种外部的力量，来打破文本内言说的自我逻辑。在《词语与世界》一书的导论中，马尔凯虚构了一些其他文本角色（除分析者之外），如“书”、文本评论者、话外音以及读者，并在文本内进行了各种形式的对话。

（2）新文体形式之二：对话式文本书写模式（包括“现场交谈”“独幕剧”“分析性对话”）。对话文本是一种以平等、互动、反思为基本原则的文本形式，强调参与者、读者、其他分析者的说话权利，它削弱了传统独白式社会学分析模式在分析者与参与者、读者、其他分析者之间实施的人为隔离，有利于形成作者、读者、参与者、其他分析者之间的新型关系，如图1所示。（图1中，其“作者思想”是非实在论的）

（3）新文体形式之三：模仿。“模仿”欢迎对原始文本的变动，而非固守原始文本，其目的是多方面地展现事物，多角度地理解事物，从而给读者、给事物展现多方面的消息，而不是灌输一种绝对的、确定的信息。

马尔凯的新文体形式影响颇大，其合作者及学生进行大量的研究工作，阿什莫尔、依尔雷等人在其反身性研究中都借用了马尔凯的新文体形式，如游戏（play）、五行打油诗

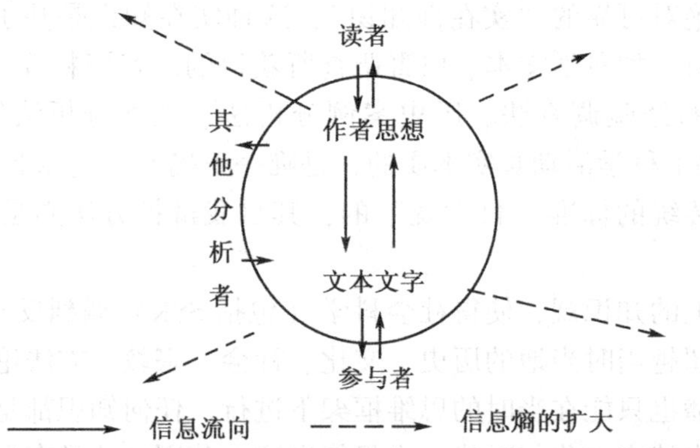

图1 新文本形式之二

（limerick）、模仿（parody）、寓言（parable）、对话（dialogue）、反序言（anti-preface）、反前言（ant-introduction）、平行文本（the parallel text）、叙事拼图（the narrative collage）、演讲（lecture）、百科全书（encyclopedia）、调查（the examination）、新闻报道（the press report）、二次文本（second text）、文献学（bibliography）、虚构的讲演、前文本（Pre-text）等。

3. 新文体形式的批判

新文体形式的提出，打破了传统社会学者在自身说明与对象说明（对科学活动的解释）之间的不对称性，其意义在于：它给我们提供了一个“我”的知识的社会建构图景，使社会学者认识到不仅科学知识是一种社会性的建构，社会学家的说明、社会学知识同样具有社会建构性。新文体形式并不试图获得一种“硬知识”，即研究者可以保持对社会的超然态度，就某一社会现象作出最终的正确解释。这种“硬知识观”集中反映在曼海姆的观点当中；传统SSK试图通过给自己的声音贴上“单一、匿名、去社会”的标签，为自己赢得一份“实在性知识”的赞誉，并使自己得到“免于社会学分析”的豁免权。而新文学形式主张对自己的观点进行批判式的解释，它不企图达到所谓的“客观与中立”，因为在它看来，“自己”的文本与话语也是社会定位的，是对所描述对象的不完全解释：在分析者的语言结构中具有社会性特征。这种特征实际是SSK的“建构”原则在自己领域内的彻底贯彻：让自己不再神秘，正如当初SSK将科学从神话祭坛中赶下来一样。

但是，新文体形式过于关注自我解构，特别是它通过各种眼花缭乱的描述技巧，最终使自身陷入一种“虚无主义”的困境中。似乎反身性成了解构主义的代名词，成为后现代主义式的“消灭秩序、拥护混沌”“反对确定性、走向多元性”的彻底拥趸，如社会学中出现的“超反身性”（hyper-reflexivity），“超反身性是彻底的解构性的。它不满足于对批判对象的解构；它无法控制地继续向前，毫无顾忌地将自己所支持的也加以解构；且仍没有停止，直到你被完全弄糊涂。”[1]而科学知识社会学中的反身性支持者，如马尔凯、阿什莫尔等人，同样将反身性的解构力量彻底化。可以说，在新文体形式中，反身性是贯彻始终的，同时“解构”也是贯彻始终的。

（1）它解构了文本参与者1（科学家）话语的实在性地位，科学家的言说不再被视为是关于其行为与信念的真实说明，在新文体形式中，对特定科学事件的描述都不是由一位科学家来完成的，持不同观点的科学家会同时表达自己的想法，且并不鼓励在文本内形成一个确定性的结论。

（2）它亦解构了文本参与2（其他分析者）观点的实在性地位，在新文体形式中，持不同观点的分析者也会参与到文本之内进行发言，如马尔凯在论述关于化学渗透假说的性质时，他运用独幕剧的方式，将持有不同立场的社会学家请进文本之内，如社会学家1、社会学家2、社会学家3等进行“现场”的争辩，其中社会学家1代表的是传统的科学社会学，而社会学家2、社会学家3等则更多地持建构主义的立场。

（3）新文体形式更是将解构自身作为其精神内核。新文体形式不仅要解构说明对象的话语的实在性，更要将自己的说明的合理性解构掉，新文体形式的目的是要打破传统“单一的合法性故事”的叙事方式，让文本成为各方（无论是占优势地位的，还是劣势成员的）发表观点的争论场，而不是由某人进行单独演讲的表演舞台。

将反身性视为一种解构的力量，从解构的视角去寻找解决反身性问题的路径，这是马尔凯等学者的主要观点，他们通过放弃对自身观点的实在性说明来换取自身说明的合法性，或是通过彻底的解构来获得一种虚无的结果。这种单一的解构路径，纵然可以免除反身性的问难，但是，以“不确定性”来代替“确定性”、以“多元”来代替“一元”，以“意见”代替“实在性知识”，仅仅以解构作为安身立命的根本，最终会陷入“虚无主义”的泥潭及彻底的“自我解构主义”困境。

三、难题消解与科学知识社会学的未来走向

1. 关注反身性的建设性内涵，破解反身性难题

关于反身性，传统的观点仅仅开发了其解构的力量，却忽视了其建设性、辩护性的内涵。反身性并非仅仅是一种单向的解构工具，同样具有自我辩护的功能。反身性是“辩护+解构”的统一体，而非是单一的“解构”。

反身性困境在科学知识社会学这里得到最为明显的体现，当自然科学被视为是一种社会的、利益的创造时，科学知识社会学自身所制造的知识也不可避免地被理性主义者、科学卫士及科学家反问：你的知识也同样是由社会、利益决定的。反身性内涵的普遍化公式演变为：在特定文化、历史语境中进行知识生产的主体，其制造的知识是无法超越当时当地的文化、社会及历史背景的，因而不具有绝对意义上的合法性与合理性，这种解释是一种永远无法打破的封闭式循环。

我们真的需要这样的循环吗？或者说，真的因为知识是在特定的历史、文化、方法论情景中产生，而去否认其合法性地位？实际上，反身性之所以被视为难题，恰恰是因为人们过于将其解构性力量扩大化，当人们沉溺于反身性的破坏力时，难题也便产生。而反身性实际上还具有其建设性、辩护性的另一极：我们的知识是在特定的文化、历史、方法论与语境中产生、评价与传播的，因此，我们在关注这种限制条件、认识到知识所具有的局限性时，也要思考——在当下的条件下，我们的知识是否是最具有说服力的？与其他的说明相比，这一说明是否是最成功的？在给定的文化、历史条件下，其合理性在哪里，为什么它被拒斥或被接受？我们需要反身性的解构力量，正如任何现有的知识都不可能完美，但是我们亦要关注反身性的建设性作用，树立新型的反身性观念。

（1）不再以假定的“最终实在”作为思考的基点。社会学知识是历史的、文化的知识，

本身便是在特定的语境中产生的，伴随着人类思维能力、社会结构、经济及文化的发展，以及新方法的引入，任何社会学知识都会随之发生相应的变化。人们对特定知识的评判与分析都应结合当时、当地的文化、历史背景与方法论基础，不需要假定一个“最终的实在”作为人们反思现有知识的基点——因为它本来就是一个永远无法达到的乌托邦理想。

（2）强调反身性的“自知”功能。强调反身性的“自知”功能，便要求不因特定知识具有历史属性、文化属性而去否认它的合理性方面，它所提问的问题应是“如何使我的解释变得更好”，而不是传统的反身性疑问“你为何不是最终的解释”。反身性所强调的“自知”功能主要包含两个层面的意蕴：一是认识自己的现状，即我（及我的知识）的生存条件是什么，我的合理之处在什么地方，为什么在特定时期我（及我的知识）是被接受的；二是批判自己的现状，批判不是以一个假定的阿基米德点作为基础，而是立足于现实，是在现有的认知空间中的反思。或是说，批判是在现有的方法论、文化、历史背景下实施的，源于现有的认知空间，将反思深深地置于现有的文化资源。

“自知”是“认识现状”与“批判现状”的辩证统一，前者是对我们现在所拥有知识的一种“平静”的审视，而后者则是对我们所拥有的知识的一种“积极”批判。它既要求我们珍视我们所拥有的，又要求我们去反思其不足之处，正是在这种张力中，实现人类思维的进步。

（3）突出“合理辩护”意蕴，允许人们对自己的知识提出辩护性解释。关注反身性的建设性作用，便是要给予现有的知识以一定的辩护空间，允许用特定历史、文化语境中的知识为自己的合理性进行辩护性说明：如果我们提供了足够充分的理由，如果我们的知识体现了当时、当地条件下人们所认为是合理的方法论的要求，如果我们的知识不是一种臆造，那么，便不必拘泥于因它是特定历史、文化条件下的产物而否认其积极意义，我们可以拥抱它——虽然并不是永远。

（4）反身途径：由自我反思到互动反思。纯粹解构意义上的反身是自我反身，是通过对自身的反思及自我解构来实现的，其反身的主体是“自我”，其路径是自我解构。而“反身性的建设性意蕴”则倡导由“自我反思”转向“互动反思”，强调将反思的场域由单独的“我”扩延到“我与其他思维主体之间”，由“我的知识”导向“我的知识与其他相关知识之间”。它试图构建一个由不同知识生产主体以及不同知识形式不断互动、关联的整体的场域，使反思在一个整体的场域中进行，而不再局限于狭隘的单个知识主体的内部反思。在这一整体场域中，每一个知识单元既为自己的存在进行合理的辩护，同时又向其他知识单元进行开放式的互动，在比较中去发现自己的不足、去改进甚至是完全改变自己的内容与形式。

2. 包容、对话与理解：反身性与科学知识社会学的未来发展之思考

科学知识社会学不应是一个僵化的、一成不变的思想体系，绝对地追求自己的实在性地位、强调自己相对于他人的解释优势，这种做法必将导致不思进取。科学知识社会学如何通过反身性去发展自己、完善自己，如何向公众、其他社会学家、科学家等听众提供更为信服的解释，这是科学知识未来发展所必须思考的问题。

（1）科学知识社会学应理性地坚持自己的学术阵地。片面强调反身性的解构，进而对反身性持一种逃避、掩盖或狡辩的态度，最终会导致“自我”的消亡，使科学知识社会学走向学术的尽头。实际上，科学知识社会学从社会维度、利益维度等非理性视角来审视科学，从社会学的角度去研究科学知识的形成、传播、评价，是具有其积极意义的。因此，虽

然科学知识社会学的发展遭遇很多困境，特别是1990年代由索卡尔（Alan Sokal）诈文事件所引发的科学大战，给科学知识社会学的未来发展蒙上了厚厚的阴影，一些科学知识社会学者，如伍尔加、马尔凯等人开始进行学术转型（伍尔加逐渐走上管理学的视角，而马尔凯则转向胚胎学、科学的政治学），但是，科学知识社会学并非必然要走向衰落。关键问题是，我们应该思考的是"科学知识社会学如何改善自己"。

着力强调反身性的建设性，目的便是：在维护科学知识自身严肃性、保持其学术生命的同时，运用反身性的力量，使科学知识社会学能够有效地反思自身，认识到自己的局限性，并为自己将来的发展积极思考。科学知识社会学不必完全放弃"自己"（如新文体形式那样），科学知识社会学应大胆地"说明自己的思想"（而不必如新文体形式那样小心翼翼），只要能够给出自己的合理的、令人信服的、有启发性的理由；同时，科学知识社会学也不必固执地坚守自己的实在性，宣称"获得了关于科学活动的最终真相"（如科林斯、布鲁尔等人那样），而是以开放的、对话、互动的姿态去面临各种质问，不断去变革、发展自己的思想，保持自己旺盛的学术生命力。

（2）注重对话：科学知识社会学应在交流中完善自己。科学知识社会学之所以在现代遇到困境，其原因之一是一些SSK学者过于关注自己的实在性，强调自身理论相比其他解释的优势，导致科学知识社会学者与其他学者之间在沟通与交流上产生了障碍，如社会学家科林斯和英国科学促进协会的生物学家刘易斯·沃伯特（Lewis Wolpert）于1994年9月在英国洛夫区进行了一场著名的较量，在那场会议上，"很多人明显地感觉到社会建构主义者和科学家之间彼此很难沟通。"[12]奥利卡·舍格斯特尔（Ullica Segerstrale）在《超越科学大战》一书中说道，科学大战不应该被理解为两种文化的冲突，而应该被理解为科学与人文更进一步的融合。舍格斯特尔认为，科学家与科学批评家、科学卫士与文化左派，不同的科学史、科学社会学、科学哲学思想间应更多地交流而不是对立与僵持，并乐观地表示："试图指出目前在科学和科学的社会与文化研究之间看起来的僵局是暂时的，并不具有逻辑必然性。事实上的确存在科学家作为一方，科学的历史学家和哲学家作为另一方非常和谐一致地共处，甚至是合和，因此有理由认为，这种局面可能再次出现。"[12]科学知识社会学应该走向与其他学科（如传统科学社会学、理性哲学、批判哲学、科学史学和自然科学各学科）的融合与对话，融合与对话虽然并不代表丧失掉自己的独立地位——因为从社会学的视角去研究科学知识的形成、评价与传播，这本身便是一个有益的视角，也丰富了人们关于科学实践的理解——而是要求科学知识社会学应该更多地关注他人的批评，反思自己的弱点与缺陷，这种对话与交流更有益于自己的发展。如在相互尊重的基础上，尝试与科学共同体进行对话。科学知识社会学家应认真地聆听科学家的声音，更多地去理解科学实践的现实运行，体验科学家的所思所想，在充分理解科学活动的基础上去分析科学活动的性质；同时，与科学卫士对话。虽然意见不同，但两者仍应采取一种合作与对话的态度，找出其中的矛盾点，去分析原因，而不是各自言说、互相攻讦。

3. SSK未来走向反思

科学知识社会学的异军突起，给科学技术哲学界、科学社会学界带来了极大的震撼，亦为公众更深刻地理解科学知识的性质提供了非常独特的视角。但是，科学知识社会学对科学知识的分析陷入了一种"认识论"误区，即将"科学活动所具有的社会性"代替为"科学知识是一种纯粹的社会建构"。当科学知识社会学者看到科学家们商讨何种理论是合法的并将某种理论赋予正确性标签时，便大呼科学知识不过是一小撮人的磋商游戏；当科学知识社会学者看到科学家在实验室里惯常地使用某种实验室物品时，便断定科学家仅仅是基于一种“惯性思维”而工作。

科学知识社会学者忽视了科学家作为科学共同体一员所具有的职业精神，亦忽视了科学知识由生产到评估及传播都是一项非常严肃的事业；同时，科学知识社会学者过于关注“人”的因素、情景因素、历史因素等非认知因素在科学知识发展过程中的作用，而不对称地将自然界本身的作用“轻视化”。的确，科学知识的产生、评估、传播是通过社会过程中来实现的，一些偶然因素亦会影响科学的发展线路，这种观点可以说是对传统上那种将科学知识进行纯逻辑化解释、将科学活动限于获取静态知识体系的观点的一种颠覆，但是，科学活动并不能因为科学家之间的磋商而失去自己的严肃性，科学知识亦不会因为其是通过“人”建构起来的而失去自己的客观性。过于夸大科学活动中的社会性因素，会陷入泛文化主义思潮中。所以，有学者提醒学界避免“泛文化主义”思潮，即过于强调科学知识形成与评价过程中的社会因素，而忽视科学发展过程中自然因素的制约作用：“我们所要避免的只是‘泛文化主义’的暗流，而且无论是相对的还是绝对的‘泛文化主义’，都不可能指向科学哲学的‘正途’。”[13]

“认真地求证”“力求证据的真实与可靠”“逻辑化地思考”，这些品质是科学知识不断发展的保证，亦是科学共同体的不可动摇的原则；而对自然界本身的尊重、对规律的探寻亦保证着科学家们的理性品质。我们不能否认科学知识是通过社会形式生产、评估与传播的，因为包括实验室设备的运行、实验室物品及路线的选择，包括科学家们的思维方法，都是一种人为的创造，但是我们不能因此而否认科学活动的严肃性及科学共同体的理性批判精神。科学，从总体上讲是一种理性的事业，这种理性深植于科学家对科学事业的热爱及尊重，深植于科学家对自然界本质的不断追寻过程之中。

因此，科学知识社会学应该具有这样一种精神：对科学知识的社会学解读仅仅是描述科学的一种视角，是从特定角度解释科学的一种方法，它不应取代整个的科学社会学或科学哲学，不应否认科学实践的丰富性。科学知识社会学可以通过自己的独特方法展现一个不同于以往的科学形象，但不应塞耳不听他人的批评，或沉浸在一种封闭的自我陶醉中，不应成为另一种意识形态式的傲慢。

参考文献

[1] Ashmore, Malcolm. The Reflexive Thesis : Wrighting Sociology of Scientific Knowledge [M]. Chicago and London: University of Chicago Press, 1989.

[2] Woolgar, Steve. A Kind of Reflexivity [C]. Surrey: Presented Discourse and Reflexivity Workshop, 1984.

[3] Cunliffe A L, Jun J S. Reflexivity as Intellectual and Social Practice [C]. The Annual Meeting of the Public Administration Theory Network, 2002.

[4] 肖瑛．“反身性”研究的若干问题辩析［J］．国外社会科学，2005（2）：10－17.

[5] Gruenberg, Barry. The Problem of Reflexivity in the Sociology of Science [J]. Philosophy of the Social Sciences, 1978, 8 (4): 321－343.

[6] T B Bottomore. Some Reflections on the Sociology of Knowledge [J]. British Journal of Sociology,.

[7] Laudan, Larry. The Pseudo-science of Science? [J]. Philosophy of the Social Sciences, 1981 (11):.

[8] Millstone, Erik. A Framework for the Sociology of Knowledge [J]. Social Studies of Science, 1978 (8):.

[9] Collins. What is TRASP? [J]. Philosophy of the Social Sciences, 1981 (11): 215-224.
[10] Latour, Bruno, Steve Woolgar. Laboratory Life: The Social Construction of Scientific Facts [M]. London and Beverly Hills: Sage, 1979.
[11] 大卫·布鲁尔. 知识与社会意象 [M]. 艾彦, 等译. 北京: 东方出版社, 2001 年.
[12] 奥利卡·舍格斯特尔. 超越科学大战 [M]. 黄颖, 赵玉桥, 译. 北京: 中国人民大学出版社, 2006.
[13] 郭贵春. 当代科学哲学的现状及发展趋势 [J]. 哲学动态, 2008 (9): 5-7.

(本文原载于《自然辩证法通讯》2011 年第 1 期)

社会认识论的研究定位、含义与划界标准（下）

尤　洋　殷　杰
（山西大学科学技术哲学研究中心　山西 太原　030006）

摘　要：详细阐明了当代社会认识论的研究定位、含义与划界标准，指出社会认识论是认识思维社会化与集体化思想应用于认识论研究的重要成果，是当代认识论研究中极富价值的研究方向与领域。本部分（下）探讨了社会认识论与知识社会学、社会认识论与传统认识论的划界标准。对社会认识论自身特征作出了系统的分析，借以明晰社会认识论的合理论域。

关键词：社会认识论；研究定位；研究含义；划界标准

社会认识论表现为一种对知识的社会性的研究，随着这种研究逐渐成为认识论领域的一种成建制学科，特别是随着这种思想在社会科学各个领域中的渗透与扩张，其影响也逐渐从认识论领域扩大至整个科学哲学中，并成为其中一种重要的发展方向和趋势，但是在这一过程中，社会认识论的界面问题变得愈发明显和突出。一方面，社会认识论与传统认识论究竟在什么方面不同，前者在哪些方面突破了后者的观念；另一方面，作为最早的一种知识研究，知识社会学与社会认识论又存在哪些相似，二者在什么样的层面上具有共性，在什么样的基底上导致了二者的研究差异，这些问题对于当代社会认识论研究就是一个必要而迫切的回答。事实上，如何从一个合理的思维角度处理这两方面的界面问题，关涉到社会认识论研究的方法论和诸多问题的解决，因而是一个颇为重要的问题。本文拟从社会认识论与知识社会学的划界、与传统认识论的划界这两个不同的划界理论入手，对社会认识论自身特征作出一个系统的分析，借以明晰社会认识论的合理论域。

一、与知识社会学的划界

社会认识论，是对知识社会属性的规范性研究和概念性研究，而知识社会学，是对知识的社会性进行的描述性的考察。二者除去总体的研究方法上存在差异之外，在具体的研究视角和研究焦点上也存在着差异。但是，正如它们的名字所表达的那样，它们都对知识的相关社会因素进行了必要的考察，无论这样的考察是从认识论的角度还是从社会学的进路上，因此对它们的研究有助于区分社会认识论的划界。当然，在某些研究点上社会认识论与知识社会学之间存在着某些共同的认识和具体的联系，对于二者的划界区分也并非特别清晰，“部分的社会认识论者认为知识社会学与知识社会学具有紧密的联系。但是不同的学者也有不同的认识，一些人认为知识社会学是一种纯粹描述性和经验性质的学科，而社会认识论则是一种纯粹概念性，至少部分是规范性的学科。当然，也有部分人认为二者是完全相分离的。”[1] 由此可见，在社会认识论与知识社会学的研究目标和研究方法之间作出澄清就成为准确界定社会认识论研究域的必然要求。具体来看，社会认识论与知识社会学的划界主要表现为对科学传统和社会结构的不同看法上。

1. 知识社会学的理解方式

迪尔凯姆认为科学传统和社会结构是一门真正的科学实践的合理组成，是成熟科学的社会概念的合理焦点，在科学传统和社会结构的影响和干涉下，科学共同体的研究范式会使共同体内部研究者对自己的心理活动和心理信念进行调节，这些心理活动包括科学研究的信念、目标、愿望、共识行为等，这一观念通常情况下部分解释了科学史和科学哲学中的思想。在迪尔凯姆看来，类似科学传统和社会结构之类的社会事实或集体表征，不仅“使个体之外的实在不能被还原为个体的、心理的或生物学的数据，而且这些实在就被赋予了一种强制力，通过这种能力，它们就能把它们自己置于个体之上，独立于个体的意志”[2]。因此，对迪尔凯姆来说，这样一种作为实在的社会事实的观点就标示了一种真正的知识社会学的观点，而这就是迪尔凯姆的知识社会学的主旨。显然迪尔凯姆的工作是有意义的，因为他的知识社会学表明了这样的观点：社会作为一个特殊的外部实在，它表达了特殊的社会团体间的主体性，因此对它的检查绝不可能在一个普通的意义上进行，而是需要通过那些独特的文化要素，运用那些具体的以及经验的研究来进行。尽管对于是否这些独特的科学文化要素都可以作为科学实践的结构，或者作为事实建构中的可塑资源，知识社会学家的意见并非一致，但是学者们普遍认同，作为一种共同体活动的科学并不是简单地运行在价值无涉和利益无涉的纯粹学术研究层面上，或者如逻辑经验主义所描述的那样只需要具有统一的人工语言即可。而这就意味着，与科学行为就是对未知世界关系的探索的认识相类似，社会行为也可以被认为是一种对社会关系的探索和研究，这样，迪尔凯姆对社会概念的追求就引发了社会结构的问题：即什么样的社会结构有助于知识生产。这样的问题对于知识社会学来说是一个关键性问题，一方面，适当的社会结构是知识生产的有益推动；另一方面，知识生产内在地具有社会结构的普遍要求。或者用迪尔凯姆的话说，“任何事情都是徒劳的，如果我们不能在回答什么样的社会结构有助于知识生产之前，我们无法回答有关社会的任何问题。”[3]

2. 社会认识论的理解方式

大多数知识的社会理论都具有自己的社会概念以及相应的理解。但是，这些社会概念往往表现为一种个体的社会概念，比如知识主体需要在自己的兴趣基础上决定一起研究还是单独研究。这样一种个体性质的知识主体概念在回答科学合理性上就成为一种约定性质的解释，毕竟科学家们被认为他们受到了“创造性的”内在激励或者是“逻辑的指导”。但是从社会认识论的视野来看，这种知识结构在解释科学合理性上并不充分，科学的成功并非依靠来源于科学家的个体思维与一时的灵感，而是与人们研究科学的大规模以及长期的科研活动密不可分。无论是创造性的内在激励还是逻辑的指导，它们都受到科学团体当中的社会观念的影响，而且多数情况下这种影响对于科学家来说是无意识的。这种无意识的影响并不能通过引入迪尔凯姆所说的“社会结构”和“科学传统”来解决。首先，科学家可能会把这些结构和传统看作是他们的科学实践的内在组成；其次，这有可能导致科学家产生出对维持或改变现有结构的盲目理解。再次，“传统”是一个尤其可疑的分析范畴，因为传统通常涉及某些例行的日常事务或规范实践。因此从社会认识论的角度来看，对社会结构和科学传统的认同，一方面压制了实践的真实变化，另一方面使得科学进步的变化过于简单。当然，知识的社会学理论发展至今许多看法已经根深蒂固，特别是我们日常对知识的谈论，往往暗含了知识的个体性并聚焦在个体认识而非集体认识上，但是应该认识到个体认识并非知识的全部，集体认识也不是组成它们的个体认识之和。

综上所述，我们可以看出知识社会学和社会认识论的本质诉求，知识社会学主张社会结构和科学传统是知识社会性的主要来源和必要要求，正是在二者的双重作用下，科学家一方面沿着学科内部的规范范式进行知识生产，另一方面也将知识的社会性纳入科学研究之中。但是这样的看法并未得到社会认识论的认同，在社会认识论看来，科学传统与社会结构并非知识的必然组成，特别是对社会结构的表述，模糊了社会结构的合法性特征和解释性特征。因此，知识的社会性并非来源于社会结构和科学传统，更多地来源于知识的社会互动。通过社会互动，特别是知识生产主体的集体性活动，知识就成为一种集体性的知识，知识生产就成为一种集体性的生产。很显然，尽管社会认识论与知识社会学部分含有相类似的观点和主张，但事实上二者并不相同，知识社会学涉及的主要问题是知识或思想存在的基础、知识或思想存在的形态和存在的关系。当代知识社会学的发展，愈来愈走向经验研究，主要是研究

社会认识论则是一套宽泛的知识研究方法，其目的在于将人类的知识理解为集体性的成果，丰富和还原人类的实践认识过程，从知识的社会路径出发扩展知识的社会性思维，同时试图通过知识政策研究来规范知识生产，因此当代社会认识论的研究特征凸现了其研究内容的宽泛，展示了其研究方法的多元，也因此绝不仅仅表现为单一的理论研究内容，而这就是与知识社会学的最大区别。

二、与传统认识论的划界

社会认识论代表了认识论发展的最新进展，通过认识来源、认识相关因素的社会性解读来促进人类的认识机制的完善和丰富，其目的就在于通过知识的社会解读来指导并深化认识问题。尽管当代社会认识论已经具有自己明确的学科定位和理论内容并充分地发挥了自己的学科优势：一方面，在传统认识论的基底上，更加宽泛地作出了新的知识界定和知识判断标准；另一方面，更为广泛地采纳各门社会学科作为认识论的学科基础，处理了大量的对知识本质及其来源的传统认识论的盲区，从而表现为一种成功的认识论研究。但是在这样的背景下，认识论的社会化工作依旧存在着相当多的哲学挑战以及诸多迫切需要解答的困难。具体来看，这样的问题表现为社会认识论中的“社会”究竟该如何看待，在多大程度上社会维度得以扩张，又以什么样的标准认识“社会”背后的含义。

以诸如此类的疑问为研究的出发点：首先，过弱的“社会”的理解对于社会认识论的本质无法作出有效的说明和解释。知识的社会性是知识本身所具有的特性，如果从过弱意义上进行理解，就像社会学所做的那样，那么认识论就将转化为一种心理学研究，或者表征为一种将社会现象还原为行为模式的倾向。其次，过强的“社会”的概念会潜在地消解认识论的哲学地位。过去的二十年里包括哲学、社会学等许多社会科学取得了显著的成功，在历史主义的影响下，标准的科学形象发生了动摇，建构理念开始涌现，对知识的理解也逐渐变得偏激。如果“社会”所代表的含义过于宽泛或者说社会性过于强烈的话，那么“社会”

一词就不会得到哲学家的认同，也不会被视为合理的认识论研究。因此，我们需要寻找一个恰当的视角来看待知识的社会性，在一种合理的或哲学家可接受的范围内，进行社会认识论的划界研究。基于上述两方面问题的思考，本文在以下两个划界标准问题上进行探求。

1. 认识标准是社会的还是理性的

从哲学史上看，经典认识论的哲学解释主张知识源于理性，社会因素就被排除在认识方法、认识标准之外。在这样的二分法的基础上，理性因素和社会因素就成为固定科学信念的相反因素，前者要求广泛的人类理性特征，后者则成为人类认识世界的桎梏与障碍。当然，理性论者并不否认适当的环境集合，如集体和制度框架，在科学知识生产上是必要的相关成分，但是这样的因素的存在本身并不是科学知识生产的源头。科学实践也必须通过理性认识论的考察，才能产生出合格的知识。

因此对理性意义的解读就可以表征为：第一，在信念产生上理性是有意义的。也就是说，在信念引入层面上理性是有效的、是有价值的，因为它们产生出可靠的信念，或者是有益于真理的信念。第二，在信念选择上理性是知识辩护的基础。对理性思维的认同相当的原因就在于理性之于辩护的重要地位和作用，凡是经过理性检验的信念，我们都可以将之归到科学信念之中。由此一种信念是理性的或非理性的，判断的标准就在于行动者是否可以对它提供理由，并且表明这些理由对于它的信念采纳具有内在的前提，当然理性的理由导致正确的信念，非理性的理由则引起错误的信念，而这就是传统理性论的核心解释和关键所在。尽管近代哲学家意识到像皇家学会这样的学术机构在知识生产过程中发挥的作用，特别是科学的制度化和组织化的确立最终促成经院哲学的垮台，并以此为基础取得当代科学的显著成就，但他们依然认为理性对知识来说是不可或缺的，理性的知识生产方法是普遍可靠有效的。也因此，对社会因素的看法就是非理性的，社会因素对当代科学的发展更多的是一种负面因素。

但是20世纪60年代之后，随着历史主义的兴起，知识的唯理论开始走向一种衰退。与之同时，理性论的衰落引发人们更多地转向了知识社会性的考察，转向为“如果我们坚持把科学视为制度化理性的范式，那么无论在什么情况下，我们都可以追求理性，将之视为科学信念的可能原因。但是为了解释科学思想和实践的实际发展，当理性失败之后，我们确实需要转向社会原因或其他与社会相联系的机制”[4]。由此，当代社会科学的发展中，理性就仅仅被视为一种特定的实践类别，一种特定的共同体成员的实践表征，而非过去那种先验存在。随着唯理论的影响逐渐消亡，哲学家开始广泛关注于各种与社会因素相关的语境因素，如性别、利益等，并试图用这些相关因素来扩展对科学家信念和实践的理解和认识。尽管这些研究在认识论标准上不尽相同，特别是它们关涉不同的主题概念，但是其共同点在于它们都跳出了唯理论的思想禁锢，并从社会的不同角度来审视经典认识论的中心问题，即信念选择标准。由此，对信念标准的重新审视引发出认识观念的变化。首先，对客观世界和真理的认识是一个综合的过程，在这个过程中需要进行必要的实践批判和多维度的认识检验，而这样的检验不仅是理性的而且更为重要的是社会性的。其次，认识标准的检验就需要跨越不同的学科，在其中不仅是在作为人类探索未知领域的自然科学中进行必要的过滤，同样也需要得到社会科学的认同。最后，人类认识的复杂性就需要在一个更为广阔的背景下加以研究，社会结构和文化背景等社会因素的引入就成为一种研究的必然趋势，知识的内在社会互动也促使人们在坚持认识论的规范内核的同时思考知识社会维度的可能性与存在的必要性。

综上所述，认识标准需要得到更为严格的生成选择，而社会认识论也正是在这样的意义上来看待科学知识的社会维度，在这个标准下科学家的方法论实践就自然地引入到科学家的社会活动和社会内部之中，也因此，知识的社会维度就被纳入了科学活动中。当然，在新的认识语境下理性依然是知识辩护与选择的重要标准，但科学实践的进步更明显地表征为某种程度上科学家用新的理论和更好的方法去推理科学问题的过程。也因此，随着科学知识标准在人们意识观念中的扩大和对启蒙思想唯理论的束缚的摆脱，知识的社会因素就必然地纳入到科学实践研究之中，也因此社会因素在信念选择的实践中就有了一席之地，进入了哲学家的视野。“科学信念或非科学信念，既可以以理性的方式得到解释，同样也可以以社会的方式得到解释”[5]，而这正是社会认识论对知识以及信念标准问题上的答案。这样的解释就假定了，即使是社会因素也同样具有解释科学信念确证、信念选择以及可接受性的能力，社会因素的解释同样可以表征出认识观念的标准功能，人类的认识不仅建立在人类理性的普遍特点上，对知识的社会性解读也是认识的基本要求和必然选择。我们并不需要把理性和社会看作是解释信念的相互竞争的两套相反机制，我们可以认为社会认识论“提供了理性和社会之间的关系解释，这种解释将理性与社会视为两个相对独立的话语，并且对于分析各自的科学部分来说是可用的。……科学行为的任何情况都可以根据‘认知的’或‘社会的’的方式进行分析和描述，依赖于分析者的描述得以进入论证的语境，以及他所感兴趣的归纳的类型[6]”。

2. 认识标准是个体的还是集体的

从历史上看，认识论相当程度上关注于个体的研究学者，关注于作为个体的认识主体。长期以来至少从笛卡儿之后，认识论就是试图研究分析或指导孤独的认知者的努力，每一个认知主体无须对他人依赖就可以作出该相信哪些有关世界的结论。而这样的认识论往往就被理解为试图调查和评价行动者的认知资源，例如感觉、记忆、推理等，以决定是否他的信念可以被认定为知识或确定他的知识局限。尽管其后的认识论考察并没有专门地论述知识必然地来自个体或根植于个体的知识，但是认识论确实保持了一种突出的个体化特征。也就是说，知识的唯一来源就在于感觉、记忆和推理。感觉和概念协调了一个人对外部世界的表征，对现在情况的感觉和过去感觉的记忆就被结合到归纳和演绎的推理上以方便进一步地对世界的推断，包括对未来事件的预测。

“近代哲学无论是经验论还是唯理论对认识的反思和提问都蕴含着一个基本的思维构架……笛卡儿由‘我思’推及‘我在’，一方面把本体论的问题置于认识论的视域和框架内来讨论，另一方面为认识论提供了一个不证自明、不能怀疑的本体论前提和出发点：一个先验的在思的自我的存在。认识的来源是自我的天赋观念通过理性的演绎推演出真实可靠的知识，建立起全部知识的大厦。经验论者如洛克尽管对笛卡儿的自我天赋进行了尖锐的批判，认为心灵是块白板，认识是对象在白板上留下的印记，一切观念都是后天获得的，是直接或间接来源于自身的内外感觉，知识建立在感觉经验的基础上，而不是通过别人的话语或文本思想来建立自己的知识体系。”[7]由此可知，将认识论的研究视域与知识的获取通道严格限定在个体范围就是传统认识论的突出特征，同时也是此一时期“小科学”的研究与发展形态在认识论与形而上学上的认识思维映射。

正是以此为基点，休谟从经验论出发质疑了他人知识话语的可靠性，“我们所确实知道的唯一存在就是知觉……除了知觉以外，从来没有其他存在物呈现于心中，因此我们永远不能由知觉的存在或其任何性质，形成关于对象存在的任何结论。”[8]很显然，无论是人们形而上地将认识论的研究视域内在地定向于人本身，还是科学发展的外在规模的局促与限制，传统认识论很大程度上彰显出个体化的认识特征。也因此可以认为，认识论始于对认识个体的反思性考察，这种反思不仅符合近代哲学思维发展的逻辑进路，同时也符合近代哲学思想史发展的事实。传统认识论将认识的范围更多地限制在个体范围上，理性论借助于认知个体的天赋或先验能力达到对客体或外部世界的认识，而经验论主张个体通过自身的经验与实践，借助归纳的科学方法考察外部对象或外部世界何以嵌入主体心灵等认识论问题。但是，无论是经验论又或是唯理论，其关于认识的本质、来源、可靠性、客观有效性和真理性等问题的提出和解决均建立在个体认识论的基本架构上，对这一点的认识是确定而无疑的。

但是随着科学的发展，特别是随着科学知识社会学等一些社会科学研究思想的涌现，人们对于传统认识论特征的认识正发生着改变，人们逐渐认识到，无论是自然科学还是社会科学，知识作为人类合作的认识产物，在具有个体特征的同时，不可避免地具有集体特征，即人们相信什么和人们知道什么很大程度上是他们所处的共同体和文化的综合考量，集体性的知识特征正越发明显地渗透和出现在哲学家的研究视域中。当然，这并非说明有必要抛弃个体认识论的认识特征，事实上知觉性知识、记忆性知识以及内省性知识很大程度上还是以个体认识为主的，但是我们需要指出的是，知识的集体特征很大程度上解释了信念的形成与辩护，特别是以集体为认识主体的研究更加清晰地彰显出认识论的这一重要研究趋向，因而对这个问题的认识具有重要的认识论意义。

具体来看，认识标准的集体性表现为：首先，鉴于我们的认识活动越来越依赖于复杂的社会调查系统和知识分配系统，以社会集体为活动主体的认识调查不仅可能，而且成为必要。面对当代如此复杂的外部世界和科学活动，以集体作为研究的基础就成为我们认识活动中的必然选择。这一现实就要求我们以社会认识论作为工具，来理解集体知识的本质和集体认知的特点。其次，知识来源的陈词进路的扩张与渗透在满足和丰富了当代知识多样化来源的同时，近一步地凸现出当代知识的集体性特征，由此他人的话语就可以被看作是可辩护的知识来源，这种认识不但符合人们的日常生活实践，而且从哲学的视角以认识论的方式进行了充分的论证和详细的解读，扭转了自笛卡儿以来的个体主义认识论的心灵特征，在保留传统认识论研究规范性的基础之上，进一步地丰富和扩大了知识的集体性来源。最后，社会学式的研究路径同样表征出知识的集体性特征，“社会学家的兴趣不是关注它的进化或心理学表征，而是关注从它的内在的心理的心理倾向中集体性地建构出来的约定化的结构。例如，对于任何一个给定的案例，不同的推理倾向是如何得以选择的？它们又是如何组合为各种系统？在什么地方以及以什么方式它们开始发挥作用？把这些问题归为这个现象的常态可能有些勉强。它们涉及的是迪尔凯姆称之为我们的推理过程的‘集体表征’的东西，而不是推理过程的‘个体表征’。”[9]

综上所述，当代社会认识论一方面继承和保留了传统认识论的规范性研究特色，另一方面又在此基础上突破和打碎了传统认识论的桎梏与障碍。传统认识论把人类认识的本质归结为个体主义，把认识论的任务归结为对内心思维领域的理性分析，企图用“理性的思维”来囊括所有的认识维度，这一点带有极大的片面性。通过理性概念确切化，通过对个体思维的结构、方法等研究来促进哲学进步，这仅仅是哲学的任务之一，而不是全部，绝不能把哲学特别是认识论研究仅仅理解为个体主义、理性主义，甚至把知识来源等同于狭义的感觉、知觉、记忆和推理。这只能过分夸大个体主义的意义，使它们占据知识来源的全部阵地，把它们当作人们“约定的”和不可改变的东西。社会认识论正是在这样两个认识标准上区分于传统认识论，一方面，社会认识论反对纯粹理性的认识标准，主张社会因素的解释同样表征为认识观念标准，人类的认识不仅建立在人类理性的普遍特点上，对知识的社会性解读也是认识的基本要求和必然选择。另一方面，社会认识论反对纯粹个体的认识标准，主张集体已经发展为现代知识的生产主体，对知识的深入考察必须在集体的范围内探究和展开。正是在这样两个基点上，形成了社会认识论与传统认识论的划界。透过 20 世纪末期的这场认识论领域的变革，我们可以清晰地把握到社会的、集体的思想正在悄然渗透到人们的思维观念之中，知识的社会性、知识的集体性在知识生产、传播与解释诸领域上都发出了有别于传统的声音。同时，语言考察的引入进一步拓宽了社会性的实践领域，特别是随着语用思维的凸现，促使认识论者更加深入地开始寻求社会认识论的合理性与必要性，已经成为当代认识论研究中的一个重要的扩张面，由此，更为丰富和深刻的社会认识论研究开始展现更是近 20 年来认识论领域中最富有成果和产出的研究特征，并成为这场认识论观念变革的研究面，对知识本质的探索以及社会化思维于认识内在必然和外在驱动，形成了 20 世纪 80 年代以来论领域的应用不仅提供出更加全面的认识思维再扩的社会认识论研究基础。

三、结　语

很显然，对社会认识论本质的分析已经成为当代社会认识论研究的一项迫切而必须的工作。这一工作的必要性不仅来源于社会认识论的诸多含义，同时来自对“知识”的不同理解以及对“社会”的不同认识，而这正是导致当代社会认识论研究呈现出多样化的直接原因。可以肯定的是，给社会认识论下一个明确的、令人满意的定义是一件困难的事情，事实上也并不存在这样一个令所有人都认可的定义，特别是这其中关涉知识政策、知识制度、知识

属性几类不同的研究视角。因而从研究含义出发列举社会认识论的界定方式，归纳和总结出各种定义进而形成系统和全面的分析，就成为一种比较好的研究方法。同时对社会认识论作一个准确的学科划界，以此明晰社会认识论的合理论域，不仅相当程度上扩大了认识论的研究范围和层面，而且有助于人们更加清晰地意识到当代认识论的发展所昭示出的全新的道路和领域，这一点随着对知识来源与本质的研究深入，特别是随着当代社会科学哲学研究的兴起而越发凸显出来。已经成为当代认识论研究中的一个重要的扩张面，更是近 20 年来认识论领域中最富有成果和产出的研究面，对知识本质的探索以及社会化思维于认识论领域的应用不仅提供出更加全面的认识思维再扩张，重要的是它所引发地更为深入的认识基底再突破，而这就是当代社会认识论研究的最大价值与可借鉴之处。

参考文献

[1] Kusch M. HPS Research Methods Guide：Social epistemology [EB/OL]. [2010-08-26]. http://www.hps.cam.ac.uk/research/se.html.

[2] Durkheim M. Rules of Sociological Method [M]. New York：The Free Press，1974：2.

[3] Durkheim M. On Morality and Society [M]. Chicago：University of Chicago Press，1973：16.

[4] Laudan L. Progress and Its Problems [M]. Berkeley: The University of California Press, 1977: 202.
[5] Goldman A. Foundations of Social Epistemics [J]. Synthese, 1987 (73): 111.
[6] Fuller S. Philosophy of Science and Its Discontents [M]. Boulder: Westview Press, 1989: 27.
[7] 林默彪. 认识论问题域的现代转向 [J]. 哲学研究, 2005 (8): 69.
[8] 休谟. 人性论: 上 [M]. 北京: 商务印书馆, 1997: 239.
[9] 巴里·巴恩斯, 等. 科学知识: 一种社会学的分析 [M]. 南京: 南京大学出版社, 2004: 251.

（本文原载于《科学技术哲学研究》2011 年第 3 期）

关注产业：STS研究的新视野

金俊岐

（河南师范大学科技与社会研究所　河南 新乡　453007）

摘　要：我国学术界创立的“科学—技术—工程—产业”四元论和产业哲学，深刻地揭示了产业的多层含义，突显了产业作为科学、技术与社会的中介属性，为我们开展STS研究提出了新问题。关注产业既是STS研究的应有之义，为我们打开了STS研究的新视野，又能够成为我国STS研究的创新领域和特色之一，不能不引起我们的重视。

关键词：产业；产业哲学；STS研究；新视野

20世纪90年代初以来，我国科学技术哲学界以及STS学者努力与国际接轨，不断开拓创新，在马克思主义的指导下，以当代新科技革命与社会发展之间的关系为主线，贴近基本国情和现代化建设的需要，对科学、技术与社会进行了卓有成效的研究，取得了丰富的学术成果，阐明了STS的研究对象，梳理了STS的研究范式[1]，扩充了STS的研究内容[2]，并且建构了独到的STS学科体系[3]，探索了具有中国特色的STS发展路径。展望未来，可以乐观地说STS在我国将会有更大的发展“空间和框架”。我们不妨再换句话说，今后“也许STS的生命力，更多地取决于其所关注问题的与时俱进，而不在于学科本身的建制化”。所以，需要我们坚持不懈地了解新情况，研究新问题，取得新成果。

一、产业哲学的兴起

进入21世纪以来，我国科学技术哲学界为了更好地反映新的时代特征，积极寻找新的理论生长点，不仅把原来的“科学—技术”二元论变成了“科学—技术—工程”三元论，而且又将“科学—技术—工程”三元论拓展到“科学—技术—工程—产业”四元论，提出了“产业哲学”概念并展开了一系列的探讨。

2004年6月23日，在中国自然辩证法研究会工程哲学专业委员会筹备小组召开的工程哲学座谈会上，何祚庥指出，“工程是在产业结构背景下发展的，研究工程哲学，就要关注产业哲学。”[4]2004年12月21日，中国自然辩证法研究会五届七次常务理事会作出了“要关注产业哲学，重视产业哲学研究”的决议。2005年1月29日，清华大学科学技术与社会研究中心倡议并主持召开了产业哲学座谈会，20多位与会者先后发表了意见。这次座谈会的召开，正式揭开了我国“产业哲学”研究的序幕[5]。据不完全统计，至今学术界已经发表了近30篇有关产业哲学研究的论文。尤其是《晋阳学刊》2005年第6期集中发表了4篇以产业哲学为研究内容的论文，《江西财经大学学报》2006年第2期也发表了4篇产业哲学方面的论文，《自然辩证法研究》近几年相继发表了6篇关于产业哲学的学术论文。2008年11月，东北大学出版社出版了万长松的著作《产业哲学引论》。

曾国平、高亮华、万长松等认为[6-7]，一门新学科创立的前提条件就在于其是否具有独特的研究对象，关于科学、技术、工程、产业“四元论”的观点则是产业哲学得以存在的依据。我们可以把科学活动看成是以发现为核心的人类活动，把技术活动看成是以发明为核心的人类活动，把工程活动看成是以建造为核心的人类活动，把产业活动看成是以生产（劳动）为核心的人类活动。既然发现、发明、建造和生产分属于人类不同的物质实践活动领域，在这四个领域中无论是人与自然接触的广度和深度，还是人与人相互关系的复杂程度，都存在着明显不同，所以有必要建立起一种关于科学、技术、工程和产业“四元论”的观点，使我们对人类物质实践活动的内容和本质有更加深入的理解。既然存在独立的科学哲学、技术哲学、工程哲学，自然也应有产业哲学。创立产业哲学既是产业实践发展的需要，也源于学者的自觉和哲学自身演进的逻辑。

产业哲学所研究和考察的对象是整个产业领域，它是关于整个产业领域的哲学理论，是关于产业领域中所存在的问题的哲学反思，给人们提供产业观与产业方法论的指导。产业哲学的研究主题包括：产业的元理论问题，探讨产业的本质与特征、产业的要素构成与结构、产业分类、产业组织、产业体系等；产业创新与发展，探讨产业发展的原因、规律与机制，尤其是科技产业化的规律；产业现象学，探讨作为一个重要的社会现象的产业的意义；有关产业哲学的应用问题，涉及诸如产业管理、产业发展战略与政策、新型工业化道路等实践性较强的研究；产业思想史，探讨各种有关产业的思想与理念，尤其是一些著名企业与企业家的产业哲学思想。此外，有关产业价值论、产业伦理学、产业方法论等问题也属于产业哲学研究的范畴。

朱训强调[8]，为了实现全面建设小康社会的宏伟目标，在产业结构、产业布局、产业规模以及各类产业之间的协调发展等方面如何进行合理安排才能符合以人为本，全面、协调、可持续的发展观的要求，这不仅要从经济的角度来考虑问题，更需要从哲学的角度来考虑问题。研究产业哲学，不仅要研究产业本身的内在规律，还要研究产业的外部关系，与外部事物的联系规律。产业的发展离不开科学、技术、工程，所以研究产业哲学应从更高一个层次研究产业与科学、技术、工程这四者的关系，正确处理好这四者的关系，产业才能健康持续地发展。

我们知道，科学哲学和技术哲学都是由欧美学者率先创立的，而在创立工程哲学的过程中欧美学者却没能走在我国学者的前面，我国学者在开拓产业哲学研究领域方面则是更胜一筹。产业哲学已成为科学技术哲学的社会篇、历史唯物主义的基础篇。

二、产业含义的揭示

一般而言，产业泛指所有把原材料转变为产品或提供有用服务的各行各业。每一种产业都有其特有的存在条件、对象范围、运行规范和功能目标。人们通常把产业划分为三类，即第一产业是直接作用于自然界生产初级产品的产业，包括农业、畜牧业、采掘业；第二产业是把初级产品加工成为满足人类生产、生活进一步需要的产业，包括冶金工业、机电工业、化学工业、计算机工业等；第三产业则是提供可靠的社会保障和满意的服务、保证社会经济运行、全面提高社会生活质量的部门，包括商业、交通运输、金融保险、文教卫生等。另外，关于产业类型还有一种三分法，即划分为劳动密集型产业、资本密集型产业和知识密集型产业（或技术密集型产业）。

产业哲学的研究表明，深刻揭示产业的含义很有必要，充分理解产业的本质和发展规律十分重要。一方面，产业是一个反映人与自然关系的范畴，体现着人与自然关系的深度和性质，表征着人类征服与控制自然的能力。在一定意义上，产业是人工物的社会性生产和扩散的活动，是社会化了的人工自然生成的过程。另一方面，产业作为有目的、有组织的生产活动，实际上就是生产力的具体的社会表现方式。产业是社会生产力的基础、核心，产业的发展史就是生产力的发展史，各种产业形成和更替的历史、先进产业取代落后产业的历史就是生产力变革的历史。再者，产业在人与人的社会关系之中产生和发展，也是一个人与社会的统一的过程。随着产业的发展，它不仅引领和推动着社会的物质生产方式，而且还不断地建构出新的社会经济组织、新的社会阶层。或者说，社会和时代的进步与产业的发展密切相关，迄今人类社会所经历的农业时代、工业时代、后工业时代、信息时代等，都是产业发展的反映和显现。

特别是，当今不能脱离科学技术来认识产业的本质和发展规律。一方面，产业以及产业化是科学技术与社会的现实性结合，是科学技术成为社会生产力的实现途径和存在形式。只有通过科学技术的产业化，形成一定规模的生产活动，才能使科学技术真正地作用于社会经济、政治和文化，成为促进人类文明进步的动力。另一方面，产业结构是随着科学技术发展而发生深刻变化的，科学技术始终是产业结构升级换代的主导因素。在现代科学技术革命的推动下，世界产业结构的变化表现为第一产业比重不断下降，第二、第三产业比重迅速上升，实现着产业结构高级化的调整。并且，信息科学技术革命的影响，使信息业这个新的产业部门迅速兴起和壮大，它突破了传统的“农业—工业—服务业”的产业结构，产生了新的即“农业—工业—服务业—信息业”的产业结构。此外，从工业化国家的发展历史来看，一个国家有竞争力的产业首先是劳动密集型产业，然后由劳动密集型产业向资本密集型产业过渡，最后由资本密集型产业向知识或技术密集型产业过渡。

总体上看，自20世纪中叶以来，在现代科学技术革命与高科技产业群的兴起过程中，科学、技术、产业与社会发展之间形成了更密切的联系。科学与技术的结合更为紧密，日益形成了一体化，甚至形成了科学技术连续体；不仅如此，还呈现出“科学—技术—生产”的一体化，以及“科学←→技术←→生产”的立体多向互动模式，实现了科学技术产业化和产业科学技术化；在“科学—技术—生产”一体化的基础上，进一步强化了科学技术与社会的联系，形成了科学技术的社会化和社会的科学技术化，也就是科学技术与社会的一体化，显示出科学、技术、产业、社会互动式发展的重要特征。与此同时，产业作为科学、技术与社会的桥梁和纽带的性质更加突出。

三、STS 研究的新视野

事实告诉我们，产业在人类社会发展中的地位和作用越来越重要，关于产业问题的探讨也决不能满足于现状。早在 20 世纪 90 年代陈昌曙就曾经指出，我们对产业问题的研究还是相当薄弱的，主要欠缺是关注程度不足、学科眼界单一，“更少有对产业的综合性研究（产业和产业化是一个由科学、技术、经济、政治、社会多重相互作用构成的系统和过程）”[9]48。其实，“可从多种角度研究产业，产业问题应属 STES 研究（科学、技术、经济与社会研究）的对象。”[9]48 曾国屏也持同样的观点，他认为以往“人们在关注科学技术与社会发展的关系时，或在进行关于科学技术社会功能的考察时，主要关注了诸如科学与技术的关系，科学和技术对社会的影响，以及社会对于科学技术发展的条件，等等问题。这种研究中，往往忽略了科学技术与工程、产业的联系，往往忽视了工程与产业之间的关系，也就难以更深入地认识科学技术与社会的本质联系。”[10] 目前，虽然由于产业哲学的方兴未艾而超越了产业经济学、产业社会学等学科的局限性，在一定程度上改变了产业研究的状况，但是仍然少有对产业问题的交叉学科或综合性研究，仍然难以更深入地认识科学技术与社会的本质联系。因此，我们认为应该使产业进入 STS 研究的视野，或者说 STS 研究应该关注产业。

根据人们的共识来说，STS 是一门研究科学、技术与社会相互关系的规律及其应用，并涉及多学科与多领域的综合性学科，它主要以科学、技术与社会的相互关系为研究对象。由此可见，产业作为科学、技术与社会的桥梁和纽带，以及作为科学技术与社会的现实性结合，自然属于 STS 研究的范畴。由于位于科学、技术与社会之间，产业具有并发挥着特殊的作用，它加强了科学、技术与社会的相互关系，填补了科学、技术与社会之间关系的空缺，构建了科学、技术与社会的一体化，能够使 STS 的研究对象更加明确，STS 的研究内容更加丰富，STS 的体系结构更加充实。国际 STS 研究的新进展也表明，“近年来 STS 领域内一个重要的转向就是从描述的进路转向规范的进路，STS 研究不再囿于传统的学院式的哲学反思，而是转向对政治和实践的探索。”[11] 实践转向的 STS 是当前 STS 研究中的主要发展趋势，如由于工程问题与实践的密切相关性而成为学术界的热门课题，受到 STS 的强烈关注。我们由“四元论”的观点可以认识到，工程是以建造为核心的人类实践活动，产业是以生产为核心的人类实践活动，二者都属于实践的范畴，因此，产业也应该受到实践转向的 STS 的强烈关注，并且成为具有中国特色的 STS 研究的新进展。

为了使我国的 STS 研究不再完全照搬国外的模式，我们不能不高度重视对产业问题的研究，而且产业哲学的兴起已经为我们提供了新的产业观和重要的理论基础。为了促进我国产业的振兴与发达，我们需要在 STS 的背景下，重新审视我国的产业政策、产业管理、产业教育、产业结构、产业布局、产业规模以及各类产业之间的协调发展等问题，深入理解产业转移、产业创新、产业革命、高科技产业化的过程、机制和规律，积极探讨战略性新兴产业选择和培育的理念和措施，正确把握产业发展与和谐社会建设的关系。可以说，产业是一个广阔的天地，开展产业的 STS 研究是能够大有作为的。

参考文献

[1] 吴永忠. 国际 STS 研究范式的演化 [J]. 自然辩证法研究，2009 (12)：73 – 77.

[2] 肖显静. 中国科学技术与社会研究三十年概况：从“科学哲学”三种主要期刊文献计量看 [J]. 自然辩证法研究，2010 (1)：69 – 76.

[3] 殷登祥. 科学、技术与社会概论 [M]. 广州：广东教育出版社，2007.

[4] 赵建军. 工程界与哲学界联盟，大力推进工程哲学发展 [J]. 哲学研究，2004 (9)：93 – 94.

[5] 曾国屏，高亮华．产业哲学研究述评 [J]．哲学动态，2006（7）：18－23.
[6] 万长松，曾国屏．“四元论”与产业哲学 [J]．自然辩证法研究，2005（10）：43－46.
[7] 高亮华．产业：打开了的人的本质力量的书 [J]．晋阳学刊，2005（6）：54－57.
[8] 朱训．在产业哲学座谈会开幕式上的致词 [J]．自然辩证法研究，2005（4）：1－2.
[9] 陈昌曙．产业研究论纲 [J]．自然辩证法研究，1994（11）：48－54.
[10] 曾国屏．产业·时代·哲学 [J]．晋阳学刊，2005（6）：50－54.
[11] 陈凡，陈佳．国际STS研究的新进展：第34届科学的社会研究学会（4S）国际会议述评 [J]．自然辩证法研究，2010（4）：73－78.

STS 视阈中的战略性新兴产业

刘战雄　赵乙人　黄理稳

（华南理工大学思想政治学院　广东 广州　510640）

摘　要： 从 STS 的视角看，战略性新兴产业的发展无疑是其内在逻辑和社会建构之间博弈互动、共同作用的结果，是科技—产业—社会—科技循环链在产业环节的呈现。产业是技术的集合，是技术进步的重要方式，产业的特性源于技术的特性。战略性新兴产业的发展是相应高新技术产业化生产、社会化扩散的过程。战略性新兴产业具有重要的社会价值，可以有效促进高新技术的发展，为社会进步提供核心动力；引领产业结构优化升级，促进社会“两型化”；同化产业工人，培育新型人力资源；创造产业利润，为社会发展提供资本支持；形成产业增长极，带动经济发展方式转变。

关键词： STS；战略性新兴产业；高新技术；社会价值

战略性新兴产业是指“以重大技术突破和重大发展需求为基础，对经济社会全局和长远发展具有重大引领带动作用，知识技术密集、物质资源消耗少、成长潜力大、综合效益好的产业”[1]。无论是从技术哲学视角还是从产业哲学视角，对战略性新兴产业的研究虽可深入，但都难免失之片面，只有从 STS 的视角，从技术、产业与社会的相互关系角度整体上对战略性新兴产业进行分析，才能全面认识其核心动力和社会价值。

一、技术、产业与社会的相互关系

技术、产业与社会相互之间没有明显的界线，学界对三者各自的定义也多种多样，往往把技术与产业、产业与社会结合在一起。事实上，三者之间具有十分密切的关系。从某种意义上说，产业是技术的集合，社会是产业的集合。产业可以看作技术与社会的中介，是技术－社会混合体，既是技术见之于社会又是社会见之于技术的环节。技术通过产业“决定”社会，社会通过产业“建构”技术。于发明、设计、制造之后，技术正是通过产业才得以在实践的基础上进入大众生活，实现其社会化。而人们也正是通过产业才得以结成业缘、地缘、物缘等各种社会关系，从而组成社会。技术不经产业化便无法充分实现其应用价值，而社会离开产业也就失去了其存在的基础。在此意义上，产业是核心。三者之间的的关系可简单地用图 1 表示。

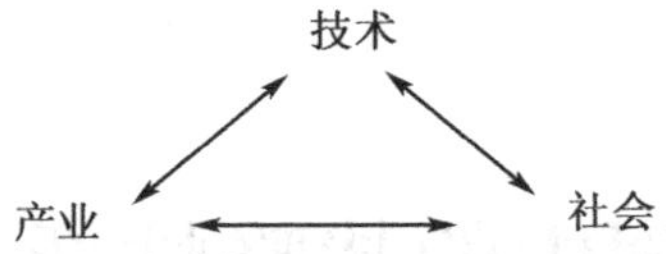

图1 技术、产业与社会的关系

1. 社会需求引致产业需求，产业需求引致技术需求

马斯洛将人的需求分为五个层次，但无论哪一层次的需求都需要相应的产业产品、产业岗位、产业工程、产业利润等来予以满足。个人、组织等不同主体的各类需求汇流成巨大的社会需求，形成对产业发展的强大拉力，产业的发展离不开产业技术的支撑，进而又引致对产业技术的巨大需求。这是一个社会产业化、技术化的过程。

2. 技术实现促成产业实现，产业实现促成社会实现

社会人对强健的体魄、快捷的通信、丰富的文化等需求古已有之，但这些需求并没有一次性全部得到满足，究其原因，除了收入水平低、综合素质差、科学理论滞后、风俗习惯限制及社会环境恶劣之外，技术、产业条件不具备是重要因素。技术实现不但可以促进新兴产业的诞生，而且能够引起和促进产业结构优化升级。技术所造之人工物，为相应产业的发展提供了生长点，产业实现就开始了，随着产业的发展，先前的实现带动之后的实现，最后促成社会实现。这是一个技术产业化、社会化的过程。

当然，技术、产业与社会之间的关系远比以上两点要丰富得多、复杂得多，当今时代技术创新、产业发展与社会进步紧密结合协同进化的趋势日益加强，技术成果通过产业化和社会化跃迁为现实生产力的速度和规模都大大超过以往，正在深度改变世界技术、产业和社会的发展形态。

科学技术只有与生产资料和劳动者相结合从而实现产业化，才能成为“第一生产力”，才能改变人类的生产方式、生存状况和精神面貌，最终推动社会不断进化，科技含量越高的产业，对社会发展的贡献就越大。战略性新兴产业是“知识技术密集”的产业，处于产业体系的高端位置，代表了未来产业发展的方向，引领着整个产业体系向高级化层次和合理化结构进化，对我国走新型工业化道路、发展低碳经济、建设“两型社会”、实现科学发展具有重要意义，这就很需要我们从STS的视角对其进行考察研究。

二、战略性新兴产业的核心是高新技术

战略性新兴产业的核心是高新技术，这是由其技术特性和本质特征决定的。战略性新兴产业“以重大技术突破”为基础，是否掌握产业关键核心技术、拥有自主知识产权，能否体现技术先导性是定位战略性新兴产业的首要条件。

战略性新兴产业的发展，自然离不开资金、员工、政策、制度等一系列条件，但正如工业革命的核心是技术革命一样，战略性新兴产业的核心是高新技术，这一点从其定义中就能够清晰地看出。战略性新兴产业“以重大技术突破和重大发展需求为基础”，但是无论多么“重大（的）发展需求”，没有“重大（的）技术突破”作为前提和基础，也不可能得到满足。无论是新能源还是高端制造，也无论是文化产业还是软件服务业，都是以其高新技术为核心生长点发展起来的，是相应的高新技术产业化生产和社会化扩散的过程。高新技术首先

通过技术产业化成长为新兴产业，然后通过产业技术化渗透到其他产业领域，进而完成社会化扩散。现代生产力的技术色彩日渐浓厚，技术因素越来越渗透到生产力系统的方方面面，对经济发展的贡献率越来越高，产业技术的进步特征和结构还是产业结构演化机制的重要动因，经济领域的竞争归根到底是产业技术领域的竞争。高新技术不仅可以提高产业生产率，降低产业成本，而且还可以节约劳动，使产业工人得以部门转移，从而加速产业结构的进化。

战略性和风险性是战略性新兴产业的本质特征。首先，除了全局性、长远性、重要性之外，战略性还主要体现在核心优势的可保持和难模仿这两个方面。掌握自主知识产权的核心技术可以形成某种意义上的垄断，使产业主体得以持续保持其竞争优势。其次，风险性是战略性新兴产业的突出特征，这一点在产业发展初期表现得尤为明显。这也要求必须有可保持、难模仿的核心竞争优势，使产业主体在未来可以获得预期的高收益，才可能持续投资于战略性新兴产业。

而且，如上分析，技术实现是产业的实现前提和基础，即使其他所有产业的条件全部具备，技术上不可行也无法形成产业，更不要说发展了。比如时空机器、外星定居之类，古今中外不只一个人、一个企业、一个国家尝试过发明制造出这种技术之物，但迄今为止无一不是以失败而告终的。原因并不是社会条件不具备，而是技术条件不具备。由此可见，高新技术是战略性新兴产业的核心。

有学者认为，文化产业虽然“属于新兴产业，而且发展前景广阔，但其知识技术密集的特点不突出”[2]，所以不能视之为战略性新兴产业。这种观点值得商榷。事实上，出版发行、影视制作、动漫设计、广告传媒、演艺娱乐等文化产业这一软实力，都是以数字、通信、网络等信息技术这一硬实力作为基础支撑的。加拿大传播理论家、媒介环境学鼻祖马歇尔·麦克卢汉（Marshall McLuhan，1911—1980）就曾研究指出：媒介塑造历史。信息传播方式的每一次变革都会引起社会的巨大变革，媒介不仅使事物的尺度和模式发生变化，重构人的认知模式和世界观，而且改变、塑造甚至控制人的社会结合方式和形态。因此，对文化产业而言，重要的不是其产业对象，而是产业工具，即重要的不是“生产什么”，而是“怎样生产”。正是现代信息技术这一电子媒介使文化产业得以升级为新兴文化业态，节省了资源，减少了污染，对社会大众产生了直接而广泛的影响，深刻改变了社会生活的形态，创造了巨大的社会需求。因此，文化产业是“知识技术密集”型产业，和其他战略性新兴产业一样，其核心也仍然是高新技术。

但是说战略性新兴产业的核心是高新技术并不是意味着“技术决定论”，作为物质的生产和再生产活动，产业是在自然与社会多种因素构成的复杂系统中运行的，内嵌根植于社会之中，离开其他相应产业资源的支持和社会条件的建构，高新技术不可能自行展开。不可否认的是，尽管受到发展程度、制度体制、产业规模、市场需求、经营管理模式等因素的影响，高新技术仍然是决定战略性新兴产业经济效率的根本要素。

三、战略性新兴产业的社会价值

很多学者将现代社会称为“产业社会”，足见产业对社会的影响之深。有学者认为，“产业社会这个概念频繁地被使用，反映了一种深刻的社会现象，即产业活动支配着社会生活。环境区位的新变迁、职业结构、都市化、工作和闲暇、消费和文化娱乐，都直接或间接受到产业发展的影响。”[3]在这个意义上说，发展产业，就是建设社会，两者是内在统一的。具体到战略性新兴产业，其社会价值主要体现在以下几个方面。

1. 建构高新产业技术，为社会发展提供核心动力

产业是技术化产业，社会是技术化社会，两者都以技术为底色，都是在技术的基础上建立起来的。爱丁堡党学派的SST理论已为学界熟知并得到广泛接受，但当我们问到“社会为什么要建构技术，社会有什么必要去建构技术?”时，不得不又回到“技术决定论”，回到技术对社会的功用和价值。技术的社会化扩散“对增强国防力量或国防现代化有决定作用，对工业、农业和人民生活水平的提高有极为重大的作用，对环境治理起决定作用，对人类生存、人类健康有决定作用”[4]，这就是社会建构技术的原因。而技术的社会化扩散是以其产业化生产为基础的，产业结构决定技术结构，是技术结构存在、发展不可或缺的环境和条件。因此，产业是技术成长的温床。与其他建构因素不同的是，产业对技术的建构是直接而迅速的，技术不只是产业生产必不可少的劳动工具，也是产业产品的重要形态。作为产业的主体，企业为了使利润最大化，会想方设法升级生产设备，提高产品质量，所有这些都离不开对技术的建构。战略性新兴产业的诱人前景，会吸引很多相关企业竞相研发、建构产业高新技术，这必然会推动技术进步，促进社会发展。

2. 引领产业结构优化升级，促进社会“两型化”

我国人口多、人均资源少且分布不平衡、生态环境脆弱，又处在工业化、城镇化的快速发展期，面临资源短缺的巨大压力，中国环境宏观战略研究结果更是显示我国环境压力居于世界首位。而我国现行的产业结构又不尽合理，高污染、高能耗、低附加值、低产出、产业比重过大，使得这一困境雪上加霜，经济社会发展难以为继，为此国家提出了建设“两型社会”的战略，优化升级产业结构是我国建设“两型社会”的必由之路，科学合理的产业结构就是要符合环境友好和资源节约的要求，使产业具备可持续发展的能力。黄铁苗教授作的“广东省‘两型社会’建设研究”就显示“建立有利于‘两型社会’的产业结构是广东建设‘两型社会’的重要措施”[5]。解决“欲望无限与资源稀缺”矛盾的基本途径主要有二：一是“开源”，即开发替代资源；二是“节流”，即提高资源利用率。“环境友好”和“资源节约”是“物质资源消耗少”的战略性新兴产业的内在本质要求，新能源、新材料、生物等产业可以为人类提供清洁高效的资源，而新一代信息技术、高端装备制造、节能环保等产业又能有效提高资源利用率，节约资源使用量。这些产业的发展会扩大“两型”产业在产业体系的权重，改善产业结构，缓解资源、环境的“瓶颈”制约，促进社会可持续发展。

3. 同化产业工人，培育新型人力资源

人是社会的细胞，社会是人组成的社会，社会发展最重要的实践者就是社会中的人。人们“是什么样的，这同他们的生产是一致的——既和他们生产什么一致，又和他们怎样生产一致。因而，个人是什么样的，这取决于他们进行生产的物质条件”[6]，即取决于他们所从事的产业工作。战略性新兴产业的发展将创造大量产业岗位，这些工人将借此结成新的不同于以往产业的业缘、地缘、物缘甚至神缘、亲缘关系，改变自己的思维方式、行为方式和生活方式。战略性新兴产业从业者的综合素质本来就相对较高，再加上战略性新兴产业的岗位培训，必然如虎添翼。美国经济学家威廉·W. 刘易斯通过大量实证研究分析表明：“教

育和经济增长间关系一直以来都遭受着广泛的误解，人们想当然地自以为教育应该是促进经济快速增长的最重要的工作，但这一观点是错误的，因为新的教育系统生成并使人们达到它的要求需要经两到三代才能生效。研究结果显示，几乎所有国家的就业人口都可以通过工作的培训来达到更高的生产率，并进而提高自己的生活水平。”[7]和大多数发展中国家一样，我国教育面临的问题还有“教育内容不合理，教育与实践严重脱节。没有很好地研究本国的经济文化条件以及本国的特殊国情，而是一味追随发达国家，盲目模仿、照抄照搬适合发达国家的教育体制，结果，无论是教育的内容、结构还是专业的设置都不符合本国社会经济发展的需要。”[8]这是一个信息爆炸、知识指数增长的时代，据统计，新科技的信息量每两年就增长一倍，这意味着对于四年制的大学理工科学生来说，大一所学的知识有一半到大三就过时了。现在通讯技术发达，编写成书的知识往往已落后于实践，翻译过来的就更是明日黄花。况且，工作中极其重要却不可言传的“意会知识”是读再多的书都学不到的，而“干中学（Learning by doing）”的“学习效应”则能有效避免这两点。

4. 创造产业利润，为社会发展提供资本支持

投资一直是促进我国经济增长、社会进步最重要的方式，资本的多寡、筹资速度的快慢、自有资金和贷款的比例等，都是经济发展的基本约束条件。要想尽快实现现代化，必须首先解决资本问题。战略性新兴产业不但技术含量高，经济效益也很高。以广东省为例，据广东省科技厅报告，2010 年广东省战略性新兴产业总产值高达 1. 11 万亿元，其中先进制造业增长 9314. 4 亿元，同比增长 19. 5%；生物医药产业总产值 1100 亿元，同比增长 25%。2013 年上半年，深圳生物产业总产值约 340 亿元，同比增长 35%；互联网产业总产值约 270 亿元，同比增长 48%；新能源产业总产值约 360 亿，同比增长 33%。可见，战略性新兴产业发展迅猛，成长快速，效益巨大，可为社会发展提供强大的资本支持。

5. 形成产业增长极，带动经济发展方式转变

产业增长极是指具有空间集聚特点的推动性产业的集合体，其对经济的带动作用主要体现在乘数效应、支配效应、扩散效应和溢出效应上，技术经济是产业增长极形成的重要成因和类型。产业增长极理论研究表明，先进技术支撑的新型产业在推动经济增长中起决定性作用。战略性新兴产业的成长有利于吸引产业资源，提高产业生产率，形成产业聚集，实现规模经济，不但可以直接促进相应产业链的形成和发展，而且还可以改造提升传统产业、带动区域经济发展。战略性新兴产业强大的辐射作用，将带动其他领域实现高投入、高产出、低能耗、低污染，进而带动经济发展方式由粗放型向集约型转变。

诚如曾国屏教授所言，“社会的系统实在、社会系统的自发形构，不过是生产力、生产方式和产业发展以社会系统实在形式对于自身存在方式的一般展现。进而言之，我们生活的世界也就是一个产业的世界。因此，所谓的产业组织、产业结构和产业发展，也就是社会生产方式的发展，即统一的社会生产力和社会生产关系的发展。”[9]战略性新兴产业以高新技术为核心动力，具有重要的社会价值，我们应该结合各地技术现状、产业基础、资源禀赋、比较优势等实际，大力研发具有自主知识产权的高新技术，同时创造各种有利于战略性新兴产业发展的政策、体制、金融、物流等产业环境，力促战略性新兴产业顺利健康发展。

参考文献

[1] 国务院关于加快培育和发展战略性新兴产业的决定［EB/OL］.（2010－10－30）［2011－11－15］. http：//www. gov. cn/gongbao/content/2010/content_ 1730695. htm.
[2] 冯赫．什么是战略性新兴产业［N］．人民日报，2010－12－28（14）.
[3] 梁向阳．试析产业社会［J］．中山大学学报论丛，1994（3）：79.
[4] 陈昌曙，罗茜．为技术决定论辩护［J］．自然辩证法研究，2007，23（9）：96.
[5] 黄铁苗．关于广东加快“两型社会”建设的思考［J］．岭南学刊，2010（3）：76.
[6] 马克思·德意志意识形态［M］//马克思，恩格斯．马克思恩格斯选集：第1卷［M］．北京：人民出版社，1995：67.
[7] Wiiliam W Lewis. Educating global workers［EB/OL］.（2003－12－17）［2011－10－25］. http：//www. mckinseyquarterly. com/Educating_ global_ workers_ 1375.
[8] 宗义湘．发展经济学［M］．北京：中国农业科学技术出版社，2004：216.
[9] 曾国屏．唯物史观视野中的产业哲学［J］．哲学研究，2006（8）：4.